高等学校教材

谈振辉　编著

CDMA通信原理与技术

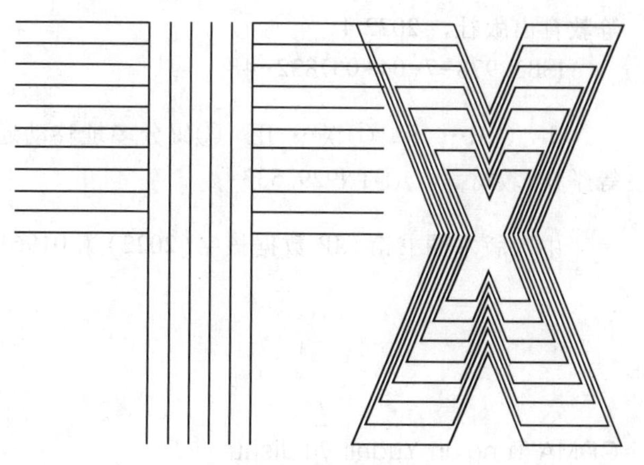

高等教育出版社·北京

内容提要

"CDMA 通信原理与技术"课程以讲授 CDMA 通信系统的基本概念、基本原理和基本技术为主。本书共有 9 章，分别是 CDMA 通信原理、伪随机多址扩频序列、信源数字化和编码、差错控制信道编码和香农(Shannon)信道编码、CDMA 通信的数字调制、CDMA 通信的接收技术、CDMA 通信的发射技术、伪随机多址扩频序列同步技术和非正交多址接入(NOMA)等。

本书可以作为高等学校通信工程、信息工程和电子信息工程等有关专业的研究生和本科生的教材，也可以作为信息与通信工程、通信与信息系统领域工作的科研人员和工程技术人员从事研究和开发的科技参考书。

图书在版编目(CIP)数据

CDMA 通信原理与技术 / 谈振辉编著. -- 北京 : 高等教育出版社, 2022.4
ISBN 978-7-04-057832-4

Ⅰ. ①C… Ⅱ. ①谈… Ⅲ. ①码分多址移动通信-高等学校-教材 Ⅳ. ①TN929.533

中国版本图书馆 CIP 数据核字(2022)第 019611 号

CDMA Tongxin Yuanli yu Jishu

策划编辑 吴陈滨　　责任编辑 黄涵玥　　封面设计 李卫青　　版式设计 张 杰
插图绘制 于 博　　责任校对 高 歌　　责任印制 耿 轩

出版发行 高等教育出版社
社　　址 北京市西城区德外大街 4 号
邮政编码 100120
印　　刷 河北信瑞彩印刷有限公司
开　　本 787 mm×1092 mm 1/16
印　　张 21.5
字　　数 530 千字
购书热线 010-58581118
咨询电话 400-810-0598
网　　址 http://www.hep.edu.cn
　　　　 http://www.hep.com.cn
网上订购 http://www.hepmall.com.cn
　　　　 http://www.hepmall.com
　　　　 http://www.hepmall.cn
版　　次 2022 年 4 月第 1 版
印　　次 2022 年 4 月第 1 次印刷
定　　价 42.30 元

物 料 号 57832-00

前　言

在宽带数字移动通信系统中，码分多址(CDMA)通信原理和技术占有十分重要的基础地位，它是移动通信体制发展里程中重要的理论基础和关键技术。

作者在20世纪90年代开设了研究生和本科生“CDMA通信原理与技术”课程，并负责该课程的教学工作，这是因为在20世纪70年代末至80年代初(1978—1982年)，作者的硕士研究生阶段，在李承恕教授指导下，作者学习和从事CDMA码分多址通信领域的科学研究。在20世纪80年代(1984—1987年)，作者的博士研究生阶段，在东南大学吴伯修和程时昕教授指导下，作者从事高频信道中高速数字信息传输的科学研究。“CDMA通信原理与技术”课程内容取材于国际和国内出版的相关教材和文献，并且结合21世纪国家启动的“新一代宽带移动通信网”重大专项的实践，作者把相关最新研究成果也补充到课程中。

2020年初，由于新型冠状病毒肺炎疫情的爆发，学校推迟学生返校，要求采取“停课不停学”的方式，在网上直播教学，并希望给学生提供相应的书面教案资料，确保线上教学顺利开展。而“CDMA通信原理与技术”课程当时的教案是以PPT为主的教案，学生难以理解和掌握课程中相关的物理概念和内涵解释。本着“不做则已，做必有果”精神，从2020年2月中旬一直到2020年11月中旬，作者几乎没有休息一天，全力投入到编写“CDMA通信原理与技术”课程的纸质教材的文稿工作之中。

作者在编写教材时，在下述方面进行了学习和探索。

1. 质量源于设计是管理学概念，即以最终产品的特性为出发点，在设计、研发和生产阶段，就要考虑到产品生成过程中可能的质量风险，并消除产品生成中的质量隐患。而源于该概念的基于产出导向教育(outcome based education，OBE)人才培养教育教学改革方案制定难，更难的是教育教学改革方案的落实和运行。其中课程体系是支撑毕业要求和培养目标达成的根据地和主阵地，提高人才培养质量的关键环节还是教师、教材和教学。对一名教师而言，没有上不好的课，只有上不好课的人。

2. 工程教育既有教育的共性，又具工程的特性。工程教育是以技术科学为主要学科基础，着眼于理论与实践结合，以培养能够将科学技术转化为生产力的学生为目标的专门教育。为了体现对理论基础和工程实践相结合的重视，本教材在各个章节增设结合4G和5G通信系统研究和工程实践的“案例”栏目，有利于培养学生将自然科学、工程基础和专业知识应用于解决专业领域的复杂工程问题的能力。

3. 学习和掌握专业知识固然很重要，这也是大学教育的基本要求，但大学教育更应该培养和激发学生内在的学习动力、求知渴望和创新意识。本着“提出问题比学习答案更重要”和“学问就是学习后提出问题”的教育理念，本教材力求理论严谨，概念清晰，在各章节增设了若干“小结”栏目，培养学生在工程技术领域的辩证思维和辩证处理矛盾能力。

“CDMA通信原理与技术”课程以讲授CDMA通信系统的基本概念、基本原理和基本技术为主,重点讲述 CDMA 通信原理、伪随机多址扩频序列、信源数字化和编码、差错控制信道编码和香农(Shannon)信道编码、CDMA 通信的数字调制、CDMA 通信的接收技术、CDMA 通信的发射技术、伪随机多址扩频序列同步技术和非正交多址接入(NOMA)等。

结合 5G 通信领域的研究热点,本课程介绍了 CDMA 通信领域最新技术和发展趋势,如香农(Shannon)信道编码的 Turbo 码、LDPC 码、极化码和多输入多输出(MIMO)、扩频序列同步、非正交多址接入(NOMA)和多址用户检测算法等,有利于增强学生的学习主动性和积极性。

本书可以作为高等学校通信工程、信息工程和电子信息工程等有关专业的研究生和本科生的教材,也可以作为信息与通信工程、通信与信息系统领域工作的科研人员和工程技术人员的科技参考书。如本书能为从事宽带移动通信设计、研发和运营的人员提供一些参考和借鉴,作者将感到荣幸和欣慰。

在本书的编著过程中,作者得到"轨道交通控制与安全"国家重点实验室(北京交通大学)的全力支持,深表谢意。特别感谢中兴通讯股份有限公司总工程师王喜瑜、算法部副部长胡留军和袁志锋高级工程师等对书稿进行了认真审阅并提出修改意见,感谢张金宝、熊磊、刘寅生和官科副教授等给予的热情支持和硕士研究生杨泽轩、王永松、吴晨寅和王一哲在绘图方面的辛勤工作,感谢高等教育出版社吴陈滨编审和黄涵玥编辑从本书的申报到出版给予的关心和指导,感谢我的亲人给予的理解和支持,使我在新型冠状病毒肺炎疫情防控常态化的特殊时期,得以顺利完成教材的编著工作。

限于作者水平,书中难免有不妥之处,恳请同仁和读者批评指正! 编者邮箱:zhhtan@ bjtu.edu.cn。

北京交通大学 谈振辉

2021 年 12 月 25 日

目　录

第 1 章　CDMA 通信原理

伴随着有线通信系统的发展及来自需求牵引和技术驱动的动力，无线通信系统逐步成为通信与信息领域的主要研发领域之一。相比于有线通信系统，无线移动通信系统的主要关键技术之一是与移动用户有关的多址选址制式。具有多址选址功能的无线通信系统也称为随机接入离散地址通信系统，即 RADAS(random access discrete address system)，它是灵活机动的无线移动通信系统，其功能类似于设有转接中心或汇接中心的有线自动电话通信网，能够满足对通信业务的宽带化、移动化、综合化、个性化和智能化要求。

多址选址制式往往成为划分无线移动通信系统代际的主要特征，如第一代移动通信系统是以频分多址(frequency division multiple access，FDMA)为其特征，如北美洲的 AMPS、欧洲的 NMT 和 TACS。第二代移动通信系统是以时分多址(time division multiple access，TDMA)为特征，如北美洲的 DAMPS、欧洲的 GSM、DCS-1800 和日本的 PDC。第三代移动通信系统是以码分多址(code division multiple access，CDMA)为特征，如中国的 TD-SCDMA、北美洲的 cdma2000 和欧洲的 WCDMA。第四代移动通信系统是以正交频分多址(orthogonal frequency division multiple access，OFDMA)为特征，如中国的 TD-LTE、北美洲和欧洲的 FDD-LTE 等。第五代移动通信系统也是以多址选址制式为主要支撑的关键技术，但并不是采用单一的多址选址制式。

第五代移动通信系统还是以正交频分多址(OFDMA)为主要特征，以非正交多址(non-orthogonal multiple access，NOMA)作为正交多址选址制式的互补，可适用于基于调度的信息传输，也适用于免调度或竞争的信息传输。对于 5G 的增强移动宽带(enhanced mobile broadband，eMBB)业务，下行链路物理层采用循环前缀的正交频分复用(cyclic prefix-OFDM，CP-OFDM)，上行链路物理层采用离散傅里叶变换的扩展正交频分复用(DFT-S-OFDM)。

5G 的海量机器类通信(massive machine type communication，mMTC)业务主要支持高海量，低成本和低功耗终端的偶发数据信息传输，5G 的超可靠低时延通信(ultra reliable and low latency communication，URLLC)业务，特别是 V2V 主要是低时延的万物互联通信，如果 mMTC 和 URLLC 业务场景采用 OFDMA 多址选址制式，往往系统效率低而且开销大。而采用非正交多址(NOMA)选址制式，即多个非正交用户同频同时复用同一信道资源，是在用户接收端以干扰抵消分离算法提取理想用户所需要的信息。目前，非正交多址(NOMA)选址制式的相关标准化还在进行中。

以码分多址(CDMA)为主要特征的通信系统也可以称为扩展频谱(spread spectrum，SS)通信系统。一般把应用于电子对抗、导航跟踪、精确定位、测距遥控、防窃听和保密通信等以抗干扰为主要业务场景的系统称为扩展频谱(SS)通信系统，而把应用在移动通信、选址通信、卫星通信和深空通信等以多址选址为主要业务场景的系统称为码分多址(CDMA)通信系统。

1.1　扩展频谱通信基本原理

扩展频谱通信的基本原理是:在发射端,将欲传输数字信息的信号用一个带宽远大于该传输数字信息带宽的扩频地址码或伪随机多址扩频序列去调制,使数字信息的传输信号频谱带宽被大大扩展,再以载波频率调制至发射频率上。在信道传播中,扩展频谱信号在信道噪声和干扰的淹没下传播到接收端,接收到的扩展频谱信号被频率搬移至中频或零中频频段,与发射端的扩频地址码或与伪随机多址扩频序列同步的本地码本进行相关运算处理,把宽带扩频信号解扩成携带数字信息的传输信号,进而解调出所传输的数字信息。

扩展频谱通信的扩频和解扩基本原理如图 1-1-1 所示。

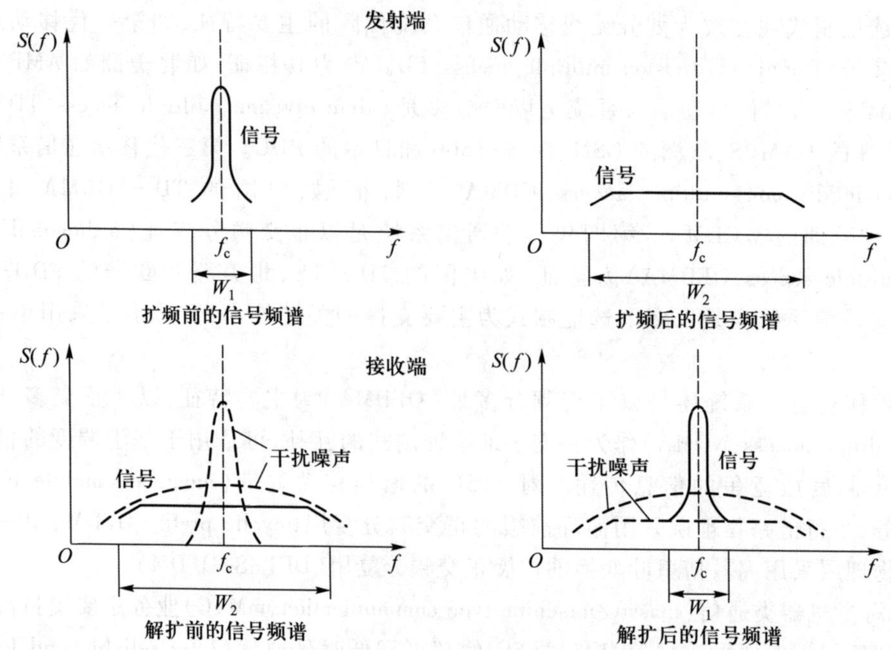

图 1-1-1　扩展频谱通信的扩频和解扩基本原理

扩展频谱通信系统的扩频增益 G_p 定义为:扩展频谱通信系统中,射频发射信号带宽与传输数字信息的信号带宽的比值,实际是扩频地址码的码片速率与欲传输数字信息的传输速率的比值。

$$G_p = 10\ \lg\frac{R_{chip}}{R_{bit}}\ \text{dB} \tag{1-1-1}$$

其中 R_{chip} 为扩频地址码或伪随机多址扩频序列的码片(chip)速率,其 2 倍码片速率(chip/s,也写为 cps)在数值上等于射频发射信号带宽(Hz)数值;R_{bit} 为数字信息传输速率(bit/s,也写为 bps),扩展频谱通信系统的扩频增益为 20~60 dB,即 R_{chip}/R_{bit} 为$10^2 \sim 10^6$。

扩展频谱通信系统的处理增益定义为:接收相关处理器的输出信噪比 S_0/N_0 与其输入信噪比 S_i/N_i 的比值。

$$G_s = 10\lg\frac{S_0/N_0}{S_i/N_i}\ \text{dB} \tag{1-1-2}$$

扩展频谱通信原理的理论基础是香农信道容量定理，即

$$C = W\log_2\left(1+\frac{S}{N}\right) = W\log_2\left(1+\frac{S}{N_0W}\right) \tag{1-1-3}$$

其中 W 是信道中传输信号的带宽，S 是传输信号的平均功率，N 是信道的噪声功率，N_0 是信道噪声的平均功率谱密度，C 为信道容量即最大无差错信息传输速率。

式(1-1-3)的香农信道容量定理表现形式简单明了，但内涵丰富，揭示了诸多通信系统参数之间的矛盾与统一辩证关系。

［**小结 1-1**］：

(1) 信道容量与所传输信号的有效带宽在一定范围内呈正比关系，一般来说传输信号的有效带宽越宽，信道容量越大。但是，当传输信号的有效带宽达到一定程度后，无差错信息传输速率不可能无限增加，而是趋于有限值。因为传输信号的有效带宽 W 增加，同时导致信道噪声 $N=N_0W$ 增加，使得传输信号的信噪比 S/N 下降，影响信道容量的提高。

(2) 一般来说传输信号的信噪比越大，信道容量也越大，但传输信号的信噪比与信道容量的制约关系呈对数规律。

(3) 提高信道信息传输速率的主要措施有扩展传输信号的有效带宽和增加传输信号的信噪比。在高信噪比场景下，增加传输信号的有效带宽 W 比增加传输信号的信噪比 S/N 更有效，而在低信噪比场景下，增加传输信号的信噪比 S/N 比增加传输信号的有效带宽 W 更有效。

(4) 增加传输信号有效带宽 W 的主要技术途径有调制和信道编码等，增加传输信号的 S/N 的主要技术途径有滤波和信源编码等。

(5) 当信道容量为常数时，传输信号的有效带宽和其信噪比可以互换，即

$$W_1\log_2\left(1+\frac{S_1}{N_0W_1}\right) = W_2\log_2\left(1+\frac{S_2}{N_0W_2}\right) \tag{1-1-4}$$

当 $S_1/N_1 \gg 1$ 和 $S_2/N_2 \gg 1$，有

$$\frac{S_1}{N_1} \approx \left(\frac{S_2}{N_2}\right)^{\frac{W_1}{W_2}} \tag{1-1-5}$$

说明传输信号的信噪比随传输信号有效带宽比按指数规律增加。

(6) 当传输信号的有效带宽 $W\to\infty$ 时，已知 $\lim\limits_{x\to\infty}(1/x)\log_2(1+x)=\log_2 e\approx 1.44$，令 $x=S/(N_0W)$，得到

$$\lim_{W\to\infty} C = C_{\text{Max}} = \frac{N_0W}{S}\log_2\left(1+\frac{S}{N_0W}\right)\frac{S}{N_0} \approx 1.44\,\frac{S}{N_0} \tag{1-1-6}$$

欲达到无差错信息传输，传输信号的最小单位比特信噪比为

$$\frac{E_b}{N_{0\,\text{Min}}} = (S/C_{\text{Max}})/N_0 = 0.694 \approx -1.6\ \text{dB} \tag{1-1-7}$$

说明当单位比特信噪比 E_b/N_0 位于[-1.6 dB,0 dB]区间时，信道传输的信息容量并不等于 0，仍具有传输信息的能力，这对于扩频通信、卫星通信和深空通信等场景具有特别指导意义。而当单

位比特信噪比 E_b/N_0 进一步小于-1.6 dB 时,传输信道的信息容量等于 0。

(7) 香农定理中的信道噪声为加性高斯白噪声(additive white Gaussian noise,AWGN),是难以对付而干扰最大的信道噪声,而对不属于加性高斯白噪声的信道干扰,如瞄准性干扰,该场景下的信道容量可大于加性高斯白噪声的信道容量。

(8) 根据柯捷尔尼可夫的"潜在抗干扰理论",通信系统中信息传输差错概率是单位比特信息能量与信道中单位频谱噪声功率之比的函数,即

$$P_e = f\left(\frac{E_b}{N_0}\right) \tag{1-1-8}$$

假设:传输信息的信号带宽为 W,信息持续时间长度为 T_b,信息平均功率为 $S = E_b/T_b = E_b R_b$,信道噪声功率为 $N = N_0 W$,信息传输速率为 $R_b = 1/T_b$,则通信系统的信息传输差错概率为

$$P_e = f\left(\frac{S}{N}T_b W\right) = f\left(\frac{S}{N} \cdot \frac{W}{R_b}\right) \tag{1-1-9}$$

(9) 系统潜在抗干扰容限为

$$M_J = G_s - \left(\frac{S}{N} + L_s\right) \tag{1-1-10}$$

其中 S/N 为传输信号的信噪比,L_s 为系统损耗,$G_s = W/R_b$ 为系统的处理增益。

[**案例 1-1**]:

高斯信道中随机噪声的什么变量符合高斯分布?为什么信道随机噪声服从高斯分布,而不是均匀分布?

通信系统中随机噪声是由电子无规则运动产生的,其特点是噪声的振幅变量在均值附近随机起伏,其频谱分布在整个通信信道宽带内。

通信系统中的信道噪声可服从高斯噪声分布、白噪声分布、带限白噪声分布或加性高斯白噪声分布等。

(1) 高斯噪声分布

高斯噪声的幅度变量 n 符合高斯分布,即

$$p(n) = \frac{1}{\sqrt{2\pi}\sigma}\exp\left(-\frac{n^2}{2\sigma^2}\right) \tag{1-1-11}$$

高斯噪声分布的特点是正负大幅度的噪声振幅发生概率小,而正负小幅度的噪声振幅发生概率大,通俗描述为两头小中间大的分布特征。图 1-1-2 为高斯噪声分布图解示意。

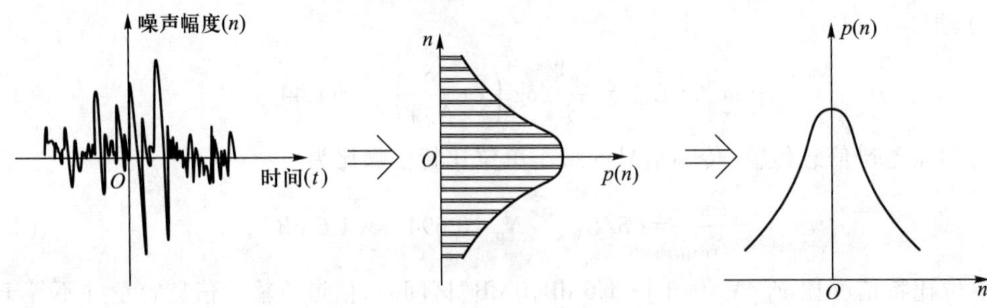

图 1-1-2 高斯噪声分布图解示意

(2) 白噪声分布

图 1-1-3 为白噪声分布的双边功率频谱密度和自相关函数,噪声频谱分布在整个通信信道宽带内,其中 $G_n(f)=N_0/2$ 为双边功率频谱密度,单位为 W/Hz。噪声功率为 $p_n=\int_{-\infty}^{\infty}G_n(f)\mathrm{d}f=\infty$, 即 $E[n^2(t)]=\infty$,$R_n(\tau)=(N_0/2)\cdot\delta(\tau)$为噪声自相关函数,其中在 $\tau\neq 0$ 处,$R_n(\tau)=0$。

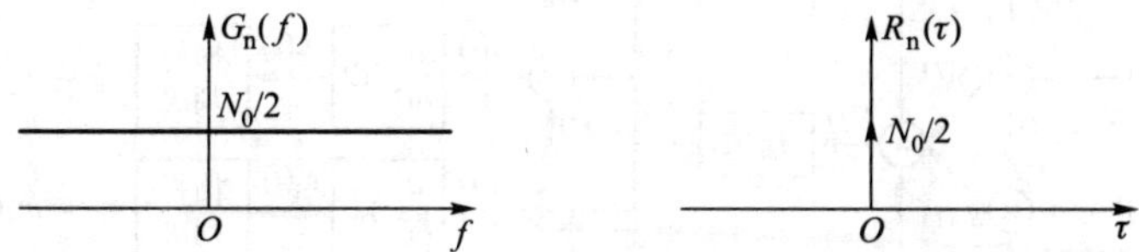

图 1-1-3 白噪声分布的双边功率频谱密度和自相关函数

(3) 带限白噪声分布

图 1-1-4 为带限白噪声分布的双边功率频谱密度和自相关函数。

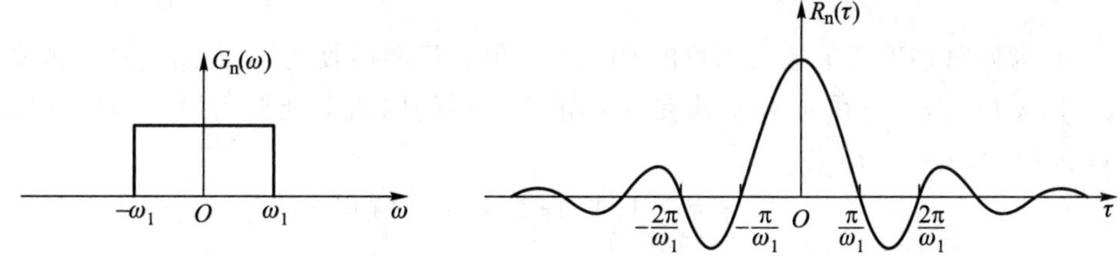

图 1-1-4 带限白噪声分布的双边功率频谱密度和自相关函数

带限白噪声分布的双边功率频谱密度和自相关函数分别是

$$G_n(\omega)=\begin{cases}s_0 & |\omega|\leqslant\omega_1\\ 0 & |\omega|>\omega_1\end{cases} \tag{1-1-12}$$

$$R_n(\tau)=\frac{1}{2\pi}\int_{-\omega_1}^{\omega_1}s_0\exp(\mathrm{j}\omega\tau)\mathrm{d}\omega=\frac{s_0\omega_1}{\pi}\cdot\frac{\sin\omega_1\tau}{\omega_1\tau} \tag{1-1-13}$$

其中 $\tau=t_2-t_1=k\pi/\omega_1$,自相关函数仅在 $\tau=k\pi/\omega_1$ 处为零。

(4) 加性高斯白噪声 (AWGN)分布

从时间域和频率域描述加性噪声的特征,即噪声的幅度变量符合高斯分布,噪声频谱分布在整个通信信道宽带内。如果通信系统的接收信号 $r=a+n$,则加性高斯白噪声的幅度变量 n 符合高斯分布,即

$$P(n)=\frac{1}{\sqrt{2\pi}\sigma}\exp\left[-\frac{1}{2}\left(\frac{r-a}{\sigma}\right)^2\right] \tag{1-1-14}$$

式(1-1-14)往往用于计算通信系统的信息传输的差错率。

1.1.1 CDMA 通信系统基本原理

图 1-1-5 为四路多址用户的 CDMA 通信系统原理示意图。码分多址通信系统的基本原理是给多址接入用户分别配置对应的扩频地址码,各用户扩频地址码之间满足相互正交关系或互相关系数很小。利用高速码片速率的扩频地址码调制携带数字信息的传输信号,使传输信号的

功率频谱密度带宽被大大扩展。在接收端,用与发射端相同和同步的扩频地址码码本与接收扩展频谱信号进行相关解扩处理,把宽带扩频信号解扩成基带或带通信号,进而恢复欲传输的数字信息。

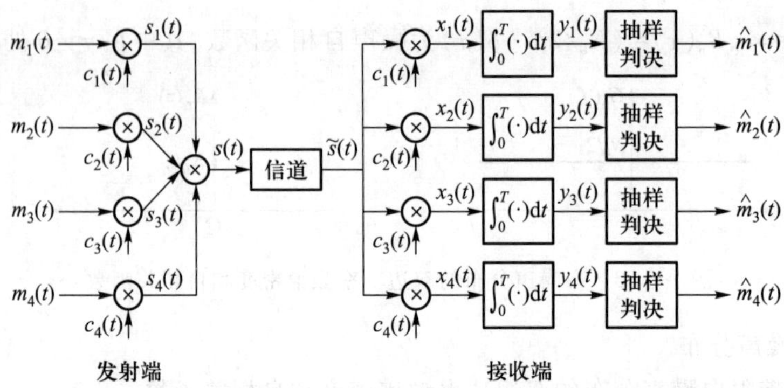

图1-1-5　四路多址用户的CDMA通信系统原理示意图

图1-1-6为四路多址竞争接入用户的CDMA发射波形和接收波形,四路用户欲传输的数字信息为 $m_1(t)$、$m_2(t)$、$m_3(t)$ 和 $m_4(t)$,满足相互正交关系的四路多址接入用户的扩频地址码为 $c_1(t)$、$c_2(t)$、$c_3(t)$ 和 $c_4(t)$,即

$$\begin{aligned} c_1&=(-1-1-1+1+1-1+1+1) \\ c_2&=(-1-1+1-1+1+1+1-1) \\ c_3&=(-1+1-1+1+1+1-1-1) \\ c_4&=(-1+1-1-1-1-1+1-1) \end{aligned} \tag{1-1-15}$$

各多址接入用户欲传输的基带信息采用各自扩频地址码进行扩频,合成的多路扩频信号经信道传播后,在接收端与对应多址接入用户的扩频地址码码本进行相关处理,将各路多址接入用户的欲传输基带信息分离出来。

CDMA通信系统的多址选址资源既不是FDMA通信系统的频率资源,也不是TDMA通信系统的时隙(slot)资源,而是彼此正交的扩频地址码或伪随机多址扩频序列。从频域和时域来看,多址用户的CDMA信号是互相重叠的。多址用户发射的扩频传输信号无法单独靠频率或时隙来区分,而是依靠各用户特定的扩频地址码或伪随机多址扩频序列来区分。

CDMA通信系统中,接收信号的信号干扰功率比(信干比) S/I 和基带接收信号的单位比特信噪比 E_b/N_0 的关系为

$$\frac{S}{I}=\frac{E_b R_b}{N_0 W}=\frac{E_b}{N_0}\cdot\frac{R_b}{W} \tag{1-1-16}$$

其中 E_b 为单位比特能量,R_b 为数字信息比特传输速率,N_0 为单位频宽的干扰功率。

在FDMA或TDMA通信系统中,各多址接入用户的信息被安置在指定频道或时隙位置,系统的 E_b/N_0 大于1,FDMA或TDMA系统接收信号的信号干扰功率比 $S/I\geqslant1$,为正分贝值。而在CDMA通信系统中,数据传输速率远远小于用于扩展信号频谱的扩频地址码的码片速率,即 $R_b\ll W$。多址接入用户的扩频地址码共享同一信道,任何一路多址接入用户扩频地址码都受到其他多址用户的扩频地址码干扰,CDMA通信系统接收信号的信号干扰功率比(信干比) $S/I\leqslant1$,为负分贝值。

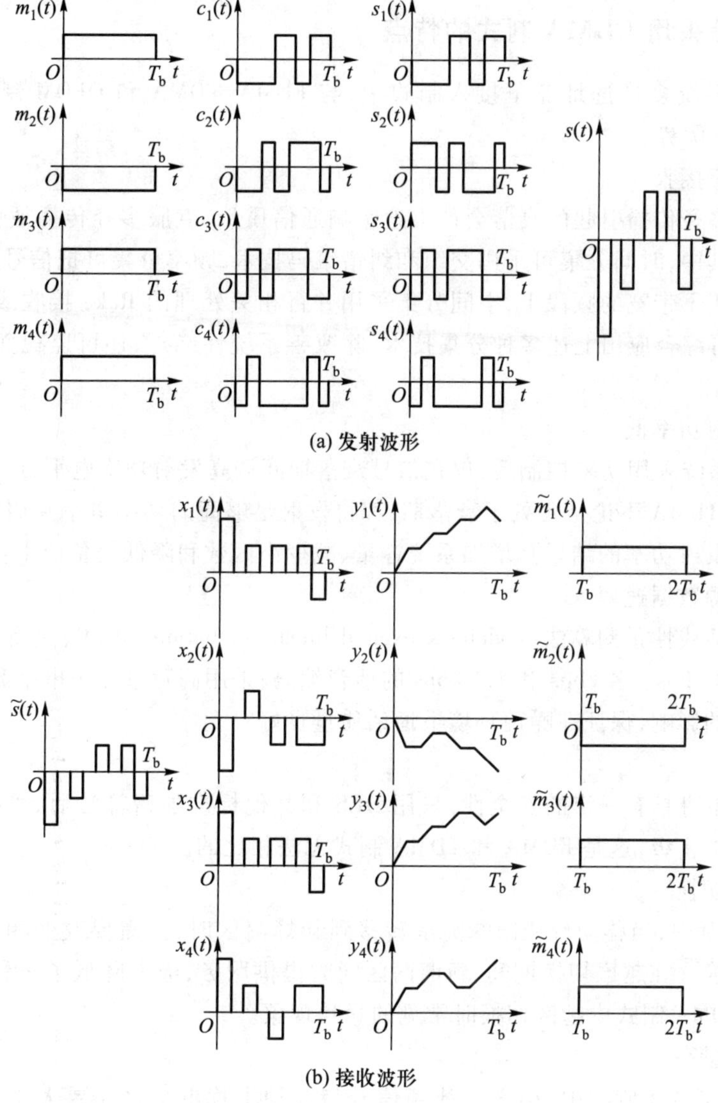

图 1-1-6 四路多址用户的 CDMA 发射波形和接收波形

［小结 1-2］：

（1）CDMA 通信系统的接收信号的信号干扰功率比 $S/I<1$，为负分贝值，CDMA 通信系统的发射信号是在信道噪声和多址用户干扰淹没中传播，具有一定的抗干扰能力。

（2）由于多址接入用户的扩频地址码间的互相关系数往往不为零，所以会产生多址用户地址干扰(multiple access interference, MAI)，当多址用户干扰超过一定门限，CDMA 通信系统处于高差错概率场景，CDMA 系统是干扰受限系统。而 FDMA 系统是频率受限系统，TDMA 系统是时间受限系统。

（3）CDMA 通信系统一方面要把用户信号发射功率频谱密度扩展得尽量小，尽可能多地容纳更多多址用户接入，另一方面为确保 CDMA 通信系统达到正确接收的最小比特信噪比门限，多址用户发射信号功率频谱密度又不可低于一定门限，在系统设计时需要权衡确定 CDMA 系统的干扰容限。

1.1.2 移动通信采用 CDMA 制式的特点

在移动通信系统多址选址竞争接入制式中,与 FDMA、TDMA 和 OFDM 制式相比较,采用 CDMA 制式有以下优势。

(1) 多种分集接收

移动通信中多径传播引起的衰落会严重地影响通信质量,克服多径传播效应的有效技术之一是分集接收。其中,时间分集可采用交织和纠错编码技术,频率分集可把信号能量扩展到大于频率选择性衰落相干带宽的频段上,空间分集采用并行相关处理的 Rake 接收或多重天线接收。CDMA 通信系统可综合应用上述多种分集技术,除改善系统性能外,还可监视邻区信号强弱,完成越区切换。

(2) 平均发射功率低

CDMA 通信系统采用功率控制后,仅在信号衰落期间调高发射功率电平,可减小平均发射功率。而 FDMA 和 TDMA 不论是否处于衰落期,都得发射足够高的功率电平克服随机发生的衰落效应。降低平均发射功率的结果是增加系统容量、减少小区数和降低设备成本。

(3) 可变信源数据速率

采用码本激活线性预测算法(codebook excited linear prediction,CELP)进行可变信源数据速率为 9.8 kbps、4.8 kbps、2.4 kbps 和 1.2 kbps 的话音编码,采用高背景噪声电平激活高数据速率,可抵消背景噪声的影响,保证在噪声环境下通话质量良好。

(4) 安全性

CDMA 信号本身具有一定的安全性,采用 DES 和其他标准加密算法后,可提高数据、信令、用户身份和认证的密级,这是 FDMA 和 TDMA 制式无法相比的。

(5) 越区软切换

在 CDMA 体制中,当移动台从旧蜂窝区转移到新蜂窝区时,只需要改变相应的扩频地址码而不涉及频率切换。在越区切换期间,新旧两区同时提供服务,极大降低了早释放呼叫概率,克服在 FDMA 和 TDMA 制式中越区切换时常见的乒乓现象。

(6) 系统容量高

在 FDMA 和 TDMA 制式中,小区内载频信号与各种干扰电平之比要大于一定的载干比门限。如窄带调制通信系统的载干比门限至少要达到 18 dB,且该小区信道不可在邻区出现。在 CDMA 制式中,施加在某用户信号的干扰等于所有其他用户接收功率乘上总用户数平均值。频率复用系数由该区域所有用户产生的信号干扰比所决定,而不是某小区内某用户产生的信号干扰比所决定。只要信号功率与总干扰功率比值大于某一门限,扩频宽带信道就可在全区域内通用,其规律服从大数定律,而 FDMA 和 TDMA 系统服从小数定律。

系统容量定义为每次呼叫通信所占频率带宽,FDMA 系统容量为 210 kHz,TDMA 系统容量为 70 kHz,而 CDMA 系统容量为 10 kHz。在多径传播环境下,CDMA 系统容量平均是 FDMA 系统容量的 15 倍。若采用变速率编码,话音激活和扇区结构,CDMA 系统容量可达到 FDMA 系统容量的 20 倍。

(7) 话音激活

在典型的双工通话中,话音激活期与停顿期的比例约为 1∶1.8。如果某用户的对话处于停顿期,同一信道中其他多址用户因背景干扰减少而受益。采用话音激活技术可使系统容量增加近2倍,相应减少移动台发射功率至约为原先的1/3。FDMA和TDMA系统可以利用话音激活改善系统性能,但是在话音停顿期间,重新安排信道资源产生的时延给该技术应用带来难度,而CDMA系统可采用可变速率编码器方便实现话音激活。

(8) 频率复用率高

CDMA系统可在众多蜂窝区内复用,对某移动台的干扰是由来自同小区内其他移动台和来自邻小区内移动台的干扰组成,各占比例约为65%和35%。CDMA移动通信系统属于有效频率复用系统,频率复用率为2/3。而FDMA和TDMA系统是把频率或时隙事前分配给各用户,在通信过程中其他多址用户不能共享这些资源,频率复用受到系统信号干扰比的限制,其频率复用率仅为1/7。

(9) 扇区分割增益

CDMA系统可利用120°的定向天线把蜂窝区分成三个扇区,约减少2/3的干扰,系统容量可提高2倍。FDMA和CDMA系统同样可采取扇区分割技术,但是各相邻扇区的信道不允许重复使用,仅得到减小频率复用距离的好处,不会在容量上有较大收益。

(10) 高质量话音和数据传输

CDMA系统的宽频带和低 E_b/N_0 允许采用高冗余度纠错编码和高效数字调制来确保高质量话音和数据传输。在FDMA和TDMA系统中,信道带宽限制了高冗余纠错编码的采用,却要求系统具有较高的单位比特信噪比 E_b/N_0。

(11) 软容量

在FDMA和TDMA系统中,没有办法安置额外用户到已经占满的频道或时隙工作,呼叫阻塞现象会导致35%系统容量的损失。而CDMA系统容量和服务等级之间存在着软关系,即在负荷高峰期间,可适当降低比特差错率而增加用户服务数,不会产生阻塞现象,一般可额外增加10%~50%的容量,软容量功能在越区切换时,可避免无空闲信道而产生呼叫丢失现象。这种功能还可应用于负荷不均等小区结构的通信,如某些小区的负荷高于平均值时,其余小区负荷低于平均值,低负荷区对高负荷区的干扰会减少,可允许更多接入用户在高负荷区工作。

[**小结1-3**]:

(1) 在香农(Shannon)信道容量理论 $C=W\log_2(1+S/N)$ 中,移动通信系统的关键参数是信噪比(S/N)。当信道容量保持不变时,增加传输信号的有效带宽可降低传输信号信噪比的门限值。

(2) 由于扩频地址码的码片(chip)持续时间长度远小于数字信息码元的持续时间长度,CDMA通信系统扩展的是携带数字信息的传输信号的功率频谱密度的带宽,而不是传输信号的载波频率。

(3) CDMA通信系统是信干比($S/I\leqslant 1$)为负分贝值的干扰受限通信系统。

(4) 如果发射信号具有高斯白噪声的分布特性,则其传输信息量为最大。而如果传播信道的噪声信号为高斯白噪声,CDMA通信系统需要研究抑制或对抗其对通信系统的影响。

(5) CDMA通信系统的关键技术除了传输信号的功率频谱密度扩展制式,还有高速率扩频地址码或伪随机多址扩频序列的设计和收发端扩频地址码的同步等。

(6) CDMA通信系统是利用扩展传输信号频谱来传送信息的一种通信方式,传输信号的功率频谱密度扩展制式具体有直接序列码分多址(direct sequence-code division multiple access,

DS-CDMA)、频率跳变(跳频)码分多址(frequency hopping-code division multiple access,FH-CDMA)、时间跳变(跳时)码分多址(time hopping-code division multiple access,TH-CDMA)及其混合扩展制式,如DS/FH-CDMA和DS/TH-CDMA等。

1.2 直接序列码分多址(DS-CDMA)通信系统

采用BPSK调制的直接序列码分多址(DS-CDMA)通信系统发射原理框图如图1-2-1所示,第k用户的比特持续时间长度T_b的输入数字信息序列为$b_k(t)=\sum_{n=-\infty}^{\infty}b_k[n]P_{T_b}(t-nT_b)$和系统指定该用户的扩频地址码$c_k(t)$相乘,完成输入传输信号的扩展频谱功能。其中扩频地址码或伪随机多址扩频序列$c_k(t)=\sum_{n=-\infty}^{\infty}c_k[n]\phi_{T_c}(t-nT_c)$的码片持续时间长度$T_c$,且$T_c$远远小于$T_b$,一般满足$N=T_b/T_c$,$N$也为DS-CDMA通信系统的扩频增益。

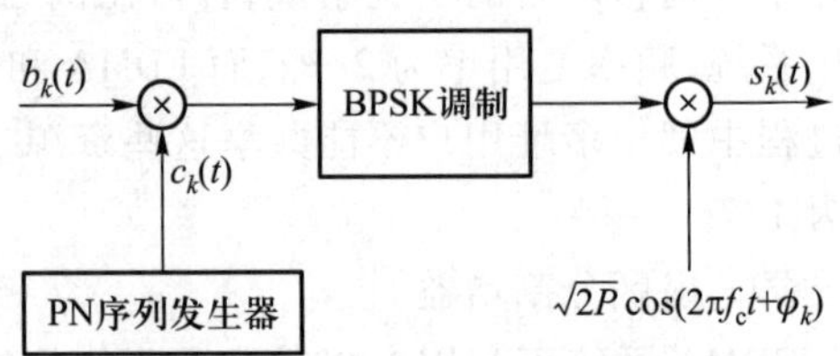

图1-2-1 采用BPSK调制的DS-CDMA通信系统的发射原理框图

数字信息序列$b_k(t)$和第k用户扩频地址码$c_k(t)$相乘产生的扩展频谱信号先后分别进行BPSK数字信息调制和载波频率f_c的频率调制。DS-CDMA通信系统中第k用户的发射信号表示为

$$s_k(t)=\sqrt{2P}\cdot b_k(t)c_k(t)\cos(2\pi f_ct+\varphi_k) \tag{1-2-1}$$

其中P、f_c和φ_k分别是DS-CDMA通信系统发射信号的功率、载频频率和初始相位。

DS-CDMA通信系统中第k用户发射信号的等效基带功率频谱密度(power spectrum density,PSD)表示为

$$S_{\text{DS-CDMA}}(f)=2P\cdot T_c\left|\text{sinc}(\pi fT_c)\right|^2 \tag{1-2-2}$$

[案例1-2]:

图1-2-2是BPSK-DS-CDMA通信系统发射信号的功率频谱密度函数示意图,其中单位数字信息的持续时间长度$T_b=15T_c$时,数字信息序列$b_k(t)$和第k用户扩频地址码$c_k(t)$相乘的结果为DS-CDMA通信系统的发射信号,其功率频谱密度函数形状低而平坦,类似于高斯白噪声分布。其第一过零点比BPSK信号功率频谱密度的第一过零点扩展了15倍,而DS-CDMA信号功率频谱密度的峰值幅度却降至原幅度的1/15,说明DS-CDMA发射信号功率频谱密度函数的频谱宽度得到了扩展。

1.2.1 DS-CDMA通信系统接收原理

假设:DS-CDMA通信系统中第k用户的发射信号没有受到传播信道的噪声和多径传播衰落影响,仅受到传播时延τ的影响。BPSK-DS-CDMA通信系统的接收信号可以表示为

$$r(t)=\sqrt{2P}\cdot b_k(t-\tau)c_k(t-\tau)\cos(2\pi f_ct+\phi_k) \tag{1-2-3}$$

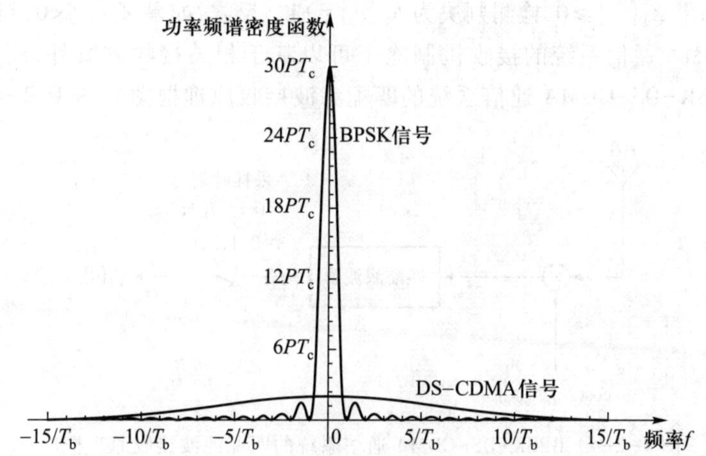

图 1-2-2　BPSK-DS-CDMA 通信系统发射信号的功率频谱密度函数示意图

其中 $\phi_k=\varphi_k-2\pi f_c\tau$。

BPSK-DS-CDMA 通信系统基于相关接收的原理框图如图 1-2-3 所示,接收端在完成扩频系统同步前提下,采用相关检测判决。BPSK-DS-CDMA 通信系统的发射信号首先和接收端本地载波信号相乘,把发射载波频率搬移到基带频段,得到

$$r(t)\cos(2\pi f_c t+\phi_k)=\sqrt{2P}\cdot b_k(t-\tau)c_k(t-\tau)\left[\frac{1}{2}+\frac{1}{2}\cos(4\pi f_c t+2\phi_k)\right] \tag{1-2-4}$$

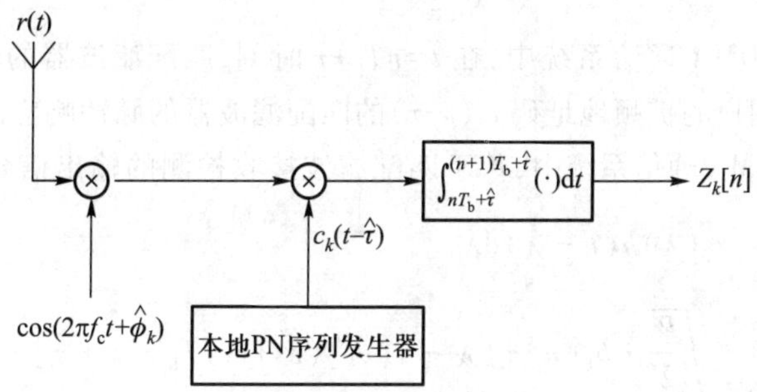

图 1-2-3　BPSK-DS-CDMA 通信系统基于相关接收原理框图

式(1-2-4)信号通过低通滤波器输出,得到

$$r_L(t)=\sqrt{\frac{P}{2}}\cdot b_k(t-\tau)c_k(t-\tau) \tag{1-2-5}$$

在扩频系统同步前提下,接收端可以准确估计信道传播时延 τ,以第 k 用户扩频地址码 $c_k(t)$ 的本地码本 $c_k(t-\tau)$ 和 $r_L(t)$ 进行相关运算,进行扩频信号的解扩,由于 $c_k(t-\tau)c_k(t-\tau)=1$,得到

$$r_d(t)=\sqrt{\frac{P}{2}}\cdot b_k(t-\tau)c_k(t-\tau)\cdot c_k(t-\tau)=\sqrt{\frac{P}{2}}\cdot b_k(t-\tau) \tag{1-2-6}$$

第 k 用户在第 n 信息比特区间 $[nT_b+\tau,(n+1)T_b+\tau]$ 的判决变量 $Z_k[n]$ 表示为

$$Z_k[n]=\int_{nT_b+\tau}^{(n+1)T_b+\tau}r_d(t)\,\mathrm{d}t=\int_{nT_b+\tau}^{(n+1)T_b+\tau}\sqrt{\frac{P}{2}}\cdot b_k(t-\tau)\,\mathrm{d}t=\sqrt{\frac{P}{2}}\cdot T_b b_k[n] \tag{1-2-7}$$

在式(1-2-7)中,如果 $Z_k[n]\geqslant 0$,检测判决为 $b_k[n]=+1$。反之,如果 $Z_k[n]<0$,判决为 $b_k[n]=-1$。

BPSK-DS-CDMA 通信系统的接收机制除了可以基于相关接收方案外,还可以基于匹配滤波的接收方案,BPSK-DS-CDMA 通信系统的匹配滤波接收原理框图如图 1-2-4 所示。

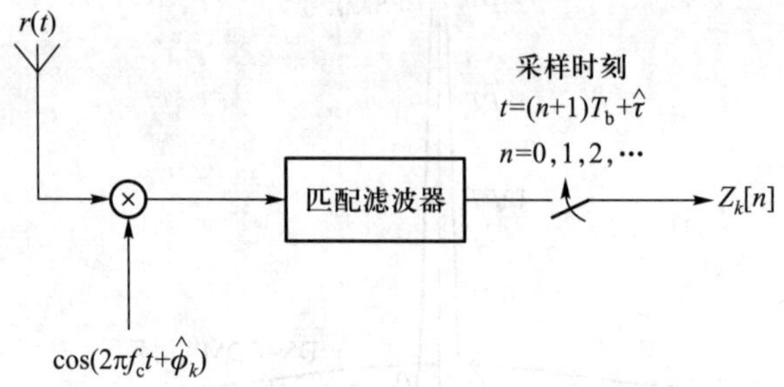

图 1-2-4 BPSK-DS-CDMA 通信系统的匹配滤波接收原理框图

假设:信号 $s(t)$ 的持续时间间隔为 $0\leqslant t\leqslant T$,信号 $s(t)$ 匹配滤波器的脉冲响应函数为 $h(t)=s(T-t)$,匹配滤波器输出信号为 $y(t)=\int_0^t s(\lambda)h(t-\lambda)\mathrm{d}\lambda=\int_0^t s(\lambda)s(T-t-\lambda)\mathrm{d}\lambda$,其中 $y(t)$ 相当于信号 $s(t)$ 在 $[0,t]$ 区间内的自相关函数,当 $t=T$ 时,自相关函数 $y(t)$ 达到最大数值。

在接收端完成 BPSK-DS-CDMA 通信系统的扩频同步前提下,在第 n 信息比特区间 $[nT_\mathrm{b}+\tau,(n+1)T_\mathrm{b}+\tau]$,接收信号 $r(t)$ 和 $\cos(2\pi f_\mathrm{c}t+\phi_k)$ 相乘得到

$$r_\mathrm{L}(t)=\sqrt{\frac{P}{2}}\cdot b_n[n]c_k(t-\tau) \tag{1-2-8}$$

假设:BPSK-DS-CDMA 通信系统中,在 $t=nT_\mathrm{b}+\tau$ 时刻,匹配滤波器的输出为零。在 $[nT_\mathrm{b}+\tau,(n+1)T_\mathrm{b}+\tau]$ 区间,第 k 用户的扩频地址码 $c_k(t-\tau)$ 的匹配滤波器的脉冲响应函数为 $h(t)=c_k[(n+1)T_\mathrm{b}-t]$。在 BPSK-DS-CDMA 通信系统中,基于匹配滤波接收检测的输出信号可表示为

$$\begin{aligned}y(t)&=\int_{nT_\mathrm{b}+\tau}^{t} r_L(\lambda)h(t-\lambda)\mathrm{d}\lambda\\&=\int_{nT_\mathrm{b}+\tau}^{t}\sqrt{\frac{P}{2}}\cdot b_k[n]c_k(\lambda-\tau)c_k[(n+1)T_\mathrm{b}-t+\tau]\mathrm{d}\lambda\\&=\sqrt{\frac{P}{2}}\cdot b_k[n]\int_{nT_\mathrm{b}+\tau}^{t}c_k(\lambda-\tau)c_k[(n+1)T_\mathrm{b}-t+\tau]\mathrm{d}\lambda\end{aligned} \tag{1-2-9}$$

在 $t=(n+1)T_\mathrm{b}+\tau$ 时刻,匹配滤波器输出信号为最大数值,即

$$\begin{aligned}y[t=(n+1)T_\mathrm{b}+\tau]&=\sqrt{\frac{P}{2}}\cdot b_k[n]\int_{nT_\mathrm{b}+\tau}^{(n+1)T_\mathrm{b}+\tau}c_k(\lambda-\tau)c_k(\lambda-\tau)\mathrm{d}\lambda\\&=\sqrt{\frac{P}{2}}\cdot T_\mathrm{b}b_k[n]\end{aligned} \tag{1-2-10}$$

式(1-2-10)与 BPSK-DS-CDMA 通信系统采用基于相关接收检测方案,第 k 用户在第 n 信息比特的判决变量和式(1-2-7)的 $Z_k[n]$ 一样。如果第 k 用户扩频地址码 $c_k(t)$ 为周期 $T_\mathrm{b}=NT_\mathrm{c}$ 的函数,匹配滤波器的脉冲响应为

$$h(t)=c_k[(n+1)T_\mathrm{b}-t]=c_k(T_\mathrm{b}-t) \tag{1-2-11}$$

1.2.2　DS-CDMA 通信系统抗干扰能力

BPSK-DS-CDMA 通信系统发射信号频谱带宽 W_{DS}受到部分频带 W_J 干扰示意如图 1-2-5 所示,其中发射信号频带扩展在全部频带 $W_S = W_{DS}$。

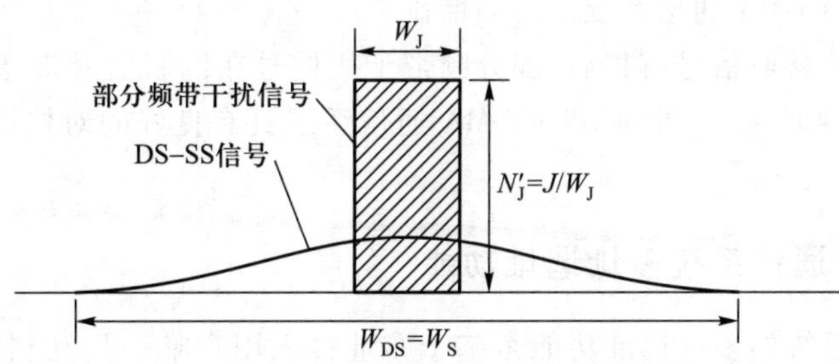

图 1-2-5　BPSK-DS-CDMA 通信系统发射信号频谱带宽 W_{DS}受到部分频带 W_J 干扰示意

假设:DS-CDMA 通信系统受到多音干扰和脉冲干扰的总功率 J 是分布在频带 W_J 的高斯白噪声,干扰频谱带宽 W_J 与发射信号频谱带宽 W_S 之比为干扰系数 ρ,表示为

$$\rho = \frac{W_J}{W_S} \leqslant 1 \tag{1-2-12}$$

部分频带受到干扰的功率频谱密度为

$$N_J^* = \frac{J}{W_J} = \frac{J}{W_S} \cdot \frac{W_S}{W_J} = \frac{N_J}{\rho} \tag{1-2-13}$$

其中 $N_J = J/W_S$ 表示部分频带干扰均匀分布在 DS-CDMA 通信系统全部频谱带宽 W_S 上。

BPSK-DS-CDMA 通信系统的接收信号受到部分频带干扰可以表示为

$$r(t) = \sqrt{2P} \cdot b_k(t) c_k(t) \cos(2\pi f_c t + \varphi_k) + n_J(t) \tag{1-2-14}$$

其中 $n_J(t)$ 是部分频带干扰信号,其频谱带宽为 $W_J = \rho W_S$,干扰功率为 J。

在 BPSK-DS-CDMA 通信系统的接收端,第 k 用户扩频地址码的同步码本 $c_k(t)$ 与接收信号相乘,得到

$$y(t) = \sqrt{2P} \cdot b_k(t) \cos(2\pi f_c t + \varphi_k) + n_J(t) c_k(t) \tag{1-2-15}$$

式(1-2-15)右边第一项是传输数字信息的 BPSK 调制信号,其功率频谱密度分布在$[-1/T_b, 1/T_b]$区间,右边第二项是部分频带干扰经过扩频后,其功率频谱密度分布在$[-1/T_c, 1/T_c]$区间,相应的部分频带干扰的功率频谱密度为 $N_J = J/W_S = \rho N_J^*$,可见 N_J 远远小于 N_J^*。

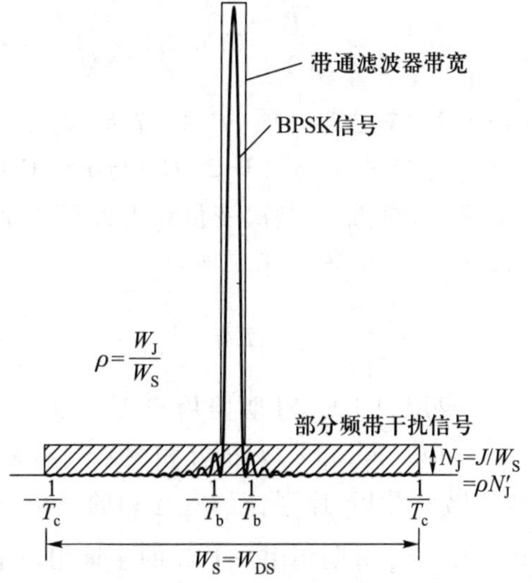

图 1-2-6　BPSK-DS-CDMA 系统解扩信号和部分频带干扰的功率频谱密度

BPSK-DS-CDMA 系统解扩信号和部分频带干扰的功率频谱密度如图 1-2-6 所示。接收带

通滤波器的带宽为BPSK调制信号的带宽$[-1/T_b,1/T_b]$,带通滤波器输出的部分频带干扰功率为

$$J^*=N_J\cdot\frac{2}{T_b}=\frac{J}{W_S}\cdot\frac{2}{T_b}=\frac{J}{2/T_c}\cdot\frac{2}{T_b}=\frac{J}{N} \tag{1-2-16}$$

其中$N=T_b/T_c$为DS-CDMA通信系统的扩频增益。

从图1-2-6可见,接收信号解扩后,部分频带干扰信号在调制信号带宽$[-1/T_b,1/T_b]$区间的干扰功率下降到原来的$1/N$,说明DS-CDMA通信系统具有良好的对抗部分频带瞄准性干扰能力。

1.2.3 DS-CDMA通信系统多址选址功能

DS-CDMA通信系统的多址选址功能是基于多址接入用户唯一且互相正交的扩频地址码。以两路用户DS-CDMA通信系统为例讨论,如果UE_1是期望用户,UE_2是非期望用户,DS-CDMA通信系统在接收端的接收信号表示为

$$r(t)=\sqrt{2P}\cdot b_1(t)c_1(t-\tau_1)\cos(2\pi f_c t+\varphi_1)+\sqrt{2P}\cdot b_2(t)c_2(t-\tau_2)\cos(2\pi f_c t+\varphi_2) \tag{1-2-17}$$

其中$c_1(t-\tau_1)$和$c_2(t-\tau_2)$分别是期望用户UE_1和非期望用户UE_2的扩频地址码,τ_1和τ_2分别是期望用户UE_1和非期望用户UE_2在发射和接收间的信道传播与处理时延。在DS-CDMA通信系统中,如果两路用户的传输与处理时延满足$\tau_1=\tau_2$,该系统为同步DS-CDMA通信系统,反之两路用户的传输与处理时延满足$\tau_1\neq\tau_2$,该系统为异步DS-CDMA通信系统。

如果接收机能够对期望用户UE_1进行同步检测,相对非期望用户UE_2,可以假设$\tau_1=0$和$\varphi_1=0$,接收端基于相关接收检测,期望用户UE_1发射信息比特$b_1[0]$的判决变量$Z_1[0]$表示为

$$\begin{aligned}Z_1[0]&=\int_0^{T_b}r(t)c_1(t)\cos(2\pi f_c t)\,\mathrm{d}t\\&=\sqrt{\frac{P}{2}}\cdot T_b b_1[0]+\sqrt{\frac{P}{2}}\cdot\cos\varphi\int_0^{T_b}b_2(t-\tau_2)c_2(t-\tau_2)c_1(t)\,\mathrm{d}t\end{aligned} \tag{1-2-18}$$

式(1-2-18)右边第一项$\sqrt{P/2}\cdot T_b b_1[0]$是期望用户$UE_1$的检测判决信号。

在同步前提下,式(1-2-18)与DS-CDMA通信系统单用户采用相关检测的判决变量式(1-2-7)相同,根据判决变量是否大于或小于“0”,进而判决信息比特是“+1”还是“-1”。

式(1-2-18)右边第二项为

$$I_2=\sqrt{\frac{P}{2}}\cdot\cos\varphi\int_0^{T_b}b_2(t-\tau_2)c_2(t-\tau_2)c_1(t)\,\mathrm{d}t \tag{1-2-19}$$

是非期望用户UE_2对期望用户UE_1的多址用户干扰,产生干扰的原因是在$[0,T_b]$区间$b_2(t-\tau_2)c_2(t-\tau_2)$和$c_1(t)$的互相关系数不为零。如果DS-CDMA通信系统中多址接入用户的扩频地址码采用PN序列,而PN序列的互相关系数不为零,而是远远低于PN序列自相关值,则非期望用户UE_2对期望用户UE_1的多址用户干扰I_2低于$\sqrt{P/2}\cdot T_b b_1[0]$。

基于上面分析,可以推广到DS-CDMA通信系统中K多址接入用户共享相同扩频信号频谱带宽,DS-CDMA通信系统的接收信号表示为

$$r(t)=\sum_{k=1}^{K}\sqrt{2P}\cdot b_k(t-\tau_k)c_k(t-\tau_k)\cos(2\pi f_c t+\varphi_k) \tag{1-2-20}$$

如果系统接收机能够进行期望用户 UE_1 同步检测,期望用户 UE_1 第 n 信息比特的判决变量为

$$Z_1[n]=\sqrt{\frac{P}{2}}\cdot T_b b_1[n]+\sum_{k=2}^{K}I_k,\quad n=0,1,2,\cdots \tag{1-2-21}$$

其中 I_k 为第 $k(k=2,3,\cdots,K)$ 用户对期望用户 UE_1 的多址用户干扰,表示为

$$I_k=\sqrt{\frac{P}{2}}\cdot\cos\varphi_k'\int_{nT_b+\tau_1}^{(n+1)T_b+\tau_1}b_k(t-\tau_k)c_k(t-\tau_k)c_1(t-\tau_1)\,dt \tag{1-2-22}$$

[小结 1-4]:

(1) 直接序列码分多址(DS-CDMA)通信系统的发射信号功率频谱密度(PSD)的峰值下降至原来的 $1/N$,而功率频谱密度的带宽扩展 N 倍,且功率频谱密度函数形状类似于白噪声分布,因此码分多址通信系统也可以称为伪噪声编码通信系统,其 $N=T_b/T_c$ 为 CDMA 系统的扩频增益,T_b 和 T_c 分别是数字信息比特和扩频地址码码片的持续时间长度。

(2) 直接序列码分多址(DS-CDMA)通信系统的解调原理是基于扩频序列的自相关特性,即当 $k=j$,归一化自相关系数 $c_k(t-\tau)c_j(t-\tau)=1$,以及基于扩频序列的互相关特性,即当 $k\neq j$,归一化互相关系数 $c_k(t-\tau)c_j(t-\tau)\approx 0$。

(3) 直接序列码分多址(DS-CDMA)通信系统的接收原理可采用相关接收,即接收信号 $r(t)$ 和本地同步扩频地址码码本 $c_k(t-\tau)$ 相关运算,第 k 用户在第 n 信息比特的判决变量为 $Z_k[n]=\sqrt{P/2}\cdot T_b b_k[n]$。

(4) 直接序列码分多址(DS-CDMA)通信系统的接收原理也可采用匹配滤波接收,匹配滤波接收器的脉冲响应函数是匹配第 k 用户扩频地址码波形 $c_k(t-\tau)$,即 $h(t)=c_k[(n+1)T_b-t]$,第 k 用户在第 n 信息比特的判决变量为 $Z_k[n]=\sqrt{P/2}\cdot T_b b_k[n]$。

(5) 在相关接收模式,第 n 信息比特的判决变量 $Z_k[n]$ 是相关积分器在 $[nT_b+\hat{\tau},(n+1)T_b+\hat{\tau}]$ 区间的积分输出值,而在匹配滤波接收模式,第 n 信息比特的判决变量 $Z_k[n]$ 是在 $t=(n+1)T_b+\hat{\tau}(n=0,1,2,\cdots)$ 时刻匹配滤波输出的采样值。

(6) 如果 DS-CDMA 通信系统中,多址接入用户数 K 过大,会造成对期望用户的多址用户干扰 $\sum_{k=2}^{K}I_k$ 过大,即使在无信道噪声和多径传播场景下,仅采用相关接收或匹配滤波接收也会增加对期望用户检测的差错率,还必须采用先进的多用户检测算法,如串行干扰抵消(successive interference cancellation,SIC)等算法来降低系统检测的差错率,提高 DS-CDMA 通信系统的多址选址功能。

1.3　频率跳变码分多址(FH-CDMA)通信系统

码分多址通信系统除了 DS-CDMA 通信系统外,按扩展传输信号功率频谱密度的调制制式,还有频率跳变(frequency hopping,FH,简称跳频)-CDMA 通信系统、时间跳变(time hopping,TH,

简称跳时)-CDMA 通信系统及其混合扩频调制的码分多址通信系统,如 DS/FH-CDMA 和 DS/TH-CDMA 通信系统等。

1.3.1 FH-CDMA 通信系统

在 DS-CDMA 通信系统中,往往采用伪噪声或伪随机(pseudo noise,PN)序列调制数字信息的传输信号来扩展发射信号的功率频谱密度。而在 FH-CDMA 通信系统中,PN 序列控制发射信号的频率跳变图案,周期性控制发射信号从某载频频率发射跳变到另一载频频率发射,达到扩展发射信号功率频谱密度带宽的目的。而在 TH-CDMA 通信系统中,PN 序列控制发射信号的时隙跳变图案,周期性控制发射信号从某时隙发射跳变到另一时隙发射,达到扩展发射信号的功率频谱密度带宽的目的。

1. FH-CDMA 通信系统原理

FH-CDMA 通信系统的基本原理框图如图 1-3-1 所示,其核心是“选码、多频、频移键控”,其中“选码”是选择频率跳变图样,一般以 PN 序列选择多进制频移键控,常规频移键控 2FSK 只有两个频率分别代表传号和空号信息,而FH-CDMA 通信系统需要采用几百个甚至更多的频率供所传输数字信息与 PN 序列的组合选择。“多频”是频率合成器产生众多随机选取的跳变频率,“频移键控”是信息调制器采用的调制制式。

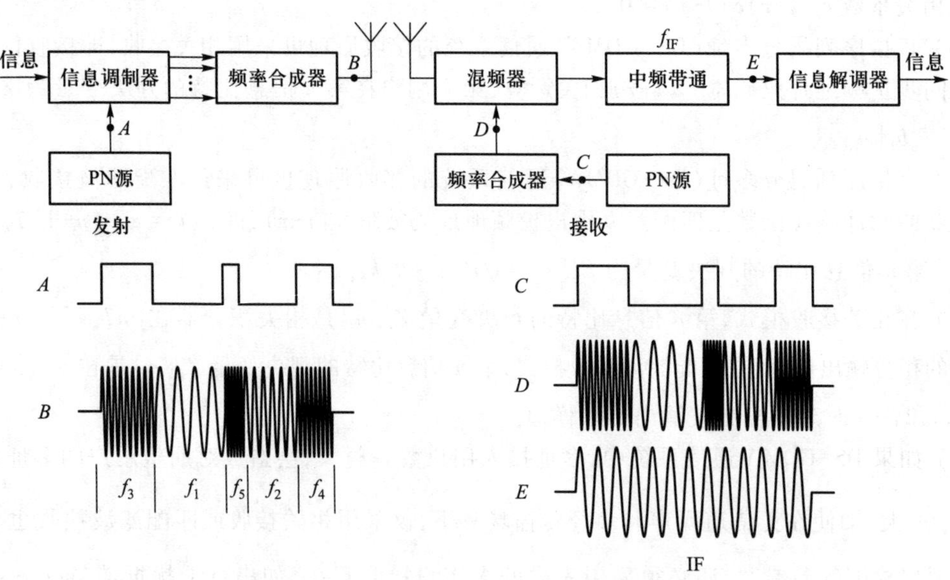

图 1-3-1 FH-CDMA 通信系统基本原理框图

一个实际应用的跳频系统可供随机选取的频率数约为 2^{20} 个离散频率,在发射端数字信息序列与 PN 序列组合共同确定频率跳变图案,进而控制频率合成器的输出频率在时间-频率二维域跳跃地变化,如图 1-3-2 所示,频率跳变按时间顺序依次为 $f_3 \to f_1 \to f_5 \to f_2 \to f_4$。

FH-CDMA 通信系统的跳变频率驻留时间间隔为 T_h,跳变频率数为 N,跳变频率的最小频率间隔为 $1/T_h$,第 i 序号跳变频率 f_i 信号的零值正好处于第 $i+n(n=1,2,3,\cdots,N)$ 序号跳变频率 f_{i+n} 信号的峰值处,相互构成频率正交关系。FH-CDMA 通信系统的发射信号频谱带宽为 $W=N(1/T_c)$,

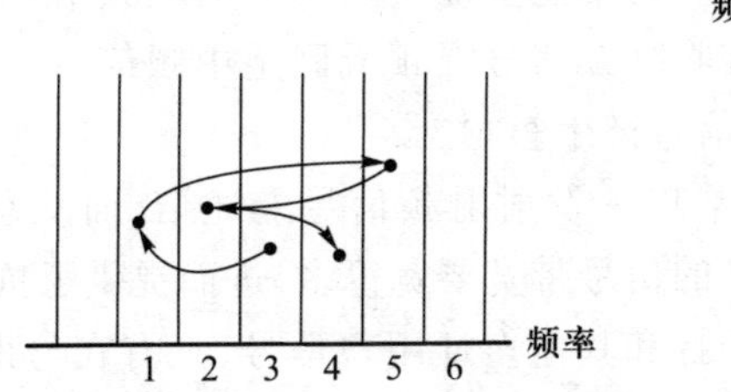

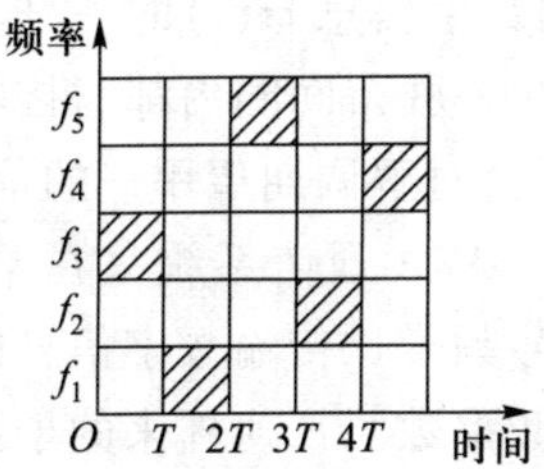

图 1-3-2 频率跳变的时隙-频率矩阵示意

理想频率跳变信号的频谱呈现矩形形状,且每一频道内具有相同的发射信号功率。

为正确无误解调跳频信号,接收端以与发射端 PN 序列的同步码本控制本地频率合成器,使其输出的跳频信号在混频器与接收扩频信号差频出中频信号,经中频带通滤波器和解调器,检测判决出传输的数字信息。

图 1-3-3 是 FH-CDMA 通信系统基本架构的数学模型,发射的跳频信号表示为

$$s_k(t)=m(t)\cos(2\pi f_k t+\varphi_k) \tag{1-3-1}$$

其中 $m(t)$ 为输入数字信息,$\cos(2\pi f_k t+\varphi_k)$ 为频率合成器输出信号,跳频周期或扩频地址码长度为 N。

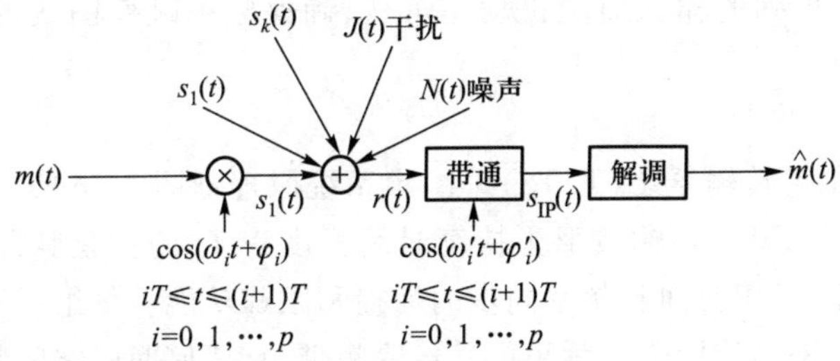

图 1-3-3 FH-CDMA 通信系统基本架构的数学模型

FH-CDMA 通信系统的接收信号表示为

$$r(t)=\sum_{k=1}^{K}s_k(t)+N(t)+J(t) \tag{1-3-2}$$

其中 $s_1(t)$ 为期望用户的跳频信号,$s_k(t)(k=2,3,\cdots,K)$ 为其他多址接入用户的跳频信号,$N(t)$ 是信道噪声,$J(t)$ 是干扰信号。

与接收端频率合成器输出信号 $\cos(2\pi f_k^* t)$ 混频后,输出携带输入数字信息的中频信号 $s_{IP}(t)$,可以表示为

$$\begin{aligned}s_{IP}(t)&=r(t)\cos(2\pi f_k^* t)\\&=s_1(t)\cos(2\pi f_k^* t)+\left[\sum_{k=2}^{K}s_k(t)+N(t)+J(t)\right]\cos(2\pi f_k^* t)\\&=\frac{m(t)}{2}\cos(2\pi f_{IP}t+\varphi_{IP})+\frac{m(t)}{2}\cos[2\pi(f_{IP}+f_k^*)t+\phi_{IP}]+\\&\quad\left[\sum_{k=2}^{K}s_k(t)+N(t)+J(t)\right]\cos(2\pi f_k^* t)\end{aligned} \tag{1-3-3}$$

式(1-3-3)右边第一项是在跳频频率持续时间间隔 $[iT_h,(i+1)T_h]$,经过混频、中频带通滤波器

和解调器，输出传输数字信息 $m(t)$ 的信号。而其他多址接入用户的跳频信号、干扰信号和噪声不可能在每次跳变频率驻留间隔内都与接收跳频信号混频成固定中频信号，只能落到中频带通滤波器通带之外，不会对解调期望用户的信号产生影响。

从瞬间看，FH-CDMA 通信系统只在某单一发射射频信号上通信，而从总体看，FH-CDMA 通信系统的发射信号频带比传输数字信息的信号带宽要宽得多，进而提供了抗干扰能力，其扩频处理增益等于跳频频率数。任何外来的干扰和其他多址用户信号，只有在与期望用户信号频率相同且时隙间隔重合范围内起作用，频率跳变以后就不再受到干扰影响。

FH-CDMA 通信系统中，除以伪随机多址扩频序列控制频率跳变图案外，还有差分跳频系统和自编码跳频系统。

（1）差分跳频系统

Sanders 公司研发的 CHESS（correlated hopping enhanced spread spectrum）系统代表短波跳频保密通信技术发展方向。主要采用差分跳频模式，以数字信息序列和频率跳变图案的组合算法来确定对应的跳频频率，跳频频率与数字信息建立一定的安全加密关系。

（2）自编码跳频系统

输入数字信息序列经过压缩编码成为随机数据序列，从中提取频率跳变图案相关参数信息，频率跳变图案随着数据序列的输入而随机动态可变，确保频率跳变图案的随机性、动态性和安全性。

［**案例 1-3**］：

图 1-3-4 为战术信息传输系统（TATS）中跳频系统原理框图。TATS 跳频系统利用 8 值 RS 序列进行 8FSK 频移键控，基本传输波形为持续时间长度为 T_c 的正弦脉冲，每码字长度为 $8T_c$，码字首位确定固定频率，承担时间和频率同步的捕捉和跟踪功能。每组码字传输 6 比特信息，共形成 64 码字，码字选择满足使用全部跳频信号传输频带，且任何两码字间频率重叠为最少要求。

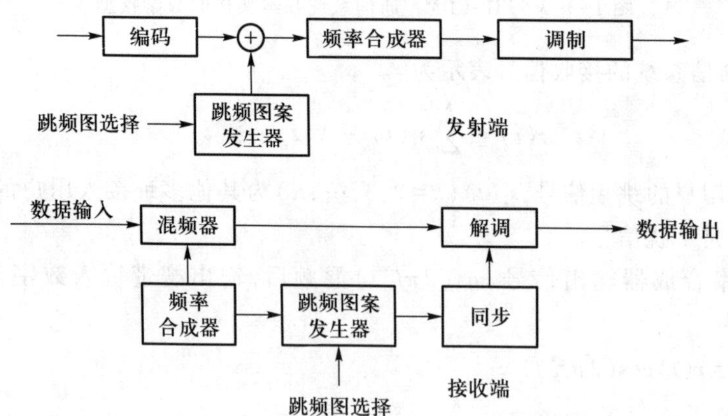

图 1-3-4 战术传输系统（TATS）中跳频系统原理框图

采用八位旋转开关控制三位移位寄存器输出相应的频率跳变图案，如图 1-3-5 的 TATS 系统时隙-频率矩阵示意，基本跳变频率为 $\{f_c, f_c-5\Delta, f_c+7\Delta, f_c-\Delta, f_c-3\Delta, f_c+5\Delta, f_c+\Delta\}$，PN 序列发生器的不同状态决定不同时刻的离散载频频率 f_{ck}，输入信息序列决定 8FSK 频率偏离量 $\pm k\Delta$，两者组合共同控制频率合成器输出的离散频率跳变序列 $\{f_c \pm k\Delta\}$。

FH-CDMA 通信系统的核心功能模块是跳频器,由 PN 序列发生器和频率合成器构成,跳频数与跳频速率是决定 FH-CDMA 通信系统性能的关键参数。随着跳频数增加,功率频谱密度带宽扩展越宽,系统处理增益越大,跳频速率越高,可有效抵抗干扰。跳频数和跳频速率也决定了 PN 序列发生器结构和频率合成器的指标,要求频率合成器输出频率成分要纯、转换速度要快、信号稳定时间要短。

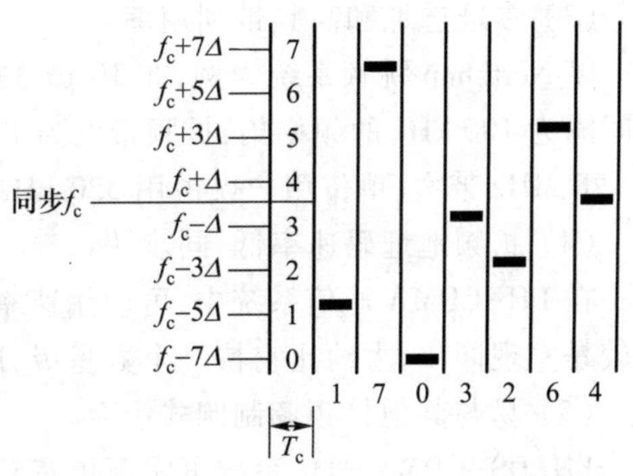

图 1-3-5 TATS 系统时隙-频率矩阵示意

FH-CDMA 通信系统的关键技术是同步。对跳频系统来说,同步就是使收发双方的频率必须以相同图案和速率跳变,不仅每次跳变频率有确切严格定义,而且与上一跳变频率有严格相位关系,才能通过混频器恢复期望用户信号的频谱解扩展,准确提取接收信号中相关频率信息,进而解调和检测传输的数字信息。接收信号的检测可以基于频率域或时间域的相关运算,其中频率域相关运算为频率与频率相乘运算,而时间域相关运算为对应信息比特的“模二加”运算。

2. FH-CDMA 通信体制特点

在现代战术通信中,抗干扰、抗窃听和抗测图的要求非常紧迫,FH-CDMA 通信系统特别适合战术通信场景。

(1) 以躲避方式提高抗干扰性能

干扰对通信系统影响程度取决于干扰类型、调制制式和同步方案等。从处理干扰策略来看,DS-CDMA 通信系统把任何非相关信号和干扰信号能量平均分配在扩展频谱的宽带上,经过窄带滤波后,在窄带带宽内使期望用户信号能量大于干扰能量,从而正确接收信息,所以DS-CDMA 通信系统对抗干扰采取平均策略。提高 DS-CDMA 通信系统抗干扰性能的主要途径是增加发射信号带宽,即扩频地址码的码片速率应该远远大于信息的比特速率。

而对 FH-CDMA 通信系统来说,当干扰信号能量大于检测判决门限,且在频率跳变时隙内干扰频率恰好位于跳频信道时才有效,从这个意义上讲,FH-CDMA 系统对抗干扰采取躲避策略。

如果欲成功干扰 FH-CDMA 通信系统,至少要满足下列条件之一。

① 在大量跳频信号传播信道上,具有大于检测判决门限的干扰能量。即干扰信号能量大于期望用户信号能量许多数量级,如果干扰频率不位于跳频信道内,FH-CDMA 通信系统也能正确接收。

② 能够预测下一时隙的跳变频率,包括破坏 PN 序列和跳频图案指令等。以 m 序列为例,同一长度的 m 序列有 $\phi(2^r-1)/r$ 种,其中 $\phi(2^r-1)$ 为欧拉函数,r 为移位寄存器级数,还有 2^r-1 个初相位,可见预测频率跳变图案下一时隙跳变频率是很困难的。

(2) 易于解决“远近问题”

如果 CDMA 通信系统中 UE_1、UE_2 和 UE_3 分别采用 DS 和 FH 扩展频谱制式,UE_1 与 UE_3 之间距离是 UE_2 与 UE_3 之间距离的 1 000 倍。若采用 DS-CDMA 通信系统,除非 UE_3 接收机具有 60 dB 以上的处理增益,否则根本无法接收 UE_1 信号。而采用 FH-CDMA 通信系统,只要三个用户各发射频率跳变信号,UE_3 用常规滤波技术就可提取微弱的 UE_1 信号。

(3) 多址选址和高频带利用率

以 Northhop 跳频系统为例,在 10 μs 频率跳变驻留间隔内选择确定的跳变频率,频率选自频率间隔为 100 kHz 的频率集,扩频带宽为 128 MHz,持续时间 0.5 s 分成 8 时隙,允许 40 个用户共享 128 MHz 带宽,单位用户仅占用 320 kHz 的带宽。

(4) 扩频地址码速率低,同步快

在 FH-CDMA 通信系统中,可应用速率较低的扩频地址码,相比 DS-CDMA 通信系统 PN 序列较易实现同步,大约比它快一个数量级,即约为 ms 级。

(5) 易与其他扩频调制制式组合

FH/DS-CDMA 通信系统可实现更宽频带的扩展,FH/TH-CDMA 通信系统可增加用户选址数,得到单一扩频调制制式达不到的系统增益。

1.3.2 MFSK-FH-CDMA 通信系统

在短暂跳变频率驻留时间间隔内,系统接收端是难以准确估计发射载频信号的相位信息的,FH-CDMA 通信系统只能采用非相干 MFSK 调制。非相干 MFSK 调制信号带宽为

$$W_{\mathrm{MFSK}}=\frac{M+1}{T_{\mathrm{s}}} \tag{1-3-4}$$

其中 T_{s} 是 MFSK 调制符号持续时间长度。

MFSK-FH-CDMA 通信系统的带宽为

$$W_{\mathrm{s}}=Q\cdot\frac{M+1}{T_{\mathrm{s}}} \tag{1-3-5}$$

其中 Q 是跳变频率数。

如果跳变频率驻留时间间隔 T_{h} 大于 MFSK 调制符号持续时间长度 T_{s},即 $L=T_{\mathrm{s}}/T_{\mathrm{h}}<1$,说明在一个跳变频率驻留时间间隔内可以发射多个 MFSK 调制符号,此类 FH-CDMA 通信系统称为 CDMA 慢跳频通信系统(MFSK-SFH-CDMA)。如果一个 MFSK 调制符号持续时间长度内需要多个跳变频率来支持,即 $L=T_{\mathrm{s}}/T_{\mathrm{h}}>1$,此类 FH-CDMA 通信系统称为 CDMA 快跳频通信系统(MFSK-FFH-CDMA)。

MFSK-SFH-CDMA 通信系统发射原理框图如图 1-3-6 所示。

图 1-3-6 中频率跳变图案是由扩频地址码控制频率合成器输出的频率跳变信号 $\cos[2\pi f_k(t)t]$ 的图案,输出的频率跳变信号和MFSK调制符号 $s_m(t)$ 相乘,得到

$$s_k(t)=\sqrt{2P}\cdot\cos\{2\pi[f_{\mathrm{c}}+f_m+f_k(t)]t+\varphi_m+\alpha_k(t)\} \tag{1-3-6}$$

其中 f_{c} 是发射信号的载频频率,f_m 是 MFSK 符号中第 m 个调制信号频率,$f_k(t)$ 是第 k 用户在第 j 跳变频率驻留持续时间 $[jT_{\mathrm{h}},(j+1)T_{\mathrm{h}}]$ 的系统跳变频率序列,且 $f_k(t)=f_j^{(k)}$,T_{h} 是跳变频率驻留持续间隔,$\alpha_k(t)$ 是第 k 跳变频率产生的附加相位。

MFSK 调制符号中,多进制调制频率信号须满足正交关系,即

$$\begin{aligned}\rho_{ij}&=\frac{L}{E_s}\int_0^{T_{\mathrm{h}}}s_i(t)s_j(t)\,\mathrm{d}t\\&=\frac{1}{T_{\mathrm{h}}}\int_0^{T_{\mathrm{h}}}\cos[2\pi(f_i-f_j)t+\varphi_i-\varphi_j]\,\mathrm{d}t=0,\quad i\neq j\end{aligned} \tag{1-3-7}$$

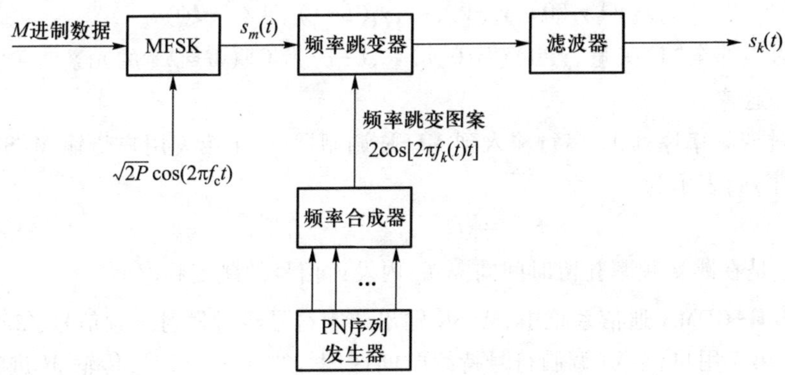

图 1-3-6 MFSK-SFH-CDMA 通信系统发射原理框图

满足正交跳变频率信号的跳变频率间隔为

$$f_i - f_j = \frac{n}{T_h}, \quad n = 1, 2, \cdots \tag{1-3-8}$$

其中正交跳变频率的最小频率间隔为 $1/T_h$,MFSK 调制符号的跳变频率集为

$$F = \left\{\frac{0}{T_h}, \frac{1}{T_h}, \cdots, \frac{M-1}{T_h}\right\} \tag{1-3-9}$$

快跳频 FFH-CDMA 通信系统可把图 1-3-6 中 MFSK 和 SFH-CDMA 通信系统中跳变频率序列的模块改成图 1-3-7 的 MFSK-FFH-CDMA 通信系统发射原理框图。

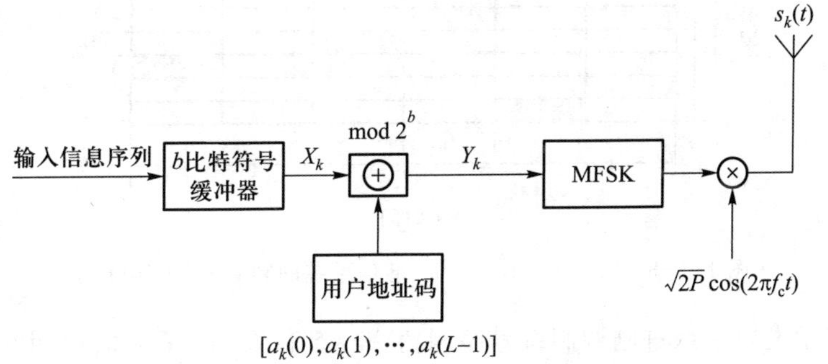

图 1-3-7 MFSK-FFH-CDMA 通信系统发射原理框图

在图 1-3-7 中第 k 用户传输 b 比特信息,比特速率 R_b 的输入数字信息序列加载到 b 比特缓冲器模块,b 比特缓冲器输出持续时间长度为 T_s 的符号序列值为 $X_k \in \{0,1,\cdots,M-1\}$,$M=2^b$,$b$ 比特缓冲器输出符号序列速率为 $R_s = R_b/b$,对应跳变频率驻留间隔为 T_h,系统频率跳变速率为$R_h = 1/T_h$。

如果图 1-3-7 的 MFSK-FFH-CDMA 通信系统满足 $L = T_s/T_h > 1$,即 MFSK 调制符号持续时间长度 T_s 内有 L 个跳变频率,第 k 用户的扩频地址码控制的频率跳变图案为

$$a_k = [a_k(0), a_k(1), \cdots, a_k(L-1)] \tag{1-3-10}$$

其中 $a_k(l) \in \mathrm{GF}(M)$,$l = 0, 1, \cdots, L-1$,GF($M$)是 $M = 2^b$ 元素的伽罗瓦 (Galois) 域。

第 k 用户控制的频率跳变图案 a_k 和 b 比特缓冲器输出的符号序列值 X_k 进行伽罗瓦域的加法,即 mod 2^b 运算,得到系统激活跳变频率序列表示为

$$Y_k=[y_k(0),y_k(1),\cdots,y_k(L-1)]=X_k\cdot \boldsymbol{I}\oplus a_k \tag{1-3-11}$$

其中 $\boldsymbol{I}$ 是长度为 L 的全“1”矢量，$y_k(l)(l=0,1,\cdots,L-1)$ 为 GF$(M=2^b)$ 的元素。$\oplus$为伽罗瓦域的加法，即 mod 2^b 运算。

系统激活跳变频率序列 Y_k 串行输入到 MFSK 调制器，产生第 k 用户传输 MFSK 调制符号的系统跳变频率序列，表示为

$$F_m^{(k)}=[f_0^{(k)},f_1^{(k)},\cdots,f_{L-1}^{(k)}] \tag{1-3-12}$$

其中 $f_l^{(k)}\in F_m^{(k)}$ 是在跳变频率驻留时间间隔 T_h 内发射信号的跳变频率。

在 MFSK-FH-CDMA 通信系统中，MFSK 输出调制符号经过发射载频信号$\sqrt{2P}\cos(2\pi f_c t)$的频率调制，产生第 k 用户在第 i 调制符号持续时间区间$[iT_s,(i+1)T_s]$，传输 M 进制调制符号序列值 X_k 的发射信号可以表示为

$$s_k(t)=\sum_{l=0}^{L}\sqrt{2P}\cdot P_{T_h}(t-iT_s-lT_h)\cos[2\pi(f_c+f_l^{(k)})t+\varphi_l^{(k)}] \tag{1-3-13}$$

其中 P 为发射信号功率，$P_{T_h}(t)$为在跳变频率驻留时间间隔$[0,T_h]$内的矩形脉冲波形，$\varphi_l^{(k)}$ 为 MFSK 和载波调制产生的附加相位。

[案例 1-4]：

8FSK-FFH-CDMA 通信系统的频率-时隙矩阵图如图 1-3-8 所示，第 k 用户的频率跳变图案为 $a_k=[4,3,7,6,2,5]$，跳变频率来自 GF$(M=2^b)$频率集。

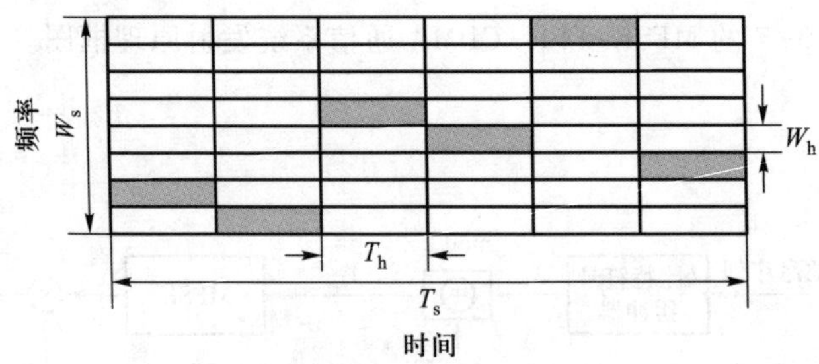

图 1-3-8 8FSK-FFH-CDMA 通信系统的频率-时隙矩阵图

$M=2^b=8$ 表示发射端八进制调制符号序列值 $X_k=5$ 和 $L=T_s/T_h=6$，说明在 8FSK 调制符号持续时间长度 T_s 内有 6 个跳变频率驻留时间间隔 T_h，即第 k 用户有 $L=6$ 个跳变频率。

依据式(1-3-11)，得到图 1-3-8 中激活跳变频率序列 Y_k 为

$$Y_k=[X_k\cdot\boldsymbol{I}\oplus a_k]\bmod 2^3=[5,5,5,5,5]\oplus[4,3,7,6,2,5]\bmod 2^3=[1,0,4,3,7,2]$$

激活跳变频率序列 Y_k 输入到 MFSK 调制器，输出的系统跳变频率序列依次为$\{f_1,f_0,f_4,f_3,f_7,f_2\}$。

1.3.3 MFSK-FH-CDMA 信号检测

MFSK-FH-CDMA 信号检测分为 MFSK-SFH-CDMA 信号检测和 MFSK-FFH-CDMA 信号检测。

1. MFSK-SFH-CDMA 信号检测

MFSK-SFH-CDMA 通信系统接收原理框图如图 1-3-9 所示，如果 MFSK-SFH-CDMA 通信

系统中第 k 用户的接收信号没有受到信道噪声和多径衰落影响,接收信号可表示为

$$r(t)=\sqrt{2P}\cdot\cos\{2\pi[f_c+f_m+f_k(t-\tau_k)]t+\phi_m^{(k)}\} \tag{1-3-14}$$

其中 τ_k 是传输时延,$\phi_m^{(k)}$ 是全部合成的相位。

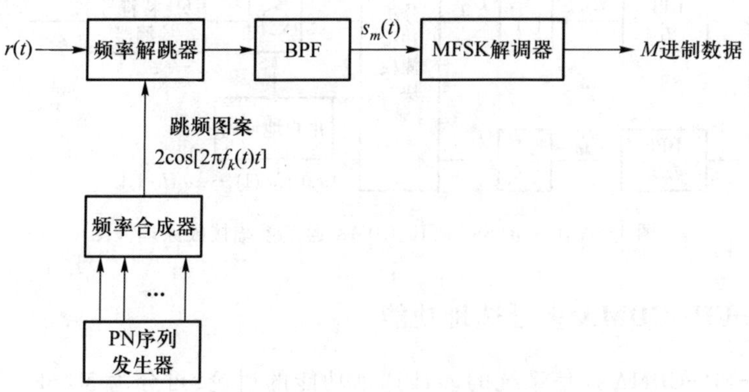

图 1-3-9 MFSK-SFH-CDMA 通信系统接收原理框图

接收端以与第 k 用户同步的系统跳变频率序列 $\{f_k\}$ 对 MFSK-SFH-CDMA 通信系统的接收信号进行解频率跳变,通过带通滤波器(BPF)滤去高于二倍载频信号成分,BPF 的输出信号为

$$\begin{aligned}s_m(t)&=\sqrt{2P}\cdot\cos\{2\pi[f_c+f_m+f_k(t-\tau_k)]t+\phi_m^{(k)}\}\times2\cos\{2\pi[f_k(t-\tau_k)]t\}\\&=\sqrt{2P}\cdot\cos[2\pi(f_c+f_m)t+\phi_m^{(k)}]\end{aligned} \tag{1-3-15}$$

式(1-3-15)实质就是 MFSK 调制信号,可以利用 MFSK 检测模块,采用基于最大似然(maximum likelihood,ML)准则检测判决算法,检测判决输入数字比特信息。

2. MFSK-FFH-CDMA 信号检测

对应图 1-3-7 的 MFSK-FFH-CDMA 通信系统发射原理框图,MFSK-FFH-CDMA 通信系统的接收信号表示为

$$r(t)=\sum_{l=0}^{L-1}\sqrt{2P}\cdot P_{T_h}(t-iT_s-lT_h-\tau_k)\cos\{2\pi[f_c+f_l^{(k)}]t+\phi_l^{(k)}\} \tag{1-3-16}$$

MFSK-FFH-CDMA 通信系统接收原理框图如图 1-3-10 所示,接收的传输数字信息的频率跳变信号和本地载波信号 $2\cos(2\pi f_c t)$ 相乘,把接收频率跳变信号的频谱频段搬移到传输 MFSK 调制符号序列的频段,再分别输入到匹配 $\{f_0,f_1,\cdots,f_{M-1}\}$ 频率的 MFSK 能量检测器,M 支路输出的检测判决变量为 $\{U_{1l},U_{2l},\cdots,U_{Ml}\}$。

MFSK-FFH-CDMA 通信系统中,MFSK 调制符号持续时间长度 T_s 对应 L 个跳变频率,M 支路能量检测器在符号持续时间间隔 T_s 内可提供共计 $M\times L$ 个检测判决变量。图 1-3-10 中的频谱分析和检测模块,根据检测判决变量是否超过判决门限的跳变频率 $f_l^{(k)}\in F$,输出对应激活跳变频率序列 Y_k。

根据式(1-3-11),Y_k 是第 k 用户控制的频率跳变图案 a_k 和传输输入数字信息的 M 进制符号序列值 X_k 共同确定的。MFSK-FFH-CDMA 通信系统中,第 k 用户传输数字信息的 M 进制调制符号序列值 X_k 为

$$X_k\cdot\boldsymbol{I}=Y_k\overline{\oplus}a_k \tag{1-3-17}$$

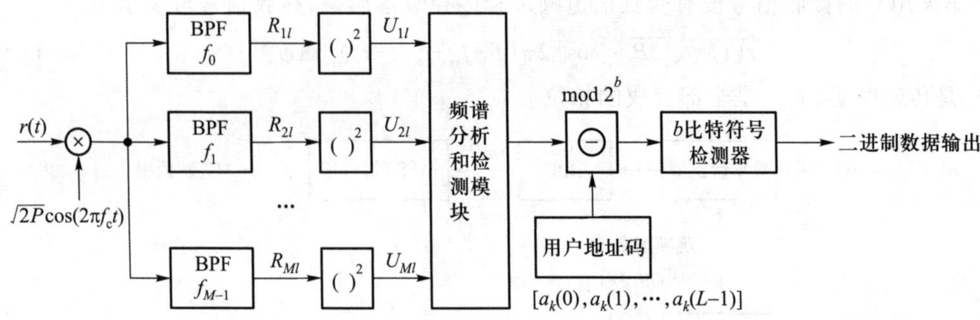

图 1-3-10　MFSK-FFH-CDMA 通信系统接收原理框图

1.3.4　MFSK-FH-CDMA 多址选址功能

关于 MFSK-FH-CDMA 通信系统的多址选址功能的讨论,可分为 MFSK-SFH-CDMA 通信系统多址选址功能和 MFSK-FFH-CDMA 通信系统多址选址功能。

1. MFSK-SFH-CDMA 多址选址功能

[**案例 1-5**]:

图 1-3-11 所示为 8FSK-SFH-CDMA 通信系统中 UE_1 和 UE_2 的多址选址功能。UE_1 的频率跳变图案为 $a_{k1}=[1,3,2,6,4,5]$(以黑色表示),即按$\{f_1,f_3,f_2,f_6,f_4,f_5\}$图案进行频率跳变,而 UE_2 的频率跳变图案为 $a_{k2}=[2,6,4,3,1,5]$(以斜格表示),即按$\{f_2,f_6,f_4,f_3,f_1,f_5\}$图案进行频率跳变,频率跳变图案周期均为 $6T_h$。

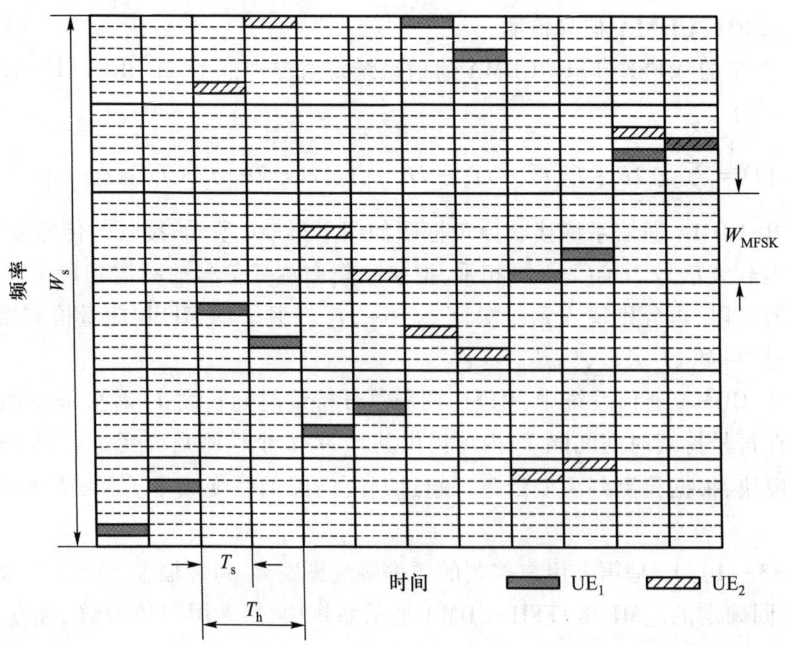

图 1-3-11　8FSK-SFH-CDMA 通信系统中 UE_1 和 UE_2 的多址选址功能示意

在 SFH-CDMA 通信系统中,跳变频率频谱扩展制式满足 $T_h=2T_s$,UE_1 和 UE_2 在跳变频率驻留时间间隔 T_h 内分别发射两个 8FSK 调制符号,在 8FSK 调制符号持续时间间隔 T_s 内发射一个 8FSK 调制符号,其调制符号序列值选自{0,1,2,3,4,5,6,7}集合。

在图 1-3-11 中,UE_1 的 8FSK 调制符号序列值为[1,5,5,2,2,4,7,5,0,2,3,4],UE_2 的 8FSK 调制符号序列值为[3,5,1,7,4,0,3,1,6,7,5,4]。在前 5 个跳变频率驻留时间间隔 T_h 内有 10 个 8FSK 调制符号没有发生频率碰撞现象,而在第 6 跳变频率驻留时间间隔 T_h 内,UE_1 和 UE_2 在第一调制符号期间,8FSK 调制符号序列值分别是 3 和 5,而在第二调制符号期间,8FSK 调制符号序列值均是 4。说明在第二调制符号期间发生了频率击中现象,产生多址用户干扰。最终是否引起传输数字信息的差错判决,还要取决于被击中频率在该数字信息判决中所占的比例和权重。

2. MFSK-FFH-CDMA 多址选址功能

[**案例 1-6**]:

图 1-3-12 所示为 8FSK-FFH-CDMA 通信系统中 UE_1 和 UE_2 的多址选址功能,图中 $\boldsymbol{T}$ 和 $\boldsymbol{R}$ 分别表示 8FSK-FFH-CDMA 通信系统发射端时隙-频率矩阵和接收端时隙-频率矩阵。其中 UE_1 控制的频率跳变图案为 $a_{k1}=[4,3,7,6,2,5]$,UE_2 控制的频率跳变图案为 $a_{k2}=[2,4,6,3,1,7]$,UE_1 和 UE_2 的 8FSK 调制符号序列值分别为 $X_1=5$ 和 $X_2=3$。

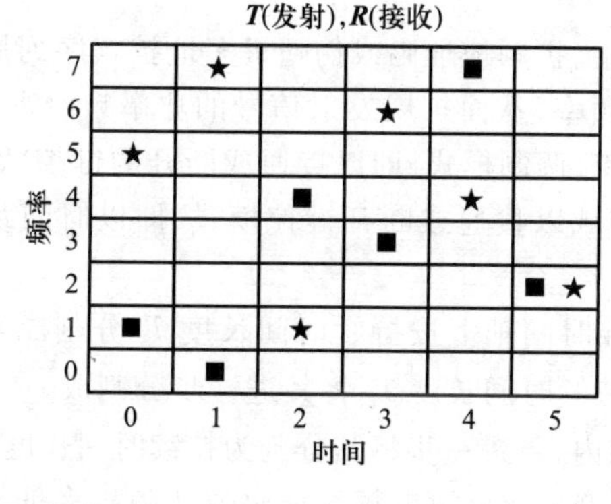

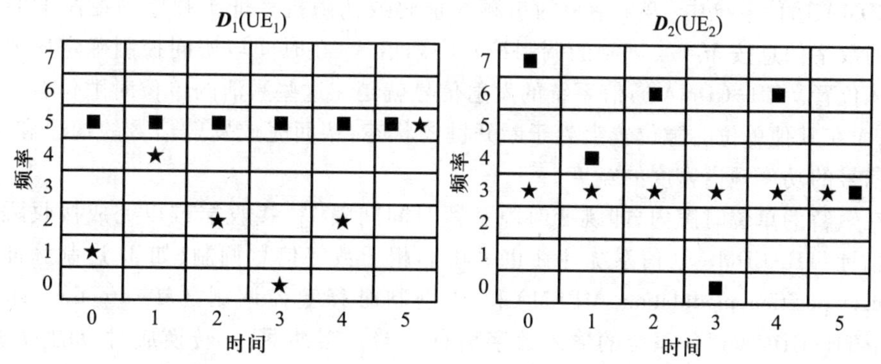

图 1-3-12 8FSK-FFH-CDMA 通信系统中 UE_1 和 UE_2 的多址选址示意图

根据式(1-3-11)的 $Y_k=X_k\cdot \boldsymbol{I}\oplus a_k$,$UE_1$ 的激活跳变频率序列是 $Y_1=[5,5,5,5,5,5]\oplus[4,3,7,6,2,5] \bmod 8=[1,0,4,3,7,2]$,对应的系统跳变频率序列是$\{f_1,f_0,f_4,f_3,f_7,f_2\}$,以方块

(■)表示。UE_2 的激活跳变频率序列是 $Y_2=[3,3,3,3,3,3]\oplus[2,4,6,3,1,7]\bmod 8=[5,7,1,6,4,2]$,对应的系统跳变频率序列是 $\{f_5,f_7,f_1,f_6,f_4,f_2\}$,以五星(★)表示。

在图 1-3-12 中,$\boldsymbol{D}_1$ 和 $\boldsymbol{D}_2$ 分别表示 8FSK-FFH-CDMA 通信系统中 UE_1 和 UE_2 的接收端检测的时隙-频率矩阵。根据式(1-3-17)中 $X_k\cdot\boldsymbol{I}=Y_k\overline{\oplus}a_k$,接收到的用户时隙-频率矩阵 $\boldsymbol{D}$ 减去该用户的频率跳变图案,就得到该用户的 8FSK 调制符号序列值,进而检测判决出输入数字信息。

UE_1 和 UE_2 的 8FSK 调制符号序列值分别是

$$X_1=[1,0,4,3,7,2]\overline{\oplus}[4,3,7,6,2,5]\bmod 8=[5,5,5,5,5,5]$$

$$X_2=[5,7,1,6,4,2]\overline{\oplus}[2,4,6,3,1,7]\bmod 8=[3,3,3,3,3,3]$$

从图 1-3-12 可见:UE_1 时隙-频率矩阵 $\boldsymbol{D}_1$ 的第 5 行第 5 时隙(以■★表示)和 UE_2 时隙-频率矩阵 $\boldsymbol{D}_2$ 的第 3 行第 5 时隙(以★■表示)均发生频率击中现象,产生多址用户干扰。同样,最终是否引起数字信息的差错判决,还要取决于被击中频率在该数字信息判决中所占的比例和权重。

1.4 时间跳变码分多址(TH-CDMA)通信系统

在 FH-CDMA 通信系统中,扩频地址码或伪随机多址扩频序列周期性控制发射信号的载波频率从某一频率跳变到另一频率,从而扩展发射信号的功率频谱密度的宽度。FH-CDMA 通信系统是在频率域以通断(on off)调制模式,即以接通或断开的键控状态来扩展发射信号的频谱。同样,发射信号也可以在时间域以接通或断开键控模式,即以时间跳变(time hopping,TH)键控状态来扩展发射信号的频谱。

TH-CDMA 通信系统是在时间轴上按持续时间长度 T_f 分割成若干连续的时间帧。在持续时间长度 T_f 的时间帧内,按持续时间长度 T_c 将其进一步分割成 $Q(Q\leqslant M=2^b)$ 个跳变时隙。在持续时间长度 T_c 的跳变时隙内,再进一步将其分割为持续时间长度为 T_h 的 $M=2^b$ 个单位时隙。

TH-CDMA 通信系统中,第 k 用户的扩频地址码或伪随机多址扩频序列控制的时隙跳变图案和输入的数字信息按 $M=2^b$ 进制的调制符号序列值 X_k 在时间域协同控制确定所要激活单位时隙的具体位置。TH-CDMA 通信系统的发射信号就是在这些激活的单位时隙位置上处于接通键控状态,而在其他单位时隙位置上处于断开键控状态,从而完成发射信号的构建和发射,达到扩展发射信号的功率频谱密度的宽度。

由于在短暂的单位时隙内,即跳变时隙驻留时间间隔 T_h,接收端难以完成接收跳时扩频信号的相位估计,TH-CDMA 通信系统往往也采用非相干数字信息调制,如 M 进制脉冲位置调制(M-ary pulse position modulation,MPPM)和 M 进制时移键控调制(M-ary time shift keying,MTSK)等。TH-CDMA 通信系统的输入数字信息存储在缓冲器,并转换成对应的 M 进制信息,建立 M 进制信息与 MPPM 调制符号对应映射关系。

1.4.1 MPPM-TH-CDMA 通信系统

假设:TH-CDMA 通信系统中,每个时间帧的持续时间长度为 T_f,输入数字信息存储在缓冲器并输出持续时间长度为 T_s 的 M 进制调制符号,时隙跳变图案平均驻留持续时间长度为 T_H,时隙跳变图案的跳变速率为 $R_H=1/T_H$。

当满足 $L=T_s/T_H<1$,说明该系统为慢跳时 FTH-CDMA 通信系统,而满足 $L=T_s/T_H>1$,即传输一个 M 进制调制符号需要激活多个时隙跳变图案,说明该系统属于快跳时 FTH-CDMA 通信系统。

类似于 MFSK-FH-CDMA 通信系统,MPPM-TH-CDMA 通信系统也有 MPPM-STH-CDMA 通信系统和 MPPM-FTH-CDMA 通信系统。

1. MPPM-STH-CDMA 通信系统

MPPM-STH-CDMA 通信系统发射原理框图如图 1-4-1 所示,MPPM 调制符号的持续时间长度 T_s 等于时间帧的持续时间长度 T_f。把持续时间长度 T_f 的时间帧进一步分割为 $t_k(0\leqslant t_k\leqslant Q-1$,为整数)个持续时间长度为 T_c 的跳变时隙,持续时间长度为 T_c 的跳变时隙再进一步分割为 $M=2^b$ 个持续时间长度为 T_h 的单位时隙,其中 t_k 表示第 k 用户控制的时隙跳变图案 $\{t_k\}$ 的序号。

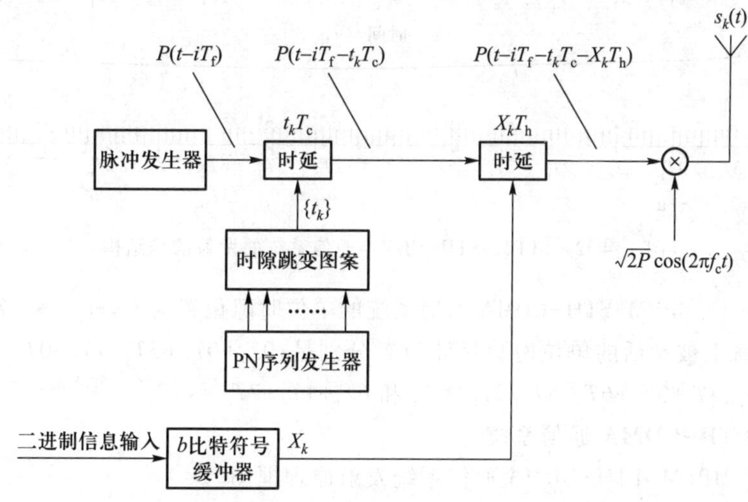

图 1-4-1　MPPM-STH-CDMA 通信系统发射原理框图

在图 1-4-1 中,脉冲发生器输出信号为时域的脉冲信号 $P(t-iT_f)$,其中 i 是在时间轴上所对应时间帧的序号,$P(t)$ 是在跳变时隙驻留时间间隔 $[0,\ T_h]$ 的单位时隙脉冲波形,且满足 $\int_0^{T_H} P^2(t)\,\mathrm{d}t = T_h$,持续时间长度 T_f 的时间帧分割成 Q 个持续时间长度 T_c 的跳变时隙。

第 k 用户的扩频地址码或伪随机多址扩频序列控制时隙跳变图案 $\{t_k\}$ 中键控时延门电路的接通或断开状态,其中 t_k 值取自 $[0,Q-1]$ 的整数。在脉冲发生器输出时域脉冲信号 $P(t-iT_f)$ 中再延时 t_kT_c 时隙,生成的脉冲信号表示为 $P(t-iT_f-t_kT_c)$,第 k 用户的输入数字信息比特按 $M=2^b$ 进制编码输入缓冲器,输出长度为 b 比特的调制符号序列值 $X_k\in\{0,1,\cdots,M-1\}$。

如果输入数字信息调制采用 MPPM 制式,长度为 b 比特的 M 进制调制符号序列值 X_k 控制键控时延门电路的接通或断开状态,使得时延门电路输出的脉冲信号 $P(t-iT_f-t_kT_c)$ 延时 X_kT_h 单位时隙,最后合成的输出脉冲信号可以表示为 $P(t-iT_f-t_kT_c-X_kT_h)$。

在 MPPM-STH-CDMA 通信系统中,合成输出脉冲信号和 $\sqrt{2P}\cos(2\pi f_ct)$ 相乘,把合成输出脉冲信号搬移到系统发射频率频段。第 k 用户在第 i 时间帧持续时间间隔的发射信号表示为

$$s_k(t)=\sqrt{2P}\cdot P(t-iT_f-t_kT_c-X_kT_h)\cos[2\pi f_c t+\varphi_i^{(k)}] \qquad (1-4-1)$$

其中 $\varphi_i^{(k)}$ 是载波调制产生附加相位。

[**案例 1-7**]：

图 1-4-2 为 8PPM-STH-CDMA 通信系统的发射信号结构，第 k 用户控制的时隙跳变图案为 $\{t_k\}=\{0,2,3,1\}$，8FSK 进制（$M=2^b=8$）调制符号序列值 X_k 为 [3,7,5,2,6,0,7]，持续时间长度为 T_f 的时间帧分割成持续时间长度为 T_c 的 $Q=4$ 个跳变时隙，STH-CDMA 通信系统的参数为 $L=T_s/T_h=1/2$，发射脉冲波形 $P(t)$ 延时 iT_f 和 t_kT_c 后合成的脉冲波形为 $P(t-iT_f-t_kT_c)$。$P(t-iT_f-t_kT_c)$ 再延时 X_kT_h 单位时隙，最后合成输出的发射脉冲波形为 $P(t-iT_f-t_kT_c-X_kT_h)$。

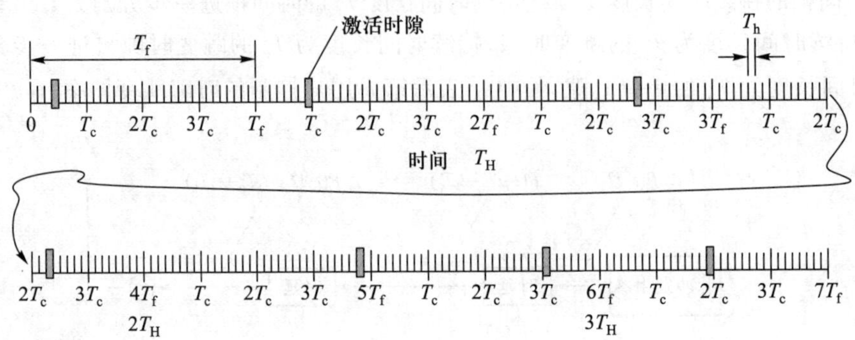

图 1-4-2　8PPM-STH-CDMA 通信系统的发射信号结构

根据式（1-4-1），8PPM-STH-CDMA 通信系统的单位时隙位置为 $iT_f+t_kT_c+X_kT_h$，图 1-4-2 中发射信号在时间轴上被激活的单位时隙具体位置分别是：$0T_f+0T_c+3T_h$，$1T_f+0T_c+7T_h$，$2T_f+2T_c+5T_h$，$3T_f+2T_c+2T_h$，$4T_f+3T_c+6T_h$，$5T_f+3T_c+0T_h$ 和 $6T_f+1T_c+7T_h$。

2. MPPM-FTH-CDMA 通信系统

图 1-4-3 是 MPPM-FTH-CDMA 通信系统发射原理框图。

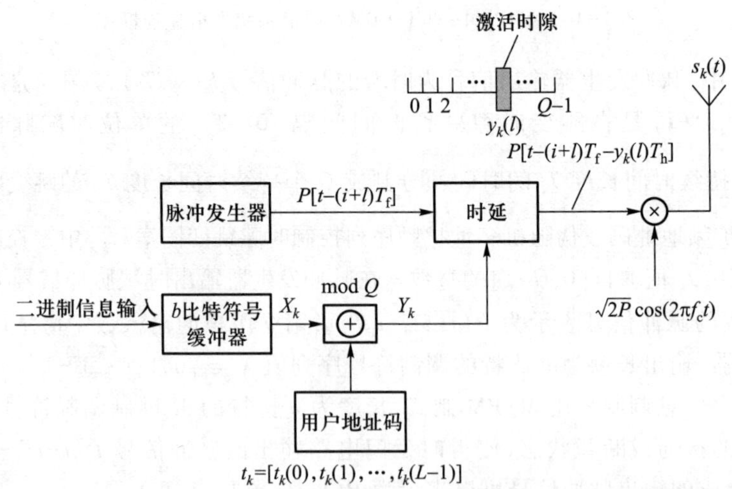

图 1-4-3　MPPM-FTH-CDMA 通信系统发射原理框图

在快跳时扩频(FTH-CDMA)通信系统中,发射信号中时隙跳变图案平均驻留持续时间长度 T_{H} 等于时间帧的持续时间长度 T_{f},即满足 $T_{\mathrm{H}}=T_{\mathrm{f}}$ 关系。如果传输一个 M 进制调制符号需要若干时间帧,也就是存在 $L=T_{\mathrm{s}}/T_{\mathrm{H}}=T_{\mathrm{s}}/T_{\mathrm{f}}>1$ 关系,其中 L 为发射一个 MPPM 调制符号所需要的时间帧数,则满足 $Q=M=2^b$ 关系,Q 是时间帧内含持续时间长度 T_{c} 的跳变时隙数。

图 1-4-3 与图 1-3-7 所示的 MFSK-FFH-CDMA 通信系统发射原理框图相比较,除了脉冲波形发生器和激活单位时隙的时延键控电路代替了 MFSK 调制器外,其余与 MFSK-FFH-CDMA 通信系统发射原理基本相同。

第 k 用户扩频地址码或伪随机多址扩频序列控制的时隙跳变图案 $\{t_k\}=[t_k(0),t_k(1),\cdots,t_k(L-1)]$,$l=0,1,2,\cdots,L-1$。其中时隙跳变图案中元素 $t_k(l)$ 来自 GF(Q)的元素,即 $t_k(l)\in$ GF(Q)。第 k 用户输入的数字信息比特按 $M=2^b$ 进制编码输入符号缓冲器,符号缓冲器输出 b 比特的调制符号序列值 $X_k\in[0,1,\cdots,M-1]$。对第 k 用户控制的时隙跳变图案 $\{t_k\}$ 与该用户调制符号序列值 X_k 的和进行 mod Q 运算,产生序号从第 i 时间帧开始到第 $i+L$ 时间帧终止的跳变时隙脉冲信号。

发射信号脉冲波形中对应的激活时隙跳变序列为

$$Y_k=[y_k(0),y_k(1),\cdots,y_k(L-1)]=X_k\cdot \boldsymbol{I}\oplus t_k \tag{1-4-2}$$

其中 $\boldsymbol{I}$ 是长度为 L 的全“1”矢量,$y_k(l)$ $(l=0,1,2,\cdots,L-1)$ 是 GF(Q)的元素,符号 $\oplus$ 是 mod Q 运算,L 是激活时隙跳变序列的元素数。式(1-4-2)中 Y_k 的元素 $y_k(l)$ 表示在第 $i+l$ 时间帧的持续时间长度 T_{f} 内,时延 $y_k(l)$ 个单位时隙 T_{h} 位置,且满足 $0\leqslant y_k(l)T_{\mathrm{h}}\leqslant(Q-1)T_{\mathrm{h}}$,其中 T_{h} 为单位时隙的持续时间长度。

第 k 用户控制的时隙跳变图案 $\{t_k\}$ 和调制符号序列值 X_k 根据式(1-4-2)产生激活时隙跳变序列 Y_k,它表示从第 i 序号时间帧开始连续 L 个时间帧终止所激活单位时隙的具体位置。

图 1-4-3 中脉冲发生器输出的时域脉冲信号为 $P[t-(i+l)T_{\mathrm{f}}]$,$l=0,1,\cdots,L-1$,激活时隙跳变序列 Y_k 控制时延键控电路,控制脉冲信号 $P[t-(i+l)T_{\mathrm{f}}]$ 延时 $y_k(l)T_{\mathrm{h}}$。在特定激活时隙位置生成的脉冲信号 $P[t-(i+l)T_{\mathrm{f}}-y_k(l)T_{\mathrm{h}}]$ 与 $\sqrt{2P}\cos(2\pi f_{\mathrm{c}}t)$ 相乘,把时域键控脉冲信号的载波频率搬移到发射频率频段。

在 MPPM-FTH-CDMA 通信系统中,第 k 用户在第 i 序号时间帧持续时间间隔 $[iT_{\mathrm{f}},(i+l)T_{\mathrm{f}}]$ 传输 MPPM 调制符号序列值 X_k 的发射信号可以表示为

$$s_k(t)=\sqrt{2P}\sum_{l=0}^{L-1}P[t-(i+l)T_{\mathrm{f}}-y_k(l)T_{\mathrm{h}}]\cos(2\pi f_{\mathrm{c}}t+\varphi_i^{(k)}) \tag{1-4-3}$$

其中 $\varphi_i^{(k)}$ 是载波调制的初始相位。

[案例 1-8]:

图 1-4-4 为 8PPM-FTH-CDMA 通信系统的发射信号结构。

如果第 k 用户控制的时隙跳变图案 $\{t_k\}=[1,2,4,8,5]$,输入数字信息调制采用 8PPM,其中 $M=2^3$,$b=3$。8PPM 调制符号序列值 $X_k=[3,7]$,$L=T_{\mathrm{s}}/T_f=5$ 表示 8PPM 调制符号的传输需要占用 5 个时间帧,每个持续时间长度为 T_f 的时间帧含有 $Q=11$ 个持续时间长度为 T_{c} 的跳变时隙,8PPM-FTH-CDMA 通信系统采用 $2\times5=10$ 个时间帧传输 2 个 8PPM 调制信息符号。

根据式(1-4-2),得到 8PPM-FTH-CDMA 通信系统发射信号中激活时隙跳变序列为

$$Y_k=[y_k(0),y_k(1),\cdots,y_k(L-1)]=X_k\cdot \boldsymbol{I}\oplus t_k$$

$= \{3\oplus1, 3\oplus2, 3\oplus4, 3\oplus8, 3\oplus5\} \bmod 11, \{7\oplus1, 7\oplus2, 7\oplus4, 7\oplus8, 7\oplus5\} \bmod 11$

$= \{4,5,7,0,8\}, \{8,9,0,4,1\}$

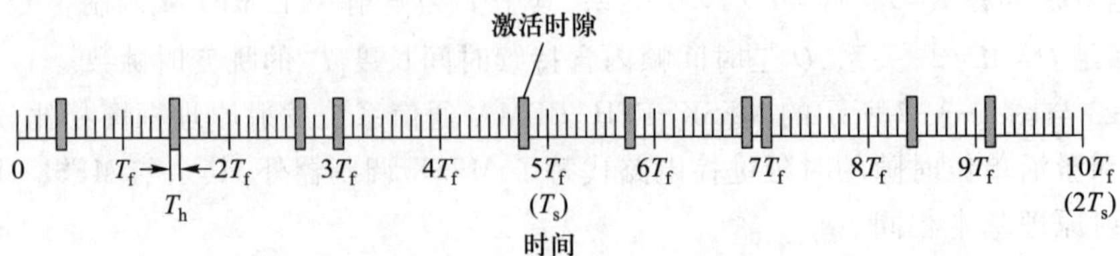

图 1-4-4　8PPM-FTH-CDMA 通信系统的发射信号结构

其中 8PPM 调制符号序列值 $X_k=3$ 对应激活的单位时隙位置是$\{4T_h, 5T_h, 7T_h, 0T_h, 8T_h\}$，8PPM 调制符号序号值 $X_k=7$ 对应激活的单位时隙位置是$\{8T_h, 9T_h, 0T_h, 4T_h, 1T_h\}$。

1.4.2　MPPM-TH-CDMA 信号检测

MPPM-TH-CDMA 信号检测也分为 MPPM-STH-CDMA 信号检测和 MPPM-FTH-CDMA 信号检测来讨论。

1. MPPM-STH-CDMA 信号检测

假设：第 k 用户在第 i 时间帧传输 M 进制调制符号序列值 X_k 的发射信号没有受到信道噪声和多径衰落影响，MPPM-STH-CDMA 通信系统的接收信号表示为

$$r(t)=\sqrt{2P}\cdot P(t-iT_f-t_kT_c-X_kT_h-\tau_k)\cos(2\pi f_c t+\phi_i^{(k)}) \tag{1-4-4}$$

其中 τ_k 是传输时延，$\phi_i^{(k)}=\varphi_i^{(k)}-2\pi f_c\tau_k$ 是合成的相位。接收端可以采用相关接收或匹配滤波的算法，检测判决接收信号中输入数字信息。

图 1-4-5 为基于匹配滤波检测算法的 MPPM-STH-CDMA 通信系统接收框图。

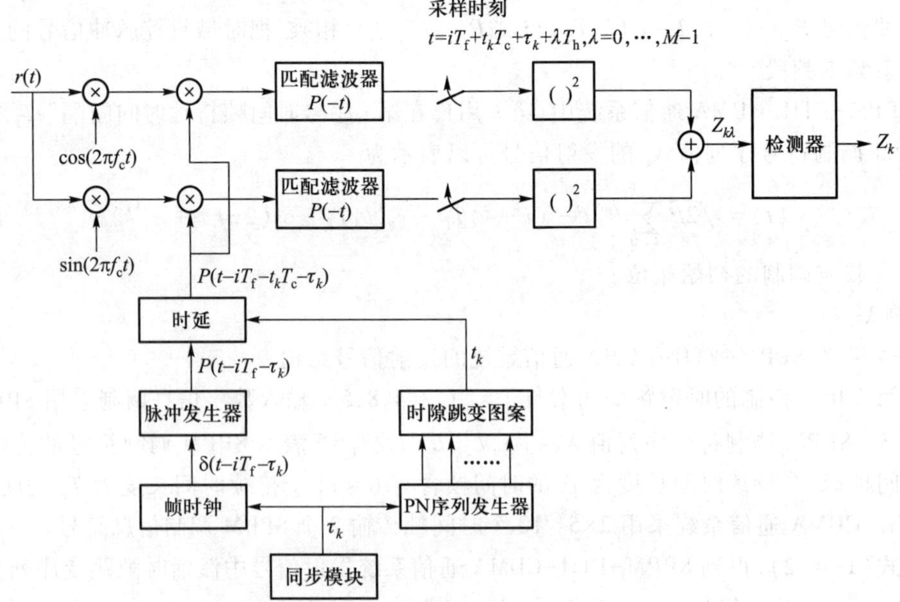

图 1-4-5　基于匹配滤波检测算法的 MPPM-STH-CDMA 通信系统接收框图

假设:接收端可以估计通信系统的传播时延 τ_k,脉冲发生器在第 i 时间帧 $[iT_f,(i+l)T_f]$ 间隔输出的时域脉冲信号 $P(t-iT_f-\tau_k)$ 和时隙跳变图案发生器同步输出的 $\{t_k\}$ 共同控制本地脉冲波形中激活单位时隙的具体位置。

接收到的时域脉冲信号 $P(t-iT_f-t_kT_c-\tau_k)$ 分别在正弦信号和余弦信号支路进行匹配滤波算法,在被激活单位时隙的确定位置,即 $t=iT_f+t_kT_c+\tau_k+\lambda T_h$, $\lambda=0,1,\cdots,M-1$ 处,匹配滤波器输出的采样值分别在正弦信号和余弦信号支路平方取和,在第 i 序号时间帧得到的所有判决变量 $\{Z_{k0},Z_{k1},\cdots,Z_{k(M-1)}\}$ 中选择其中最大数值,对应映射 8PPM 调制符号序列值 X_k,进而恢复发射的输入数字信息。

2. MPPM-FTH-CDMA 信号检测

在图 1-4-3 示意的 MPPM-FTH-CDMA 通信系统发射原理框图中,假设:第 k 用户在第 i 序号时间帧的持续时间间隔 $[iT_f,(i+l)T_f]$ 内,发射信号没有受到信道噪声和多径衰落影响,系统的接收信号可表示为

$$r(t)=\sqrt{2P}\sum_{l=0}^{L-1}P[t-(i+l)T_f-y_k(l)T_h-\tau_k]\cos(2\pi f_c t+\phi_i^{(k)}) \tag{1-4-5}$$

其中 τ_k 是传输时延,$\phi_i^{(k)}=\varphi_i^{(k)}-2\pi f_c\tau_k$ 是合成的相位。

图 1-4-6 为 MPPM-FTH-CDMA 通信系统相关接收原理框图,并行 Q 支路是基于能量判决的非相干相关器,Q 个支路分别对应第 $0,1,\cdots,Q-1$ 序号的时间帧,输入数字信息的 MPPM 调制符号的持续时间长度 T_s 需要占用连续 L 个持续时间长度为 T_f 的时间帧,即 $L=T_s/T_f$,Q 个支路检测判决时间间隔均为单位时隙的持续时间长度 T_h。

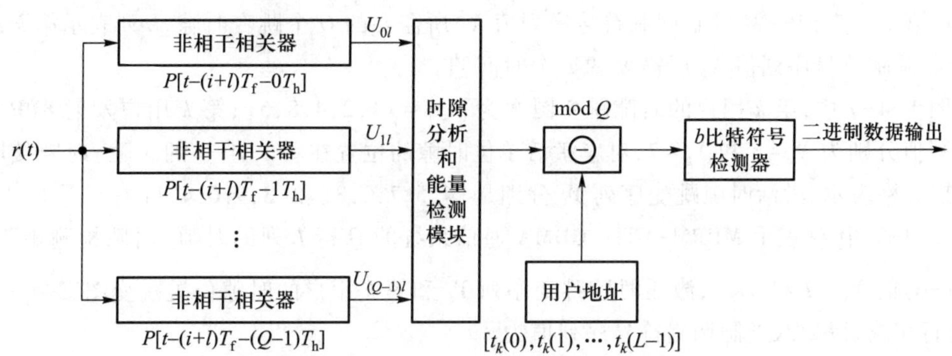

图 1-4-6 MPPM-FTH-CDMA 通信系统相关接收原理框图

在输入数字信息的 MPPM 调制符号持续时间长度 T_s 内,Q 个支路相关处理运算共计输出 $Q\times L$ 个相关值。相关接收机中单位时隙分析器和能量检测判决模块根据 $Q\times L$ 个相关值和第 k 用户激活单位时隙具体位置有关信息,提取出第 k 用户的时隙跳变图案 $\{t_k\}$ 和第 k 用户输入 b 比特信息调制符号序列值 X_k,进而检测判决发射端的输入数字信息。

在图 1-4-6 所示的相关接收原理框图中,依据第 k 用户所激活时隙跳变序列 Y_k 和时隙跳变图案 $\{t_k\}$,提取出第 k 用户传输 b 比特信息调制符号序列值 X_k,即

$$X_k\cdot\boldsymbol{I}=Y_k\overline{\oplus}t_k \tag{1-4-6}$$

[**案例1-9**]:

在 MPPM-FTH-CDMA 通信系统中,第 k 用户控制时隙跳变图案 $\{t_k\}$ 有关的接收检测判决过程可以利用图 1-4-7 的 MPPM-FTH-CDMA 通信系统的时隙-时隙矩阵说明,MPPM-FTH-CDMA 通信系统的时隙-时隙矩阵类似于 MFSK-FFH-CDMA 通信系统的时隙-频率矩阵。

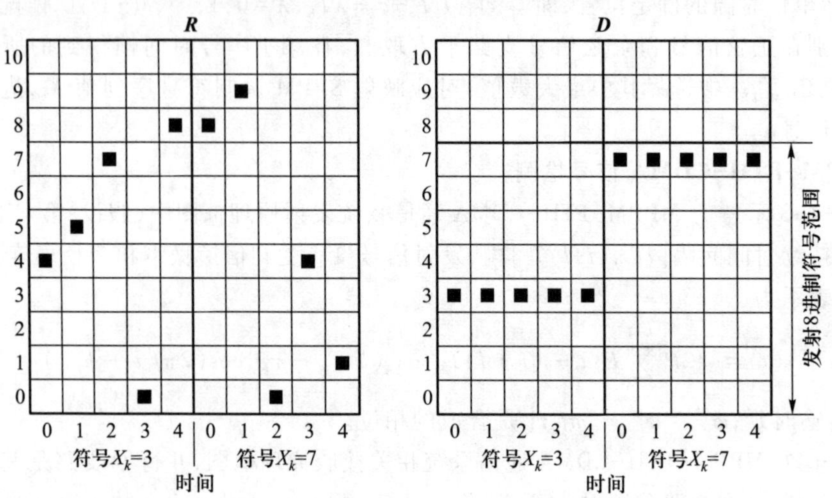

图 1-4-7 MPPM-FTH-CDMA 通信系统的时隙-时隙矩阵

图 1-4-7 中 $\boldsymbol{R}$ 示意 MPPM-FTH-CDMA 通信系统的 Q 行 L 列的时隙-时隙接收矩阵,其中 Q 行表示第 k 用户传输 M 进制调制符号序列值 X_k 所需要的 Q 个跳变时隙,L 列表示第 k 用户传输 M 进制调制符号序列值 X_k 所需要的 L 个时间帧。

在图 1-4-7 中,第 k 用户的时隙跳变图案为 $\{t_k\}=\{1,2,4,8,5\}$,第 k 用户发射 8PPM 调制符号序列值分别为 $X_k=3$ 和 $X_k=7$,对应激活单位时隙的位置在图 1-4-7 的时隙-时隙接收矩阵 $\boldsymbol{R}$ 中以黑方格表示,激活时隙跳变序列 Y_k 分别是 $\{4,5,7,0,8\}$ 和 $\{8,9,0,4,1\}$。

图 1-4-7 中 $\boldsymbol{D}$ 表示 MPPM-FTH-CDMA 通信系统的 Q 行 L 列的时隙-时隙检测矩阵,依据式(1-4-6)的 $X_k\cdot\boldsymbol{I}=Y_k\overline{\oplus}t_k$,激活时隙跳变序列 Y_k 和第 k 用户的时隙位置跳变图案 $\{t_k\}$ 在 mod 11 域进行相减,得到八进制调制符号序列值为

$$
\begin{aligned}
X_k\cdot\boldsymbol{I}&=Y_k\overline{\oplus}t_k=[4,5,7,0,8]\overline{\oplus}[1,2,4,8,5]\bmod 11\\
&=[3,3,3,-8,3]\bmod 11=[3,3,3,3,3]
\end{aligned}
$$

如果采用基于大数逻辑判决准则的检测算法,选择其中非零项数最多行所对应的 8PPM 符号,得到对应调制符号序列值为 $X_k=3$,在图 1-4-7 的时隙-时隙检测矩阵 $\boldsymbol{D}$ 中以黑方格表示,进而恢复发射端的输入数据信息,完成 FTH-CDMA 通信系统接收信号的检测和判决。

1.4.3 MPPM-TH-CDMA 多址选址功能

以期望用户 UE_1 和非期望用户 UE_2 共享 MPPM-TH-CDMA 通信系统为例,讨论 TH-CDMA 系统的多址选址功能。同样 MPPM-TH-CDMA 通信系统多址选址功能讨论分为 MPPM-STH-CDMA 通信系统和 MPPM-FTH-CDMA 通信系统的多址选址功能讨论。

1. MPPM-STH-CDMA 多址选址功能

如果 MPPM-STH-CDMA 通信系统没有受到信道噪声和多径衰落影响,且传播时延 $\tau_1=\tau_2=0$,即系统为同步 MPPM-STH-CDMA 通信系统,该系统的接收信号表示为

$$r(t)=\sqrt{2P}\sum_{i=-\infty}^{\infty}P[t-iT_f-t_1(i)T_c-X_1(i)T_h]\cos(2\pi f_c t+\phi_i^{(1)})+\sqrt{2P}\sum_{i=-\infty}^{\infty}P[t-iT_f-t_2(i)T_c-X_2(i)T_h]\cos(2\pi f_c t+\phi_i^{(2)})\tag{1-4-7}$$

其中 $t_k(i)$ 和 $X_k(i)$ 分别表示期望用户 UE_1 和非期望用户 UE_2 第 i 序号时间帧,在持续时间间隔 $[iT_f,(i+l)T_f]$ 内的时隙跳变图案和 MPPM 调制符号序列值。$P[t-iT_f-t_1(i)T_c-X_1(i)T_h]$ 表示期望用户 UE_1 第 i 序号时间帧在持续时间间隔 T_f 内,即 $[iT_f+t_1(i)T_c+mT_h,\ iT_f+t_1(i)T_c+(m+1)T_h]$ 驻留间隔所激活的第 $t_1(i)$ 跳变时隙和第 $X_1(i)$ 的单位时隙的图案。

以接收端本地脉冲波形 $P(t)$ 对接收到的发射脉冲信号进行解时隙跳变的相关运算,得到期望用户 UE_1 在第 m 单位时隙在持续时间间隔 $[mT_h,(m+1)T_h]$ 的判决变量为

$$\begin{aligned}Z_{1m}=&\left[\int_{iT_f+t_1(i)T_c+mT_h}^{iT_f+t_1(i)T_c+(m+1)T_h}r(t)P(t-iT_f-t_1T_c-mT_h)\cos(2\pi f_c t)\right]^2+\\&\left[\int_{iT_f+t_1(i)T_c+mT_h}^{iT_f+t_1(i)T_c+(m+1)T_h}r(t)P(t-iT_f-t_1T_c-mT_h)\sin(2\pi f_c t)\right]^2\\&m=0,1,\cdots,M-1\end{aligned}\tag{1-4-8}$$

[**小结 1-5**]:

(1) 在期望用户 UE_1 和非期望用户 UE_2 的 MPPM-STH-CDMA 通信系统中,接收系统采用基于非相干的相关接收算法,其相关算法输出的判决变量存在下述三种情况。

① 期望用户 UE_1 和非期望用户 UE_2 发射的时隙跳变扩频信号都不位于相关运算的时间间隔内,第 m 支路非相干相关器输出的判决变量为零,即

$$Z_{1m}=0,\quad m\in\{0,1,\cdots,M-1\}\tag{1-4-9}$$

② 期望用户 UE_1 或非期望用户 UE_2 发射的时隙跳变扩频信号位于相关运算的时间间隔内,第 m 支路非相干相关器输出的判决变量为

$$Z_{1m}=\frac{E_s}{2}T_h,\quad m\in\{0,1,\cdots,M-1\}\tag{1-4-10}$$

③ 期望用户 UE_1 和非期望用户 UE_2 发射的时隙跳变扩频信号都位于相关运算的时间间隔内,第 m 支路非相干相关器输出的判决变量为

$$\begin{aligned}Z_{1m}=&\left[\sqrt{\frac{P}{2}}\cdot T_h\cos(\phi_i^{(1)})+\sqrt{\frac{P}{2}}\cdot T_h\cos(\phi_j^{(2)})\right]^2+\\&\left[-\sqrt{\frac{P}{2}}\cdot T_h\sin(\phi_i^{(2)})-\sqrt{\frac{P}{2}}\cdot\sin(\phi_j^{(2)})\right]^2\end{aligned}\tag{1-4-11}$$

其中 $\phi_i^{(1)}$ 和 $\phi_j^{(2)}$ 是均匀分布在 $[0,2\pi)$ 的随机变量。

第 m 支路非相干相关器的平均输出为

$$Z_{1m}=E_sT_h,\quad m\in\{0,1,\cdots,M-1\}\tag{1-4-12}$$

(2) 期望用户 UE_1 激活的时隙位置安置在持续时间长度 T_h 的 M 个单位时隙中之一,或者

期望用户 UE_1 和非期望用户 UE_2 激活的时隙位置同时安置在持续时间长度 T_h 的同一单位时隙位置，则某一支路非相干相关器输出为非 **0** 值，而其余 $M-1$ 个支路非相干相关器输出为 **0**，系统能够对期望用户 UE_1 信号进行正确检测。

（3）期望用户 UE_1 和非期望用户 UE_2 激活的时隙位置安置在持续时间长度 T_h 的 M 个单位时隙中不同位置，由于非期望用户 UE_2 对期望用户 UE_1 的多址用户干扰，其中某两支路非相干相关器输出都为非 **0** 值，其余 $M-2$ 个支路非相干相关器输出为 **0**，系统可能会对期望用户 UE_1 发射信号进行错误检测。

（4）期望用户 UE_1 和非期望用户 UE_2 在持续时间长度 T_c 的跳变时隙中传输 M 进制调制符号，在持续时间长度 T_h 的个别单位时隙产生时隙"击中"现象，但是并没有发生持续时间长度 T_h 的 M 个单位时隙都被"击中"的现象，不会产生错误检测。

［**案例 1-10**］：

图 1-4-8 示意期望用户 UE_1 和非期望用户 UE_2 在 MPPM-STH-CDMA 通信系统中，出现多址接入产生的时隙"击中"现象，其中期望用户 UE_1 和非期望用户 UE_2 控制的时隙跳变图案分别是 $\{t_1\}=\{0,2,3,1\}$ 和 $\{t_2\}=\{3,2,1,0\}$，期望用户 UE_1 和非期望用户 UE_2 传输输入数字信息 8PPM 调制符号序列值分别为 $X_1=[3,7,\bar{5},\tilde{2},6,0,7]$ 和 $X_2=[2,5,\bar{3},\tilde{2},7,0,1]$。

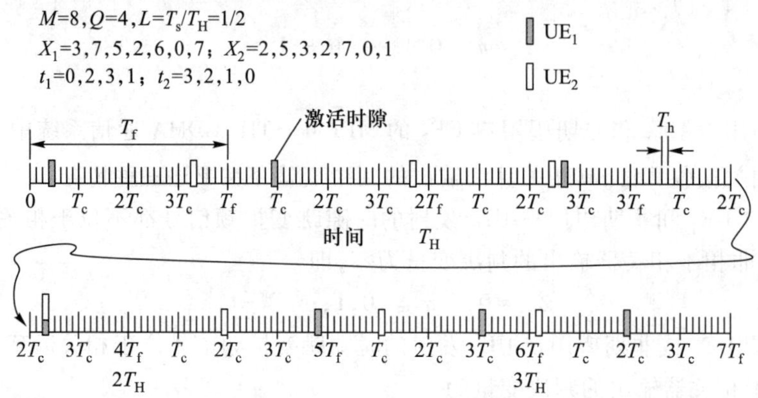

图 1-4-8　MPPM-STH-CDMA 通信系统产生时隙"击中"现象

在时间轴上按持续时间长度 T_f 分割成连续 7 个时间帧，即 $\{1T_f,2T_f,\cdots,7T_f\}$。在每个时间帧内，按持续时间长度 T_c 再分割 $Q=4$ 个跳变时隙，$L=T_s/T_f=1/2$ 表示持续时间长度 T_s 的 8PPM 调制符号需要持续时间长度 T_f 的 2 个时间帧。

图 1-4-8 中期望用户 UE_1 和非期望用户 UE_2 的激活时隙跳变序列位置分别以黑格和白格示意，期望用户 UE_1 和非期望用户 UE_2 同时出现在第 3 时间帧的 $2T_c \sim 3T_c$ 跳变时隙和第 4 时间帧的 $2T_c \sim 3T_c$ 跳变时隙。但是在第 3 时间帧期间，期望用户 UE_1 和非期望用户 UE_2 发射传输输入数字信息调制符号序列值分别是 $X_1=5$ 和 $X_2=3$，即期望用户 UE_1 和非期望用户 UE_2 双方调制符号都位于同一时间帧 T_f、同一跳变时隙 T_c 的不同的单位时隙 T_h。而在第 4 时间帧期间，期望用户 UE_1 和非期望用户 UE_2 双方调制符号序列值都是 $X_1=X_2=2$，即双方发射调制符号都位于同一时间帧 T_f、同一跳变时隙 T_c 的同一单位时隙 T_h，就出现多址接入用户在激活的单位时隙出现时隙"击中"现象。

2. MPPM-FTH-CDMA 多址选址功能

MFSK-FFH-CDMA 通信系统多址选址功能是基于时隙-频率接收矩阵,而 MPPM-FTH-CDMA 通信系统多址选址功能是基于时隙-时隙接收矩阵,其中 TH-CDMA 通信系统中第 k 用户控制的时隙跳变图案 $\{t_k\}$ 类似于 FH-CDMA 通信系统第 k 用户控制的频率跳变图案 $\{a_k\}$。

[案例 1-11]:

图 1-4-9 为 MPPM-FTH-CDMA 通信系统多址选址功能,图中 $\boldsymbol{R}$ 为 MPPM-FTH-CDMA 通信系统的时隙-时隙接收矩阵,其中 Y_k 为激活时隙跳变序列,$\boldsymbol{D}_1$ 和 $\boldsymbol{D}_2$ 分别是期望用户 UE_1 和非期望用户 UE_2 的时隙-时隙检测矩阵。

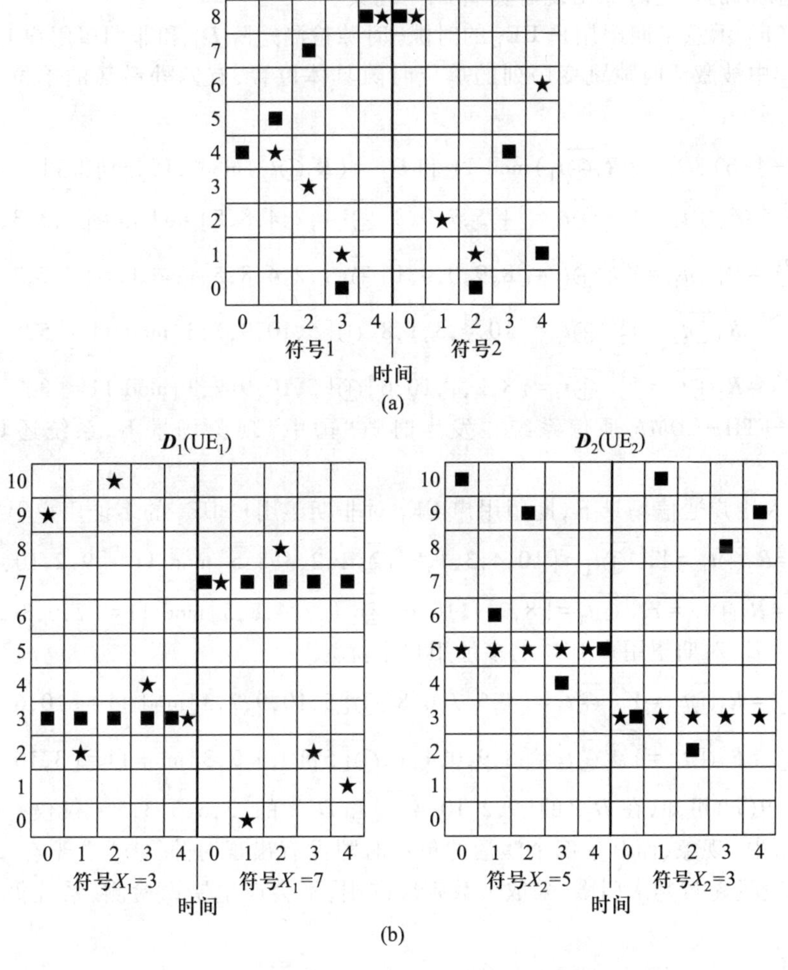

图 1-4-9 MPPM-FTH-CDMA 通信系统多址选址功能

图 1-4-9 中期望用户 UE_1 和非期望用户 UE_2 控制的时隙跳变图案分别是 $\{t_1\}=\{1,2,4,8,5\}$ 和 $\{t_2\}=\{5,10,9,7,3\}$,8PPM 调制符号序列值分别是 $X_1=(3,7)$ 和 $X_2=(5,3)$,8PPM 调制符号

安置在 $L=5$ 个连续时间帧，每个时间帧内含有 $Q=11$ 个跳变时隙。

图 1-4-9(a)示意的 MPPM-FTH-CDMA 通信系统中，期望用户 UE_1 和非期望用户 UE_2 发射信号中时隙跳变的位置分别以■和★表示。基于式(1-4-2)的激活时隙跳变序列

$$Y_k=[y_k(0),y_k(1),\cdots,y_k(L-1)]=X_k\cdot \boldsymbol{I}\oplus t_k$$

期望用户 UE_1 和非期望用户 UE_2 发射信号中，被激活时隙跳变序列的单位时隙位置分别是

$$Y_1^{(3)}=[3,3,3,3,3]\oplus[1,2,4,8,5]\bmod 11=[4,5,7,0,\overline{8}]\quad X_1^{(1)}=3$$

$$Y_1^{(7)}=[7,7,7,7,7]\oplus[1,2,4,8,5]\bmod 11=[\overline{8},9,0,4,1]\quad X_1^{(2)}=7$$

$$Y_2^{(5)}=[5,5,5,5,5]\oplus[5,10,9,7,3]\bmod 11=[10,4,3,1,\overline{8}]\quad X_2^{(1)}=5$$

$$Y_2^{(3)}=[3,3,3,3,3]\oplus[5,10,9,7,3]\bmod 11=[\overline{8},2,1,10,6]\quad X_2^{(2)}=3$$

其中 $\overline{X}$ 表示该激活的单位时隙出现时隙“击中”现象。

图 1-4-9(b) 示意了期望用户 UE_1 的时隙-时隙检测矩阵 $\boldsymbol{D}_1$ 和非期望用户 UE_2 的时隙-时隙检测矩阵 $\boldsymbol{D}_2$ 中被激活时隙跳变序列的单位时隙具体位置，有四处激活的单位时隙出现时隙“击中”现象。

依据式(1-4-6)，$\boldsymbol{D}_1=(\boldsymbol{R}_1\overline{\oplus}t_1)\bmod 11$ 和 $\boldsymbol{D}_2=(\boldsymbol{R}_2\overline{\oplus}t_2)\bmod 11$，分别得到

$$\boldsymbol{D}_1^{(3)}=\boldsymbol{R}_1\overline{\oplus}t_1=Y_1^{(3)}\overline{\oplus}t_1=[4,5,7,0,8]\overline{\oplus}[1,2,4,8,5]\bmod 11=[3,3,3,3,3]$$

$$\boldsymbol{D}_1^{(7)}=\boldsymbol{R}_1\overline{\oplus}t_1=Y_1^{(7)}\overline{\oplus}t_1=[8,9,0,4,1]\overline{\oplus}[1,2,4,8,5]\bmod 11=[7,7,7,7,7]$$

$$\boldsymbol{D}_2^{(5)}=\boldsymbol{R}_2\overline{\oplus}t_2=Y_2^{(5)}\overline{\oplus}t_2=[10,4,3,1,8]\overline{\oplus}[5,10,9,7,3]\bmod 11=[5,5,5,5,5]$$

$$\boldsymbol{D}_2^{(3)}=\boldsymbol{R}_2\overline{\oplus}t_2=Y_2^{(3)}\overline{\oplus}t_2=[8,2,1,10,6]\overline{\oplus}[5,10,9,7,3]\bmod 11=[3,3,3,3,3]$$

这说明 MPPM-FTH-CDMA 通信系统在发生时隙“击中”现象场景下，系统还具有多址选址功能。

在多址接入用户通信场景下，期望用户 UE_1 对非期望用户 UE_2 的多址用户干扰为

$$\boldsymbol{D}_{21}^{(5)}=\boldsymbol{R}_2\overline{\oplus}t_1=Y_2^{(5)}\overline{\oplus}t_1=[10,4,3,1,8]\overline{\oplus}[1,2,4,8,5]\bmod 11=[9,2,10,4,\overline{3}]$$

$$\boldsymbol{D}_{21}^{(3)}=\boldsymbol{R}_2\overline{\oplus}t_1=Y_2^{(3)}\overline{\oplus}t_1=[8,2,1,10,6]\overline{\oplus}[1,2,4,8,5]\bmod 11=[\overline{7},0,8,2,1]$$

而非期望用户 UE_2 对期望用户 UE_1 的多址用户干扰为

$$\boldsymbol{D}_{12}^{(3)}=\boldsymbol{R}_1\overline{\oplus}t_2=Y_1^{(3)}\overline{\oplus}t_2=[4,5,7,0,8]\overline{\oplus}[5,10,9,7,3]\bmod 11=[10,6,9,4,\overline{5}]$$

$$\boldsymbol{D}_{12}^{(7)}=\boldsymbol{R}_1\overline{\oplus}t_2=Y_1^{(7)}\overline{\oplus}t_2=[8,9,0,4,1]\overline{\oplus}[5,10,9,7,3]\bmod 11=[\overline{3},10,2,8,9]$$

从图 1-4-9(b)可知，在 $\boldsymbol{D}_{21}^{(5)}$ 的$[9,2,10,4,\overline{3}]$和 $\boldsymbol{D}_1^{(3)}$ 的$[3,3,3,3,3]$，仅仅一个激活单位时隙出现时隙“击中”现象，而其他四个激活的单位时隙没有出现时隙“击中”现象，只要 MPPM 调制符号的判决变量超过判决门限，采取大数判决准则，不会产生错误检测，系统仍具有多址选址功能。

1.5 DS/FH-CDMA 通信系统

CDMA 通信系统中扩展频谱制式有扩频地址码或伪随机多址扩频序列调制输入数字信息的

直接序列(DS)模式、以扩频地址码或伪随机多址扩频序列控制频率跳变图案的跳频(FH)模式和以扩频地址码或伪随机多址扩频序列控制时隙跳变图案的跳时(TH)模式等,也可以采用混合扩展频谱模式,即 DS/FH 或 DS/TH 模式等。

1.5.1 BPSK-DS/SFH-CDMA 通信系统

在 SFH-CDMA 通信系统扩展频谱制式中,一个跳变频率驻留时间间隔传输多个调制符号,系统能够准确估计载波信号的相位,可以采用相干调制,如 BPSK-DS/SFH-CDMA 通信系统。而在快跳频(FFH)制式中,单个调制符号持续时间间隔要发射多个跳变频率,系统无法准确估计载波信号的相位,只能采用非相干正交调制,如 MFSK-DS/FFH-CDMA 或 M 进制正交序列-DS/FFH-CDMA 通信系统。

BPSK-DS/SFH-CDMA 通信系统发射原理框图如 1-5-1 所示,其关键功能模块是类似于图 1-2-1 所示的直接序列扩频器和图 1-2-3 所示的频率跳变发生器。

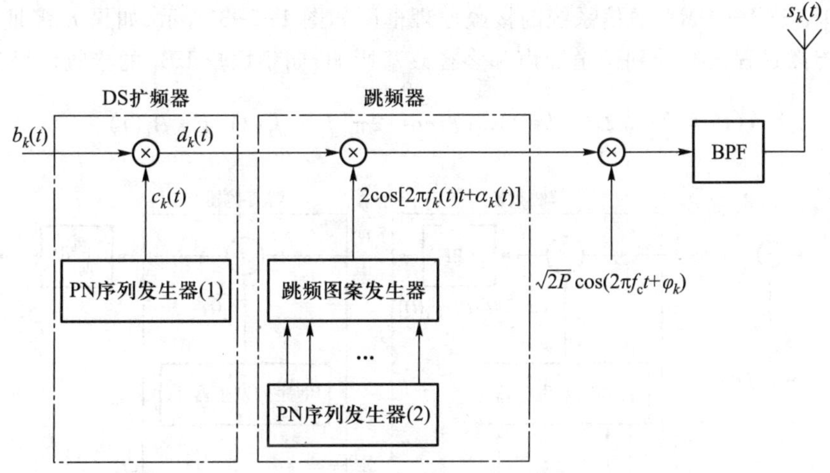

图 1-5-1 BPSK-DS/SFH-CDMA 通信系统发射原理框图

在图 1-5-1 中,第 k 用户直接序列扩频器的输出为

$$d_k(t)=b_k(t)c_k(t) \tag{1-5-1}$$

其中 $b_k(t)=\sum_{n=-\infty}^{\infty}b_k[n]P_{T_b}(t-nT_b)$ 是第 k 用户输入的数字信息序列,数字信息 $b_k[n]\in\{+1,-1\}$,T_b 是单位比特的持续时间长度,$c_k(t)=\sum_{n=-\infty}^{\infty}c_k[n]\psi_{T_c}(t-nT_c)$ 是第 k 用户的扩频地址码或伪随机多址扩频序列,其中扩频地址码的码片 $c_k[n]\in\{+1,-1\}$,一般单位信息比特含有 N 个扩频地址码的码片,即 $T_b=NT_c$。

直接序列扩频信号 $d_k(t)$ 和第 k 用户控制的频率跳变图案 $\{a_k\}$ 中 $f_k(t)$ 协同控制频率跳变发生器的输出信号频率,在第 j 跳变频率驻留时间间隔 $[jT_h,(j+1)T_h]$ 内的频率为 $f_k(t)=f_j^{(k)}$,其选自跳变频率序列 $F_m^{(k)}=\{f_1,f_2,\cdots,f_q\}$。在 SFH 制式中,满足 $N_b=T_h/T_b>1$,表示在跳变频率驻留时间间隔 T_h 内可传输多比特数字信息。

BPSK-DS/SFH-CDMA 通信系统中,第 k 用户的发射信号表示为

$$s_k(t)=\sqrt{2P}\cdot b_k(t)c_k(t)\cos\{2\pi[f_c+f_k(t)]t+\varphi_k+\alpha_k(t)\}\tag{1-5-2}$$

其中 f_c 是载波信号频率,φ_k 是载波信号调制产生附加相位,$\alpha_k(t)$ 是跳变频率驻留间隔内的相位。

图 1-5-2 所示为 BPSK-DS/SFH-CDMA 通信系统发射信号的功率频谱密度函数,通信系统的功率频谱密度带宽 W_S 由 q 个跳变频率分别和直接序列扩展频谱 W_{DS} 连续串行组合而成。

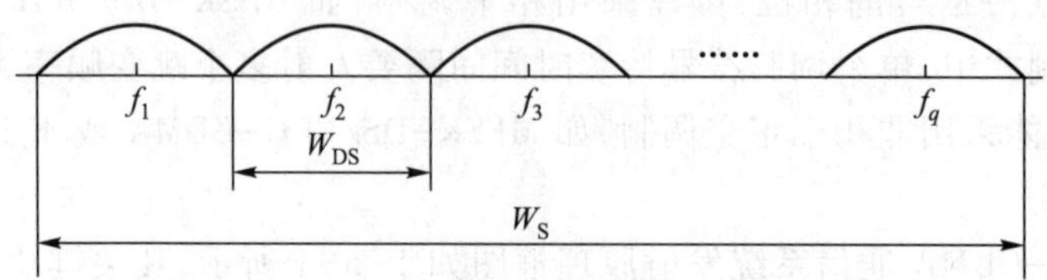

图 1-5-2　BPSK-DS/SFH-CDMA 通信系统发射信号功率频谱密度函数

BPSK-DS/SFH-CDMA 通信系统的接收原理框图如图 1-5-3 所示,如果 K 多址接入用户的发射信号在传播过程没有受到信道噪声和多径衰落影响,期望用户 UE_1 的接收信号表示为

$$r(t)=\sum_{k=1}^{K}\sqrt{2P}\cdot b_k(t)c_k(t)\cos\{2\pi[f_c+f_k(t)]t+\beta_k(t)\}\tag{1-5-3}$$

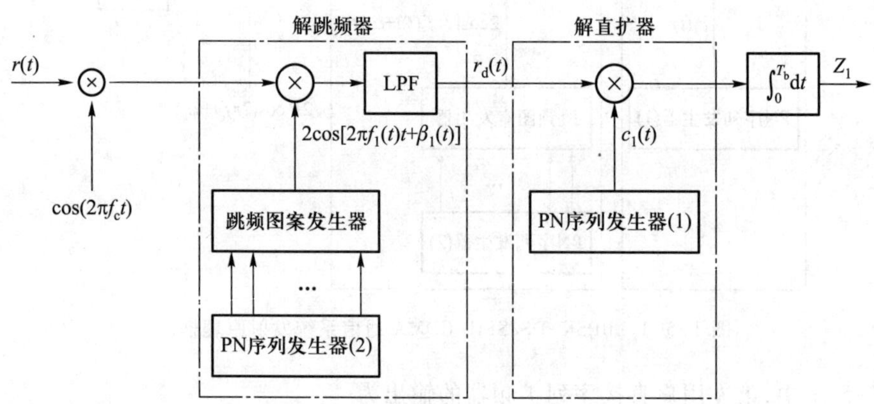

图 1-5-3　BPSK-DS/SFH-CDMA 通信系统的接收原理框图

在图 1-5-3 中,期望用户 UE_1 的接收信号 $r(t)$ 和 $\cos(2\pi f_c t)$ 相乘,目的是把接收信号的载波频率 f_c 搬移到系统跳变频率序列 $f_k(t)$ 所在带宽频段,再和本地同步产生的频率跳变图案相乘,解除接收信号载波频率的跳变。解除频率跳变后的接收信号输入低通滤波器(LPF),低通滤波器仅允许位于基带的直接序列扩频信号通过,低通滤波器的输出信号表示为

$$\begin{aligned}r_d(t)&=r(t)\cos\{2\pi[f_c+f_1(t)]t+\beta_1(t)\}\\&=\sqrt{\frac{P}{2}}\cdot b_1(t)c_1(t)+\sum_{k=2}^{K}\sqrt{\frac{P}{2}}\cdot b_k(t)c_k(t)\delta[f_k(t),f_1(t)]\cos[\phi_k(t)]\end{aligned}\tag{1-5-4}$$

其中 $\delta[f_k(t),f_1(t)]$ 表示第 $k\neq1$ 用户对期望用户 UE_1 的多址用户干扰,仅当第 k 用户和期望用

户 UE_1 的频率跳变图案相同且同步时，才满足 $\delta[f_k(t),f_1(t)]=1$。

BPSK-DS/SFH-CDMA 通信系统产生多址用户干扰的前提条件是，除各多址接入用户使用同一频率跳变图案外，还必须在同一频率跳变驻留时间间隔内使用同一跳变频率，才发生频率“击中”现象。

期望用户 UE_1 接收数字信息 $b_1[0]$ 的检测判决变量表示为

$$Z_1=\int_0^{T_b} r_d(t)c_1(t)\,dt \tag{1-5-5}$$

把式(1-5-4)代入式(1-5-5)，期望用户 UE_1 的判决变量表示为

$$Z_1=\sqrt{\frac{P}{2}}\cdot T_b b_1[0]+\sum_{k=2}^{K}\sqrt{\frac{P}{2}}\cdot b_k[0]\delta[f_k(t),f_1(t)]\cos[\phi_k(t)]\int_0^{T_b} c_k(t)c_1(t)\,dt \tag{1-5-6}$$

式(1-5-6)右边第二项为 BPSK-DS/SFH-CDMA 通信系统的多址接入用户干扰。

式(1-5-6)中期望用户 UE_1 的判决变量 Z_1 的符号与 $b_1[0]$ 的符号一致，对期望用户 UE_1 接收数字信息 $b_1[0]$ 的检测可以简化为 $\hat{b}_1[0]=\mathrm{sgn}(Z_1)$，即

$$\mathrm{sgn}(x)=+1,x>0 \quad 和 \quad \mathrm{sgn}(x)=-1,x\leqslant 0 \tag{1-5-7}$$

如果 $\rho_{k1}=(1/T_b)\int_0^{T_b} c_k(t)c_1(t)\,dt$ 为第 k 用户扩频地址码和期望用户 UE_1 扩频地址码的互相关函数，则系统的多址用户干扰小于 $\sqrt{P/2}\cdot T_b$，即

$$\left|\sum_{k=2}^{K}\sqrt{\frac{P}{2}}\cdot b_k[0]\delta[f_k(t),f_1(t)]\cos[\phi_k(t)]\rho_{k1}\right|<\sqrt{\frac{P}{2}}\cdot T_b \tag{1-5-8}$$

1.5.2　MFSK-DS/FFH-CDMA 通信系统

在 MFSK-DS/FFH-CDMA 通信系统中，M 进制正交信号序列表示为

$$\{s_0(t),s_1(t),\cdots,s_{M-1}(t)\} \tag{1-5-9}$$

其中 $s_m(t)(m=0,1,\cdots,M-1)$ 是 $b=\log_2 M$ 比特的 M 进制正交信号，M 进制正交信号在符号持续时间间隔 $[0,T_s]$ 中满足正交关系，即其归一化互相关系数为

$$\rho_{ij}=\frac{1}{T_s}\int_0^{T_s} s_i(t)s_j(t)\,dt=\begin{cases}1 & i=j\\ 0 & i\neq j\end{cases} \tag{1-5-10}$$

符合式(1-5-10)的 M 进制正交信号序列有 MFSK 调制信号、扩频地址码、PN 序列和伪随机多址扩频序列等，它们可以统一表示为

$$\{W_0(t),W_1(t),\cdots,W_{M-1}(t)\} \tag{1-5-11}$$

MFSK-DS/FFH-CDMA 通信系统发射原理框图如图 1-5-4 所示，与图 1-3-7 所示的 MFSK-FFH-CDMA 通信系统发射原理框图相比较，主要差别仅仅是以 $\sqrt{2P}c_k(t)\cos(2\pi f_c t)$ 模块代替 $\sqrt{2P}\cos(2\pi f_c t)$ 模块。

在 MFSK-DS/FFH-CDMA 通信系统中，第 k 用户在第 i 序号 MFSK 调制符号的发射信号可表示为

$$s_k(t)=\sum_{l=0}^{L-1}\sqrt{2P}\cdot P_{T_h}(t-iT_s-lT_h)c_k(t)\cos\{2\pi[f_c+f_l^{(k)}]t+\varphi_l^{(k)}\} \tag{1-5-12}$$

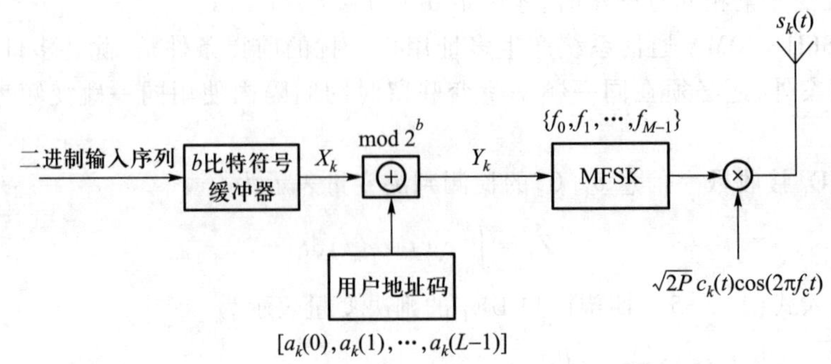

图 1-5-4 MFSK-DS/FFH-CDMA 通信系统发射原理框图

其中通信系统跳变频率序列 $f_l^{(k)} \in \{f_0,f_1,\cdots,f_{M-1}\}(l=0,1,\cdots,L-1)$ 是由第 k 用户控制的频率跳变图案 $a_k=[a_k(0),a_k(1),\cdots,a_k(L-1)]$ 和 MFSK 调制符号序列值 X_k 代入式(1-3-11)的 $Y_k=X_k\cdot \boldsymbol{I}\oplus \mathrm{a}_k$ 而确定的。

MFSK-DS/FFH-CDMA 通信系统的接收原理框图如图 1-5-5 所示。

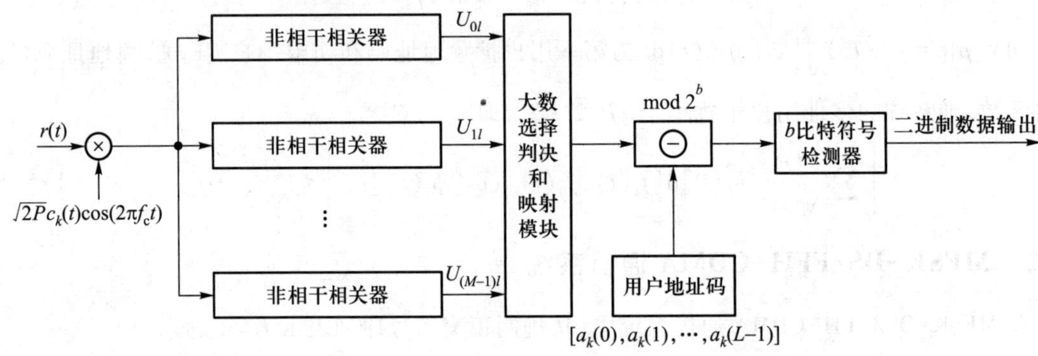

图 1-5-5 MFSK-DS/FFH-CDMA 通信系统的接收原理框图

与图 1-3-10 示意的 MFSK-FFH-CDMA 通信系统接收原理框图比较，除了以 $\sqrt{2P}\,c_k(t)\cos(2\pi f_c t)$ 代替 $\sqrt{2P}\cos(2\pi f_c t)$，以大数选择判决和映射模块代替频谱分析和检测模块外，二者基本相同。

如果在 MFSK-DS/FFH-CDMA 通信系统中，K 多址接入用户的发射信号在传输中没有受到信道噪声和多径衰落影响下，期望用户 UE_1 的接收信号表示为

$$r(t)=\sum_{k=1}^{K}\sum_{l=0}^{L-1}\sqrt{2P}\cdot P_{T_h}(t-iT_s-lT_h)c_k(t)\cos\{2\pi[f_c+f_l^{(k)}]t+\phi_l^{(k)}\} \quad (1-5-13)$$

MFSK-DS/FFH-CDMA 通信系统接收信号的检测判决算法完全不同于 MFSK-FFH-CDMA 通信系统接收信号检测判决算法，具体讨论如下：

期望用户 UE_1 在 L 个连续频率跳变驻留时间间隔，接收第一个，即序号为 $i=0$ 的 MFSK 调制符号，其检测信号的判决变量为

$$U_{ml}=\left[\int_{lT_h}^{(l+1)T_h} r(t)c_1(t)\cos[2\pi(f_c+f_m)t]\,\mathrm{d}t\right]^2+\left[\int_{lT_h}^{(l+1)T_h} r(t)c_1(t)\sin[2\pi(f_c+f_m)t]\,\mathrm{d}t\right]^2$$

$$m=0,1,2,\cdots,M-1,l=0,1,\cdots,L-1 \tag{1-5-14}$$

基于接收跳变频率$f_m=f_l^{(k=1)}(l=0,1,\cdots,L-1)$的非相干相关处理，输出检测信号的判决变量表示为

$$U_{ml}=\left\{\sqrt{\frac{P}{2}}\cdot T_{\mathrm{h}}\cos[\phi_l^{(k=1)}]+\sum_{k=2}^{K}\sqrt{\frac{P}{2}}\cdot T_{\mathrm{h}}\delta(f_l^{(k)},f_m)\rho_{lk}^{l}\cos[\phi_l^{(k)}]\right\}^2+$$
$$\left\{-\sqrt{\frac{P}{2}}\cdot T_{\mathrm{h}}\sin[\phi_l^{(k=1)}]-\sum_{k=2}^{K}\sqrt{\frac{P}{2}}\cdot T_{\mathrm{h}}\delta(f_l^{(k)},f_m)\rho_{lk}^{l}\sin[\phi_l^{(k)}]\right\}^2 \tag{1-5-15}$$

式(1-5-15)右边第二项和第四项都为通信系统的多址用户干扰。

基于接收跳变频率$f_m\neq f_l^{(k=1)}(l=0,1,\cdots,L-1)$的非相干相关处理，输出检测信号的判决变量表示为

$$U_{ml}=\left\{\sum_{k=2}^{K}\sqrt{\frac{P}{2}}\cdot T_{\mathrm{h}}\delta(f_l^{(k)},f_m)\rho_{lk}^{l}\cos[\phi_l^{(k)}]\right\}^2+$$
$$\left\{-\sum_{k=2}^{K}\sqrt{\frac{P}{2}}\cdot T_{\mathrm{h}}\delta(f_l^{(k)},f_m)\rho_{lk}^{l}\sin[\phi_l^{(k)}]\right\}^2 \tag{1-5-16}$$

式(1-5-16)右边的两项全是通信系统的多址用户干扰。

[**小结 1-6**]：

(1) 在 MFSK-DS/FFH-CDMA 通信系统中，当期望用户 UE_1 的非相干相关器输出接收跳变频率$f_l^{(k=1)}$的判决变量U_{ml}大于接收跳变频率$f_m\neq f_l^{(k=1)}$的判决变量时，系统的多址用户干扰比较小。

(2) 在 MFSK-DS/FFH-CDMA 通信系统接收原理框图中，大数选择判决和映射模块是基于大数判决准则，即从$\{U_{0l},U_{1l},\cdots,U_{(M-1)l}\}$集合中选择期望用户 UE_1 对应的发射跳变频率集$\{f_0^{(k=1)},f_1^{(k=1)},\cdots,f_{L-1}^{(k=1)}\}$，$l=0,1,\cdots,L-1$，进而依据$f_l^{(k=1)}=f_m$和$y_1(l)=m$，得到激活跳变频率序列$Y_{k=1}=[y_{k=1}(0),y_{k=1}(1),\cdots,y_{k=1}(L-1)]$。

(3) 依据$X_1=Y_1\overline{\oplus}a_1$，得到期望用户 UE_1 传输数字信息$M=2^b$进制调制符号序列值$[y_1(0)\overline{\oplus}a_1(0),y_1(1)\overline{\oplus}a_1(1),\cdots,y_1(L-1)\overline{\oplus}a_1(L-1)]$。

(4) 在无多址用户干扰场景下，MFSK-DS/FFH-CDMA 通信系统中，第k用户传输M进制调制符号序列值X_k的元素取值相同，进而检测得到 MFSK 调制的数字信息序列。

(5) 在多址用户干扰场景下，MFSK-DS/FFH-CDMA 通信系统中第k用户传输M进制调制符号序列值X_k的取值可能出现不相同，还要再基于大数判决准则，进而检测判决 MFSK 传输的数字信息序列。

1.5.3 *M* 进制正交序列-DS/FFH-CDMA 通信系统

M进制正交序列-DS/FFH-CDMA 通信系统发射原理框图如图 1-5-6 所示。

M进制正交序列在调制符号持续时间间隔$[0,T_{\mathrm{s}}]$可以表示为$\{W_0(t),W_1(t),\cdots,W_{M-1}(t)\}$，并在该区间$[0,T_{\mathrm{h}}]$满足正交关系，即

$$\frac{1}{T_{\mathrm{h}}}\int_0^{T_{\mathrm{h}}}W_i(t)W_j(t)\,\mathrm{d}t=\begin{cases}1, & i=j\\0, & i\neq j\end{cases} \tag{1-5-17}$$

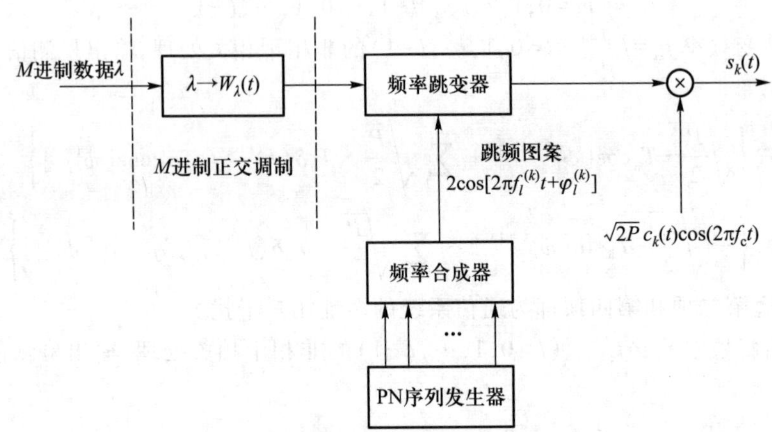

图 1-5-6 M 进制正交序列-DS/FFH-CDMA 通信系统发射原理框图

M 进制正交序列在时间域构建了基于 $b=\log_2 M$ 比特的 M 进制调制符号 λ 和 M 进制正交序列 $W_\lambda(t)$ 的对应映射关系，进而在频率域可以确定其具体的跳变频率。在符号持续时间间隔 $[0,T_s]$ 传输的 M 进制正交调制符号 λ 和第 k 用户控制的频率跳变图案 $a_k=\{a_k(l)\}$，$(l=0,1,\cdots,L-1)$ 共同确定 DS/FFH-CDMA 通信系统在第 l 个跳变频率驻留数据间隔 T_h 的具体跳变频率 $f_l^{(k)}$，再以第 k 用户的直接扩频序列 $c_k(t)$ 对跳变频率 $f_l^{(k)}$ 信号进行直接序列扩频调制。

在 M 进制正交序列-DS/FFH-CDMA 通信系统中，第 k 用户的第 i 序号 M 进制调制符号 λ 在符号持续时间间隔 $[iT_s,(i+1)T_s]$ 传输 $b=\log_2 M$ 比特的发射信号可表示为

$$s_k(t)=\sum_{l=0}^{L-1}\sqrt{2P}\cdot P_{T_h}(t-iT_s-lT_h)W_\lambda(t-iT_s-lT_h)c_k(t)\cos\{2\pi[f_c+f_l^{(k)}]t+\varphi_l^{(k)}\} \tag{1-5-18}$$

如果在符号持续时间间隔 $[iT_s,(i+1)T_s]$ 内，第 i 序号 M 进制调制符号的发射信号在传播中没有受到信道噪声和多径衰落影响下，期望用户 UE_1 的接收信号表示为

$$r(t)=\sum_{k=1}^{K}\sum_{l=0}^{L-1}\sqrt{2P}\cdot P_{T_h}(t-lT_h)W_\lambda(t-lT_h)c_k(t)\cos\{2\pi[f_c+f_l^{(k)}]t+\phi_l^{(k)}\} \tag{1-5-19}$$

图 1-5-7 为 M 进制正交序列-DS/FFH-CDMA 通信系统接收原理框图。

图 1-5-7 的接收原理框图主要由三部分功能模块组成：

(1) 以本地 $2c_1(t)\cos(2\pi f_c t)$ 对 M 进制正交序列-DS/FFH-CDMA 通信系统的接收信号进行解扩频，把发射信号载频搬移至中频频段；

(2) 以系统跳变频率序列 $f_l^{(1)}(l=0,1,\cdots,L-1)$ 对接收信号的跳变频率序列进行频率解跳；

(3) 在符号持续时间间隔 $[0,T_s]$，以 $\{W_0(t),W_1(t),\cdots,W_{M-1}(t)\}$ 序列对 M 进制正交序列进行相关解调，产生 $M\times L$ 个判决变量 $U_{ml}(m=0,1,\cdots,M-1,l=0,1,\cdots,L-1)$。判决变量 U_{ml} 输入到大数判决和映射模块，在所有判决变量中选择最大的判决变量，进而检测判决输出 M 进制调制符号的估值 $\hat{\lambda}_l$。

M 进制正交序列-DS/FFH-CDMA 通信系统的判决变量 U_{ml} 表示为

$$U_{ml}=\left[\int_{lT_h}^{(l+1)T_h}r(t)c_1(t)W_m(t-lT_h)\cos\{2\pi[f_c+f_l^{(1)}]t\}\right]^2+\left[\int_{lT_h}^{(l+1)T_h}r(t)c_1(t)W_m(t-lT_h)\sin\{2\pi[f_c+f_l^{(1)}]t\}\right]^2 \tag{1-5-20}$$

把式(1-5-19)代入式(1-5-20),得到

$$U_{ml}=\left[\sum_{k=1}^{K}\sqrt{\frac{P}{2}}\cdot\delta[f_l^{(k)},f_l^{(1)}]\cos[\phi_l^{(k)}]\int_{lT_h}^{(l+1)T_h}c_k(t)c_1(t)W_\lambda(t-lT_h)W_m(t-lT_h)\mathrm{d}t\right]^2+\left[-\sum_{k=1}^{K}\sqrt{\frac{P}{2}}\cdot\delta[f_l^{(k)},f_l^{(1)}]\sin[\phi_l^{(k)}]\int_{lT_h}^{(l+1)T_h}c_k(t)c_1(t)W_\lambda(t-lT_h)W_m(t-lT_h)\mathrm{d}t\right]^2 \tag{1-5-21}$$

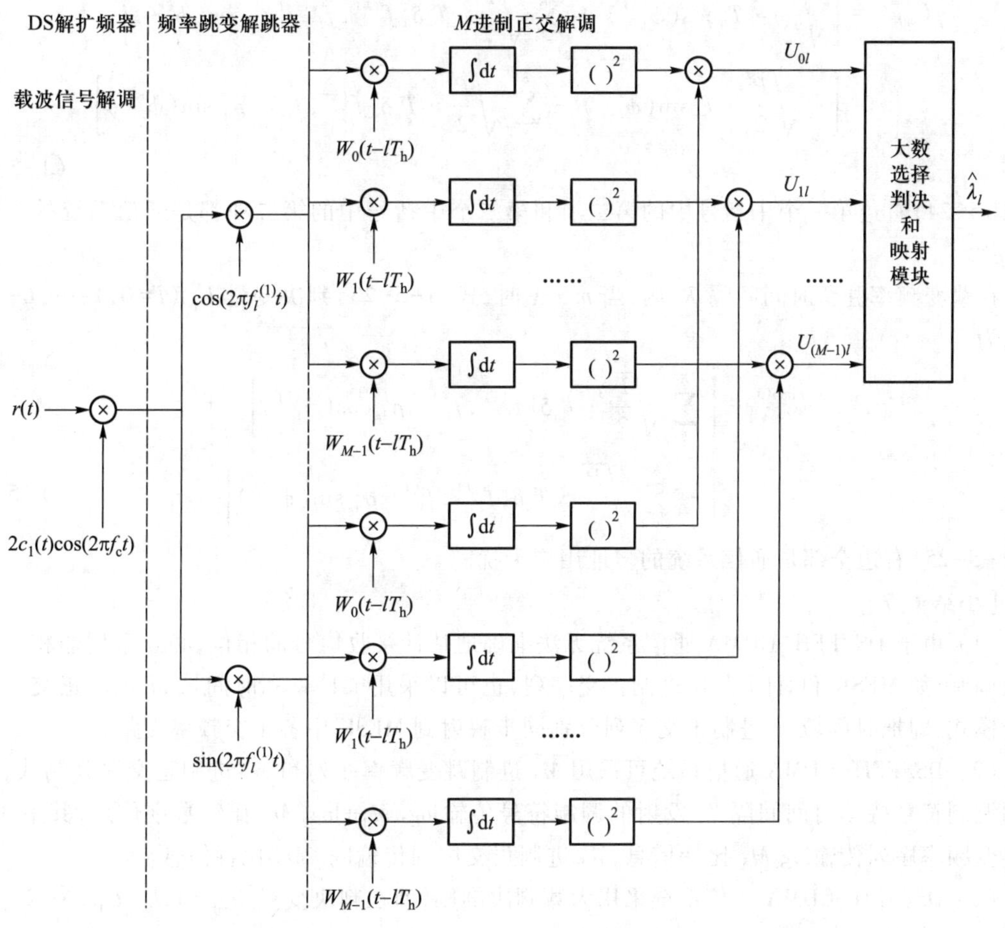

图 1-5-7　M 进制正交序列-DS/FFH-CDMA 通信系统接收原理框图

在第 l 跳变频率驻留时间间隔$[lT_h,(l+1)T_h]$的互相关函数为

$$\rho_{1k}^{l}=\frac{1}{T_h}\int_{lT_h}^{(l+1)T_h}c_k(t)c_1(t)\cdot W_\lambda(t-lT_h)W_m(t-lT_h)\mathrm{d}t \tag{1-5-22}$$

其中期望用户 UE_1 的直接序列为 $c_1(t)$,M 进制正交信号序列为 $W_m(t-lT_h)$,$m=0,1,\cdots,M-1$,第

k 用户的直接序列为 $c_k(t)$，M 进制正交信号序列为 $W_\lambda(t-lT_h)$。

把式(1-5-22)代入式(1-5-21)得到

$$U_{ml}=\left[\sum_{k=1}^{K}\sqrt{\frac{P}{2}}\cdot\delta[f_l^{(k)},f_l^{(1)}]\cos[\phi_l^{(k)}]T_h\rho_{1k}^l\right]^2+\left[-\sum_{k=1}^{K}\sqrt{\frac{P}{2}}\cdot\delta[f_l^{(k)},f_l^{(1)}]\sin[\phi_l^{(k)}]T_h\rho_{1k}^l\right]^2 \tag{1-5-23}$$

其中 $c_1(t)$ 和 $c_k(t)$ 为正交信号序列，$W_\lambda(t-lT_h)$ 和 $W_m(t-lT_h)$ 也为正交信号序列。

在跳变频率驻留时间间隔 T_h 内，当 $m=\lambda$ 时，满足 $\rho_{ml}^l=1$。式(1-5-23)判决变量 U_{ml} 在 $l=0,1,\cdots,L-1$ 时可简化为

$$U_{ml}^{m=\lambda}=\left[\sqrt{\frac{P}{2}}\cdot T_h\cos(\phi_l^{(1)})+\sum_{k=2}^{K}\sqrt{\frac{P}{2}}\cdot T_h\delta[f_l^{(k)},f_l^{(1)}]\rho_{1k}^l\cos(\phi_l^{(k)})\right]^2+\left[-\sqrt{\frac{P}{2}}\cdot T_h\sin(\phi_l^{(1)})-\sum_{k=2}^{K}\sqrt{\frac{P}{2}}\cdot T_h\delta[f_l^{(k)},f_l^{(1)}]\rho_{1k}^l\sin(\phi_l^{(k)})\right]^2 \tag{1-5-24}$$

式(1-5-24)右边第一个中括号中的第二项和第二个中括号中的第二项都是通信系统的多址用户干扰。

在跳变频率驻留时间间隔 T_h 内，当 $m\neq\lambda$ 时，式(1-5-23)判决变量 $U_{ml}(l=0,1,\cdots,L-1)$ 可简化为

$$U_{ml}^{m\neq\lambda}=\left[\sum_{k=2}^{K}\sqrt{\frac{P}{2}}\cdot T_h\delta[f_l^{(k)},f_l^{(1)}]\rho_{1k}^l\cos(\phi_l^{(k)})\right]^2+\left[-\sum_{k=2}^{K}\sqrt{\frac{P}{2}}\cdot T_h\delta[f_l^{(k)},f_l^{(1)}]\rho_{1k}^l\sin(\phi_l^{(k)})\right]^2 \tag{1-5-25}$$

式(1-5-25)右边全部是通信系统的多址用户干扰。

[**小结 1-7**]：

(1) 由于 DS/FFH-CDMA 通信系统无法准确地估计接收信号的相位，必须采用非相干正交信息调制，如 MFSK 和时间域 M 进制正交序列，也可以采用 MFSK 和时间域 M 进制正交序列的混合模式，即把时间域 M 进制正交序列分别同步映射到 MFSK 中各正交频率支路。

(2) DS/FFH-CDMA 通信系统可采用 M_1 进制跳变频率序列和 M_2 进制正交序列制式，在多进制调制符号持续时间间隔 T_s 发射的调制符号传输 $\log_2 M_1+\log_2 M_2$ 比特数字信息，其中 M_1 进制跳变频率序列传输 $\log_2 M_1$ 比特信息，M_2 进制正交序列传输 $\log_2 M_2$ 比特信息。

(3) DS/FFH-CDMA 通信系统采用大数判决准则，即在判决变量 $U_{ml}=\{U_{0l},U_{1l},\cdots,U_{(M-1)l}\}$ 集合中，挑选其中最大数值，并映射到第 l 序号跳变频率驻留时间间隔 T_h，进而检测判决 M 进制调制符号的估值 $\hat{\lambda}_l$。

(4) 在多址用户干扰比较低的场景下，DS/FFH-CDMA 通信系统的频率跳变图案 $a_k=\{a_k(l)\}$ $(l=0,1,\cdots,L-1)$ 在第 l 序号跳变频率驻留时间间隔 T_h 内的判决变量为 $\{U_{0l},U_{1l},\cdots,U_{(M-1)l}\}$ 集合中的最大数值，其中 $U_{\lambda l}^{m=\lambda}$ 对应 M 进制调制符号的估值 $\hat{\lambda}_l$。

（5）在多址用户干扰比较高的场景，在第 l 序号跳变频率驻留时间间隔 T_h 内的判决变量对应映射的 M 进制调制符号的估值 $\hat{\lambda}$ 可能处于差错状态。只要系统多址用户干扰没有超过判决门限，在$\{\hat{\lambda}_0,\hat{\lambda}_1,\cdots,\hat{\lambda}_{L-1}\}$集合中选择最大数值，仍可正确检测 M 进制调制符号的估值 $\hat{\lambda}$，进而判决相应的 $b=\log_2 M$ 比特的数字信息。

1.6 DS/TH-CDMA 通信系统

FH 和 TH 系统都属于 CDMA 通信系统中脉冲位置跳变的扩展频谱调制制式，即 FH 系统属于在频率域的脉冲位置跳变调制，而 TH 系统属于在时间域的脉冲位置跳变调制，这样 DS/FH-CDMA 通信系统架构就可以改变成 DS/TH-CDMA 通信系统架构，如 MFSK-SFH 通信系统可以改变为 MPPM-STH 通信系统，MFSK-FFH 通信系统可以改变为 MPPM-FTH 通信系统。

类似于 DS/FH-CDMA 通信系统的讨论分为慢跳频和快跳频两种制式，DS/TH-CDMA 通信系统也分为慢跳时和快跳时两种制式给予具体讨论。

1.6.1 MPPM-DS/STH-CDMA 通信系统

MPPM-DS/STH-CDMA 通信系统发射原理框图和图 1-4-1 的 MPPM-STH-CDMA 通信系统发射原理框图相比，主要以$\sqrt{2P}\,c_k(t)\cos(2\pi f_c t)$代替图 1-4-1 中$\sqrt{2P}\cos(2\pi f_c t)$。混合的直接序列和慢跳时码分多址（DS/STH-CDMA）通信系统满足 $N=T_h/T_c^*>1$ 关系，其中 T_h 是跳变时隙驻留时间间隔，T_c^* 是扩频地址码 $c_k(t)$ 的码片持续时间。MPPM-DS/STH-CDMA 通信系统的带宽主要由扩频地址码 $c_k(t)$ 的码片持续时间 T_c^* 决定。

在 DS/STH-CDMA 通信系统中，第 k 用户在第 i 序号时间帧的持续时间间隔$[iT_f,(i+1)T_f]$内，输入 M 进制调制符号序列值 X_k 的发射信号表示为

$$s_k(t)=\sqrt{2P}\cdot c_k(t)P(t-iT_f-t_kT_c-X_kT_h)\cos(2\pi f_c t+\varphi_i^{(k)}) \tag{1-6-1}$$

其中 i 是时间帧的序号，$\{t_k\}$是第 k 用户控制的时隙跳变图案，X_k 是第 k 用户输入数字信息对应的 M 进制调制符号序列值，T_c 是跳变时隙的驻留持续时间间隔。

MPPM-DS/STH-CDMA 通信系统接收原理框图类似于图 1-4-5 的 MPPM-STH-CDMA 通信系统接收框图。在 MPPM-STH-CDMA 通信系统中，要把 M 进制调制符号序列值映射到 L 个连续时间帧的 M 个单位时隙位置上，这里被激活的单位时隙具体位置取决于 $b=\log_2 M$ 比特数字信息对应的 M 进制调制符号和多址接入用户控制的时隙跳变图案$\{t_k\}$。在多址接入用户控制的时隙跳变图案$\{t_k\}$和 $b=\log_2 M$ 比特数字信息对应的 M 进制调制符号基础上，再以多址接入用户的扩频地址码进行直接序列频谱扩展，这里的 M 进制调制符号包含 MPPM 序列和 M 进制时间域正交序列等。

如果发射信号在传输过程中没有受到信道噪声和多径衰落影响，则在 MPPM-DS/STH-CDMA 通信系统中，K 个多址接入用户在第 i 序号时间帧的持续时间间隔$[iT_f,(i+1)T_f]$的发射信号表示为

$$r(t)=\sum_{k=1}^{K}\sqrt{2P}\cdot c_k(t)P(t-iT_f-t_kT_c-X_kT_h)\cos(2\pi f_c t+\phi_i^{(k)}) \tag{1-6-2}$$

期望用户 UE_1 在第 m 单位时隙的判决变量表示为

$$Z_{1m}=\left[\int_{iT_f+t_k+mT_h}^{iT_f+t_kT_c+(m+1)T_h} r(t)c_1(t)P(t-iT_f-t_1T_c-mT_h)\cos(2\pi f_c t)\,dt\right]^2+\left[\int_{iT_f+t_kT_c+mT_h}^{iT_f+t_kT_c+(m+1)T_h} r(t)c_1(t)P(t-iT_f-t_1T_c-mT_h)\sin(2\pi f_c t)\,dt\right]^2 \tag{1-6-3}$$

ρ_{1k}^m是扩频地址码 $c_k(t)$ 和 $c_1(t)$ 在$[iT_f+t_1T_c+mT_h, iT_f+t_1T_c+(m+1)T_h]$持续时间间隔的互相关函数,$\delta[t_k,t_1]=1$ 表示第 k 用户和期望用户 UE_1 发生时隙“击中”现象,$\delta[X_k,m]=1$ 表示第 m 支路非相干相关器输出信号与第 k 用户传输 M 进制调制符号值 X_k 相匹配。

当 $m=X_1$,期望用户 UE_1 在第 $m(m=0,1,\cdots,M-1)$单位时隙的判决变量表示为

$$Z_{1m}=\left[\sqrt{\frac{P}{2}}\cdot T_h\cos(\phi_i^{(1)})+\sum_{k=2}^{K}\sqrt{\frac{P}{2}}\cdot T_h\delta[t_k,t_1]\delta[X_k,m]\rho_{1k}^m\cos(\phi_i^{(k)})\right]^2+\left[-\sqrt{\frac{P}{2}}\cdot T_h\sin(\phi_i^{(1)})-\sum_{k=2}^{K}\sqrt{\frac{P}{2}}\cdot T_h\delta[t_k,t_1]\delta[X_k,m]\rho_{1k}^m\sin(\phi_i^{(k)})\right]^2 \tag{1-6-4}$$

式(1-6-4)右边第二项和第四项均是通信系统的多址用户干扰。

当 $m\neq X_1$,即非相干相关器没有与期望用户 UE_1 的 M 进制调制符号值 X_1 匹配时,存在 $\delta[X_1,m]=0$ 关系。期望用户 UE_1 在第 $m(m=0,1,\cdots,M-1)$单位时隙的判决变量为

$$Z_{1m}=\left[\sum_{k=2}^{K}\sqrt{\frac{P}{2}}\cdot T_h\delta[t_k,t_1]\delta[X_k,m]\rho_{1k}^m\cos(\phi_i^{(k)})\right]^2+\left[-\sum_{k=2}^{K}\sqrt{\frac{P}{2}}\cdot T_h\delta[t_k,t_1]\delta[X_k,m]\rho_{1k}^m\sin(\phi_i^{(k)})\right]^2 \tag{1-6-5}$$

式(1-6-5)右边都属于通信系统的多址用户干扰。

[**小结 1-8**]:

(1) 在 MPPM-DS/STH-CDMA 通信系统中,K 多址接入用户控制的时隙跳变图案是相互正交的,即 $\delta[t_{k\neq 1},t_1]=0$。

(2) 在多址用户干扰比较低的场景下,MPPM-DS/STH-CDMA 通信系统的大数判决和映射模块在判决变量$\{Z_{10},Z_{11},\cdots,Z_{1(M-1)}\}$集合中,挑选其最大值并映射到非相干相关器,在第 $m(m=0,1,\cdots,M-1)$单位时隙输出,进而得到期望用户 UE_1 传输的 M 进制调制符号序列值 X_1。

(3) 在多址用户干扰比较高的场景下,MPPM-DS/STH-CDMA 通信系统中,非相干相关器在第 $m(m=0,1,\cdots,M-1)$单位时隙的输出可能不是期望用户 UE_1 传输 M 进制调制符号序列值 X_1 的最大值,系统可能处于差错检测状态。

(4) 在 MPPM-DS/STH-CDMA 通信系统中,期望用户 UE_1 在非相干相关器第 $m(m=0,1,\cdots,M-1)$单位时隙输出的判决变量如下:

当 $m=X_1$ 时有

$$Z_{1m}=\left[\sqrt{\frac{P}{2}}\cdot T_h\cos(\phi_i^{(1)})\right]^2+\left[-\sqrt{\frac{P}{2}}\cdot T_h\sin(\phi_i^{(1)})\right]^2=\frac{P}{2}\cdot T_h^2=\frac{E_sT_h}{2} \tag{1-6-6}$$

当 $m\neq X_1$ 时有

$$Z_{1m}=0,\quad m=0,1,\cdots,M-1 \tag{1-6-7}$$

其中 $E_s=PT_h$ 是 M 进制调制符号能量。

1.6.2 MPPM-DS/FTH-CDMA 通信系统

MPPM-DS/FTH-CDMA 通信系统发射原理框图和图 1-4-3 所示的 MPPM-FTH-CDMA 通信系统发射原理框图相比,差别仅为以 $\sqrt{2P}c_k(t)\cos(2\pi f_c t)$ 代替图 1-4-3 中的 $\sqrt{2P}\cos(2\pi f_c t)$。

在 MPPM-DS/FTH-CDMA 通信系统中,第 k 用户传输 M 进制调制符号序列值 X_k 的发射信号表示为

$$s_k(t)=\sqrt{2P}\cdot\sum_{k=1}^{K}P[t-(i+l)T_f-y_k(l)T_h]c_k(t)\cos(2\pi f_c t+\varphi_i^{(k)}) \tag{1-6-8}$$

其中 M 进制调制符号序列值 X_k 映射到从第 i 序号时间帧开始到第 $i+L$ 序号时间帧终止的持续时间间隔 $[iT_f,(i+L)T_f]$ 内。

图 1-6-1 为 MPPM-DS/FTH-CDMA 通信系统接收原理框图,除了以大数选择判决和映射模块代替时隙分析和能量检测模块外,其余部分基本类似于图 1-4-6 的 MPPM-FTH-CDMA 通信系统接收原理框图。

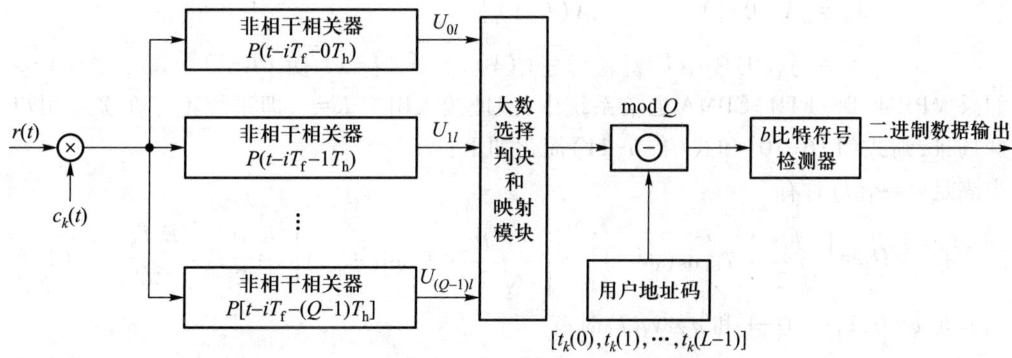

图 1-6-1 MPPM-DS/FTH-CDMA 通信系统接收原理框图

如果 K 个多址接入用户的发射信号在传输过程没有受到信道噪声和多径衰落影响,则期望用户 UE_1 在第 i 序号时间帧持续时间间隔 $[iT_f,(i+L)T_f]$ 内的接收信号表示为

$$r(t)=\sum_{k=1}^{K}\sqrt{2P}\cdot\sum_{l=0}^{L-1}P[t-(i+l)T_f-y_k(l)T_h]c_k(t)\cos(2\pi f_c t+\phi_{il}^{(k)}) \tag{1-6-9}$$

其中 $y_1(l)\in\{0,1,\cdots,Q-1\}$, $l=0,1,\cdots,L-1$ 表示期望用户 UE_1 在第 $i+l$ 序号时间帧的激活时隙跳变序列。

MPPM-DS/FTH-CDMA 通信系统接收信号的判决变量 U_{ql} 可以表示为

$$\begin{aligned}U_{ql}=&\left[\int_{(i+l)T_f+qT_h}^{(i+l)T_f+(q+1)T_h}r(t)P[t-(i+l)T_f-qT_h]c_1(t)\cos(2\pi f_c t)\,dt\right]^2+\\&\left[\int_{(i+l)T_f+qT_h}^{(i+l)T_f+(q+1)T_h}r(t)P[t-(i+l)T_f-qT_h]c_1(t)\sin(2\pi f_c t)\,dt\right]^2\end{aligned} \tag{1-6-10}$$

把式(1-6-9)代入式(1-6-10),在满足 $q=y_1(l)$ 时,第 q 支路非相干相关器的输出变量表示为

$$U_{ql}=\left[\sqrt{\frac{P}{2}}\cdot T_{\mathrm{h}}\cos(\phi_{il}^{(1)})+\sum_{k=2}^{K}\sqrt{\frac{P}{2}}\cdot T_{\mathrm{h}}\delta[y_k(l),q]\rho_{1k}^{l}\cos(\phi_{il}^{(k)})\right]^2+\left[-\sqrt{\frac{P}{2}}\cdot T_{\mathrm{h}}\sin(\phi_{il}^{(1)})-\sum_{k=2}^{K}\sqrt{\frac{P}{2}}\cdot T_{\mathrm{h}}\delta[y_k(l),q]\rho_{1k}^{l}\sin(\phi_{il}^{(k)})\right]^2 \quad (1-6-11)$$

当满足 $q\neq y_1(l)$ 时，第 q 支路非相干相关器的输出为多址用户干扰，第 q 支路非相干相关器的输出变量表示为

$$U_{ql}=\left[\sum_{k=2}^{K}\sqrt{\frac{P}{2}}\cdot T_{\mathrm{h}}\delta[y_k(l),q]\rho_{1k}^{l}\cos(\phi_{il}^{(k)})\right]^2+\left[-\sum_{k=2}^{K}\sqrt{\frac{P}{2}}\cdot T_{\mathrm{h}}\delta[y_k(l),q]\rho_{1k}^{l}\sin(\phi_{il}^{(k)})\right]^2 \quad (1-6-12)$$

其中输出变量 $\{U_{0l},U_{1l},\cdots,U_{(Q-1)l}\}$，$0\leqslant l\leqslant L-1$ 共计有 $Q\times L$ 个判决变量，从这些判决变量中选择一组最大数值作为系统的判决变量，进而检测激活时隙跳变序列 $Y_1=[y_1(0),y_1(1),\cdots,y_1(L-1)]$ 的估值 $\hat{Y}_1=[\hat{y}_1(0),\hat{y}_1(1),\cdots,\hat{y}_1(L-1)]$。

根据式(1-4-6)的 $X_k\cdot \boldsymbol{I}=Y_k\overline{\oplus}t_k$，其中 $\overline{\oplus}$ 表示 mod Q 减法运算，即

$$\begin{aligned}X_1&=[X_1(0),X_1(1),\cdots,X(L-1)]\\&=[\hat{y}_1(0)\overline{\oplus}t_1(0),\hat{y}_1(1)\overline{\oplus}t_1(1),\cdots,\hat{y}_1(L-1)\overline{\oplus}t_1(L-1)]\end{aligned} \quad (1-6-13)$$

如果 MPPM-DS/FTH-CDMA 通信系统中，多址接入用户 $K=1$，即系统不存在多址用户干扰的特殊场景，则式(1-6-10)和式(1-6-11)简化如下：

当满足 $q=y_1(l)$ 时有

$$U_{ql}=\left[\sqrt{\frac{P}{2}}\cdot T_{\mathrm{h}}\cos(\phi_{il}^{(1)})\right]^2+\left[-\sqrt{\frac{P}{2}}\cdot T_{\mathrm{h}}\sin(\phi_{il}^{(1)})\right]^2=\frac{P}{2}T_{\mathrm{h}}^2=\frac{E_{\mathrm{s}}T_{\mathrm{h}}}{2L} \quad (1-6-14)$$

当满足 $q=0,1,\cdots,Q-1$ 和 $q\neq y_1(l)$ 时有

$$U_{ql}=0 \quad (1-6-15)$$

1.6.3 *M* 进制正交序列-DS/FTH-CDMA 通信系统

类似于图 1-5-6 的 M 进制正交序列-DS/FFH-CDMA 通信系统发射原理框图，M 进制正交序列-DS/FTH-CDMA 通信系统发射原理框图如图 1-6-2 所示，其中第 λ 序号 M 进制调制符号映射到 M 进制正交信号序列 $W_\lambda(t)$，并输入给第 k 用户的时隙跳变图案发生器，M 进制正交信号序列 $W_\lambda(t)$ 被安置在 L 个连续时间帧中的相应时间帧，以第 k 用户的扩频地址码 $c_k(t)$ 把快速时隙跳变信号的功率频谱密度带宽进行扩展，并把频率调制到发射频率上。

第 k 用户从第 i 序号时间帧开始到第 $i+L$ 序号时间帧终止的持续时间间隔 $[iT_{\mathrm{f}},(i+L)T_{\mathrm{f}}]$ 内，第 λ 序号 M 进制调制符号的发射信号表示为

$$s_k(t)=\sum_{l=0}^{L-1}\sqrt{2P}\cdot W_\lambda[t-(i+l)T_{\mathrm{f}}-t_k(l)T_{\mathrm{h}}]c_k(t)\times P[t-(i+l)T_{\mathrm{f}}-t_k(l)T_{\mathrm{h}}]\cos(2\pi f_{\mathrm{c}}t+\varphi_{il}^{(k)}) \quad (1-6-16)$$

其中时隙跳变图案 $t_k(l)\in\{0,1,\cdots,Q-1\}$ 为第 k 用户在第 l 序号单位时隙的跳变位置。

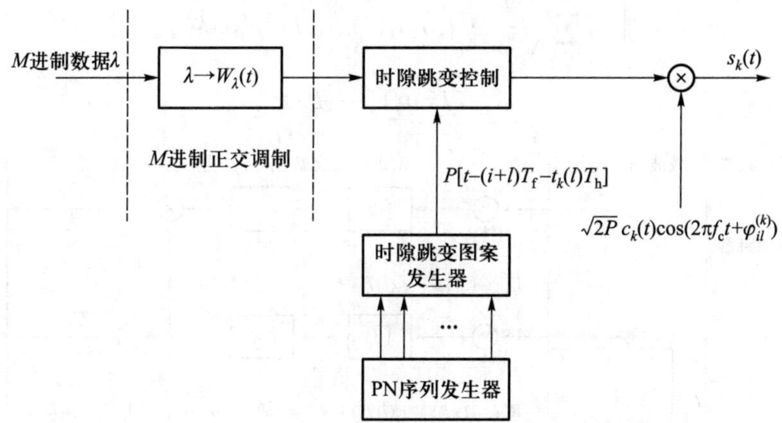

图 1-6-2 M 进制正交序列-DS/FTH-CDMA 通信系统发射原理框图

如果 K 个多址接入用户的发射信号没有受到信道噪声和多径衰落影响,在从第 i 序号时间帧开始到第 $i+L$ 序号时间帧终止的持续时间间隔$[iT_{\mathrm{f}},(i+L)T_{\mathrm{f}}]$内的接收信号表示为

$$r(t)=\sum_{k=1}^{K}\sum_{l=0}^{L-1}\sqrt{2P}\cdot W_{\lambda}[t-(i+l)T_{\mathrm{f}}-t_k(l)T_{\mathrm{h}}]c_k(t)\times P[t-(i+l)T_{\mathrm{f}}-t_k(l)T_{\mathrm{h}}]\cos(2\pi f_{\mathrm{c}}t+\phi_{il}^{(k)}) \tag{1-6-17}$$

图 1-6-3 为 M 进制正交序列-DS/FTH-CDMA 通信系统接收原理框图,它类似于图 1-5-7 的 M 进制正交序列-DS/FFH-CDMA 通信系统接收功能框图。

图 1-6-3 中期望用户 UE_1 的接收原理框图由三部分功能模块组成:

(1) 以 $c_1(t)P[t-(i+l)T_{\mathrm{f}}-t_k(l)T_{\mathrm{h}}]$信号进行直接序列扩频的解扩和时隙跳变图案的解跳;

(2) 把通信系统接收信号的频率搬移到基带频段,便于 M 进制正交序列的解调;

(3) 在单位时隙持续时间间隔 T_{h},以$\{W_0(t),W_1(t),\cdots,W_{M-1}(t)\}$正交序列和接收信号相乘,进行 M 进制正交序列的相关解调,并且输出第 l 序号单位时隙判决变量 $U_{ml}(m=0,1,\cdots,M-1$和$l=0,1,\cdots,L-1)$,该判决变量输入至大数选择判决和映射模块,在判决变量集中选择判决变量 U_{ml}的最大数值,进而检测判决第 λ 序号 M 进制调制符号的估值 $\hat{\lambda}_l$。

由 $m=0,1,\cdots,M-1$,第 l 序号单位时隙跳变的 $M\times L$ 个判决变量表示为

$$\begin{aligned}U_{ml}=&\left[\int_{(i+l)T_{\mathrm{f}}+t_1(l)T_{\mathrm{h}}}^{(i+l)T_{\mathrm{f}}+[t_1(l)+1]T_{\mathrm{h}}}r(t)W_m[t-(i+l)T_{\mathrm{f}}-t_1(l)T_{\mathrm{h}}]c_1(t)\times\right.\\&\left.P[t-(i+l)T_{\mathrm{f}}-t_1(l)T_{\mathrm{h}}]\cos(2\pi f_{\mathrm{c}}t)\,\mathrm{d}t\right]^2+\\&\left[\int_{(i+l)T_{\mathrm{f}}+t_1(l)T_{\mathrm{h}}}^{(i+l)T_{\mathrm{f}}+[t_1(l)+1]T_{\mathrm{h}}}r(t)W_m[t-(i+l)T_{\mathrm{f}}-t_1(l)T_{\mathrm{h}}]c_1(t)\times\right.\\&\left.P[t-(i+l)T_{\mathrm{f}}-t_1(l)T_{\mathrm{h}}]\sin(2\pi f_{\mathrm{c}}t)\,\mathrm{d}t\right]^2\end{aligned} \tag{1-6-18}$$

把式(1-6-17)代入式(1-6-18),得到

$$U_{ml}=\left[\sum_{k=1}^{K}\sqrt{\frac{P}{2}}\cdot T_{\mathrm{h}}\delta[t_k(l),t_1(l)]\rho_{1k}^{l}\cos(\phi_{il}^{(k)})\right]^2+$$

$$\left[-\sum_{k=1}^{K}\sqrt{\frac{P}{2}}\cdot T_{\mathrm{h}}\delta[t_k(l),t_1(l)]\rho_{1k}^{l}\sin(\phi_{il}^{(k)})\right]^2$$

$$l=0,1,\cdots,L-1 \tag{1-6-19}$$

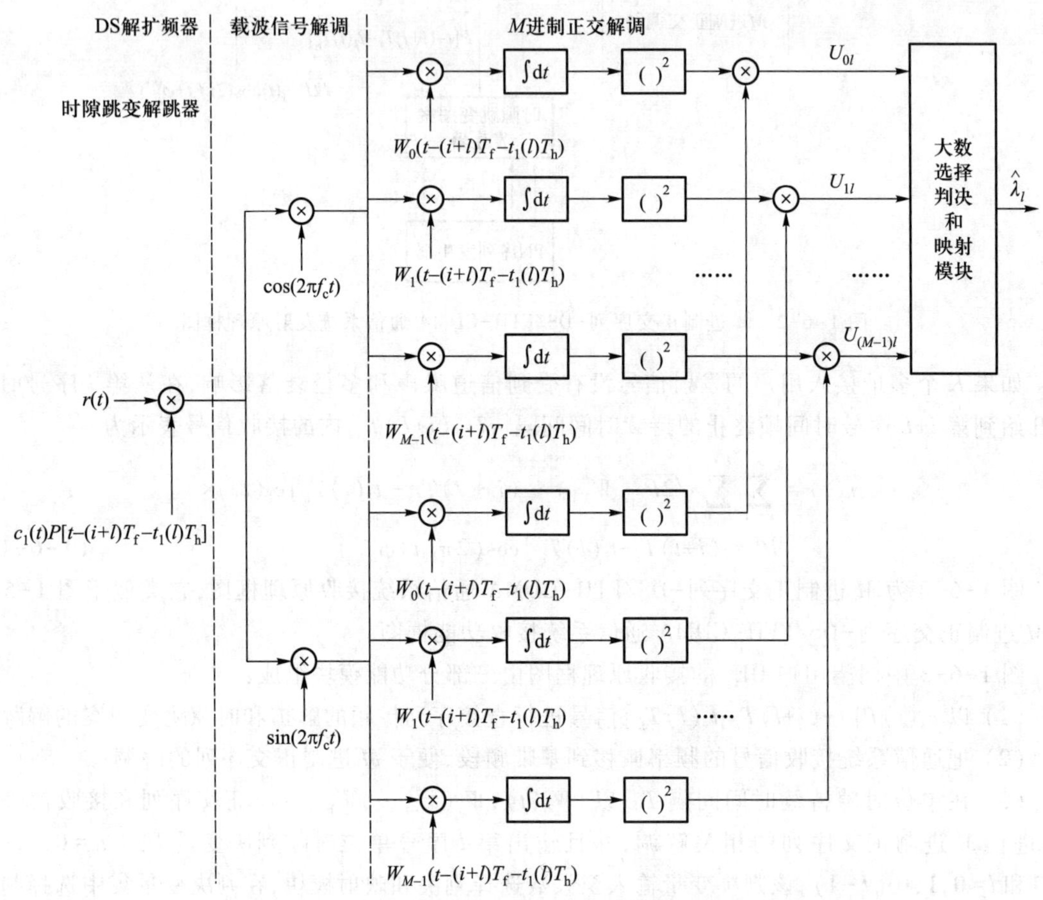

图 1-6-3 *M* 进制正交序列-DS/FTH-CDMA 通信系统接收原理框图

期望用户 UE_1 满足关系 $\delta[t_{k=1}(l),t_1(l)]=1$，在 $m=\lambda$ 时，满足关系 $\rho_{11}^{l}=1$，式(1-6-18)进一步简化为

$$U_{ml}=\left[\sqrt{\frac{P}{2}}\cdot T_{\mathrm{h}}\cos(\phi_{ij}^{(1)})+\sum_{k=2}^{K}\sqrt{\frac{P}{2}}\cdot T_{\mathrm{h}}\delta[t_k(l),t_1(l)]\rho_{1k}^{l}\cos(\phi_{il}^{(k)})\right]^2+$$
$$\left[-\sqrt{\frac{P}{2}}\cdot T_{\mathrm{h}}\sin(\phi_{il}^{(1)})-\sum_{k=2}^{K}\sqrt{\frac{P}{2}}\cdot T_{\mathrm{h}}\delta[t_k(l),t_1(l)]\rho_{1k}^{l}\sin(\phi_{il}^{(k)})\right]^2 \tag{1-6-20}$$

式(1-6-20)右边第二项和第四项都是通信系统的多址用户干扰。

期望用户 UE_1 满足关系 $\delta[t_{k=1}(l),t_1(l)]=1$，在 $m\neq\lambda$ 时，式(1-6-19)进一步简化为

$$U_{ml}=\left[\sum_{k=2}^{K}\sqrt{\frac{P}{2}}\cdot T_{\mathrm{h}}\delta[t_k(l),t_1(l)]\rho_{1k}^{l}\cos(\phi_{il}^{(k)})\right]^2+$$

$$\left[-\sum_{k=2}^{K}\sqrt{\frac{P}{2}}\cdot T_{\mathrm{h}}\delta[t_k(l),t_1(l)]\rho_{1k}^{l}\sin(\phi_{il}^{(k)})\right]^2$$

$$l=0,1,\cdots,L-1 \tag{1-6-21}$$

式(1-6-21)右边都是通信系统的多址用户干扰。

如图 1-6-3 所示，在 $l=0,1,\cdots,L-1$ 中，对于每个 l 取值，选择其中最大一组数值 $\{U_{0l}, U_{1l},\cdots,U_{(M-1)l}\}$，并映射到 M 进制正交序列。检测 M 进制正交序列值 λ 的依据是 $\{\hat{\lambda}_0,\hat{\lambda}_1,\cdots,\hat{\lambda}_{L-1}\}$ 中正确检测概率最大的一组为估值 $\hat{\lambda}_l\in\{0,1,\cdots,M-1\}$。

在 M 进制正交序列-DS/FTH-CDMA 通信系统中，以类似方法连续生成 L 个单位时隙对应的 M 进制正交序列值的估值为 $\{\hat{\lambda}_0,\hat{\lambda}_1,\cdots,\hat{\lambda}_{L-1}\}$，只要 K 个多址接入用户在单位时隙内，多址用户跳变图案之间满足相互正交关系，即满足 $\delta[t_k(l),t_1(l)]=0$，K 个多址接入用户传输的数字信息都可以从 M 进制正交序列值的估值中正确提取出来。

类似于 DS/FFH-CDMA 通信系统单独或联合采用 M_1 进制的跳变频率序列和 M_2 进制的时域正交序列来传输数字比特信息，同样在 DS/FTH-CDMA 通信系统，也可以单独或联合在 TH 扩展频谱制式或 M 进制正交序列传输数字比特信息。在 M 进制正交序列-DS/FTH-CDMA 通信系统中，每个时间帧中 M 单位时隙和 M 进制正交序列协同传输 $2\log_2 M$ 数字比特信息，其中 $\log_2 M$ 数字比特信息由时间帧中 M 单位时隙来承载，另外 $\log_2 M$ 数字比特信息由 M 进制正交序列承载。

习题

1-1 以物理概念解释：什么是高斯白噪声，噪声的什么参数符合高斯分布，为什么符合的是高斯分布，其均值和方差的物理概念是什么。

1-2 如果要求码分多址通信系统在干扰信号是所期望信号 250 倍的场景下工作，输出信噪比为 10 dB，系统内部损耗为 2 dB，要求码分多址通信系统的处理增益至少为多少？为什么？

1-3 在高斯白噪声干扰的信道中，信号传输带宽为 8 kHz，信噪比为 7，求对应的信道容量。在信道容量不变的情况下，分别将信号带宽增加一倍和降低一半，求这两种情况下的信号功率相对变化量。

1-4 分析 CDMA 通信系统是信号干扰功率比为负分贝值($S/I\leqslant 1$)的干扰受限系统。

1-5 某个 DS-CDMA 通信系统的接收信号表达式为

$$s(t)=d_{\mathrm{I}}(t)c_{\mathrm{I}}(t)\cos(\omega_c t+\varphi)+d_{\mathrm{Q}}(t)c_{\mathrm{Q}}(t)\sin(\omega_c t+\varphi)$$

其中 $d_{\mathrm{I}}(t)$ 和 $d_{\mathrm{Q}}(t)$ 是输入数据，$c_{\mathrm{I}}(t)$ 和 $c_{\mathrm{Q}}(t)$ 是正交扩频地址码，φ 是接收信号随机相位。根据以上内容设计接收原理框图。

1-6 多载波扩频(multiple carrier spread spectrum，MC-SS)通信系统的发射信号表示为

$$s_k(t) = \sqrt{\frac{2P}{N}}\cdot\sum_{n=0}^{N-1}b_k(t)c_k[n]\cos(2\pi f_n t+\varphi_n^{(k)})$$

其中 P 是 MC-SS 通信系统信号功率，$b_k(t)$ 是第 k 用户的输入二进制数字信息，$c_k[n]$ 是第 k 用户扩频地址码，$c_k[n]\in\{c_k[0],c_k[1],\cdots,c_k[N-1]\}$，$N$ 是载波数和扩频增益。根据以上内容设计多载波扩频(MC-SS)通信系统的发射原理框图。

1-7 证明 MFSK-FFH-CDMA 通信系统中第 k 用户的输入调制符号序列值 X_k 为

$$X_k \cdot \boldsymbol{I} = Y_k \overline{\oplus} a_k$$

1-8 在 TH-CDMA 通信系统中,第 i 时间帧的持续时间长度为 T_f,第 t_k 跳变时隙的持续时间长度为 T_c,试说明第 X_k 单位时隙的持续时间长度 T_h 和第 k 用户的时隙跳变图案 $\{t_k\}$ 之间的定量关系。

1-9 在 8FSK-SFH-CDMA 通信系统中,期望用户 UE_1 和非期望用户 UE_2 的频率跳变图案分别是 $a_1=[1,3,2,6,4,5]$ 和 $a_2=[2,6,4,3,1,5]$,八进制符号序列值 X_k 均为 4,试分析期望用户 UE_1 和非期望用户 UE_2 的解跳变频率是否存在频率“击中”现象。

1-10 在多址用户共享有限信道资源时,为什么移动通信系统采用固定接入多址制式,如 FDMA、TDMA、CDMA、SDMA 和 OFDMA,而计算机通信网采用随机接入多址制式,如 CSMA/CD 和 ALOHA 等?

第 2 章　伪随机多址扩频序列

扩频地址码或伪随机多址扩频序列在码分多址（CDMA）或码分复用（code division multiplex, CDM）中具有重要作用，如伪随机多址扩频序列影响 CDMA 通信系统的多址接入用户的选址能力和消除多址用户干扰能力等，其关键参数是伪随机多址扩频序列的自相关函数和互相关函数，要求伪随机多址扩频序列的自相关函数和互相关函数具有尖锐的二值特性。

伪随机多址扩频序列可分成两类，一类是二进制伪随机多址扩频序列，另一类是多进制伪随机多址扩频序列即复数伪随机扩频序列。

假设：序列长度或周期为 N 的二进制伪随机多址扩频序列 $X=(x_0, x_1, \cdots, x_{N-1})$ 和 $Y=(y_0, y_1, \cdots, y_{N-1})$，其中 x_i 和 $y_i \in \{+1, -1\}$，伪随机多址扩频序列 X 的自相关函数定义为

$$R_{XX}(n)=\sum_{i=0}^{N-1} x_i x_{i+n} \tag{2-0-1}$$

由于伪随机多址扩频序列 X 的周期为 N，存在 $x_{N+i}=x_i$，伪随机多址扩频序列 X 的归一化自相关系数定义为

$$\rho_{XX}(n)=\frac{1}{N}\sum_{i=0}^{N-1} x_i x_{i+n} \tag{2-0-2}$$

伪随机多址扩频序列 X 和 Y 的互相关函数定义为

$$R_{XY}(n)=\sum_{i=0}^{N-1} x_i y_{i+n} \tag{2-0-3}$$

伪随机多址扩频序列 X 和 Y 的归一化互相关系数定义为

$$\rho_{XY}(n)=\frac{1}{N}\sum_{i=0}^{N-1} x_i y_{i+n} \tag{2-0-4}$$

如果伪随机多址扩频序列 X 和 Y 的归一化互相关系数 $\rho_{XY}(n)=0$，则其伪随机多址扩频序列 X 和 Y 呈相互正交关系，如果伪随机多址扩频序列 X 和 Y 的归一化互相关系数总是负值，即 $\rho_{XY}(n)<0$，则伪随机多址扩频序列 X 和 Y 呈超正交关系。

如果第 k 用户的多进制伪随机多址扩频序列即复数扩频序列为 $c^{(k)}$，其 $c^{(k)}$ 周期性自相关函数为

$$R_{kk}(n)=\sum_{i=0}^{N-1} c_i^{(k)} c_{(n+i)\odot N}^{(k)*} \tag{2-0-5}$$

其中 $n=-(N-1), -N, \cdots, N-1, N$。$N$ 为多进制伪随机多址扩频序列的周期，运算符号 $(n+i)\odot N=(n+i) \bmod N$，$c^{(k)*}$ 表示为 $c^{(k)}$ 的复共轭。

第 k 用户的多进制伪随机多址扩频序列 $c^{(k)}$ 和第 j 用户的多进制伪随机多址扩频序列 $c^{(j)}$ 的周期性自相关函数为

$$R_{kj}(n)=\sum_{i=0}^{N-1} c_i^{(k)} c_{n+i}^{(j)*} \tag{2-0-6}$$

在工程实践中，比较多进制伪随机多址扩频序列 $\{a\}$ 和 $\{c\}$ 性能的主要测试参数是

$$R_{\max}=\max|R_a,R_c| \tag{2-0-7}$$

其中当 $1\leqslant k\leqslant K,-(N-1)<n\leqslant N$ 和 $n\neq 0$ 时，满足

$$R_a=\max|R_{kk}(n)| \tag{2-0-8}$$

当 $1\leqslant j,k\leqslant K,j\neq k$ 和 $-(N-1)<n\leqslant N$ 时，满足

$$R_c=\max|R_{kj}(n)| \tag{2-0-9}$$

CDMA 通信系统中，K 多址接入用户采用周期为 N 的多进制伪随机多址扩频序列，Welch 给出多进制伪随机多址扩频序列的测试参数限为

$$R_{\max}\geqslant N\sqrt{(K-1)/(KN-1)} \tag{2-0-10}$$

Sidelnikov 给出多进制伪随机多址扩频序列的测试参数限为

$$R_{\max}>(2N-2)^{1/2} \tag{2-0-11}$$

常用的二进制伪随机多址扩频序列主要有哈达玛（Hadamard）矩阵、沃尔什（Walsh）矩阵、伪噪声(PN)序列、Gold 序列、最大长度非线性移位寄存器序列、RS 序列、Kasami 序列、Barker 序列、载波干涉序列和 Zadoff-Chu 序列等。

2.1 哈达玛（Hadamard）矩阵

法国数学家 M. J. Hadamard 在 1893 年构造了哈达玛矩阵 $\boldsymbol{H}$，哈达玛矩阵 $\boldsymbol{H}$ 属于正方矩阵，其矩阵元素由“+1”和“-1”组成，每一行和每一列的序列互为正交序列或码组，用其可构成超正交码和双正交码。

矩阵阶数为 2 的哈达玛矩阵 $\boldsymbol{H}$ 表示为 $\boldsymbol{H}_2$，即

$$\boldsymbol{H}_2=\begin{bmatrix}+1 & +1\\ +1 & -1\end{bmatrix} \tag{2-1-1}$$

矩阵阶数为 2 的幂的哈达玛矩阵 H_N 可以通过递推方式得到，即

$$\boldsymbol{H}_N=\boldsymbol{H}_{N/2}\otimes\boldsymbol{H}_2=\begin{bmatrix}\boldsymbol{H}_{N/2} & \boldsymbol{H}_{N/2}\\ \boldsymbol{H}_{N/2} & -\boldsymbol{H}_{N/2}\end{bmatrix} \tag{2-1-2}$$

其中运算符号⊗表示直积，直积算法是在矩阵 $\boldsymbol{H}_2$ 的元素位置用矩阵 $\boldsymbol{H}_{N/2}$ 替代，如 8 阶哈达玛矩阵 $\boldsymbol{H}_8$ 为

$$\boldsymbol{H}_8=\boldsymbol{H}_4\otimes\boldsymbol{H}_2=\begin{bmatrix}\boldsymbol{H}_4 & \boldsymbol{H}_4\\ \boldsymbol{H}_4 & -\boldsymbol{H}_4\end{bmatrix}=\begin{bmatrix}+1&+1&+1&+1&+1&+1&+1&+1\\ +1&-1&+1&-1&+1&-1&+1&-1\\ +1&+1&-1&-1&+1&+1&-1&-1\\ +1&-1&-1&+1&+1&-1&-1&+1\\ +1&+1&+1&+1&-1&-1&-1&-1\\ +1&-1&+1&-1&-1&+1&-1&+1\\ +1&+1&-1&-1&-1&-1&+1&+1\\ +1&-1&-1&+1&-1&+1&+1&-1\end{bmatrix} \tag{2-1-3}$$

哈达玛矩阵 $\boldsymbol{H}$ 的元素如果由“1”和“0”组成，其递推公式为

$$H_N = H_{N/2} \otimes H_2 = \begin{bmatrix} H_{N/2} & H_{N/2} \\ H_{N/2} & \overline{H}_{N/2} \end{bmatrix} \tag{2-1-4}$$

式中 $\overline{H}_{N/2}$是 $H_{N/2}$的补。

由递推运算产生的哈达玛矩阵 H 是对称矩阵，即矩阵的第一行和第一列矩阵元素全为"+1"，对称哈达玛矩阵 H 为正规哈达玛矩阵 H，哈达玛矩阵 H 中各行或各列序列是相互正交序列。如果把正规哈达玛矩阵 H 的每一行看作一个序列或码组，则各行的序列或码组之间具有互相正交关系，正规哈达玛矩阵 H 是一种周期为 N，包含 N 个序列或码组的正交码组。

2.2 沃尔什（Walsh）矩阵

J. L. Walsh 在 1923 年提出了一种非正弦的完备正交矩阵，矩阵元素取值为"+1"与"-1"或"1"与"0"。沃尔什（Walsh）矩阵适合数字信号处理，用二进制码元表示沃尔什矩阵就构成了 Walsh 码。

沃尔什矩阵 W 可以通过对哈达玛矩阵 H 进行变换得到，即将哈达玛矩阵 H 中矩阵行的序号按"+1"和"-1"交变次数依次排列，就可以得到沃尔什矩阵 W。如 8 阶哈达玛矩阵为

$$H_8 = H_4 \otimes H_2 = \begin{bmatrix} H_4 & H_4 \\ H_4 & -H_4 \end{bmatrix} = \begin{bmatrix} +1 & +1 & +1 & +1 & +1 & +1 & +1 & +1 \\ +1 & -1 & +1 & -1 & +1 & -1 & +1 & -1 \\ +1 & +1 & -1 & -1 & +1 & +1 & -1 & -1 \\ +1 & -1 & -1 & +1 & +1 & -1 & -1 & +1 \\ +1 & +1 & +1 & +1 & -1 & -1 & -1 & -1 \\ +1 & -1 & +1 & -1 & -1 & +1 & -1 & +1 \\ +1 & +1 & -1 & -1 & -1 & -1 & +1 & +1 \\ +1 & -1 & -1 & +1 & -1 & +1 & +1 & -1 \end{bmatrix} \tag{2-2-1}$$

将哈达玛矩阵 H_8 按"+1"与"-1"交变次数的顺序，依次重新排列得到沃尔什矩阵 W_8。

$$W_8 = \begin{bmatrix} +1 & +1 & +1 & +1 & +1 & +1 & +1 & +1 \\ +1 & +1 & +1 & +1 & -1 & -1 & -1 & -1 \\ +1 & +1 & -1 & -1 & -1 & -1 & +1 & +1 \\ +1 & +1 & -1 & -1 & +1 & +1 & -1 & -1 \\ +1 & -1 & -1 & +1 & +1 & -1 & -1 & +1 \\ +1 & -1 & -1 & +1 & -1 & +1 & +1 & -1 \\ +1 & -1 & +1 & -1 & -1 & +1 & -1 & +1 \\ +1 & -1 & +1 & -1 & +1 & -1 & +1 & -1 \end{bmatrix} \tag{2-2-2}$$

"+1"和"-1"交变次数　0　1　2　3　4　5　6　7

用二进制码元表示沃尔什矩阵构成 Walsh 码的波形图如图 2-2-1 所示，沃尔什矩阵 W 中各行或各列之间是相互正交，其每行都是长度为 N 的沃尔什码组，这些码组之间是互相正交的。Walsh 码的波形是一类同步正交码，即在同步传输情况下，Walsh 码作为多址接入用户地址码，具有尖锐自相关特性和零互相关特性。

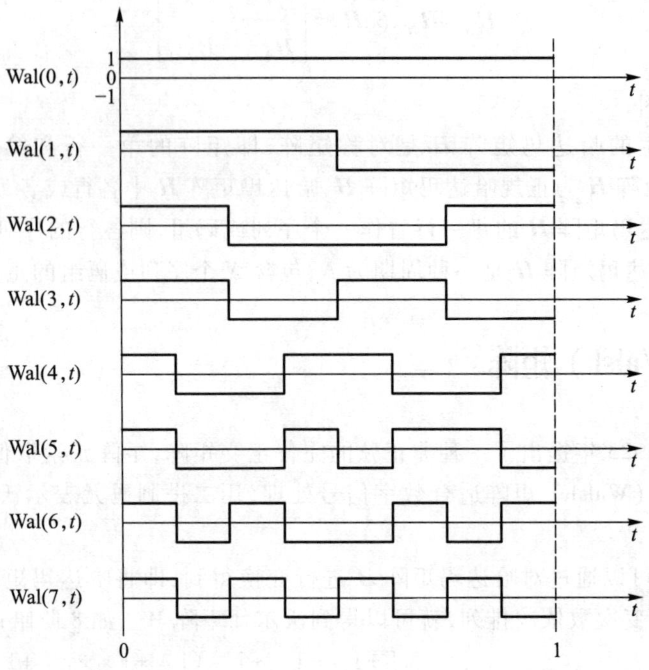

图 2-2-1 用二进制码元表示沃尔什矩阵构成 Walsh 码的波形图

IS-95 CDMA 通信系统的前向广播链路采用 64 阶 Walsh 码作为扩频地址码，将前向链路信道划分为与 Walsh 序列一一对应的 64 路 Walsh 码的正交信道，实现前向链路物理信道码分多址接入。

2.3 伪噪声(PN)序列

伪噪声(pseudo noise,PN)序列又称伪随机序列，是以确定性方法在一段持续时间周期内产生类似随机白噪声分布特性的二进制或多进制的伪随机序列。对伪噪声序列的要求如下：

(1) 具有良好的伪随机统计特性；

(2) 具有良好的相关特性，即自相关函数具有明显峰值和互相关函数峰值较低；

(3) 序列数目较多和易于工程实现。

用移位寄存器产生伪噪声序列有三种方法，即线性反馈结构、非线性反馈结构和非线性前馈结构。

工程实践广泛采用的是如图 2-3-1 所示的 n 级线性反馈移位寄存器结构，图 2-3-1 中的运算符号⊕是 mod 2 运算，图中 $c_i=1$ 表示接通状态，$c_i=0$ 表示断开状态。

采用线性反馈移位寄存器产生的伪噪声序列有最大长度序列和非最大长度序列两类。一个 n 级线性反馈移位寄存器产生最大长度序列的长度或周期为 2^n-1，序列长度或周期为 2^n-1 的移位寄存器序列为最大长度序列，否则就是非最大长度序列。

常用的伪噪声序列有 m 序列、Gold 序列、M 序列、RS 序列、Kasami 序列和 ZC 序列等。

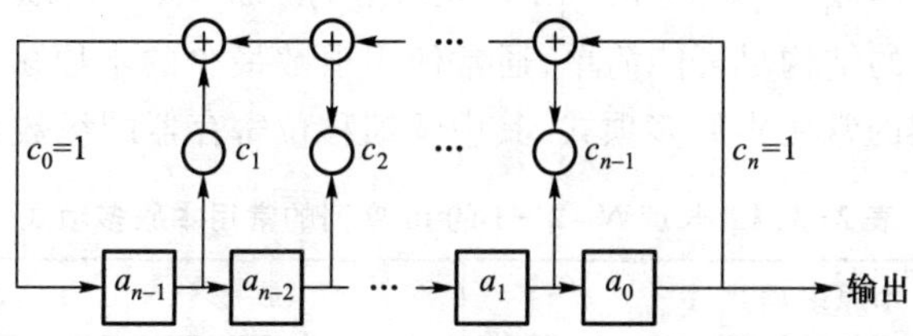

图 2-3-1 n 级线性反馈移位寄存器结构

2.3.1 最大长度线性移位寄存器序列(m 序列)

最大长度线性移位寄存器序列简称为 m 序列,产生 m 序列的 n 级线性反馈移位寄存器的特征多项式表示为

$$f(X)=c_0+c_1X+c_2X^2+\cdots+c_nX^n=\sum_{i=0}^{n}c_iX^i \tag{2-3-1}$$

假设 n 级线性反馈移位寄存器的特征多项式 $f(X)$ 满足下列条件,则称 $f(X)$ 为本原多项式:

(1) $f(X)$ 为既约的不能分解因子的多项式;

(2) $f(X)$ 可整除 (X^N+1), $N=2^n-1$;

(3) $f(X)$ 除不尽 (X^q+1), $q<N$。

一个 n 级线性反馈移位寄存器产生 m 序列的充要条件如下:

(1) 反馈移位寄存器的特征多项式 $f(X)$ 为 n 次本原多项式;

(2) 最长周期为 $N=2^n-1$,周期长度与初始状态无关;

(3) 初始状态不能为全“0”状态。

m 序列发生器结构有简单型(SSRG)和模件抽头型(MSRG)。

[**案例 2-1**]:

$n=4$ 级线性反馈移位寄存器产生周期 $N=2^4-1=15$ 的 m 序列,对特征多项式 $(X^{15}+1)$ 进行因式分解,得到

$$X^{15}+1=(X^4+X+1)\cdot(X^4+X^3+1)\cdot(X^4+X^3+X^2+X+1)\cdot(X^2+X+1)\cdot(X+1)$$

其中 $f_1(X)=X^4+X+1$ 和 $f_2(X)=X^4+X^3+1$ 都是本原多项式,都能产生周期 $N=15$ 的不同 m 序列。

如果选择 $f_1(X)=X^4+X+1$ 为构造 m 序列的产生器,m 序列($N=15$)产生器结构和移位寄存器状态如图 2-3-2 所示。在图 2-3-2 中,每一列都对应一个 m 序列,如第一列对应 m 序列为 $A_1=\{a_0 a_1\cdots a_{N-1}\}=\{$**011110101100100**$\}$。

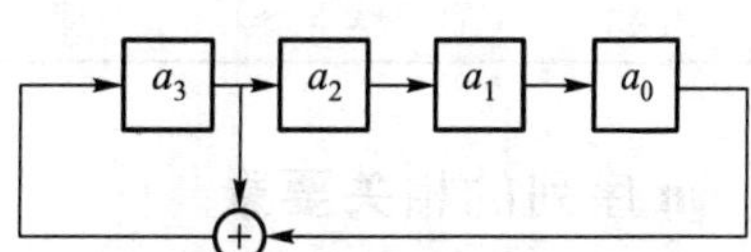

序号	寄存器状态	多项式
0	**0001**	1
1	**1000**	X^3
2	**1100**	X^2+X^3
3	**1110**	$X+X^2+X^3$
4	**1111**	$1+X+X^2+X^3$
5	**0111**	$1+X+X^2$
6	**1011**	$1+X+X^3$
7	**0101**	$1+X^2$
8	**1010**	$X+X^3$
9	**1101**	$1+X^2+X^3$
10	**0110**	$X+X^2$
11	**0011**	$1+X$
12	**1001**	$1+X^3$
13	**0100**	X^2
14	**0010**	X

图 2-3-2 m 序列($N=15$)产生器结构和移位寄存器状态

该 m 序列以多项式形式表示为

$$A_1(X)=a_0+a_1X+\cdots+a_{N-1}X^{N-1}=X+X^2+X^3+X^4+X^6+X^8+X^9+X^{12}$$

为使 m 序列产生器的结构尽可能简单，通常使用项数最少的本原多项式，表 2-3-1 给出了长度 $N=2^n-1$ 的 m 序列的常用本原多项式，其中反馈移位寄存器的级数 $n=2\sim25$。

表 2-3-1　长度 $N=2^n-1$ 的 m 序列的常用本原多项式

n	本原多项式		n	本原多项式	
	代数式	八进制数字表示法		代数式	八进制数字表示法
2	x^2+x+1	7	14	$x^{14}+x^{10}+x^6+x+1$	42103
3	x^3+x+1	13	15	$x^{15}+x+1$	100003
4	x^4+x+1	23	16	$x^{16}+x^{12}+x^3+x+1$	210013
5	x^5+x^2+1	45	17	$x^{17}+x^3+1$	400011
6	x^6+x+1	103	18	$x^{18}+x^7+1$	1000201
7	x^7+x^3+1	211	19	$x^{19}+x^5+x^2+x+1$	2000047
8	$x^8+x^4+x^3+x^2+1$	435	20	$x^{20}+x^3+1$	4000011
9	x^9+x^4+1	1021	21	$x^{21}+x^2+1$	10000005
10	$x^{10}+x^3+1$	2011	22	$x^{22}+x+1$	20000003
11	$x^{11}+x^2+1$	4005	23	$x^{23}+x^5+1$	40000041
12	$x^{12}+x^6+x^4+x+1$	10123	24	$x^{24}+x^7+x^2+x+1$	100000207
13	$x^{13}+x^4+x^3+x+1$	20033	25	$x^{25}+x^3+1$	200000011

2.3.2　m 序列的相关要素

m 序列相关要素有周期性、均衡性、状态分布、游程分布、移位相加特性、序列相关特性和功率频谱密度函数等。

(1) 周期性

m 序列的周期 $N=2^n-1$，其中 n 为反馈移位寄存器的级数。

(2) 均衡性

一个 m 序列周期中，**1** 的个数比 **0** 的个数多 1，即 **1** 的个数为 $(N+1)/2$，**0** 的个数为 $(N-1)/2$。如周期为 15 的 m 序列有 8 个 **1** 和 7 个 **0**。

(3) 状态分布

如果用宽度为 n 的窗口沿 m 序列滑动 N 次，每次移 1 位，除全 **0** 状态外，每种 n 位移位寄存器的状态仅仅出现一次。

(4) 游程分布

在 m 序列中，元素符号连续相同的一组符号为一个游程，该相同符号的个数称为游程长度。对任一个 m 序列，游程总数为 2^{n-1}、长度为 1 的游程数占总游程数的 1/2、长度为 2 的游程数占总游程数的 1/4、长度为 $n-1$ 的游程数只有一个，为连 **0** 游程、长度为 n 的游程只有一个，为连 **1** 游程、长度为 k 的游程数占游程总数的 $1/2^k$,且在长度为 $k,1\leqslant k\leqslant(n-2)$ 游程中,连 **1** 的游程数和连 **0** 的游程数各占一半。

［**案例 2-2**］:

产生周期 $N=15$ 的 m 序列的反馈移位寄存器输出序列为

$$A_j=\{\mathbf{000\ 1111\ 010\ 11\ 001}\}$$

共有 8 个游程,即{**000**},{**1111**},{**0**},{**1**},{**0**},{**11**},{**00**},{**1**},其中长度为 4 的游程{**1111**}有 1 个,长度为 3 的游程{**000**}有 1 个,长度为 2 的游程{**11**}和{**00**}有 2 个,长度为 1 的游程{**0**}、{**1**}、{**0**}和{**1**}有 4 个。

(5) 移位相加特性

一个 m 序列 A_i 与其经任意次延迟移位产生的另一序列 A_j 的模 2 相加运算,得到的仍是一个 m 序列 A_i 的若干次迟延移位的序列 A_k,即 $A_i\oplus A_j=A_k$。

［**案例 2-3**］:

如果 m 序列 $A_i=\{\mathbf{111101011001000}\}$ 和该 m 序列 $A_j=\{\mathbf{000111101011001}\}$, $A_i+A_j=\{\mathbf{111101011001000}\}\oplus\{\mathbf{000111101011001}\}=\{\mathbf{111010110010001}\}=A_k$,其中 A_k 等于该 m 序列 A_i 向左循环移位 1 次而产生的序列。

(6) 序列相关特性

m 序列的自相关函数定义为

$$R_a(j)=\sum_{i=0}^{N-1}a_i\cdot a_j \tag{2-3-2}$$

在进行序列自相关函数运算时,需要把二进制信号波形变换为对应的二进制信息序列,即信息序列的 **1** 对应信号波形的"-1",而信息序列的 **0** 对应信号波形的"+1",信号波形的乘法运算变换为二进制信息序列对应信息比特模 2 相加的运算。

取值为{**1**,**0**}的二进制 m 序列的归一化自相关系数为

$$R_a(j)=\frac{1}{N}\sum_{i=0}^{N-1}a_i\cdot a_j=\frac{1}{N}\sum_{i=0}^{N-1}a_i\oplus a_j=\frac{A-D}{N}=\begin{cases}1 & j=0\\ -\dfrac{1}{N} & j\neq 0\end{cases} \tag{2-3-3}$$

其中符号⊕表示序列对应信息比特模 2 相加的运算,A 为该序列与其 j 次循环移位序列在一个周期中对应位置上相同元素的数目,D 为该序列与其 j 次循环移位序列在一个周期中对应位置上不同元素的数目。

m 序列的归一化自相关系数如图 2-3-3 所示,m 序列是周期为 N 的周期函数和偶函数,具有尖锐的二值特性,即自相关系数为 1 或 $-1/N$,m 序列属于双值的自相关序列。

m 序列的归一化自相关系数 $R_a(j)$ 在 j 为整数离散点取值,对应 m 序列的自相关函数 $R(\tau)$ 为

$$R(\tau)=\begin{cases}1-\dfrac{N+1}{NT_c}|\tau|, & |\tau|\leqslant T_c\\ -\dfrac{1}{N}, & |\tau|>T_c\end{cases} \tag{2-3-4}$$

周期相等,由不同本原多项式产生的 2 个 m 序列,其互相关函数或互相关系数与自相关函数相比,没有尖锐的二值特性,而是多值和取值较小。

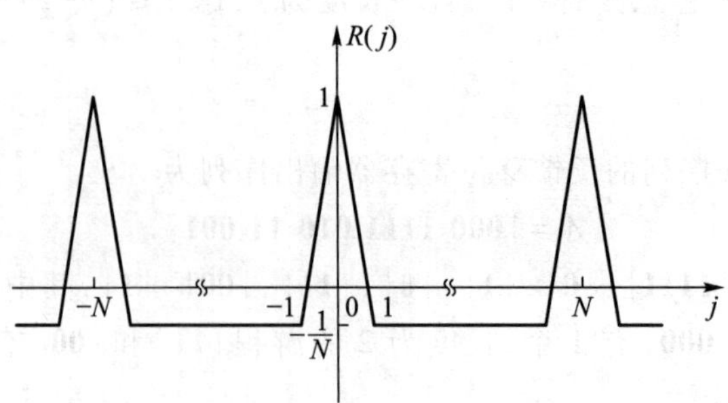

图 2-3-3 m 序列的归一化自相关系数

[**案例 2-4**]:

图 2-3-4 为周期 $N=31$ 的两个 m 序列的互相关函数曲线。

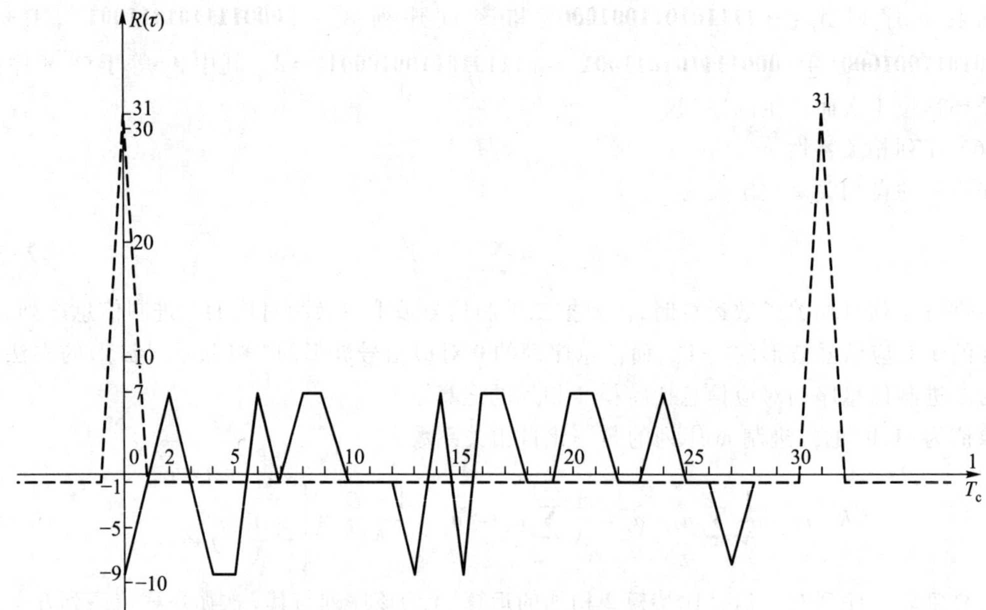

图 2-3-4 周期 $N=31$ 的两个 m 序列的互相关函数曲线

图 2-3-4 中实线示意 m 序列的互相关函数,其取值有正有负,绝对值的最大值为 9。图 2-3-4 中虚线示意 m 序列的自相关函数,其最大值为 31,最小值为-1。

(7) 功率频谱密度函数

随机信号的自相关函数和功率频谱密度函数之间存在傅里叶变换对的关系,即

$$P(\omega)=\int_{-\infty}^{\infty} R(\tau)\exp(-\mathrm{j}\omega\tau)\,\mathrm{d}\tau \tag{2-3-5}$$

$$R(\tau)=\frac{1}{2\pi}\int_{-\infty}^{\infty} G(\omega)\exp(\mathrm{j}\omega\tau)\,\mathrm{d}\omega \tag{2-3-6}$$

m 序列的自相关函数是周期性函数,对应的功率频谱密度函数是离散功率谱密度函数,如果 m 序列的自相关函数是三角波形, m 序列的码片持续时间间隔为 T_c,则对应离散功率频谱密度

函数的包络波形为 $\mathrm{Sa}^2(x)$ 函数。其对应的功率频谱密度函数如图 2-3-5 所示,其对应功率频谱密度函数表示式为

$$P(\omega)=\frac{1}{N^2}\delta(\omega)+\frac{N+1}{N}\mathrm{Sa}^2\left(\frac{\omega T_c}{2}\right)\sum_{k=-\infty,k\neq0}^{\infty}\delta\left(\omega-\frac{2k\pi}{NT_c}\right) \tag{2-3-7}$$

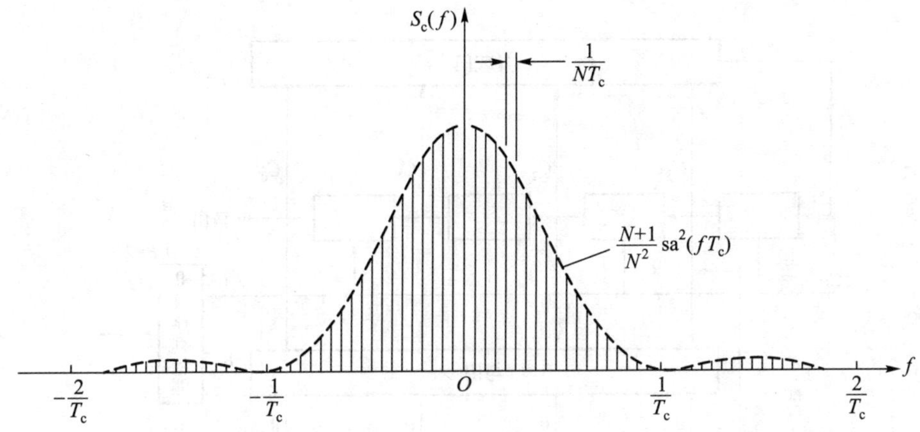

图 2-3-5 自相关函数为三角波形的 m 序列对应的功率谱密度函数

[**小结 2-1**]:

m 序列自相关函数具有下述特征:

(1) m 序列的自相关函数具有周期性,对应功率频谱密度函数为离散函数,功率频谱密度线间频率间隔为

$$\Delta\omega=\frac{2\pi}{NT_c} \tag{2-3-8}$$

m 序列周期 N 越大,则谱线间隔越小,可以近似为连续功率谱。当 m 序列码片持续间隔 T_c 越小,码片速率越高,功率频谱密度带宽扩展越宽。

(2) 功率频谱密度包络以 $\mathrm{Sa}^2(\omega T_c/2)$ 规律变化,每个分量的功率与周期成反比。功率频谱密度函数第一零数值出现在频率 $\omega=2\pi/T_c$ 处,功率频谱密度函数的主瓣带宽定义为

$$\omega_b\triangleq\frac{2\pi}{T_c} \tag{2-3-9}$$

(3) 增加 m 序列的周期长度 N, 减小 m 序列码片持续间隔 T_c, 功率频谱密度谱线加密, 功率频谱的密度数值降低, 更呈现高斯白噪声分布的平坦特性。

(4) 功率频谱密度中直流分量与 N^2 成反比,m 序列的周期 N 增加会减少直流分量,即可以降低通信系统的载漏信号。

[**案例 2-5**]:

通信与信息系统学科属于工学门类,要求能够应用数学、自然科学和工程科学的基本原理,研究分析和解决工程问题,也能够基于科学原理,采用科学方法对工程问题进行研究、设计和实验等,从而得到合理有效的结论。

在工程实践中,如何基于 m 序列的性质来验证 m 序列发生器的输出就是周期 $N=2^n-1$ 的 m 序列?

图 2-3-6 为验证 m 序列周期长度 $N=2^n-1$ 的原理框图,根据 m 序列状态分布性质知道,如果用宽度为 n 的窗口沿 m 序列滑动 N 次,那么每次移 1 位,除全 **0** 状态外,其他 n 位状态仅仅出现一次。

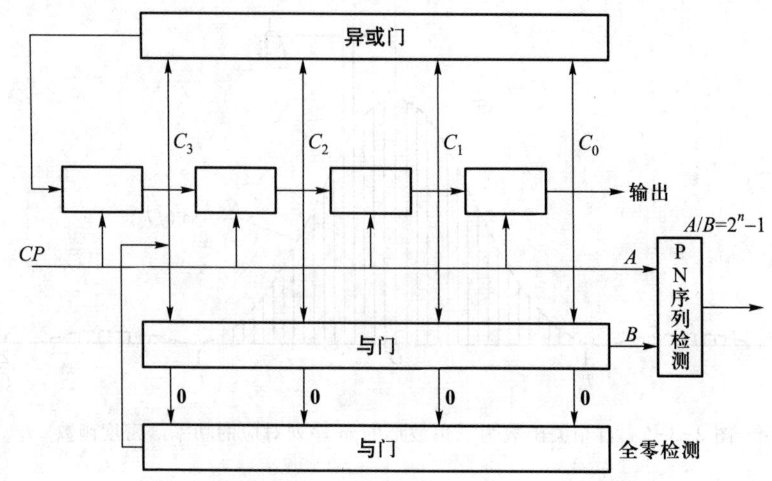

图 2-3-6　验证 m 序列周期长度 $N=2^n-1$ 原理框图

在图 2-3-6 中预置一个 n 级反馈移位寄存器状态 B,m 序列码片速率 A 与该状态速率 B 的比例是 $A/B=N$,其中 $N=2^n-1$ 是 m 序列周期长度。

工程实践中的 m 序列发生器还必须有 n 级反馈移位寄存器状态全 **0** 检测电路,万一 m 序列发生器的 n 级反馈移位寄存器状态为全 **0**,经过全 **0** 检测电路输出 **1** 给图 2-3-6 中的 C_3,强迫 n 级反馈移位寄存器状态为 **100…00**,进而恢复 m 序列发生器正常工作,使得 m 序列发生器具有自诊断和自愈功能。

2.4　Gold 序列

m 序列具有良好自相关特性,但是由 m 序列组成的互相关特性好的序列数目比较少,仅为 $\Phi(2^n-1)/n$,其 $\Phi(\cdot)$ 是 Euler 函数,不能满足大容量多址接入通信系统的要求。

R. Gold 在 1967 年提出一种伪随机 Gold 序列,它是 m 序列的复合序列,即由两个序列周期相等、码片速率相同、相位不同的 m 序列的优选对通过模 2 相加运算而构成。

Gold 序列构成原理框图如图 2-4-1 所示,Gold 序列同时有良好的自相关和互相关特性,而且序列数远远大于 m 序列的序列数,且易于工程实现。

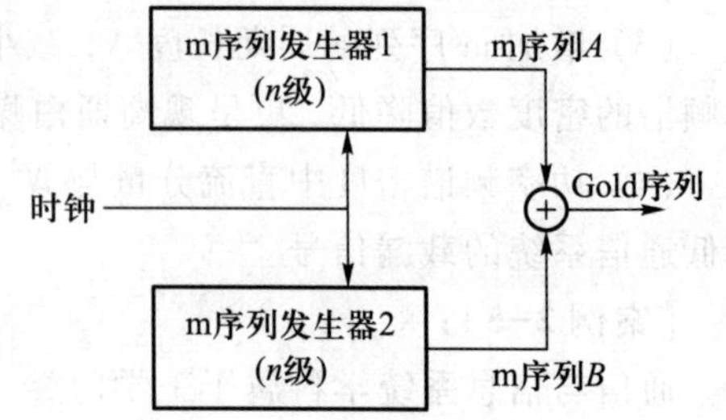

图 2-4-1　Gold 序列构成原理框图

2.4.1 产生 Gold 序列的 m 序列优选对

n 级反馈移位寄存器产生的 m 序列有 2^n-1 个不同相位，经过模 2 加逻辑运算得到 2^n-1 个 Gold 序列。产生 Gold 序列的 m 序列优选对是指，在 m 序列集合中，一对 m 序列的互相关函数最大值的绝对值 $|R_{A,B}|_{\max}$ 要小于互相关的某门限值。

假设：A 是对应于 n 级本原多项式 $f(X)$ 产生的 m 序列，B 是对应于 n 级本原多项式 $g(X)$ 产生的 m 序列，当 A 和 B 的互相关函数满足

$$|R_{A,B}| \leqslant \begin{cases} 2^{\frac{n+1}{2}}+1, & n\text{ 是奇数} \\ 2^{\frac{n+2}{2}}+1, & n\text{ 是偶数，但不被 4 整除} \end{cases} \tag{2-4-1}$$

则 $f(X)$ 和 $g(X)$ 产生的 A 和 B 构成一对 m 序列优选对。

表 2-4-1 为级数 $n=7,9,10,11$ 的部分 m 序列优选对码表。

表 2-4-1 部分 m 序列优选对码表

级数	基准本原多项式	配对本原多项式
7	211	217,235,277,325, 203,357,301,323
	217	211,235,277,325,213,271,357,323
	235	211,217,277,325,313,221,361,357
	236	277,203,313,345,221,361,271,375
9	1021	1131,1333
	1131	1021,1055,1225,1725
	1461	1743,1541,1853
10	2415	2011,3515,3177
	2641	2517,2218,3045
11	4445	4005,5205,5337,5263
	4215	4577,5747,6765,4563

表 2-4-2 为级数 n 为奇数和 n 为偶数但不被 4 整除这两种情况下的码长为 $N=2^n-1$ 的 Gold 序列的互相关函数。

表 2-4-2 Gold 序列的互相关函数

寄存器长度	码长	互相关函数值	出现概率
n 为奇数	$N=2^n-1$	-1	0.5
		$-(2^{\frac{n+1}{2}}+1)$	0.25
		$2^{\frac{n+1}{2}}-1$	0.25

续表

寄存器长度	码长	互相关函数值	出现概率
n 为偶数，但不被 4 整除	$N=2^n-1$	-1 $-(2^{\frac{n+2}{2}}+1)$ $2^{\frac{n+2}{2}}-1$	0.75 0.125 0.125

如果 $f_1(X)$ 和 $f_2(X)$ 为一组 m 序列优选对中的两个不同的本原多项式，$f_1(X)$ 产生的 m 序列为 A，$f_2(X)$ 产生的 m 序列为 B，$f_1(X)\cdot f_2(X)$ 所产生的 m 序列为 $A\oplus B$。说明：两个本原多项式的乘积所产生的序列等于两个本原多项式分别产生序列的模 2 相加的序列。

Gold 序列的结构形式有两种，即串联成 $2n$ 级的线性移位寄存器结构和两个 n 级线性移位寄存器并联结构。

［**案例 2-6**］：

级数 $n=6$ 的本原多项式 $f(X)=1+X+X^6$ 和 $g(X)=1+X+X^2+X^5+X^6$ 分别产生 m 序列 A 和 m 序列 B，它们能否产生 Gold 序列？

根据式(2-4-1)，$n=6$，计算 $|R_{A,B}|=2^{(6+2)/2}+1=17=|R_{A,B}|_{\max}$，满足式(2-4-1)要求，它们可以产生 Gold 序列。

图 2-4-2 为码长 $N=63$ 的串联型和并联型 Gold 序列产生器结构，其本原多项式分别为

$$f_1(X)=1+X+X^6,\quad f_2(X)=1+X+X^2+X^5+X^6$$

$$h(X)=f_1(X)\cdot f_2(X)=1+X^3+X^5+X^6+X^8+X^{11}+X^{12}$$

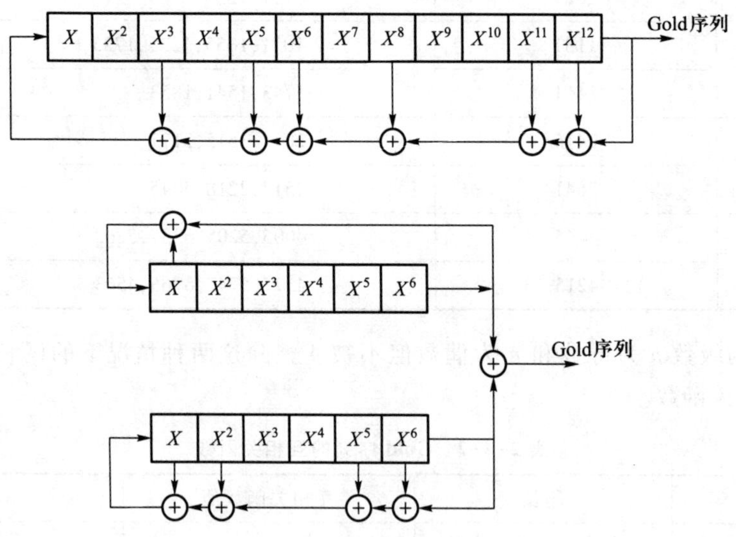

图 2-4-2 码长 $N=63$ 的串联型和并联型 Gold 序列产生器结构

2.4.2 Gold 序列主要特性

［**小结 2-2**］：

(1) 一对 m 序列的优选对通过相对位移可产生 2^n-1 个 Gold 序列，再加上 2 个 m 序列，共

有 2^n+1 个 Gold 序列。

(2) Gold 序列的自相关函数是三值函数,其峰值为 2^n-1,相同长度优选对产生的 Gold 序列的互相关函数也为三值函数,其互相关函数值出现的概率不同。

(3) Gold 序列不再是 m 序列,不具有 m 序列的游程特性和二值互相关特性,Gold 序列的互相关峰值比其自相关峰值小得多,这一特性在 CDMA 通信系统非常有用。

2.4.3 平衡 Gold 序列

在 CDMA 通信系统中,伪随机多址扩频序列的平衡性与载波信号抑制有着密切关系,载波信号的泄漏称为载漏,会严重破坏 CDMA 通信系统的抗干扰、抗侦探和保密性能。Gold 序列主要特点是互相关系数低的正交序列数目较多,而主要问题是序列的平衡性不一致,这里的平衡性是指在 Gold 序列中,**1** 的个数比 **0** 的个数多的问题。

Gold 序列的平衡性表现有以下三种情况:

(1) 序列中 **1** 的个数比 **0** 的个数多一个;

(2) 序列中 **1** 的个数比 **0** 的个数多很多;

(3) 序列中 **1** 的个数比 **0** 的个数少很多。

其中第一种是平衡 Gold 序列,后两种是非平衡 Gold 序列。

m 序列具有特征相位,即当 m 序列处于特征相位时,对序列每隔一位抽样得到的序列与原序列完全一样。如果序列的特征多项式 $f(X)$ 为 n 级反馈移位寄存器产生的 m 序列的本原多项式,则序列的特征相位由 $g(X)/f(X)$ 确定,其中生成多项式 $g(X)$ 为多项式的阶数等于或小于 n 的多项式,生成多项式 $g(X)$ 表示为

$$g(X)=\frac{\mathrm{d}[X\cdot f(X)]}{\mathrm{d}X},\quad n\text{ 为奇数} \tag{2-4-2}$$

$$g(X)=f(X)+\frac{\mathrm{d}[X\cdot f(X)]}{\mathrm{d}X},\quad n\text{ 为偶数} \tag{2-4-3}$$

(1) 当 n 为偶数时,Gold 序列生成多项式表示为

$$G(X)=\frac{g(X)}{f(X)} \tag{2-4-4}$$

经过式(2-4-4)多项式长除,得到处于特征相位的 m 序列,m 序列的一对优选对 A 和 B 为处于特征相位的 m 序列的一对优选对。

(2) 当 n 为奇数时,Gold 序列生成多项式表示为

$$G(X)=\frac{1+f_A(X)}{1+f_B(X)} \tag{2-4-5}$$

经过式(2-4-5)多项式长除,处于特征相位序列的第一位是 **1**。以序列 A 为参考序列,移动 B 序列,使第一位为 **0** 对应 A 参考序列的第一位 **1**,将处于特征相位的 A 序列与处于相对相位的 B 序列进行模 2 相加,就可得到平衡 Gold 序列。

[**案例 2-7**]:

图 2-4-3 和图 2-4-4 分别为 QPSK/卷积编码/DS-CDMA 通信系统的发射原理框图和 QPSK/卷积编码/DS-CDMA 通信系统的接收原理框图。

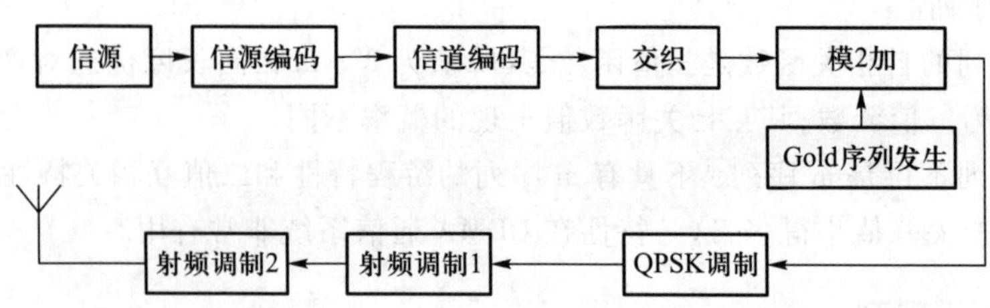

图 2-4-3 QPSK/卷积编码/DS-CDMA 通信系统发射原理框图

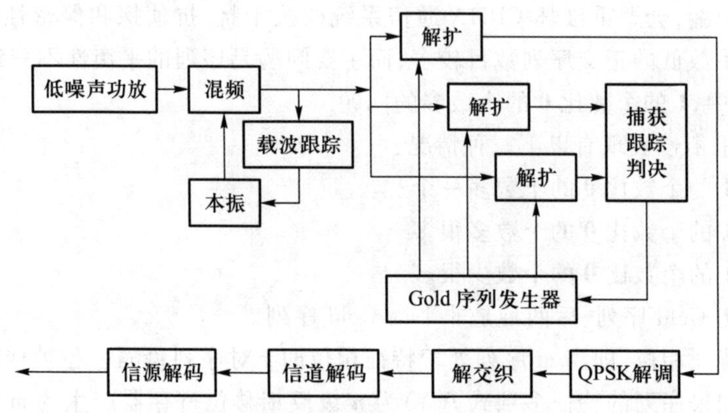

图 2-4-4 QPSK/卷积编码/DS-CDMA 通信系统接收原理框图

QPSK/卷积编码/DS-CDMA 通信系统的伪随机多址扩频地址序列采用码长 $N=1\ 023$ 的 Gold 序列，Gold 序列由两个 10 级 m 序列优选对进行模 2 相加构成，其中 m 序列优选对的特征多项式分别是 $X_1(D)=1+D^7+D^{10}$ 和 $X_2(D)=1+D+D^2+D^4+D^7+D^8+D^{10}$。

2.5 最大长度非线性移位寄存器序列（M 序列）

在反馈移位寄存器中，若反馈逻辑运算含乘法运算或其他的非线性逻辑运算，则称为非线性反馈逻辑。由非线性反馈逻辑和移位寄存器构成的序列发生器产生的最大长度序列，叫作最大长度非线性移位寄存器序列，或称为 M 序列。M 序列的最大长度是 $N=2^n$，其中 n 是移位寄存器的级数。

2.5.1 M 序列的构造

M 序列的构造是基于非线性反馈逻辑和移位寄存器的运算，目前还没有行之有效和简捷的数学工具供工程设计参考，一般采用计算搜索方法。只要基于 n 级移位寄存器，所有 2^n 个状态都仅仅经历一次，同时满足移位寄存逻辑关系，即构成 M 序列。可以从 n 级移位寄存器的某一状态出发，进行状态转移，在状态转移过程中没有发生状态的重复现象，而且经过 2^n 次转移后，又返回到原始出发状态，得到一个闭环，称为 Hamiton 环，该环中的各个状态就构成了 M 序列。

工程技术实践构成 M 序列的方法就是在 m 序列的基础上，增加全 **0** 状态来获得的。即在 m

序列包含 2^n-1 个非全 **0** 状态基础上，再增加由 n 个 **0** 组成的一个全 **0** 状态，具体构造方法如图 2-5-1 所示的四级 M 序列产生器原理框图。

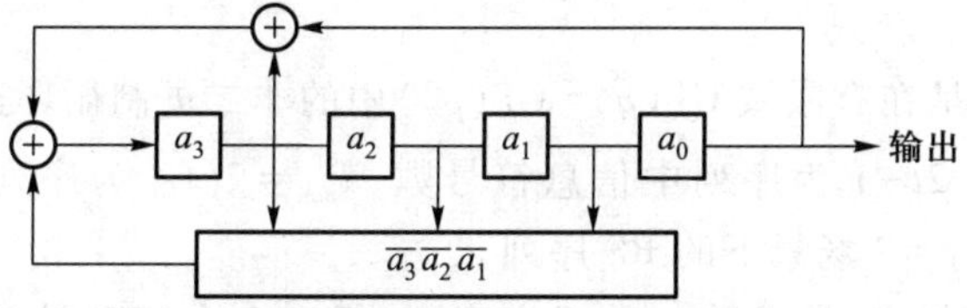

图 2-5-1　四级 M 序列产生器原理框图

以级数 $n=4$ 的 M 序列产生器为例，全 **0** 状态序列应插入状态 **000…1** 之后，必须使全 **0** 状态的后继状态为 **10…00**，即 M 序列的状态转移过程为 **000…01**→ **000…00** →**100…00**。

在移位寄存器的第 1 位至第 $n-1$ 位状态都为 **0** 时，下一个移位寄存器的第 1 位至第 n 位状态都应该为 **0**。基于 M 序列原理，要对 n 级移位寄存器的前面 $n-1$ 位全 **0** 状态进行检测，检测成功插入反馈逻辑函数，使移位寄存器中 n 位都为 **0** 状态，还要求下一个码片到达时，进入移位寄存器中第 1 位至第 $n-1$ 位状态为 **0**，而第 n 位状态为 **1**。

M 序列的非线性反馈逻辑函数为

$$f(X_1,X_2,\cdots,X_n)=f_0(X_1,X_2,\cdots,X_n)+\overline{X}_1\overline{X}_2\cdots\overline{X}_n \tag{2-5-1}$$

其中 $f_0(X_1,X_2,\cdots,X_n)$ 为 m 序列的线性反馈逻辑函数。

2.5.2　M 序列的性质

［**小结 2-3**］：

（1）M 序列的周期为 $N=2^n$，M 序列中 **0** 与 **1** 个数相同，**0** 和 **1** 游程个数相同，游程总数为 2^{n-1}。

（2）M 序列的序列数比 m 序列的序列数多得多，表 2-5-1 为 m 序列与 M 序列的序列数比较，不包括平移等价序列的 M 序列的序列数 $N_M=2^{2^{n-1}-n}$。

表 2-5-1　m 序列与 M 序列的序列数比较

级数 n	2	4	5	6	7	8	9	10
m 序列	2	2	6	6	18	16	48	60
M 序列	2	2^4	2^{11}	2^{26}	2^{57}	2^{120}	2^{247}	2^{502}

（3）M 序列的自相关函数是多值，数值较大的较多，且为 4 的整倍数。对于任意给定的 n 级移位寄存器的 M 序列，自相关函数 $R(j)$ 为

$$R(j)=\begin{cases}2^n, & j=0\\ 0, & 1\leqslant j\leqslant n-1\\ 2^n-4\omega(f_0), & j\geqslant n\end{cases} \tag{2-5-2}$$

其中 $\omega(f_0)$ 是产生 M 序列的反馈函数 $f(x_1,x_2,\cdots,x_n)=x_1+f_0(x_2,x_3,\cdots,x_n)$ 中 f_0 的重量。

（4）M 序列的互相关函数是多值的，数值较大的较多，且为 4 的整数倍。

（5）M 序列不具备 m 序列的移位相加特性。

2.6 RS $(n,k,d_{\min})$序列

RS $(n,k,d_{\min})$序列是在有限域 GF(q)= GF(p^m)中的非二进制循环正交序列,其中 $n=q-1=2^m-1$ 为序列长度,$k=q-2t-1$ 为序列中信息符号数,$d_{\min}=2t+1$ 为序列最小距离,一般讨论的 RS $(n,k,d_{\min})$序列是在 $p=2$ 场景下的 RS 序列。

RS $(n,k,d_{\min})$序列中,$b=k-1$ 是一种正交序列,任意 2 个序列最多重复为 $k-1$,RS $(n,k,d_{\min})$序列中任意序列的循环位移仍在该序列之中,序列自相关函数的旁瓣不大于$(k-2)/n$。

RS 序列是一种最佳近似正交序列,在有限域 GF(p^m)中,一个具有 n 个分量的序列 X 的模 $|X|$定义为非 **0** 分量数。如果序列 X 和序列 Y 有 b 个分量相同,它们的代数差 $X-Y$ 有 b 个分量为 **0**,模$|X-Y|$就是序列 X 和序列 Y 中不同分量的数,模$|X-Y|$为序列 X 和序列 Y 的距离。

RS 序列可以采用反馈移位寄存器实现,图 2-6-1 为 RS(15, 9)序列发生器结构图,与一般序列发生器结构的主要差别是反馈链接需要乘以 $g(X)$相应系数,数据通道是 4 比特,移位寄存器为四级并联工作,域元素的乘法运算可通过查表法实现。

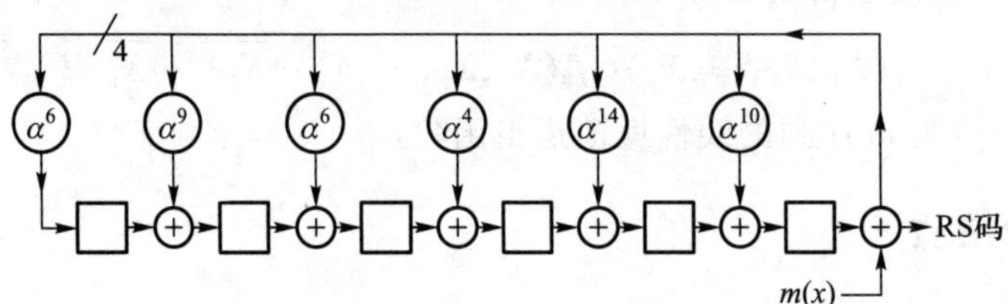

图 2-6-1 RS(15, 9)序列发生器结构图

2.7 Kasami 序列

Kasami 序列比较接近 Welch 给出多进制伪随机多址扩频序列的参数限,即

$$R_{\max} \geqslant N\sqrt{(K-1)/(KN-1)} \tag{2-7-1}$$

Kasami 序列的元素有

$$\{X, X\oplus Y, X\oplus T^{-1}Y, X\oplus T^{-2}Y, \cdots, X\oplus T^{-(2^{n/2}-2)}Y\} \tag{2-7-2}$$

其中序列 X 是周期为 $N=2^n-1$,n 为偶数的 m 序列,序列 Y 是周期为$(2^n-1)/s(n)=2^{n/2}-1$,其中 $s(n)=2^{n/2}+1$ 的序列。

Kasami 序列的相关函数类似于 Gold 序列,但是相关值低于 Gold 序列,Kasami 序列的自相关函数和互相关函数分别是

$$R_{kk}(n)=\begin{cases} N & n=0 \\ \{-1,-s(n),s(n)-2\} & n\neq 0 \end{cases} \tag{2-7-3}$$

$$R_{jk}(n)=\{-1,-s(n),s(n)-2\} \quad n=0,1,2,\cdots,N-1 \text{ 和 } j\neq k \tag{2-7-4}$$

其中 $s(n)=2^{n/2}+1$。

2.8 Barker 序列

Barker 序列是一种由线性反馈逻辑和移位寄存器产生的非周期序列，具有局部尖锐自相关特性函数，类似伪噪声码的性质，便于与其他随机信号相区别。Barker 序列如表 2-8-1 所示。

表 2-8-1 Barker 序列

m	Barker 序列	m	Barker 序列
1	+	5	+++-+
2	++或+-	7	+++--+-
3	++-	11	+++---+--+-
4	+++-或++-+	13	+++++--++-+-+

Barker 序列的自相关特性函数为

$$R_x(\tau) = \sum_{\tau=1}^{m-\tau} x_i \cdot x_{i+\tau} = \begin{cases} m, & \tau = 0 \\ 0, \ \pm 1 & \tau \neq 0 \end{cases} \tag{2-8-1}$$

其中 $x_i = \pm 1$，$i = 1, 2, \cdots, m$。

Barker 序列的自相关特性函数在原点有峰值，在其他 τ 值处，Barker 序列的自相关特性函数在 0，+1 和-1 之间起伏。已经证明：不存在 $m>13$ 的奇数长度的 Barker 序列，偶数码长度的 Barker 序列的长度为 $4t^2$，t 为正整数。其中 $m=11$ 的 Barker 序列为 IEEE 802.11 的标准所采纳。

2.9 载波干涉序列

M. J. E Golay 提出的载波干涉序列（carrier interference sequences，CI）为一种多相的互补序列，如果第 k 用户伪随机多址扩频序列中，第 i 相位偏移量为

$$\Delta\varphi = \exp(\mathrm{j}\beta_i^k), \quad \beta_i^k = ik\frac{2\pi}{N} \tag{2-9-1}$$

则第 k 用户载波干涉序列（CI）表示为

$$[c_{k,0}, c_{k,1}, \cdots, c_{k,N-1}] = \left[1, \exp\left(\mathrm{j}k\frac{2\pi}{N}\right), \exp\left(\mathrm{j}2k\frac{2\pi}{N}\right), \cdots, \exp\left(\mathrm{j}(N-1)\frac{2\pi}{N}\right)\right]^T$$

$$k = 0, 1, \cdots, N-1 \tag{2-9-2}$$

如果 $\omega = \exp(\mathrm{j}2\pi/N)$，CI 序列可以矩阵来构建，即

$$\text{CI 序列} = \begin{bmatrix} \omega^0 & \omega^0 & \omega^0 & \cdots & \omega^0 \\ \omega^0 & \omega^1 & \omega^2 & \cdots & \omega^{N-1} \\ \omega^0 & \omega^2 & \omega^4 & \cdots & \omega^{2(N-1)} \\ \vdots & \vdots & \vdots & & \vdots \\ \omega^0 & \omega^{N-1} & \omega^{2(N-1)} & \cdots & \omega^{(N-1)^2} \end{bmatrix} \tag{2-9-3}$$

基于 Walsh-Hadamard 变换(WHT),对矩阵元素信号以"1"和"-1"为基础进行分解,相应运算为

$$\overline{X}_N^{\mathrm{WHT}} = \boldsymbol{W}_{N\times N}^{\mathrm{WHT}} \cdot \overline{x}_N \tag{2-9-4}$$

其中 $\overline{X}_N^{\mathrm{WHT}}$ 为 $\overline{x}_N$ 的 WHT,$W^{\mathrm{WHT}}(p,q)=(-1)^{c_{p,q}}$。

$$\boldsymbol{W}_{N\times N}^{\mathrm{WHT}} = \begin{bmatrix} W^{\mathrm{WHT}}(0,0) & W^{\mathrm{WHT}}(0,1) & W^{\mathrm{WHT}}(0,2) & \cdots & W^{\mathrm{WHT}}(0,N-1) \\ W^{\mathrm{WHT}}(1,0) & W^{\mathrm{WHT}}(1,1) & W^{\mathrm{WHT}}(1,2) & \cdots & W^{\mathrm{WHT}}(1,N-1) \\ W^{\mathrm{WHT}}(2,0) & W^{\mathrm{WHT}}(2,1) & W^{\mathrm{WHT}}(2,2) & \cdots & W^{\mathrm{WHT}}(2,N-1) \\ \vdots & \vdots & \vdots & & \vdots \\ W^{\mathrm{WHT}}(N-1,0) & W^{\mathrm{WHT}}(N-1,1) & W^{\mathrm{WHT}}(N-1,2) & \cdots & W^{\mathrm{WHT}}(N-1,N-1) \end{bmatrix} \tag{2-9-5}$$

载波干涉序列(CI)通过离散傅里叶变换(DFT)得到该序列的集合,即

$$\overline{X}_N^{\mathrm{DFT}} = \boldsymbol{W}_{N\times N}^{\mathrm{DFT}} \cdot \overline{x}_N \tag{2-9-6}$$

其中 $\overline{X}_N^{\mathrm{DFT}}$ 为 $\overline{x}_N$ 的 DFT。

$$\boldsymbol{W}_{N\times N}^{\mathrm{DFT}} = \begin{bmatrix} W^{\mathrm{DFT}}(0,0) & W^{\mathrm{DFT}}(0,1) & W^{\mathrm{DFT}}(0,2) & \cdots & W^{\mathrm{DFT}}(0,N-1) \\ W^{\mathrm{DFT}}(1,0) & W^{\mathrm{DFT}}(1,1) & W^{\mathrm{DFT}}(1,2) & \cdots & W^{\mathrm{DFT}}(1,N-1) \\ W^{\mathrm{DFT}}(2,0) & W^{\mathrm{DFT}}(2,1) & W^{\mathrm{DFT}}(2,2) & \cdots & W^{\mathrm{DFT}}(2,N-1) \\ \vdots & \vdots & \vdots & & \vdots \\ W^{\mathrm{DFT}}(N-1,0) & W^{\mathrm{DFT}}(N-1,1) & W^{\mathrm{DFT}}(N-1,2) & \cdots & W^{\mathrm{DFT}}(N-1,N-1) \end{bmatrix} \tag{2-9-7}$$

其中 $W^{\mathrm{DFT}}(pq)=\exp[(\mathrm{j}2\pi/N)pq]$。

离散傅里叶变换(DFT)的不同行矢量序列之间是满足正交关系的,即

$$\mathrm{Re}\sum_{i=0}^{N-1}\exp\frac{\beta_i^{(k)}-\beta_i^{(k')}}{N}\mathrm{j}=0 \tag{2-9-8}$$

离散傅里叶变换(DFT)的行矢量序列为载波干涉序列 CI 的集合,该序列用于不同频率谐波时,可以观察到载波干涉效果图。

POCI 序列由两组 CI 序列构成,即一组 CI 序列和一组偏移 CI 序列,偏移 CI 序列是在 CI 序列基础上相位偏移 π/N 而得。

第 k 用户 CI 序列中第 $i\exp(\mathrm{j}\beta_i^k)$ 相位偏移为

$$\beta_i^{(k)}=\begin{cases} ik\dfrac{2\pi}{N}, & k=0,1,\cdots,N-1 \\ ik\dfrac{2\pi}{N}+i\dfrac{\pi}{N}, & N=1,2,\cdots,2N-1 \quad k=N \end{cases} \tag{2-9-9}$$

2.10　Zadoff-Chu 序列

在随机接入过程中,用户签名序列用于识别多址接入用户身份,一般要求用户签名序列满足

下述要求：

（1）具有良好的检测性能，包括较高检测概率和较低差错概率；

（2）兼有足够低的随机竞争接入碰撞概率和数量足够多的用户签名序列；

（3）具有良好的相关特性，能够检测同步信息；

（4）具有较低的峰均比特性。

Zadoff-Chu（ZC）序列基本满足上述要求，是一种具有恒定振幅和零值自相关（constant amplitude zero autocorrelation，CAZAC）特性的非二进制单位振幅序列。长度为奇数 N_{ZC} 的 ZC 序列表示为

$$x_u(n)=\exp\left[-\mathrm{j}\frac{\pi\cdot u\cdot n(n+1)}{N_{ZC}}\right],\quad n=0,1,\cdots,N_{ZC}-1 \tag{2-10-1}$$

其中 N_{ZC} 是 ZC 序列的长度，u 是 ZC 序列的物理根序号。

对于 format 0~3，N_{ZC} 为 839，对于 format 4，N_{ZC} 为 139。3GPP 采用 format 0 和 N_{ZC} 为 839 的 ZC 序列。

ZC 序列的循环自相关函数，在自相关点上除了在起始点有峰值外，其他自相关点上为零。ZC 序列互相关函数在两个 ZC 序列的标识差与序列的长度互素时，具有恒定的包络值。

$$R_u(k)=\sum_{n=0}^{N_{ZC}-1}x_u(n)\cdot x_u^*(n+k)_{\bmod N_{ZC}}=\begin{cases}N_{ZC}, & k=0 \bmod N_{ZC}\\ 0, & k\neq 0 \bmod N_{ZC}\end{cases} \tag{2-10-2}$$

$$R_{u,r}(k)=\sum_{n=0}^{N_{ZC}-1}x_u(n)x_r^*(x+k)_{\bmod N_{ZC}}=\sqrt{N_{ZC}},\quad r\neq u,(u-r,N_{ZC})=1 \tag{2-10-3}$$

随机接入技术是通信系统中媒体接入控制（medium access control，MAC）的一项重要技术，ZC 序列适用于系统负载较轻时的多址接入，它实现方式简单，但无法解决用户之间的冲突碰撞问题。当系统负荷增加时，接入系统的用户终端数较多，系统的容量因用户之间的频繁碰撞而严重受损，需要采用比较典型的随机竞争接入模式，如 ALOHA、S-ALOHA、CSMA/CD、CSMA/CA 和 PRMA 等。

2.11 IS-95 CDMA 通信系统的伪随机多址扩频序列

IS-95 CDMA 通信系统全称是“双模宽带扩频蜂窝通信系统的移动台-基站兼容标准”，系统核心技术特征是采用 CDMA 制式。IS-95 CDMA 通信系统的关键技术还有 Rake 接收、多址用户干扰抵消、闭环功率控制、系统软容量和软切换等，它们对无线移动通信系统的发展和演进产生了重大影响。

IS-95 CDMA 通信系统的主要技术参数如表 2-11-1 所示。

表 2-11-1 IS-95 CDMA 通信系统的主要技术参数

工作频段	824~849 MHz（反向链路） 869~894 MHz（前向链路）
载波间隔	1.25 MHz

续表

双工方式	FDD
多址技术	CDMA
帧长	20 ms
信道数	每一载频有64个码分多址信道
数据速率	1 200 bps、2 400 bps、4 800 bps、9 600 bps
扩频码片速率	1.228 Mcps
信道编码	卷积码 $R=1/3, K=9$（反向链路） $R=1/2, K=9$（前向链路）
扩频制式	直接序列扩频
调制方式	OQPSK（移动台） QPSK（基站）

2.11.1 IS-95 CDMA 通信系统的逻辑信道和多址接入地址

IS-95 CDMA 通信系统的伪随机多址扩频序列需要同时尽量满足正交性和多址竞争接入用户地址的数量要求，伪随机多址扩频序列用于区分多种功能信道和多址竞争接入用户，输入数字信息序列功率频谱密度的扩展等。从基站至移动台的传输方向为前向链路或下行链路，具有一点对多点的广播(broadcast)特点，而从移动台到基站的传输方向为反向链路或上行链路，具有多址竞争接入的特点。

图 2-11-1 为 IS-95 CDMA 通信系统前向链路中功能信道分布，具体功能信道有导频信道、媒体接入控制信道、控制信道、同步信道、寻呼信道和业务信道等。

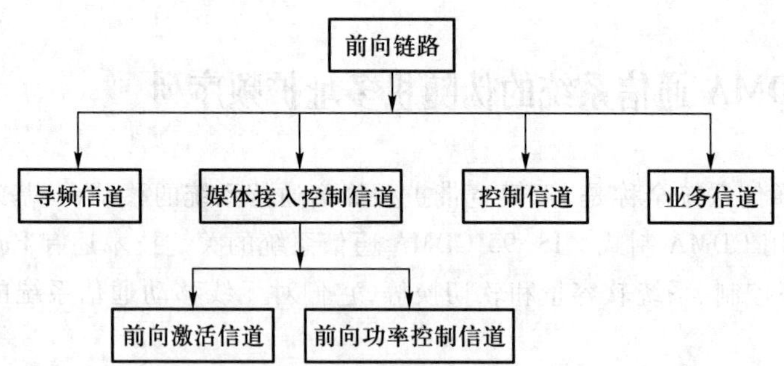

图 2-11-1 IS-95 CDMA 通信系统前向链路中功能信道分布

图 2-11-2 是 IS-95 CDMA 通信系统反向链路中功能信道分布，具体功能信道有数据信道、媒体接入控制信道、应答信道、速率指示信道、控制信道等。

图 2-11-3 和图 2-11-4 分别是 IS-95 CDMA 通信系统中前向链路和反向链路的逻辑信道结构。

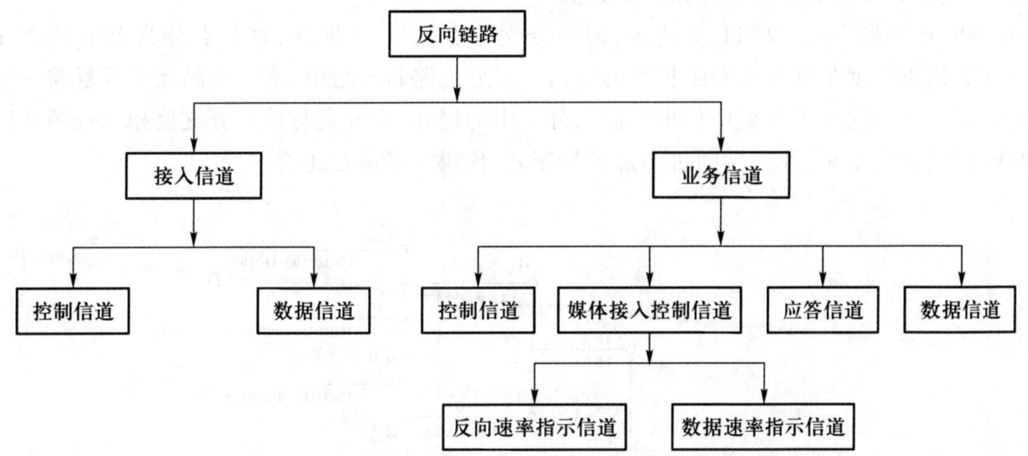

图 2-11-2 IS-95 CDMA 通信系统反向链路中功能信道分布

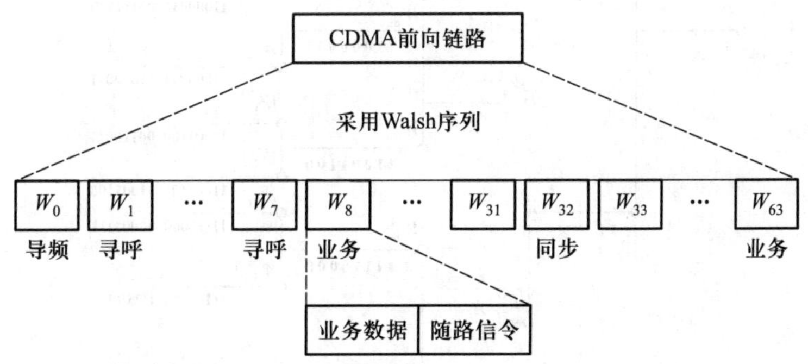

图 2-11-3 IS-95 CDMA 通信系统前向链路逻辑信道结构

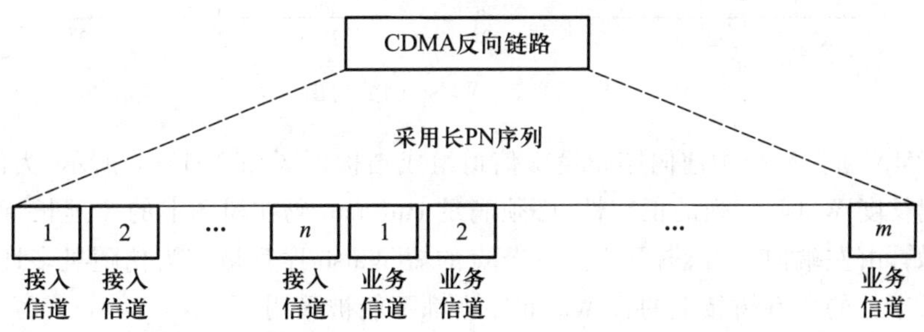

图 2-11-4 IS-95 CDMA 通信系统反向链路逻辑信道结构

IS-95 CDMA 通信系统前向链路逻辑信道的区分是采用 Walsh 序列与中长周期为 $N=2^{15}-1$ 的 m 序列联合的伪随机多址扩频级联码组,可以改善 Walsh 序列的互相关特性和同步误差性能。

$2N$ 阶 Walsh 码和 N 阶 Walsh 码可以基于 Hadamard 矩阵递推而得到,Walsh 函数是取值为"1"和"-1"的二元正交函数系。在系统同步时,Walsh 码是完全正交的。而在非同步传输状态下,Walsh 函数的自相关和互相关特性均不理想。正交 Walsh 码与 PN 码序列的级联码组既可保持同步正交性又可降低非同步互相关系数值。

Walsh 函数树图如图 2-11-5 所示，图中分支节点数按 2^n 展开，每节点分为上下两个分支路，分支后码组长度是分支前码组长度的 2 倍。在分支路新码组中，前一半码元是重复前一分支的码元，后一半的元在下分支中仍重复前一分支中的码元，上分支与前一分支反相。按照非延长规律选取 W_4^1、W_8^2 和 W_{16}^3 作为伪随机多址扩频序列，使得三者满足正交性。

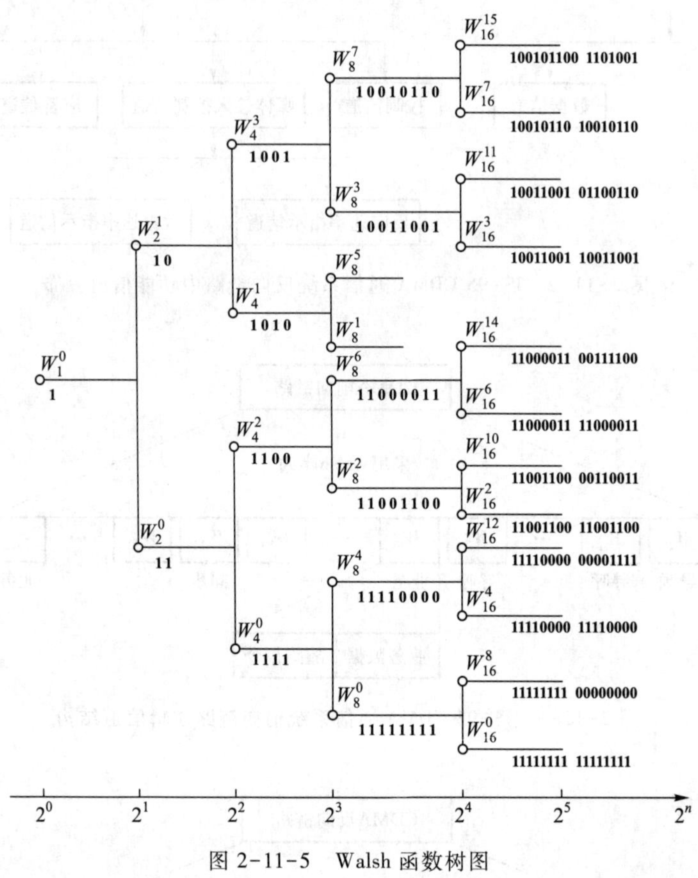

图 2-11-5　Walsh 函数树图

IS-95 CDMA 通信系统中前向链路逻辑信道组成结构框图如 2-11-6 所示，为保证可变扩频比在不同周期长度 Walsh 序列的正交性，必须满足 Huffman 码在树图上的非延长特性，即在树图中，从树根开始，由左端向右看，树图中某一节点的短 Walsh 序列被作为伪随机多址扩频序列后，从该节点延长出去的所有树枝上的长 Walsh 序列都不能被采用。

IS-95 CDMA 通信系统反向链路逻辑信道结构框图如图 2-11-7 所示，基站在接收反向链路信号时，不采用相干解调方式。在移动台到基站的传输方向即反向链路，具有多址竞争接入信道特点，还需要设置反向多媒体业务信道，区别不同传输速率的业务地址以及不同基站和扇区的地址等。反向链路的正交地址扩频序列采用周期长度为 $2^{42}-1$ 的 m 序列，以 m 序列的不同相位来区分不同信道。

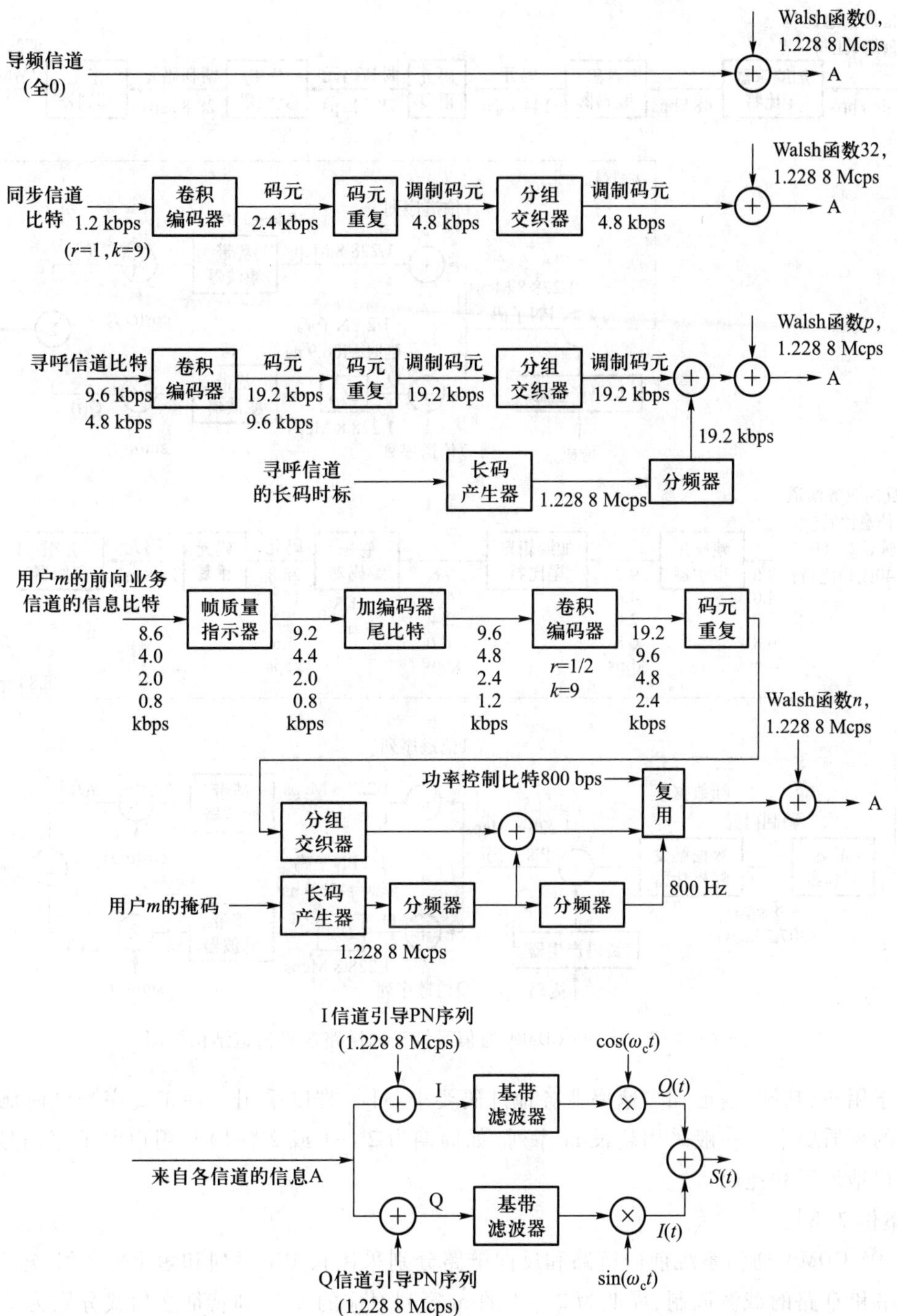

图 2-11-6　IS-95 CDMA 通信系统中前向链路逻辑信道组成结构框图

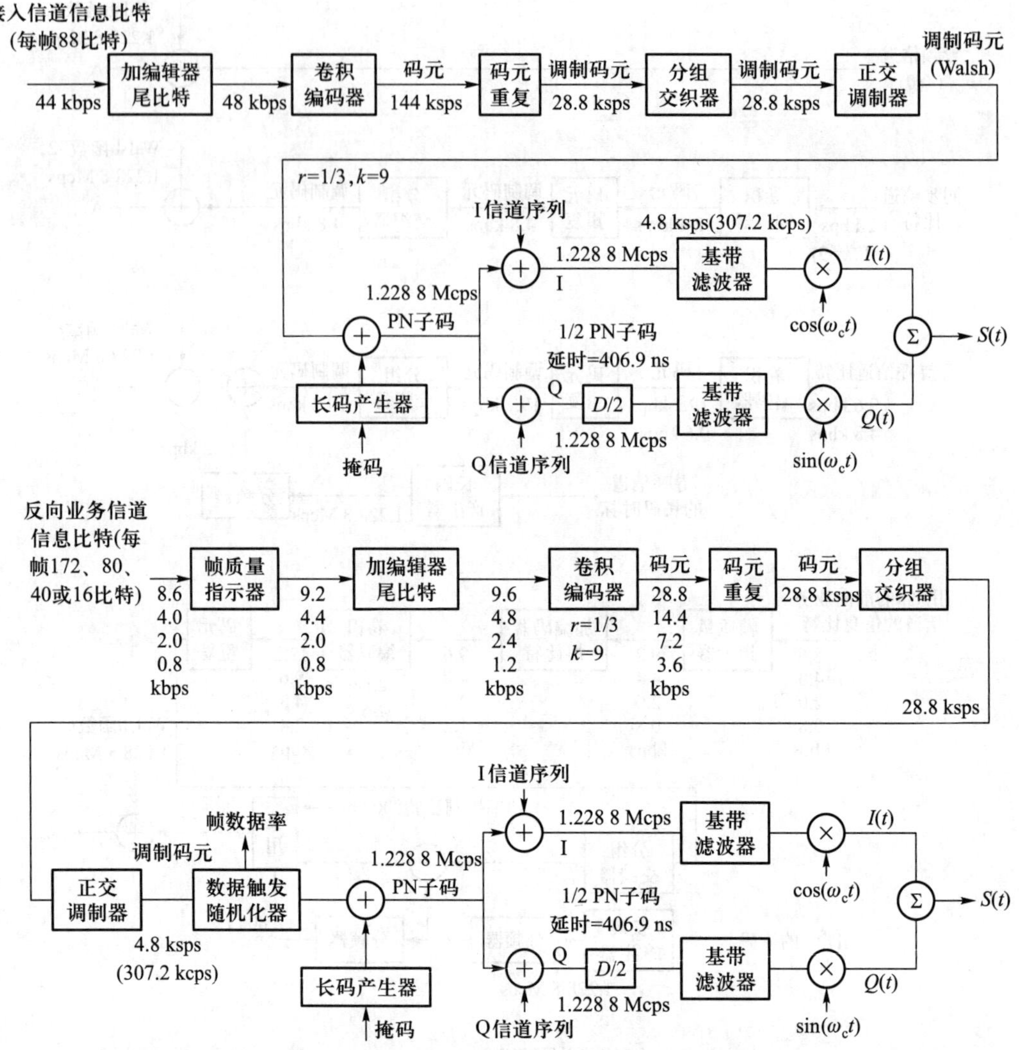

图 2-11-7　IS-95 CDMA 通信系统反向链路逻辑信道结构框图

由于用户、基站、信道和多速率业务地址码要求不同,难以采用一种正交序列同时满足质量和数量的矛盾要求。一般采用超长 m 序列(如周期为 $2^{42}-1$ 或 $2^{41}-1$)与用户电子序列号码 ESN 作为用户地址码和掩码。

[**案例 2-8**]:

IS-95 CDMA 通信系统前向链路和反向链路分别采用长 PN 序列和短 PN 序列,短 PN 序列用于 I 路和 Q 路的载波调制,周期为 $2^{15}-1$ 的 m 序列对应的 m 序列特征多项式分别为

$$f_{\mathrm{I}}(X)=X^{15}+X^{13}+X^{9}+X^{8}+X^{7}+X^{5}+1$$

$$f_{\mathrm{Q}}(X)=X^{15}+X^{12}+X^{11}+X^{10}+X^{6}+X^{5}+X^{4}+X^{3}+1$$

长 PN 序列为周期为 $2^{42}-1$ 的 m 序列,其特征多项式为

$$f(X)=X^{42}+X^{35}+X^{33}+X^{31}+X^{27}+X^{26}+X^{25}+X^{22}+X^{21}+X^{19}+X^{18}+X^{17}+X^{16}+X^{10}+X^{7}+X^{6}+X^{5}+X^{3}+X^{2}+X+1$$

[**小结 2-4**]：

(1) IS-95 CDMA 通信系统前向链路采用正交码分复用

IS-95 CDMA 系统前向广播链路采用 64 阶 Walsh 序列，分割得到的 64 路信道称为逻辑信道，同时传输 64 路信息。

小区的前向链路都采用相同的 64 路信道，为避免相邻小区间的干扰，在 Walsh 序列采用短 PN 序列扰码，使相邻小区间的信号靠码分多址制式区分。同一小区以 Walsh 序列区分，相邻小区以短 PN 序列区分。

(2) 导频信道

导频信道用来传送导频信号，移动台通过导频信道可以提取同步信息实现相干接收。移动台监测邻近小区的导频信号强度，根据移动台的测量数据来判断是否需要将移动台当前正在进行监测的通信小区切换到其他通信小区。

(3) 同步信道

同步信道用来传送同步信息，移动台需要建立时间域的同步，包括伪随机多址扩频序列图案同步，伪随机多址扩频序列的码片同步，信息比特同步和信息帧同步等。

(4) 寻呼信道

寻呼信道用来呼叫移动台，当移动台拨打位于本小区内多址接入用户时，基站通过寻呼信道发出呼叫。移动台建立同步后，要选择寻呼信道来监听系统发出的寻呼信息。

(5) 业务信道

55 路业务信道用于传输多址接入用户语音编码数据及其他业务数据，可插入必要的随路信令，如功率控制和越区切换方面的信令。

(6) IS-95 CDMA 通信系统的反向链路采用异步码分多址系统，与前向链路不同的是：

① 反向逻辑信道只有接入信道和业务信道两种。

② 前向链路具有一点到多点的广播通信特征，反向链路具有多点到一点的多址竞争接入通信特征。

③ 在同一小区内，前向链路是以 Walsh 序列来区分多址接入用户的正交同步 CDMA 系统，反向链路是以伪随机长 PN 序列来区分多址接入用户的异步 CDMA 系统。

④ 在存在相对传播时延的情况下，基于长 PN 序列的 CDMA 系统不要求不同多址用户之间保持时间同步，但要求不同多址用户伪随机 PN 码间保持良好的互相关特性，来降低系统的多址用户干扰，称为异步 CDMA 系统。

(7) 接入信道和前向链路的寻呼信道对应

移动台发起呼叫时，先通过接入信道接入网络，然后系统分配业务信道用于移动台上行传输业务数据，接入信道的最大信道数为 32 路。

(8) 反向链路业务信道的功能与前向链路业务信道相同

用于传输多址接入用户的语音数据及其业务数据，也可以插入必要的随路信令，如功率控制和越区切换方面的信令。

(9) IS-95 CDMA 通信系统的反向链路没有导频信道

基站在接收反向链路的信号时，采用非相干的解调制式。业务信道最多可以有 55 路，与前向链路业务信道一起构成了 55 对双向通路，反向链路的多址用户干扰限制了可以同时通信的多址接入用户数。

2.11.2　IS-95 CDMA 通信系统的频谱扩展制式

IS-95 CDMA 通信系统前向链路控制信道的频谱扩展框图如图 2-11-8 所示。

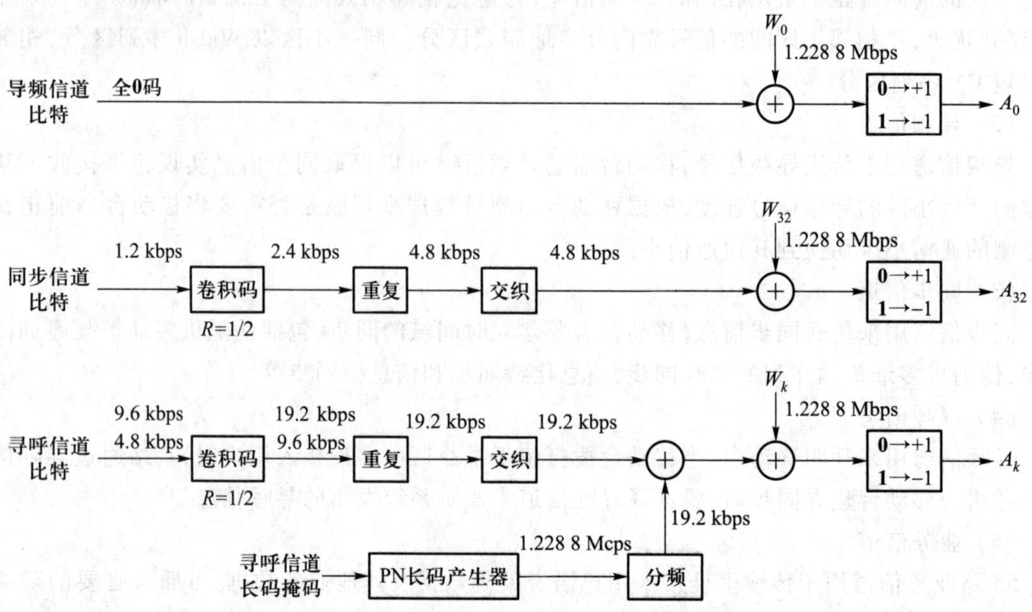

图 2-11-8　IS-95 CDMA 通信系统前向链路控制信道的频谱扩展框图

IS-95 CDMA 通信系统前向链路业务信道的频谱扩展框图如图 2-11-9 所示。

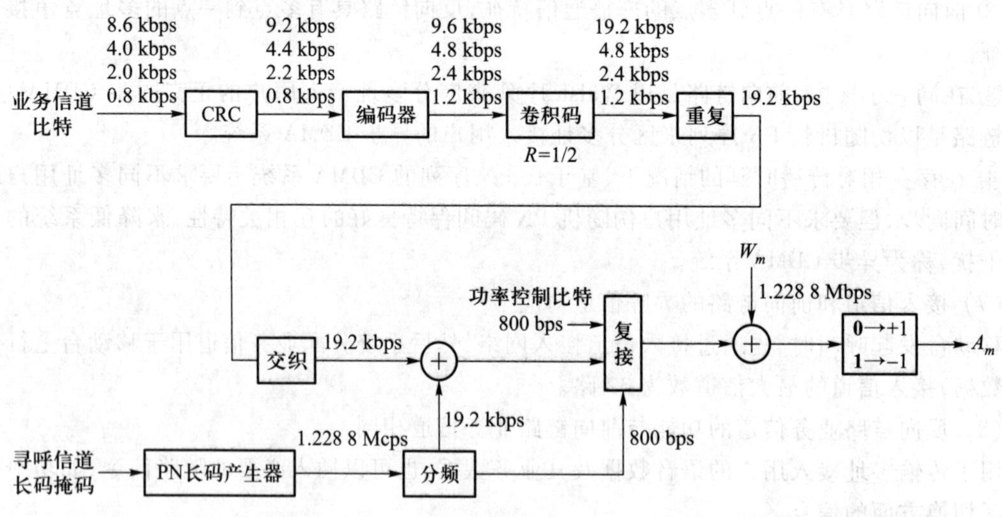

图 2-11-9　IS-95 CDMA 通信系统前向链路业务信道的频谱扩展框图

在 IS-95 CDMA 通信系统前向链路中，长 m 序列主要对多址接入用户的数据进行随机化处理，按直接序列扩频(DS)方式将 307.2 kbps 信号带宽扩展到 1.228 8 Mbps 带宽。长 m 序列的掩码与多址接入用户的 ID 有关,这使长 m 序列具有区分多址接入用户的功能。

图 2-11-10 为 IS-95 CDMA 通信系统反向链路业务信道频谱扩展原理框图,反向链路是多点(移动台)到一点(基站)的通信,多址接入用户之间的异步特性使其无法采用基于 Walsh 码的正交 CDMA,而是采用 64 阶正交调制和 PN 序列 DS 频谱扩展制式。

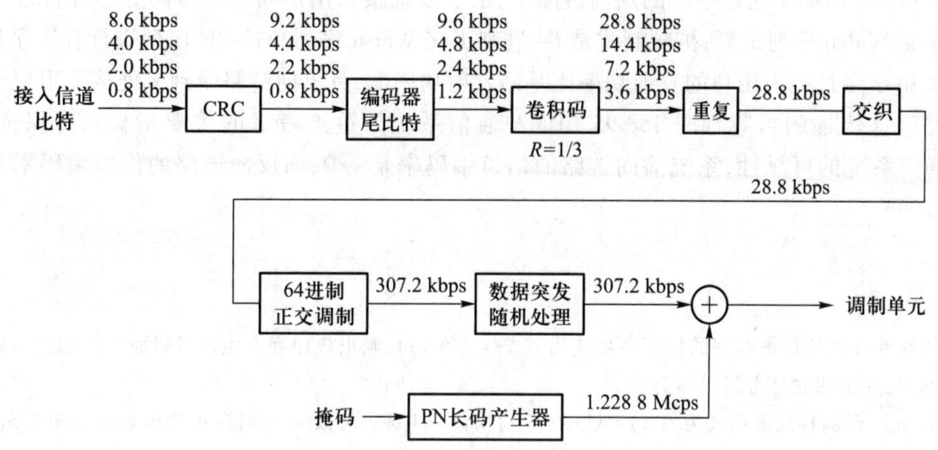

图 2-11-10　IS-95 CDMA 通信系统反向链路业务信道频谱扩展原理框图

64 进制正交 Walsh 矩阵是反向链路扩频的一部分,每输入 6 比特映射为 64 阶的 Walsh 矩阵中一行 64 比特序列。输入数据序列进行串并变换分成 6 比特组,每组 6 比特用来选择 Walsh 矩阵的一行作为输出,数据速率为 28.8 kbps×64/6 = 307.2 kbps。

从二元域来看,64 进制正交 Walsh 调制是一种（64,6）线性分组码,任何两个分组码序列的汉明距离是 32。从实数域的角度来看,如果将 **0** 映射为“+1”,**1** 映射为“-1”,输出是 64 进制的正交基带序列,有 64 个正交的基函数,每个基函数对应 Walsh 矩阵的一行,星座图中任意两个星座点之间的欧氏距离是 $\sqrt{32}$,采用 Walsh 正交序列可以实现非相干解调。

图 2-11-11 为 IS-95 CDMA 通信系统反向链路接入信道频谱扩展原理框图,采用正交变量扩展因子(orthogonal variable spreading factor,OVSF）以多时、多码和多载波组合和重复方式调整到最高数据速率,应用 OVSF 可以满足不同速率多媒体业务和不同扩频比的伪随机多址扩频序列。IS-95 CDMA 通信系统的码片速率为 3.84 Mcps,不同业务采取不同的信息速率和不同的扩

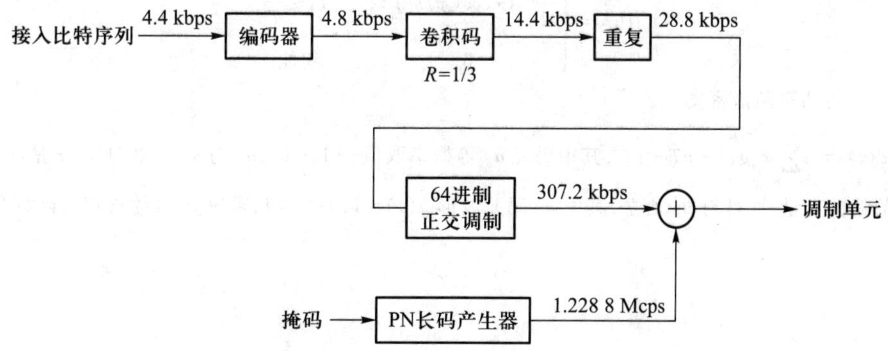

图 2-11-11　IS-95 CDMA 通信系统反向链路接入信道频谱扩展原理框图

频比,多速率业务码速率在载波信号都达到相同的传输速率。

［**小结2-5**］:

(1) IS-95 CDMA通信系统的前向链路中,基站发送多路信号给多址接入用户,CDMA频谱扩展制式是利用Walsh矩阵中正交序列进行直接序列扩频,用正交Walsh序列实现正交码分复用。

(2) IS-95 CDMA通信系统的反向链路中,由于多址接入用户间的异步码分多址特性,无法采用基于正交Walsh序列扩频,扩频制式是64进制正交Walsh序列和长PN序列进行直接序列扩频。

(3) 由于多址接入用户的发射功率比基站发射功率低,且反向链路受到多址接入用户干扰大,反向链路信息传输的可靠性是IS-95 CDMA通信系统的重点考虑的主要指标。为保证IS-95 CDMA通信系统的可靠性,系统前向链路的信道编码率是1/2,而反向链路的信道编码率是1/3。

习题

2-1 已知线性反馈移位寄存器的特征多项式为$f(X)=X^3+X+1$,画出该序列产生器逻辑原理图和此序列的状态转移图,并说明它是否属于m序列。

2-2 已知m序列的特征多项式为$f(X)=X^4+X+1$,写出该m序列,求该m序列自相关函数和互相关函数,分析该m序列游程分布。

2-3 已知级数$n=9$的m序列优选对的反馈系数为1131和1021,试画出产生Gold序列的原理图。

2-4 根据哈达玛矩阵的递推公式:

(1) 写出N阶哈达玛矩阵一般表示式;

(2) 验证8阶哈达玛矩阵中第3行与第4行之间的正交性;

(3) 写出8阶哈达玛矩阵的各行所对应的Walsh序列的标号。

2-5 计算$N=7$的Barker序列的自相关函数。

2-6 在实验中如何验证周期为2^n-1的m序列的准确性?

2-7 随机过程$s(t,a,T)=\sum_{n=-\infty}^{\infty}a_n p(t+T-nT_c)$,其中$p(t)=\sin(2\pi t/T_c)$,$0\leqslant t\leqslant T_c$,$T$是在$[0,T_c]$均匀分布的随机变量,$a=(\cdots,a_{-1},a_0,a_1,\cdots)$为取值$\{+1,-1\}$的等概率二进制随机变量。

(1) 计算$s(t,a,T)$的自相关函数;

(2) 计算$s(t,a,T)$的功率谱密度。

2-8 双边功率频谱密度为$N_0/2$的白噪声经过传递函数为$H(f)$的滤波器后成为$x(t)$,传递函数$H(f)$为

$$H(f)=\begin{cases}\dfrac{T_s}{2}[1+\cos(\pi f T_s)], & |f|\leqslant\dfrac{1}{T_s}\\ 0, & 其他\end{cases}$$

求解$x(t)$的功率频谱密度。

2-9 如果$d(t)=\sum_{n=-\infty}^{\infty}a_n g(t-nT-\tau)$,其中码元$a_n$等概率取值$\{+1,-1\}$,$a_n$与$a_m$互相独立,$\tau$是在$(0,T)$均匀分布的随机变量,而且与$a_n$独立,其中$a_n$码元波形$g(t)=1$,$0\leqslant t\leqslant T$,求解$d(t)$的自相关函数和功率频谱密度。

第 3 章　信源数字化和编码

将信源消息变换为数字信息序列的过程称为信源数字化和编码,通过信源消息的数字化处理和压缩信源消息冗余度能够提高信源编码效率。信源消息类型包括语音、图像、视频、数据和文本等。虽然图像、视频、数据和文本等非语音信源消息在通信系统信息传输中所占的比例越来越大,但语音通信仍然是 CDMA 通信系统提供的主要业务。

[**案例 3-1**]:

假设:CDMA 通信系统的 m 序列的码片速率 R_c 为 50 Mcps(mega chips per second,Mcps),扩频信号功率频谱密度的带宽为 100 MHz,DS-CDMA 通信系统信源的信息比特速率为 16 kbps(bits per second,bps),CDMA 通信系统的扩频增益为 $G_p=R_c/R_d=(50\times10^6)/(16\times10^3)\approx3\ 125$,$10\lg G_p\approx34.95$ dB。

如果希望把 DS-CDMA 通信系统的扩频增益增加一倍,技术实现途径之一是把通信系统信道传播频谱带宽增加一倍,即 m 序列的码片速率增加至 100 Mcps,$G_p=R_c/R_d=(100\times10^6)/(16\times10^3)\approx6\ 250$,$10\lg G_p\approx37.96$ dB,系统扩频增益增加 37.96 dB-34.95 dB≈3 dB。

在通信工程实践中,应该全面权衡考虑 CDMA 通信系统频谱带宽增加一倍的方案可行性,如 CDMA 通信系统有没有足够的频谱资源?有没有所在频段的高频芯片器件?如果都没有,怎么办?可以考虑采取降低信源信息编码比特速率的技术途径来解决,即把信源的信息编码比特速率从 16 kbps 降低至 8 kbps。此时 CDMA 通信系统的处理增益为 $G_p=R_c/R_d=(50\times10^6)/(8\times10^3)=6\ 250$,$10\lg G_p\approx37.96$ dB,系统的扩频增益仍可增加 37.96 dB-34.95 dB≈3 dB。

事实上,CDMA 通信系统的扩频增益达到一定程度后,系统扩频增益不能单纯依靠无限制提高信道传播频谱带宽或扩频地址码码片速率来实现,这可能会增加 CDMA 通信系统的复杂性和成本,可以考虑采取降低信源信息比特速率等技术措施。可见信源数字化和编码技术不仅可以减少信源信息的冗余,也是改善 CDMA 通信系统性能的重要技术之一。

3.1　语音信号编码基本概念

由于语音消息信号之间存在一定的相关性,所以语音信号序列中存在一定冗余度,语音信号数字化和编码是把语音消息信号变换成由基本数字符号构成的编码码组,建立码组集合与语言消息集合的对应关系,使编码码组能够在数字通信系统中传输,并尽量减少码组的平均长度来提高系统传输的有效性。

各种语音信号编码算法都有其特定的应用场景,不同的应用场景对语音信号编码算法的要求也不同。评价语音信号编码算法的性能指标主要是,在一定的编码速率下,要以比较低的编码复杂度和时延,获取比较高的编码质量。或者在一定的编码质量要求下,如容许的编码复杂度和时延,尽可能地降低编码速率。

3.1.1 语音信号编码的评价

评价语音信号编码算法的主要性能指标(key performance indicator,KPI)有:语音编码质量、语音编码速率、编码复杂度和时延等。

(1) 语音编码质量

语音编码质量的评价有客观评价和主观评价,客观评价主要基于均方误差的信噪比和平均分段信噪比等,而主观评价主要采用平均意见得分(mean opinion score,MOS)和判断韵字测试(diagnostic rhyme test,ERT)。通常认为,MOS在4.0~4.5分的语音编码为高质量数字化语音。

(2) 语音编码速率

单位为bit/s(也写为bps)的语音编码速率为

$$R=f_{\text{sample}} \cdot R_{\text{s}} \tag{3-1-1}$$

其中f_{sample}是基于奈奎斯特采样定理的采样速率,是由语音信号带宽决定的采样速率,单位为sample/s,R_{s}为每采样值所用数字比特编码数,单位为bit/sample。

(3) 编码复杂度和时延

编码复杂度与所采用的硬件和软件有密切关系,一般增加编码复杂度可以提高语音编码质量,但也相应增加语音编码的时延。通常单次语音编码解码的时延要求为5~10 ms甚至更短。

3.1.2 语音信号编码的分类

语音信号编码是移动通信系统的核心和关键技术之一,可分为波形编码、参量编码和混合编码三种类型。

(1) 波形编码

直接把语音信号的时间域波形变换为数字编码序列,在时间域对模拟语音信号波形按一定速率采样,再将采样幅度量化,每个量化值以数字代码表示。波形编码能提供较好的语音质量,但编码速率较高,一般应用在信号带宽不高的场景,如编码速率为64 kbps的脉冲编码调制(pulse code modulation,PCM)、编码速率为32 kbps的自适应差分脉冲编码调制(adaptive differential pulse code modulation,ADPCM)、编码速率为16 kbps的增量调制(delta modulation,ΔM)、编码速率为9.6~20 kbps的自适应变换编码(adaptive transform coding,ATC)和连续可变斜率增量调制(continuously variable slope delta modulation,CVSD)等。

(2) 参量编码

以语音发音模型为基础,利用数字信号处理技术,从模拟语音信号中,提取语音信号的特征参量并对其量化编码,再变换成数字编码序列,可实现2~4.8 kbps低速率编码,语音质量能达到中等左右。如编码速率为2.4~4.8 kbps的声码器Vocoder就是参量编码。

(3) 混合编码

将波形编码和参量编码结合起来,兼有波形编码的语音高质量和参量编码的低速率优点。如采用线性预测分析算法,消除语音信号短时相关性,以基于均方误差最小准则的合成分析和感觉加权构成最佳激励信号源,对提取的线性预测参数和激励信号源参数进行编码传输。

如编码速率为13 kbps的规则脉冲激励长期线性预测编码(regular pulse excited long time prediction,RPE-LTP)、码本激励线性预测编码(codebook excited linear prediction,CELP)、编码速

率为 1.2～14.4 kbps 的 Qualcomm 码本激励线性预测编码（Qualcomm codebook excited linear prediction，QCELP）、编码速率为 11.2 kbps 的矢量和激励长期线性预测编码（vector sum excited LPC，VSELP）和 8 kbps PDC 和 IS-54 编码等都是混合编码。

综上所述：波形编码优势是高保真度，参量编码优势是高可懂度，而混合编码优势是在高可懂度基础上提高保真度。

2G 系统的 GSM 采用 RPE-LTP 语音编码，IS-95 采用 QCELP 应用编码。3G 系统的 TD-SCDMA 和 WCDMA 采用自适应多速率 AMR（adaptive multi rate）语音编码，cdma2000 系统采用 QCELP 语音编码。第三代合作伙伴计划（3rd generation partnership project，3GPP）把在 3G 系统采用的 AMR 语音编码，称为自适应多速率（窄带）AMR-NB（adaptive multi rate-narrow band）语音编码，其支持的编码速率为 4.75～12.20 kbps。

3GPP 建议 4G 系统 TD-LTE、FDD-LTE 和 5G 系统的语音编码制式延续自适应多速率 AMR 制式，并且把自适应多速率（窄带）AMR-NB 演进为自适应多速率（宽带）AMR-WB（adaptive multi rate-wide band）和自适应多速率（增强宽带）AMR-WB+（adaptive multi rate-wide band extension）。其中，AMR-WB 支持的编码速率为 6.6～23.85 kbps，AMR-WB+支持的编码速率为 6～48 kbps。如 VoLTE（voice over LTE）采用 AMR-WB 语音编码，编码速率不超过 23.85 kbps。需要指出的是 3GPP 在 2015 年 Release 12 标准中，还发布了新一代语音编码制式，即增强话音业务编码（enhanced voice service，EVS），可支持编码速率高达 128 kbps，并向下兼容 AMR，未来有可能成为移动通信系统语音编码的主流制式。

3.2 信源信号数字化

信源数字化和编码中信源信号数字化是重要的关键技术，它包括信号波形的时间域离散化、采样值的离散化和对离散采样值的编码三个基本步骤，其理论基础是奈奎斯特采样定理。

［**案例 3-2**］：

信源信号数字化处理的典型是脉冲编码调制（pulse code modulation，PCM），脉冲编码调制原理框图如图 3-2-1 所示。

信源信号数字化处理的基本步骤如下。

（1）信源模拟信号在时间域离散化

以采样速率 $1/T_s$ 把时间连续的模拟信号转换成为时间域离散的采样信号，如图 3-2-1 得到时间离散的采样信号为 2.22，4.38，5.24 和 2.91。

（2）幅度连续采样值的离散化

把幅度连续的采样信号进行离散量化，得到离散的采样值为 2，4，5 和 3。

（3）离散采样值的编码

用 $M=2^b$ 进制电平近似表示离散取值信号，得到编码码组为 **010，100，101 和 011**。

根据信源信号的频谱带宽特性是属于低通带宽型还是带通带宽型，采样定理分为低通采样定理和带通采样定理；根据采样脉冲序列是等间隔还是非等间隔，采样定理分为均匀采样定理和非均匀采样定理；根据采样脉冲序列是冲击序列还是非冲击序列，采样定理分为理想采样定理和实际采样定理。

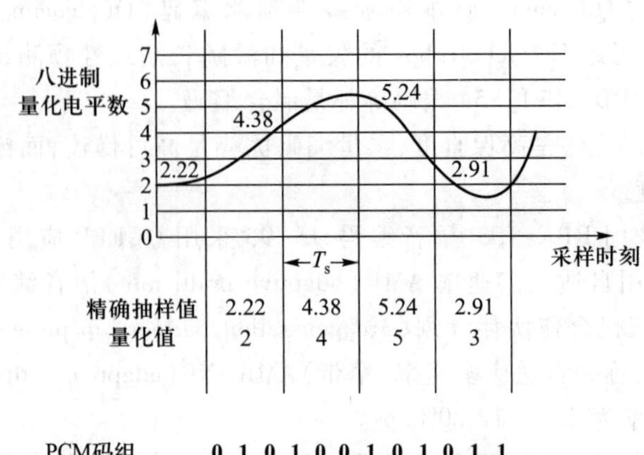

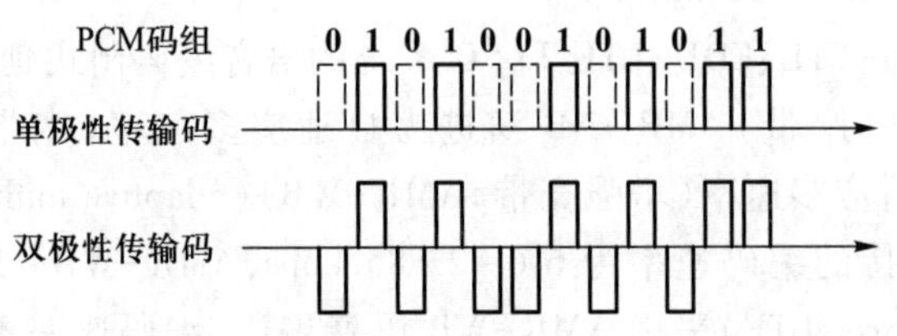

图3-2-1　脉冲编码调制原理框图

3.2.1　低通采样定理

低通采样定理：一个信号频率带宽限制在$(0,f_H)$的时间连续信号$x(t)$，如果以采样频率$R_{sample}\geqslant 2f_H$，或以采样时间间隔$T_s\leqslant 1/(2f_H)$对$x(t)$进行等间隔均匀采样，则所得到的采样值可完全确定时间连续信号$x(t)$，其中$R_{sample}=1/T_s$。

根据低通采样定理，在通信系统无码间干扰现象发生的场景下，采样速率R_{sample}的单位为symbol/s，所需等效传输函数的截止频率应该满足$f_H\leqslant R_{sample}/2$或$f_H\leqslant 1/(2T_s)$。其中$T_s=1/(2f_H)$为最大采样时间间隔，也称为奈奎斯特间隔。$R_{sample}=2f_H$为最小采样速率，也称为奈奎斯特速率。$f_H\leqslant R_{sample}/2$为等效信道传输函数的最小带宽，也称为奈奎斯特带宽。

[小结3-1]：

(1) 采样速率和单位

理论上以奈奎斯特采样速率为

$$R_{symbol}\geqslant 2f_H \tag{3-2-1}$$

对时间连续信号采样后，信号频谱在相邻的周期内不会发生混叠，能无失真重建原信号。在工程上要求$R_{sample}=2.4f_H$。采样速率的单位是symbol/s或sps。

(2) 奈奎斯特最小带宽f_{min}

如果采样符号传输速率R_{sample}确定，携带该采样符号的时间连续信号的频带应该限制在$[0,f_H]$区间，此时频带的截止频率为奈奎斯特最小带宽f_{min}，即

$$f_{min}\leqslant\frac{1}{2T}=\frac{R_{sample}}{2} \tag{3-2-2}$$

(3) 单位频带最大符号传输速率

在等效信道传输函数为低通滤波的场景中，单位频带最大采样符号传输速率为2 symbol/Hz，即

$$\frac{R_{\text{sample}}}{W_{\text{LPF}}}=2 \tag{3-2-3}$$

在等效信道传输函数为带通滤波的场景中,单位频带最大采样符号传输速率为 1 symbol/Hz,即

$$\frac{R_{\text{sample}}}{W_{\text{BPF}}}=1 \tag{3-2-4}$$

(4) 低通滤波器带宽

用 k 位二进制码组表示 M 进制量化符号样值,即 $M=2^k$。k(bit/symbol)、采样符号传输速率 R_{sample}(sample/s)和低通滤波器带宽 W_{LPF}(Hz)应该满足

$$W_{\text{LPF}}=\frac{1}{2}R_{\text{symbol}}\log_2 M=\frac{1}{2}R_{\text{symbol}}\cdot k \tag{3-2-5}$$

如果考虑滤波器的滚降系数 r,低通滤波器带宽应该满足

$$W_{\text{LPF}}=\frac{1}{2}(1+\gamma)\cdot R_{\text{symbol}}\log_2 M \tag{3-2-6}$$

(5) 已知某通信系统的数字信息传输速率(bps),如何判断该通信系统是属于高速、中速还是低速数字传输系统?仅仅根据数字传输速率(bps)无法判决该系统属于哪一速率类别的数字传输系统。

根据奈奎斯特定理,必须提供该通信系统的等效信道传输函数的频谱带宽、发射和接收机的 A/D 与 D/A 相关参数等。如等效信道传输函数的频谱带宽的高低截止频率 f_H 与 f_L,用 k 位二进制码组表示 M 进制量化符号样值,即 $M=2^k$ 等。需要把系统的数字信息传输速率单位 bps 换算为 sample/s,再把 sample/s 换算为(sample/s)/Hz。

在等效信道传输函数为低通滤波场景下,单位频带最大符号传输速率为 2 symbol/Hz,即 $R_s/W_{\text{LPF}}=2$。在等效信道传输函数为带通滤波场景下,单位频带最大符号传输速率为 1 symbol/Hz,即 $R_s/W_{\text{BPF}}=1$。基于上述分析,就可以做出相应的是高速、中速还是低速数字传输系统的判断。

3.2.2 带通均匀采样定理

带通均匀采样定理:一个频率限制在 f_L 与 f_H 间的带通信号 $x(t)$,带宽为 $B=f_H-f_L$,如果以 $f_{\text{sample}}=2f_H/m$ 为最小采样速率采样,m 是不超过 f_H/B 的最大整数,则带通信号 $x(t)$ 将被得到的采样值完全确定。

带通均匀采样定理进一步分为以下两种情况来讨论。

(1) 最高频率 f_H 为带宽的整数倍数

如果 $f_H=nB$,$f_H/B=n$ 是整数,$m=n$,采样速率 $f_{\text{sample}}=2f_H/m=2B$。

图 3-2-2 所示为 $f_H=5B$ 的带通信号的采样频谱,抽样后信号的频谱 $M_s(\omega)$既没有混叠也没留空隙,且完整包含 $x(t)$的频谱 $M(\omega)$,采用带通滤波器能无失真恢复原信号。如果采样速率 $2B$ 远低于低通采样定理时 $f_{\text{sample}}=10B$ 的要求,则若 f_{sample}进一步减小,即 $f_{\text{sample}}<2B$ 时,必然会出现混叠失真。

当 $f_H=nB$ 时,能重建原信号 $x(t)$的最小采样频率为

$$f_{\text{sample}}=2B=2(f_H-f_L) \tag{3-2-7}$$

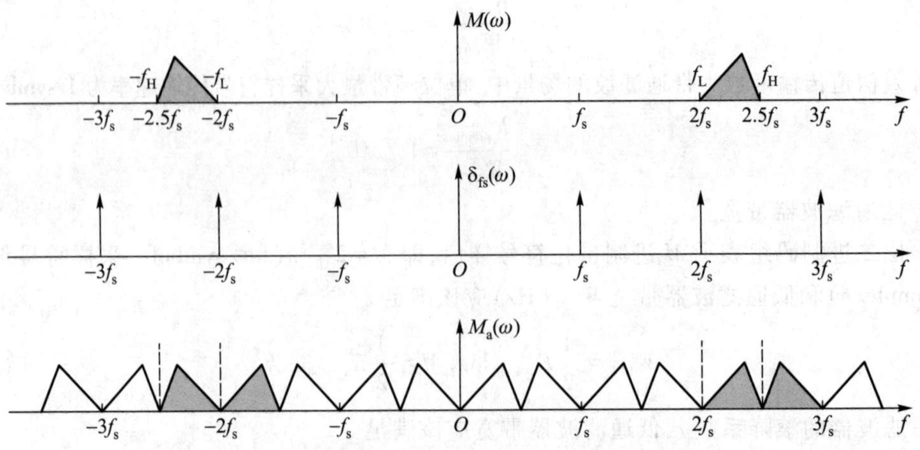

图 3-2-2 $f_H=5B$ 的带通信号的采样频谱

（2）最高频率不为带宽的整数倍数

如果 $f_H=nB+kB$，$0<k<1$，$f_H/B=n+k$，m 是不超过 $n+k$ 的最大整数，$m=n$ 能恢复出原信号 $x(t)$ 的最小采样速率为

$$f_{sample}=\frac{2f_H}{m}=\frac{2(nB+kB)}{n}=2B\left(1+\frac{k}{n}\right) \tag{3-2-8}$$

其中 n 是不超过 f_H/B 的最大整数，$0<k<1$。

根据式（3-2-8）中 $f_{sample}=2B(1+k/n)$ 和 $f_H=B+f_L$ 的关系，带通均匀采样定理中 f_{sample} 与 f_L 的关系如图 3-2-3 所示。

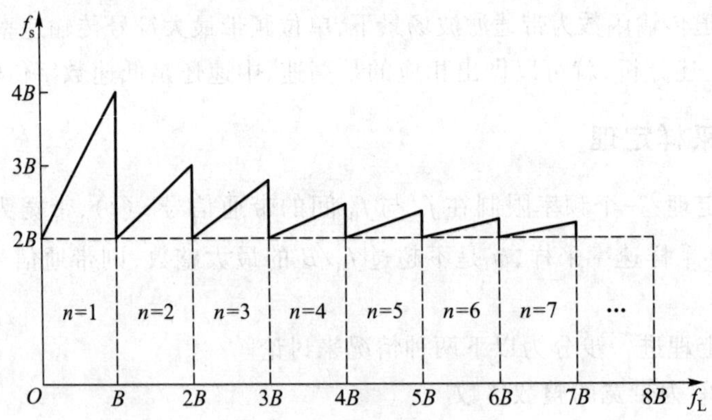

图 3-2-3 带通均匀抽样定理中 f_{sample} 与 f_L 关系

f_{sample} 在 $2B\sim4B$ 范围内取值，当 $f_L\gg B$ 时，f_{sample} 趋近于 $2B$。CDMA 通信系统的中频信号的 A/D 变换就是依据带通信号的采样原理，为保证抽样后信号不产生频谱重叠，采样速率应满足

$$\frac{2f_H}{N}\leqslant f_{sample}\leqslant\frac{2f_L}{N-1} \tag{3-2-9}$$

其中 N 是满足上式的正整数，且满足 $2\leqslant N\leqslant f_H/B$。

3.3 波形编码

对信源信号采样值采用较多位比特进行独立编码,会造成数字化信号带宽大大增加。而信源信号的相邻抽样值间又存在很强的相关性和很大的冗余度,利用信源信息的相关性,可以根据前 N 时刻的采样值来预测当前时刻的采样值。

波形编码主要讨论差分脉冲编码调制(differential pulse code modulation,DPCM)、自适应差分脉冲编码调制(ADPCM)和增量调制(delta modulation,ΔM)等。

3.3.1 差分脉冲编码调制

差分脉冲编码调制 DPCM 的编码译码原理框图如图 3-3-1 所示,由于信源信号在相邻采样值间具有很强的相关性,编码信号只是当前时刻采样值与预测采样值之间的差值信号。

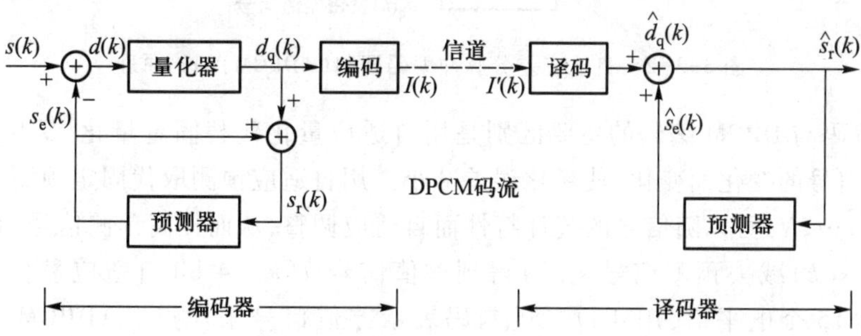

图 3-3-1 差分脉冲编码调制 DPCM 的编码译码原理框图

假设:$s(k)$是编码器当前时刻输入采样值信号,$s_e(k)=\sum_{i=1}^{N}a_i s_r(k-i)$ 是前 N 时刻采样值信号 $s_r(k)$的线性预测值,即是前 N 时刻采样值的加权线性组合,其中 $a_i(i=1,2,\cdots,N)$是预测系数。

当前时刻采样值 $s(k)$与预测值 $s_e(k)$的误差为

$$d(k)=s(k)-s_e(k)=s(k)-\sum_{i=1}^{N}a_i s(k-i)=\sum_{i=0}^{N}a_i s(k-i) \tag{3-3-1}$$

线性预测器采用基于最小均方误差的预测准则,即在 $E[d^2(k)]$最小值前提下,求解一组方程的最佳预测系数 $a_i(i=1,2,\cdots,N)$。即令$\partial E[d^2(k)]/\partial a_i=0,i=1,2,\cdots,N$,可得线性方程组表示为

$$E\left\{\left[s(k)-\sum_{i=1}^{N}a_i s_r(k-i)\right]s_r(k)\right\}=0 \tag{3-3-2}$$

求解出式(3-3-2)的最佳预测系数$\{a_i\}=(a_1,a_2,\cdots,a_N)_{\text{opt}}$。

在图 3-3-1 中,输入值 $s(k)$与预测值 $s_e(k)$相减得到差值信号 $d(k)$,经量化器后得到量化差值信号 $d_q(k)$,其分为两路,一路经过 4 比特自适应量化器编码作为 ADPCM 信号送到接收端,另一路与预测值 $s_e(k)$相加作为自适应线性预测器的输入 $s_r(k)$。

3.3.2 自适应差分脉冲编码调制(ADPCM)

语音信号实际是一个非平稳随机过程,其统计特性随时间不断变化,但在短时间间隔内,可以近似看成平稳过程,图 3-3-2 为自适应差分脉冲编码调制(ADPCM)编码原理。

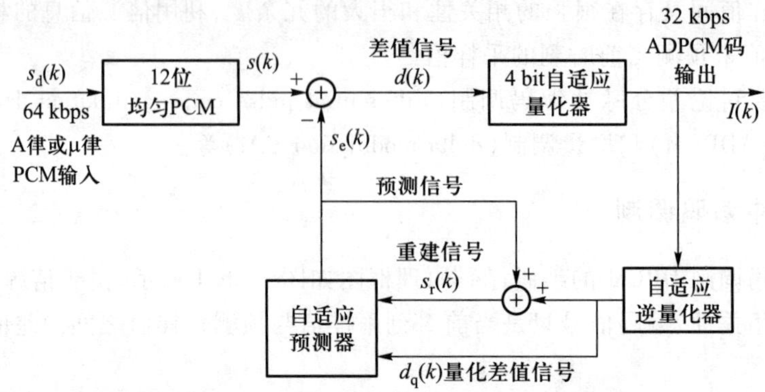

图 3-3-2 自适应差分脉冲编码调制(ADPCM)编码原理

ADPCM 编码与 DPCM 编码的主要区别是用自适应量化代替固定量化,量化的台阶可以自适应地随输入信号的变化而变化,使量化误差减小。用自适应预测取代固定预测,自适应预测器系数 $a_i(i=1,2,\cdots,N)$ 可以随信号的统计特性而自适应调整,从而提高预测信号的精度。

输入信号 $s(k)$ 减去预测信号 $s_e(k)$ 得到差值信号 $d(k)$,4 bit 自适应量化器将差值信号自适应量化为 15 个电平值,用 4 位二进制码表示差值信号采样点。ADPCM 编码器输出的编码速率 32 kbps 送入自适应逆量化器,产生量化的差值信号 $d_q(k)$,它与预测信号 $s_e(k)$ 相加产生重建信号 $s_r(k)$,重建信号和量化差值信号经自适应预测器的运算,产生输入预测信号 $s_e(k)$。

图 3-3-3 为 ADPCM 译码器原理框图。

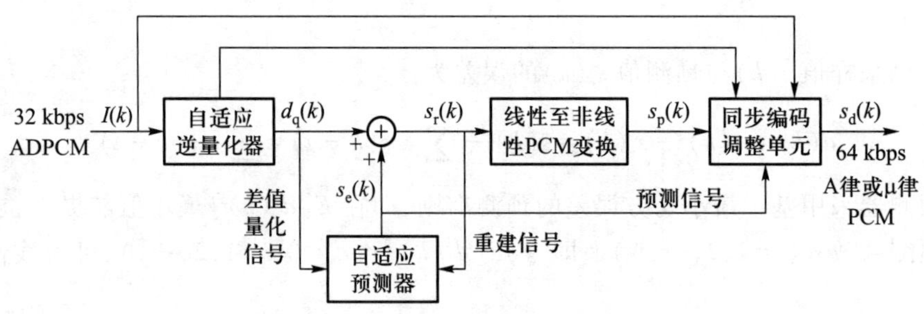

图 3-3-3 ADPCM 译码器原理框图

ADPCM 译码器包括与编码器反馈逻辑结构相同的自适应预测器、自适应逆量化器、线性至非线性 PCM 变换和同步编码调整单元等模块。自适应预测和自适应量化可改善解码的信噪比,一般 ADPCM 相比 PCM 可改善 20 dB 左右,相当于编码位数可以减小 3~4 位。在维持相同的语音质量下,ADPCM 用 32 kbps 编码速率传输,是 PCM 的编码速率(64 kbps)的一半。与 64 kbps 的 PCM 制式相比,在相同信道条件下,编码速率为 32 kbps 的 ADPCM 制式能使传输的话路加倍。

CCITT 形成关于 ADPCM 制式的规范建议 G.721 和 G.726,除了 ADPCM 制式用于语音信号压缩编码外,还可用于图像信号压缩编码等。

3.3.3 增量调制(ΔM)

ADPCM 制式与 PCM 制式都用多位二进制编码表示模拟信号,其代码表示采样值本身绝对大小,而增量调制(delta modulation,ΔM)制式只用一位编码来表示相邻采样值间相对大小,反映采样值随采样时刻的变化趋势,与采样值本身大小无关。

图 3-3-4 为增量编码波形示意,其中 $m(t)$ 代表时间连续变化的模拟信号,用持续时间间隔 Δt 的相邻幅度差为$+\sigma$ 或$-\sigma$ 的阶梯波形 $m'(t)$ 来逼近 $m(t)$。只要 Δt 足够小,即采样速率 $f_{\text{sample}}=1/\Delta t$ 足够高,且 σ 足够小,则阶梯波 $m'(t)$ 可近似代替 $m(t)$,其中 σ 为量化台阶,$\Delta t=T_s$ 为采样间隔。

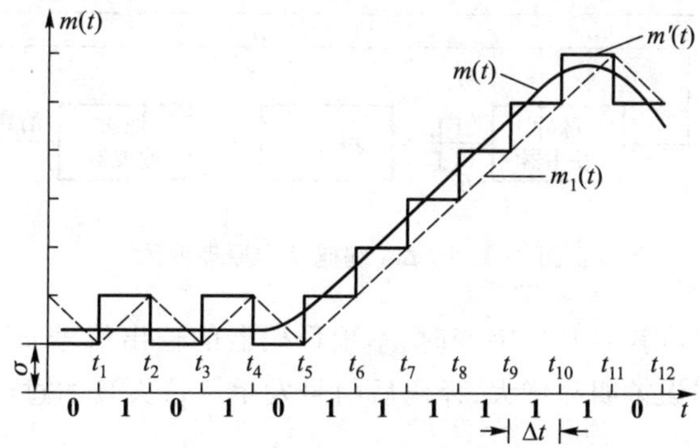

图 3-3-4 增量编码波形示意

阶梯波 $m'(t)$ 有以下两个特点:

(1) 在持续时间间隔 Δt 内,$m'(t)$ 的幅值不变。

(2) 相邻采样间隔的幅值差为$\{+\sigma,-\sigma\}$。

利用这些特点,用 **1** 码和 **0** 码元分别代表 $m'(t)$ 上升或下降一个量化阶 σ,$m'(t)$ 被一个二进制序列表征,如图 3-3-4 中所示的波形增量编码为{**010101111110**}序列。

除用阶梯波 $m'(t)$ 来近似 $m(t)$ 外,也可用图 3-3-4 中虚线所示的斜变波 $m_1(t)$ 来近似 $m(t)$。斜变波 $m_1(t)$ 分别按斜率 $\sigma/\Delta t$ 上升一个量化阶或按斜率$-\sigma/\Delta t$ 下降一个量化阶。用 **1** 码表示正斜率,用 **0** 码表示负斜率,在图 3-3-4 中可以获得二进制序列{**010101111110**}。斜变波 $m_1(t)$ 在电路上比较容易实现,也常用来近似 $m(t)$。

在接收端译码时,收到一个 **1** 码就输出上升一个量化阶 σ,收到一个 **0** 码就输出下降一个量化阶 σ,可以把二进制代码序列近似地恢复出像 $m'(t)$ 的阶梯波。

图 3-3-5 所示为 ΔM 编码基本原理框图,发射端的编码器由相减器、判决器(比较器)、积分器和脉冲产生器等模块组成闭环反馈电路,其中相减器产生差值 $e(t)=m(t)-m_1(t)$。

判决器也称数码形成器,对差值 $e(t)$ 极性进行识别和判决,在给定采样时刻 t_i 输出数码 $c(t)$,即

$$c(t)=\begin{cases}\mathbf{1} & e(t_i)=m(t_i)-m_1(t_i)\geqslant 0\\ \mathbf{0} & e(t_i)=m(t_i)-m_1(t_i)<0\end{cases} \tag{3-3-3}$$

其中积分器和脉冲产生器组成本地译码器，根据 $c(t)$ 形成预测信号 $m_1(t)$。如果 $c(t)$ 为 **1** 码，则 $m_1(t)$ 上升一个量化阶 σ。如果 $c(t)$ 为 **0** 码，则 $m_1(t)$ 下降一个量化阶 σ，并送到相减器与 $m(t)$ 进行幅度比较。如果阶梯波 $m'(t)$ 作为预测信号，采样时刻 t_i 应改为 t_{i-1}，表示在 t_i 时刻的前一瞬间，即阶梯波形跃变点的前一瞬间，在 t_{i-1} 时刻，斜变波和阶梯波有相同值。

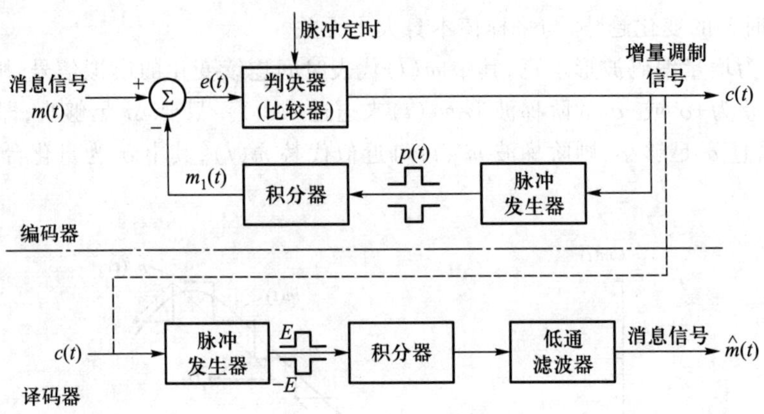

图 3-3-5 ΔM 编码基本原理框图

当输入模拟信号 $m(t)$ 斜率发生突变时，本地译码器的输出信号 $m'(t)$ 就跟不上信号 $m(t)$ 的变化，$m'(t)$ 与 $m(t)$ 间误差明显增大，译码后信号发生严重失真的过载现象，产生过载失真或称过载噪声。

当采样间隔为 Δt，采样速率为 $f_{\text{sample}}=1/\Delta t$，一个量化阶 σ 的最大斜率 K 为译码器最大跟踪斜率

$$K=\frac{\sigma}{\Delta t}=\sigma f_{\text{sample}} \tag{3-3-4}$$

当译码器最大跟踪斜率大于或等于模拟信号 $m(t)$ 的最大变化斜率时，得到 $|\mathrm{d}m(t)/\mathrm{d}t|_{\max}\leqslant \sigma f_{\text{sample}}$，译码器输出的 $m'(t)$ 能够跟上输入信号 $m(t)$ 的变化，不会发生过载现象。这时 $m'(t)$ 与 $m(t)$ 之间仍会存在一定的误差 $e_{\text{q}}(t)$，仅局限在 $[-\sigma,\sigma]$ 区间内变化，这种误差称为 ΔM 量化误差。

为不发生过载现象，必须增大 σ 和 f_{sample}。如果增大 σ，量化误差也增大，而提高 f_{sample} 对减小量化误差和减小过载噪声都有利。增量调制 ΔM 系统的采样速率一般要比 PCM 系统的采样速率高得多，约为 16 kbps 或 32 kbps。

[**小结 3-2**]：

(1) 增量调制 ΔM 是前后两个采样值差值的量化编码，ΔM 属于 DPCM 制式中简单的一种，差别在于 ΔM 预测值仅用前一时刻的采样值，而不是前 N 时刻的采样值。

(2) 增量调制 ΔM 和 DPCM 制式在模拟信号数字化处理中会带来一定误差 $e_{\text{q}}(t)=m(t)-m'(t)$，从而形成量化噪声，其表现为两种形式，即过载量化误差和量化误差。

[**案例 3-3**]:

如果对输入模拟信号 $m(t)=A\sin(\omega_k t)$ 采用增量调制 ΔM,具体计算增量调制的临界过载振幅和编码的动态范围。

计算斜率为 $dm(t)/dt=A\omega_k\cos(\omega_k t)$,其斜率最大值为 $A\omega_k$。为不发生过载,要求 $A\omega_k \leqslant \sigma f_s$,临界过载振幅为

$$A_{\max}=\frac{\sigma f_{\text{sample}}}{\omega_k}=\frac{\sigma f_{\text{sample}}}{2\pi f_k} \tag{3-3-5}$$

当信号斜率一定时,允许信号幅度随信号频率的增加而减小,这会导致输入语音信号中高频段量化信噪比下降,这是增量调制不能实际应用的主要原因之一。对 ΔM 的最小信号振幅有一定要求,即最小编码振幅为 $A_{\min}=\sigma/2$。

ΔM 编码的动态范围 $[\Delta M]_{\text{dB}}$ 为编码器能够正常工作时的输入信号振幅动态范围,定义为最大允许编码电平 $A_{\max}$ 与最小编码电平 $A_{\min}$ 之比,即

$$[\Delta M]_{\text{dB}}=20\lg\left(\frac{A_{\max}}{A_{\min}}\right)\text{ dB}=20\lg\left(\frac{f_{\text{sample}}}{\pi f_k}\right)\text{ dB} \tag{3-3-6}$$

简单增量调制的编码动态范围较小,在低码率时,语音信号编码质量比较差,通常话音信号动态范围为 40~50 dB,需要对 ΔM 进行技术升级改进来提高编码质量。

3.4 参数编码

参数编码的编码器分析输入语音信号的参数,在信道中传输的是分析提取的语音信号参数,而参数编码的译码器是根据收到的语音信号参数,合成恢复输入的语音信号。

3.4.1 参数编码的语音信号数学模型

语音信号是由肺部呼出的气流通过声门形成激励信号来激励声道,经口唇产生的话音信号。通常将语音信号分成两类,即浊音和清音,利用数字信号处理技术模拟语音信号的产生,称为语音信号的数字建模。根据发音器官构成的数字模型产生与发音器官产生的声波相对应的信号,这种模型一般为线性系统。线性系统的一组参数选定之后,系统的输出就具有所希望的语音信号。

在发送端编码器分析语音信号参数,在信道传输的参数是与语音信号相关的一组数字建模参数,该参数输入到译码器中模拟发音器官的数字模型,产生与发音器官对应的语音声波信号。合成语音信号数字模型中主要有以下几部分。

(1) 声道系统

用全极点滤波器的数字模型描述声道系统,z 域传递函数为

$$H(z)=\frac{G}{1-\sum_{i=1}^{N}a_i z^{-i}} \tag{3-4-1}$$

其中传递函数 $H(z)$ 的分子反映语音强度,$H(z)$ 的极点对应语音信号的共振峰。

(2) 浊音激励信号

脉冲序列产生器输出单位冲激序列,单位冲激序列的间隔为所要求的基音周期,用单位冲激

序列去激励线性系统的传递函数,经过幅度控制后的输出为所要求的浊音激励。

(3) 清音激励信号

可以用白噪声作为清音激励源,通常采用均值为零和方差为1的高斯白色分布的数字序列。

(4) 合成语音信号数字模型

将声道系统、浊音激励和清音激励综合在一起,构成合成语音信号数字模型,浊音激励和清音激励交替对声道系统进行激励。数字模型的相关参数包括基音、声道系统滤波器极点频率、幅度参数等。多数人语音的基音频率低于300 Hz,成人语音的共振峰集中在500 Hz、1 500 Hz、2 500 Hz和3 500 Hz。通过调整合成语音信号数字模型中相关参数,可以合成高质量的语音信号。

图3-4-1为参数编码的语音信号数学模型,其中参量编码传递反映语音信号的参量量化值,如时变滤波器的12个抽头系数$\{a_i\}$、激励器幅度的增益系数G、清浊音判决U/V和基音周期P等参数。

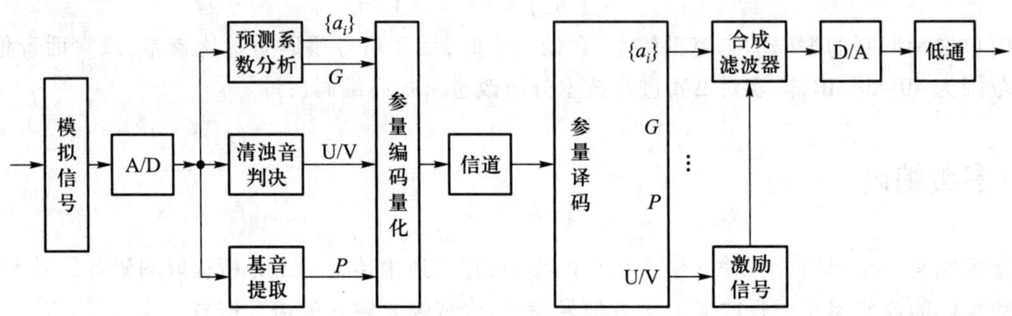

图3-4-1　参数编码的语音信号数学模型

3.4.2　线性预测编码器

线性预测编码器(linear predictive coding,LPC)属于时域编码的声码器,通过分析话音波形,产生语音信号声道激励函数和传递函数的重要特征参数,将对语音波形的编码转化为对重要特征参数的编码,使语音信号编码的复杂度大大减少。信道传输的参数信号是代表语音信号重要特征的参数,译码器以线性预测编码算法,通过话音合成器恢复输入的话音信号。

话音合成器实际上是一个离散时变线性滤波器,描述话音信号合成的系统响应模型。时变线性滤波器既作线性预测器使用,又作合成器使用。在分析话音波形的参数时,时变线性滤波器主要作为线性预测器,在合成话音时,时变线性滤波器主要作为话音生成模型。随着话音波形变化,它周期性地调整模型的参数和激励参数来适应输入信号的动态变化环境。

图3-4-2是线性预测话音信号编译码系统模块功能框图。

图3-4-3是线性预测编译码基本原理框图。

线性预测编码LPC算法的基本思想是,对给定的时域离散线性系统,用过去N时刻一组语音采样值的线性组合来逼近当前时刻语音实际采样值,以当前时刻语音实际采样值与线性预测采样值的最小误差平方和为预测准则,自适应调整线性预测的参数集$a_i(i=1,2,\cdots,N)$。

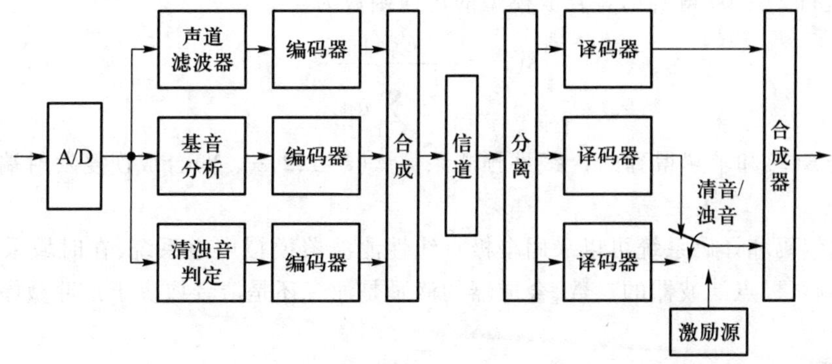

图 3-4-2 线性预测话音信号编译码系统模块功能框图

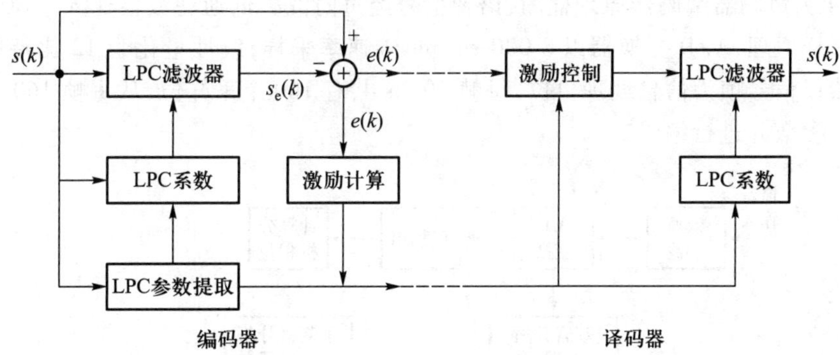

图 3-4-3 线性预测编译码基本原理框图

假设:预测信号为 $s_e(k)=\sum_{i=1}^{N-1}a_i s(k-i)$,当前时刻语音实际采样值与线性预测采样值的误差

$$e(k)=s(k)-s_e(k)=s(k)-\sum_{i=1}^{N}a_i s(k-i)=\sum_{i=0}^{N}a_i s(k-i) \tag{3-4-2}$$

其中 $s(k)$ 为 k 时刻语音实际采样值,$a_i(i=1,2,\cdots,N)$ 为线性预测系数,N 为预测系数个数,一般选取 $N=10\sim15$。

基于最小均方误差准则,求解式(3-4-3)所示的方程组,可以得到一组预测系数。

$$\begin{cases}R(1)=R(0)a_1+R(1)a_2+\cdots+R(N-1)a_N\\R(2)=R(1)a_1+R(2)a_2+\cdots+R(N-2)a_N\\\cdots\\R(N)=R(N-1)a_1+R(N-2)a_2+\cdots+R(0)a_N\end{cases} \tag{3-4-3}$$

其中$R(i)=E[s(k)s(k-i)]$,$i=1,2,\cdots,N$ 为信号采样值 $s(k)$ 的自相关函数。

语音信号合成模型是线性预测误差滤波的逆过程,所求解的线性预测系数是建立语音信号模型的相关参数。

$$s(k)=e(k)-\sum_{i=1}^{N}a_i s(k-i) \tag{3-4-4}$$

对参数 $s(k)$ 进行 z 变换，得到语音合成模型的传递函数为

$$S(z)=\frac{E(z)}{1-\sum_{i=1}^{N}a_iz^{-i}} \tag{3-4-5}$$

其中误差信号 $E(z)$ 和求解得到的 N 线性预测系数 $a_i(i=1,2,\cdots,N)$ 合成恢复发射端的原始语音信号 $s(k)$。

线性预测编码和译码系统可以采用全极点线性滤波器模拟声道系统，在时域采用线性预测算法，可以得到全极点滤波器的参数，合成器的激励是浊音还是清音取决于是冲激序列还是白噪声序列。

下面具体讨论声码器编码器和译码器的原理框图。

(1) 声码器编码器原理框图

图 3-4-4 为声码器编码器原理框图，语音信号经过防混叠低通滤波器送入 A/D 变换器，根据奈奎斯特采样原理，A/D 变换器以 8 000 sample/s 速率采样，线性量化为 12 比特的数字语音信号。编码器以信号帧为信息处理单位，每帧 20 ms 共有 160 个采样值，从每帧 160 个采样值中提取语音特征参数并进行编码。

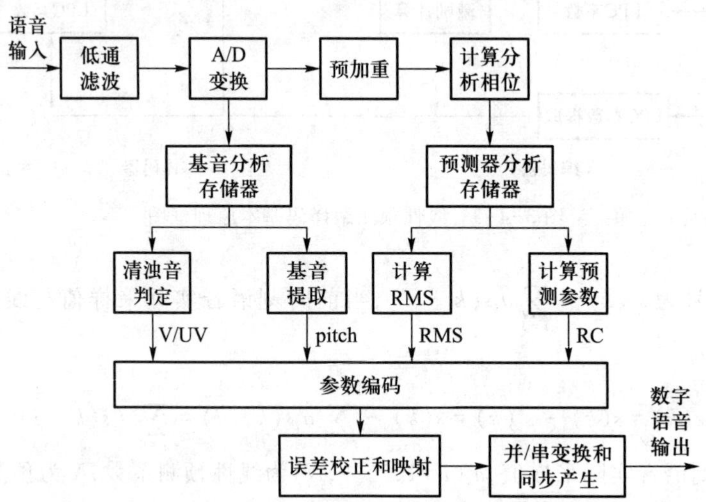

图 3-4-4　声码器编码器原理框图

编码过程分为两条支路，其中一条支路负责提取基音周期和清浊音判定，将 A/D 变换后的数字语音信号经缓存、低通滤波、2 阶逆滤波和平均幅度差函数(AMDF)基音提取、平滑和校正后，得到信息帧的基音周期，加入清浊音标志。

另一条支路负责提取声道预测参数和增益因子，先进行提升高频的预加重处理，加强语音信号频谱中的高频共振峰，提高频谱参数估值的精确性，采用半基音同步(semi pitch synchronous, SS)算法计算声道滤波器参数的反射系数(reflection coefficient, RC)。

(2) 声码器译码器原理框图

图 3-4-5 为声码器译码器原理框图，首先对接收数据流进行检错和纠错，从纠错后的数据流中得到基音周期、清/浊音标志、反射系数和增益等参数。经过输出缓存，将过去帧、现在帧和

将来帧的三帧数据进行平滑处理。采用与发射端相同的声道滤波器来合成语音信号,经过幅度校正、去加重、D/A 变换和低通滤波后,输出合成的模拟语音信号。

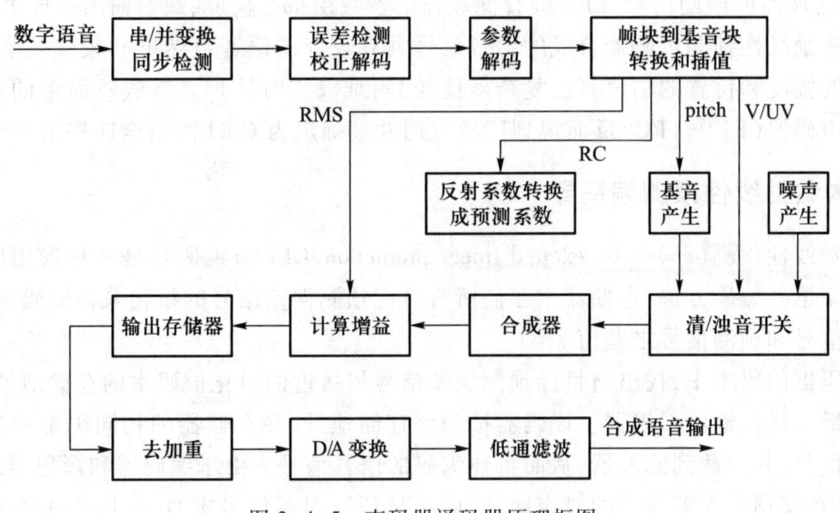

图 3-4-5 声码器译码器原理框图

3.4.3 多脉冲激励线性预测编码器

在线性预测编码器中,无论脉冲定位多精确,基音周期采用单一脉冲激励会产生听觉上的失真。采用多个脉冲激励,并顺序调整每个脉冲激励的位置和幅度,使得频域加权均方误差为最小化,会进一步改善语音质量,该技术为多脉冲激励线性预测编码(multi pulse excited linear predictive coding,MPE-LPC)。

图 3-4-6 所示为多脉冲激励线性预测声码器的编码原理框图,无论是清音还是浊音,都用一帧中的有限多个激励脉冲,经过最优估计算法,估计其幅度和位置信息作为激励信号源。对每帧原始语音信号,用线性预测分析算法得到对应的预测系数$\{\hat{a}_i\}$。对当前信号帧采用合成分析法,每 5 ms 间隔估计一次激励脉冲的幅度和位置,把该激励脉冲输入本地合成器,得到合成语音信号 $\hat{s}(k)$。

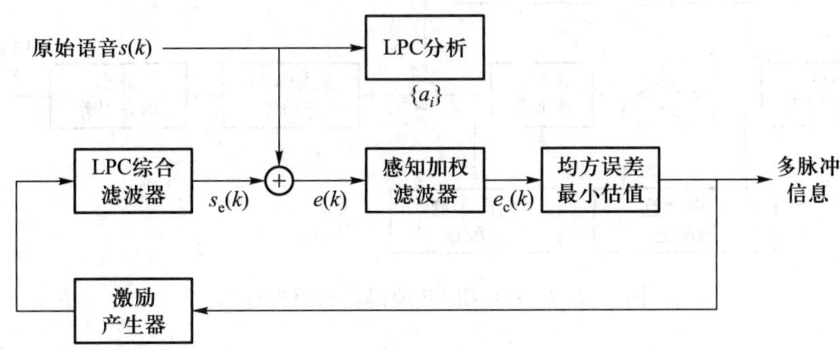

图 3-4-6 多脉冲激励线性预测声码器的编码原理框图

将原始语音信号 $s(k)$ 与 LPC 综合滤波器输出 $s_e(k)$ 相减得到误差信号 $e(k)$,输入到感知加权滤波器,得到加权误差信号 $e_c(k)$。基于最小均方误差准则,估计出一组激励脉冲的最佳幅度和位置,和线性预测参数一起编码送入传输信道。从信道传来的多脉冲信息,通过激励产生器产生 LPC 综合滤波器的激励信号,LPC 综合滤波器的参数由 $\{\hat{a}_i\}$ 构成,最后输出合成语音信号。

多脉冲激励线性预测声码器合成的语音信号具有较好的语音自然度和较强抗噪声性能,但对激励脉冲的幅度和位置的估值算法复杂度比较高,难以实时处理。算法较简单的规则脉冲激励线性预测声码器(REP-LPC)反而得到广泛应用并被确定为 GSM 网络全速率语音编码标准。

3.4.4　码本激励线性预测编码器

码本激励线性预测(codebook excited linear prediction,CELP)编码器是一种采用码本为激励源的中低速率语音编码方法,存储器中存储所有可能预测误差信号的量化采样值码本,预测误差信号是激励信号和预测信号之差值。

先在编码器的码本中,找出与目标预测误差信号最接近的量化值码本的存储地址,把该存储地址通过传播信道传输给译码器。译码器按照该存储地址,在存储器的相同码本中提取出对应的预测误差信号,并加载到滤波器,从而重建编码的语音信号。由于编码器和译码器之间的信道中,传输的是存储预测误差信号的对应地址,而不是预测误差信号本身,所以码本激励线性预测(CELP)编码器可在保证高质量和抗噪声条件下,达到 4.8~16 kbps 范围内较低的编码速率。

在码本激励线性预测编码器建立的两个码本,即自适应码本和固定码本或随机码本作为线性预测滤波器的激励源,用自适应码本中的码矢量来逼近语音的长时周期性基音结构,用固定码本或随机码本的码矢量来逼近语音经过短时、长时预测后的预测误差信号。对于每帧的语音信号,编码器查找对应随机信号的码本,寻找最合适的索引,编码器发射对应的最合适索引,而译码器用该接收到的索引选择合成滤波器对应的激励信号。

图 3-4-7 所示为短时延码激励线性预测(low delay CELP,LD-CELP)编码器的原理框图,编码器首先将速率 64 kbps 的 A 律或 μ 律 PCM 输入信号转换为均匀量化的 PCM 信号,由连续 5 维语音信号的采样值,即$[s(k),s(k+1),s(k+2),s(k+3),s(k+4)]$构成共有 1 024 个 5 维语音信号的矢量激励码本。

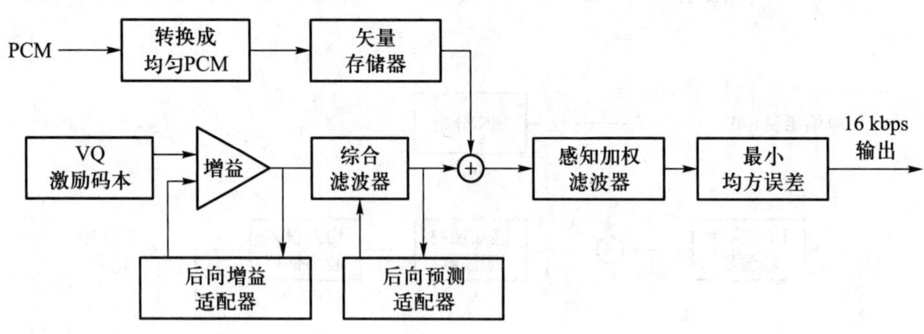

图 3-4-7　LD-CELP 编码器的原理框图

对于输入的语音矢量,编码器从码本中搜索出最佳的激励码矢量,然后将 10 比特存储码本地址发射给译码器。用先前合成的语音信号来提取和更新线性预测系数,每 4 个相邻的输入语音信号矢量构成一帧,线性预测系数每帧更新一次,利用先前量化激励信号的增益信号提取和更新激励的增益。

图 3-4-8 所示为 LD-CELP 译码器的原理框图。

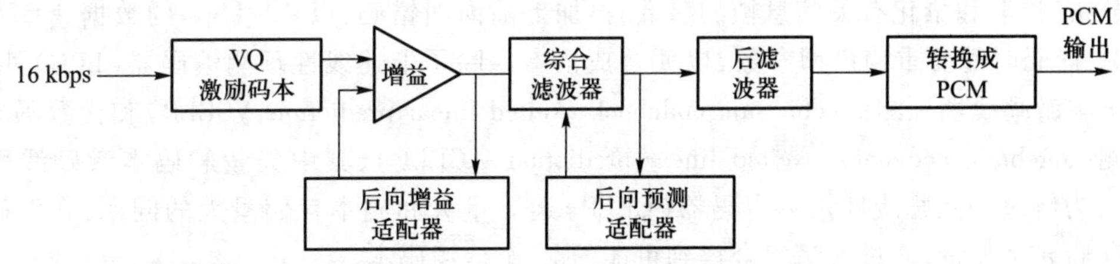

图 3-4-8 LD-CELP 译码器的原理框图

译码器根据接收到的 10 比特码本存储地址,从激励码本中找到相应的激励矢量,经过增益调整得到激励信号。将激励信号输入综合滤波器和合成语音信号,再将合成语音信号进行自适应后滤波,以增强语音的质量。

3.4.5 Qualcomm 码本激励线性预测编码

码激励线性预测编码器(CELP)的计算量很大,随着 DSP 和 VLSI 技术发展,CELP 编译码器的实时处理成为可能。1995 年 Qualcomm 公司提出一种具有 13 变速率的 Qualcomm 码本激励线性预测编码(Qualcomm codebook excited linear prediction,QCELP)方案,并被 CDMA 数字蜂窝移动通信标准(IS-95)采纳为语音编码方案。

图 3-4-9 为 Qualcomm 码本激励线性预测原理框图,为满足码本激励线性预测声码器(CELP)的变速率应用需求,采用话音激活检测(voice active detection,VAD)技术实现 CELP 的可变速率。QCELP 使用适当门限值可以获得 0.8~9.6 kbps 范围内的编码速率,其门限值可随背景噪声而变化,达到抑制噪声提高话音质量的目标。

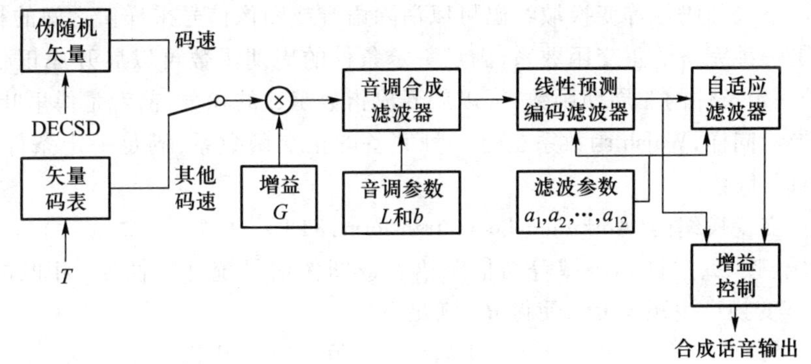

图 3-4-9 Qualcomm 码本激励线性预测原理框图

3.4.6 先进多带激励编码

先进多带激励(advanced multi-band excitation,AMBE)编码是基于多带激励(multi band excitation,MBE)技术的低速率、低存储和高质量的语音编码方案。MBE 技术采用基音谐波谱抽样来表示短时谱,在谐波间隔频段上分别进行清/浊音判决。译码时采用一组正弦波合成谱,通过噪声谱的傅里叶反变换合成清音谱。

先进多带激励编码(AMBE)将每帧输入数字话音的 160 个采样点分成若干交叠段,对其进行模型分析,提取和量化有关信息帧的参数,再加上前向纠错码,以 4.8 kbps 的数据速率发射传输,AMBE 译码时需要重构模型参数,以便合成语音。除了上述线性预测编码器(LPC)外,还有矢量和码本激励线性预测(vector sum codebook excited linear prediction,VSELP)和代数码本激励线性预测(algebraic codebook excited linear prediction,ACELP),其中矢量和码本激励线性预测(VSELP)为解决码激励线性预测声码器(CELP)运算量大和码本存储量大的问题,在编码器的码本内存储 n 个矢量,通过矢量组合得到可能的 2^n 个信源码本。

表 3-4-1 给出了几种用于数字蜂窝移动通信系统的语音编码类型、编码速率和服务类型等。

表 3-4-1 用于数字蜂窝移动通信系统的语音编码类型、编码速率和服务类型

标准	服务类型	语音编码类型	编码速率/kbps
GSM	蜂窝	RPE-LTP	13
CD-900	蜂窝	SBC	16
USDC(IS-54)	蜂窝	VSELP	8
IS-95	蜂窝	CELP	1.2,2.4,4.8,9.6

3.5 变换域编码

信源信号数字化和编码是把信源语音或图像信号变换成由基本数字符号构成的码组序列,由于语音或图像信号序列中存在冗余度,而正交函数集可以消除语音或图像信号之间的相关性,通过时域、频域、空域和码域等变换域编码可以消除语音或图像信号采样值之间的相关性。其中正余弦函数集是一种完备的正交函数系,满足一定条件的周期函数可以展开成正弦或余弦函数的级数,而满足一定条件的非周期函数,可以展开成指数函数的积分,前者是傅里叶级数分析,后者是傅里叶变换。同样,Walsh 函数系也是一种完备的正交函数系,满足一定条件的周期函数,可以展开成 Walsh 级数。

(1) 最佳正交变换编码(Korhunen-Loeve transform,KLT)

寻求在时域、频域、空域和码域等与信源语音或图像信号统计特性 $\boldsymbol{\Phi}_u$ 相匹配的正交矩阵 $\boldsymbol{A}$,通过二维矩阵变换产生矩阵 $\boldsymbol{\Phi}_x$,使得 $\boldsymbol{\Phi}_x$ 满足下式:

$$\boldsymbol{\Phi}_x=\boldsymbol{A}\boldsymbol{\Phi}_u\boldsymbol{A}^{\mathrm{T}}=\begin{bmatrix}\lambda_1 & 0 & 0 & 0 & 0\\ 0 & \lambda_2 & 0 & 0 & 0\\ 0 & 0 & \lambda_3 & 0 & 0\\ 0 & 0 & 0 & \lambda_4 & 0\\ 0 & 0 & 0 & 0 & \lambda_5\end{bmatrix} \tag{3-5-1}$$

(2) 准最佳正交变换编码

变换矩阵 $\boldsymbol{A}$ 与信源信息信号的统计特性密切相关,准最佳正交变换编码是部分解除或基本解除信源信号间相关性,使得 $\boldsymbol{\Phi}_x$ 是近似对角型的矩阵,如离散傅里叶变换(discrete Fourier transform,DFT),沃尔什-哈达玛变换(Walsh-Hardmard transform,WHT)和离散余弦变换(discrete cosine transform,DCT)等变换。

3.6 图像压缩编码

图像压缩编码是根据图像信息的统计特性、人眼的生理和视觉特征综合匹配的压缩编码,基本思想与语音信号编码一样,在图像帧之间采用线性预测算法,尽量消除图像在时间域和空间域的相关性。利用人眼的视觉生理、心理特性进行自适应量化编码,通过熵编码实现与信源的概率统计匹配,采用缓冲存储器实现变长码的输入与定长码输出之间的匹配。

下面简单介绍面向存储的静止图像压缩编码、面向活动的图像压缩编码、基于 DPCM 的无失真编码、基于 DCT 的限失真编码和译码以及面向传输的视频图像压缩编码等。

3.6.1 面向存储的静止图像压缩编码(JPEG)和面向活动的图像压缩编码(MPEG)

国际标准组织(International Standard Organization,ISO)负责制定应用在图像、视频、广播电视、Internet 和无线网络的流媒体等场景的视频编码标准。JPEG(Joint Photographic Experts Group)是负责制定静止图像压缩编码标准的组织,而成立于 1988 年的 MPEG(Moving Picture Expert Group)国际标准化组织是负责制定动态视频压缩编码标准的组织。

MPEG-1:1993 年 8 月制定的传输速率为 1.5 Mbps 的数字存储媒体运动图像及其伴音的编码。

MPEG-2:1994 年 11 月制定的运动图像及其伴音的编码,传输速率为 10 Mbps 的高清晰电视(high definition TV,HDTV)所需视频及伴音信号,与 MPEG-1 兼容适用于 1.5~60 Mbps 甚至更高传输速率的编码范围。MPEG-2 用于信源压缩编码,主要有帧内编码和帧间编码,其中帧内编码没有用到其他图像为参考。

MPEG-4:1998 年 11 月制定的支持多种多媒体的应用,主要侧重于对多媒体信息的访问,可根据应用要求配置译码器。

MPEG-7:2000 年 11 月制定的多媒体内容描述接口,确定了各种类型的多媒体信息标准的描述方法。

3.6.2 基于 DPCM 的无失真编译码

图 3-6-1 为基于 DPCM 的无失真编译码原理框图,又称可逆编码。在 DPCM 基础上,以 Huffman 或算术编码方式进行熵编码。

3.6.3 基于 DCT 的限失真编码和译码

离散余弦变换(discrete cosine transformation,DCT)是一种空间变换,以 8×8 的像块为单位生成 8×8 的 DCT 系数数据块。离散余弦变换的主要特点是对于一般的图像能够将像块的能量集中在少数低频 DCT 系数上。生成的 8×8 的 DCT 系数数据块中,仅左上角的少量低频系数值比较大,其余系数数值很小,可以只编码少数系数而不影响图像质量。离散余弦变换不能直接对图像产生压缩作用,但对图像能量具有集中效果,为图像压缩打下基础。

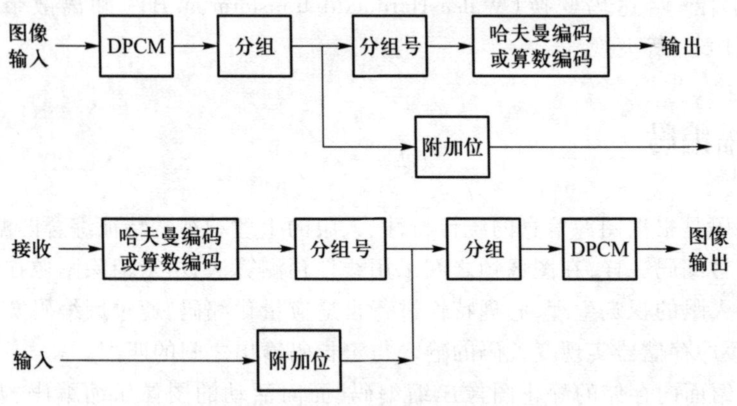

图 3-6-1 基于 DPCM 的无失真编译码原理框图

图 3-6-2 和图 3-6-3 分别为基于 DCT 的限失真编码和译码原理框图,以 DCT 为基础,加上量化和熵编码,以较少的比特数可获得较好的图像质量。

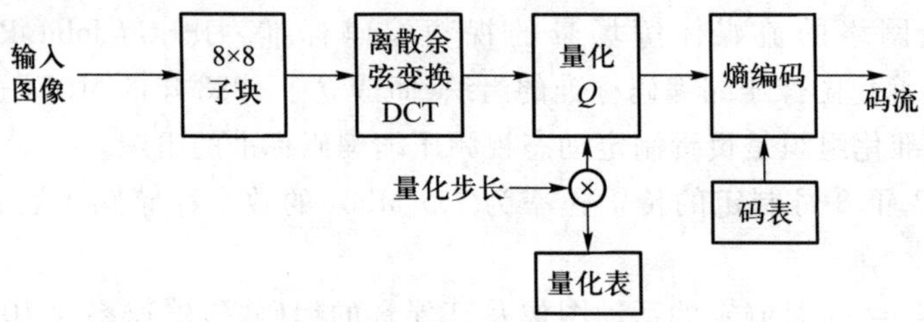

图 3-6-2 基于 DCT 的限失真编码原理框图

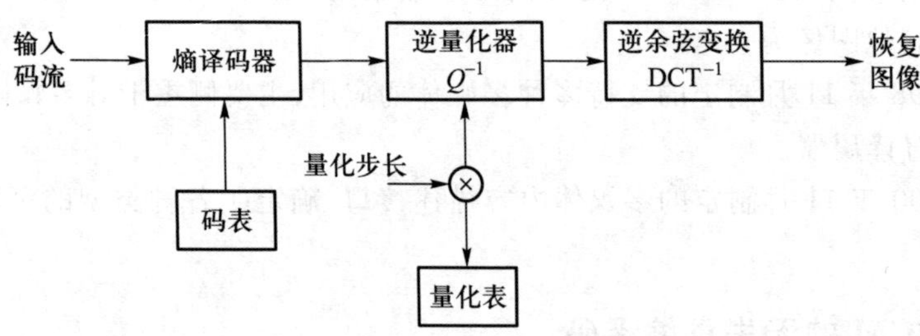

图 3-6-3 基于 DCT 的限失真译码原理框图

3.6.4 面向传输的视频图像压缩编码

图 3-6-4 所示为面向传输的视频图像压缩编码,国际电信联盟(International Telecommunication Union-Telecommunication,ITU-T)制定了一系列面向传输的视频图像压缩编码标准,包括 H.261、H.263、H.263+、H.263++和 H.264/AVC 等,主要应用在电信传输和会议电视系统中,其编码速率为 p * 64 bps。每一编码帧的编码模式分为三类,即 I 帧、P 帧和 B 帧。

I 帧为帧内编码帧,其编码不需参考其他帧,仅利用在空间域的相关性进行压缩编码,由于不能去除在时间域的冗余度,其编码压缩效果有限。

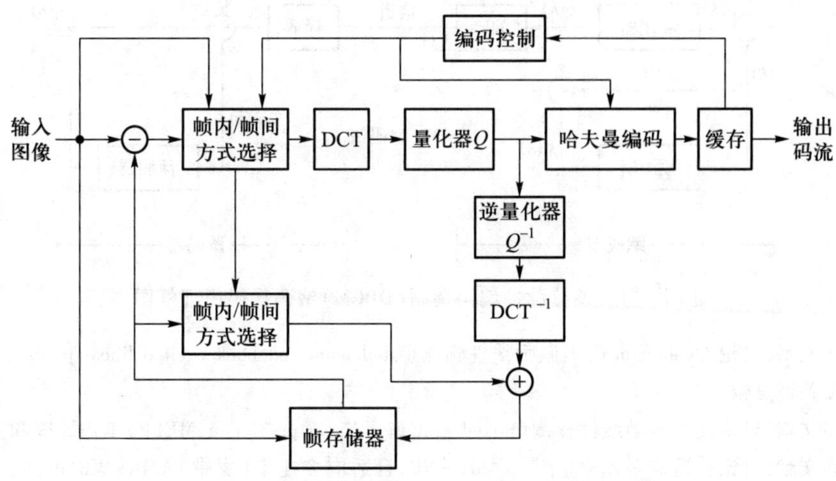

图 3-6-4　面向传输的视频图像压缩编码

P 帧为预测编码帧,将前面已编码的 I 帧或 P 帧作为参考帧,进行运动补偿来预测当前编码块的信息,可以同时去除视频图像信息在时间域和空间域的冗余度,比 I 帧的压缩效果好。

B 帧为双向预测帧,同时利用前面 I 帧和后面 I 帧或前面 I 帧和后面 P 帧作为参考帧,进行运动补偿。B 帧为从后面帧中提取后向预测编码信息,进行压缩处理,需要重新调整输入的视频图像时序,而连续的 B 帧可能会产生一定的时延。由于 B 帧利用本帧与前面帧和后面帧的相关性进行预测编码,其编码压缩效果在 I 帧、P 帧和 B 帧中为最好。

习题

3-1　分别写出在低通和带通滤波器情况下,所需信道带宽 W 与符号传输速率 R_s、量化电平数 M 和滤波器滚降系数 r 的关系。

3-2　已知信号 $m(t)=10\cos(20\pi t)\cdot\cos(200\pi t)$,对其进行等间隔采样,采样速率 $f_s=250$ Hz。

(1) 试求已采样信号 $m_s(t)$ 的频谱;

(2) 要求无失真恢复 $m(t)$,试求对 $m_s(t)$ 采用的低通滤波器的截止频率;

(3) 无失真恢复 $m(t)$ 时,试求最小采样频率。

3-3　已知话音信号的最高频率 $f_m=3\ 400$ Hz,采用 PCM 系统传输,要求量化信噪比不低于 30 dB,试求 PCM 系统所需的最小带宽。

3-4　最高频率为 3 000 Hz 的模拟波形的信息将使用量化 16 层 PCM 系统进行传输,量化失真不超过模拟信号峰值到峰值的±1%。试问在 PCM 系统中,每个采样值或每个 PCM 码字的最小比特位数是多少?最小的采样率是多少?比特速率是多少?避免 ISI 的 PCM 符号传输速率是多少?

3-5　将语音信号(300~3 000 Hz)进行数字化处理,使峰值到峰值信号电压的量化失真不大于±0.1%。采用 $M=16$ 的 PCM,试求避免 ISI 的理论最小系统带宽。

3-6　说明题图 3-1 所示的差分脉冲编码调制(DPCM)编码译码原理框图,写出题图 3-1 中线性预测值的函数表达式。

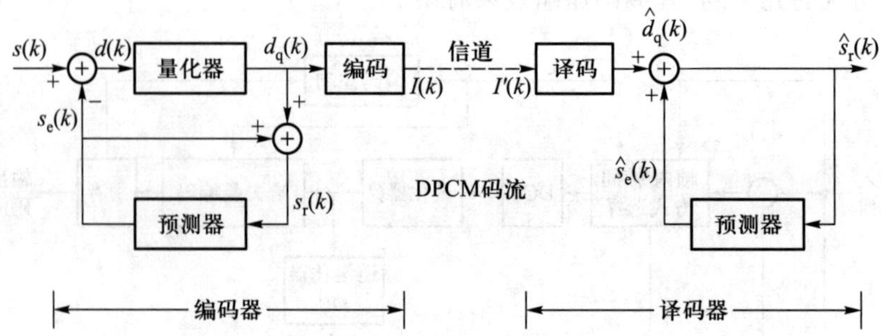

题图 3-1 差分脉冲编码调制(DPCM)编码译码原理框图

3-7 通过查阅文献,讨论 Qualcomm 码本激励线性预测(Qualcomm codebook excited linear prediction,QCELP)工作原理和关键参数。

3-8 通过查阅文献,讨论混合激励线性预测(mixed excitation linear prediction,MELP)工作原理和关键参数。

3-9 通过查阅文献,讨论自适应多速率(窄带)AMR-NB、自适应多速率(宽带)AMR-WB 和自适应多速率(增强宽带)AMR-WB+的工作原理。

3-10 通过查阅文献,讨论增强话音业务语音编码(enhanced voice service,EVS)的工作原理。

第4章　差错控制信道编码和香农(Shannon)信道编码

差错控制信道编码和香农(Shannon)信道编码统称为信道编码,由于实际传播信道存在噪声干扰和多径衰落等的影响,所以经过信道传播在接收端检测判决后的数字信息序列与发射端输入的数字信息序列之间存在差错和误判,需要采用信道编码尽可能地降低通信系统的传输差错概率和尽可能地逼近信道的传输容量限。特别要说明的是信道编码能有效解决加性高斯白噪声产生的随机差错的影响,而解决如多径时变衰落传播、多址接入用户干扰、远近效应、非加性高斯白噪声等影响,还需要配合采用其他提高系统可靠性和有效性的专门技术。

4.1　信道编码基本概念

信道编码主要分为差错控制信道编码和香农(Shannon)信道编码。

4.1.1　差错控制信道编码

差错控制信道编码主要有自动请求重发(automatic repeat request,ARQ)、前向纠错(forward error correction,FEC)和混合纠错(hybrid error correction,HEC)。

(1) 自动请求重发(ARQ)

如果通信系统接收端在接收信息序列中检测出错误,能自动告知发射端再重发信息序列,直到接收端准确检测判决为止。这里的"检测出错误"是指在接收信息序列中知道有差错,但不确定差错的具体位置,属于检错编码。

图4-1-1所示为ARQ系统的原理框图,常用自动请求重发系统(ARQ)有停发等候重发、返回重发和选择重发三种模式。

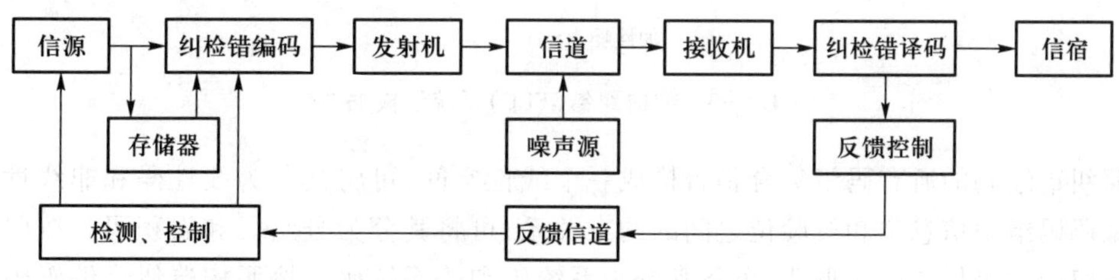

图4-1-1　ARQ系统的原理框图

具体ARQ差错控制模式如图4-1-2所示。

(2) 前向纠错(FEC)

接收端在接收信息序列中,不但能检测出错误和差错位置,而且能够将其纠正,属于纠错编码。前向纠错(FEC)系统组成框图如图4-1-3所示,图中$\{m\}$、$\{C\}$和$\{R\}$分别为信源输出信息

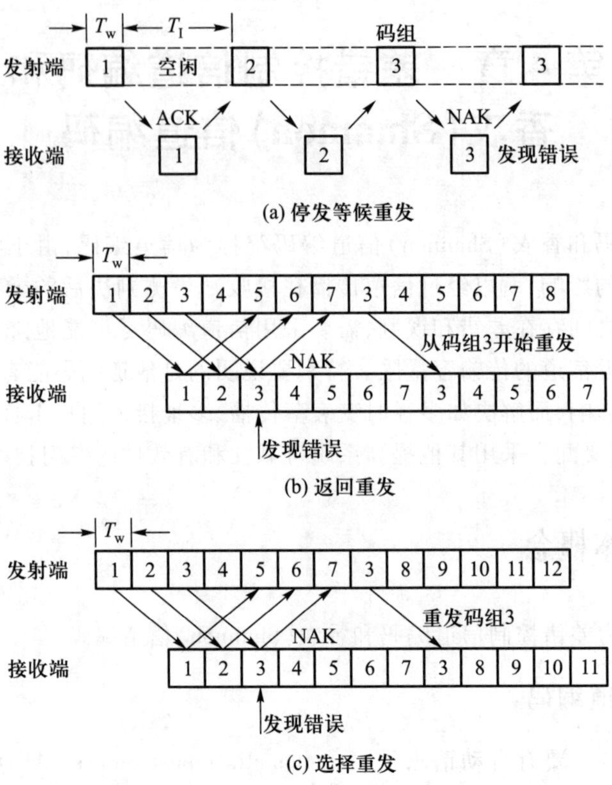

图 4-1-2　具体 ARQ 差错控制模式

序列、信道编码序列和经信道传播后的接收信息序列，其中$\{\hat{C}\}$和$\{\hat{m}\}$分别为译码后的信道编码序列的估值和信源输出的信息序列估值。

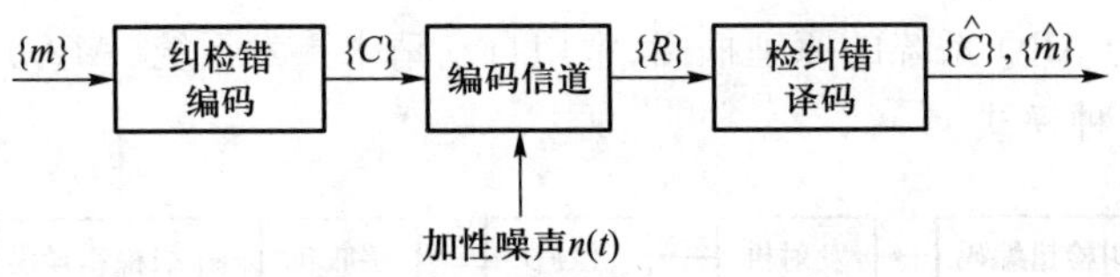

图 4-1-3　前向纠错(FEC)系统组成框图

按照纠错编码的所有码组集合是否构成一个线性空间，可将其分为线性码和非线性码。按照纠错编码码组中信息位和校验位之间的约束关系，可将其分为分组码和卷积码。按照输入信息位在码组中是否保持原来形式，可将其分为系统码和非系统码。按照构造纠错编码码组的数学机理，可将其分为代数码、几何码和算术码。按照纠错编码码组中码元的取值，可将其分为二进制编码和多进制编码等。

纠错编码带给通信系统性能的改善常用编码增益来表征，编码增益定义为，在给定通信系统差错率前提下，编码增益 G dB 是未编码及编码后通信系统所产生单位比特信噪比的减少量，即

$$G=\frac{E_b}{N_0}-\left(\frac{E_b}{N_0}\right)_c \text{ dB} \tag{4-1-1}$$

其中 E_b/N_0 和 $(E_b/N_0)_c$ 分别表示未编码及编码后通信系统的单位比特信噪比。

图 4-1-4 表示典型编码系统与未编码系统的差错性能比较，如图中通信系统在比特差错率为 10^{-4} 时，未编码系统的单位比特信噪比至少需要 12 dB（图 4-1-4 中 B 点），而采用编码系统的单位比特信噪比仅需要 8 dB（图 4-1-4 中 C 点），通信系统以编码运算复杂度为代价换取 4 dB 的编码增益。

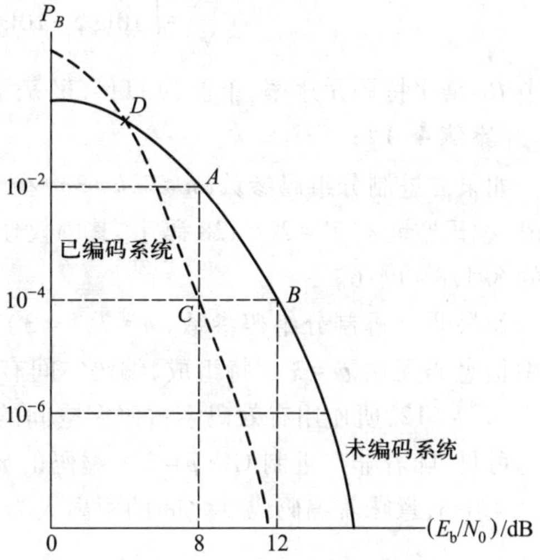

图 4-1-4 典型编码系统与未编码系统的差错性能比较

(3) 混合纠错（HEC）

混合纠错（HEC）系统将自动请求重发（ARQ）与前向纠错（FEC）技术相结合，当系统出现少量差错且能够纠正其差错时，就采用前向纠错技术。当系统差错超过前向纠错的纠错能力且能检测其差错时，就采用自动请求重发，纠正检测到的差错。由于混合纠错（HEC）综合前向纠错（FEC）和自动请求重发（ARQ）的优点，在实际的双向通信系统得到广泛应用。

［**小结 4-1**］：

(1) 纠错编码的门限效应

从典型编码系统与未编码系统的差错性能比较（如图 4-1-4 所示）发现：当编码系统信噪比低于一定门限时，如图 4-1-4 中 D 点，$E_b/N_0 \leqslant 4$ dB 时，编码系统性能反而低于不编码系统性能。也就是说，采用纠错编码技术的前提是，通信系统单位比特信噪比必须大于一定的门限，才可获取编码增益，这就是纠错编码的门限效应。

(2) 纠错编码的地板现象

随着编译码算法的迭代次数增加，系统性能得到快速改善，但当迭代编译码次数达到一定程度时，系统性能改善趋于某个稳定值，不再进一步改善，这就是纠错编码的地板现象。

(3) 系统信噪比（signal to noise ratio，SNR）

系统信噪比是调制信号的平均功率与噪声平均功率的比值，即 S/N。

(4) 信干比（signal to interference ratio，SIR）

信干比是调制信号平均功率与干扰平均功率的比值。

(5) 信干噪比（signal to interference plus noise ratio，SINR）

信干噪比是调制信号平均功率与干扰和噪声平均功率的比值。

(6) 单位比特信噪比

单位比特信噪比是单位比特信息的平均功率与加性噪声平均功率谱密度的比值，即 E_b/N_0。

$$\frac{S}{N}=\frac{E_b \cdot R_b}{N_0 \cdot W}=\frac{E_b}{N_0}\eta_W \tag{4-1-2}$$

$$\frac{E_b}{N_0}=\frac{S/R_b}{N/W} \tag{4-1-3}$$

其中 $\eta_W=R_b/W$ 为系统的频谱效率,单位为 bps/Hz。

单位比特信噪比往往难以直接测量到,需要经过系统信噪比的换算得到,即

$$\frac{E_b}{N_0}=\left(10\lg S-10\lg\frac{R_b}{2}\right)-(10\lg N-10\lg W) \tag{4-1-4}$$

其中 R_b 是比特码元速率,单位为 kbps,W 是系统频带带宽,单位为 kHz。

[案例 4-1]:

如果二进制分组码参数($n=7,k=3$),在 $GF(p=2^m)\in\{0,1\}$ 域,分组码中码元由 $m=1$ 比特组成,编码空间有 $2^n=2^7=128$ 码字,其中仅使用有效码字为 $2^k=2^3=8$,所使用有效码字占码字空间的 8/128=1/16。

如果非二进制分组码参数($n=7,k=3$),在 $GF(p=2^3)\in\{0,1,\alpha,\alpha^2,\cdots,\alpha^5,\alpha^6\}$ 域,分组码中信息码元由 $m=3$ 比特组成,编码空间有 $2^{n\cdot m}=2^{21}=2\ 097\ 152$ 码字,其中仅使用有效码字为 $2^{k\cdot m}=2^9=512$,所使用有效码字占码字空间的 512/2 097 152=1/4 096。

可见,随着非二进制 $GF(p=2^m)$ 编码的 m 增加,所使用有效码字占据码字空间从 1/16 下降到 1/4 096,意味着编码码字之间的距离大为增加,明显提高了纠错编码的检错和纠错能力。

4.1.2 逼近信道容量的香农信道编码

香农(Shannon)信道编码定理指出,对于给定的有干扰信道,若信道容量为 C,只要发射端以低于 C 的二进制比特速率 R 发送信息,则一定存在一种编码方法,使错误概率 P 随着编码码长 n 的增加而按指数规律下降到任意小,即满足

$$P\leqslant e^{-nE(R)} \tag{4-1-5}$$

其中 $E(R)$ 为误差指数。

对于一个编码码率为 R 的通信系统,若要实现信息的无差错传输,或以任意小差错概率传输,则通信系统的单位信息比特信噪比 E_b/N_0 不能低于某个确定的理论极限值。

[小结 4-2]:

(1) 在编码码长及信息传输速率一定的情况下,欲减小通信系统错误概率 P,可以增大信道容量。误差指数 $E(R)$ 随信道容量的增加而增大,系统错误概率 P 随误差指数 $E(R)$ 增加而以指数下降。

(2) 在信道容量及信息传输速率一定的条件下,增加编码码长可以使系统传输错误概率以指数规律下降,编码复杂性和译码时延也随之增加。

(3) 如果通信系统采用 BPSK 调制和编码效率为 1/2 的编码系统,在 AWGN 信道中无错误传输的比特信噪比的理论极限为 $E_b/N_0=0.188$ dB。

在常规编码系统中,如采用线性分组码和卷积码,其与香农(Shannon)信道编码限的距离通常在 3 dB 以上。目前,最接近香农(Shannon)信道编码限的信道编码方案有 Turbo 码、LDPC 码和极化码(Polar)等。

(4) 在加性高斯白噪声信道中,带宽无限的通信系统达到信道容量所需最低的单位比特信噪比为

$$\frac{E_b}{N_0}=10\lg(\ln 2)\approx -1.6\ \text{dB} \tag{4-1-6}$$

4.2　分组码(*n*,*k*)

分组码(n,k)中,编码码组长度为n位,其中信息位长度为k位,校验位长度为$r=n-k$位,分组码的校验位仅与本编码码组的信息位有关,与其他编码码组的信息位无关。

4.2.1　线性分组码(*n*,*k*)

假设:编码码组长度为n,信息位长度为k,共计有2^k个分组码,当且仅当其2^k个码组构成n维线性空间中某k维子空间,该分组码为线性分组码(n,k)。如果信息序列为$M=(m_1,m_2,\cdots,m_k)$,线性分组码(n,k)的生成矩阵$\boldsymbol{G}$为$k\times n$维的矩阵,线性分组码的编码过程表示为

$$U=\boldsymbol{M}\cdot\boldsymbol{G} \tag{4-2-1}$$

其中U为信道传播的编码信息序列。

为能够正确译码,在接收译码端定义一个与发射编码端生成矩阵$\boldsymbol{G}$对应的校验矩阵$\boldsymbol{H}$,并满足

$$\boldsymbol{G}\cdot\boldsymbol{H}^{\mathrm{T}}=\boldsymbol{O} \tag{4-2-2}$$

其中校验矩阵$\boldsymbol{H}$为$(n-k)\times n$维矩阵,$\boldsymbol{O}$为$k\times(n-k)$维零矩阵。

图 4-2-1 为线性分组码的编码和译码基本原理框图,欲传输的输入信息序列M经过编码后,生成信道传播的输入编码信息序列U。在信道传播过程中受到信道和加性噪声的影响,接收端的接收信息序列$r=(r_1,r_2,\cdots,r_n)$为

$$r=U+e=\boldsymbol{M}\cdot\boldsymbol{G}+e \tag{4-2-3}$$

其中$e=(e_1,e_2,\cdots,e_n)$为受到信道和加性噪声的影响而产生的错误序列图样。

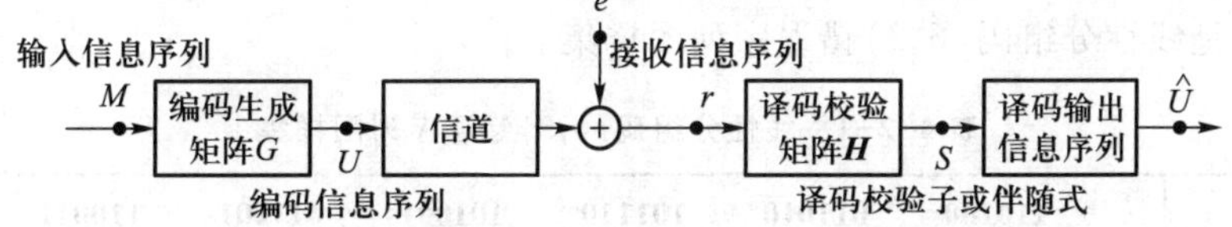

图 4-2-1　线性分组码的编码和译码基本原理框图

在接收译码端,依据接收信息序列r和校验矩阵$\boldsymbol{H}$进行线性分组码的译码,线性分组码译码的具体步骤如下:

(1) 计算接收信息序列r的校验子或伴随式,即$S=r\cdot\boldsymbol{H}^{\mathrm{T}}$;

(2) 由校验子或伴随式,确定对应陪集首或错误序列图案,即$S_j\rightarrow e_j$;

(3) 假设该错误序列图案为信道和噪声干扰产生的错误序列图案,即$e=e_j$;

(4) 基于假设$e=e_j$,译码计算可能的输入信息序列,即$r+e_j=(U+e)+e_j=(U+e_j)+e_j=\hat{U}$;

(5) 基于$\hat{U}=\boldsymbol{M}\cdot\boldsymbol{G}$,计算发射端的输入信息序列,即$\hat{M}=\hat{U}\cdot\boldsymbol{G}^{\mathrm{T}}$。

[**小结 4-3**]:

(1) 校验子或伴随式含有接收消息序列的全部错误序列图案

如果接收信息序列 $r=U$,计算接收信息序列 r 的校验子或伴随式 S,得到 $S=r\cdot\boldsymbol{H}^{\mathrm{T}}=U\cdot\boldsymbol{H}^{\mathrm{T}}=0$,说明接收信息序列 r 是接收消息序列集中有效成员之一。如果接收信息序列不是接收信息序列集中有效成员之一,即 $r=U+e\neq U$,当 $S=r\cdot\boldsymbol{H}^{\mathrm{T}}=(U+e)\cdot\boldsymbol{H}^{\mathrm{T}}=U\cdot\boldsymbol{H}^{\mathrm{T}}+e\cdot\boldsymbol{H}^{\mathrm{T}}=e\cdot\boldsymbol{H}^{\mathrm{T}}\neq 0$,说明校验子或伴随式含有接收信息序列的全部错误序列图案。

(2) 图 4-2-2 为线性分组码错误序列图案 r 的位置,在接收信息序列集中,存在 2^n-1 个不为 **0** 的潜在错误序列图样。如图 4-2-2 所示,图中左边第一列包含所有误差序列图案 e,图中第一行包含所有 $U=\boldsymbol{M}\cdot\boldsymbol{G}$,图中其他部分包含所有 $r=U+e$。

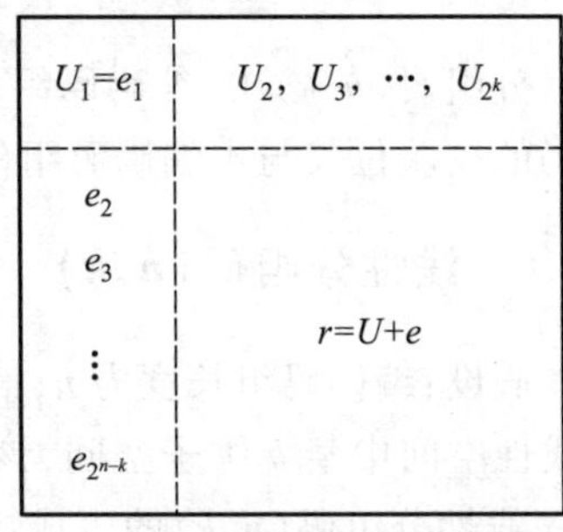

图 4-2-2　线性分组码错误序列图案 r 的位置

(3) 线性分组码的译码能力

假设:线性分组码(n,k)的最小汉明距离为 $d_{\min}$,检错能力为 e_{r},纠错能力为 t,同时检错纠错能力的定量关系为

$$e_{\mathrm{r}}=d_{\min}-1,\quad t=(d_{\min}-1)/2,\quad d_{\min}\geqslant t+e_{\mathrm{r}}+1,\quad e_{\mathrm{r}}\geqslant t \tag{4-2-4}$$

(4) 不可纠正错误图案

如果错误序列图案 $e\neq 0$ 而且$e\boldsymbol{H}^{\mathrm{T}}=0$,则 $e\neq 0$ 的错误序列图案为线性分组码的不可纠正错误图案。

(5) 纠正错误图案能力

能够纠正 t 位错误的线性分组码(n,k)具有纠正 2^{n-k}位错误序列图案的能力,能够纠正等于或小于 t 位错误的线性分组码(n,k)具有纠正 $t+1$ 位的确定错误图案能力。

[**案例 4-2**]:

线性分组码(6,3)的最小汉明距离 $d_{\min}=3$,纠错能力 $t=1$,列出具有纠正 $2^{n-k}=2^{6-3}=8$ 个具体错误的错误序列图案。

表 4-2-1 是线性分组码(6,3)错误序列图样集。

表 4-2-1　线性分组码(6,3)错误序列图样集

000000	110100	011010	101110	101001	011101	110011	000111
000001	110101	011011	101111	101000	011100	110010	000110
000010	110110	011000	101100	101011	011111	110001	000101
000100	110000	011110	101010	101101	011001	110111	000011
001000	111100	010010	100110	100001	010101	111011	001111
010000	100100	001010	111110	111001	001101	100011	010111
100000	010100	111010	001110	001001	111101	010011	100111
010001	100101	001011	111111	111000	001100	100010	010110

线性分组码(6,3)的纠错能力 $t=(d_{\min}-1)/2=1$,能够纠正等于或小于 $t=1$ 位错误的线性分组码(6,3)具有纠正 $t+1=2$ 位的确定错误图案能力。

根据图 4-2-2 的分组码错误序列图案位置,具体错误序列图案为(**000000**,**000001**,**000010**,**000100**,**001000**,**010000**,**100000**),其中纠错能力 $t=0$ 时,错误序列图案为(**000000**)。纠错能力 $t=1$ 时,错误序列图案为(**000001**,**000010**,**000100**,**001000**,**010000**),即具有纠正 $t+1=2$ 的确定错误序列图案(**010001**)的能力。

[**案例 4-3**]:

如果线性分组码(6,3)编码后的输入信息序列 $U=\mathbf{101110}$,经过信道传输,受到信道和噪声与干扰影响,接收消息序列为 $r=\bar{\mathbf{0}}\mathbf{01110}$,说明接收消息序列左边第一位比特 $\bar{\mathbf{0}}$ 发生错误,求出相应的校验子并且证明其具有纠错能力。

根据 $S=r\cdot\boldsymbol{H}^{\mathrm{T}}$,计算接收信息序列 r 的校验子或伴随式 $(U+e)\cdot\boldsymbol{H}^{\mathrm{T}}$,即

$$S=r\cdot\boldsymbol{H}^{\mathrm{T}}=(\mathbf{001110})\begin{bmatrix}1&0&0\\0&1&0\\0&0&1\\1&1&0\\0&1&1\\1&0&1\end{bmatrix}=\mathbf{100}$$

确定校验子或伴随式为(**100**)。

根据校验子或伴随式(**100**)与错误序列图案(**100000**)的一一对应关系,得到输入信息序列 $U=r+e=(\mathbf{001110})+(\mathbf{100000})=(\mathbf{101110})$,说明具有纠错能力。

4.2.2 循环码

循环码(cyclic redundancy check,CRC)是指在线性分组码(n,k)的码组中,其任意一个码元的循环移位得到的码组仍是该码组集的一个码组。循环码属于线性码,其特殊性是码组码元的循环移位特性。

1. 循环码的移位性

根据循环码的循环移位性质,n 维码组 $U=(u_0,u_1,\cdots,u_{N-1})$,线性右移单位码元后的码组 $U^{(1)}=(u_{N-1},u_0,\cdots,u_{N-2})$ 还是该码组集的一个码组。

如果 n 维循环码码组 $U=(u_0,u_1,\cdots,u_{N-1})$ 以代数多项式表示为

$$U(X)=u_0+u_1X+u_2X^2+\cdots+u_{n-1}X^{n-1},\quad u_i\in 0,1 \tag{4-2-5}$$

两边都乘以 X 表示线性右移一个码元,得到

$$\begin{aligned}XU(X)&=u_0X+u_1X^2+u_2X^3+\cdots+u_{n-2}X^{n-1}+u_{n-1}X^n+u_{n-1}+u_{n-1}\\&=u_{n-1}+u_0X+u_1X^2+u_2X^3+\cdots+u_{n-2}X^{n-1}+u_{n-1}X^n+u_{n-1}\end{aligned} \tag{4-2-6}$$

假设:$U^{(1)}(X)\triangleq u_{n-1}+u_0X+u_1X^2+u_2X^3+\cdots+u_{n-2}X^{n-1}$,式(4-2-6)简化表示为

$$XU(X)=U^{(1)}(X)+u_{n-1}(X^n+1) \tag{4-2-7}$$

推广到线性右移 i 码元,得到

$$X^iU(X)=U^{(i)}(X)+q(X)(X^n+1) \tag{4-2-8}$$

式(4-2-8)两边除以 X^n+1,得到

$$\frac{X^iU(X)}{X^n+1}=q(X)+\frac{U^{(i)}(X)}{X^n+1} \tag{4-2-9}$$

其中 $q(X)$ 是商,$U^{(i)}(X)$ 是码组 $U(X)$ 线性右移 i 码元后的码组,可以写成

$$U^{(i)}(X)=X^{(i)}U(X) \bmod (X^n+1) \tag{4-2-10}$$

[**案例 4-4**]:

如果循环码的码组 $U=\mathbf{1101}$,求出该码组线性右移 3 码元后的码组。

已知 $U=\mathbf{1101}$,$U(X)=1+X+X^3$,$i=3$,$X^{(3)}U(X)=X^3+X^4+X^6$。

$$U^{(3)}(X)=X^{(3)}U(X) \bmod (X^4+1)$$

得到 $U^{(3)}(X)=X^3+X^2+1=1+X^2+X^3$,即循环码码组为(**1011**)。

2. 循环码的系统码

在差错控制信道编码中,通常希望信息位和校验位在码组内有确定的位置,经过信道编译码后,仍保持码组中信息位的位置不变。如果把循环码(n,k)中 k 位信息放在码组最右边 k 位,而把 $n-k$ 位校验位放在码组最左边 $r=n-k$ 位,则系统码中信息位和校验位如图 4-2-3 所示。

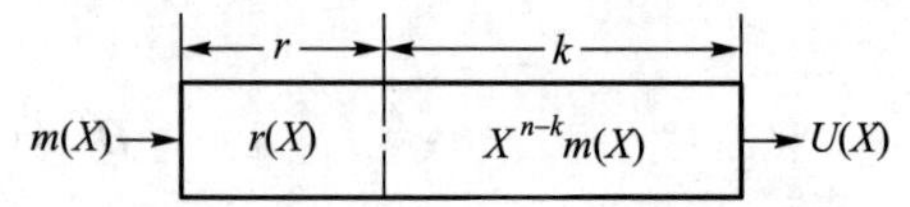

图 4-2-3　系统码中信息位和校验位

以代数多项式表示欲输入的信息序列 $M=(m_1,m_2,\cdots,m_k)$ 为

$$m(X)=m_0+m_1X+m_2X^2+\cdots+m_{k-1}X^{k-1} \tag{4-2-11}$$

根据系统码中信息位和校验位的具体位置安排,输入信息序列放在码组最右端的 k 位,即输入信息序列从左端移动 $n-k$ 位成为 $X^{n-k}m(X)$,而 $n-k$ 位的校验位放在码组最左端的 r 位。

循环码的系统码结构表示为

$$r(X)+X^{n-k}m(X)=q(X)g(X)=U(X) \tag{4-2-12}$$

$$X^{n-k}m(X)=q(X)g(X)+r(X) \tag{4-2-13}$$

$$\frac{X^{n-k}m(X)}{g(X)}=q(X)+\frac{r(X)}{g(X)} \tag{4-2-14}$$

$$r(X)=X^{n-k}m(X) \bmod g(X) \tag{4-2-15}$$

其中校验序列多项式为 $r(X)=r_0+r_1X+r_2X^2+\cdots+r_{n-k-1}X^{n-k-1}$,对应的校验序列为 $r=(r_0,r_1,\cdots,r_{n-k-1})$,而循环码的系统码对应的码元为

$$U=(u_0,u_1,\cdots,u_{N-1})=(r_0,r_1,\cdots,r_{n-k-1})(m_0,m_1,\cdots,m_{k-1}) \tag{4-2-16}$$

[**案例 4-5**]:

已知输入信息序列为 $M=(\mathbf{1011})$,生成多项式为 $g(X)=1+X+X^3$,求解生成循环码(7,4)的系统码码组 U。

$$k=4,\quad n=7,\quad r=3,\quad m(X)=1+X^2+X^3,\quad X^{n-k}m(X)=X^3+X^5+X^6$$

$$\frac{X^{n-k}m(X)}{g(X)}=1+X+X^2+X^3+\frac{1}{1+X+X^3}$$

$$r(X)=X^{n-k}m(X) \bmod g(X),\quad 1=(X^6+X^5+X^3) \bmod (X^3+X+1)$$

$$U(X)=r(X)+X^{n-k}m(X)=1+(X^3+X^5+X^6)$$

$$U=(\mathbf{100})(\mathbf{1011})$$

[案例 4-6]:

生成多项式与逻辑电路的对应关系有前馈、反馈和混合关系。图 4-2-4 为 $A(X)(1+X^2)=C(X)$,属于前馈关系结构。

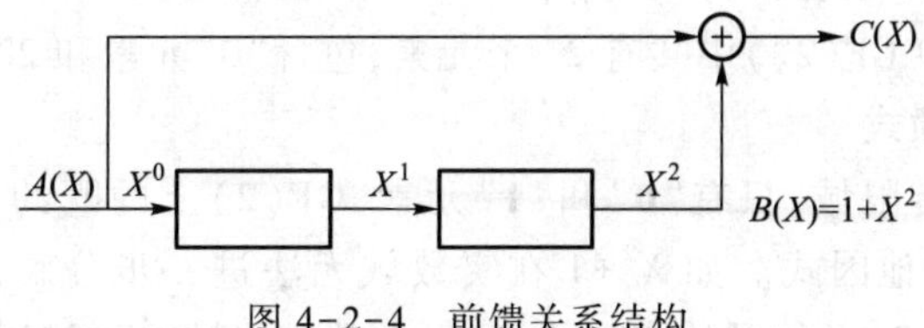

图 4-2-4 前馈关系结构

图 4-2-5 为 $\frac{A(X)}{1+X+X^3}=C(X)$,属于反馈关系结构。

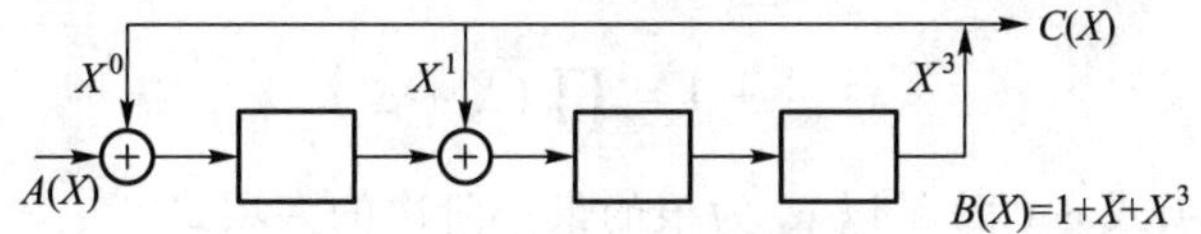

图 4-2-5 反馈关系结构

图 4-2-6 为 $\frac{A(X)(1+X+X^3)}{1+X^2}=C(X)$,属于前馈+反馈关系结构。

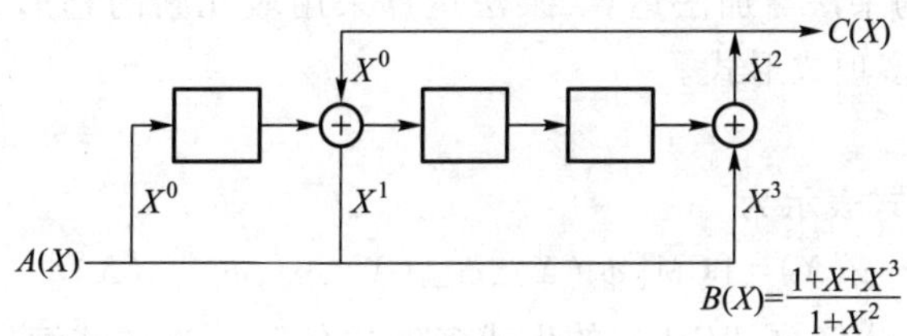

图 4-2-6 前馈+反馈关系结构

图 4-2-7 为 $\frac{A(X)(1+X^2)}{1+X+X^3}=C(X)$,属于混合关系结构。

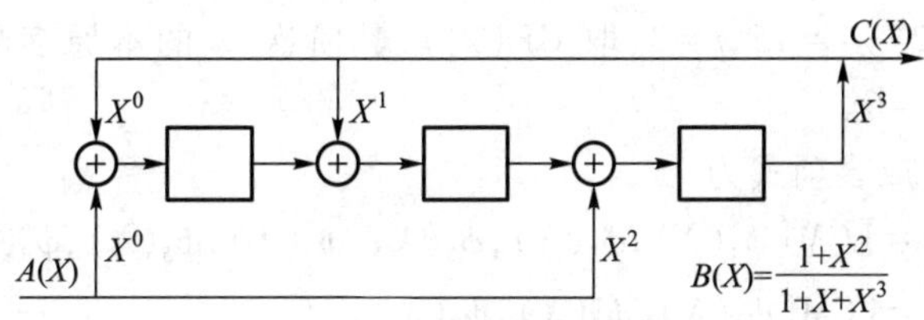

图 4-2-7 混合关系结构

4.2.3 BCH(n,k)码

BCH码是Hocquenghem在1959年和Bose与Chaudhuri在1960年分别独立发现的能够纠正多个随机错误的循环码。BCH码的纠错能力很强,尤其在短码长和中等码长下,其性能非常接近理论值。BCH码也属于分组码,具有严格的代数结构,编码也简单。

BCH(n,k)码的主要参数有:码长$n=q-1=2^m-1$,k位信息段,$n-k\leqslant mt$位校验段,最小码组间距离为$d_{\min}=2t+1$,其中GF(2^m)中共有2^m个元素,包含"0"元素和2^m-1个非零元素。

1. 本原元与最小多项式

GF(2)是最简单的有限域,只有"**0**"和"**1**"元素,GF(2)上的既约多项式是指在GF(2)中除它本身与1外,再无其他因式。如X^2+1在实数域无法进一步分解,而在复数域却可分解为$(X+\mathrm{j})(X-\mathrm{j})$,说明在GF(2)上的既约多项式,可以在其扩展域GF(2^m)进一步分解为一次因式。

假设:$p(X)$是阶次为m的本原多项式,α为$p(X)$的根,即$p(\alpha)=0$,则称α为GF(2^m)的本原元,α的连续2^m-1幂次,即$\alpha^0,\alpha^1,\alpha^2,\cdots,\alpha^{2^m-2}$,生成GF$(2^m)$中所有的非零元素。

多项式$X^{2^m-1}+1$可在扩展域GF(2^m)上分解为

$$X^{2^m-1}+1=\prod_{i=0}^{2^m-2}(X+\alpha^i) \tag{4-2-17}$$

其中元素α^i的最小多项式$\phi_i(X)$是以α^i为根的最小阶次的多项式。

假设:$\phi_i(X)$共有k个根,即$\alpha^i,\alpha^{2i},\cdots,\alpha^{2^{k-1}i}$,其中$k$能整除$m$。称这些元素为$\alpha^i$的共轭元素,共轭元素的幂构成割圆陪集$C_i\triangleq\{i,2i,4i,\cdots,2^{k-1}i\}$。

$$\phi_i(X)=\prod_{j\in C_i}(X+\alpha^j) \tag{4-2-18}$$

其中运算涉及GF(2^m)的乘法与加法运算,乘法运算采用域元素的幂形式,即本原元的幂次,而加法运算采用域元素的多项式形式。

2. 生成多项式

BCH码的生成多项式表示为

$$g(X)=\mathrm{LCM}[\phi_c(X),\phi_{c+1}(X),\cdots,\phi_{c+2t-1}(X)] \tag{4-2-19}$$

其中LCM表示取其最小公倍数,BCH码的生成多项式有$2t$幂次的连续根,即$\alpha^c,\alpha^{c+1},\cdots,\alpha^{c+2t-1}$。

如果BCH码的生成多项式$g(X)$根中包含本原元,即$c=1$和码长$n=2^m-1$,则称为本原BCH码,否则称为非本原BCH码,非本原BCH码的码长是2^m-1的因子。

[**案例4-7**]:

构造码长为15,能够纠正3个错误的BCH码。

BCH码参数为$n=2^m-1=15$,$t=3$,取GF(2^4),其阶次m的本原多项式$p(X)=X^4+X+1$。$c=1$,$c+2t-1=1+2\times3-1=6$。

BCH(15,5)码的生成多项式为

$$\begin{aligned}g(D)&=\mathrm{LCM}[\phi_1(X),\phi_2(X),\phi_3(X),\phi_4(X),\phi_5(X),\phi_6(X)]\\&=\mathrm{LCM}[\phi_1(X),\phi_3(X),\phi_5(X)]\\&=(X^4+X+1)(X^4+X^3+X^2+X+1)(X^2+X+1)\\&=X^{10}+X^8+X^5+X^4+X^2+X+1\end{aligned}$$

得到 BCH(15,5)码的最小汉明距离 $d_{\min}=2t+1=7$。

3. BCH 码的译码

BCH 码的译码有频域译码和时域译码两类,时域译码是在时域直接利用 BCH 码的代数结构进行译码,如 Peterson 提出的译码算法。

假设:接收的 BCH 码的多项式为 $B(X)=A(X)+E(X)$,其中 $E(X)$错误图案多项式为

$$E(X)=\sum_{i=1}^{v} e_{j_i}X^{j_i},\quad v\leqslant t \tag{4-2-20}$$

其中 $e_{j_i}=1$ 表示错误值。

计算 BCH 码的 $2t$ 校验子

$$S_i=B(\alpha^i)=E(\alpha^i),\quad i=1,2,\cdots,2t \tag{4-2-21}$$

错误图案位置多项式为

$$\sigma(X)\triangleq\prod_{i=1}^{v}(1+\alpha^{j_i}X)=1+\sigma_1X+\sigma_2X^2+\cdots+\sigma_vX^v \tag{4-2-22}$$

它的根等于错误位置的倒数。

根据错误图案位置多项式 $\sigma(X)$系数和校验子之间的关系,得到

$$\begin{bmatrix} S_{v+1} \\ S_{v+2} \\ \vdots \\ S_{2v} \end{bmatrix}=\begin{bmatrix} S_1 & S_2 & \cdots & S_v \\ S_2 & S_3 & \cdots & S_{v+1} \\ \vdots & \vdots & & \vdots \\ S_v & S_{v+1} & \cdots & S_{2v-1} \end{bmatrix}\cdot\begin{bmatrix} \sigma_v \\ \sigma_{v-1} \\ \vdots \\ \sigma_1 \end{bmatrix} \tag{4-2-23}$$

求出 $\sigma(X)$的系数和根,可以得到具体错误的位置。

BCH 码的译码具体步骤如下:

(1) 由接收码组的多项式计算校正子;

(2) 求出错误图案位置多项式 $\sigma(X)$的系数;

(3) 求出 $\sigma(X)$根的倒数,即错误图案位置($\alpha^{j_1},\cdots,\alpha^{j_v}$);

(4) 求出错误值 $e_{j_1},\cdots,e_{j_v}$;

(5) 根据找到的错误图案位置和错误值来纠正接收码组。

其中 BCH 码的译码步骤(2)比较复杂,解决方法主要如下:

(1) Berlekamp-Massey 算法(BMA):一种求解 $\sigma(X)$的系数和校验子关系的方法,可以采用 BCH 码和 RS 码译码软件。

(2) Euclidean 算法(EA):利用中国剩余定理求解 $\sigma(X)$,具有规则结构,应用在 BCH 和 RS 码译码器的硬件实现。

(3) 彼德森求解法:利用 $\sigma(X)$系数和校验子间的关系求解线性方程组,直接得到 $\sigma(X)$系数。

[**案例 4-8**]:

如果 BCH(15,5)码的纠错能力为 3,输入的信息多项式为 $m(X)=X^4+X^2+X$,对应的码组多项式为 $A(X)=X^{14}+X^{12}+X^{11}+X^8+X^4+X^3+X^2+X$,如果第 1、7 和 13 位发生错误,即错误多项式 $E(X)=X^{12}+X^6+1$。

译码接收到 BCH 码组的多项式为

$$B(X)=A(X)+E(X)=X^{14}+X^{11}+X^{8}+X^{6}+X^{4}+X^{3}+X^{2}+X+1$$

根据 $2t$ 校验子的关系

$$S_i=B(\alpha^i)=E(\alpha^i)\quad i=1,2,\cdots,2t$$

分别计算 6 个校验子为：$S_1=\alpha,S_2=\alpha^2,S_3=\alpha^8,S_4=\alpha^4,S_5=1,S_6=\alpha$。代入 $\sigma(X)$ 的系数和校验子之间对应关系中，得到

$$\begin{bmatrix}\alpha^4\\1\\\alpha\end{bmatrix}=\begin{bmatrix}\alpha & \alpha^2 & \alpha^8\\\alpha^2 & \alpha^8 & \alpha^4\\\alpha^8 & \alpha^4 & 1\end{bmatrix}\cdot\begin{bmatrix}\sigma_3\\\sigma_2\\\sigma_1\end{bmatrix}$$

应用线性代数中的克拉默法则，求得 $\sigma_3=\alpha^3,\sigma_2=\alpha^7,\sigma_1=\alpha$，得到错误位置多项式为 $\sigma(X)=\alpha^3X^3+\alpha^7X^2+\alpha X+1$。

为寻找 $\sigma(X)$ 的根，将 GF(2^4) 中所有非零元素按照本原的升幂的顺序逐个代入 $\sigma(X)$ 检验，经过检验，$\sigma(X)$ 的根为 $1=\alpha^0,\alpha^9=\alpha^{-6}$ 和 $\alpha^3=\alpha^{-12}$，错误位置为 α 的负幂次位置，即接收到 BCH 码组的第 0、6 和 12 位，如果考虑 GF(2^4) 中所有包括 GF(2^m) 的元素，即 $\{0,1,\alpha,\alpha^2,\cdots,\alpha^{2^m-2}\}$，对应的码组错误位置为第 1、7 和 13 位。

4.2.4 RS($n,k,d_{\min}$) 码

Reed 和 Solomon 在 1960 年发现一类非二进制 BCH 码，即 RS($n,k,d_{\min}$) 码，每码组包括 k 个信息符号，每个信息符号由 m 位比特组成，所以每码组含有 $k\cdot m$ 位信息比特。

纠 t 信息符号错误的 GF($q=p^m=2^m$) RS 码的主要参数有如下几种信息符号：码长 $n=q-1=p^m-1$ 或 $n=q-1=2^m-1$，信息段 $k=q-2t-1$，校验监督段 $n-k=2t$，最小码间距离 $d_{\min}=2t+1$。

1. RS($n,k,d_{\min}$) 码构造

一个纠 t 信息符号错误的 GF(2^m) RS 码，还能纠正任何长度不超过 $(t-1)m+1$ 比特的单次突发错误，以及不超过 $(t-3)m+3$ 比特的两次突发错误，或不超过 $(t-2i+1)m+2i-1$ 比特的 i 次突发错误。

RS 码具有纠正多种随机错误和突发错误能力，在实际系统获得广泛的应用，如 NASA 空间通信中 GF(2^8) 的 RS(255,223)，CD-ROM、DVD 和移动通信系统中 GF(2^8) 的 RS 码以及电缆调制解调器 GF(2^7) 的 RS(128,122) 码。

一个纠 t 信息符号错误码长为 2^m-1 的 GF(2^m) RS 码，阶次为 $2t=n-k$ 的生成多项式 $g(X)$ 可表示为

$$g(X)=(X+\alpha)(X+\alpha^2)\cdots(X+\alpha^{2t})=\prod_{i=1}^{2t}(X+\alpha^i) \tag{4-2-24}$$

［**案例 4-9**］：

设计可以纠正 $t=16$ 个信息符号错误的 GF(2^8) 的 RS 码。

RS 码的主要参数为 $n=q-1,k=q-2t-1,d_{\min}=2t+1$，其中 $q=2^8=256,n=q-1=255,k=q-2t-1=223$ 和 $d_{\min}=2t+1=33$。纠正 $t=16$ 个信息符号错误的 RS($n,k,d_{\min}$)= RS(255,223,33) 是 NASA (National Aeronautics & Space Administration) 和 ESA (European Space Agency) 深空通信系统采纳的主要编码方案，其生成多项式 $g(X)=\prod_{i=1}^{2t}(X+\alpha^i)=\prod_{i=1}^{2t=32}(X+\alpha^i)$ 为 X 的 32 次多项式。

[**案例 4-10**]：

$GF(2^4)$的本原多项式为$p(X)=X^4+X+1$，α为其本原元，具体构造$GF(2^4)$域的元素。

已知：$m=4$，$2^m-2=14$，$GF(2^m)$元素有$\{0,1,\alpha,\alpha^2,\cdots,\alpha^{2^m-2}\}$，即

$$GF(2^4)=\{0,1,\alpha,\alpha^2,\alpha^3,\alpha^4,\alpha^5,\alpha^6,\alpha^7,\alpha^8,\alpha^9,\alpha^{10},\alpha^{11},\alpha^{12},\alpha^{13},\alpha^{14}\}$$

$GF(2^m)$域元素有三种描述方式，即幂、多项式和m重二进制序列，其中幂表示方式适用于乘法运算，多项式表示方式适用于加法运算，而m重二进制序列表示方式适用于计算机操作，$GF(2^4)$域元素描述方式具体如表 4-2-2 所示。

表 4-2-2　$GF(2^4)$域元素描述方式

幂	多项式	m重二进制序列位置 $1\alpha\alpha^2\alpha^3$
0	0	**0000**
1	1	**1000**
α	α	**0100**
α^2	α^2	**0010**
α^3	α^3	**0001**
α^4	$p(\alpha)=\alpha^4+\alpha+1=0\quad \alpha^4=1+\alpha$	**1100**
α^5	$\alpha\cdot\alpha^4=\alpha\cdot(\alpha+1)=\alpha+\alpha^2$	**0110**
α^6	$\alpha\cdot\alpha^5=\alpha^2+\alpha^3$	**0011**
α^7	$\alpha\cdot\alpha^6=\alpha^4+\alpha^3=1+\alpha+\alpha^3$	**1101**
α^8	$\alpha\cdot\alpha^7=\alpha^4+\alpha^2+\alpha=1+\alpha^2$	**1010**
α^9	$\alpha\cdot\alpha^8=\alpha+\alpha^3$	**0101**
α^{10}	$\alpha\cdot\alpha^9=\alpha^4+\alpha^2=1+\alpha+\alpha^2$	**1110**
α^{11}	$\alpha\cdot\alpha^{10}=\alpha+\alpha^2+\alpha^3$	**0111**
α^{12}	$\alpha\cdot\alpha^{11}=\alpha^4+\alpha^3+\alpha^2=1+\alpha+\alpha^2+\alpha^3$	**1111**
α^{13}	$\alpha\cdot\alpha^{12}=1+\alpha^2+\alpha^3$	**1011**
α^{14}	$\alpha\cdot\alpha^{13}=1+\alpha^3$	**1001**

[**案例 4-11**]：

构造码长为 15 个信息符号，能够纠正 3 个错误信息符号的 RS 码，并给出编码器结构图。

$GF(q=2^m)$ RS 码的主要参数为$n=q-1=15$，$k=q-2t-1=2^m-2t-1=9$，$m=4$，$t=3$ 和 $d_{\min}=2t+1=6$。确定 RS 码定义在$GF(2^4)$，且$2t=6$阶次的生成多项式为

$$\begin{aligned}g(X)&=(X+\alpha)\cdot(X+\alpha^2)\cdot(X+\alpha^3)\cdot(X+\alpha^4)\cdot(X+\alpha^5)\cdot(X+\alpha^6)\\&=X^6+\alpha^{10}X^5+\alpha^{14}X^4+\alpha^4X^3+\alpha^6X^2+\alpha^9X+\alpha^6\end{aligned}$$

可生成 RS(15,9,6)码或对应二元线性码(60,36)。

图 4-2-8 是 RS 码编码器结构图，其中加法器和乘法器的元素来自$GF(2^m)$，域元素的乘法运算可采用查表法实现。RS 码的编码器与循环码类似，可采用反馈移位寄存器实现，只是

每个反馈链接必须乘以 $g(X)$ 相应系数,数据通道是 m 比特,即移位寄存器为 m 级并联运行工作。

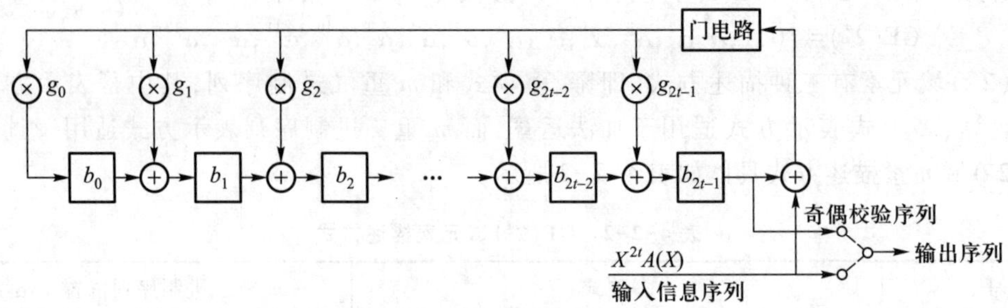

图 4-2-8 RS 码编码器结构图

RS 码的编码顺序如下:

(1) 输出开关处于输出序列端与输入序列端相连接的位置,RS 码编码器进行 mod $g(X)$ 除法运算,输出序列为信息多项式 $X^{2t}A(X)$,需要 $n-2t$ 时钟。

(2) 输出开关处于输出序列端与奇偶校验序列端相连接位置,输出序列为 $X^{2t}A(X)$ mod $g(X)$,需要 $2t$ 时钟。

(3) RS 编码器中移位寄存器复位。

编码生成的 RS 码多项式为

$$C(X)=X^{2t}A(X) \bmod g(X)+X^{2t}A(X) \tag{4-2-25}$$

2. RS 码的译码

BCH 码译码时在错误位置只有一种错误可能值,而 GF(2^m)RS 码译码时在错误位置有 2^m-1 种错误可能值,GF(2^m)RS 码的译码过程首先需要找到错误位置,再确定具体的错误值。

GF(2^m)RS 码的译码步骤如下:

(1) 计算接收信号多项式 $r(X)$ 的校验子多项式 $S(X)=(S_1,S_2,\cdots,S_{2t})$;

(2) 确定错误位置多项式 $\sigma(X)$;

(3) 确定错误值的评估多项式 $Z_0(X)$;

(4) 计算错误位置数目和评估相应错误位置的错误值;

(5) 从接收信号多项式 $r(X)$ 中扣除误差图案 $e(X)$。

GF(2^m)RS 码的译码与 BCH 译码基本相同,唯一区别是 GF(2^m)RS 码以信息符号为单位进行纠错,在确定错误位置之后,还要进一步确定具体错误值,其中 GF(2^m)RS 码的译码步骤(4)在 BCH 译码中是不需要的。其原因是 GF(2^m)RS 码中每个信息符号的错误值有 2^m-1 种可能性,不能像 BCH 译码那样进行简单的信息比特翻转。

[**案例 4-12**]:

GF(2^4)RS 码的本原多项式为 $p(X)=X^4+X+1$ 和 $t=3$,RS 码的生成多项式为

$$\begin{aligned}g(X)&=(X+\alpha)(X+\alpha^2)(X+\alpha^3)(X+\alpha^4)(X+\alpha^5)(X+\alpha^6)\\&=X^6+\alpha^{10}X^5+\alpha^{14}X^4+\alpha^4X^3+\alpha^6X^2+\alpha^9X+\alpha^6\end{aligned}$$

如果输入全 **0** 信息序列,而接收信息序列为($\mathbf{000}\ \alpha^7\mathbf{00}\ \alpha^3\mathbf{00}\ \mathbf{000}\ \alpha^4\mathbf{00}$),即

$$\begin{array}{cccccc} & \mathbf{000} & \alpha^7\mathbf{00} & \alpha^3\mathbf{00} & \mathbf{000} & \alpha^4\mathbf{00} \\ r(X)= & X^0X^1X^2 & X^3X^4X^5 & X^6X^7X^8 & X^9X^{10}X^{11} & X^{12}X^{13}X^{14} \end{array}$$

其中 $\mathbf{0}\to\mathbf{0000}$,$\alpha^7\to\mathbf{1101}$,$\alpha^3\to\mathbf{0001}$,$\alpha^4\to\mathbf{1100}$,得到 $r(X)=\alpha^4X^{12}+\alpha^3X^6+\alpha^7X^3$,求解错误图案多项式 $e(X)$。

GF(2^m)RS 码求解错误图案多项式有五个步骤,具体如下:

(1) 计算接收信号序列多项式 $r(X)$的校验子多项式 $S(X)$

$$S(X)=(S_1,S_2,\cdots,S_{2t})=(S_1,S_2,\cdots,S_6)$$
$$=S_1+S_2X+S_3X^2+S_4X^3+S_5X^4+S_6X^5$$

已知接收信号多项式为 $r(X)=\alpha^4X^{12}+\alpha^3X^6+\alpha^7X^3$,分别计算 S_1,S_2,S_3,S_4,S_5,S_6。

$S_1=r(\alpha)=\alpha^4\cdot\alpha^{12}+\alpha^3\cdot\alpha^6+\alpha^7\cdot\alpha^3=\alpha\cdot\alpha^{15}+\alpha^9+\alpha^{10}=\alpha+\alpha^9+\alpha^{10}=1+\alpha+\alpha^2+\alpha^3=\alpha^{12}$,其中 $\alpha^{15}=\alpha\cdot\alpha^{14}=\alpha\cdot(\alpha^3+1)=\alpha^4+\alpha$,已知 $p(X)=X^4+X+1$ 是 GF(2^4)的本原多项式,$\alpha^4+\alpha+1=0$,则 $\alpha^{15}=1$。

除采用幂运算外,也可采用二进制序列运算。由于 $\alpha\to\mathbf{0100}$,$\alpha^9\to\mathbf{0101}$,$\alpha^{10}\to\mathbf{1000}$,则 $S_1=r(\alpha)=\alpha+\alpha^9+\alpha^{10}\to\mathbf{0100}+\mathbf{0101}+\mathbf{1110}=\mathbf{1111}\to\alpha^{12}$。或 $\alpha+\alpha^9+\alpha^{10}=\alpha+(\alpha+\alpha^3)+(1+\alpha+\alpha^2)=1+\alpha+\alpha^2+\alpha^3\to\mathbf{1111}$,则 $S_1=r(\alpha)=\alpha^{12}$。

$S_2=r(\alpha^2)=\alpha^4\cdot(\alpha^2)^{12}+\alpha^3\cdot(\alpha^2)^6+\alpha^7\cdot(\alpha^2)^3=\alpha^{28}+\alpha^{15}+\alpha^{13}=\alpha^{13}+1+\alpha^{13}=1$。

$S_3=r(\alpha^3)=\alpha^4\cdot(\alpha^3)^{12}+\alpha^3\cdot(\alpha^3)^6+\alpha^7\cdot(\alpha^3)^3=\alpha^{40}+\alpha^{21}+\alpha^{16}=\alpha^{10}+\alpha^6+\alpha=\alpha^{14}$。或者 $\alpha^{10}\to\mathbf{1110}$,$\alpha^6\to\mathbf{0011}$,$\alpha^{10}+\alpha^6+\alpha\to\mathbf{1001}\to\alpha^{14}$。或者 $\alpha^{10}=\alpha^2+\alpha+1$,$\alpha^6=\alpha^3+\alpha^2$,$\alpha^{10}+\alpha^6+\alpha=\alpha^3+1\to\mathbf{1001}\to\alpha^{14}$。

类似计算可以得到

$$S_4=r(\alpha^4)=\alpha^{10},\quad S_5=r(\alpha^5)=0\ 和\ S_6=r(\alpha^6)=\alpha^{12}$$

得到校验子多项式为

$$S(X)=(S_1,S_2,\cdots,S_{2t})=(\alpha^{12},1,\alpha^{14},\alpha^{10},0,\alpha^{12})$$

GF(2^m)中本原多项式 $p(X)$具有 $t+1$ 个根($\alpha,\alpha^2,\alpha^4,\cdots,\alpha^{2^t}$)。对于 $t=3$ 的 RS 码本原多项式为

$$p(X)=(X+\alpha)(X+\alpha^2)(X+\alpha^4)(X+\alpha^8)$$

(2) 确定错误位置多项式 $\sigma(X)$

根据校验子多项式 $S(X)$和 Berlekamp-Massey 算法确定错误位置多项式为

$$\sigma(X)=\alpha^6X^3+\alpha^4X^2+\alpha^7X+1$$

(3) 确定错误值评估多项式 $Z_0(X)$

把 $1,\alpha,\alpha^2,\cdots,\alpha^{14}(\alpha^{15}=1)$代入 $\sigma(X)=0$,错误位置多项式 $\sigma(X)$的根是 α^3、α^9 和 α^{12},根之逆 α^{12}、α^6 和 α^3 或 α^{-3}、α^{-9}和 α^{-12}是错误位置,即错误出现在 X^3、X^6 和 X^{12}位置。

(4) 确定错误值

$$Z_0(X)=S_1+(S_2+\sigma_1S_1)X+(S_3+\sigma_1S_2+\sigma_2S_1)X^2+\cdots+(S_v+\sigma_1S_{v-1}+\cdots+\sigma_{v-1}S_1)X^{v-1}$$
$$Z_0(X)=1+\alpha^2X+X^2+\alpha^6X^3$$
$$\sigma(X)S(X)=Z_0(X)\mod X^{2t}$$

由于 $\sigma(X)=\alpha^6X^3+\alpha^4X^2+\alpha^7X+1$,$\mathrm{d}\sigma(X)/\mathrm{d}X=3\alpha^6X^2+2\alpha^4X+\alpha^7$,其中 $2\alpha^6X^2=0$,则 $\mathrm{d}\sigma(X)/\mathrm{d}X=\alpha^6X^2+\alpha^7$。

位置 j_i 的错误值 e_i 为

$$e_i=\frac{1+\alpha^2\alpha^{-3}+\alpha^{-6}+\alpha^6\alpha^{-9}}{\alpha^6(\alpha^{-3})^2+\alpha^7}=\frac{1+\alpha^{14}+\alpha^9+\alpha^{12}}{1+\alpha^7}$$

错误值 e_3 中分子为 $1\to\mathbf{1000},\alpha^{14}\to\mathbf{1001},\alpha^9\to\mathbf{0101},\alpha^{12}\to\mathbf{1111}$,则错误值 e_3 的分子为 $1+\alpha^{14}+\alpha^9+\alpha^{12}\to\mathbf{1011}\to\alpha^{13}$。

错误值 e_3 中分母为 $1+\alpha^7\to\mathbf{1010},\mathbf{1010}\to\alpha^9$,则错误值 $e_3=\alpha^{13}/\alpha^9=\alpha^4$。由此方法得到

$$e_3=\frac{1+\alpha^2\alpha^{-3}+\alpha^{-6}+\alpha^6\alpha^{-9}}{(1+\alpha^6\alpha^{-3})(1+\alpha^{12}\alpha^{-3})}=\alpha^4\quad 对应\ \alpha^{-3}$$

$$e_6=\frac{1+\alpha^2\alpha^{-6}+\alpha^{-12}+\alpha^6\alpha^{-18}}{(1+\alpha^3\alpha^{-6})(1+\alpha^{12}\alpha^{-6})}=\alpha^3\quad 对应\ \alpha^{-6}$$

$$e_{12}=\frac{1+\alpha^2\alpha^{-12}+\alpha^{-24}+\alpha^6\alpha^{-36}}{(1+\alpha^3\alpha^{-12})(1+\alpha^6\alpha^{-12})}=\alpha^7\quad 对应\ \alpha^{-12}$$

(5) 从接收信号多项式 $r(X)$ 中扣除误差图案 $e(X)$,进行纠错

错误图案多项式 $e(X)=\alpha^4X^{12}+\alpha^3X^6+\alpha^7X^3$,进行纠错采取

$$U(X)=r(X)+e(X)$$

说明:接收信号多项式 $r(X)=\alpha^4X^{12}+\alpha^3X^6+\alpha^7X^3$ 与错误图案多项式 $e(X)=\alpha^4X^{12}+\alpha^3X^6+\alpha^7X^3$ 完全一致。

4.3 卷积码 (n,k,K)

分组码是把 k 位输入信息序列编码成 n 位编码信息序列,码组中 $(n-k)$ 监督序列仅仅与本码组 k 位输入信息序列有关,与其他编码码组无关。为获得一定的纠错能力和编码效率,通常分组码 n 位编码信息序列长度比较大,编译码时须存储整个信息序列,编译码处理时延必然随着信息序列长度的增加而指数式增大。

卷积码是对应 k 位输入信息序列,编码输出 n 位编码信息序列,n 位编码输出信息序列不但与当前 k 位输入信息序列有关,而且与以前 $(N-1)\cdot k$ 位输入信息序列有关,$K=N\cdot k$ 为卷积编译码的约束长度。

分组码有严格的代数关系,采用基于代数结构的编译码算法,而卷积码的编译码主要采用基于概率的编译码算法,如维特比算法(Viterbi algorithm,VA)和序列译码算法。相比于分组码,卷积码的突出特点是编译码实时处理性能好、既能纠正随机差错也具有纠正一定突发差错的能力,主要应用在具有卷积特点的传播信道场景中。

4.3.1 卷积码基本概念

图 4-3-1 所示为卷积码 (n,k,K) 编码器原理框图。

卷积码 (n,k,K) 的编码器有 n 个模 2 加法器、存储编码输出序列的 n 级移位寄存器和由 N 段寄存器组成的输入移位寄存器承担存储输入信息序列,其中每段寄存器的长度为 k 位寄存单元,输入移位寄存器共有 $N\cdot k$ 位寄存单元,一般卷积码编码器中 $N=1$。

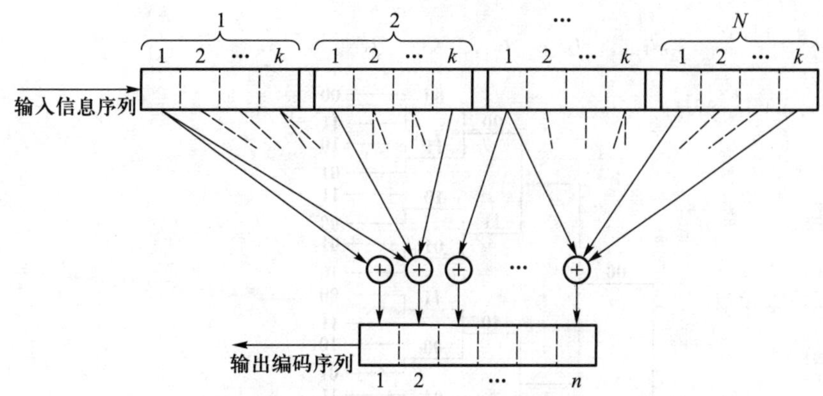

图 4-3-1 卷积码(n,k,K)编码器原理框图

卷积码(n,k,K)中参数 n 既是图 4-3-1 中的模 2 加法器数,又是输出移位寄存器中寄存单元数,也是编码输出信息序列的长度,卷积码(n,k,K)中参数 $K=N\cdot k$ 是存储在输入移位寄存器中输入信息序列长度,k/n 是输入信息序列长度与编码输出信息序列长度之比,也是卷积编码效率。

［**小结 4-4**］:

(1) 卷积码主要参数可以记作$(n,k,N\cdot k)$,具体表示编码输入 k 位信息比特,编码输出 n 位信息比特,$N\cdot k$ 为编码信息约束长度,一般 $N=1$。k/n 为编码效率。

如 IS-95 CDMA 通信系统中,前向链路的信道卷积码的编码效率为 1/2,信息约束长度为 9。而反向链路的信道卷积码的编码效率为 1/3,信息约束长度为 9。

(2) 卷积码的输出编码信息序列是输入信息序列与编码器脉冲响应函数的线性卷积运算,卷积码属于线性码,特别适用于呈现卷积运算的传播信道场景,如多径时变衰落信道。

(3) 卷积码的描述方式主要有生成多项式、树状图、网格图和状态图等。

［**案例 4-13**］:

图 4-3-2 所示为卷积码(2,1,3)编码器原理框图,分别给出卷积码(2,1,3)的生成多项式、树状图、网格图和状态图。

卷积码(2,1,3)编码器的生成多项式为

$$g_1=\mathbf{111}\rightarrow g_1(X)=1+X+X^2$$

$$g_2=\mathbf{101}\rightarrow g_2(X)=1+X^2$$

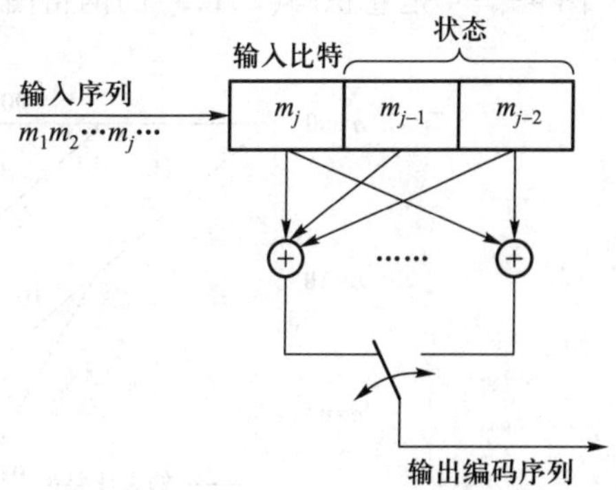

图 4-3-2 卷积码(2,1,3)编码器原理框图

树状图给出编码状态和相应时间域的对应关系,每节点有 2^k 条支路引入,同时有 2^k 条支路引出。假设编码初始状态为全 **0**,输入信息为 **0**,支路往上引出,而输入信息为 **1**,支路往下引出。

图 4-3-3 是卷积码(2,1,3)的树状图,图中输入信息序列为(**1 1 0 1 1**),输出编码序列为(**11 01 01 00 01**)。由于树状图的复杂度随着时间域维度的增加而增加,而且在约束长度(也称为网格深度)为 K 后,会出现状态重复现象,所以有必要采用网格图来对其进行简化。

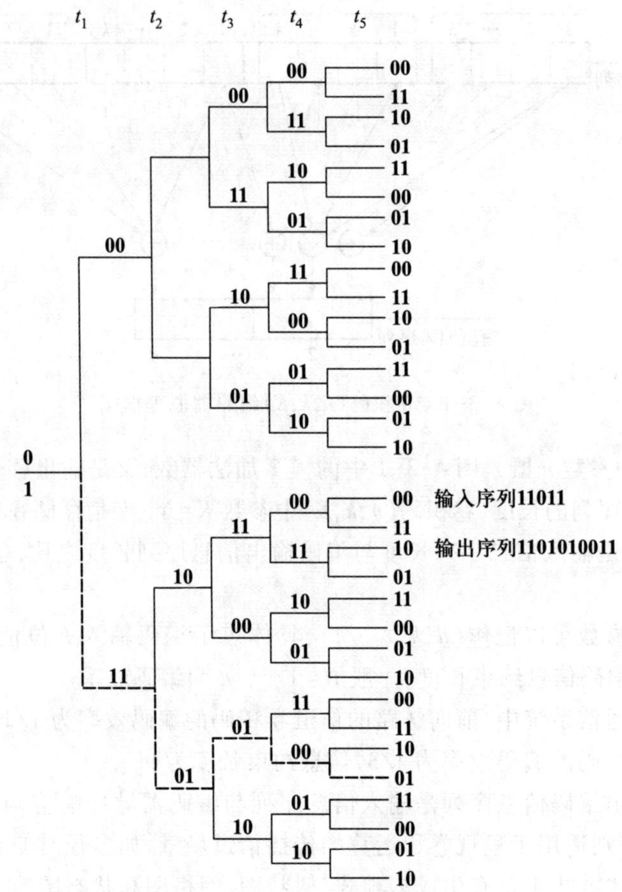

图 4-3-3　卷积码(2,1,3)的树状图

图 4-3-4 是卷积码(2,1,3)的网格图。

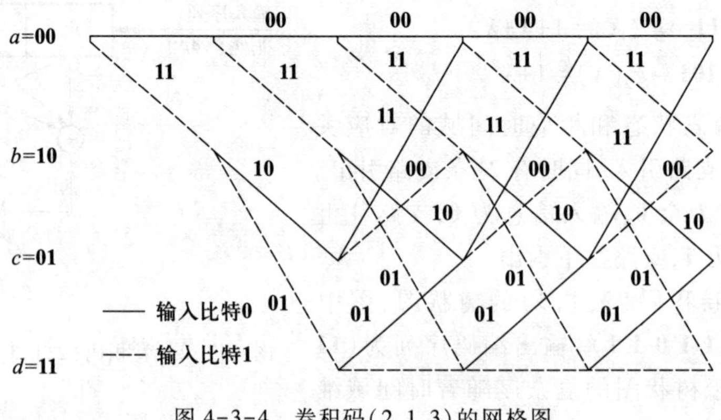

图 4-3-4　卷积码(2,1,3)的网格图

卷积码(2,1,3)的状态图如图 4-3-5 所示,状态图反映卷积码编码器的输入信息序列与输出信息序列和寄存器当前状态与下一状态之间对应的逻辑关系。

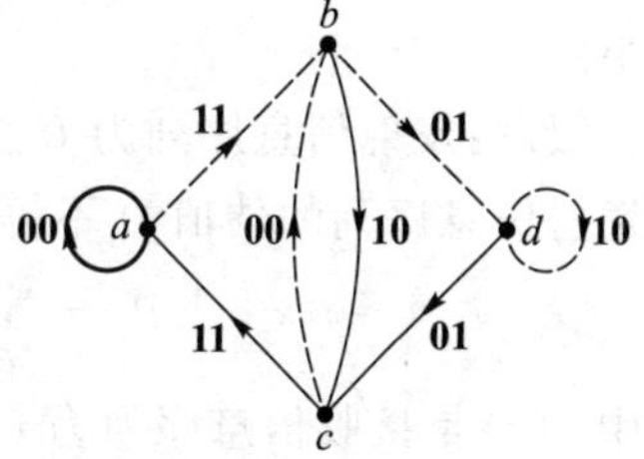

图 4-3-5 卷积码(2,1,3)的状态图

4.3.2 递归系统卷积码

一般的卷积码编码器,输入信息序列不直接出现在输出编码信息序列中,这类卷积码称为非系统卷积码。如果在输出端增设与输入信息序列连接的直通线,可以得到系统卷积码,常用的系统卷积码通常采用反馈结构,也称递归系统卷积码(recursive systematic convolution,RSC)。

[**案例 4-14**]:

卷积码(2,1,3)的生成多项式为 $g_1(X)=X^2+X+1$ 和 $g_2(X)=X^2+1$,递归系统卷积码需要在输出端增设与输入信息序列连接的直通线,图 4-3-6 是递归系统卷积码(2,1,3)编码器原理框图,其生成多项式为

$$g_1^{\bullet}(X)=1$$

$$g_2^{\bullet}(X)=\frac{X^2+1}{X^2+X+1}$$

其中 $g_1^{\bullet}(X)=1$ 表示输出端与输入端直接连线,输入信息序列直接出现在编码后的输出编码信息序列中。$g_2^{\bullet}(X)$ 为分式形式,表示具有反馈逻辑关系。由于存在反馈关系,其冲激响应为无限冲击响应。

图 4-3-7 为递归系统卷积码(2,1,3)的状态图,图中实线表示输入为 **0**,虚线表示输入为 **1**。编码器初始状态 a 为全 **0** 状态,如果输入信息比特为 **1**,输出 **11**,到达状态 b,若输入信息序列为全 **0** 序列,将在状态 b、d 和 c 之间循环变换,即沿着图 4-3-7 中右侧三条实线组成的环中运行,不断循环输出 **01 01 00**,无法回到状态 a,编码器不断输出含有 **1** 的序列,即系统的冲激响应为无限冲激响应。

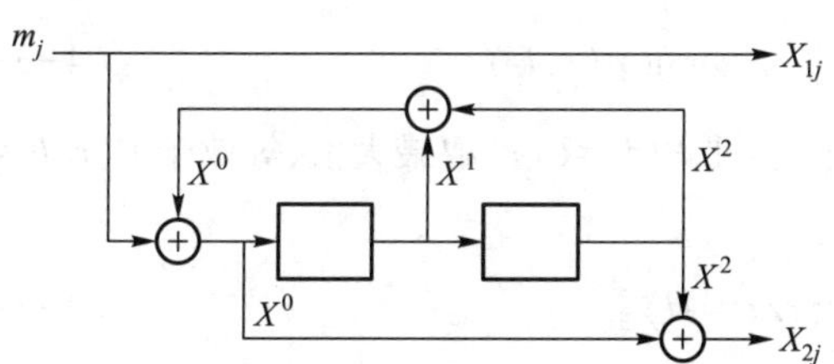

图 4-3-6 递归系统卷积码(2,1,3)编码器原理框图

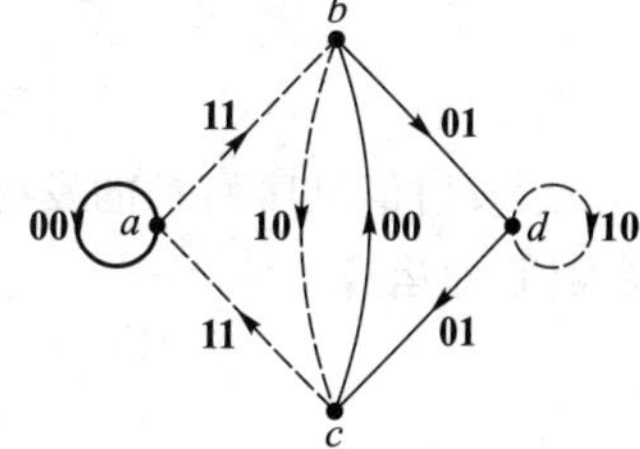

图 4-3-7 递归系统卷积码(2,1,3)状态图

对于非系统卷积码,只要输入连续的 **0**,编码器就会回到全 **0** 状态,输出也是全 **0** 序列。

4.3.3 卷积码的概率译码算法

卷积码的译码基本采用概率译码算法,其基本思想是把接收信息序列和网格图上各种可能

路径上的信息序列进行比较,删去双方信息序列距离大的路径,保留信息序列距离小的路径,以信息序列距离最小的路径作为译码输出信息序列的估值,使得译码系统的平均差错概率最小。

假设:发射信息序列为 U,接收信息序列为 r,发生差错表示在接收信息序列 r 中,译码判决的发射信息序列的估值 $\hat{U}$ 不等于发射信息序列 U,即 $e=\{\hat{U}\neq U\}$,发生平均译码差错概率为

$$P_e=\sum_C p(r)\cdot P(e/r)=\sum_C p(r)\cdot P(\hat{U}\neq U/r) \tag{4-3-1}$$

其中 $p(r)$ 是接收信息序列为 r 的概率,与译码方法无关。

期望译码平均差错概率最小的译码算法准则为

$$\begin{aligned}\text{Min } P_e &\Rightarrow \min\sum_C p(r)\cdot P(\hat{U}\neq U/r)\\ &\Rightarrow \max\sum_C p(r)\cdot P(\hat{U}=U/r)\end{aligned} \tag{4-3-2}$$

其中符号"⇒"表示等效。式(4-3-2)实际是基于最大后验概率(maximum a-posteriori probability,MAP)准则的译码算法。

在发射端等概率发射信息序列 U 条件下,存在

$$\text{Min } P_e\Rightarrow \max\sum_C p(r)\cdot P(\hat{U}=U/r)\Rightarrow \hat{U}=\arg[\max_C P(\hat{U}=U/r)] \tag{4-3-3}$$

在最大后验概率准则的译码算法中,条件概率 $P(\hat{U}=U/r)$ 与输入信息序列 U 的发射概率分布有关,由于接收端无法准确获取该信息,基于最大后验概率准则的译码算法一般难以实际应用。

根据 Bayes 公式,有下述关系:

$$P(U/r)=\frac{P(U)P(r/U)}{P(r)} \tag{4-3-4}$$

数字通信系统接收端是知道发射端的全部可能发射的信息序列集相关信息的,即 $U_n\subset U$,可以在所有可能发射信息序列 U_n 和在特定信道条件 H 下,选择最有可能发送的信息序列,即等效于选择具有最小欧氏距离 $\min d(r,U)$ 的发射输入信息序列,可以表示为

$$r=H\otimes U+N \tag{4-3-5}$$

$$\hat{U}=\arg[\min_N \|r-H\otimes U\|^2]\Rightarrow \min d(r,U) \tag{4-3-6}$$

一般发射信息序列 U 的发射概率为等概率分布,要使 $P(\hat{U}=U/r)$ 取最大值,等效于 $P(r/\hat{U}=U)$ 取最大值,即运算

$$U_n=\arg[\max_c P(r/\hat{U}=U)] \tag{4-3-7}$$

式(4-3-7)就是基于最大似然概率(maximum likelihood,ML)准则的译码算法,其中似然概率 $P(r/\hat{U}=U)$ 仅仅与传输信道特性有关。

如果信道噪声为加性高斯白噪声(AWGN),接收信息序列服从高斯分布,$\min d(r,U)$ 可以进一步等效于

$$(r-U)^2=\sum_{i=0}^{I} d(r_i-U_i) \tag{4-3-8}$$

只有当式(4-3-8)为最小值时,接收信息序列的检测差错概率为最小。

在卷积码的概率译码算法中，往往不采用硬判决译码，而采用软判决译码，软判决译码原理示意如图 4-3-8 所示。软判决译码包括接收信号的硬判决译码和接收信号分层量化可信度，软判决译码不但给出模拟信号的硬判决译码值，而且给出对应硬判决译码值的可信度。

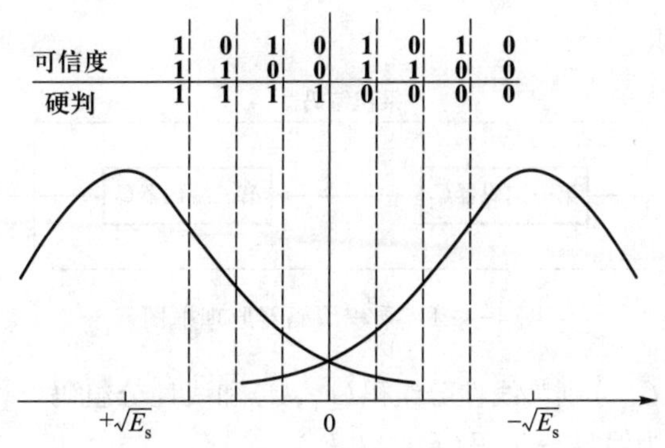

图 4-3-8 软判决译码原理示意

相比二进制的硬判决译码，图 4-3-8 中 $Q=2^3$ 的八进制分层量化接收信号的软判决译码可以获得 2 dB 左右软判决增益。

［**小结 4-5**］：

（1）在概率译码算法中，Min P_e 准则⇒最大后验概率判决准则⇒在发射信息等概率分布条件下的最大似然概率判决准则⇒在信道噪声为加性高斯白噪声场景下的最小欧几里德判决准则⇒最大内积判决准则⇒最大相关判决准则，其中符号"⇒"表示等效。

（2）硬判决译码

在二进制中，通常供译码的码元取值只有 **0** 或 **1**。如果 **0** 和 **1** 信号分别是 $-\sqrt{E_b}$ 和 $\sqrt{E_b}$，判决门限为 **0**，则接收信号振幅大于或等于 **0** 时，译码器判决为 **1**，反之译码器判决为 **0**。这种硬判决译码会损失接收信号序列中许多有用信息。

（3）软判决译码

为充分提取接收信号序列中的信息，把接收信号进行分层和量化后供译码的判决取值就不是 2 个 **0** 或 **1**，而是 $Q=2^m$ 个判决取值，提供给译码器的信息包括硬判决值和硬判决值的可信度值。相比于硬判决译码，软判决译码至少可以获得 2 dB 左右增益。

4.4 组合编码和交织

用两个短码组合成一个长码，组合编译码复杂度大致相当于两个短码编译码复杂度之和，组合编译码的复杂度较一个长码的复杂度而大大降低。组合编码方案很多，有乘积码、级联码和交织码等。

4.4.1 乘积码

图 4-4-1 所示为乘积编码器原理框图，第一编码器 C_1 的输出作为第二编码器 C_2 的输入，

串联两个编码器组成乘积码。图4-4-1中 C_1 与信源相连，C_1 称为外码，C_2 与信道相连，C_2 称为内码。如果 $\boldsymbol{G}_1$ 和 $\boldsymbol{G}_2$ 分别是 C_1 和 C_2 码的生成矩阵，乘积码的生成矩阵 $\boldsymbol{G}$ 是 $\boldsymbol{G}_1$ 和 $\boldsymbol{G}_2$ 的 Kronecker 乘积，即

$$\boldsymbol{G}=\boldsymbol{G}_1\otimes\boldsymbol{G}_2 \tag{4-4-1}$$

其中⊗表示 Kronecker 乘积。

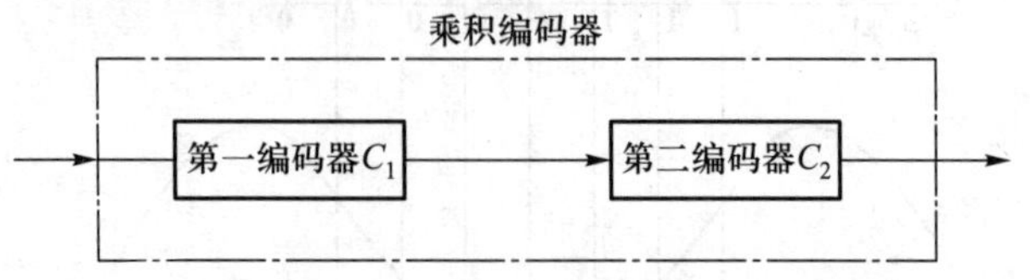

图4-4-1　乘积编码器原理框图

假设：外码 C_1 和内码 C_2 分别为线性分组码 (n_1,k_1) 和线性分组码 (n_2,k_2)，最小码间距离分别是 d_1 和 d_2，所构成乘积码为线性分组码 (n_1n_2,k_1k_2)，其最小码间距离为 $d_1\cdot d_2$。一般 C_2 内码 (n_2,k_2) 为纠错能力简单的卷积码，C_1 外码 (n_1,k_1) 为纠错能力比较强的 RS 码。

在乘积码中，外码 C_1 编码器输出与内码 C_2 编码器输入的连接方式有多种。图4-4-2为 Elias 二维乘积码原理，将外码 C_1 的输出码字排列成一个长方形阵列，该阵列每一行为一个码字，共有 n_1 列，每列的元素对应外码 C_1 的一个码符号。填满 k_2 行后，用内码 C_2 对该长方形阵列逐列编码，得到的冗余符号填充剩余的 n_2-k_2 行。最后得到 $n_2\times n_1$ 长方形阵列，阵列码字逐列输出，便是乘积码的码字。

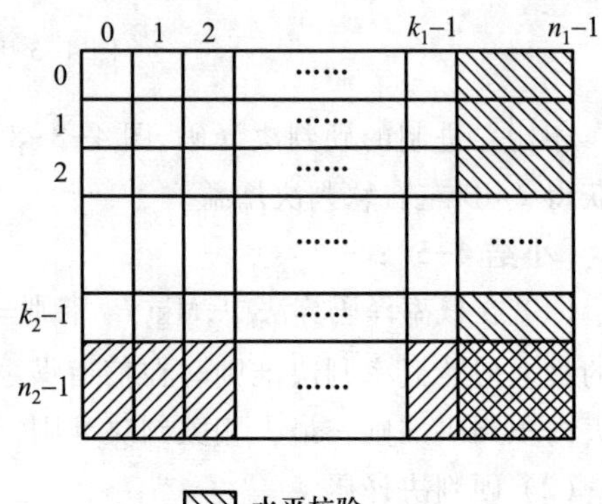

图4-4-2　Elias 二维乘积码原理

4.4.2　级联码

Forney 利用多进制分组码与二进制分组码的关系，串联多进制外码和二进制内码，用分组码符号作为信息位进行二元编码，构成 Forney 级联码，Forney 级联码的编码器原理框图如图4-4-3所示。

图4-4-3中外码为 $GF(2^k)$ 域的 $RS(N,K,D)$ 码，最小距离为 D 符号，信息符号由 k 比特构成，长度 $K\cdot k$ 的输入信息序列通过外码编码，输出 N 信息符号送入内码编码器。内码采用二元分组码 (n,k,d)，最小距离为 d，长度为 k 的 RS 码编为长度为 n 的内码码字。级联码 C 是最小距离 $D\cdot d$ 的二进制线性分组码 (Nn,Kk,Dd)。

4.4.3　交织码

交织码的主要目的是把突发差错变为随机差错，交织码主要有分组交织编码和卷积交织编码等。在乘积码与级联码的编码器中，在内码和外码间插入交织器，经过交织后二者最小间距为交织深度 J。

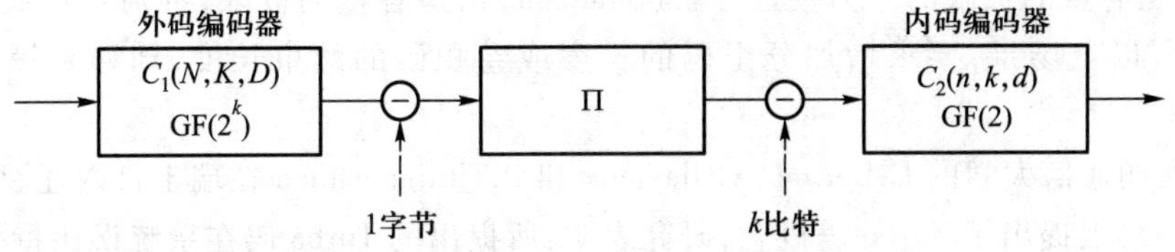

图 4-4-3 Forney 级联码的编码器原理框图

1. 分组交织编码

图 4-4-4 为分组交织编码原理，其中点画线框内为 $m_2 \times m_1$ 交织存储器 A_1 将编码器的输出序列重新排序的过程，即 $i \to \pi(i)$。其中 i 表示交织后的次序，$\pi(i)$ 表示与 i 对应的符号在交织前的次序。

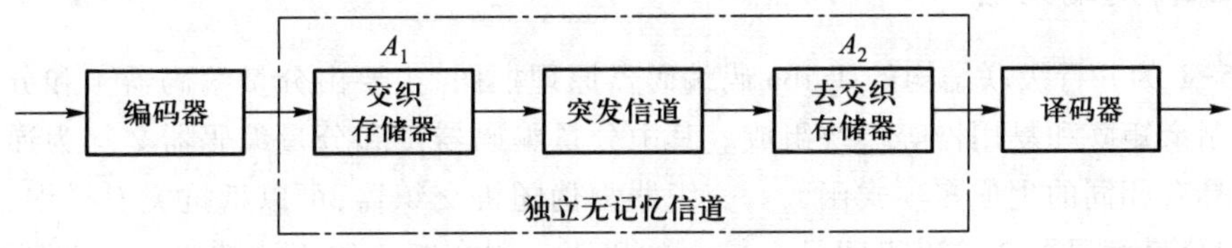

图 4-4-4 分组交织编码原理

交织存储器 A_1 设计为按列写入和按行读出程序，即从阵列的第一行到第 m_1 行中依次得到一维矢量 $\boldsymbol{u}=(u_0,u_1,\cdots,u_{m_1-1})$ 输入到传播信道。在接收端去交织存储器 A_2 完成相反变换，即按行写入，按列读出程序，得到 $\overline{\boldsymbol{u}}_\pi=(u_{\pi(0)}u_{\pi(1)}\cdots u_{\pi(m_2-1)})$，其中 $\pi(i)=m_2(i \bmod m_1)+\lfloor i/m_1 \rfloor$，把突发差错变为随机差错。

2. 卷积交织编码

图 4-4-5 为卷积交织器原理框图。分组交织编码结构简单，但其需要的存储空间和处理时延都很大，而卷积交织编码的时延和存储空间比较小。

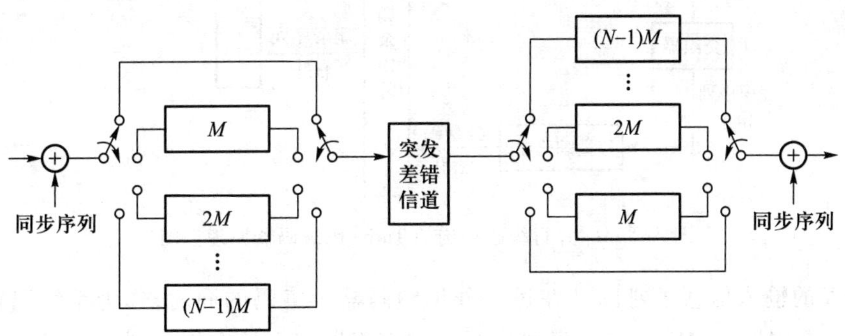

图 4-4-5 卷积交织器原理框图

4.5 Turbo 码

根据香农(Shannon)信道容量理论，在系统误比特率为 10^{-3} 左右时，是不可能接近香农

(Shannon)信道容量的极限的。为接近香农(Shannon)信道容量的极限,特别是在低信噪比和误比特率在 10^{-5} 以上场景,要求增加分组码的长度或卷积码的约束长度,却遇到译码复杂性的难题。

法国不列颠通信大学的 C.Berrou、A.Glavieux 和 P.Thitimajshima 在瑞士日内瓦召开的国际通信会议(ICC′93)上提出了 Turbo 码概念,研究表明:所提出的 Turbo 码在系统误比特率为 10^{-5} 时,能够以 $E_b/N_0=0.7$ dB 的差距接近香农(Shannon)信道容量理论限。

1996 年 C. Berrou 和 A. Glarieux 在 IEEE Transactions on Communications 发表论文"*Near Optimum Error Correcting Coding and Decoding:Turbo Codes*",指出 Turbo 码有可以逼近香农(Shannon)信道容量理论限的潜力。

4.5.1　Turbo 码编码器

图 4-5-1 为并行级联结构的 Turbo 码编码器原理框图,主要由分量编码器 1 和分量编码器 2、交织器、删余矩阵和复用器等模块组成。其中分量编码器 1 和分量编码器 2 均为递归系统卷积编码器,具有相同的生成多项式函数。交织器为伪随机交织器,可以抵抗突发错误,使得分量编码器 1 和分量编码器 2 的码组间具有较大的码距。删余矩阵用于调整 Turbo 的编码码率,删余矩阵中每一行分别对应一个分量编码器,其中 **0** 表示相应位置的校验比特被删除,**1** 则表示保留相应位的校验比特。对编码后的校验位进行适当删除,可确保产生一定编码速率要求的 Turbo 码组。

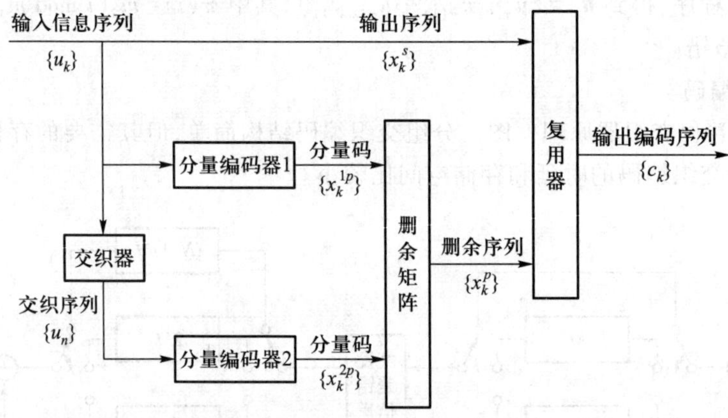

图 4-5-1　并行级联结构的 Turbo 码编码器原理框图

长度为 N 的输入信息序列 $\{u_k\}$ 在送入分量编码器 1 编码的同时,作为系统码输出序列的 $\{x_k^s\}$ 直接送至复用器。将输入信息序列 $\{u_k\}$ 经过交织器产生的交织序列 $\{u_n\}$ 送入分量编码器 2,其中 $n=I(k)$,$(n\geqslant 0,k\leqslant N-1)$,$I(\cdot)$ 为交织映射函数,N 为输入信息序列长度,也是交织长度。两个分量编码器输出的校验序列分别为 $\{x_k^{1p}\}$ 和 $\{x_k^{2p}\}$,两个校验序列经过删余矩阵得到删余序列 $\{x_k^p\}$,再与系统码输出序列 $\{x_k^s\}$ 复用构成 Turbo 码输出的编码信息序列 $\{c_k\}$。

[**案例 4-15**]:

图 4-5-2 为带反馈递归系统卷积器结构的 Turbo 码编码器框图,图中 Turbo 码的输入信息比特序列为 m,校验比特序列为 z_1 和 z_2,编码速率分别为 1/2,1/3 和 2/3。

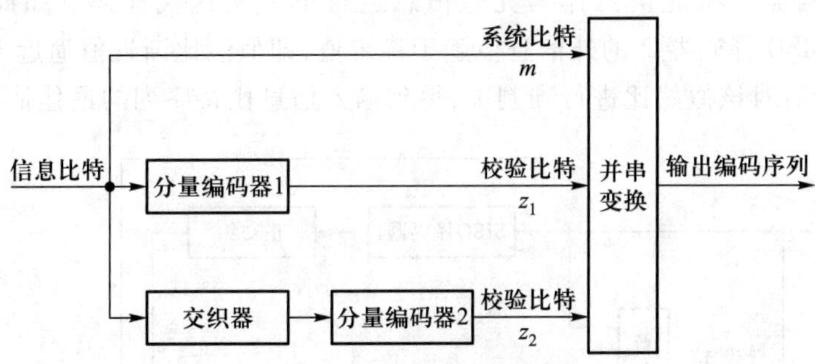

图 4-5-2 带反馈递归系统卷积器结构的 Turbo 码编码器框图

如果递归系统卷积器的生成矩阵为 $\boldsymbol{G}(D)=\left[1,\dfrac{1+D+D^2+D^3}{1+D+D^3}\right]$，校验比特序列 $\{z_i\}_{i=1}^{n-k}$ 在 D 域表达式为 $Z(D)$，信息比特序列 $\{m_i\}_{i=1}^{k}$ 在 D 域表达式为 $M(D)$，其中 D 是时延因子。

$$Z(D)=\frac{1+D+D^2+D^3}{1+D+D^3}\cdot M(D)$$

$$(1+D+D^2+D^3)M(D)=(1+D+D^3)Z(D)$$

图 4-5-3 为 $\boldsymbol{G}(D)=\left[1,\dfrac{1+D+D^2+D^3}{1+D+D^3}\right]$ 递归系统卷积器结构，对应时域的表达式 $m_i+m_{i-1}+m_{i-2}+m_{i-3}+z_i+z_{i-1}+z_{i-3}=0$，实际是一个奇偶校验关系式，其中"+"是模 2 加运算符号。

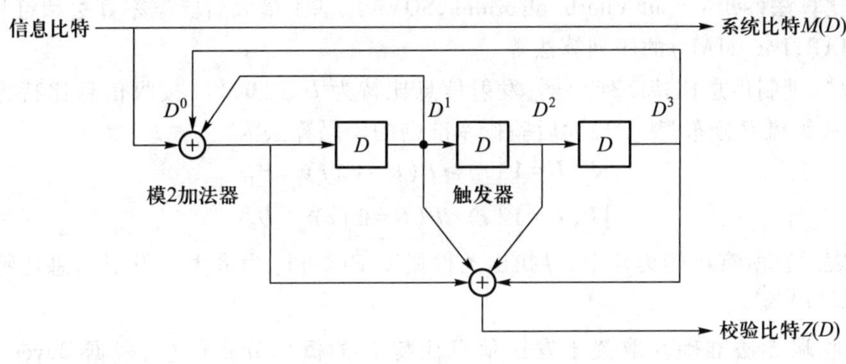

图 4-5-3 $\boldsymbol{G}(D)=\left[1,\dfrac{1+D+D^2+D^3}{1+D+D^3}\right]$ 递归系统卷积器结构

4.5.2 Turbo 码译码器

图 4-5-4 为 Turbo 码并行级联卷积码译码原理框图，它由两个软输入软输出(soft input soft output，SISO)译码器并行级联组成，译码器使用的交织器与编码器交织器相同。

SISO 译码器 1 对输入信息序列进行迭代译码，产生信息比特的似然信息，迭代译码前信道给的外信息经过正交织送至 SISO 译码器 2，SISO 译码器 2 将此信息作为先验信息，对经过正交织所得信息序列进行译码，产生交织后信息比特的似然信息，其外信息经过解交织输入给 SISO

译码器 1,SISO 译码器 1 将此信息作为先验信息进行下一次迭代译码。如此重复迭代,直至 SISO 译码器 1 和 SISO 译码器 2 的外信息值趋于稳定值,即似然比渐近值逼近于 Turbo 码的最大似然译码输出。最后对该似然比进行硬判决,得到输入信息比特序列的最佳估计序列。

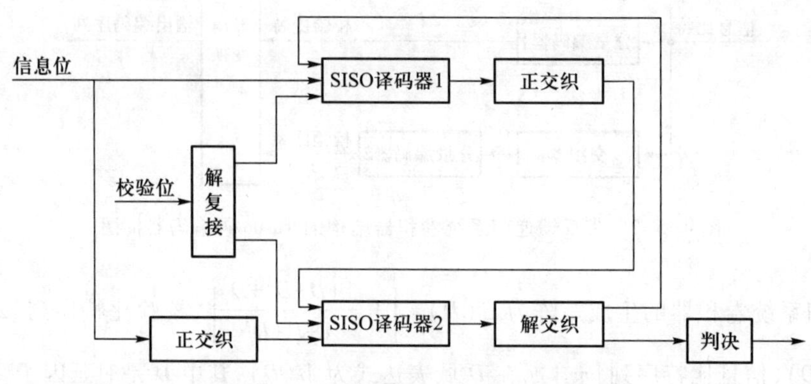

图 4-5-4　Turbo 码并行级联卷积码译码原理框图

Turbo 码译码过程中的外信息实际是通过挖掘接收信息比特序列和译码器译码输出的信息比特序列估值之间的相关性而得到的增量信息。似然信息以对数似然比值表示,反映在该译码段输出的对数似然比与先验信息的差值,通过对信息比特噪声模型和两个译码段中两组校验比特的运算,产生输入信息比特序列的估计序列值。

Turbo 译码算法还有基于最大后验概率准则(maximal A posteriori,MAP)的迭代算法、基于软输出的维特比算法(soft-output Viterbi algorithm,SOVA)、基于最大后验概率算法和符号最大概率(Max-log-MAP,Log-MAP)的序列算法等。

假设:以二进制信息比特序列为例,发射信息比特为 $U\in\{\mathbf{0},\mathbf{1}\}$,接收信息比特为 r,发射信息比特 U 服从等概率分布,基于最大后验概率准则的译码算法为

$$\begin{cases}P(U=\mathbf{1}\mid r)\geqslant P(U=\mathbf{0}\mid r) & H_1\\ P(U=\mathbf{1}\mid r)<P(U=\mathbf{0}\mid r) & H_0\end{cases}\tag{4-5-1}$$

式(4-5-1)表示在所有可能集合中,寻找出条件概率 $P(U\mid r)$ 为最大的发射信息比特 $\hat{U}$,即 $\hat{U}=\arg\{\max\limits_{U}P(U\mid r)\}$。

往往接收端无法准确获取关于发送信息比特 U 的概率分布信息,根据 Bayes 公式,得到 $P(U\mid r)=P(r\mid U)\cdot P(U)/P(r)$,进而 $\hat{U}=\arg\{\max\limits_{U}P(U\mid r)\}$ 等效于 $\hat{U}=\arg\{\max\limits_{U}P(r\mid U)\}$,其中 $P(r\mid U)$ 与传播信道的特性有关。

假设:发射信息比特 U 不服从等概率分布,基于最大后验概率准则的译码算法可以表示为

$$\frac{P(r\mid U=\mathbf{1})P(U=\mathbf{1})}{P(r\mid U=\mathbf{0})P(U=\mathbf{0})}\ \begin{matrix}\geqslant\\ <\end{matrix}\ 1\ \begin{matrix}H_1\\ H_0\end{matrix}\tag{4-5-2}$$

对式(4-5-2)左边取对数,得到对数似然比(log likelihood ratio,LLR),即

$$\begin{aligned}L(U\mid r)&=\lg\left[\frac{P(U=\mathbf{1})\cdot P(r\mid U=\mathbf{1})}{P(U=\mathbf{0})\cdot P(r\mid U=\mathbf{0})}\right]\\&=\lg\left[\frac{P(U=\mathbf{1})}{P(U=\mathbf{0})}\right]+\lg\left[\frac{P(r\mid U=\mathbf{1})}{P(r\mid U=\mathbf{0})}\right]=L(U)+L(r\mid U)\end{aligned}\tag{4-5-3}$$

其中 $L(r\mid U)$ 与传播信道特性有关，表示接收信息比特受到传输信道的影响，$L(U)$ 为发射信息比特的先验概率。

Turbo 码译码算法可以修改为

$$L(\hat{U})=L(U\mid r)+LE(\hat{U}) \tag{4-5-4}$$

其中 $L(U\mid r)=L(U)+L(r\mid U)$，得到

$$L(\hat{U})=L(U)+L(r\mid U)+LE(\hat{U}) \tag{4-5-5}$$

其中 $LE(\hat{U})$ 为外信息，表示通过 Turbo 码的译码获取关于发射信息比特 U 的"额外"的对数似然比信息。

图 4-5-5 为基于最大后验概率准则的迭代 Turbo 译码原理框图，由于接收端对发射端的发射信息序列没有先验知识，Turbo 码译码在假设 $L(U)=0$ 的基础上，计算 $L(\hat{U})$ 和 $LE(\hat{U})$，其中外信息 $LE(\hat{U})$ 作为译码器对发射信息序列先验知识 $L(U)$ 的似然值 $L(\hat{U})$，实数 $L(\hat{U})$ 作为 Turbo 码译码的软判决，其符号代表硬判决值，绝对值代表硬判决的可靠度，经过上述类似过程的多次迭代，直至输出信息序列估值达到稳定值。

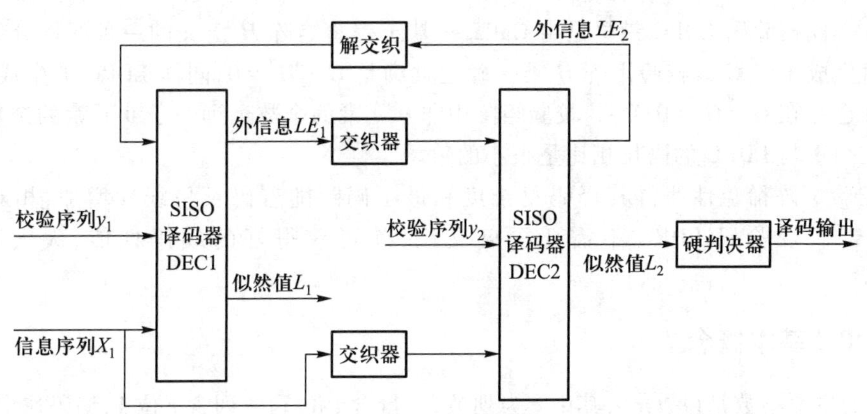

图 4-5-5 基于最大后验概率准则的迭代 Turbo 译码原理框图

［**小结 4-6**］：

（1）在 Turbo 码编码器中，在两个并联或串联的分量编码器间增加一个交织器，使得 Turbo 码有很长的码组长度，而且码组中重量小的码字数目减少，能够在低信噪比的场景下获得接近香农(Shannon)信道容量理论限，同时又避免了单纯增长码组长度带来编译码复杂度过高的问题。

（2）Turbo 码译码是在两个分量译码器之间进行迭代译码，整个译码过程形似涡轮机(turbo)不断循环迭代反复，被形象地称为 Turbo 码。

（3）在两个并联或串联的分量码编码器之间增加一个交织器，可以增加 Turbo 码的码长。

（4）Turbo 码采用的递归系统卷积器(recursive systematic convolution，RSC)属于分组码，其分组码长度取决于交织器的长度。

（5）基于反馈译码结构中软输入软输出(soft input soft output，SISO)和递推迭代软判决，Turbo 码采用基于概率的软判决译码算法，而不是基于代数的硬译码算法。

4.6 低密度奇偶校验督码

1962 年 Robert. G. Gallager 在 IRE Transactions on Information Theory 上发表论文“*Low Density Parity Check Codes*”,提出低密度奇偶校验码(low density parity codes,LDPC)在码组长度很长时具有优良编码性能,当时并没有引起人们的关注。直到 1981 年 Tanner 对 LDPC 码架构的图论新阐释,1996 年 Mackay 和 Neal 发现 LDPC 与 Turbo 码具有逼近香农(Shannon)信道容量理论限的潜力。在基于图论的 LDPC 编码和迭代译码算法研究中,MacKay 和 Neal 又发现:与 Turbo 码相比,LDPC 码具有译码复杂度更低,纠错能力更强和错误平台更低等优点,从而促进了人们对低密度奇偶校验码的深入研究及其工程应用。

低密度奇偶校验码 LDPC 中用于纠错的校验矩阵具有极低密度分布,LDPC 码不仅传输速率逼近香农(Shannon)信道容量理论限,而且明显降低了译码算法的复杂度。随着数字信号处理软件和硬件功能的提升,LDPC 已经广泛应用在深空通信、航天通信、光纤通信和移动通信等领域。

低密度奇偶校验码 LDPC 最早是由 Gallager 基于校验矩阵 $\boldsymbol{H}$ 定义的一种线性分组码,线性分组码可由生成矩阵 $\boldsymbol{G}$ 或校验矩阵 $\boldsymbol{H}$ 唯一确定且满足 $\boldsymbol{G}\cdot\boldsymbol{H}^{\mathrm{T}}=0$,同样 LDPC 的生成矩阵和稀疏校验矩阵也存在 $\boldsymbol{G}\cdot\boldsymbol{H}^{\mathrm{T}}=0$ 关系,校验矩阵中非 **0** 元素的个数远远小于 **0** 元素的个数,校验矩阵的行重或列重与 LDPC 的码长相比是很小的数。

正是校验矩阵稀疏性使得其译码复杂度和最小码距随着码长呈线性增加,相对于 Turbo 码,低密度奇偶校验码 LDPC 不需要深度交织,就可获得好的编码性能,大大降低了误码率。

4.6.1 LDPC 基本概念

LDPC 的主要参数是(c,t,r),其中 c 为列数,一行含 t 位 **1**,一列含 r 位 **1**,编码速率为 $1-t/r$。

LDPC 可以分成规则 LDPC 和非规则 LDPC 两类,其中规则 LDPC 校验矩阵中每一行和每一列的 **1** 位数固定相同,而非规则 LDPC 校验矩阵的各行或各列具有不同的重量,即非 **0** 元素的数目不尽相同。

规则 LDPC 中每一行含有 ρ 位 **1**,每一列含有 γ 位 **1**,任何两列之间位置相同的 **1** 的位数不大于 λ,与码长或校验矩阵 $\boldsymbol{H}$ 的行数相比,ρ 和 γ 都较小,校验矩阵 $\boldsymbol{H}$ 分别具有不变的行重 ρ 和列重 γ。在校验矩阵 $\boldsymbol{H}$ 中,任何两行也没有超过一个相同位置的 **1**,ρ 和 γ 都小于码长和校验矩阵的行数,校验矩阵中 **1** 的密度很小。

线性分组码可以用双向图模型来表示,如网格法和二分图法。线性分组码的二分图也叫作泰纳(Tanner)图,Tanner 在 1982 年把码元与校验码元的奇偶校验之间的关系以校验矩阵的泰纳(Tanner)图表示,如图 4-6-1 所示。

在图论中“图”由顶点和边组成,二分图是把所有顶点分成两个子集,任何一个子集内部各顶点之间没有边相连,任意一个顶点都和一个不在同一子集里的顶点相连。

规则 LDPC 的泰纳(Tanner)图由码元顶点集、校验顶点集以及连接码元顶点和校验顶点的边集所构成。每个校验节点代表校验矩阵中的一行校验式。在图 4-6-1 中,码元顶点集包含 20

个顶点,代表码组的 20 位码元比特,顶点记为 $v_1, v_2, \cdots, v_{20}$。校验顶点集包含 15 个顶点,代表 15 个奇偶校验和,记为 $s_1, s_{2'}, \cdots, s_{15}$。当且仅当校验和 s_j 中包含码元比特 v_i,码元顶点 v_i 与校验顶点 s_j 通过一条边相连 (v_i, s_j),将码元顶点 v_i 的度定义为包含 v_i 的奇偶校验和数,而校验顶点 s_j 的度定义为 s_j 所校验的码元比特数。

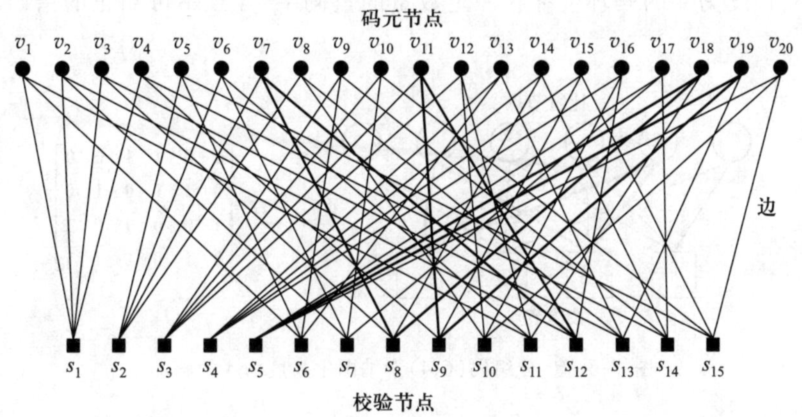

图 4-6-1 校验矩阵的泰纳(Tanner)图

对应图 4-6-1 的校验矩阵的泰纳(Tanner)图的奇偶校验矩阵 $\boldsymbol{H}$ 表示为

$$\boldsymbol{H}=\begin{bmatrix}
1&1&1&1&0&0&0&0&0&0&0&0&0&0&0&0&0&0&0&0\\
0&0&0&0&1&1&1&1&0&0&0&0&0&0&0&0&0&0&0&0\\
0&0&0&0&0&0&0&0&1&1&1&1&0&0&0&0&0&0&0&0\\
0&0&0&0&0&0&0&0&0&0&0&0&1&1&1&1&0&0&0&0\\
0&0&0&0&0&0&0&0&0&0&0&0&0&0&0&0&1&1&1&1\\
1&0&0&0&1&0&0&0&1&0&0&0&1&0&0&0&0&0&0&0\\
0&1&0&0&0&1&0&0&0&1&0&0&0&0&0&0&1&0&0&0\\
0&0&1&0&0&0&1&0&0&0&0&0&0&1&0&0&0&1&0&0\\
0&0&0&1&0&0&0&0&0&0&1&0&0&0&1&0&0&0&1&0\\
0&0&0&0&0&0&0&1&0&0&0&1&0&0&0&1&0&0&0&1\\
1&0&0&0&0&1&0&0&0&0&0&1&0&0&0&0&0&1&0&0\\
0&1&0&0&0&0&1&0&0&0&1&0&0&0&0&1&0&0&0&0\\
0&0&1&0&0&0&0&1&0&0&0&0&1&0&0&0&0&0&1&0\\
0&0&0&1&0&0&0&0&1&0&0&0&0&1&0&0&1&0&0&0\\
0&0&0&0&1&0&0&0&0&1&0&0&0&0&1&0&0&0&0&1
\end{bmatrix} \tag{4-6-1}$$

规则 LDPC 的泰纳(Tanner)图中,所有码元顶点的度都相同且等于 γ,所有校验顶点的度都相同且等于 ρ。在泰纳(Tanner)图中,从每个码元节点出发,交替地经过校验节点和码元节点,跳了若干步后回到原来的码元节点所形成的回路叫作码环,构成该回路的边数为码环长度。在泰纳(Tanner)图中,码环长度只能是大于等于 4 的偶数,泰纳(Tanner)图中最小码环长度为泰纳(Tanner)图的圈长。

[**案例 4-16**]:

LDPC 不能含有长度为 4 的码环,图 4-6-2 所示的分组码(6,4)泰纳图中,长度为 4 的码环如粗线所示。从 LDPC 的校验矩阵 $\boldsymbol{H}$ 看,图中校验矩阵 $\boldsymbol{H}$ 的第二列和第五列的元素 **1** 构成了一个矩形,有 4 个 **1** 分别在矩形的四个顶点上,则这 4 个 **1** 相应地在泰纳(Tanner)图中就构成了一个 4 环,长度为 4 的码环会存在一定数量的重码字,导致不可纠正的错误,即出现错误平层。

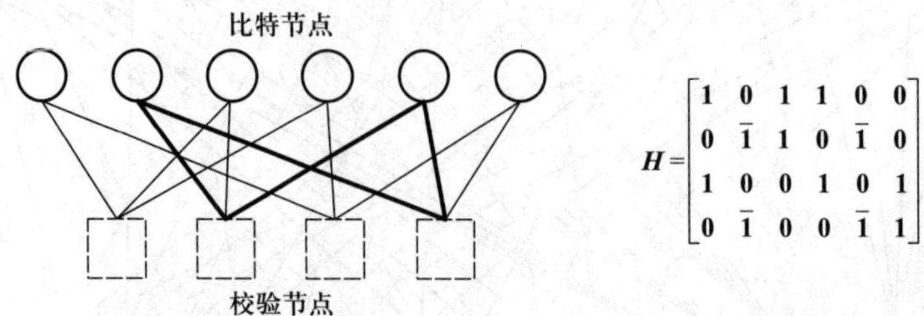

图 4-6-2 分组码(6,4)泰纳图中长度为 4 的码环

4.6.2 LDPC 编码

LDPC 编码原理的基本思想是:先构造校验矩阵 $\boldsymbol{H}$,由校验矩阵 $\boldsymbol{H}$ 导出相应的生成矩阵 $\boldsymbol{G}$,然后进行编码,编码需要存储相当大且不稀疏的矩阵。LDPC 编码算法有 Gallager 编码、MacKay 和 Neal 编码、不规则 LDPC 重复累加编码、$\boldsymbol{LU}$ 分解编码和部分迭代编码等。

(1) Gallager 编码

校验矩阵 $\boldsymbol{H}$ 为 m 行 n 列的矩阵,每行和每列具有 **1** 的个数分别是 w_r 和 w_c,校验矩阵 $\boldsymbol{H}$ 的各行被平分为 w_c 块,每一块含有 m/w_c 行,每一块的列数为$(m/w_c)w_r$。第一块矩阵从第一行到最后一行,从左到右依次在不同的连续 w_r 位置上是 **1**。当 $i \leqslant m/w_c$ 时,第 i 行的第$(i-1)w_r+1$ 列到第 iw_r 列的元素是 **1**,在构造校验矩阵 $\boldsymbol{H}$ 的第一块后,其余各块在第一块上按列随机置换。

(2) MacKay 和 Neal 编码

校验矩阵 $\boldsymbol{H}$ 的列从左至右逐列构造,最终形成整个校验矩阵 $\boldsymbol{H}$。每一列 **1** 的位数(列重)根据需要而定,而 **1** 的位置随机选择,必须使得行重不超过规定范围。如果直到设置到最后一列仍有某些行的 **1** 的位数无法满足规定要求,则需从右往左取消某些列,并对其进行重新设置。

(3) 不规则 LDPC 的重复累加编码

校验矩阵 $\boldsymbol{H}$ 中前 k 列的列重要根据具体情况而定,后面各列列重均设置为 2,并且具有双对角下三角结构。

如式(4-6-2)所示,校验矩阵 $\boldsymbol{H}$ 的前 3 列列重为 3,后 9 列列重为 2,而且具有双对角下三角结构。该校验矩阵可以分解为两个子矩阵,其中一个矩阵具有双对角线结构,可以直接通过校验矩阵进行编码,无需生成矩阵。

$$H=\begin{bmatrix}1&0&0&1&0&0&0&0&0&0&0\\1&0&0&1&1&0&0&0&0&0&0\\0&1&0&0&1&1&0&0&0&0&0\\0&0&1&0&0&1&1&0&0&0&0\\0&0&1&0&0&0&1&1&0&0&0\\0&1&0&0&0&0&0&1&1&0&0\\1&0&0&0&0&0&0&0&1&1&0\\0&1&0&0&0&0&0&0&0&1&1&0\\0&0&1&0&0&0&0&0&0&0&1&1\end{bmatrix} \tag{4-6-2}$$

在传统编码方法中,尽管 LDPC 的校验矩阵 $\boldsymbol{H}$ 是稀疏的,但其生成矩阵却不是稀疏矩阵,这会导致编码的运算次数和存储空间增加。如果通过行列变换方式将稀疏矩阵转换为非稀疏的生成矩阵,再根据生成矩阵进行编码,运算复杂度会直接影响编码器的实现。

(4) ***LU*** 分解编码

将 $m \times n$ 维的校验矩阵分解成

$$\boldsymbol{H}=[\boldsymbol{H}_1\ \boldsymbol{H}_2] \tag{4-6-3}$$

其中 $\boldsymbol{H}_1$ 为 $m \times k$ 维矩阵,$\boldsymbol{H}_2$ 为 $m \times m$ 维矩阵。

如果编码后的码字行向量 $\boldsymbol{C}$ 长度为 n,即

$$\boldsymbol{C}=[\boldsymbol{S}\ \boldsymbol{P}] \tag{4-6-4}$$

其中 $\boldsymbol{S}$ 是长度为 k 的信息码行向量,$\boldsymbol{P}$ 是长度为 m 的校验码行向量。

根据校验矩阵关系式 $\boldsymbol{H} \cdot \boldsymbol{C}^{\mathrm{T}}=0$,得到

$$[\boldsymbol{H}_1\ \boldsymbol{H}_2] \cdot \begin{bmatrix}\boldsymbol{S}^{\mathrm{T}}\\ \boldsymbol{P}^{\mathrm{T}}\end{bmatrix}=0 \tag{4-6-5}$$

展开该矩阵方程得到 $\boldsymbol{H}_1 \cdot \boldsymbol{S}^{\mathrm{T}}=\boldsymbol{H}_2 \cdot \boldsymbol{P}^{\mathrm{T}}$。

如果校验矩阵 $\boldsymbol{H}$ 是非奇异的,则 $\boldsymbol{H}_2$ 为满秩矩阵,得到

$$\boldsymbol{P}^{\mathrm{T}}=\boldsymbol{H}_2^{-1} \cdot \boldsymbol{H}_1 \cdot \boldsymbol{S}^{\mathrm{T}} \tag{4-6-6}$$

式(4-6-6)是不通过生成矩阵而直接由校验矩阵进行编码的等式,只要校验矩阵 $\boldsymbol{H}$ 具有下三角结构,如图 4-6-3 所示,则能够通过迭代方法进行编码。通过对校验矩阵 $\boldsymbol{H}$ 的子矩阵 $\boldsymbol{H}_2$ 进行 ***LU*** 分解,得到下三角矩阵 $\boldsymbol{L}$ 和上三角矩阵 $\boldsymbol{U}$,利用前向迭代,根据信息位可以求解得到校验位完成编码。

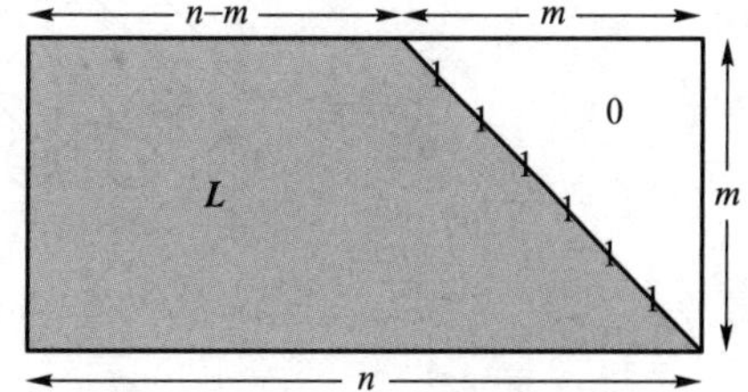

图 4-6-3 具有下三角形式的校验矩阵

(5) 部分迭代编码

对校验矩阵 $\boldsymbol{H}$ 只做行置换和列置换,并进行分块,使矩阵右上角出现下三角形式,令右上角的下三角矩阵独立出来成为一个子矩阵 $\boldsymbol{T}$,针对该子矩阵 $\boldsymbol{T}$ 的特殊结构进行迭代编码。

校验矩阵的近似下三角形式如图 4-6-4 所示,行列变换后得到的矩阵为

$$\boldsymbol{H}_{\mathrm{t}}=\begin{bmatrix}\boldsymbol{A}&\boldsymbol{B}&\boldsymbol{T}\\ \boldsymbol{C}&\boldsymbol{D}&\boldsymbol{E}\end{bmatrix} \tag{4-6-7}$$

对 $\boldsymbol{H}_t$ 采用高斯消元法消除子矩阵 $\boldsymbol{E}$ 得到矩阵 $\tilde{\boldsymbol{H}}$，其中只有子矩阵 $\boldsymbol{C}$ 和 $\boldsymbol{D}$ 分别变换为子矩阵 $\tilde{\boldsymbol{C}}$ 和 $\tilde{\boldsymbol{D}}$，校验矩阵 $\boldsymbol{H}$ 的其他部分仍保持稀疏状态。

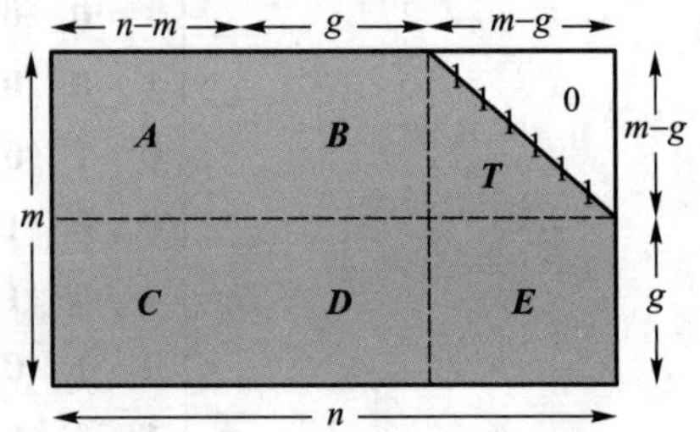

图 4-6-4　校验矩阵的近似下三角形式

4.6.3 LDPC 译码

LDPC 译码算法不同于一般信道纠错码所采用的基于最大似然准则的译码算法，往往采用迭代译码算法。具体译码算法有置信传播(belief propagation，BP)算法、消息传递(message passing，MP)算法、比特翻转(bit flipping，BF)算法、最小和(min sum)译码算法和加权比特翻转(weighted bit flipping，WBF)译码算法等。

置信传播(BP)算法是一种并行算法，利用接收到的相关信息，在变量节点和校验节点之间进行迭代运算，获取最大的编码增益。如果译码成功，译码过程立即结束而不是进行固定次数的迭代，可有效减少算法的迭代次数。如果算法在预先设定的最大迭代次数后，仍未达到有效的译码结果，则译码器报错，且确定译码错误是可检测的。

置信传播(BP)算法的主要步骤如下：

(1) 初始化：设置初始化数据，如信息比特的先验概率等。

(2) 横向步骤：由码元节点的信息概率按置信传播算法得出各校验节点的后验概率。

(3) 纵向步骤：由校验节点的后验概率推算出信息节点的后验概率。

(4) 硬判决：将码元节点的后验概率根据判决条件进行硬判决，若满足上述条件则译码结束。若不满足，则重复以上步骤(2)、(3)和(4)，反复迭代直到满足上述条件得出译码结果。如果迭代次数达到预设的最大次数值，仍然不满足上述条件，则宣布译码失败。

[案例 4-17]：

图 4-6-5 示意的是 LDPC 码译码的泰纳图，码元节点为 X，校验节点为 A，每个校验节点代表校验矩阵 $\boldsymbol{H}$ 中的一行校验式，称为一个校验比特。

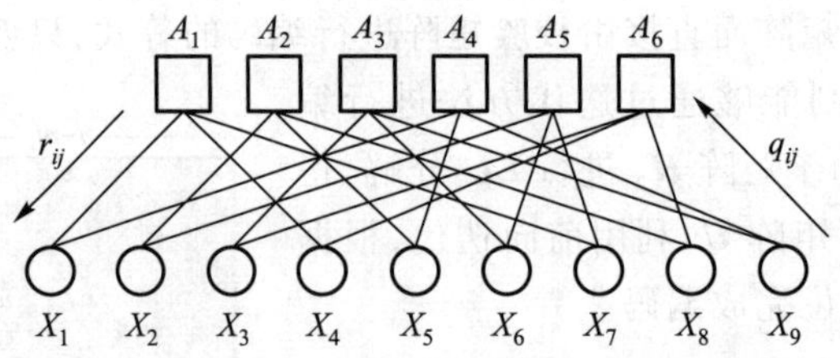

图 4-6-5　LDPC 码译码的泰纳图

(1) 初始化

假设：受到噪声干扰和信道多径衰落影响的接收信号为 r_n，对第 $n=1,2,\cdots,N$ 比特的初始值 r_n 的硬判决值为 X_n。其中：

$p_i^0=P(X_i=0)$ 和 $p_i^1=P(X_i=1)=1-p_i^0$ 是传播信道的先验概率；

q_{ij}^0 和 q_{ij}^1 是除校验式 j 以外，已知置信度的信息比特 $t_{ji}=\mathbf{0}$ 或 $t_{ji}=\mathbf{1}$ 的概率，其中 q_{ij}^0 和 q_{ij}^1 的初始值为 p_i^0 和 p_i^1，a_{ij} 是 q_{ij}^0 和 q_{ij}^1 的归一化因子；

r_{ij}^0和 r_{ij}^1是码元比特为 $t_{ji}=\mathbf{0}$ 或 $t_{ji}=\mathbf{1}$ 条件下，与第 j 校验节点有边连接的码元比特 i' 的校验位概率；

e_i^0 和 e_i^1 是信息节点在每次迭代中的外信息，为第 i 码元比特的后验概率，a_i 是 e_i^0 和 e_i^0 的归一化因子；

a_{ij}和 a_i 的初始化值都为 a_0。

（2）迭代过程

① 更新 r_{ij}^a

校验式 j 传递给比特 i 的 r_{ij}^a，码元节点 X_i 状态为 a，且在校验式 A_j 中其他信息节点状态分布已知条件下，存在

$$P(A_j \mid X_i = a) = \sum_{X,X_i=a} P(A_j \mid X) P(X \mid X_i = a) \tag{4-6-8}$$

在 X_i 状态为 a 和校验式 j 满足条件下，对所有 X 可能情况求和，得到 X_i 状态为 a 条件下，满足 A_j 的条件概率。

基于泰纳（Tanner）图上各信息节点的相互独立性，有

$$P(X \mid X^i = a) = \prod_{i' \in row[j]/[i]} q_{i'j}^a \tag{4-6-9}$$

其中 $i' \in row[j]/[i]$ 为校验矩阵 $\boldsymbol{H}$ 中第 j 行中非 $\mathbf{0}$ 比特的第 i'（不包括 i）列号。

$$r_{ij}^a = \sum_{X,X_i=a} P(A_j \mid X) \prod_{i' \in row[j]/[i]} q_{i'j}^a \tag{4-6-10}$$

其中校验节点 A_j 与码元节点 X 在泰纳图中有边相连，则 $P(A_j \mid X)=1$，否则 $P(A_j \mid X)=0$。

② 更新 q_{ij}^a

接收信息序列中，第 i 码元传递给校验式 j 的 q_{ij}^a，除 A_j 外 X_i 参与其他校验节点提供关于 X_i 为状态 a 的概率为

$$q_{ij}^a = a_{ij} p_i^a \prod_{j' \in col[j]/[i]} r_{ij'}^a \tag{4-6-11}$$

其中 $j' \in col[i]/[j]$ 是校验矩阵 $\boldsymbol{H}$ 中第 i 列中非 $\mathbf{0}$ 比特所在的第 j 行号，而 p_i^a 是先验概率 $P(X_i=a)$。

③ 尝试译码

分别计算后验概率 e_i^0 和 e_i^1，表示为

$$e_i^0 = a_i \prod r_{ij}^0 \quad 和 \quad e_i^1 = a_i \prod r_{ij}^1 \tag{4-6-12}$$

选择合适归一化因子 a_i 值，满足关系

$$e_i^0 + e_i^1 = 1 \tag{4-6-13}$$

后验概率是判定第 i 码元在迭代译码结束时是 $\mathbf{0}$ 或 $\mathbf{1}$ 的概率，它决定了是否要继续进行迭代。

在 $e_i^0 \geqslant 0.5$ 或 $e_i^1 \geqslant 0.5$ 时，判定第 i 码元比特为 $\mathbf{0}$ 或 $\mathbf{1}$，得到当前译码值 X_i，所有信息比特被译出后，得到译码矢量 $X=(X_1,X_2,\cdots,X_n)$。

（3）尝试判决迭代终止

如果码字与校验矩阵 $\boldsymbol{H}$ 的乘积等于 0 则停止译码，输出 $X=(X_1,X_2,\cdots,X_n)$ 为有效的输出值，如果达到预定的迭代次数值，停止迭代并计算错误帧数，如果这两条件都不满足，则开始下一

轮的迭代译码。

4.7 极化码

2008年土耳其毕尔肯大学Erdal Arikan在国际信息论ISIT会议上，首次提出信道极化(channel polarization)概念。2009年题为"*Channel Polarization: A Method for Constructing Capacity-Achieving Codes for Symmetric Binary-Input Memoryless Channels*"的论文发表在IEEE Transactions on Information Theory期刊上。极化码(polar code)在较低编译码复杂度的前提下，能够逼近香农(Shannon)信道容量理论限，同时满足超高速率、低时延和大链接的移动互联网和物联网等场景的应用需求。

2016年11月18日，在美国内华达州里诺召开的3GPP的RAN1(无线物理层)第87次会议确定Polar码作为5G的eMBB(增强移动宽带)业务场景中信令信道编码的标准方案，而LDPC码作为数据信道编码的标准方案。

4.7.1 极化码基本概念

极化码是在离散无记忆信道中，通过信道变换运算实现信道极化，信道极化过程由信道结合和信道拆分两部分构成。理论证明：极化码可以达到香农(Shannon)信道容量理论限，且具有较低的计算复杂度，其性能优势随着码长增加而明显突出。

假设：符号"$W: X\to Y$"表示二进制离散无记忆信道(binary discrete memoryless channel, B-DMC)，其中X是信道输入二进制信号x的集合，$x\in X$，如输入二进制信号$x=\{0,1\}$，Y是信道输出信号y的集合，$y\in Y$。

对二进制离散无记忆信道(B-DMC)进行N次复用，即让二进制离散无记忆信道分割成N个可用的时隙，得到N次具有相同信道特性的独立B-DMC信道。对这N次具有相同信道特性的独立信道，即N个可用时隙进行信道变换，在原本独立信道基础上引入相关性，得到一组前后有依赖关系的极化信道，即

$$W_N^{(i)}: X\to Y\otimes X^{i-1},\quad i=1,2,\cdots,N \tag{4-7-1}$$

其中符号"⊗"表示笛卡儿积。笛卡儿积定义为，如果A和B各为集合，以集合A中元素为第一元素，以集合B中元素为第二元素构成有序对，对所有有序对组成的集合叫作集合A与B的笛卡儿积。

图4-7-1是信道极化形成过程示意，极化码的基本思想是在信道极化基础上进行编码，信道极化形成过程主要分为两步，即结合信道和拆分信道。

当结合信道W_N代表的$N=2^n$个独立B-DMC原始信道组成的结合信道数趋于无穷大时，拆分信道会出现信道极化现象，即部分信道趋为无噪声干扰的信道，剩余信道趋为全噪声干扰的信道。无噪声干扰信道的传输速率可以趋于香农(Shannon)信道容量理论限，而全噪声干扰信道约定所传输的信息为不传输的信息，理论证明：在B-DMC信道条件下，极化码传输可以达到香农(Shannon)信道容量理论限。

如果结合信道W_N代表的$N=2^n$个独立B-DMC原始信道足够多，即N足够大，经过信道变换后，出现一部分极化信道的信道容量趋于1，其余极化信道的信道容量趋于0的现象。即当$N\to\infty$时，信道容量趋于1的信道比例约为$N\times I(W)$，可以直接传输输入信息比特而不需要进行

编码,相当于编码速率为 1。而信道容量趋于 0 的信道比例约为 $N\times[1-I(W)]$,在信道发射端和接收端传输冻结比特,相当于编码速率为 0。

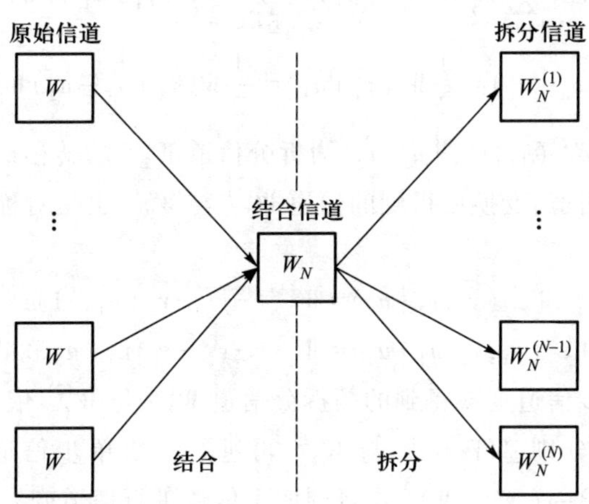

图 4-7-1 信道极化形成过程示意

极化码(polar code)主要参数为(N,K,A,u_{A^c}),其中 N 是信息位长度,$N=2^n,n\geqslant 0$;K 是编码的维数,决定集合 A 内变量数;A 是集合$\{1,2,\cdots,N\}$的子集;$u_{A^c}\in X^{N-K}$为休眠传输比特,一般情况为 0;K/N 为编码速率。

4.7.2 信道结合

信道结合转换图原理如图 4-7-2 所示,信道结合是对已知的信道进行复制,得到新的一组互相独立的信道,将 N 个独立信道经过线性变换组合成一个整体信道,具体可以采用递归方法使 N 个独立信道合并成一个整体的结合信道 $W_N:X^N\to Y^N$。

如果输入的二进制信号序列服从等概率分布,信道转换概率为

$$W_N(y_1^N \mid x_1^N)=W_N(y_1^N \mid u_1^N\boldsymbol{G}_N) \tag{4-7-2}$$

其中 $\boldsymbol{G}_N$ 是编码的生成矩阵,u_1^N 为所有输入变量的集合,存在 $x_1^N=u_1^N\boldsymbol{G}_N$ 关系。

图 4-7-3 为信道结合转换中最基本的单步信道变换。假设:极化前的信道 $W:X\to Y$,x_1 与 y_1 和 x_2 与 y_2 分别为两信道或信道 W 的两个独立时隙的输入信号和输出信号。

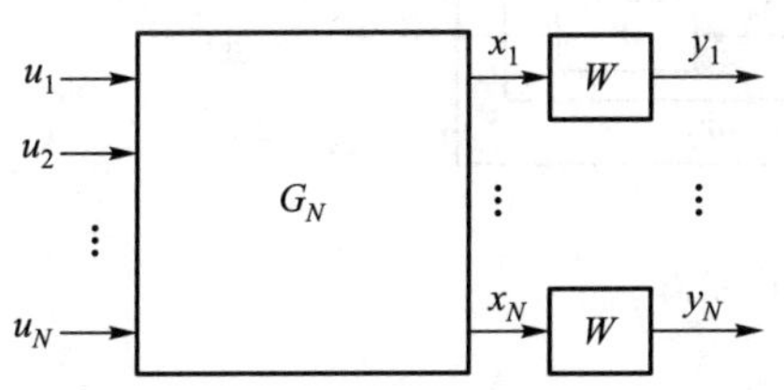

图 4-7-2 信道结合转换图原理

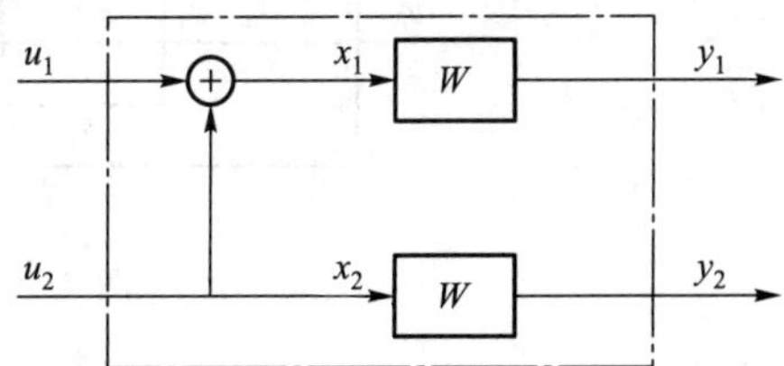

图 4-7-3 单步信道变换

图 4-7-3 中存在 $x_1=u_1\oplus u_2,x_2=u_2$,其中 u_1 和 u_2 为信道的输入信号,y_1 和 y_2 为信道的输出信号。合并后的信道 $W_2:X^2\to Y^2$ 的信道转移概率函数为

$$W_2(y_1,y_2 \mid u_1,u_2)=W(y_1 \mid u_1\oplus u_2)\cdot W(y_2 \mid u_2) \tag{4-7-3}$$

信道 W_2 按照式(4-7-4)和式(4-7-5)分割成拆分信道 $W_2^{(1)}$ 和拆分信道 $W_2^{(2)}$

$$W_2^{(1)}(y_1^2 \mid u_1)=\sum_{u_2\in X}\frac{1}{2}W_2(y_1^2 \mid u_1^2)=\sum_{u_2\in X}\frac{1}{2}W(y_1 \mid u_1 \oplus u_2)W(y_2 \mid u_2) \tag{4-7-4}$$

$$W_2^{(2)}(y_1^2,u_1 \mid u_2)=\frac{1}{2}W_2(y_1^2 \mid u_1^2)=\frac{1}{2}W(y_1 \mid u_1\oplus u_2)W(y_2 \mid u_2) \tag{4-7-5}$$

其中 $W_2^{(1)}(y_1,y_2 \mid u_1)$ 和 $W_2^{(2)}(y_1,y_2, \mid u_1,u_2)$ 为拆分信道 $W_2^{(2)}$ 的转移概率函数。

如果信道 W 是对称信道,变换后得到的信道 $W_2^{(1)}$ 与 $W_2^{(2)}$ 也是对称信道,即对任意 $u_1,u_2\in X$ 和 $y_1,y_2\in Y$,有

$$W_2^{(1)}(y_1,y_2 \mid u_1)=W_2^{(1)}(-y_1,-y_2 \mid u_1\oplus 1) \tag{4-7-6}$$

$$W_2^{(2)}(y_1,y_2,u_1 \mid u_2)=W_2^{(2)}(-y_1,-y_2,u_1 \mid u_2\oplus 1) \tag{4-7-7}$$

图4-7-3中经过单步信道变换得到的两拆分信道 $W_2^{(1)}$ 与 $W_2^{(2)}$ 依然是二进制离散无记忆信道(B-DMC信道),可以分别基于 $W_2^{(1)}$ 与 $W_2^{(2)}$ 再进行一次单步信道变换,即 $(W_2^{(1)},W_2^{(1)})\to(W_4^{(1)},W_4^{(2)})$,$(W_2^{(2)},W_2^{(2)})\to(W_4^{(3)},W_4^{(4)})$,得到四个信道进行信道变换的结构。

联合信道 W_2 的两个独立副本得到信道 $W_4:X^4\to Y^4$,其转移概率函数为

$$W_4(y_1^4 \mid u_1^4)=W_2(y_1^2 \mid u_1\oplus u_2,u_3\oplus u_4)\cdot W_2(y_3^4 \mid u_2,u_4) \tag{4-7-8}$$

图4-7-4为极化码编码示意,R_4 是完成 $s_1^4=(s_1,s_2,s_3,s_4)$ 到 $v_1^4=(v_1,v_2,v_3,v_4)$ 的置换排序变换矩阵,从 W_4 的输入到 W_4 的输出的映射 $u_1^4\to y_1^4$,其映射关系可以表示为 $x_1^4=u_1^4\boldsymbol{G}_4$,其中 $\boldsymbol{G}_4=\begin{bmatrix}1&0&0&0\\1&0&1&0\\1&1&0&0\\1&1&1&1\end{bmatrix}$。

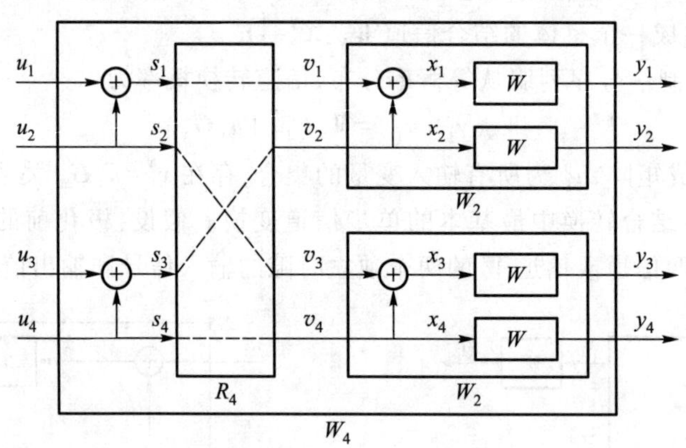

图4-7-4　极化码编码示意

在图4-7-4中,W_4 转移概率函数关系式为

$$W_4(y_1^4 \mid x_1^4)=W_4(y_1^4 \mid u_1^4G_4) \tag{4-7-9}$$

图4-7-5为信道变换递归结构图,信道变换可以通过迭代递归方式,使用单步信道变换方式对8,12,32,…,$N=2^n$ 个信道进行信道变换。置换排序变换矩阵 $\boldsymbol{R}_N$ 对长度 N 的序列进行奇偶重排操作,即 $v_1^N=\boldsymbol{R}_N\cdot s_1^N=(s_1,s_3,\cdots,s_{N-1},s_2,s_4,\cdots,s_N)$。

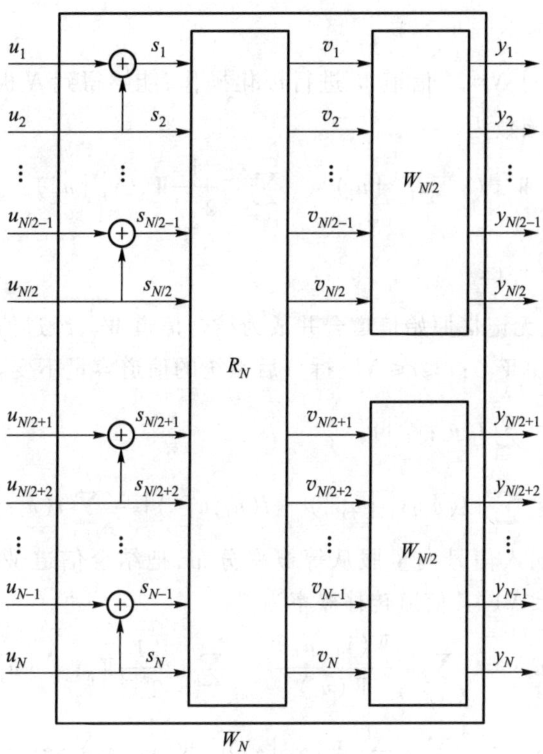

图 4-7-5 信道变换递归结构图

映射 $u_1^N \to v_1^N$ 符号表示在二元域 GF(2)上的线性变换,$u_1^N \to x_1^N$ 是由结合信道 W_N 的输入到输出的线性映射。结合信道 W_N 的转移概率函数关系式为

$$W_N(y_1^N \mid x_1^N) = W_N(y_1^N \mid u_1^N \boldsymbol{G}_N) \tag{4-7-10}$$

其中 $y_1^N \in Y^N$ 和 $x_1^N \in X^N$,生成矩阵为

$$\boldsymbol{G}_N = \boldsymbol{B}_N \boldsymbol{F}^{\otimes n} = \boldsymbol{R}_N(\boldsymbol{I}_2 \otimes \boldsymbol{B}_{N/2}) \tag{4-7-11}$$

其中 $\boldsymbol{B}_N$ 是比特翻转向量。

[小结 4-7]:

(1) 信道结合转换中最基本的单步信道变换表示为$(W,W) \to (W_2^{(1)},W_2^{(2)})$,存在关系 $I(W_2^{(1)}) + I(W_2^{(2)}) = 2 \cdot I(W)$ 和 $I(W_2^{(1)}) \leqslant I(W) \leqslant I(W_2^{(2)})$。说明当信道 W 经过单步信道变换成为极化信道 $W_2^{(1)}$ 与 $W_2^{(2)}$ 后,其中某一极化信道 $W_2^{(2)}$ 容量得到提升,另一极化信道 $W_2^{(1)}$ 容量下降,并且信道和容量为两倍的 $I(W)$。

(2) 在二进制离散无记忆信道(B-DMC)中,W_N 在任意 $\delta \in (0,1)$ 和 N 以 2 幂次趋于无穷大时,在极化信道 $W_N^{(i)}$ 中,满足 $I(W_N^{(i)}) \in (1-\delta,1]$ 的信道占总信道数的比例趋于 $I(W_N)$,而满足 $I(W_N^{(i)}) \in [0,\delta)$ 的信道占总信道数的比例趋于 $1-I(W_N)$。

(3) 通过信道结合和信道拆分可以产生信道极化现象,就可在完好的信道上发送信息比特,而在差的信道上发送休眠比特。

4.7.3　信道拆分

通过信道变换过程,对 $N=2^n$ 信道 W 进行极化操作,能够得到 N 极化拆分信道 $W_N^{(i)}, i=1, 2,\cdots,N$,其信道转移概率函数为

$$W_N^{(i)}(y_1^N, u_1^{i-1} \mid u_i) = \sum_{u_{i+1}^N \in x^{N-1}} \frac{1}{2^{N-1}} W_N(y_1^N \mid u_1^N) \tag{4-7-12}$$

其中 $W_N(y_1^N \mid x_1^N) = \prod_{i=1}^{N} W(y_i \mid x_i)$ 。

N 个二进制离散独立无记忆原始信道合并成为结合信道 W_N,经过信道拆分后成为二进制离散独立无记忆的拆分信道 $\{W_N^{(i)}:1 \leqslant i \leqslant N\}$,拆分后系统的信道容量不变。

$$\begin{aligned} I(u_1^N : y_1^N) &= \sum_{i=1}^{N} I(u_i : y_1^N \mid u_i^{i-1}) \\ &= \sum_{i=1}^{N} \{I(u_i : y_1^N \mid u_1^{i-1}) - I(u_i : u_1^{i-1})\} = \sum_{i=1}^{N} I(u_i : y_1^N, u_1^{i-1}) \end{aligned} \tag{4-7-13}$$

如果原始信道 W 的输入信号向量服从等概率分布,把结合信道 W_N 拆分成 N 个拆分信道 $W_N^{(i)}: X \to Y^N \otimes X^{i-1}$,$(1 \leqslant i \leqslant N)$,其信道转移概率为

$$\begin{aligned} W_N^{(i)}(y_1^N, u_1^{i-1} \mid u_i) &= \sum_{u_{i+1}^N \in X^{N-i}} \frac{W(y_1^N, u_1^N)}{W(u_i)} = \sum_{u_{i+1}^N \in X^{N-i}} \frac{1}{2^{N-1}} W_N(y_1^N \mid u_1^N), \\ &= \sum_{u_{i+1}^N \in X^{N-i}} \frac{1}{2^{N-1}} W(y_1 \mid x_1) \cdot W(y_2 \mid x_2) \cdot \cdots \cdot W(y_N \mid x_N) \end{aligned} \tag{4-7-14}$$

如果按照奇偶分裂子信道的转移概率,可以递推得到 $W_N^{(2i-1)}(y_1^N, u_1^{2i-2} \mid u_{2i-1})$ 和 $W_{2N}^{(2i)}(y_1^N, u_1^{2i-1} \mid u_{2i})$。

总之通过信道结合和信道拆分得到信道极化现象,就可在完好的信道上发送信息比特,而在差的信道上发送休眠比特。

4.7.4　极化码的编码

利用极化现象构造接近于对称信道的信道容量 $I(W_N)$ 的编码基本思想是利用极化现象构造编码系统,通过先结合后拆分信道的方式来传输数据,在这些信道传输的错误概率 $Z(W_N^{(i)})$ 可以接近于 0。

1. 极化码的生成矩阵

极化码编码的关键参数是极化码生成矩阵 $\boldsymbol{G}_N$,如果 $N=2^n, n \geqslant 0, \boldsymbol{I}_k$ 为 k 维单位矩阵,$k \geqslant 0$。输入信号序列 x_1^N 为

$$x_1^N = u_1^N \cdot \boldsymbol{G}_N \tag{4-7-15}$$

其中生成矩阵满足式(4-7-11)的 $\boldsymbol{G}_N = \boldsymbol{B}_N \boldsymbol{F}^{\otimes n} = \boldsymbol{R}_N(\boldsymbol{I}_2 \otimes \boldsymbol{B}_{N/2})$, $\boldsymbol{G}_1 = \boldsymbol{I}_1$, $\boldsymbol{F}^{\otimes n}$ 表示对矩阵 $\boldsymbol{F}$ 进行 n 次克罗内克(Kronecker)积操作,且

$$\boldsymbol{F} = \begin{bmatrix} \mathbf{1} & \mathbf{0} \\ \mathbf{1} & \mathbf{1} \end{bmatrix} \tag{4-7-16}$$

当 $N \geqslant 2$,极化码的生成矩阵 $\boldsymbol{G}_N$ 为

$$\boldsymbol{G}_N = (\boldsymbol{I}_{N/2} \otimes \boldsymbol{F}) \boldsymbol{R}_N (\boldsymbol{I}_2 \otimes \boldsymbol{G}_{N/2}) \tag{4-7-17}$$

由于$(\boldsymbol{I}_{N/2}\otimes\boldsymbol{F})\boldsymbol{R}_N=\boldsymbol{R}_N(\boldsymbol{F}\otimes\boldsymbol{I}_{N/2})$，从式(4-7-17)得出

$$\boldsymbol{G}_N=\boldsymbol{R}_N(\boldsymbol{F}\otimes\boldsymbol{I}_{N/2})(\boldsymbol{I}_2\otimes\boldsymbol{G}_{N/2})=\boldsymbol{R}_N(\boldsymbol{F}\otimes\boldsymbol{G}_{N/2})\tag{4-7-18}$$

把$\boldsymbol{G}_{N/2}=\boldsymbol{R}_{N/2}(\boldsymbol{F}\otimes\boldsymbol{G}_{N/4})$代入式(4-7-18)，得出

$$\boldsymbol{G}_N=\{\boldsymbol{F}\otimes[\boldsymbol{R}_{N/2}(\boldsymbol{F}\otimes\boldsymbol{G}_{N/4})]\}=\boldsymbol{R}_N(\boldsymbol{I}_2\otimes\boldsymbol{R}_{N/2})(\boldsymbol{F}^{\otimes 2}\otimes\boldsymbol{G}_{N/4})\tag{4-7-19}$$

在式(4-7-19)中运用$(\boldsymbol{AC})\otimes(\boldsymbol{BD})=(\boldsymbol{A}\otimes\boldsymbol{B})(\boldsymbol{C}\otimes\boldsymbol{D})$关系，其中$\boldsymbol{A}=\boldsymbol{I}_2$，$\boldsymbol{B}=\boldsymbol{R}_{N/2}$，$\boldsymbol{C}=\boldsymbol{F}$和$\boldsymbol{D}=\boldsymbol{F}\otimes\boldsymbol{G}_{N/4}$，可得出

$$\boldsymbol{G}_N=\boldsymbol{B}_N\boldsymbol{F}^{\otimes n}\tag{4-7-20}$$

其中$\boldsymbol{B}_N=\boldsymbol{R}_N(\boldsymbol{I}_2\otimes\boldsymbol{B}_{N/2})$，$\boldsymbol{B}_N$是比特翻转向量或排序矩阵，以比特反序重排操作。

图 4-7-6 是$(N=8)$比特翻转示意图，比特反序重排操作是将原每序列的十进制序号$i\in 1,2,\cdots,N$按二进制表示为$(i-1)\to(b_n,b_{n-1},\cdots,b_1)$，其中$b_n$是最高有效位，再将该二进制序列反序，得到$(b_1,b_2,\cdots,b_n)$，最后以$b_1$为最高有效位，重新按十进制表示成$(b_1,b_2,\cdots,b_n)\to(j-1)$。如果输出序列中第$j$元素取值为原序列的第$i$元素，对于任意$N\geqslant 4$都有$\boldsymbol{B}_{N/2}$为排列运算矩阵。

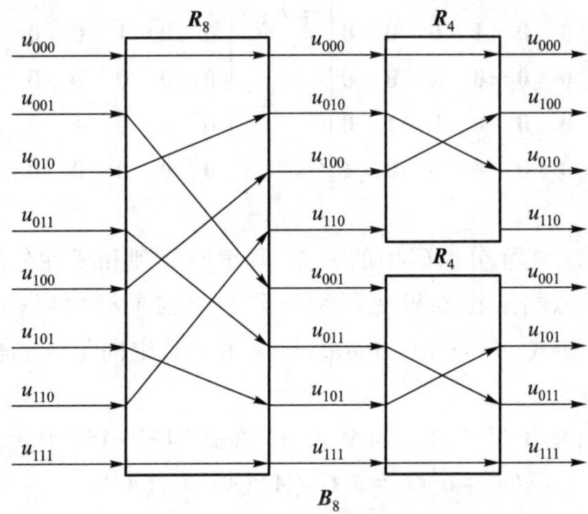

图 4-7-6 $(N=8)$比特翻转示意图

[案例 4-18]:

在极化码中以$N=8$，$K=4$为例，通过比特翻转向量或排序矩阵得到比特翻转。

依据$\boldsymbol{B}_N=\boldsymbol{R}_N(\boldsymbol{I}_2\otimes\boldsymbol{B}_{N/2})$，得到$\boldsymbol{B}_8=\boldsymbol{R}_8(\boldsymbol{I}_2\otimes\boldsymbol{B}_4)$和$\boldsymbol{B}_4=\boldsymbol{R}_4(\boldsymbol{I}_2\otimes\boldsymbol{B}_2)$，已知$\boldsymbol{B}_2=\begin{bmatrix}1&0\\0&1\end{bmatrix}$，$(\boldsymbol{I}_2\otimes\boldsymbol{B}_2)=\begin{bmatrix}1&0&0&0\\0&1&0&0\\0&0&1&0\\0&0&0&1\end{bmatrix}$，$\boldsymbol{R}_4$从$\boldsymbol{I}_4$变换得来，先排$\boldsymbol{I}_4$的奇序列，再排其偶序列。

$$\boldsymbol{I}_4=\begin{bmatrix}1&0&0&0\\0&1&0&0\\0&0&1&0\\0&0&0&1\end{bmatrix}\Rightarrow\boldsymbol{R}_4=\begin{bmatrix}1&0&0&0\\0&0&1&0\\0&1&0&0\\0&0&0&1\end{bmatrix},\quad \boldsymbol{B}_4=\boldsymbol{R}_4(\boldsymbol{I}_2\otimes\boldsymbol{B}_2)=\begin{bmatrix}1&0&0&0\\0&0&1&0\\0&1&0&0\\0&0&0&1\end{bmatrix},$$

$$
\boldsymbol{I}_2 \otimes \boldsymbol{B}_4 = \begin{bmatrix} 1 & 0 & 0 & 0 & 0 & 0 & 0 & 0 \\ 0 & 0 & 1 & 0 & 0 & 0 & 0 & 0 \\ 0 & 1 & 0 & 0 & 0 & 0 & 0 & 0 \\ 0 & 0 & 0 & 1 & 0 & 0 & 0 & 0 \\ 0 & 0 & 0 & 0 & 1 & 0 & 0 & 0 \\ 0 & 0 & 0 & 0 & 0 & 0 & 1 & 0 \\ 0 & 0 & 0 & 0 & 0 & 1 & 0 & 0 \\ 0 & 0 & 0 & 0 & 0 & 0 & 0 & 1 \end{bmatrix}
$$

同样，$\boldsymbol{R}_8$ 从 $\boldsymbol{I}_8$ 变换得来，先排 $\boldsymbol{I}_8$ 的奇序列，再排其偶序列。

$$
\boldsymbol{I}_8 = \begin{bmatrix} 1 & 0 & 0 & 0 & 0 & 0 & 0 & 0 \\ 0 & 1 & 0 & 0 & 0 & 0 & 0 & 0 \\ 0 & 0 & 1 & 0 & 0 & 0 & 0 & 0 \\ 0 & 0 & 0 & 1 & 0 & 0 & 0 & 0 \\ 0 & 0 & 0 & 0 & 1 & 0 & 0 & 0 \\ 0 & 0 & 0 & 0 & 0 & 1 & 0 & 0 \\ 0 & 0 & 0 & 0 & 0 & 0 & 1 & 0 \\ 0 & 0 & 0 & 0 & 0 & 0 & 0 & 1 \end{bmatrix} \Rightarrow \boldsymbol{R}_8 = \begin{bmatrix} 1 & 0 & 0 & 0 & 0 & 0 & 0 & 0 \\ 0 & 0 & 0 & 0 & 1 & 0 & 0 & 0 \\ 0 & 1 & 0 & 0 & 0 & 0 & 0 & 0 \\ 0 & 0 & 0 & 0 & 0 & 1 & 0 & 0 \\ 0 & 0 & 1 & 0 & 0 & 0 & 0 & 0 \\ 0 & 0 & 0 & 0 & 0 & 0 & 1 & 0 \\ 0 & 0 & 0 & 1 & 0 & 0 & 0 & 0 \\ 0 & 0 & 0 & 0 & 0 & 0 & 0 & 1 \end{bmatrix}
$$

2. 极化码编码算法

极化码的数学结构属于线性分组码中的一类，其编码原理和线性分组码编码一样，是通过输入信息比特序列与生成矩阵相乘得到极化码编码码组。如果极化码码组中信息位长度为 $N=2^n, n\geqslant 0$，极化码编码过程如式(4-7-15)所示，$x_1^N = u_1^N G_N$，其中向量 u_1^N 是输入信息比特序列，$\boldsymbol{G}_N$ 是 N 阶极化码的生成矩阵。

对于任意$\{1,2,\cdots,N\}$的子集 A，A 的补集为 A^c，在式(4-7-15)中代入式(4-7-19)得到

$$
x_1^N = u_1^N \boldsymbol{G}_N = u_A \boldsymbol{G}_N(A) \oplus u_{A^c} \boldsymbol{G}_N(A^c) \tag{4-7-21}
$$

其中 u_A 是自由变量，得到从 u_A 到 x_1^N 的映射，u_{A^c} 为在休眠信息比特的传输信息，$\boldsymbol{G}_N(A)$ 为 $\boldsymbol{G}_N$ 的子矩阵，根据集合 A 选取 $\boldsymbol{G}_N(A)$ 的行，$\boldsymbol{G}_N(A)$ 陪集为 $\boldsymbol{G}_N(A^c)$，在集合 A 的补集选取 $\boldsymbol{G}_N(A^c)$ 的行，$\boldsymbol{G}_N$ 陪集编码按照选取的 $\boldsymbol{G}_N$ 的行进行编码和构造。

[**案例 4-19**]：

以 $N=8, K=4$ 为例说明极化码编码过程。

极化码的编码过程需要的有关公式具体有：$x_1^N = u_1^N \boldsymbol{G}_N$，$\boldsymbol{G}_N = \boldsymbol{B}_N \boldsymbol{F}^{\otimes n}$，$\boldsymbol{F}^{\otimes n} = \boldsymbol{F} \otimes \boldsymbol{F}^{\otimes (n-1)}$，$\boldsymbol{F} = \begin{bmatrix} 1 & 0 \\ 1 & 1 \end{bmatrix}$，$\boldsymbol{B}_N = \boldsymbol{R}_N(\boldsymbol{I}_2 \otimes \boldsymbol{B}_{N/2})$ 和 $\boldsymbol{B}_2 = \boldsymbol{I}_2$ 等。

如果输入消息比特序号集合 $A=\{4,6,7,8\}$，固定比特序号集合 $A^c=\{1,2,3,5\}$，信息比特集合为$\{i_1,i_2,i_3,i_4\}=\{\mathbf{1,1,1,1}\}$，固定比特集合为$\{\mathbf{0,0,0,0}\}$，生成极化码的主要参数$(N,K,A,u_{A^c})$为$(8,4\{4,6,7,8(\mathbf{0,0,0,0})\})$。

极化码(N,K,A,u_{A^c})的编码过程具体如下：

以 $u_1^8=\{\mathbf{0,0,0},i_1,\mathbf{0},i_2,i_3,i_4\}=\{\mathbf{0,0,0,1,0,1,1,1}\}$ 构造极化码的生成矩阵，首先得出极化码的排序矩阵 $\boldsymbol{B}_8$ 为

$$B_8=\begin{bmatrix}1&0&0&0&0&0&0&0\\0&0&0&0&1&0&0&0\\0&0&1&0&0&0&0&0\\0&0&0&0&0&0&1&0\\0&1&0&0&0&0&0&0\\0&0&0&0&0&1&0&0\\0&0&0&1&0&0&0&0\\0&0&0&0&0&0&0&1\end{bmatrix}$$

进而求解 $\boldsymbol{F}$ 的 n 次克罗内克积,递归式分别是 $\boldsymbol{F}^{\otimes 3}=\boldsymbol{F}\otimes\boldsymbol{F}^{\otimes 2}$,$\boldsymbol{F}^{\otimes 2}=\boldsymbol{F}\otimes\boldsymbol{F}^{\otimes 1}$ 和 $\boldsymbol{F}^{\otimes 1}=\boldsymbol{F}=\begin{bmatrix}1&0\\1&1\end{bmatrix}$,计算 $\boldsymbol{F}^{\otimes 3}$

$$\boldsymbol{F}^{\otimes 2}=\boldsymbol{F}\otimes\boldsymbol{F}^{\otimes 1}=\begin{bmatrix}1&0\\1&1\end{bmatrix}\otimes\boldsymbol{F}^{\otimes 1}=\begin{bmatrix}\boldsymbol{F}^{\otimes 1}&0\\\boldsymbol{F}^{\otimes 1}&\boldsymbol{F}^{\otimes 1}\end{bmatrix}=\begin{bmatrix}1&0&0&0\\1&1&0&0\\1&0&1&0\\1&1&1&1\end{bmatrix}$$

$$\boldsymbol{F}^{\otimes 3}=\boldsymbol{F}\otimes\boldsymbol{F}^{\otimes 2}=\begin{bmatrix}1&0\\1&1\end{bmatrix}\otimes\boldsymbol{F}^{\otimes 2}=\begin{bmatrix}\boldsymbol{F}^{\otimes 2}&0\\\boldsymbol{F}^{\otimes 2}&\boldsymbol{F}^{\otimes 2}\end{bmatrix}=\begin{bmatrix}1&0&0&0&0&0&0&0\\1&1&0&0&0&0&0&0\\1&0&1&0&0&0&0&0\\1&1&1&1&0&0&0&0\\1&0&0&0&1&0&0&0\\1&1&0&0&1&1&0&0\\1&0&1&0&1&0&1&0\\1&1&1&1&1&1&1&1\end{bmatrix}$$

求解极化码的生成矩阵 $\boldsymbol{G}_N=\boldsymbol{B}_{\mathrm{N}}\boldsymbol{F}^{\otimes n}$,为

$$\boldsymbol{G}_8=\boldsymbol{B}_8\boldsymbol{F}^{\otimes 3}=\begin{bmatrix}1&0&0&0&0&0&0&0\\0&0&0&0&1&0&0&0\\0&0&1&0&0&0&0&0\\0&0&0&0&0&0&1&0\\0&1&0&0&0&0&0&0\\0&0&0&0&0&1&0&0\\0&0&0&1&0&0&0&0\\0&0&0&0&0&0&0&1\end{bmatrix}\cdot\begin{bmatrix}1&0&0&0&0&0&0&0\\1&1&0&0&0&0&0&0\\1&0&1&0&0&0&0&0\\1&1&1&1&0&0&0&0\\1&0&0&0&1&0&0&0\\1&1&0&0&1&1&0&0\\1&0&1&0&1&0&1&0\\1&1&1&1&1&1&1&1\end{bmatrix}=$$

$$=\begin{bmatrix}1&0&0&0&0&0&0&0\\1&0&0&0&1&0&0&0\\1&0&1&0&0&0&0&0\\1&0&1&0&1&0&1&0\\1&1&0&0&0&0&0&0\\1&1&0&0&1&1&0&0\\1&1&1&1&0&0&0&0\\1&1&1&1&1&1&1&1\end{bmatrix}$$

生成 $\boldsymbol{N}=8,\boldsymbol{K}=4$ 的极化码为

$$x_1^8=u_1^8\boldsymbol{G}_8=[\boldsymbol{0,0,0,1,0,1,1,1}]\cdot\begin{bmatrix}\boldsymbol{1}&\boldsymbol{0}&\boldsymbol{0}&\boldsymbol{0}&\boldsymbol{0}&\boldsymbol{0}&\boldsymbol{0}&\boldsymbol{0}\\\boldsymbol{1}&\boldsymbol{0}&\boldsymbol{0}&\boldsymbol{0}&\boldsymbol{1}&\boldsymbol{0}&\boldsymbol{0}&\boldsymbol{0}\\\boldsymbol{1}&\boldsymbol{0}&\boldsymbol{1}&\boldsymbol{0}&\boldsymbol{0}&\boldsymbol{0}&\boldsymbol{0}&\boldsymbol{0}\\\boldsymbol{1}&\boldsymbol{0}&\boldsymbol{1}&\boldsymbol{0}&\boldsymbol{1}&\boldsymbol{0}&\boldsymbol{1}&\boldsymbol{0}\\\boldsymbol{1}&\boldsymbol{1}&\boldsymbol{0}&\boldsymbol{0}&\boldsymbol{0}&\boldsymbol{0}&\boldsymbol{0}&\boldsymbol{0}\\\boldsymbol{1}&\boldsymbol{1}&\boldsymbol{0}&\boldsymbol{0}&\boldsymbol{1}&\boldsymbol{1}&\boldsymbol{0}&\boldsymbol{0}\\\boldsymbol{1}&\boldsymbol{1}&\boldsymbol{1}&\boldsymbol{1}&\boldsymbol{0}&\boldsymbol{0}&\boldsymbol{0}&\boldsymbol{0}\\\boldsymbol{1}&\boldsymbol{1}&\boldsymbol{1}&\boldsymbol{1}&\boldsymbol{1}&\boldsymbol{1}&\boldsymbol{1}&\boldsymbol{1}\end{bmatrix}=\{\boldsymbol{0,1,1,0,1,0,0,1}\}$$

4.7.5　极化码的译码

如果 $u_1^N\to x_1^N$ 表示结合信道 W_N 的输入与原始信道 W 输出的对应线性映射，信道变换过程实际是对 $N=2^n$ 的原始信道 W 进行极化操作，极化码的信道分为传输有用信息比特的信息信道和传输固定比特的非信息信道，得到 $N=2^n$ 极化信道 $W_N^{(i)}, i=1,2,\cdots,N$，信道的转移概率函数为

$$W_N^{(i)}(y_1^N,u_1^{i-1}\mid u_i)=\sum_{u_{i+1}^N\in x^{N-1}}\frac{1}{2^{N-1}}\prod_{i=1}^{N}W(y_i\mid u_i) \tag{4-7-22}$$

极化码译码基本思想依据式(4-7-22)，第 i 序号极化信道的转移概率函数 $W_N^{(i)}$ 的输出分为两部分，即 y_1^N 是信道接收信号，u_1^{i-1} 是第 i-1 序号极化信道的输入信号。译码信息由 N 个判决元素组成，每个判决估计值为 $\hat{u}_i$，对应于一个信息码元 u_i，估计值 $\hat{u}_i$ 可根据 u_1^{i-1} 计算 $\hat{u}_i=\boldsymbol{0}$ 或 $\hat{u}_i=\boldsymbol{1}$ 时转移概率函数 $W_N^{(i)}$，并且逐个进行判决。

常用的极化码译码算法有串行删除(successive cancellation，SC)译码算法及其改进算法。

1. 串行删除译码基本原理

串行删除译码算法依据

$$\hat{u}_1^i=\begin{cases}h_i(y_1^N,\hat{u}_1^{i-1}), & i\in A\\ u_i, & i\in A^c\end{cases} \tag{4-7-23}$$

如果 $i\in A^c$，发射输入信息序列中对应码元 u_i 的判决为冻结比特，如果 $i\in A$，在已经判决的 $\hat{u}_1^{i-1}$ 基础上，发射输入信息序列中对应码元 u_i 的判决估值 $\hat{u}_1^i$ 为传输信息比特。

串行删除译码的判决函数为

$$h_i(y_1^N,\hat{u}_1^{i-1})=\begin{cases}\boldsymbol{0}, & L_N^{(i)}(y_1^N,\hat{u}_1^{i-1})\geqslant 0\\ \boldsymbol{1}, & L_N^{(i)}(y_1^N,\hat{u}_1^{i-1})<0\end{cases} \tag{4-7-24}$$

计算其似然比 $L_N^{(i)}(y_1^N,\hat{u}_1^{i-1})$，再判决出对应信息码元的传递信息比特。

常规串行删除译码算法的计算复杂度较高，如果引入递推迭代思路，即采取式(4-7-25)和式(4-7-26)进行递归解码，可以明显降低运算复杂度并加快译码速率。

$$L_N^{(2i-1)}(y_1^N,\hat{u}_1^{2i-2})=\frac{L_{N/2}^{(i)}(y_1^{N/2},\hat{u}_{1,0}^{2i-2}\oplus\hat{u}_{1,e}^{2i-2})L_{N/2}^{(i)}(y_{n/2+1}^N,\hat{u}_{1,e}^{2i-2})+1}{L_{N/2}^{(i)}(y_1^{N/2},\hat{u}_{1,0}^{2i-2}\oplus\hat{u}_{1,e}^{2i-2})+L_{N/2}^{(i)}(y_{n/2+1}^N,\hat{u}_{1,e}^{2i-2})} \tag{4-7-25}$$

$$L_N^{(2i)}(y_1^N,\hat{u}_1^{2i-1})=[L_{N/2}^{(i)}(y_1^{N/2},\hat{u}_{1,0}^{2i-2}\oplus\hat{u}_{1,e}^{2i-2})]^{1-2\hat{u}_{2i-1}}\cdot L_{N/2}^{(i)}(y_{n/2+1}^N,\hat{u}_{1,e}^{2i-2}) \tag{4-7-26}$$

可以把似然比由一个长度为 N 的计算转化为两个长度均为 $N/2$ 的计算，一直递归解码到长

度为 1 时停止，可进一步简化译码算法的复杂度，对硬件要求也有所降低。

引入递推迭代思路的串行删除译码算法具体运算步骤如下：

(1) 初始化

如果 $y_1^N=(y_1,y_2,\cdots,y_N)$ 为接收信息序列，初始化接收信息比特 y_i 的似然比为

$$L_N^{(i)}(y_i)=\frac{W(y_i\mid \mathbf{0})}{W(y_i\mid \mathbf{1})} \tag{4-7-27}$$

(2) 计算第 i 信息比特的似然比

如果 $\hat{u}_1^N=(\hat{u}_1,\hat{u}_2,\cdots,\hat{u}_N)$ 序列为发射编码前 $(u_1,u_2,\cdots,u_N)$ 的估值序列，按顺序计算发送第 i 信息比特的似然比为

$$L_N^{(i)}(y_1^N,\hat{u}_1^{i-1})=\frac{W_N^{(i)}(y_1^N,\hat{u}_1^{i-1}\mid \mathbf{0})}{W_N^{(i)}(y_1^N,\hat{u}_1^{i-1}\mid \mathbf{1})} \tag{4-7-28}$$

(3) 译码判决

$L_N^{(i)}(y_1^N,\hat{u}_1^{i-1})\geqslant 1$ 时，判决 $\hat{u}_i=\mathbf{0}$，否则判决 $\hat{u}_i=\mathbf{1}$。

在极化信道的转移概率函数中，极化信道之间不是完全相互独立的，而有一定相互依赖关系，即序号大的信道依赖比其序号小的全部极化信道。

2. 串行删除译码的改进算法

在计算所有似然比 $L_N^{(i)}(y_1^N,\hat{u}_1^{i-1})(1\leqslant i\leqslant N)$ 时，其中 $\hat{u}_1^i$ 估值判决计算方法与前面一样。根据式(4-7-27)和式(4-7-28)，每个似然比值都是成对出现，即 $[L_N^{(2i-1)}(y_1^N,\hat{u}_1^{2i-2})$ 与 $L_N^{(2i)}(y_1^N,\hat{u}_1^{2i-1})]$ 和 $[L_{N/2}^{(i)}(y_1^{N/2},\hat{u}_{1,0}^{2i-2}\oplus\hat{u}_{1,e}^{2i-2})$ 与 $L_{N/2}^{(i)}(y_{n/2+1}^N,\hat{u}_{1,e}^{2i-2})]$。每点似然比可以通过另外两点计算得来，可进一步降低算法复杂度，提高极化码译码效率。

[案例 4-20]：

极化码 (N,K,A,u_{A^c}) 的主要参数分别为 $\{8,5[3,5,6,7,8(0,0,0)]\}$，极化码改进译码算法如图 4-7-7 所示。

图 4-7-7 中，每个节点的计算根据接收到的信息和上次解出的似然比而得到。译码路径图形类似于蝶形 FFT 算法，每一节点都有两个标记，如第三列的倒数第 3 个节点为第 26 个节点 $(y_5^6,\hat{u}_2\oplus\hat{u}_4)$。前一标记表示这节点的似然比可以通过 $L_8^{(2)}(y_5^6,\hat{u}_2\oplus\hat{u}_4)$ 计算，后一标记表示该节点是第 26 节点求解。从第 1 到第 32 序号代表每节点的运算顺序，最左端的 N 似然比经过硬判决就可以得到一串信息比特，再通过比特翻转运算可以得到最后的码元信息。图中共计有 $N(1+\lg N)=32$ 个节点，每节点的计算需根据接收到的信息和上次解出的似然比而得到。

极化码解码首先从判决元素 1 开始，需要通过计算似然比信息 $L_8^{(1)}(y_1^8)$ 得到节点 1，节点 1 需要通过节点 2 的信息得到 $L_4^{(1)}(y_1^4)$，节点 2 需通过上一层传递的信息，一层一层地向右递推，节点 2 是由节点 3 激励得到，而节点 3 是由节点 4 激励得到，节点 4 是信道层上一节点，节点 4 似然比信息为 $L_1^{(1)}(y_1^1)$，传递节点 4 信息到其左邻居节点 3 和 23。

节点 3 需要从右边节点传递数据才可解出，节点 4 和节点 5 根据关系 $\boldsymbol{B}_N=\boldsymbol{R}_N(\boldsymbol{I}_2\otimes\boldsymbol{B}_{N/2})$ 得到节点 3 似然比信息 $L_2^{(1)}(y_1^2)$，将其传递给节点 2。下一步求解节点 2，需要知道节点 6 似然比信息，节点 6 是由节点 7 和节点 8 通过关系 $\boldsymbol{B}_N=\boldsymbol{R}_N(\boldsymbol{I}_2\otimes\boldsymbol{B}_{N/2})$ 得到的，将节点 6 的信息传递给节点 2 可求出似然比 $L_4^{(1)}(y_1^4)$，最终将求出的信息传给节点 1。

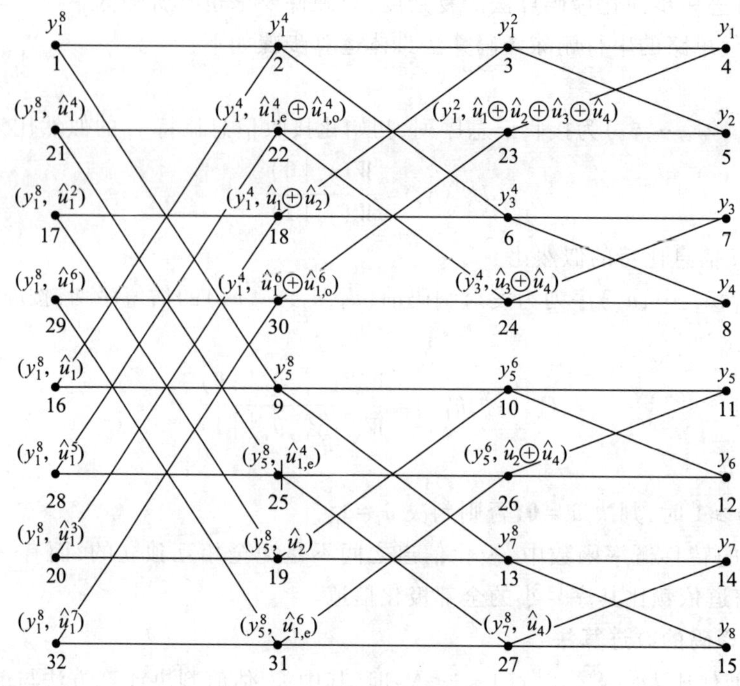

图 4-7-7 极化码改进译码算法

节点 1 的求解需要节点 9 的似然比信息 $L_4^{(1)}(y_5^8)$，类似上述递推步骤，来计算节点 2 的 $L_4^{(1)}(y_1^4)$，节点 1 得到 $L_8^{(1)}(y_1^8)$ 可进行硬判决 DE-1。由于 u_1 是个休眠比特节点，DE-1 忽略接收到的似然比信息，解码比特 $\hat{u}_1=\mathbf{0}$。

求解 DE-2 需要知道节点 16 的似然比信息 $L_8^{(2)}(y_1^8,\hat{u}_1)$，节点 16 的信息可通过已知似然比 $L_4^{(1)}(y_1^4)$ 和 $L_4^{(1)}(y_5^8)$ 求得。DE-2 可以忽略接收到的似然比，u_2 是一休眠比特节点，解码比特 $\hat{u}_2=\mathbf{0}$。和 u_2 一样，u_3 也是一休眠比特，解码比特 $\hat{u}_3=\mathbf{0}$。依次向下求解。DE-4 的判决依据节点 20 的似然比信息 $L_8^{(4)}(y_1^8,\hat{u}_1^3)$ 求解，直到计算出 DE-8 的似然比信息和判决出解码比特 $\hat{u}_8$。

[**小结 4-8**]：

(1) 极化码属于线性分组码

极化码的主要参数为 (N,K,A,u_{A^c})，其中 N 是信息位长度，$N=2^n$，$n\geqslant 0$；K 是编码的维数，决定集合 A 内变量数；A 是集合 $\{1,2,\cdots,N\}$ 的子集；$u_{A^c}\in X^{N-K}$ 为休眠传输比特，一般情况为 0；K/N 为编码速率。

(2) 信道极化形成过程

信道极化形成过程分为两步，即信道结合和信道拆分，当 $N=2^n$ 个独立 B-DMC 原始信道组成结合信道 W_N 的 N 趋于无穷大时，拆分信道会出现信道极化现象，即部分信道趋于无噪声信道，另一部分信道趋于全噪声信道。

无噪声信道的传输速率趋于香农(Shannon)信道容量理论限，而全噪声信道传输约定的信息为不传输信息。

(3) 如果原始信道 W 的输入向量 u_1^N 为等概率分布，把结合信道 W_N 拆分成 N 个前后有依赖关系的具有极化特性的拆分信道 $W_N^{(i)}: X \to Y \otimes X^{i-1}, i=1,2,\cdots,N$,其中运算符号"$\otimes$"表示笛卡儿积。

(4) 拆分信道 $W_N^{(i)}$ 的转移概率函数为

$$W_N^{(i)}(y_1^N, u_1^{i-1} \mid u_i) = \sum_{u_{i+1}^N \in X^{N-i}} \frac{W(y_1^N, u_1^N)}{W(u_i)} = \sum_{u_{i+1}^N \in X^{N-i}} \frac{1}{2^{N-1}} W_N(y_1^N \mid u_1^N)$$

$$= \sum_{u_{i+1}^N \in X^{N-i}} \frac{1}{2^{N-1}} W(y_1 \mid x_1) \cdot W(y_2 \mid x_2) \cdot \cdots \cdot W(y_N \mid x_N)$$

(5) 结合信道 W_N 的转移概率关系式为

$$W_N(y_1^N \mid x_1^N) = W_N(y_1^N \mid u_1^N G_N)$$

其中 $y_1^N \in Y^N, x_1^N \in X^N$。

(6) 极化码编码的生成矩阵为

$$\boldsymbol{G}_N = \boldsymbol{B}_N \boldsymbol{F}^{\otimes n}$$

(7) 极化码编译码的排序矩阵为

$$\boldsymbol{B}_N = \boldsymbol{R}_N(\boldsymbol{I}_2 \otimes \boldsymbol{B}_{N/2})$$

$$\boldsymbol{B}_2 = \boldsymbol{I}_2$$

其中 $\boldsymbol{R}_N$ 由 $\boldsymbol{I}_N$ 变换得来,先排 $\boldsymbol{I}_N$ 奇序列,再排其偶序列。

(8) 接收第 i 信息比特 y_i 的似然比为 $L_N^{(i)}(y_i) = \dfrac{W(y_i \mid \mathbf{0})}{W(y_i \mid \mathbf{1})}$,发射第 i 信息比特 $\hat{u}_1^i$ 的似然比为 $L_N^{(i)}(y_1^N, \hat{u}_1^{i-1}), 1 \leqslant i \leqslant N$。

(9) 极化码译码的判决函数为

$$h_i(y_1^N, \hat{u}_1^{i-1}) = \begin{cases} \mathbf{0}, & L_N^{(i)}(y_1^N, \hat{u}_1^{i-1}) \geqslant 0 \\ \mathbf{1}, & L_N^{(i)}(y_1^N, \hat{u}_1^{i-1}) < 0 \end{cases}$$

其中 $\hat{u}_1^i = \begin{cases} h_i(y_1^N, \hat{u}_1^{i-1}), & i \in A \\ u_i, & i \in A^c \end{cases}$。

习题

4-1 根据循环码的循环移位性质,如果循环码的某个码组 $U=\mathbf{1101}$,计算线性右移 10 个单位码元后的码组。

4-2 如果输入信息序列为 $m=\mathbf{1011}$,利用生成多项式 $g(X)=1+X+X^3$ 编码生成系统分组码(7,4)。

4-3 已知循环码(7,4)的生成多项式为 $g(x)=x^3+x^2+1$,求编码后的系统码组生成矩阵。

4-4 构造一个码长为 15,能纠正 3 个错误的 BCH 码,写出它的生成多项式。

4-5 已知卷积码(2,1,5)的生成多项式为 $G_1(D)=1+D+D^2+D^4$ 和 $G_2(D)=1+D^3+D^4$。

(1) 画出编码器框图;

(2) 写出卷积码(2,1,5)的生成矩阵

(3) 如果输入序列为 **11010001**,输出序列是什么?

4-6 IS-95 CDMA 通信系统上行链路采用卷积码(3,1,9),其生成多项式分别为 $g_1=(557)_8$,$g_2=(663)_8$ 和 $g_3=(711)_8$,画出编码器的框图。其中$(xxx)_8$ 表示八进制。

4-7 对于 $GF(2^4)$,$\beta=\alpha^3$,求出 β 的最小多项式。

4-8 证明以(N,K,D)为外码,以(n,k,d)为内码的级联码的最小距离等于Dd。

4-9 设编码效率为 1/2 的 Turbo 码的生成矩阵分别为:4 状态编码器 $g_1(D)=\left[1,\dfrac{1+D+D^2}{1+D^2}\right]$,8 状态编码器 $g_2(D)=\left[1,\dfrac{1+D^2+D^3}{1+D+D^2+D^3}\right]$,16 状态编码器 $g_3(D)=\left[1,\dfrac{1+D^4}{1+D+D^2+D^3+D^4}\right]$,画出 RSC 编码器的框图,求出每个编码器的校验等式。

第 5 章 CDMA 通信的数字调制

移动通信系统的传播信道存在着多径时变衰落和多普勒频率扩展等现象，严重影响调制信号传输的可靠性和有效性。因此，要针对特定的传播信道应用场景和业务需求，设计相应的调制制式，以达到相应的系统性能要求。在无线通信频谱资源的限制下，日益增加的移动通信用户数量对系统的频谱利用率提出更高的指标要求，还要求调制信号功率频谱密度的旁瓣要小，减少对相邻信道的干扰。特别对移动台来说，在保持信息准确度的前提下，要求尽可能降低发射信号功率，来提升移动通信的续航能力。

在模拟调制系统中，解调器的目的是恢复发射端的模拟消息信号，而在数字调制系统中，解调器的最终目的并不是恢复数字基带信号波形，而是恢复数字基带信号波形所携带的输入数字信息符号序列或输入数字信息比特序列。

图 5-0-1 为数字调制的原理框图，如果输入数字信息比特序列的比特速率为 $R_b=1/T_b$，T_b 为数字信息比特持续时间长度，输入数字信息比特序列通过串并变换，即把 n 位数字比特信息变换为对应信息符号序列，信息符号序列的信息符号速率 $R_s=1/T_s=R_b/n$，$T_s=nT_b$ 为信息符号持续时间长度。

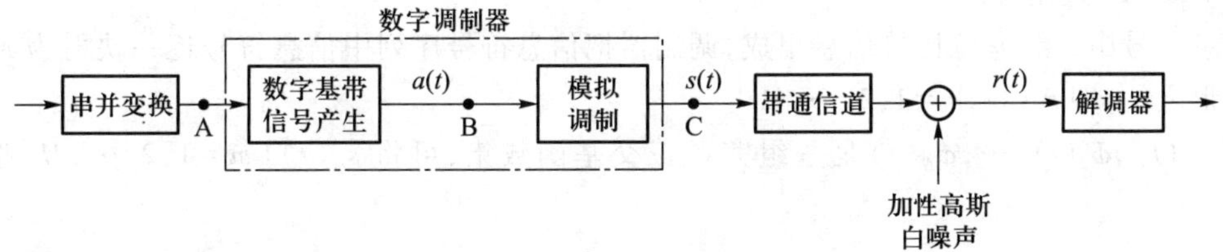

图 5-0-1　数字调制的原理框图

在串并变换模块中，把 n 位数字比特信息映射为一实数 a_k，共有 $M=2^n$ 个实数取值，所有可能的 a_k 实数值的集合为调制星座图。数字基带信号产生器把输入信息符号序列转换成数字基带信号 $a(t)=\sum\limits_{k=-\infty}^{\infty}a_k g(t-kT_s)$，其中 $g(t)$ 为基带脉冲波形。数字调制器中模拟调制模块把数字基带信号 $a(t)$ 作为调制信号对正弦载波信号的幅度、相位或频率参数进行调制，得到带通调制信号 $s(t)$，不同数字基带信号和不同调制制式可组合成类别众多的数字调制信号。数字调制器的输出带通调制信号为 $s(t)$，通过传播信道发射到接收端。

5.1 CDMA 通信数字调制基础

对 CDMA 通信系统而言，选择数字调制制式的主要系统指标参数有：比特错误率 P_b 或符号错误率 P_s、频谱利用率 R_b/B、功率使用效率、调制信号功率频谱密度函数的包络和旁瓣等，其中

B 是通信系统的频谱带宽。

CDMA 通信系统采取何种数字调制制式要综合考虑以上各种因素,实际上没有任何一种数字调制制式能够同时满足上述指标参数。综观各种通信系统的数字调制制式,可以发现:相位键控调制,以及能够使相位尽量少发生跳变的恒定包络调制,易采用数字信号处理器件和算法,因此是 CDMA 通信系统首选考虑的主要方案。

5.1.1 数字调制制式

CDMA 通信系统采用的数字调制制式主要如下:

(1) 单载波调制

只使用单载波的恒定包络调制,如 FSK、PSK、DQPSK、π/4DQPSK (应用在 IS-54 和 PDC 系统),MSK、GMSK (应用在 GSM 系统) 和单载波的不恒定包络调制,如 ASK 和 MQAM。

(2) 多载波调制

使用多载波调制,如 OFDM(应用在 Motorola 的 MIRS 系统)。

(3) 无记忆调制和有记忆调制

在无记忆调制中,第 k 信息符号所形成的调制信号与第 j 信息符号所形成的调制信号无关,如 BPSK 和 QPSK 等。在有记忆调制中,每个信息符号输出的调制信号与其他信息符号有关,如 DQPSK、π/4DQPSK 和 MSK 等。一般有记忆调制可以等效为先将数据进行引入记忆的编码,然后再进行无记忆调制。

(4) $M=2^n$ 进制调制

信息符号由一组 n 位比特信息组成,调制器把信息符号序列中信息符号逐一映射为 M 进制调制波形之一,即 $s_m(t), m=1,2,\cdots,M$。

若 $\phi_1(t),\phi_2(t),\cdots,\phi_N(t)$ 是一组完备正交基函数集,可将 $s_m(t)\ (m=1,2,\cdots,M)$ 按下式展开:

$$s(t)=\sum_{n=1}^{N} s_m(t)\phi_n(t),\quad s_m(t)=\int_{-\infty}^{\infty} s(t)\phi_n(t)\,\mathrm{d}t \tag{5-1-1}$$

其中由 $s_m(t)$ 可得到对应实数向量 $\boldsymbol{s}_m=(s_{m,1},s_{m,2},\cdots,s_{m,N})$,实数向量 $\boldsymbol{s}_m$ 表示 N 维实数空间中一点位置。

图 5-1-1 为 M=4、8、16 时 M 进制调制星座图的多种图案。设计正交基函数集和调制星座图后,M 维的 $s_1(t),s_2(t),\cdots,s_M(t)$ 发射信号便一一确定,所有 M 点的集合 $\{\boldsymbol{s}_1,\boldsymbol{s}_2,\cdots,\boldsymbol{s}_M\}$ 就是 M 进制调制的星座图。

M 进制数字调制设计主要由两部分组成:

(1) 设计正交基函数集 $\phi_1(t),\phi_2(t),\cdots,\phi_N(t)$;

(2) 设计对应调制星座图 $\{\boldsymbol{s}_1,\boldsymbol{s}_2,\cdots,\boldsymbol{s}_M\}$。

M 进制数字调制器按图 5-1-2 所示的数字调制原理框图实现,确定输入 n 位信息比特对应信息符号的调制星座点,从存储器中读出该调制星座点的 N 维坐标值,将 N 维坐标值与存储的正交基函数相乘和相加,即为输出的数字调制发射信号。

图 5-1-3 为数字解调原理框图,如果通信系统发射的数字调制信号 $s(t)\in\{s_1(t),s_2(t),\cdots,s_M(t)\}$ 通过加性高斯白噪声信道后,接收端的接收信号为 $r(t)=s(t)+n(t)$。在接收端,以正交基

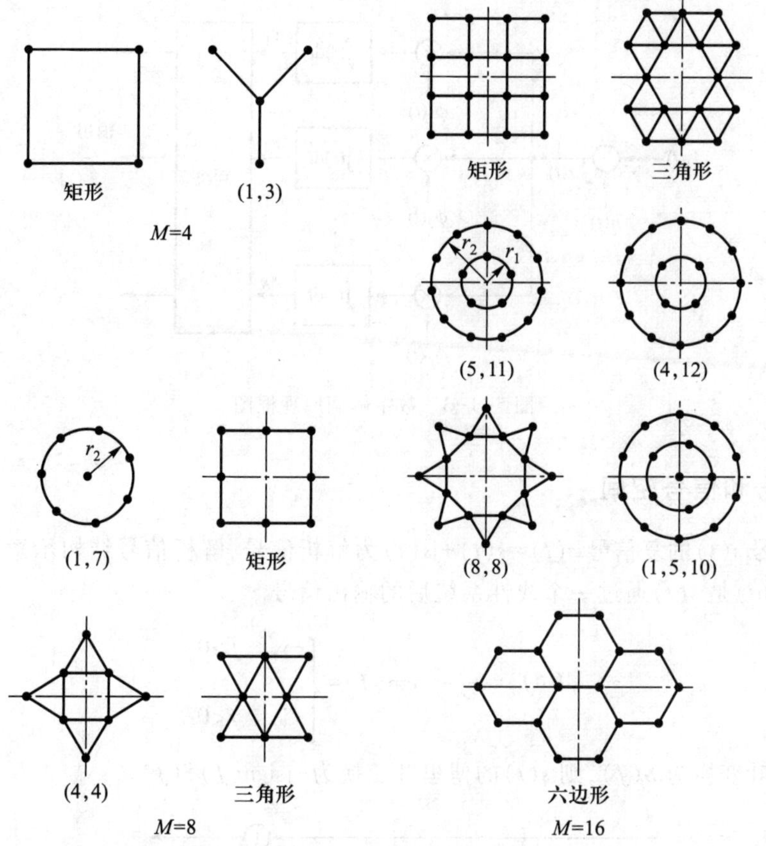

图 5-1-1　$M=4$、8、16 时 M 进制调制星座图的多种图案

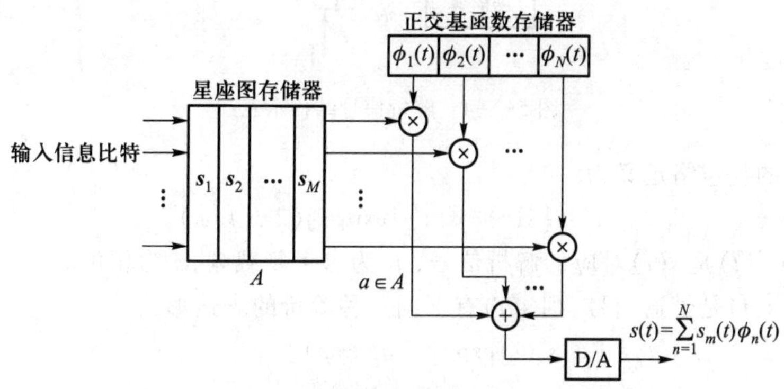

图 5-1-2　数字调制原理框图

函数$\{\phi_1(t),\phi_2(t),\cdots,\phi_N(t)\}$和接收调制信号 $r(t)$ 在并行 N 支路进行相关运算，即 $\int_0^T r(t)\phi_n(t)\,\mathrm{d}t=y_n, n=1,2,\cdots,N$。基于最大后验概率（MAP）或最大似然概率（ML）准则的检测判决算法，从 $r_n=s_n+n_n$ 中判决数字信息比特序列 $s_n(t)$ 的估值 $\hat{s}_n(t)$。

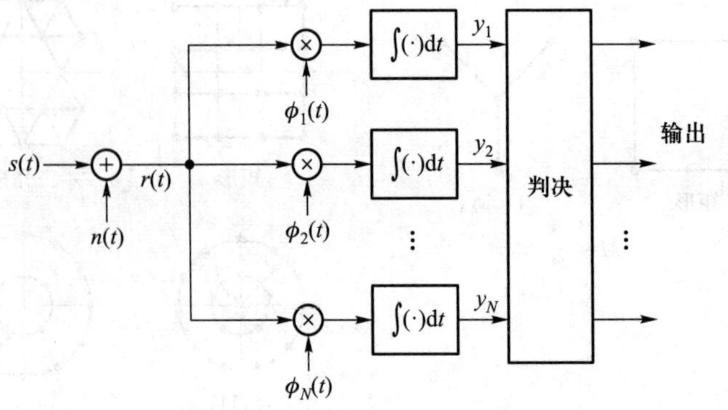

图 5-1-3 数字解调原理框图

5.1.2 实信号和信号空间

任意实信号 $s(t)$ 的复信号 $z(t)=s(t)+j\hat{s}(t)$ 为解析信号,解析信号结构示意如图 5-1-4 所示,解析信号 $z(t)$ 是 $s(t)$ 通过一个线性系统后的输出信号。

$$H(f)=-j\cdot\text{sign}(f)=\begin{cases}-j, & f>0\\ +j, & f<0\end{cases} \tag{5-1-2}$$

若 $s(t)$ 的傅里叶变换为 $S(f)$,则 $\hat{s}(t)$ 的傅里叶变换为 $-j\text{sign}(f)S(f)$。

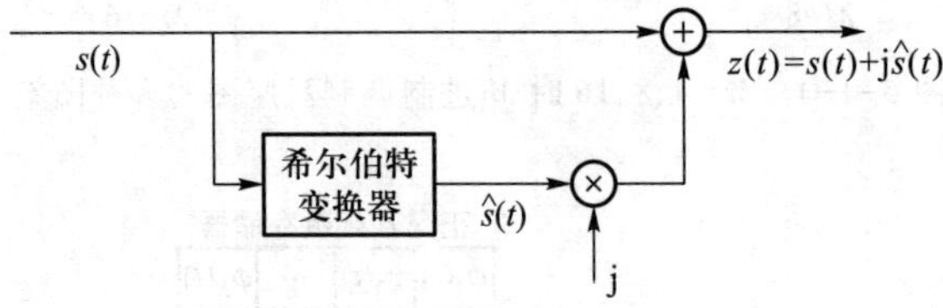

图 5-1-4 解析信号结构示意

实信号 $s(t)$ 的复包络定义为

$$s_L(t)=[s(t)+j\hat{s}(t)]\exp[-j(2\pi f_c t+\varphi)] \tag{5-1-3}$$

其中 $z(t)=s(t)+j\hat{s}(t)$ 是 $s(t)$ 对应的解析信号,f_c 为参考复载频,φ 为相位。

如果实信号 $s(t)$ 是带通信号,则 $s(t)$ 有下面三种等价的表达形式:

$$\begin{aligned}s(t)&=\text{Re}\{s_L(t)\exp[j(2\pi f_c t+\varphi)]\}\\&=A(t)\cos[2\pi f_c t+\varphi+\phi(t)]\\&=s_I(t)\cos[2\pi f_c t+\varphi]-s_Q(t)\sin[2\pi f_c t+\varphi]\end{aligned} \tag{5-1-4}$$

其中 $s_L(t)$ 是复包络,$s_I(t)$ 为同相分量,$s_Q(t)$ 为正交分量,$A(t)$ 为包络,$\phi(t)$ 为相位。

如果给定参考载波 $\cos(2\pi f_c t+\varphi)$,则带通信号由信号复包络和参考载频决定,其中参考载频决定带通信号的频谱位置,带通信号的其余信息都包含在复包络中,这里复包络是基带信号,便于进行数学分析和仿真研究。

[**案例 5-1**]:

图 5-1-5 为 2PSK 和 2FSK 调制的信号空间图,以信号空间概念分析和比较数字调制 2PSK 和 2FSK 差错率性能。

2PSK 调制信号属于超正交空间,2FSK 调制信号属于正交空间,在相同单位比特信噪比 E_b/N_0 条件下,2PSK 调制信号星座距离为 $d=2\sqrt{E_b}$,2FSK 调制信号星座距离为 $d=\sqrt{2E_b}$,说明 2PSK 调制性能优于 2FSK 调制性能。

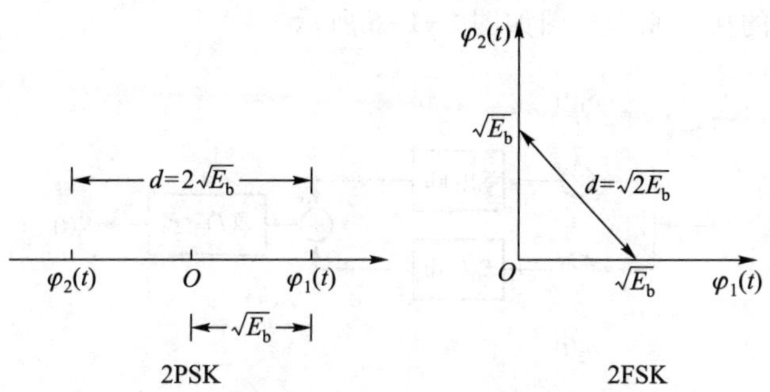

图 5-1-5 2PSK 和 2FSK 调制的信号空间图

5.1.3 比特差错概率

[**案例 5-2**]:

如果双极性信号 $S_1(t)=A, 0\leqslant t<T$(传号),$S_2(t)=-A, 0\leqslant t<T$(空号),传号的发射概率为 1/2,信道为 AGWN 信道,双边噪声功率谱密度为 $N_0/2$,推导出系统的比特差错率 P_e,并画出相关接收机的结构框图。

双极性信号 $S_1(t)=A, 0\leqslant t<T$(传号)和 $S_2(t)=-A, 0\leqslant t<T$(空号)相当于 2PSK 调制信号,系统发生差错概率由概率 $P(-A\mid A)$ 和 $P(A\mid -A)$ 组成,其中传号和空号的发射概率都为 1/2。

系统的差错率 P_e 为

$$P_e = \frac{1}{2}[P(-A\mid A)] + \frac{1}{2}[P(A\mid -A)] = \frac{1}{2}P(A+n\leqslant 0) + \frac{1}{2}P(-A+n>0)$$
$$= \int_{-\infty}^{-A} \frac{1}{\sqrt{2\pi}\sqrt{N_0/2}} \exp\left[-\frac{1}{2}\left(\frac{n}{\sqrt{N_0/2}}\right)\right]^2 dn$$

系统接收信号为 $r=A+n$,令:$t=\frac{n}{\sqrt{N_0/2}}$,则 $dt=\frac{dn}{\sqrt{N_0/2}}$,当 $n=-\infty$,$t=-\frac{\infty}{\sqrt{N_0/2}}$,而当 $n=-A$,$t=-\frac{A}{\sqrt{N_0/2}}$。

代入系统的差错率 P_e,得到

$$P_e = \int_{-\infty}^{-\frac{A}{\sqrt{N_0/2}}} \frac{1}{\sqrt{2\pi}\cdot\sqrt{N_0/2}} \exp\left(-\frac{1}{2}t^2\right)\cdot\sqrt{N_0/2}\cdot dt$$
$$= \int_{-\infty}^{-\frac{A}{\sqrt{N_0/2}}} \frac{1}{\sqrt{2\pi}} \exp\left(-\frac{1}{2}t^2\right) dt = \int_{\frac{A}{\sqrt{N_0/2}}}^{\infty} \frac{1}{\sqrt{2\pi}} \exp\left(-\frac{1}{2}t^2\right) dt$$

已知误差函数为 $Q(x)=\int_x^{\infty}\frac{1}{\sqrt{2\pi}}\exp\left(-\frac{t^2}{2}\right)\mathrm{d}t$，得到 $P_e=Q\left(\frac{A}{\sqrt{N_0/2}}\right)$。已知噪声功率频谱密度的方差为 $\sigma^2=\frac{N_0}{2}$，得到 $P_e=Q\left(\frac{A}{\sqrt{N_0/2}}\right)=Q\left(\frac{A}{\sigma}\right)$，已知单位比特信噪比为 $r=\frac{E_b}{N_0}=\frac{(A/\sqrt{2})^2}{\sigma^2}$，则系统的差错率 $P_e=Q\left(\frac{A}{\sigma}\right)=Q(\sqrt{2r})$。

基于相关接收机的接收原理框图如图 5-1-6 所示。

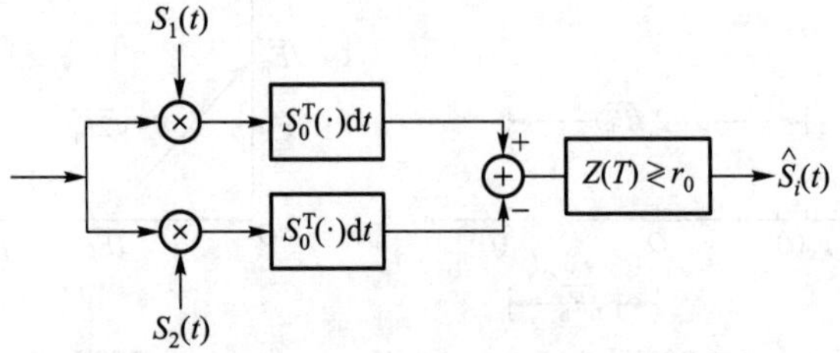

图 5-1-6 基于相关接收机的接收原理框图

5.1.4 差分编码

CDMA 通信系统的数字调制往往应用差分编码，如表 5-1-1 所示，差分编码包含预编码、相关编码和模 2 相加运算与判决三个步骤。

首先把当前数字信息比特 b_k 与前一数字信息比特 b_{k-1} 进行模 2 相加运算，即 $a_k=b_k\oplus b_{k-1}=[b_k+b_{k-1}]\bmod 2=[c_k]\bmod 2$ 作为当前传递数字信息。其中 b_k 为绝对码，a_k 为相对码或差分码。差分编码的判决规则是当 $c_k=\pm 2$，判决 **0**，当 $c_k=0$，判决 **1**。

表 5-1-1 差 分 编 码

a_k	**1**	**0**	**1**	**1**	**0**	**0**	**0**	**1**	**0**	**1**	**1**
b_{k-1}	**0**	**1**	**1**	**0**	**1**	**1**	**1**	**1**	**0**	**0**	**1**
b_k	**1**	**1**	**0**	**1**	**1**	**1**	**1**	**0**	**0**	**1**	**0**
c_k	0	+2	0	0	+2	+2	+2	0	−2	0	0
$\hat{a}_k$	**1**	**0**	**1**	**1**	**0**	**0**	**0**	**1**	**0**	**1**	**1**

5.2 正交相移键控

[案例 5-2]说明 BPSK 调制具有超正交空间特性，但是每次仅传输 1 比特信息。如果在 BPSK 基础上叠加另一同载波的正交 BPSK，两个正交 BPSK 各传一半数据，构成正交相移键控(quadrature phase shift keying，QPSK)调制。在 QPSK 调制中，同相 I 支路和正交 Q 支路传输一对信息比特组成对应的信息符号 $\{a_{1m},a_{2m}\}$，信息符号的持续时间间隔为 T_s，符号速率为 $R_s=1/T_s$，其单位是波特(baud)。

[**案例 5-3**]：

如果 QPSK 调制系统的传输速率是 6 Mbps，系统采用滚降系数 $\gamma=1/3$ 的升余弦滚降。

QPSK 调制系统 I 支路和 Q 支路的数据速率分别是 3 Mbps，升余弦滚降滤波器的带宽应该是 $3\times(1+\gamma)=4$ MHz，QPSK 调制信号带宽也是 4 MHz，系统频谱利用率是（3+3）Mbps/4 MHz = 1.5 bps/Hz。

QPSK 调制系统的信息符号速率是 3 Mbaud，信息符号的持续时间间隔是 1/3 ms。如果 QPSK 调制信号的功率是 $P=6$ W，比特传输速率为 6 Mbps，平均单位比特的能量是 $E_b=P/R_b=1$ mJ，平均单位符号的能量是 2 mJ。

QPSK 调制星座图如图 5-2-1 所示。

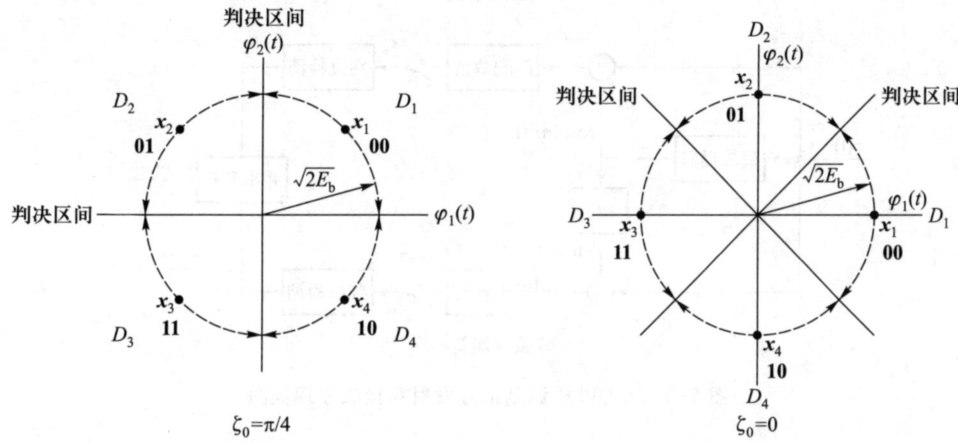

图 5-2-1　QPSK 调制星座图

注意 QPSK 调制相位 $\varphi_m(t)$ 从小到大变化时，对应的信息符号 $\{a_{1m},a_{2m}\}$ 并不是按自然二进制顺序（**00**、**01**、**10**、**11**）变化，而是相邻符号只有 1 比特不同，即（**00**、**01**、**11**、**10**），该对应关系称为格雷码（Gray code）映射关系。

图 5-2-2 中（a）和（b）为 QPSK 调制信号的发射和接收原理框图。

QPSK 调制信号 $x_m(t)$ 可表示为

$$x_m(t)=\sqrt{\frac{2E_s}{T_s}}\cos\left[(2m-1)\frac{\pi}{4}\right]\cos(2\pi f_c t)-\sqrt{\frac{2E_s}{T_s}}\sin\left[(2m-1)\frac{\pi}{4}\right]\sin(2\pi f_c t)$$

$$0\leqslant t\leqslant T_s,\quad m=1,2,3,4 \tag{5-2-1}$$

调制信号的二维空间坐标由正交基函数 $\{\varphi_1(t),\varphi_2(t)\}$ 确定，其中

$$\varphi_1(t)=\sqrt{\frac{2}{T_s}}\cos(2\pi f_c t)\quad 和 \quad \varphi_2(t)=\sqrt{\frac{2}{T_s}}\sin(2\pi f_c t) \tag{5-2-2}$$

QPSK 调制信号 $x_m(t)$ 表示为

$$x_m(t)=\sqrt{E_s}\cos\left[(2m-1)\frac{\pi}{4}\right]\varphi_1(t)-\sqrt{E_s}\sin\left[(2m-1)\frac{\pi}{4}\right]\varphi_2(t) \tag{5-2-3}$$

QPSK 调制信号 $x_m(t)$ 在二维信号空间中为一确定点，其坐标值 $I(t)$ 和 $Q(t)$ 分别为

$$x_m(t):\left\{I(t)=\sqrt{E_s}\cos\left[(2m-1)\frac{\pi}{4}\right]\quad,\quad Q(t)=-\sqrt{E_s}\sin\left[(2m-1)\frac{\pi}{4}\right]\right\}\tag{5-2-4}$$

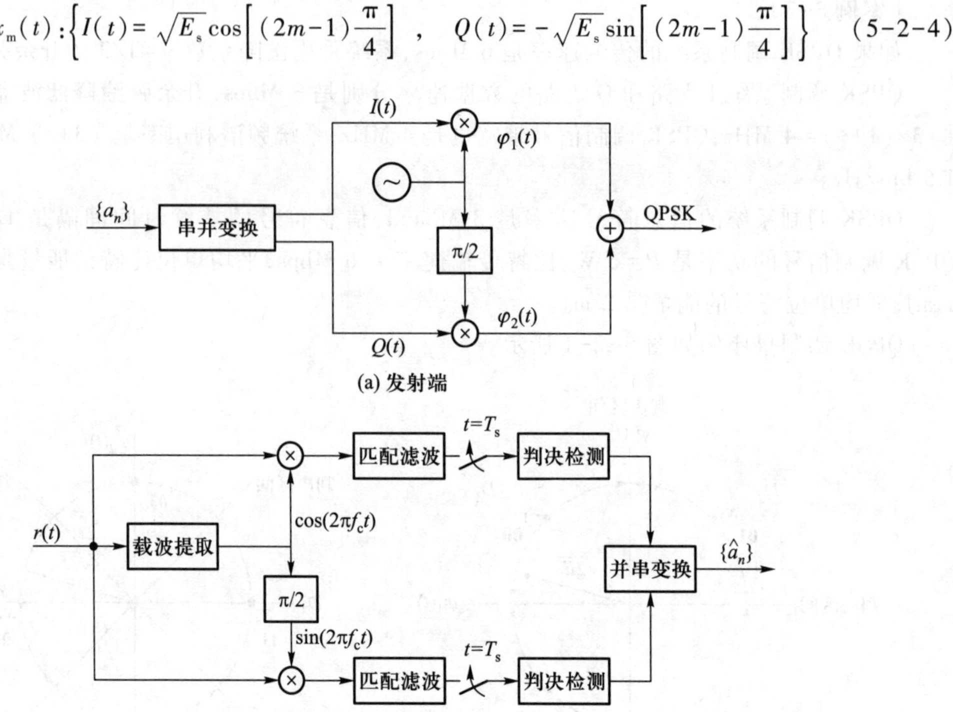

图 5-2-2　QPSK 调制信号发射和接收原理框图

5.3　π/4 DQPSK

在CDMA通信系统中，QPSK调制信号的相位随着输入数字信息比特的变化而发生相位跳变，能否随着输入数字信息比特变化而调制信号相位仅仅发生少数几种跳变，来保持调制信号功率频谱密度的恒包络特性？特别是在输入信息比特序列出现连续**11…1**或**00…0**的场景下，解决QPSK调制信号相位不发生变化的缺点以及难以提取出CDMA通信系统的比特同步信息的问题。针对上述问题和特定要求，在QPSK调制基础上，提出π/4 DQPSK调制改进制式。

图5-3-1所示为π/4 DQPSK调制信号的星座图，调制信号是由相位偏移π/4的两个正交QPSK调制信号叠加组成的。

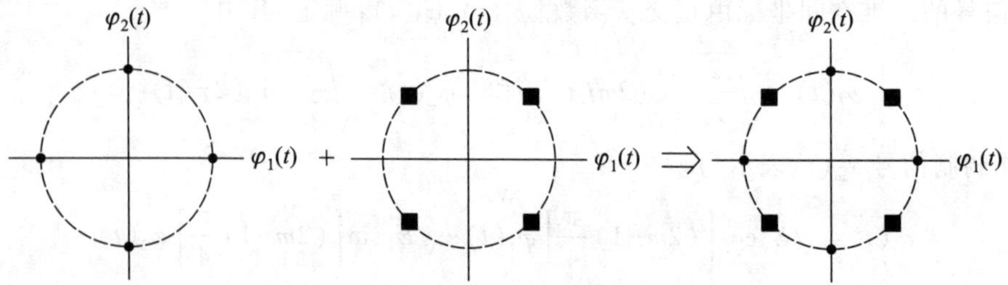

图 5-3-1　π/4 DQPSK 调制信号星座图

［**小结 5-1**］：

π/4 DQPSK 调制信号具有下述明显特点：

（1）π/4 DQPSK 调制信号是由两个正交 QPSK 调制信号的相位偏移 π/4 叠加组成的。

（2）每次数字信息符号序列$\{d_{1n},d_{2n}\}$输入后，π/4 DQPSK 调制信号的相位要求必须发生变化，而且仅是四种相位变化状态之一，即 π/4、3π/4、5π/4 和 7π/4。

（3）数字信息符号序列$\{d_{1n},d_{2n}\}$与 π/4 DQPSK 调制信号在当前信息符号持续时间间隔$[nT_s,(n+1)T_s]$和前一信息符号持续时间间隔$[(n-1)T_s,nT_s]$的相位差ϕ_n建立一一对应关系，即$\{d_{1n},d_{2n}\}\to\phi_n$的关系。具体是 **00**→π/4，**01**→3π/4，**11**→5π/4 和 **10**→7π/4。

如果数字信息符号序列为 **00 10 11 00**，相应相位变化量为

00：　→π/4，　**10**：π/4+7π/4=0　→7π/4

11：0+5π/4=5π/4→5π/4，　**00**：5π/4+π/4=6π/4 →π/4

（4）π/4 DQPSK 调制信号中相位差没有相位 π，其信号包络变化比 QPSK 调制信号的包络变化要小。

（5）π/4 DQPSK 调制信号的解调不需要提取精确的载波频率和相位信息，可采用差分检测器来提取相邻信息符号间相位差，进而提取比特信息。还可以采用鉴频器实现非相干检测，降低接收检测判决算法的复杂度。

图 5-3-2 为 π/4 DQPSK 调制发射端原理框图。

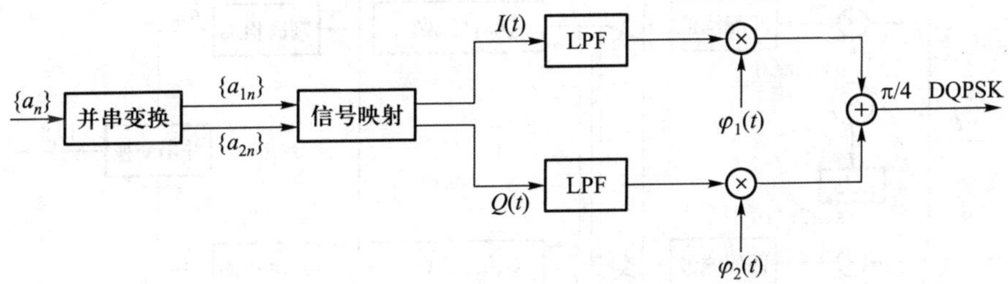

图 5-3-2　π/4 DQPSK 调制发射端原理框图

π/4 DQPSK 调制的具体步骤如下：

（1）通过串并变换，将信息比特速率为R_b的输入信息比特序列$\{a_n\}$转换为信息符号速率均为$\{R_b/2\}$的奇数信息符号序列$\{a_{1n}\}$和偶数信息符号序列$\{a_{2n}\}$。

（2）把数字信息符号序列(a_{1n},a_{2n})映射到对应相位差$\phi_n=\Phi_n-\Phi_{n-1}$，其映射关系为

$$(a_{1n},a_{2n})\to\phi_n:\mathbf{00}\to\pi/4,\mathbf{01}\to3\pi/4,\mathbf{11}\to5\pi/4,\mathbf{10}\to7\pi/4 \tag{5-3-1}$$

（3）生成 I 支路和 Q 支路的正交信号

$$\begin{cases}I_n=I_{n-1}\cos\phi_n-Q_{n-1}\sin\phi_n & \in\{0,\pm1,\pm1/\sqrt{2}\}\\ Q_n=I_{n-1}\sin\phi_n+Q_{n-1}\cos\phi_n & \in\{0,\pm1,\pm1/\sqrt{2}\}\end{cases} \tag{5-3-2}$$

I 支路和 Q 支路的正交信号也可以用 π/4 DQPSK 调制信号的载波相位来表示为

$$I_n=\cos\Phi_n=\cos(\Phi_{n-1}+\phi_n)\quad 和\quad Q_n=\sin\Phi_n=\sin(\Phi_{n-1}+\phi_n) \tag{5-3-3}$$

分别展开式(5-3-3)，得到

$$\begin{cases} I_n = \cos \Phi_{n-1} \cos \phi_n - \sin \Phi_{n-1} \sin \phi_n = \cos(\Phi_{n-1} + \phi_n) \\ Q_n = \cos \Phi_{n-1} \sin \phi_n + \sin \Phi_{n-1} \cos \phi_n = \sin(\Phi_{n-1} + \phi_n) \end{cases} \tag{5-3-4}$$

由式(5-3-3)得到

$$\phi_n = \Phi_n - \Phi_{n-1} \tag{5-3-5}$$

其中 ϕ_n 表示当前信息符号持续时间间隔$[nT_s,(n+1)T_s]$和前一信息符号持续时间间隔$[(n-1)T_s,nT_s]$的相位差。

（4）生成在当前信息符号持续时间间隔$[nT_s,(n+1)T_s]$的发射信号，表示为

$$\begin{aligned} x(t) &= \sqrt{\frac{2E_s}{T_s}} \cos(2\pi f_c t + \Phi_n) \\ &= \sqrt{E_s} \cos \Phi_n \sqrt{\frac{2}{T_s}} \cos(2\pi f_c t) - \sqrt{E_s} \sin \Phi_n \sqrt{\frac{2}{T_s}} \sin(2\pi f_c t) \end{aligned} \tag{5-3-6}$$

其中正交基函数为 $\varphi_1(t) = \sqrt{2/T_s} \cos(2\pi f_c t)$ 和 $\varphi_2(t) = \sqrt{2/T_s} \sin(2\pi f_c t)$，$0 \leqslant t \leqslant T_s$。

π/4 DQPSK 发射信号表示为

$$x(t) = \sqrt{E_s} I_n \varphi_1(t) - \sqrt{E_s} Q_n \varphi_2(t) \tag{5-3-7}$$

图 5-3-3 为 π/4 DQPSK 系统接收端基带差分检测原理框图。

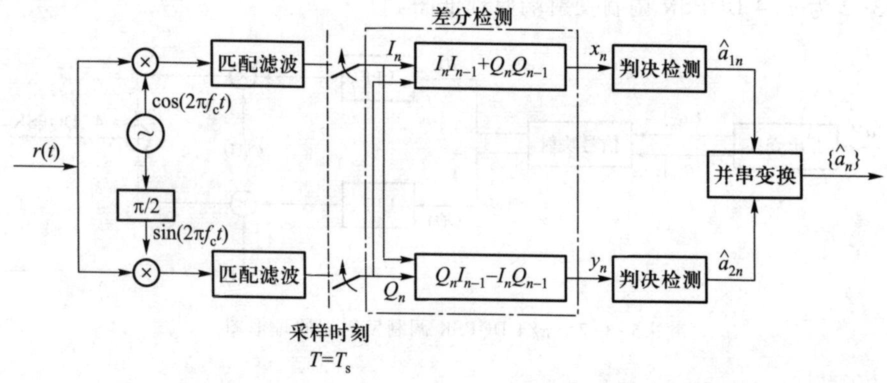

图 5-3-3　π/4 DQPSK 系统接收端基带差分检测原理框图

5.4　最小频移键控

π/4 DQPSK 调制信号波形在信息比特码元交替时刻，调制信号的相位必须发生变化，而且相位变化状态已经减少并限制在以下四种状态之一，即 π/4、3π/4、5π/4 和 7π/4。但是，调制信号相位的变化必然造成调制信号包络波形的不连续，造成调制信号功率频谱密度的旁瓣增大，增加对相邻信道的干扰。针对这些问题，最小频移键控（minimum shift keying，MSK）调制信号可以实现调制信号的相位是连续的，不会发生调制信号相位的变化。

MSK 调制信号实际是一种二进制相位连续的频移键控（continuous phase FSK，CPFSK）信号，其调制指数

$$h=(f_2-f_1)T_b=\Delta f\cdot T_b=\frac{1}{2} \tag{5-4-1}$$

其中$f_2-f_1=\Delta f$。调制指数 $h=1/2$ 意味着对应调制信号为正交信号中频率间距最小的 FSK 调制信号,即满足

$$\begin{cases} f_2=f_c+\dfrac{f_2-f_1}{2}=f_c+\dfrac{1}{4T_b} & \text{对应符号 } \mathbf{1} \\ f_1=f_c-\dfrac{f_2-f_1}{2}=f_c-\dfrac{1}{4T_b} & \text{对应符号 } \mathbf{0} \end{cases} \tag{5-4-2}$$

其中 $f_c=(f_1+f_2)/2$ 为两调制频率的中心频率。

相对于中心频率的相位 $2\pi f_c T_b$,MSK 调制信号在符号持续时间间隔 T_b 的相位变化规律为

$$\begin{cases} 2\pi(f_2-f_c)T_b=\pi/2 & \text{对应符号 } \mathbf{1} \\ 2\pi(f_1-f_c)T_b=-\pi/2 & \text{对应符号 } \mathbf{0} \end{cases} \tag{5-4-3}$$

MSK 调制信号在$[0,T_b]$持续时间间隔表示为

$$x(t)=\sqrt{\frac{2E_b}{T_b}}\cos[2\pi f_c t+\varphi(t)] \tag{5-4-4}$$

其中

$$\varphi(t)=\varphi(0)+2\pi\left(\pm\frac{\Delta f}{2}\right)t=\varphi(0)\pm\frac{\pi}{2T_b}t,\quad 0\leqslant t\leqslant T_b \tag{5-4-5}$$

表 5-4-1 为 MSK 调制信号空间和判决区间。

表 5-4-1 MSK 调制信号空间和判决区间

信号点	坐标(a_I,a_Q)	$\phi(0)$	$\phi(T_b)$	相位变化 $\phi(T_b)-\phi(0)$	信号符号
$\boldsymbol{x}_1$	(1,1)	0	$-\pi/2$	$-\pi/2$	**0**
$\boldsymbol{x}_2$	(-1,1)	π	$-\pi/2$	$\pi/2$	**1**
$\boldsymbol{x}_3$	(-1,-1)	π	$\pi/2$	$-\pi/2$	**0**
$\boldsymbol{x}_4$	(1,-1)	0	$\pi/2$	$\pi/2$	**1**

图 5-4-1 为 MSK 调制信号空间和判决区域,其中"+"对应符号为 **1**,"-"对应符号为 **0**,$\varphi(0)$是在 $t=0$ 时刻的相位。

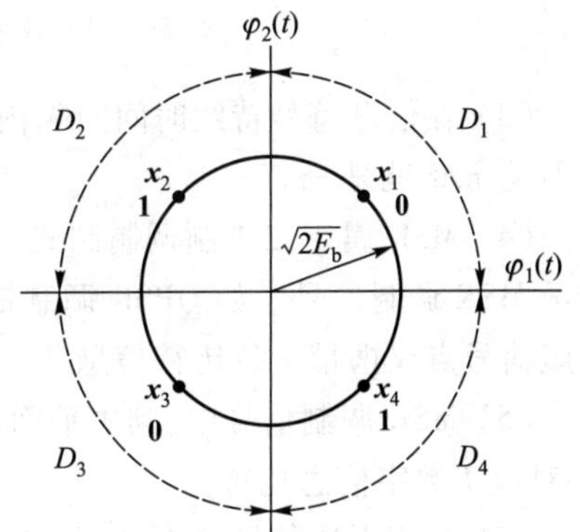

图 5-4-1 MSK 调制信号空间和判决区间

MSK 调制原理框图如图 5-4-2 所示。

MSK 调制信号在 $t=2nT_b$ 时相位变化为

$$\varphi(T_b)-\varphi(0)=\pm\frac{\pi}{2T_b}T_b=\pm\frac{\pi}{2} \tag{5-4-6}$$

MSK 调制信号在$[0,T_b]$持续时间间隔表示为

$$x(t)=\sqrt{E_b}I_k\varphi_1(t)+\sqrt{E_b}Q_k\varphi_2(t) \tag{5-4-7}$$

其中 MSK 调制信号正交基函数为

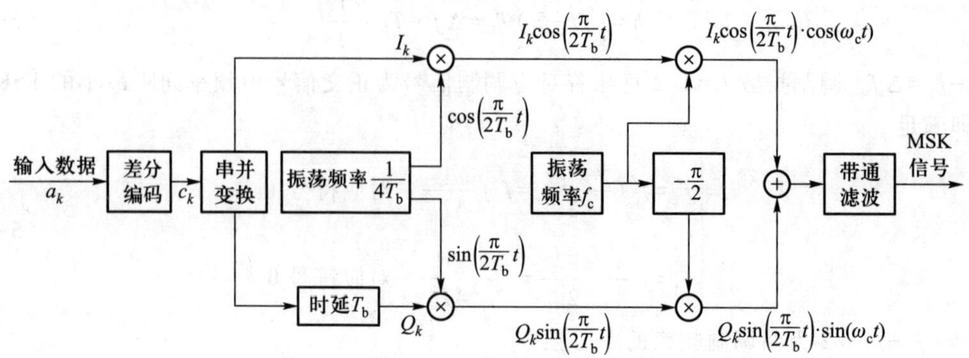

图 5-4-2　MSK 调制原理框图

$$\phi_1(t)=\sqrt{2/T_b}\cos\left(\frac{\pi}{2T_b}t\right)\cos(2\pi f_c t) \tag{5-4-8}$$

$$\phi_2(t)=\sqrt{2/T_b}\sin\left(\frac{\pi}{2T_b}t\right)\sin(2\pi f_c t) \tag{5-4-9}$$

[**小结 5-2**]:

(1) MSK 调制信号是二进制相位连续的频移键控(continuous phase FSK,CPFSK)信号,其调制指数 1/2 对应于 FSK 调制信号中最小频率间距的正交信号。

(2) MSK 调制信号的相位变化是连续的,相位轨迹为三角形,数字信息序列"**10111001**"的 MSK 相位轨迹如图 5-4-3 所示。

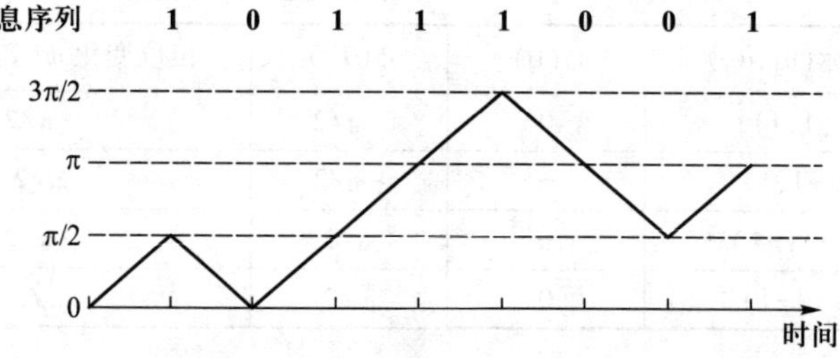

图 5-4-3　数字信息序列"**10111001**"的 MSK 相位轨迹

(3) 在信息符号持续时间间隔内,MSK 调制信号的相位变化是时间的线性函数,其相位变化不是 π/2 就是-π/2。

(4) MSK 属于二进制调制制式,不是多进制调制制式,但又不能按常规二进制信号空间来表示 MSK 调制信号。如 QPSK 调制信号的星座信号点携带两位比特信息,而 MSK 调制信号的星座信号点仅携带一位比特信息。

(5) MSK 调制信号中,判决平面区域 D_1 和 D_3 对应 **0** 数字信息比特,判决平面区域 D_2 和 D_4 对应 **1** 数字信息比特。

(6) 在相干通信场景下,即调制信号相位 $\varphi=0$,MSK 调制信号的最小(minimum)频率间隔是 $1/(2T_b)$,而在非相干通信场景下,MSK 调制信号的最小(least)频率间隔是 $1/T_b$。

［**案例 5-4**］：

证明：MSK 正交信号的最小（minimum）频率间隔是 $1/(2T_b)$。

MSK 调制信号可以写成

$$x_1(t)=\cos(2\pi f_1 t+\varphi),\quad \text{在区间}[0,T_b)\text{对应信息比特 }\mathbf{0}$$

$$x_2(t)=\cos(2\pi f_2 t),\quad \text{在区间}[0,T_b)\text{对应信息比特 }\mathbf{1}$$

如果信息比特的传输速率为 $1/T_b$，T_b 为信息比特的持续时间间隔，φ 为任意常数。$x_1(t)$ 和 $x_2(t)$ 调制信号在区间 $[0,T)$ 满足正交关系的条件是

$$\int_0^{T_b} x_1(t)x_2(t)\,\mathrm{d}t=0\Rightarrow\cos\varphi\int_0^{T_b}\cos(2\pi f_1 t)\cdot\cos(2\pi f_2 t)\,\mathrm{d}t-\sin\varphi\int_0^{T_b}\sin(2\pi f_1 t)\cdot\sin(2\pi f_2 t)\,\mathrm{d}t=0 \tag{5-4-10}$$

展开式（5-4-10）得到

$$\cos\varphi\left\{\frac{\sin[2\pi(f_1+f_2)t]}{2\pi(f_1+f_2)}+\frac{\sin[2\pi(f_1-f_2)t]}{2\pi(f_1-f_2)}\right\}\Bigg|_0^{T_b}+\sin\varphi\left\{\frac{\cos[2\pi(f_1+f_2)]t}{2\pi(f_1+f_2)}+\frac{\cos[2\pi(f_1-f_2)t]}{2\pi(f_1-f_2)}\right\}\Bigg|_0^{T_b}=0 \tag{5-4-11}$$

其中当 $f_1+f_2\gg 1$，得到 $\frac{\sin[2\pi(f_1+f_2)t]}{2\pi(f_1+f_2)}\approx\frac{\cos[2\pi(f_1+f_2)t]}{2\pi(f_1+f_2)}=0$，表示下式成立。

$$\cos\varphi\sin[2\pi(f_1-f_2)T_b]+\sin\varphi\cos[2\pi(f_1-f_2)T_b]=0 \tag{5-4-12}$$

式（5-4-12）必须同时满足 $\begin{cases}\sin[2\pi(f_1-f_2)T_b]=0\\ \cos[2\pi(f_1-f_2)T_b]=1\end{cases}$，即

$$2\pi(f_1-f_2)T_b=2k\pi \tag{5-4-13}$$

式（5-4-13）必须有下述关系

$$f_1-f_2=\frac{k}{T_b} \tag{5-4-14}$$

其中当 $k=1$，存在

$$f_1-f_2=\frac{1}{T_b} \tag{5-4-15}$$

如果 φ 不是任意常数，而是 $\varphi=0$，式（5-4-12）成为 $\sin[2\pi(f_1-f_2)T_b]=0$，进而得到 $2\pi(f_1-f_2)T_b=k\pi$，说明当 $k=1$，存在

$$f_1-f_2=\frac{1}{2T_b} \tag{5-4-16}$$

［**小结 5-3**］：

（1）$x_1(t)=\cos(2\pi f_1 t+\varphi)$ 和 $x_2(t)=\cos(2\pi f_2 t)$ 在信号持续时间间隔 $[0,T_b)$ 满足正交关系时，当 $\varphi\neq 0$，正交频率间隔为 $f_1-f_2=1/T_b$，这是非相干正交信号最小频率间隔，即 least 频率间隔。

（2）$x_1(t)=\cos(2\pi f_1 t+\varphi)$ 和 $x_2(t)=\cos(2\pi f_2 t)$ 在信号持续时间间隔 $[0,T_b)$ 满足正交关系时，当 $\varphi=0$，正交频率间隔为 $f_1-f_2=1/(2T_b)$，这是相干正交信号最小频率间隔，即 minimum 频率间隔。

5.5　高斯滤波最小频移键控

调制信号功率频谱密度函数旁瓣的高度和宽度与调制信号包络的连续性有关，调制信号包络越连续，功率频谱密度的旁瓣也就越低、越窄。欲进一步降低 MSK 调制信号功率频谱密度的旁瓣，可在 MSK 调制前加设高斯滤波器，使其从不连续的双极性非归零信号变成连续函数，得到高斯滤波最小频移键控（Gaussian filtered minimum shift keying，GMSK）。

图 5-5-1 为 QPSK、MSK 和 GMSK 调制信号功率频谱密度函数，其中 GMSK 功率频谱密度函数旁瓣最低、最窄。

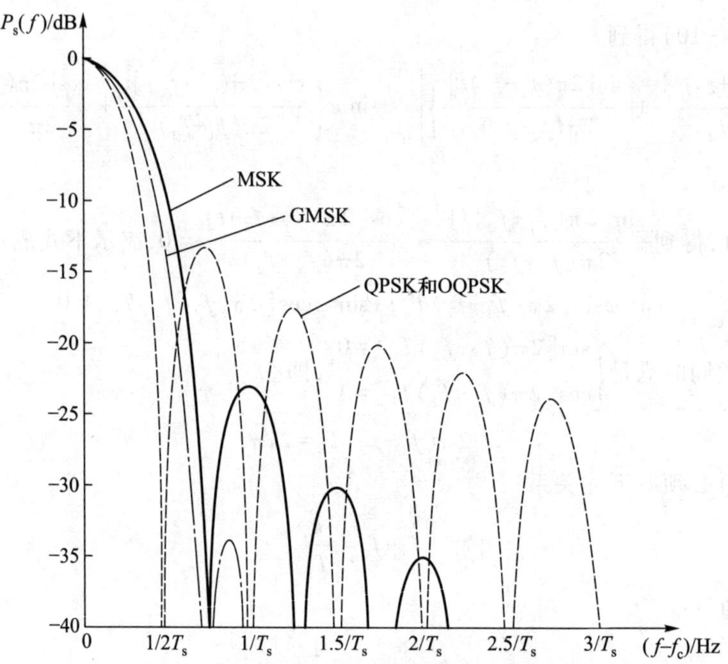

图 5-5-1　QPSK、MSK 和 GMSK 调制信号功率频谱密度函数

高斯滤波器的冲激响应和传递函数都具有高斯函数的形式，即

$$h(t)=\frac{\sqrt{\pi}}{\alpha}\exp\left(-\frac{\pi^2}{\alpha^2}t^2\right),\quad H(f)=\exp(-\alpha^2 f^2) \tag{5-5-1}$$

其中参数 α 与 3 dB 带宽 B 有关，GMSK 调制把 BT_b 作为高斯滤波器的参数。如果 $BT_b\to\infty$ 等价于去掉高斯滤波器，GMSK 调制退化为 MSK 调制，GMSK 调制的 $BT_b=0.3$，即 $B/R_b=0.3$ 就应用于 GSM 移动通信系统。

图 5-5-2 为 GMSK 调制原理框图。

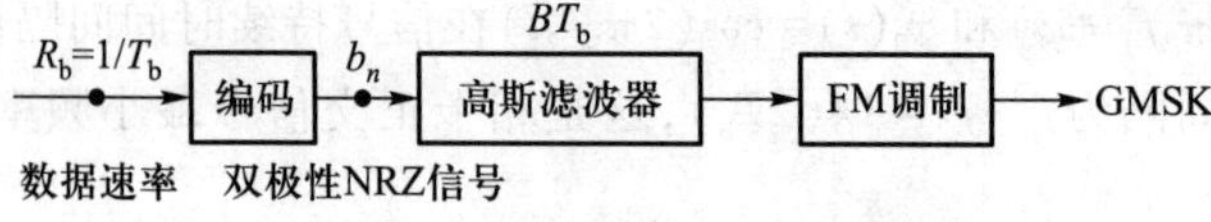

图 5-5-2　GMSK 调制原理框图

图 5-5-2 中高斯滤波器输出矩形脉冲 $g(t)$ 为

$$\begin{aligned} g(t) &= \int_{-\infty}^{\infty} \operatorname{rect}\left(\frac{\tau}{T_b}\right) h(t-\tau)\,d\tau \\ &= \frac{1}{4T_b}\left\{\operatorname{erfc}\left[B\pi\sqrt{\frac{2}{\ln 2}}\left(t-\frac{T_b}{2}\right)\right] - \operatorname{erfc}\left[B\pi\sqrt{\frac{2}{\ln 2}}\left(t+\frac{T_b}{2}\right)\right]\right\} \end{aligned} \tag{5-5-2}$$

图 5-5-3 为 GMSK 调制 $g(t)$ 与 $q(t)$ 波形,其中 $q(t)$ 图标有两个纵坐标,左边纵坐标是在因果设计下的时间原点,$q(t)=\int_{-\infty}^{t} g(\tau)\,d\tau$ 给出的 $q(t)$ 为持续时间无限且非因果,工程实现中只能截短来近似,图中 $q(t)$ 为截短 $3T_b$ 区间并右移了 $3T_b/2$ 的情况。

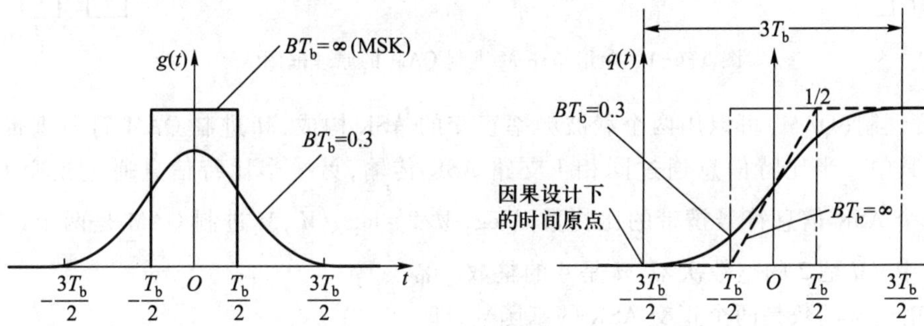

图 5-5-3 GMSK 调制 $g(t)$ 与 $q(t)$ 波形

作为相位调制制式,GMSK 调制信号可表达为

$$s(t)=\cos[2\pi f_c t+\varphi(t)] \tag{5-5-3}$$

$$\varphi(t)=\pi\int_{-\infty}^{t}\sum_{k=-\infty}^{\infty} b_k g(\tau-kT_b)\,d\tau=\pi\sum_{-\infty}^{\infty} b_k q(t-kT_b) \tag{5-5-4}$$

图 5-5-4 为 GMSK 调制数字化模块框图,其中相位可以根据式(5-5-4)计算,$q(t)$ 函数值可事先计算存储,相应 cos 和 sin 值可以通过存储查表获得。

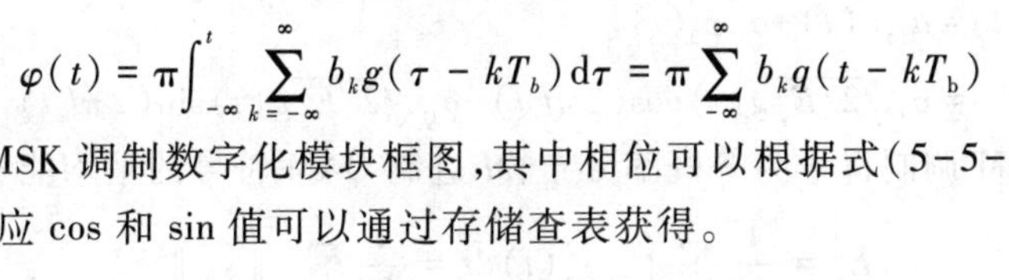

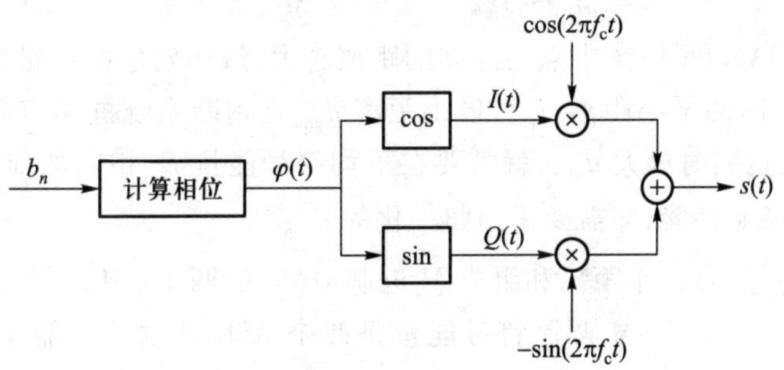

图 5-5-4 GMSK 调制数字化模块框图

5.6 *M* 进制正交幅度调制

矩形星座 M 进制正交幅度调制(quadrature amplitude modulation,QAM)的原理框图如图

5-6-1 所示。

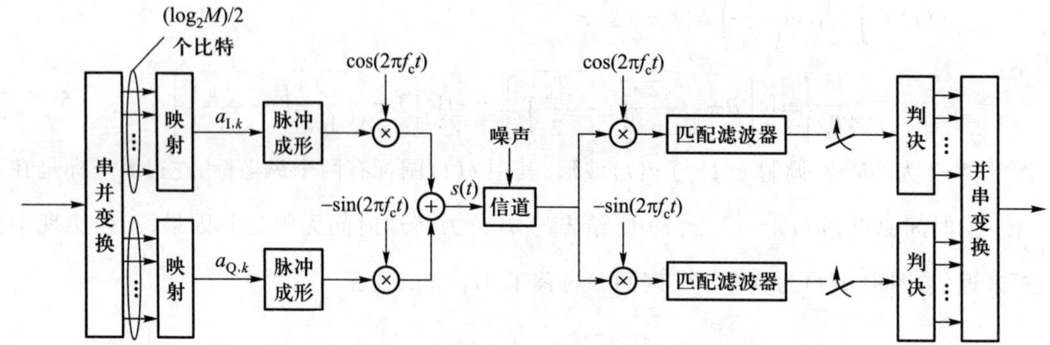

图 5-6-1 矩形星座 M 进制 QAM 的原理框图

正交幅度调制(QAM)可以用两个载波频率正交的 ASK 构成,M 进制 QAM 符号携带$\log_2 M$ 位比特信息,其中一半比特信息通过同相 I 支路 ASK 传输,另一半比特信息通过正交 Q 支路 ASK 传输,每个 ASK 信息符号携带的比特数是$\log_2 M/2=\log_2\sqrt{M}$,$M$ 进制 QAM 是两个$\sqrt{M}$进制 ASK 叠加,其中$\sqrt{M}$是 2 的整数次幂,M 是 4 的整数次幂。

QAM 的正交基函数是两个正交 ASK 的基函数,即

$$\varphi_1(t)=\sqrt{2/E_{\mathrm{g}}}\,g(t)\cos(2\pi f_{\mathrm{c}}t),\quad \varphi_2(t)=-\sqrt{2/E_{\mathrm{g}}}\,g(t)\sin(2\pi f_{\mathrm{c}}t) \tag{5-6-1}$$

正交幅度调制(QAM)属于二维空间调制制式,其星座图是二维空间,可以用复数 $a=a_{\mathrm{I}}+\mathrm{j}a_{\mathrm{Q}}$ 表示正交幅度调制(QAM)星座点。QAM 调制信号表示为

$$\begin{aligned}s(t)&=a_{\mathrm{I}}\varphi_1(t)+a_{\mathrm{Q}}\varphi_2(t)\\&=a_{\mathrm{I}}\sqrt{2/E_{\mathrm{g}}}\,g(t)\cos(2\pi f_{\mathrm{c}}t)-a_{\mathrm{Q}}\sqrt{2/E_{\mathrm{g}}}\,g(t)\sin(2\pi f_{\mathrm{c}}t)\end{aligned} \tag{5-6-2}$$

如果 M 进制 QAM 调制符号为等概率分布,M 进制 QAM 符号的平均能量表示为

$$E_{\mathrm{s}}=\frac{1}{M}\sum_{m=1}^{M}\int_{-\infty}^{\infty}s_m^2(t)\,\mathrm{d}t=\frac{1}{M}\sum_{m=1}^{M}\|s_m\|^2 \tag{5-6-3}$$

正交幅度调制(QAM)星座图中点与点间的距离越大,解调发生的差错概率越小。系统差错概率取决于星座点之间的最小距离 $d_{\min}$,最小距离 $d_{\min}$ 是判断系统抗噪声和干扰能力的重要参数。直接放大星座图也同时放大 $d_{\min}$,就需要在平均符号能量 E_{s} 相同的前提条件下,来比较 M 进制 QAM 星座图的调制性能,即需要采用归一化的 $d_{\min}^2/E_{\mathrm{s}}$。

M 进制 QAM 的星座点最小距离和组成 M 进制 QAM 的两个$\sqrt{M}$进制 ASK 星座点的最小距离相同,均为 $d_{\min}=2A$,一个 QAM 调制符号能量是两个 ASK 调制符号能量之和。矩形 M 进制 QAM 归一化最小星座点间距离平方为

$$d_{\min}^2=E_{\mathrm{b}}\,\frac{6\log_2 M}{M-1} \tag{5-6-4}$$

随着 M 的增加,M 进制 QAM 的最小距离 $d_{\min}^2$ 在逐步减少。

M 进制 QAM 的差错概率表示为 E_{s}/N_0 或 E_{b}/N_0 的函数,其中 E_{s} 为平均符号能量,$E_{\mathrm{b}}=E_{\mathrm{s}}/\log_2 M$ 为平均比特能量,N_0 为噪声功率谱密度。

图 5-6-2 为 M 进制 QAM 的矩形星座，由$\{a_I, a_Q\}$各种组合的正方点阵组成，称为正方星座或矩形星座。其中 4QAM 就是 QPSK，I 路和 Q 路 4ASK 调制信号星座图组合成 16QAM 星座图，64QAM 分别由 2ASK 或 BPSK 调制信号和 8ASK 调制信号组合形成。

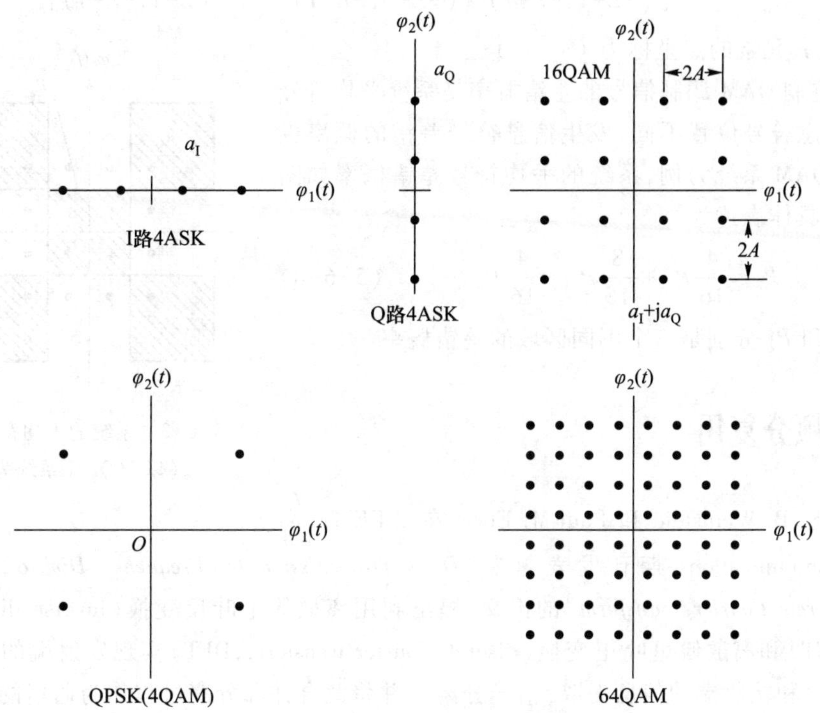

图 5-6-2 M 进制 QAM 的矩形星座

发送单信息符号时，M 进制 QAM 调制信号复包络是

$$s_L(t)=a_I\sqrt{\frac{2}{E_g}}g(t)+\mathrm{j}a_Q\sqrt{\frac{2}{E_g}}g(t) \tag{5-6-5}$$

发送信息符号序列时，M 进制 QAM 调制信号复包络为

$$s_L(t)=\sqrt{\frac{2}{E_g}}\sum_{k=-\infty}^{\infty}a_k g(t-kT_s) \tag{5-6-6}$$

如果信息符号的传输速率为 $1/T_s$，M 进制 ASK 和 M 进制 QAM 的功率谱密度相同，与 M 无关。如果信息比特传输速率为 R_b，信息符号传输速率 $R_s=R_b/\log_2 M$ 随着 M 进制数增加而减小，带宽也相应减小。若采用滚降系数 α 的根号升余弦脉冲，则 M 进制 QAM 或 M 进制 ASK 调制带宽为 $B=(1+\alpha)/T_s$，频谱效率为 $R_b/B=\log_2 M/(1+\alpha)$。

[小结 5-4]：

（1）可用两个载波频率正交的 ASK 或 PSK 构成正交幅度调制（QAM）。

（2）M 进制 QAM 的矩形星座由$\{a_m, b_n\}$组合的 $L\times L$ 维正方点阵组成，即

$$\{a_m, b_n\} = \begin{bmatrix} (-L+1, L-1) & (-L+3, L-1) & \cdots & (L-1, L-1) \\ (-L+1, L-3) & (-L+3, L-3) & \cdots & (L-1, L-3) \\ \vdots & \vdots & & \vdots \\ (-L+1, -L+1) & (-L+3, -L+1) & \cdots & (L-1, -L+1) \end{bmatrix} \tag{5-6-7}$$

其中 $L=\sqrt{M}$,其元素的点坐标为 (a_m, b_n)。

(3) M 进制 QAM 调制信号的差错概率是系统平均符号差错概率,信息符号位置不同,发生信息符号差错的概率也不同。以 16QAM 系统为例,系统的平均符号差错概率如图 5-6-3 所示,具体表述为

$$P_e = \frac{4}{16}P_{e1} + \frac{8}{16}P_{e3} + \frac{4}{16}P_{e2} \tag{5-6-8}$$

其中 P_{e1}, P_{e2} 和 P_{e3} 分别是三个不同区域的差错概率。

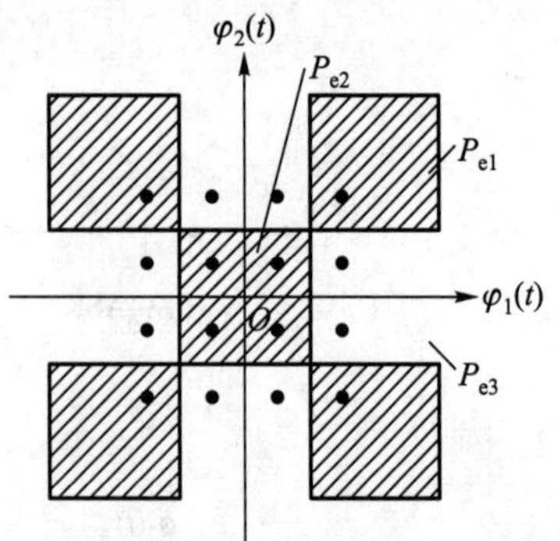

图 5-6-3　系统的平均符号差错概率（以 16QAM 系统为例）

5.7　正交频分复用

1971 年 S. B. Weinstein 和 Paul M. Ebert 在 IEEE Transactions on Communications 期刊发表题为 "*Data Transmission by Frequency Division Multiplexing Using the Discrete Fourier Transform*" 的论文,提出利用离散傅里叶反变换(inverse discrete fourier transform, IDFT)和离散傅里叶正变换(discrete fourier transform, DFT)实现发射端的信号并行传输(信号合并)和接收端的信息提取(信号分离),并将此合并和分离过程作为通信的调制和解调(modulation demodulation, MODEM)过程。

美国军方在 20 世纪五六十年代就研发了基于正交频分复用的多载波调制系统,即先进窄带数字话音终端(advanced narrowband digital voice terminal, ANDVT),随着大规模集成电路解决了快速傅里叶变换算法的实时处理难以逾越的障碍,正交频分复用技术也走向实用化,进入高速数据传输和数字移动通信等应用领域。

正交频分复用(orthogonal frequency division multiplexing, OFDM)伴随多载波调制(multi-carrier modulation, MCM)和频分复用(frequency division multiplexing, FDM)技术的发展而发展。为了消除符号间干扰(intersymbol interference, ISI),频分复用技术将通信频带划分为若干互不重叠的通信子频带,在若干通信子频带上并行传输输入数字信息序列。由于各路子频带间留了足够的保护频带间隔来防止相互干扰,势必降低宝贵频谱资源的利用效率。正交频分复用技术对频分复用进行改进,要求各路子载波的波形相互正交,而各路子载波的频谱可以相互重叠,不仅可有效消除符号间干扰,而且大大提高了系统频谱利用率。

5.7.1　OFDM 调制解调原理

图 5-7-1 为 OFDM 调制原理框图。

在 OFDM 调制端,把持续时间长度为 T_d 的输入信息比特序列,经过串/并(S/P)变换器,并行输出信息符号序列 $d(n)=a(n)+jb(n)$, $n=0,1,\cdots,N-1$,信息符号的持续时间长度为 $T_b=kT_d$,

在图 5-7-1 中 $k=2$。各个并行 N 路子信道采用 BPSK 对该路子信道的信息符号进行调制，通过合成器输出 OFDM 调制信号。

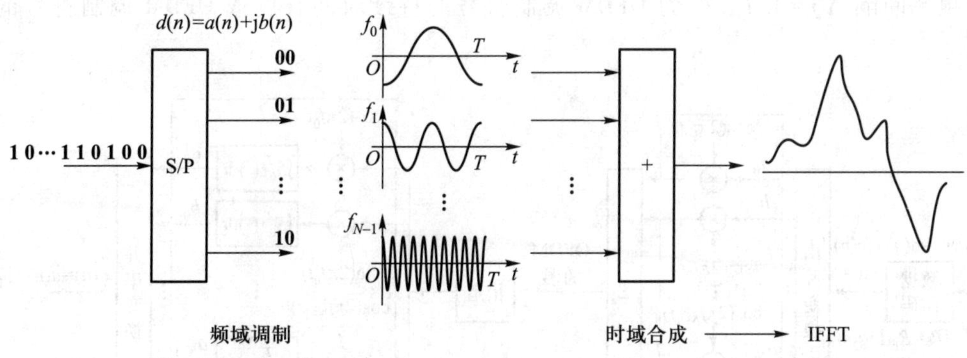

图 5-7-1 OFDM 调制原理框图

OFDM 调制过程包括以下两部分。

(1) 频域调制

在频域根据信息符号$\{a(n),b(n)\}$与 BPSK 调制信号相位的对应关系，把 N 路子信道调制信号的相位分别调整到相应位置上，N 路子信道调制信号的载频频率分别对应正交子载频集合$\{f_0,f_1,\cdots,f_{N-1}\}$之一，其正交子载频的频率间隔满足正交关系，即$f_{i+1}-f_i=1/T_s$，其中 T_s 是 OFDM 调制符号的持续时间长度。

(2) 时域合成

在时域通过合成器进行 N 路子信道 BPSK 调制信号的合成，合成器输出 OFDM 调制符号，其持续时间长度为 $T_s=NT_b$。如果满足 $N=2^n$ 关系，OFDM 调制的频域调制和时域合成过程恰好对应离散傅里叶反变换（IDFT）的物理过程。当子信道路数 N 足够大，各路载频频率相互正交子信道调制信号合成的 OFDM 调制符号服从遍历平稳随机过程。

与 BPSK 调制信号相比，可以认为 OFDM 调制信号是基于 N 路并行子信道 BPSK 调制信号的集合。BPSK 调制信号携带 2 比特输入信息，而 OFDM 调制符号就携带 $2\times N$ 比特输入信息，可以满足移动通信系统对高速率和高容量信息传输的需求。

为消除移动通信中多径时变衰落传播信号引入的符号间干扰（intersymbol interference, ISI)，需要在相邻 OFDM 调制符号之间插入一定时间间隔的保护间隔 T_G(guard interval, GI)，只要保护间隔 T_G 大于多径时变衰落信道中的最大时延扩展 τ_{max}，即 $T_G\geqslant\tau_{max}$，就可以解决移动通信信道中多径衰落传播的影响。

图 5-7-2 为 OFDM 系统调制解调原理框图。

在图 5-7-2 中，发射端输入信息比特序列 d 经过串并变换器，输出 N 路并行子信道的信息符号序列 $d=(d_0,d_1,\cdots,d_{N-1})$，其中信息符号 $d_n=a_n+jb_n(n=0,1,\cdots,N-1)$是第 n 路子信道 OFDM 星座映射的复信号。

在 OFDM 调制符号持续时间周期$[0,T_s]$内，OFDM 调制符号的等效复基带信号可表示为

$$s(t)=\sum_{n=0}^{N-1}s_n(t)=\sum_{n=0}^{N-1}d_n\exp(j2\pi f_n t) \tag{5-7-1}$$

其中 $s_n(t)=d_n\exp(\mathrm{j}2\pi f_n t)$ 是第 $n(n=0,1,\cdots,N-1)$ 路子信道的调制信号，相应子信道的载波频率为 $f_n=f_c+n\cdot\Delta f$，f_c 为第 0 路子信道的载波频率。一般为分析方便，令 $f_c=0$。相邻子信道载波信号的频率间隔 $\Delta f=1/T_s$，T_s 为 OFDM 调制符号的持续时间长度或 OFDM 调制符号的积分时间。

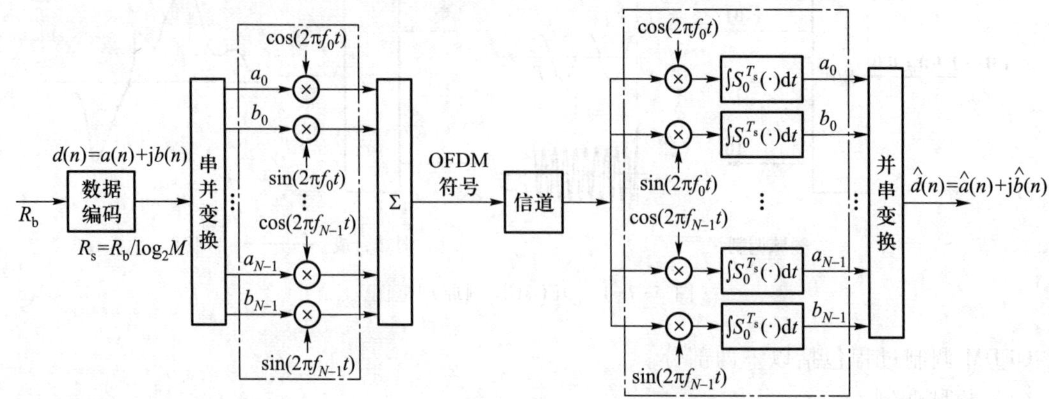

图 5-7-2　OFDM 系统调制解调原理框图

在 OFDM 调制符号中，N 路子信道的正交基函数集为

$$1,\quad \exp\left(\mathrm{j}2\pi\frac{1}{T_s}t\right),\quad \exp\left(\mathrm{j}2\pi\frac{2}{T_s}t\right),\quad \cdots,\quad \exp\left(\mathrm{j}2\pi\frac{N-1}{T_s}t\right) \tag{5-7-2}$$

式(5-7-2)表示子信道调制信号的载波频率之间满足相互正交关系。

图 5-7-3 为 OFDM 调制符号在时间域采样值的时间指数示意。

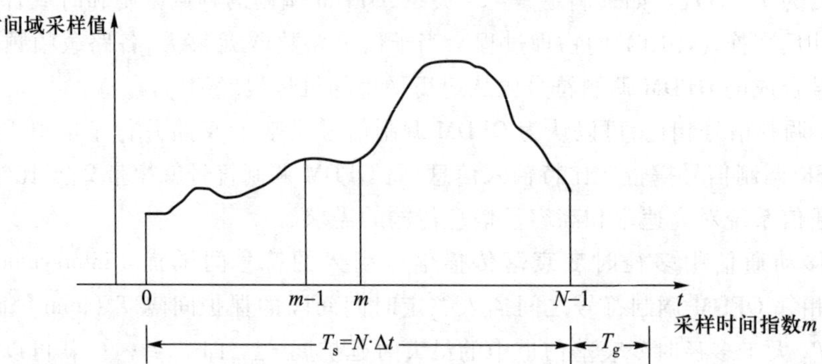

图 5-7-3　OFDM 调制符号在时间域采样值的时间指数示意

在图 5-7-3 中，OFDM 调制符号的持续时间长度 $T_s=NT_b$ 内，采用 N 点均匀间隔采样。输入信号的采样时间间隔为 $\Delta t=t_m-t_{m-1}$，即

$$\Delta t=t_m-t_{m-1}=\frac{T_s}{N}=T_b \tag{5-7-3}$$

第 $m(m=0,1,\cdots,N-1)$ 采样时刻表示为

$$t_m=m\cdot\Delta t=mT_b \tag{5-7-4}$$

其中 m 是 OFDM 调制符号时域采样的时间指数。

图 5-7-4 为 OFDM 调制符号在频率域的子载波频率指数示意。

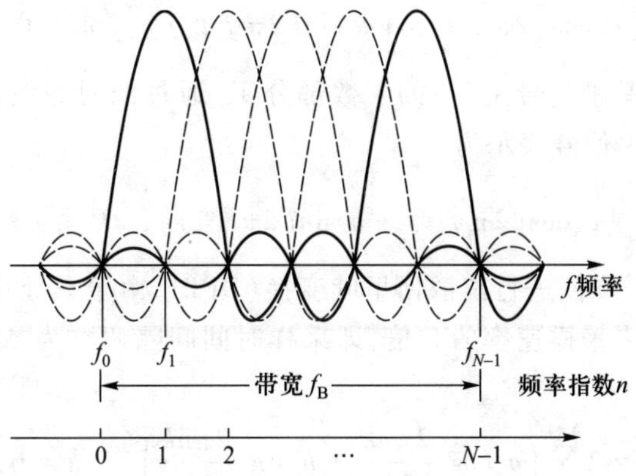

图 5-7-4 OFDM 调制符号在频率域的子载波频率指数示意

在图 5-7-4 中，N 路并行子信道 BPSK 调制信号中，相邻正交子载波的频率间隔为$f_n-f_{n-1}=\Delta f$，并且满足正交子载波关系，即

$$\Delta f=f_n-f_{n-1}=\frac{1}{T_s}=\frac{1}{NT_b} \tag{5-7-5}$$

第 $n(n=0,1,\cdots,N-1)$ 路子信道的载波频率为

$$f_n=n\cdot\Delta f=\frac{n}{NT_b} \tag{5-7-6}$$

其中 n 是 OFDM 调制符号正交子载波的频率指数。

如果发射端输入的信息比特序列为 $d=(d_0,d_1,\cdots,d_{N-1})$，其中 N 满足 2 幂阶次关系，即 $N=2^n$。把 OFDM 调制符号的时域采样时间指数表达式(5-7-4)和正交子载波频率指数表达式(5-7-6)代入 OFDM 调制符号的等效复基带信号表示式(5-7-1)中，得到

$$\begin{aligned}\sum_{n=0}^{N-1}d_n\exp(\mathrm{j}2\pi f_n t_m)&=\sum_{n=0}^{N-1}d_n\exp(\mathrm{j}2\pi\cdot n\Delta f\cdot m\Delta t)\\&=\sum_{n=0}^{N-1}d_n\exp\left(\mathrm{j}2\pi\cdot\frac{n}{NT_b}\cdot mT_b\right)\\&=\sum_{n=0}^{N-1}d_n\exp\left(\mathrm{j}2\pi\frac{nm}{N}\right)\end{aligned} \tag{5-7-7}$$

其中 $\Delta t\cdot\Delta f=T_b\cdot 1/(NT_b)=1/N$，式(5-7-7)实际就是离散傅里叶反变换（IDFT)的数学表达式。

如果发射端对 N 路子信道采用 BPSK 调制，就是对输入信息比特序列$\{2d_n\}_{n=0}^{N-1}$进行离散傅里叶变换，得到的复基带信号 $s_m(t)(m=0,1,\cdots,N-1)$可表示为

$$s_m(t)=2\sum_{n=0}^{N-1}d_n\exp(\mathrm{j}2\pi f_n t_m)=\sum_{n=0}^{N-1}2d_n\exp\left(\mathrm{j}2\pi\frac{nm}{N}\right) \tag{5-7-8}$$

在无线移动通信传播信道中传输的发射信号是式(5-7-8)复基带信号 $s_m(t)$中的实数部分，

即表示为

$$\begin{aligned}Y_m &= \mathrm{Re}[s_m(t)]\\&=2\sum_{n=0}^{N-1}[a_n\cos(2\pi f_n t_m)+b_n\sin(2\pi f_n t_m)],\quad m=0,1,\cdots,N-1\end{aligned}\tag{5-7-9}$$

在接收端,接收的复基带信号 $s_m(t)$ 的实数部分 Y_m 通过低通滤波器,在 OFDM 调制符号的积分时间间隔 T_s 时刻输出信号表示为

$$y(t)=2\sum_{n=0}^{N-1}[a_n\cos(2\pi f_n t)+b_n\sin(2\pi f_n t)],\quad 0\leqslant t\leqslant N\Delta t=T_s\tag{5-7-10}$$

对接收信号 $y(t)$ 的采样值进行离散傅里叶变换(DFT),由于只处理离散傅里叶变换的实数部分,采样速率可以是原来采样速率的 2 倍,即采样时间间隔调整为 $\Delta t/2$,接收信号 $y(t)$ 的 $2N$ 个采样值为

$$Y_k=y\left(k\frac{\Delta t}{2}\right)=2\sum_{n=0}^{N-1}\left(a_n\cos\frac{2\pi nk}{2N}+b_n\sin\frac{2\pi nk}{2N}\right),\quad k=0,1,\cdots,2N-1\tag{5-7-11}$$

如果传播信道没有受到噪声干扰和多径衰落的影响,接收端对接收信号 $y(t)$ 的 $2N$ 个采样信号值进行离散傅里叶变换(DFT),得到

$$\begin{aligned}z_n &= \mathrm{DFT}[Y_k]=\frac{1}{2N}\sum_{k=0}^{2N-1}Y_k\exp\left(-\mathrm{j}2\pi\frac{nk}{2N}\right)\\&=\begin{cases}2a_0, & n=0\\ a_n+\mathrm{j}b_n, & n=1,2,\cdots,N-1\end{cases}\end{aligned}\tag{5-7-12}$$

图 5-7-2 为 OFDM 系统调制解调原理框图,OFDM 解调器由 N 路并行子信道相关器组成,每路相关器对应各路子信道的载波信号。虽然 N 路子信道调制信号在时间域有明显的交叠,但子信道调制信号在各采样点具有正交特性,即在各采样点,只有某一路子信道调制信号为最大值,其他路子信道调制信号均为零,OFDM 解调过程不会引入其他路子信道的调制信号干扰。

对第 $n(n=0,1,\cdots,N-1)$ 路子信道调制信号进行解调,得到

$$\int_0^{T_s}\left[\exp\left(-\mathrm{j}2\pi\frac{m}{T_s}t\right)\sum_{n=0}^{N-1}d_n\exp\left(\mathrm{j}2\pi\frac{n}{T_s}t\right)\right]\mathrm{d}t=\sum_{n=0}^{N-1}d_n\int_0^{T_s}\exp\left(\mathrm{j}2\pi\frac{m-n}{T_s}t\right)\mathrm{d}t\tag{5-7-13}$$

式(5-7-13)说明了复正弦信号积分运算的周期性和正交性,第 n 路子信道调制信号与其他路子信道调制信号相乘后积分为零,仅输出本路子信道调制信号所携带的输入数字信息序列。

在 OFDM 调制符号的持续时间间隔内,并行子信道的调制信号之间具有正交关系,表示为

$$\frac{1}{T_s}\int_0^{T_s}\exp(\mathrm{j}2\pi f_i t)\cdot\exp(\mathrm{j}2\pi f_j t)=\begin{cases}1, & i=j\\0, & i\neq j\end{cases}\tag{5-7-14}$$

式(5-7-14)说明:在 OFDM 调制符号的持续时间间隔内,各路子信道的调制信号含有整数周期的波形,而相邻子信道的调制信号间仅相差一个周期波形。

图 5-7-5 为 N 路并行子信道调制信号频谱,从频域看 OFDM 调制符号的频谱函数等于 $\mathrm{sinc}(fT_s)$ 函数和各路子信道载波频率 $\delta(f_n)$ 的卷积运算,也是 $\mathrm{sinc}(fT_s)$ 函数的移位叠加之和。

$\mathrm{sinc}(fT_s)$ 函数的零点位于 $f=1/T_s$ 的整数倍的频率位置,相邻子信道调制信号的载波频率

间隔为 $1/T_s$。在并行子信道调制信号载波频率处，即$f_n = n \cdot \Delta f = n f_0 = n/(NT_b)$处，自身的频谱幅值最大，而其余子信道调制信号的频谱幅度恰好为零。

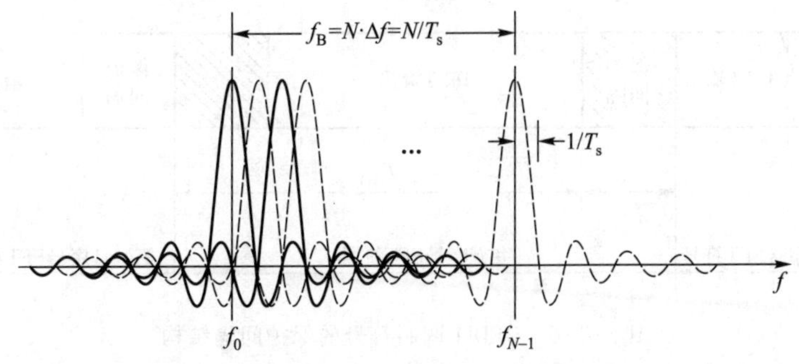

图 5-7-5 N 路并行子信道调制信号频谱

N 点离散傅里叶反变换（IDFT）需要实施 N^2 次的复数乘法，而快速傅里叶反变换（IFFT）可以显著地降低运算的复杂度，对于基 2 的快速傅里叶反变换算法来说，其复数乘法次数为$(N/2)\log_2 N$。

［**小结 5-5**］：

（1）正交频分复用（OFDM）的复用功能是基于 N 路并行子信道调制信号在时域的集合。如果每路子信道调制信号携带 2 比特信息，OFDM 调制符号就携带 $2\times N$ 比特信息，可以满足移动通信系统对高速率和高容量信息传输的需求。

（2）正交频分复用（OFDM）具有调制解调功能，其调制和解调功能分别由离散傅里叶反变换（IDFT）和离散傅里叶变换（DFT）运算承担。

（3）输入的数字信息比特序列经过频域调制和时域合成，形成 OFDM 调制符号，经过载波调制发射到无线传输信道，其数学模型是离散傅里叶反变换。

（4）接收到的 OFDM 调制符号从时域变换到频域，在频域检测判决输入的数字信息比特序列，其数学模型是离散傅里叶变换。

（5）N 路并行子信道调制信号合成的 OFDM 调制符号在各正交子载波频率点具有正交特性。即在某个子载波频率点，可以从 OFDM 调制符号中提取出该频率点对应的子载波调制信号携带的信息，而其余子载波调制信号均为零，不会产生子载波调制信号间的干扰。

（6）正交频分复用（OFDM）要求严格的正交关系，OFDM 系统性能对定时和频率偏差比较敏感，对时域和频域的同步精度和实时等指标提出严格要求，这是获取正交频分复用（OFDM）增益必须付出的代价。

5.7.2 保护间隔

为消除传播信道产生的符号间干扰（ISI），需要在相邻 OFDM 调制符号之间插入保护间隔（guard interval，GI），如果传播信道的最大时延扩展间隔为$[0,\tau_{max}]$，采用 OFDM 通信系统的保护间隔长度 T_G 要大于 τ_{max}，即 $T_G \geqslant \tau_{max}$，可完全克服相邻 OFDM 调制符号间干扰的影响。

图 5-7-6 为 OFDM 调制符号的保护间隔结构，在保护间隔 T_G 内可以不插入任何信息的信号，即一段空白的传输时段。也可以在保护间隔 T_G 内插入携带一定信息的信号，其前提是保持

子信道调制信号间的正交性。

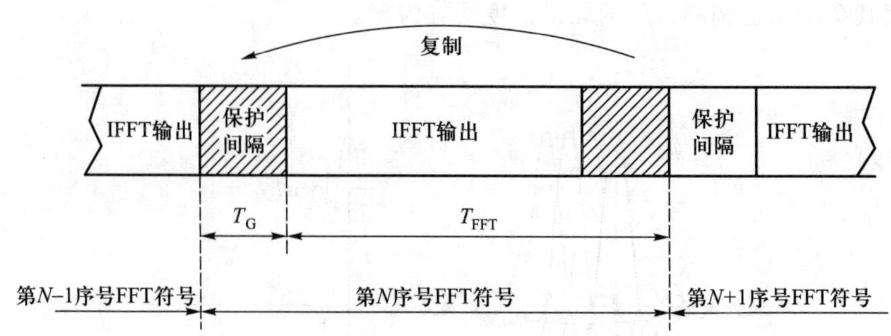

图 5-7-6 OFDM 调制符号的保护间隔结构

如果空闲的保护间隔 T_G 进入快速傅里叶正反变换(FFT/IFFT)的积分时间长度 T_{FFT} 内,会导致在 FFT 积分时间间隔[T_G+(T_{FFT}-T_G)]内不含对应子信道调制信号的整数波形,相邻子信道调制信号周期数差也不为整数,会直接破坏各路子信道调制信号间的正交性,其结果带来载波间干扰(inter carrier interference,ICI)。

针对上述问题,可以将 OFDM 调制符号长度 $T_s=T_G+T_{FFT}$ 中最后等于 T_G 长度段内的数据复制到位于 OFDM 调制符号前端的保护间隔 T_G 内,形成循环前缀(cyclic prefix,CP)。

图 5-7-7 为 OFDM 调制符号中循环前缀设置示意,在 OFDM 调制符号间插入循环前缀(CP)使得接收信号的采样值间具有相关性,并提供时间偏移和频率偏移的信息,使得 OFDM 调制符号同步简单且高效。如 WiMAX 系统将循环前缀 CP 的持续时间长度 T_G 与 FFT 积分时间长度 T_{FFT}之比值控制在 1/4、1/8、1/16 或 1/32。

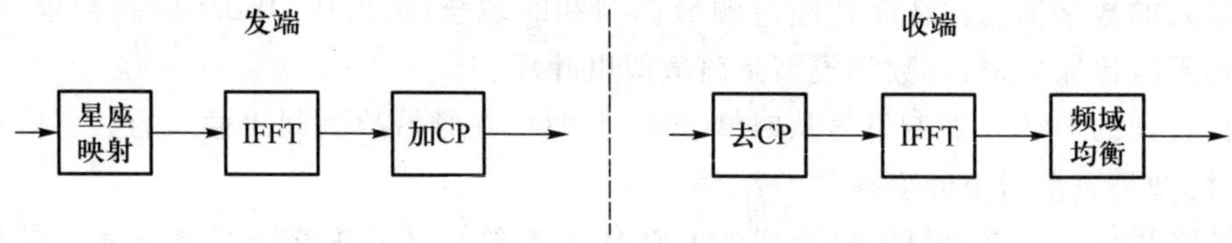

图 5-7-7 OFDM 调制信号中循环前缀设置示意

5.7.3 峰均功率比

OFDM 调制符号在时域为 N 路并行正交子信道调制信号的叠加,当 N 路子信道调制信号恰好均以峰值相加时,叠加的 OFDM 调制符号产生最大峰值,该峰值功率可达平均功率的 N 倍。尽管高峰值功率出现概率较低,但为了不失真地传输信息,对发射功率放大器的线性度要求很高。

图 5-7-8 为 OFDM 调制信号峰均功率比(peak to average power ratio,PAPR),OFDM 调制信号峰均功率比远远大于 1,使得 OFDM 系统的总体性能大大下降甚至直接影响实际应用。

为解决峰均功率比大于 1 的问题,人们提出了多种降低峰均功率比技术方案,如基于信号畸变、信号编码和信号空间扩展等技术来改善 OFDM 信号峰均功率比性能。

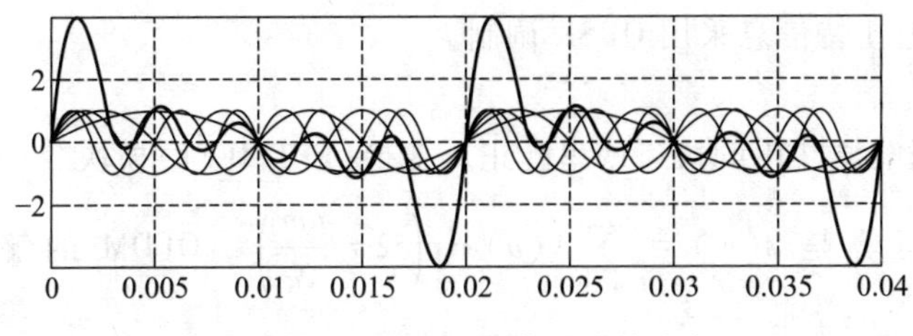

图 5-7-8 OFDM 调制信号峰均功率比

［**小结 5-6**］:

(1) 在相邻的 OFDM 调制符号之间插入保护间隔,要求保护间隔长度 T_G 大于多径时变衰落传播信道的最大时延扩展 τ_{max},即 $T_G \geqslant \tau_{max}$,可克服相邻 OFDM 调制符号间干扰影响,其代价是付出宝贵的信道保护间隔时间长度。

(2) OFDM 调制不属于移动通信系统希望的调制信号相位尽量不发生跳变的恒定包络调制,其结果 OFDM 调制符号的峰均功率比大于 1,降低 OFDM 调制符号的峰均功率比是 OFDM 技术应用不可逾越的障碍。

5.7.4 正交子信道数选择

OFDM 调制循环前缀占用一定的传输时间、发射功率和传输频谱,会降低通信系统的传输效率和频谱利用率,OFDM 调制应该尽可能增大正交子信道数 N。对于给定的传输信道带宽,随着正交子信道调制信号数的增加,正交子信道调制信号载波间的频率间隔相对进一步减少,会使正交子信道调制信号更易受到其他路正交子信道调制信号的干扰,因此正交子信道数 N 的选择必须控制在合理的范围内。

如果 OFDM 调制符号中,正交子信道调制信号占用频谱带宽为 B,传播信道的相干时间为 T_c,相干带宽为 f_c,欲保证信号在信道传播过程中,各路子信道传播属于慢衰落信道,应满足

$$\frac{N}{B} \ll T_c \tag{5-7-15}$$

为保证各子信道为平坦衰落信道,还应满足

$$\frac{B}{N} \ll f_c \tag{5-7-16}$$

在工程设计中,OFDM 调制信号一般需要可用传输带宽的 10% 作为保护带宽,在子信道载波频率间隔确定后,正交子信道调制信号数 N 就可根据可用传输带宽来确定。如果可用传输带宽为 5 MHz,OFDM 调制符号带宽可能只有 4.5 MHz 左右,如果子信道调制信号载波频率间隔为 15 kHz,可用传输带宽为 5 MHz 的相应正交子信道数为 $N=300$。

5.7.5 比特信息调制模式

OFDM 调制符号中输入比特信息调制模式有时间差分 QPSK,即 4ΦTDPSK 和频率差分 QPSK,即 4ΦFDPSK。

4ΦTDPSK 和 4ΦFDPSK 基本类似于 QPSK 调制模式,不同之处是 4ΦTDPSK 是两个相邻 OFDM 调制符号对应子信道上比特信息采用 QPSK 调制,而 4ΦFDPSK 是在同一 OFDM 调制符号

中，两个相邻子信道上比特信息采用 QPSK 调制。

［案例 5-5］：

设计 OFDM 调制解调共用的快速傅里叶正反变换（FFT/IFFT）模块。

OFDM 的调制运算是 $s(m)=\sum_{n=0}^{N}X(n)\exp\left(j2\pi\dfrac{nm}{N}\right)$，OFDM 的解调运算是 $X(n)=\sum_{m=0}^{N}s(m)\exp\left(-j2\pi\dfrac{nm}{N}\right)$，分别给 $s(m)$ 和 $X(n)$ 附加一个放大或缩小系数 $1/\sqrt{N}$，$s^*(m)$ 和 $X^*(n)$ 分别为

$$s^*(m)=\frac{1}{\sqrt{N}}\sum_{n=0}^{N}X(n)\exp\left(j2\pi\frac{nm}{N}\right)=\sqrt{N}\cdot\mathrm{IFFT}\{X(n)\} \tag{5-7-17}$$

$$X^*(n)=\frac{1}{\sqrt{N}}\sum_{m=0}^{N}s(m)\exp\left(-j2\pi\frac{nm}{N}\right)=\frac{1}{\sqrt{N}}\cdot\mathrm{FFT}\{s(m)\} \tag{5-7-18}$$

$$s^*(m)=\frac{1}{\sqrt{N}}\sum_{n=0}^{N}\left[X^*(n)\mathrm{e}^{-j\frac{2\pi nm}{N}}\right]^* \tag{5-7-19}$$

式（5-7-19）表示 OFDM 调制和解调功能可以共用一个 FFT 模块，降低工程系统实现的复杂度。

［案例 5-6］：

表 5-7-1 为先进窄带数字话音终端（advanced narrowband digital voice terminal，ANDVT）系统的主要技术参数。

表 5-7-1 ANDVT 系统的主要技术参数

传输信号带宽	360~3 050 Hz
信息速率	2 400 bps
传输速率	4 800 bps
每帧信息比特	48
帧速率	50 baud
采样速率	7 000 sps
采样数 / 帧长	140/20 ms
采样数 / 积分时间	128/18.29 ms
采样数 / 保护间隔	12/1.71 ms
子信道频率 / 频率指数	382.812 5 Hz/7~2 953.125 Hz/54
信息带宽	2 570.312 5 Hz
子载频数	50
子载频间隔	54.687 5 Hz

［案例 5-7］：

OFDM，OFDMA，SC-FDMA 和 SC-FDE 之间的转换。

图 5-7-9 为 LTE 系统下行链路多载波（orthogonal frequency division multiple access，OFDMA）、上行链路单载波（single carrier-frequency division multiple access，SC-FDMA）和 DFT-S-

OFDM(DFT-spread-orthogonal frequency division multiple)原理框图,分别作为 LTE 系统上下链路多址接入方式。

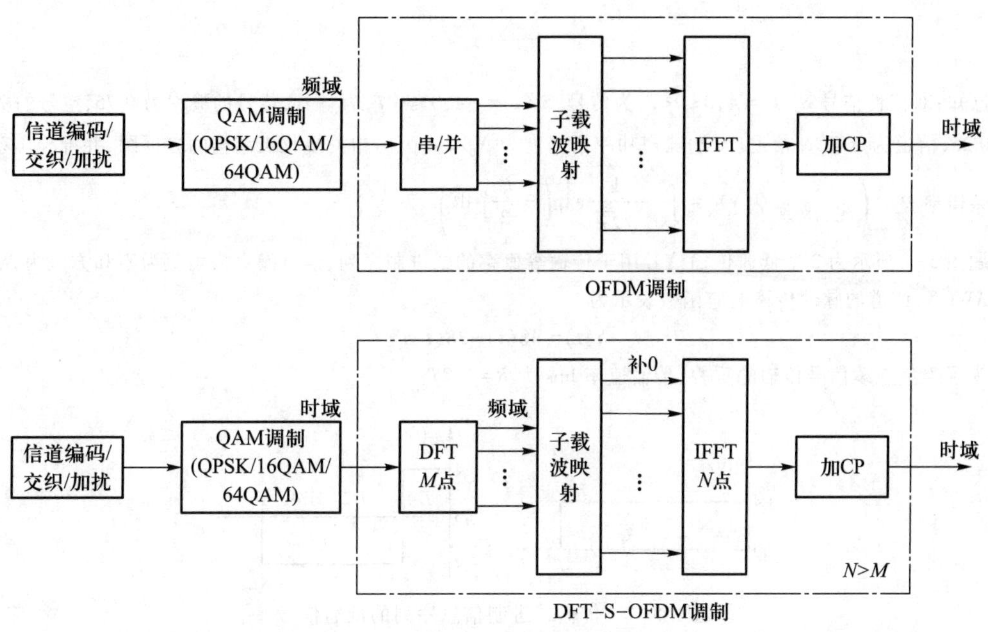

图 5-7-9 LTE 系统下行 OFDMA、上行 SC-FDMA 和 DFT-S-OFDM 原理框图

多载波 OFDMA 原理类似于 OFDM 调制原理,而在单载波 SC-FDMA 原理中,通过离散傅里叶变换把时域 QAM 调制信号变换成对应并行 M 路正交子信道在频域的频率和相位参数。在子载波映射模块中,补充 $N-M$ 个子信道频域的零频率和零相位参数,DFT-S-OFDM 调制信号从频域到时域的变换是通过 N 点 IFFT 运算完成的。

图 5-7-10 为 OFDM 和 SC-FDE 系统原理框图,根据应用场景需求,可以在 OFDM,OFDMA,SC-FDMA 和 SC-FDE 功能模块之间灵活转换。如 IFFT→ CPI→信道→CPE→FFT→信道均衡器链路构成 OFDM 系统,而 CPI→信道→CPE→FFT→信道均衡器→IFFT 链路构成 SC-FDE(single

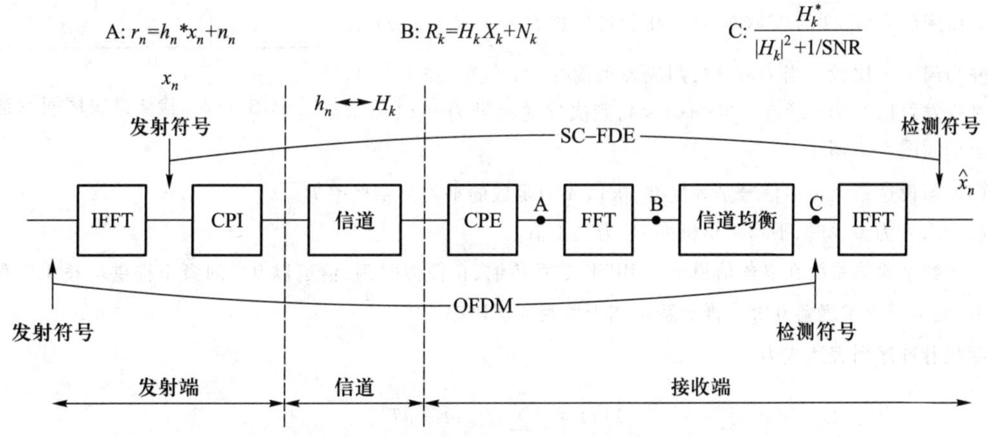

图 5-7-10 OFDM 和 SC-FDE 系统原理框图

carrier-frequency domain equalization)系统。

习题

5-1 已知:双极性信号 $S_1(t)=A,0\leqslant t<T$,为传号,$S_2(t)=-A,0\leqslant t<T$,为空号,传号的概率为 0.75,空号的概率为 0.25,信道为 AWGN 信道(双边噪声功率谱密度为 $N_0/2$),画出相关接收机结构的方框图,并推导出系统的差错率 P_e。$\left(注:函数\ Q(x)=\int_x^{\infty}\frac{1}{\sqrt{2\pi}}\exp\left(-\frac{t^2}{2}\right)dt\right)$

5-2 题图 5-1 所示为 2 个低通传输信号用于传输等概率的二进制序列,信道噪声为均值为零和方差为 $N_0/2$ 的 AWGN,信道的脉冲传输响应函数表示为

$$h(t)=4\delta(t)-2\delta(t-T)$$

为了避免连续信号传输的重叠,传输速率 bps 为 $R=1/2T$。

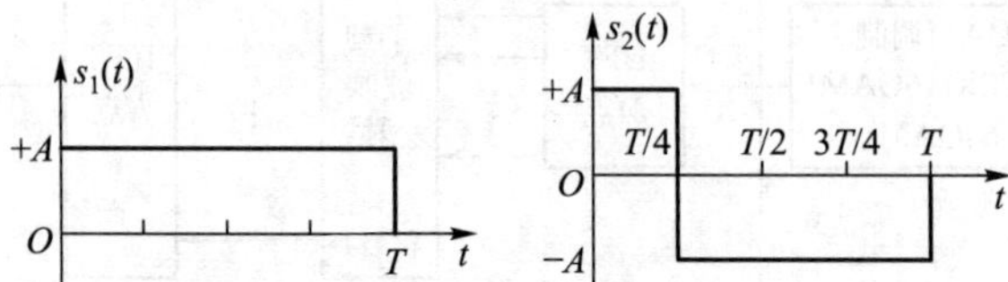

题图 5-1 传输二进制信息序列的低通信号

(1) 在无信道噪声场景下,画出 2 个可能接收信号波形;

(2) 画出最佳相干接收机原理框图;

(3) 求该通信系统的比特差错概率。

5-3 接收信号分别是 $r_1=as+n_1$ 和 $r_2=as+n_2$,其中噪声 n_1 和 n_2 分别为服从于 $N(0,\sigma_1^2)$ 和 $N(0,\sigma_2^2)$ 的高斯噪声变量,a 是常数。接收判决准则是当 $r=w_1r_1+w_2r_2>0$ 时,判决 $s=+1$,而当 $r=w_1r_1+w_2r_2\leqslant 0$ 时,判决 $s=-1$。其中 w_1 和 w_2 为加权系数。求系统的差错概率 P_e。

5-4 三元通信系统的接收信号是

$$r(t)=s_i(t)+n(t)$$

其中 $s_i(t)$ 为每 T 秒传输信号 0、$\varepsilon(t)$ 和 $-\varepsilon(t)$ 中的一种,$n(t)$ 为功率谱密度为 $N_0/2$ 的 AWGN,最佳接收机计算 $U=\int_0^T r(t)\,\varepsilon(t)\,dt$,并与门限 A 比较。当 $U>A$ 时,判决发射信号为 $\varepsilon(t)$。当 $U<-A$,判决发射信号为 $-\varepsilon(t)$。当 $-A<U<A$,判决发射信号为 0,具体示意如题图 5-2 所示。

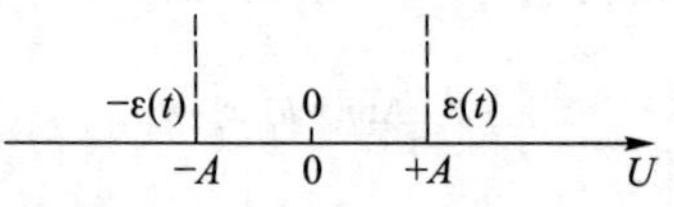

题图 5-2 检测判决区间示意

(1) 假设这三个传输信号是等概率,求以 A 为函数的平均差错概率 P_e。

(2) 求 A 为多少时,平均差错概率 P_e 为最小值。

5-5 一个数字通信系统在衰落信道采用 BPSK 数字传输,在任何时刻,信道以 0.9 的概率提供增益 1.0,信道以 0.1 的概率提供增益 0.05。推导系统相干检测的误码率。

5-6 随机脉冲序列表达式为

$$Y(t)=\sum_{n=-\infty}^{\infty}Y_n g(t-nT)$$

其中 $g(t)$ 是定义在 $[0,T]$ 区间的脉冲波形,$Y_n=X_n+0.5X_{n-1}$,X_n 是实数值的独立同高斯分布随机变量,其

均值为零,方差为 σ^2。确定该随机脉冲序列的功率谱密度函数。

5-7　OFDM 信号可用于处理多径延迟传播场景。

(1) OFDM 以什么信号格式来处理由传播信道引入的延迟扩展？为什么？

(2) 多普勒频移如何影响 OFDM 系统性能？采取什么对策来补偿多普勒效应？

(3) 参数 n 和 m 在什么物理内涵和条件下,$\exp(\mathrm{j}2\pi ft)=\exp\left(\mathrm{j}\dfrac{2\pi nm}{N}\right)$ 关系成立？

5-8　推导证明在二进制调制方案中,比特差错概率为

$$P_e=Q\left(\sqrt{\frac{(1-\rho)\overline{E}_b}{N_0}}\right)=Q\left(\sqrt{\frac{d^2}{2N_0}}\right)$$

5-9　设 $x(t)$ 为发射信号,经过具有瑞利衰落特性的平坦衰落信道的传输,接收信号为

$$r(t)=\alpha(t)x(t)+n(t)$$

其中 $\alpha(t)$ 是瑞利衰落信道的振幅增益,$n(t)$ 为零均值和双边功率谱密度为 $N_0/2$(单位 W/Hz)的噪声。

(1) 推导 $\alpha^2(t)$ 的概率分布;

(2) $\gamma_b=E_b/N_0$ 为无衰落信道的单位比特接收信噪比,推导在瑞利衰落信道下的单位比特接收信噪比;

(3) 在瑞利衰落信道下单位比特接收信噪比服从什么分布？

第 6 章　CDMA 通信的接收技术

CDMA 通信系统的抗干扰能力主要是通过把需要传输的输入信息能量扩展到比信息带宽大得多的频带上获得的,系统的扩频增益提供了一定的对抗噪声和干扰的能力。但当 CDMA 通信系统的扩频带宽受限,或所需传输信息的速率较高时,系统扩频增益不足以抑制噪声和干扰信号,就需要采取其他接收技术来提高 CDMA 通信系统对抗噪声和干扰的能力。

CDMA 通信系统的噪声和干扰主要来自信道噪声和时变多径衰落信道,对抗噪声和干扰的策略主要有回避(avoiding),减少(reduction)、缓解(mitigation)、删除(cancellation)和协同(cooperation)等方式。其中对抗多径衰落主要采用分集接收和 Rake 接收等,对抗接收信号的突发差错主要采用信道交织编码和信道编码等,对抗多址用户干扰(multiple access interference,MAI)主要采用多用户检测(multiple user detector,MUD)等,对抗远近效应主要采用功率控制等,对抗加性高斯白噪声或信道随机差错主要采用差错控制的信道编码等,对抗码间干扰(inter symbol interference,ISI)主要采用信道均衡,对抗固定频率干扰主要采用频率搬移的调制等。总之,没有哪一个通信接收技术可以包打天下,需要综合分析每一个通信接收技术的特点、优点和缺点,协同发挥各种通信接收技术的组合作用。

6.1　无线传播信道模型

移动通信信道是一种时变多径衰落信道,无线电波通过传输信道呈现的时变衰落现象,一般表现如下:

(1) 无线传播信号随着传播距离的变化而产生传播路径损耗。

(2) 传播环境中地形起伏、建筑物及其他障碍物对传播信号遮蔽引起的阴影衰落。

(3) 无线传播信号在传播路径中,受到环境地形地物的作用产生反射、绕射、散射和折射等,接收信号是多条路径信号的叠加,接收信号的幅度、相位和到达时间产生随机变化的多径时变衰落。

(4) 移动台和基站的相对移动,导致接收信号载频频移和载频带宽扩展的多普勒频移。

无线传播信道模型分为大尺度传播模型和小尺度传播模型两种,大尺度传播模型和小尺度传播模型并不是相互独立的,在同一无线传播信道中既存在大尺度传播衰落现象,也存在小尺度传播衰落现象。其中大尺度传播模型是描述大范围、长距离、长时间传播信号的特性受传输距离、地形地貌和气候环境等影响而缓慢变化的现象,反映在一定时间间隔内传播信号特性参数的均值随传播距离和环境变化而呈现的缓慢变化。而小尺度传播模型描述小范围、短距离、短时间间隔内传播信号特性参数快速波动变化的现象。

6.1.1　大尺度传播模型

大尺度传播模型是指发射机和接收机之间不存在任何遮挡产生的反射、绕射、散射、折射、透射、辐射和衍射等现象，只考虑理想状态下电磁波传输损耗，如微波视距通信和卫星空间通信等采用这种模型进行建模分析。大尺度传播模型也称为自由空间传播模型，是无线电波信号传播模型的基础。

假设：发射机和接收机之间存在直射传输路径，即发射机和接收机之间距离为 d，通过自由空间传播，接收端的接收信号功率 $P_r(d)$ 由自由空间方程给出，即

$$P_r(d)=\frac{P_s G_s G_r \lambda^2}{(4\pi)^2 d^2 L} \tag{6-1-1}$$

其中 P_s 为发射信号功率，G_s 为发射天线增益，$G_r=4\pi A_e/\lambda^2$ 为接收天线增益，G_r 与其等效面积 A_e 相关，A_e 由天线物理面积和形状决定，$\lambda=c/f$ 为接收信号波长，f 为接收信号频率，c 为光速，L 是与传播无关的系统路径损耗因子。

式(6-1-1)表示接收信号功率 $P_r(d)$ 与距离的平方和频率的平方成反比，其物理解释为，自由空间中电波在各方向传播是相同的，类似于直径不断增大的球面。基于能量守衡原则，在任意直径球面上能量是相同的，随着球面面积不断增大，单位球面面积的信号能量不断减小。面积随着直径的平方增加，单位面积上的能量随着直径的平方减小。

在视距传播场景中，电波场强预测往往采用自由传播模型或双线传播模型，大尺度传播路径衰落（free space propagation path loss）定义的路径损耗为发射信号功率 P_s 和接收信号功率 $P_r(d)$ 的比值，单位为 dB。

$$L_{path}(\mathrm{dB})=10\lg\frac{P_s}{P_r(d)}=-10\lg\left[\frac{G_s G_r \lambda^2}{(4\pi)^2 d^2 L}\right] \tag{6-1-2}$$

在实际场强测试中，需要确定某固定距离 d_0，在该处测量的接收信号功率为 $P_r(d_0)$，接收信号功率 $P_r(d)$ 与固定距离 d_0 的接收信号功率 $P_r(d_0)$ 的比值是

$$\frac{P_r(d)}{P_r(d_0)}=\frac{\dfrac{P_s G_s G_r \lambda^2}{(4\pi)^2 d^2 L}}{\dfrac{P_s G_s G_r \lambda^2}{(4\pi)^2 d_0^2 L}}=\left(\frac{d_0}{d}\right)^2,\quad d\geqslant d_0 \tag{6-1-3}$$

式(6-1-3)写成对数形式为

$$L_p(d)=L_p(d_0)+10\lg\left(\frac{d_0}{d}\right)^2 \tag{6-1-4}$$

其中 $L_p(d_0)$ 为发射机到 d_0 位置的传播路径损耗，d_0 为参考距离，一般在宏区域 $d_0=1$ km，微小区 $d_0=100$ m，微微小区 $d_0=1$ m。

［案例 6-1］：

大尺度传播模型主要有对数路径损耗模型、Okumura Hata 路径损耗模型和 Lee 路径损耗模型等。

(1) 对数路径损耗模型(log distance path loss model)

接收信号的平均功率随距离的增加以对数速率递减的模型称为对数路径损耗模型，对数路径损耗模型一般表示为

$$L_p(d)=L_p(d_0)+10\cdot k\lg\left(\frac{d_0}{d}\right) \tag{6-1-5}$$

其中 k 称为路径损耗指数,具体取决于信号传播场景。如自由空间场景 $k=2$,城市蜂窝无线通信场景 $k=2.7\sim3.5$,城市蜂窝无线通信阴影场景 $k=3\sim5$,建筑物内视距传输场景 $k=1.6\sim1.8$,被建筑物阻挡场景 $k=4\sim6$。

如果 $L_p(d)$ 包含长周期阴影的路径损耗,具体表示为

$$L_p(d)=\overline{L_p}(d)+\varepsilon(\text{dB})=\overline{L_p}(d_0)+10\alpha\lg\left(\frac{d}{d_0}\right)+\varepsilon(\text{dB}) \tag{6-1-6}$$

其中室内蜂窝无线通信场景 $\varepsilon=8$ dB,室外蜂窝无线通信场景 $\varepsilon=5$ dB。对于任意距离 d,路径损耗是服从对数正态分布的随机变量。

(2) Okumura Hata 路径损耗模型

在东京地区采集的电波传播测量数据拟合得到了 Okumura Hata 路径损耗模型曲线,其主要应用场景为平坦地形环境,适用于室外的无线通信系统。电波传播测量参数主要是载频频率 $f_c=150\sim1\,000$ MHz, 基站和移动台天线高度分别是 $h_b=30\sim200$ m 和 $h_m=1\sim10$ m,电波传输距离 $d=1\sim20$ km。

Okumura Hata 路径损耗为

$$L_p(d)=\begin{cases}A+B\lg(d) & \text{城市}\\ A+\lg(d)-C & \text{郊区}\\ A+\lg(d)-D & \text{开阔}\end{cases} \tag{6-1-7}$$

其中 $A=69.55+26.16\lg(f_c)-13.82\lg(h_b)-a(h_m)$, $B=44.9\sim6.55\lg(h_b)$, $C=5.4+2\,[\lg(f_c/28)]^2$, $D=40.94+4.78\,[\lg(f_c)]^2-18.33\lg(f_c)$。

(3) Lee 路径损耗模型

预测区域到区域路径损耗的 Lee 模型主要由两部分组成,即特殊区域的路径损耗预测和与特殊区域不同区域的调整因子。

Lee 路径损耗模型的主要参数有功率为 1.6 km 处的功率 P_0(dBm)和路径损耗指数 k。Lee 路径损耗为

$$P_r(d)=P_0(\text{dBm})-10k\lg\left(\frac{d}{d_0}\right)-10n\lg\left(\frac{f}{f_c}\right)+a_0(\text{dB}) \tag{6-1-8}$$

在自由空间场景 $P_0=-45$ dBm 和 $k=2$、开阔区域场景 $P_0=-49$ dBm 和 $k=4.35$、郊区场景 $P_0=-61.7$ dBm 和 $k=3.84$,其中 a_0(dB)为调整因子。

[小结 6-1]:

(1) 在自由空间传播模型中,传输信号的载波频率或传输距离每增加一倍,自由空间路径损耗增加 6 dB。

(2) 在实际电波场强测试中,需要确定某一固定距离 d_0,通过调整发射信号功率使得在固定距离 d_0 处场强测试值恒定,以保证场强测试的可比性和准确性。

(3) 如果电波传播信号功率 P_t 以 W 为单位,接收信号功率值以 dBW 为单位,存在关系 1 W=0 dBW 和 1 mW=0 dBm。

(4) dBW 表示相比 1 W (0 dBW)是大或小(dB)。同样,dBm 表示相比 1 mW (0 dBm)是大或小(dBm)。因为 1 W=1 000 mW, xW$=x\times1\,000$ mW, 存在 xdBW$=(x+10\lg1\,000)$ dBm$\approx(x+30)$ dBm 关系。

6.1.2 小尺度传播模型

对通信系统的接收信号而言,电波传播信号的大尺度传播参数主要影响接收机的接收门限,应该更多考虑电波传播信号的小尺度传播参数变化。小尺度传播参数是描述短距离(即物理距离尺度和电波传播信号的波长处在相同量级)情况下,与频率密切相关的传播信号参数随时间变化的时变效应,其主要是电波传播信号经过不同衰落路径到达接收端叠加而引起的。

小尺度传播影响主要有两个重要特性,即接收信号是多条路径信号叠加引入的多径传播效应和接收机与发射机的相对位置移动引入的多普勒频移效应,这些特性使得接收信号在时间、频率和角度等产生色散,往往采用传播信号功率频谱密度在时间、频率和角度等域的分布函数来描述该色散特性。如时延功率谱密度分布描述信道在时间域的色散,多普勒功率谱密度分布描述信道在频率域的色散,角度功率谱密度分布描述信道在角度域的色散。

最简单的信道为恒参信道,即加性高斯白噪声(additive white gaussian noise,AWGN)信道,简称高斯白噪声信道或高斯信道,其模型如图 6-1-1 所示。

高斯信道是平均功率受限的信道,信息论的香农(Shannon)信道容量公式就是在高斯白噪声信道下,给出了信息传输容量的理论极限,香农(Shannon)信道容量理论极限是通信系统所追求的目标。

图 6-1-2 为变参信道数学模型,传播信号在实际的传播信道中,除了受到噪声的影响外,通过信道还会产生一定的畸变和失真,信道传输函数一般以脉冲冲激响应函数 $h(\tau,\Delta f,t)$ 来表示。

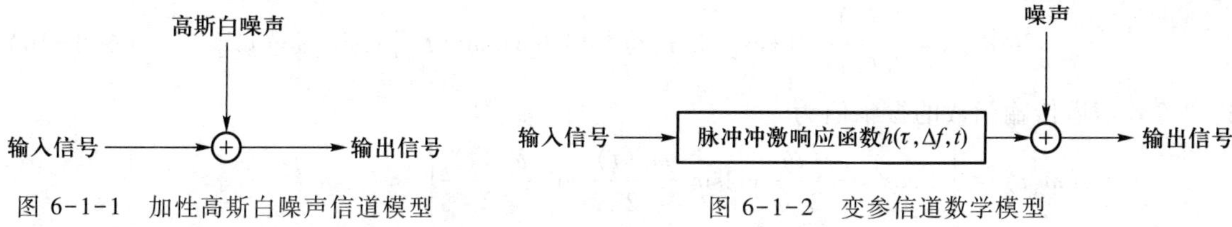

图 6-1-1 加性高斯白噪声信道模型　　图 6-1-2 变参信道数学模型

多径衰落信道可用脉冲冲激响应函数来表示,即

$$h(\tau,\Delta f,t)=\sum_{l}\alpha_l\exp[\mathrm{j}(2\pi\Delta f\cdot t+\Delta\theta)]\delta(t-\tau_l) \tag{6-1-9}$$

其中 α_l 和 τ_l 分别是第 l 路径接收信号的衰减因子和传播延时,Δf为频率偏差,$\Delta\theta$ 为相位偏差,$\delta(t)$是冲激函数。

信道脉冲冲激响应函数 $h(\tau;t)$ 可建模为零均值的复高斯随机过程,当衰落信号包络 $|h(\tau;t)|$服从瑞利(Rayleigh)概率分布,该信道称为瑞利(Rayleigh)衰落信道。当衰落信号包络 $|h(\tau;t)|$ 服从莱斯(Rician)概率分布,该信道称为莱斯(Rician)衰落信道。当衰落信号包络 $|h(\tau;t)|$服从 Nakagami-m 概率分布,该信道称为 Nakagami-m 衰落信道。

[**案例 6-2**]:

以高频短波通信为例,分析电离层反射两条路径信号的多径衰落效应机理。

1921 年意大利首都罗马近郊发生了一场大火,高频短波求救信号传到了几千公里外,实现了首次远距离通信,掀开了高频短波通信的篇章。高频短波通信的电波传播方式主要包括地波和电离层反射波传播,每种传播方式有各自频率范围、距离大小和传播特性。

高频短波通信中，电离层反射波的多径传播效应示意如图 6-1-3 所示，图中输入信号为 $S_i(t)$，相对时延为 $\tau(t)$，假设电离层反射的两条路径传播信号到达接收端的接收信号强度相等，合成接收信号表示为 $S_0(t)=S_i(t)+S_i(t)\mathrm{e}^{\mathrm{j}\omega\tau(t)}$。

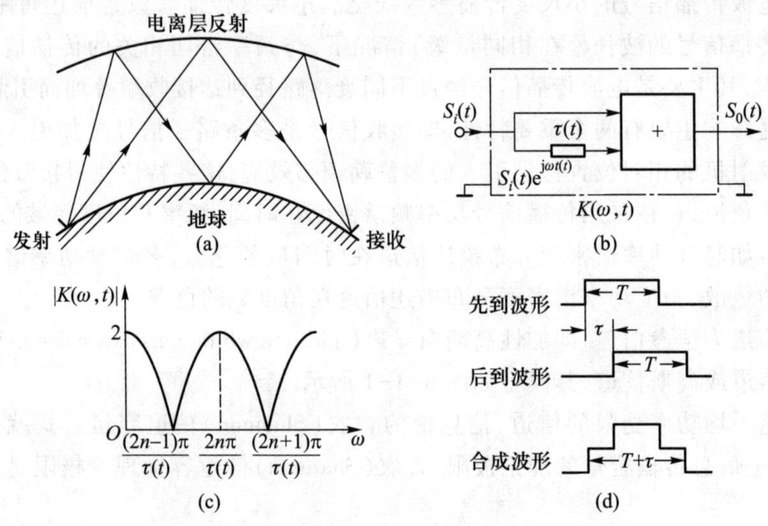

图 6-1-3 电离层反射波的多径传播效应示意

高频短波通信等效信道的传输函数表示为

$$H(\omega,t)=\frac{S_0(t)}{S_i(t)}=1+\exp[\mathrm{j}\omega\tau(t)]=1+\cos[\omega\tau(t)]+\mathrm{j}\sin[\omega\tau(t)] \tag{6-1-10}$$

其中等效信道传输函数的振幅值为

$$\begin{aligned}|K(\omega,t)|&=\left|2\cos^2\frac{\omega\tau(t)}{2}+\mathrm{j}2\sin\frac{\omega\tau(t)}{2}\cos\frac{\omega\tau(t)}{2}\right|\\&=2\left|\sqrt{\left(\cos^2\frac{\omega\tau(t)}{2}\right)^2+\left(\sin\frac{\omega\tau(t)}{2}\cos\frac{\omega\tau(t)}{2}\right)^2}\right|=2\left|\cos\frac{\omega\tau(t)}{2}\right|\end{aligned} \tag{6-1-11}$$

式(6-1-11)说明：接收信号在不同频率经历传播信道的衰落 $|K(\omega,t)|$ 是不同的。当频率为 $\omega=2n\pi/\tau(t)$，两条路径叠加的接收信号振幅同相叠加，$|K(\omega,t)|$ 呈现传输极点。而在 $\omega=(2n+1)/\tau(t)$，两条路径叠加的接收信号振幅反相抵消，$|K(\omega,t)|$ 呈现传输零点。由于传输相对时延 $\tau(t)$ 也是时间的函数，叠加接收信号的传输极点和传输零点在频率轴上的位置会随时间而变，出现所谓的频率选择性衰落现象。另外，叠加接收波形的带宽持续时间间隔会从 T 扩展到 $T+\tau$，出现波形展宽现象。

［**案例 6-3**］：

图 6-1-4 为多普勒频移效应，如果基站发射某单一载频 f_c 信号，移动台以恒定速度 V 沿着 X 轴移动，$\theta(t)$ 为载频 f_c 的发射信号传播方向与 X 轴的夹角，移动台在时刻 t 接收信号的频率为 $f_c+f_D(t)$，其中 $f_D(t)$ 为多普勒频移，有

$$f_D(t)=\pm\frac{Vf_c}{c}\cos\theta(t)=\pm\frac{V\cos\theta(t)}{\lambda}$$

(6-1-12)

当 $|\cos\theta(t)|=1$ 时,得到多普勒频移最大值,即 $f_{D,\max}=V/\lambda$。

如果移动台的接收天线以速度 V 远离基站发射天线,接收天线在 $t_0=0$ 时刻位移为 r_0,在 t 时刻接收天线的位移为 $r=r_0+Vt$,则第一条传播路径信号的载频由 f 变为 $f(1-V/c)$,第二条传播路径信号的载频由 f 变为 $f(1+V/c)$,出现接收信号载频频移和带宽扩展现象。

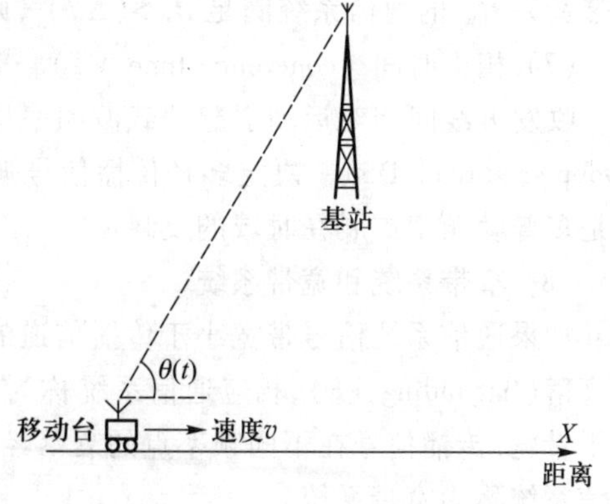

图 6-1-4 多普勒频移效应

6.1.3 无线传播信道有关基本特性

无线传播信道有关基本特性主要有频率选择性衰落、多径时延扩展、相干带宽、相干时间、窄带系统和宽带系统、慢衰落和快衰落信道、传播信道模型和传播信道相关参数之间的关系等。

［**小结 6-2**］:

(1) 电波传播信号的大尺度参数主要影响移动通信系统的小区架构和接收机的接收门限。移动通信系统接收技术主要关注电波传播信号的小尺度参数,电波传播信号的小尺度传播参数是描述物理距离尺度和电波传播信号的波长处在相同量级时与频率密切相关的电波传播信号参数随时间变化的时变信道响应特性。

(2) 在小尺度衰落传播信道模型中,发射端和接收端之间不存在直传路径(NLOS)场景下,其信道模型抽头加权系数的幅度参数服从瑞利(Rayleigh)衰落模型。在发射端和接收端之间存在直传路径(LOS)场景下,其信道模型抽头加权系数的幅度参数服从莱斯(Rician)衰落模型。当信道模型抽头加权系数的幅度参数服从 Nakagami-m 分布时,该信道称为 Nakagami-m 模型。

(3) 频率选择性衰落

到达接收端的接收信号如果是来自多条传播路径信号的叠加,信道传输函数存在传输极点和传输零点,且在频率轴上位置随时间而变,会出现频率选择性衰落。

(4) 多径时延扩展

电波传播信号经过不同路径的反射、散射和绕射等到达接收端,当频率固定为 ω 时,相邻到达波形的相位差由电波传播信号所经历传播路径的时间差 T_m 决定,即相位差 $\Delta\varphi=\omega\cdot T_m$,其中 T_m 也为多径传播时延扩展。

(5) 相干带宽 (coherence bandwidth,CB)

多径时延扩展中相位差为 $\Delta\varphi=\omega\cdot T_m$,当频率 ω 在 0 和 $1/T_m$ 之间偏离时,两路径信号的相位差小于 π,同相(反相)传播信号叠加不会出现反相(同相)现象,决定接收信号强度不会发生正负反向剧变的频率间隔,此时的带宽称为相干带宽,其定义为 $(\Delta f)_c=1/T_m$。

(6) 描述信道衰落的统计参数相干带宽 $(\Delta f)_c=1/T_{\max}$,其中 $T_{\max}$ 为多径传播信号的最大传输时延。如果信号带宽为 B_W 的通信系统满足 $B_W<(\Delta f)_c$,则其传播信道为平衰落信道;而若信

号带宽为 B_W 的通信系统满足 $B_W>(\Delta f)_c$,则其传播信道为频率选择性信道。

(7) 相干时间 (coherence time,CT)

收发天线间相对运动引起的载波频率偏移称为多普勒效应,其产生的频率差为多普勒扩展(Doppler spread,DS)。决定多径传播信号强度不发生正负反向剧变的时间间隔,称为相干时间,它是多普勒频率扩展在时域的反映。

(8) 窄带系统和宽带系统

如果通信系统信号带宽小于传播信道的相干带宽,传播信号所经历的衰落基本相同,称为平坦衰落(flat fading,FF),相应通信系统称为窄带系统。如果通信系统信号带宽大于传播信道的相干带宽,传播信号在不同频率点的衰落经历正负反向剧变,出现频率选择性衰落现象,则相应通信系统称为宽带系统。

(9) 慢衰落和快衰落信道

如果通信系统信号持续时间长度小于信道的相干时间,传播信号在不同时刻的衰落不会经历正负反向剧变,则相应信道称为慢衰落信道。如果通信系统信号持续时间长度大于信道的相干时间,传播信号在不同时刻的衰落会经历正负反向剧变,则相应信道称为快衰落信道。

(10) 传播信道模型

传播信道模型一般采用等效线性时变系统来描述,如图 6-1-5 所示,其数学表达式为

$$r(t)\big|_{t=nT}=[s(t)*b(t)+n(t)]\big|_{t=nT} \tag{6-1-13}$$

其中 $s(t)$ 是输入信号,$r(t)$ 是输出信号,$b(t)$ 是表征信道传播特性的等效信道脉冲响应函数,$n(t)$ 表示加性噪声。

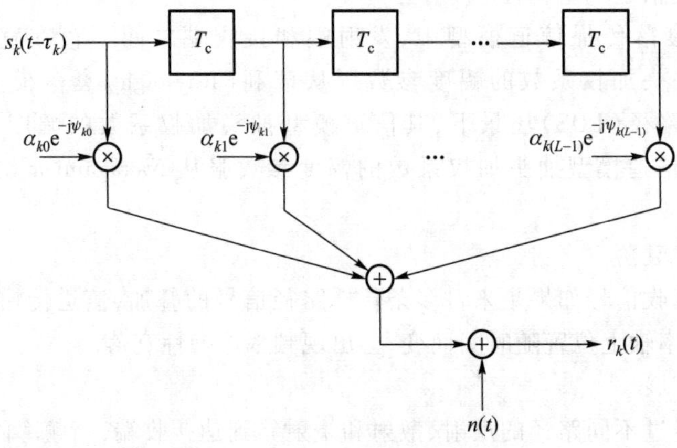

图 6-1-5 等效线性时变系统

信道建模除了模型架构和时延 T 外,信道建模的关键和难点是等效信道脉冲响应函数,即各路径的加权系数 $b(t)=\alpha(t)\exp[j\psi(t)]$,其中 $\alpha(t)$ 为振幅衰落,$\psi(t)$ 为相位。

(11) 传播信道相关参数之间的相互关系

传播信道相关参数之间的关系如图 6-1-6 所示。

其中 $\phi_H(\Delta f,\Delta t)$ 为频率时间相关函数,$(\Delta f)_c$ 为相干带宽,$\phi_H(\Delta f)$ 为频率相关函数,$\phi_H(\Delta t)$ 为时间相关函数,$(\Delta t)_c$ 为相干时间,T_m 为多径信号的时延扩展,$\phi_h(\tau)$ 为时延功率频谱

密度函数,$\Phi_{\mathrm{H}}(v)$为多普勒功率频谱密度函数,B_{d} 为多普勒频率扩展。

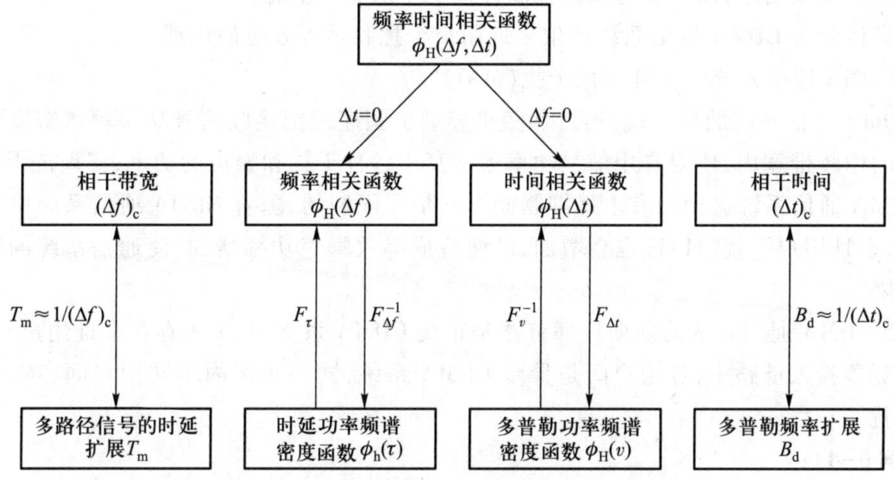

图 6-1-6 传播信道相关参数之间的关系

$\phi_{\mathrm{H}}(\Delta f,\Delta t)$频率时间相关函数和$\phi_{\mathrm{H}}(\Delta f)$频率相关函数存在关系

$$\phi_{\mathrm{H}}(\Delta f,\Delta t)\big|_{\Delta t=0}=\phi_{\mathrm{H}}(\Delta f) \tag{6-1-14}$$

$\phi_{\mathrm{H}}(\Delta f,\Delta t)$频率时间相关函数和$\phi_{\mathrm{H}}(\Delta t)$时间相关函数存在关系

$$\phi_{\mathrm{H}}(\Delta f,\Delta t)\big|_{\Delta f=0}=\phi_{\mathrm{H}}(\Delta t) \tag{6-1-15}$$

$(\Delta f)_{\mathrm{c}}$ 相干带宽和 T_{m} 多径信号的时延扩展存在关系

$$T_{\mathrm{m}}=\frac{1}{(\Delta f)_{\mathrm{c}}} \tag{6-1-16}$$

$(\Delta t)_{\mathrm{c}}$ 相干时间和 B_{d} 多普勒频率扩展存在关系

$$B_{\mathrm{d}}=\frac{1}{(\Delta t)_{\mathrm{c}}} \tag{6-1-17}$$

$\phi_{\mathrm{H}}(\Delta f)$频率相关函数和$\phi_{\mathrm{h}}(\tau)$时延功率频谱密度函数,$\phi_{\mathrm{H}}(\Delta t)$时间相关函数和$\Phi_{\mathrm{H}}(v)$多普勒功率频谱密度函数互为一对傅里叶变换,即

$$\phi_{\mathrm{H}}(\Delta f) \Leftrightarrow \phi_{\mathrm{h}}(\tau) \tag{6-1-18}$$

$$\phi_{\mathrm{H}}(\Delta t) \Leftrightarrow \Phi_{\mathrm{H}}(v) \tag{6-1-19}$$

6.2 自适应功率控制

由于 CDMA 通信系统是一个功率受限系统,所以有必要采用自适应功率控制技术,即根据信道传播和接收信号特性,通过反馈信道,按照一定功率控制准则,调节发射信号或接收信号的相关参数,有效克服 CDMA 通信系统中由于伪随机多址扩频序列互相关系数不为零或异步 CDMA 通信系统带来的多址用户干扰(multiple access interference,MAI)、CDMA 通信系统上行链路中远近效应和 CDMA 通信系统下行链路中角效应等干扰。

采用自适应功率控制必须具备两个基础条件:

(1) 具有准确的信道状态估计,以便确定功率控制的相关参数。

(2) 具有反馈信道,以便及时反馈控制传输功率的相关信息。

下面具体分析CDMA通信系统产生多址用户干扰和远近效应的机理。

(1) CDMA通信系统的多址用户干扰(MAI)

在CDMA通信系统的接收端,通过伪随机多址扩频序列把接收信号功率频谱密度的带宽解扩到指定的中频带宽内,使得有用信号功率远远高于各种干扰和噪声的功率,实现抗干扰的可靠通信。CDMA通信系统这种固有干扰抑制能力不是无限制的,随着CDMA通信系统中多址用户数的增加,多址用户干扰(MAI)也会增加,最终造成等效噪声功率增加,使通信系统的性能和容量急剧下降。

IS-95 CDMA通信系统的前向广播链路是正交CDMA系统,基本不存在多址用户干扰,而在反向多址竞争接入链路中,各用户间是异步CDMA系统,同一小区内不同用户间存在一定的多址用户干扰。

[**案例6-4**]:

假设:CDMA通信系统中,多址用户UE_1,UE_2和UE_3分别发射信号$s_1(t)$,$s_2(t)$和$s_3(t)$,传播信道为单一路径衰落信道,基站接收到的信号表示为

$$r(t)=h_1s_1(t)+h_2s_2(t)+h_3s_3(t)+n(t) \tag{6-2-1}$$

其中h_1,h_2和h_3分别是UE_1,UE_2和UE_3到基站对应信道传输函数的复振幅系数,$n(t)$为AWGN且噪声功率为P_n,UE_1,UE_2和UE_3发射功率分别是P_1,P_2和P_3,UE_1,UE_2和UE_3到基站的信号与干扰噪声功率比分别为

$$\gamma_1=\frac{|h_1|^2P_1}{|h_2|^2P_2+|h_3|^2P_3+P_n},\quad \gamma_2=\frac{|h_2|^2P_2}{|h_1|^2P_1+|h_3|^2P_3+P_n}\quad 和\quad \gamma_3=\frac{|h_3|^2P_3}{|h_1|^2P_1+|h_2|^2P_2+P_n} \tag{6-2-2}$$

其中$\gamma_x(x=1,2,3)$分母中除信道噪声外均是多址用户干扰。

当UE_1、UE_2和UE_3中只有一个用户在发射信号时,若该用户为UE_1,则信噪比是

$$\gamma_1^*=\frac{|h_1|^2P_1}{P_n} \tag{6-2-3}$$

可见$\gamma_1^*\geqslant\gamma_x$。

在CDMA通信系统设计中,事先需要根据某预定的系统差错率,给出接收信号所需单位比特信噪比E_b/N_0值,即平均单位比特接收信号能量E_b与噪声单边功率谱密度N_0比值。而信噪比(signal to noise power ration,SNR)是信号功率和噪声功率的比值,需要将k位比特信息组合成n位比特调制符号后,信噪比SNR和单位比特信噪比E_b/N_0的关系为

$$\frac{E_b}{N_0}=\frac{n}{k}\cdot SNR \tag{6-2-4}$$

[**案例6-5**]:

IS-95 CDMA通信系统反向链路的扩频增益是1.228 8 Mbps/9.6 kbps=128,系统卷积码达到10^{-2}差错率需要$E_b/N_0=4$ dB。如果基站接收机中差错主要由多址用户干扰引起,系统共有K个用户且每个用户到达基站的功率都为P。

在基站接收端，接收期望用户 UE_1 的信号功率是 P，接收到的干扰功率是其他 $K-1$ 个用户到达基站的功率 $(K-1)P$。期望用户 UE_1 的信号干扰比（SIR）为

$$\gamma=\frac{P}{(K-1)P}=\frac{1}{K-1} \tag{6-2-5}$$

其中 γ 相当于扩频增益 128，对应的 $E_b/N_0=128\gamma=128/(K-1)$。由于 $E_b/N_0=4$ dB 转换为线性值约为 2.5，可以求得 CDMA 通信系统的用户数 K 大约为 50。

（2）CDMA 通信系统的远近效应

［**案例 6-6**］：

CDMA 通信系统远近效应示意如图 6-2-1 所示，系统中的多址用户 A、B 和 D 分别采用伪随机序列（PN）扩频调制，如果用户 A 与用户 D 间距离是用户 B 与用户 D 间距离的 1 000 倍，除非用户 D 接收机具有 60 dB 以上扩频处理增益，否则用户 D 接收机无法接收用户 A 的发射信号。

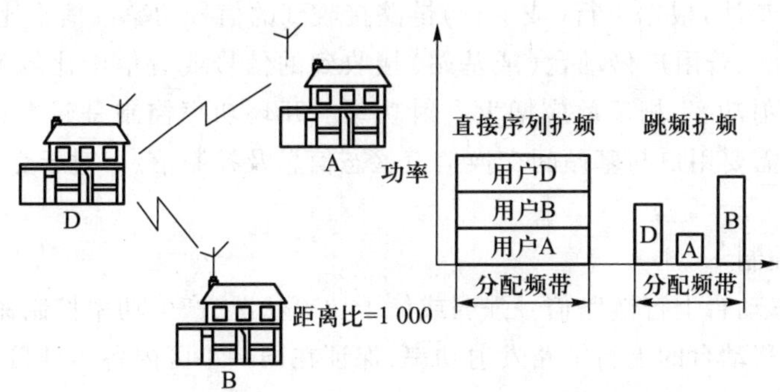

图 6-2-1 CDMA 通信系统远近效应示意

CDMA 通信系统中远近效应反映信号过强的近端非期望用户会阻塞信号弱的远端期望用户的信息传输。

6.2.1 自适应功率控制准则

自适应功率控制准则可以分为：功率平衡准则、信干比平衡准则、混合平衡准则和误码率平衡准则等。

功率平衡准则是在接收端，收到各用户的信号功率相等，即在上行链路中，各移动台到达基站的信号功率相等。在下行链路中，各移动台收到基站的有用信号功率相等。信干比平衡准则是指接收到的各用户信号干扰比应相等，即在上行链路中，基站接收到各移动台的信号干扰比相等。在下行链路中，各移动台收到的基站信号的信号干扰比相等。混合平衡准则是指混合功率平衡和信干比平衡体制，误码率平衡准则是指以接收端的误码率作为衡量标准。

IS-95 CDMA 通信系统与 IMT-2000 通信系统都是基于信干比平衡准则，信干比的目标函数及参考阈值由系统的误码率性能来决定。

6.2.2 自适应功率控制方法

CDMA 通信系统中,自适应功率控制按照上下行链路来分,还可分为开环和闭环功率控制。

(1) 上行链路功率控制

控制移动台的信号发射功率,使得基站接收到小区内所有用户发送至基站的信号功率或信干比基本相等,以此来克服 CDMA 通信系统的远近效应。对于干扰受限的 CDMA 通信系统,干扰的减小还可以增加小区的用户容量。

(2) 下行链路功率控制

根据接收到不同用户导频信号的强弱,对基站的信号发射功率再分配,使小区中所有多址接入用户收到的导频信号功率或信干比基本相等,可以优化下行链路的功率分配方案,提高小区容量。

(3) 开环功率控制

用户移动台(或基站)根据下行(或上行)链路接收到的信号功率或信干比,对传播信道的衰落情况进行实时估计。若用户移动台(或基站)接收到的信号或者信干比较强,用户移动台(或基站)可降低信号发射功率,相反就应增大发射功率。开环功率控制是建立在上下行链路具有对称性的基础上,不需要用户与基站间交换信道状态信息及控制信息,对于克服阴影效应引起的慢衰落很有效。

(4) 闭环功率控制

基站根据收到移动台上行链路信号强弱或信干比等状况,产生功率控制命令,通过反馈信道回送至移动台,控制移动台的上行链路发射功率,保证在同一小区内各多址接入用户发射信号到达基站具有基本相同的信号强度或信干比。

[**案例 6-7**]:

IS-95 CDMA 通信系统中,下行链路采用同步 CDMA,而上行链路采用异步 CDMA,下行链路性能优于上行链路。下行链路可以采用简单慢速闭环功率控制方案,而上行链路采用开环功率控制、闭环功率控制和外环功率控制。

开环功率控制主要完成入网信道的功率控制,移动台每次入网要通过多次探测,根据额定开环功率步长±0.5 dB 改变信号发射功率,一直到移动台接收到基站发送认可消息才结束。对于闭环功率控制,IS-95 CDMA 通信系统定义控制比特内涵,即 **0** 表示增加信号发射功率,**1** 表示减少信号发射功率。控制比特速率为 800 bps,基站通过检测移动台发送连续 6 个 Wash 函数估计移动台的信号发射功率,与信干比门限进行比较,决定发送控制比特。外环功率控制是在一定误帧率下,确定闭环功率控制的预置接收信号功率或信干比的门限值。

在 cdma 2000 1X 通信系统中,基站根据反向链路的导频信道估计移动台信号发射功率或信干比,功率控制分为公用信道的功率控制和专用信道的功率控制,该功率控制再进一步分为上行和下行链路的功率控制。

图 6-2-2 所示为上行链路导频信道的功率控制子信道结构,在下行链路功率控制中,反向导频信道包含上行功率控制子信道结构及对应的功率控制组。

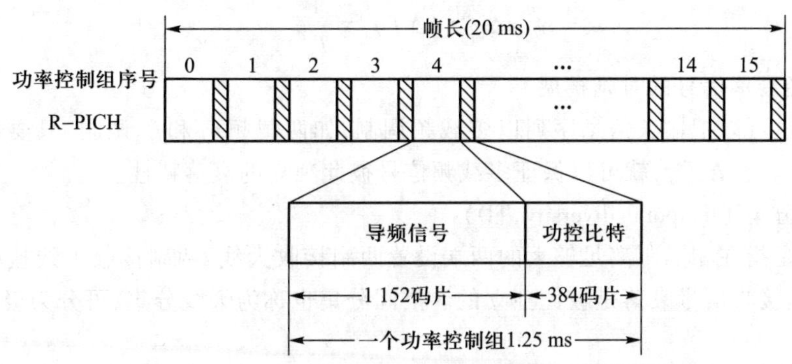

图 6-2-2 上行链路导频信道的功率控制子信道结构

6.3 分集接收技术

如果某条单路径时变衰落信号的幅度低于检测门限的概率为 p,L 条路径时变衰落信号幅度均都低于检测门限的概率 p^L 会远远低于单条路径信号低于检测门限的概率 p,这是分集接收技术对抗多径衰落信道产生影响,改善接收信号质量的基本思想。从统计特性看,到达接收端的多径时变衰落信号,可以认为多径时变衰落信号彼此是相互独立的。

采用分集接收技术的前提有两点:

(1) 能够正确分离出 L 路彼此相互独立的时变衰落传播信号;

(2) 采用相互独立的 L 路时变衰落传播信号的合并算法。

6.3.1 分离相互独立衰落信号

通过时域、频域和空域等可以得到相互独立的多条路径时变衰落信号, 来对抗时间、频率和空间域的选择性衰落。时间分集和频率分集会降低系统的频带利用率,而空间分集不会在时间域或频率域中引入冗余。

(1) 时间分集

在 CDMA 通信系统中,信道传播特性是随着时间变化而变化的。当采样时间间隔大于传播信道的相干时间时,传播信道衰落特性在这两时刻是相互独立的。只要采样时间间隔大于信道相干时间,两采样信号样点间的衰落互不相关,其条件是

$$\Delta t \geqslant (\Delta t)_c \tag{6-3-1}$$

其中 Δt 为时间域信号采样时间间隔,$(\Delta t)_c$ 为信道相干时间。

时间分集又称延时分集,指接收端把 L 条路径相互独立衰落信号加在一起。时间分集往往只需要增设存储器来接收和存储 L 条路径独立衰落信号,属于 L 重时间分集系统。

(2) 频率分集

如果两路径传播信号的载波频率间隔大于信道的相干带宽,则这两路传播信号的衰落是相互独立的。可以把输入信息序列分别调制在不同载波信号上,载波频率间隔 Δf 大于信道相干带宽 $(\Delta f)_c$,即

$$\Delta f \geqslant (\Delta f)_c = \frac{1}{T_m} \tag{6-3-2}$$

其中 T_m 为多径衰落信号的时延扩展。

频率分集也可以把输入信息序列以多载频调制，如两载频 f_{c1} 和 f_{c2} 调制，只要载频间隔足够大，满足 $|f_{c1}-f_{c2}|>(\Delta f)_c$，就可以保证多载频信号彼此独立的衰落特性。

（3）空间分集（temporal diversity，TD）

空间分集是指在相隔距离足够大的两端设置两副接收天线，两副接收天线接收同一发射信号，可以认为其接收信号衰落是彼此独立的。空间分集也称为天线分集，可分为极化分集和角度分集。

极化分集是指水平和垂直极化天线可以分离相互正交的信号。角度分集是指设置多副方向性天线，天线间距离为 d，满足

$$d \geqslant \frac{\lambda}{\varphi} \tag{6-3-3}$$

其中 λ 为载波频率波长，φ 为天线扩散角。

角度分集接收到的多径衰落信号是不相关的，一般分集数为 $L=2\sim4$。

6.3.2　多路独立衰落信号合并算法

图 6-3-1 为分集接收技术基本原理框图，相对于隐分集接收的 Rake 接收而言，这里的分集接收技术也称为显分集接收。

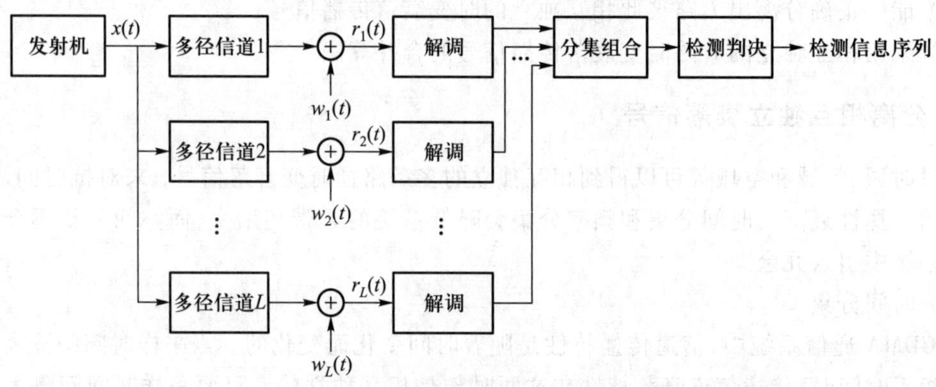

图 6-3-1　分集接收技术基本原理框图

在图 6-3-1 中，把经过时间、频率和相位调整的 L 条路径相互独立时变衰落信号进行线性叠加，得到

$$\begin{aligned} r(t) &= h_1(t)r_1(t)+h_2(t)r_2(t)+\cdots+h_L(t)r_L(t) \\ &= \sum_{l=1}^{L} h_l(t) \otimes r_l(t) = \sum_{l=1}^{L} [\alpha_l(t)\exp(-\mathrm{j}\varphi_l)] \cdot r_l(t) \end{aligned} \tag{6-3-4}$$

其中 $r_l(t)$ 为第 l 路径时变衰落信号，第 l 路径时变衰落信号的抽头加权系数为

$$h_l(t) = \alpha_l(t)\exp[-\mathrm{j}\varphi_l(t)] \cdot \delta_l(t) \tag{6-3-5}$$

相互独立的 L 条路径衰落信号通过不同形式的合并算法获得分集接收增益，使得分集接收

输出信噪比的均值大于任何单路径衰落信号信噪比的均值,也就是说,分集接收可有效地降低信噪比低于正常工作信噪比门限的概率。

分集接收信噪比的改善与时变衰落信号抽头加权系数 $h_l(t)=\alpha_l(t)\exp[-j\varphi_l(t)]\cdot\delta_l(t)$ 有关,相互独立的 L 条路径时变衰落信号合并算法具体如下。

(1) 选择合并(selective combining,SC)算法

在式(6-3-4)中,选择具有最大信噪比的某路径衰落信号作为输出信号,即具有最大信噪比的某路径时变衰落信号的加权系数等于 1,其余路径时变衰落信号的加权系数都为 0。

如果具有最大信噪比的第 l 路径信号功率为 $|r_l|^2/2$,噪声平均功率为 N_l,第 l 路径信噪比为 $\gamma_k=|r_l|^2/(2N_l)$,基于选择合并算法的分集接收输出信号信噪比为

$$\gamma_{SC}=\max[\gamma_l],\quad l=1,2,\cdots,L \tag{6-3-6}$$

(2) 最大比合并(maximal ratio combining,MRC)算法

选择合并算法只选择其一个路径时变衰落信号,而丢弃携带有用信息的其他 $L-1$ 条路径时变衰落信号。如果充分利用携带有用信息的其他 $L-1$ 条路径时变衰落信号,肯定会提高分集接收输出信号的信噪比。

最大比合并算法就是把各路径时变衰落信号分别进行加权合并输出,需要对各路径时变衰落信号的相位进行调整,使得各路径时变衰落信号的相位产生同相叠加效应,这就要求选择准确的加权系数 $h_l(t)$,$l=1,2,\cdots,L$。

最大比合并算法输出信号功率为 $\left|\sum_{l=1}^{L}h_l(t)\otimes r_l(t)\right|^2$,分集接收输出噪声功率为 $\left|\sum_{l=1}^{L}h_l(t)\otimes n_l(t)\right|^2$,基于最大比合并算法的分集接收输出信号信噪比为

$$\gamma_{MRC}=\frac{\left|\sum_{l=1}^{L}h_l(t)\otimes r_l(t)\right|^2}{\left|\sum_{l=1}^{L}h_l(t)\otimes n_l(t)\right|^2} \tag{6-3-7}$$

(3) 等增益合并(equal gain combining,EGC)算法

等增益合并算法中的加权因子均为 $h_l(t)=\alpha_l(t)\exp[-j\varphi_l(t)]\cdot\delta_l(t)$,基于等增益合并算法的分集接收输出信号信噪比为

$$\gamma_{EGC}=\frac{\sum_{l=1}^{L}|r_l(t)|^2}{\sum_{l=1}^{L}|n_l(t)|^2} \tag{6-3-8}$$

[案例 6-8]:

在 Rayleigh 衰落传播信道场景下,采用基于选择合并(SC)算法的 L 重分集接收算法,给出以信噪比为自变量的分集接收输出信号的概率密度函数。

假设:第 l 条路径时变衰落信号的振幅 $\alpha_l(l=1,2,\cdots,L)$ 符合 Rayleigh 分布,其概率密度函数(probability density function,PDF)为

$$f_{\alpha}(x)=\frac{x}{\sigma_{\alpha}^{2}}\exp\left(-\frac{x^{2}}{2\sigma_{\alpha}^{2}}\right),\quad x\geqslant 0 \tag{6-3-9}$$

其中 $\sigma_{\alpha}^{2}=E(\alpha^{2})/2$。

γ_l 为第 l 条路径时变衰落信号中单位比特的信噪比，$E(\gamma_l)=\Gamma_c(l=1,2,\cdots,L)$ 为信噪比的均值，γ_l 服从信噪比均值为参数的指数分布，其概率密度函数为

$$f_{\gamma_l}(x)=\frac{1}{\Gamma_c}\exp\left(-\frac{x}{\Gamma_c}\right),\quad x\geqslant 0 \tag{6-3-10}$$

采用基于选择合并(SC)算法的分集接收，在 L 条路径中选择信噪比 γ 最大的某路时变衰落信号来判决，即

$$\gamma=\max\{\gamma_1,\gamma_2,\cdots,\gamma_L\} \tag{6-3-11}$$

其中信噪比 γ 的累积分布函数(cumulative distribution function,CDF)为

$$\begin{aligned}F_{\gamma}(x)&=P(\gamma\leqslant x)=P(\gamma_1\leqslant x\cap\gamma_2\leqslant x\cap\cdots\cap\gamma_L\leqslant x)\\&=\prod_{l=1}^{L}P(\gamma_l\leqslant x)=\left[\int_0^x f_{\gamma_l}(z)\,\mathrm{d}z\right]^L=\left[1-\exp\left(-\frac{x}{\Gamma_c}\right)\right]^L\end{aligned} \tag{6-3-12}$$

当 $x<0$，$F_{\gamma}(x)=0$，以信噪比 γ 为自变量的分集接收输出信号的概率密度函数 PDF 为

$$f_{\gamma}(x)=\frac{\mathrm{d}F_{\gamma}(x)}{\mathrm{d}x}=\frac{L}{\Gamma_c}\exp\left(-\frac{x}{\Gamma_c}\right)\left[1-\exp\left(-\frac{x}{\Gamma_c}\right)\right]^{L-1},\quad x\geqslant 0 \tag{6-3-13}$$

[案例6-9]：

图6-3-2为最大比合并算法分集接收原理框图。

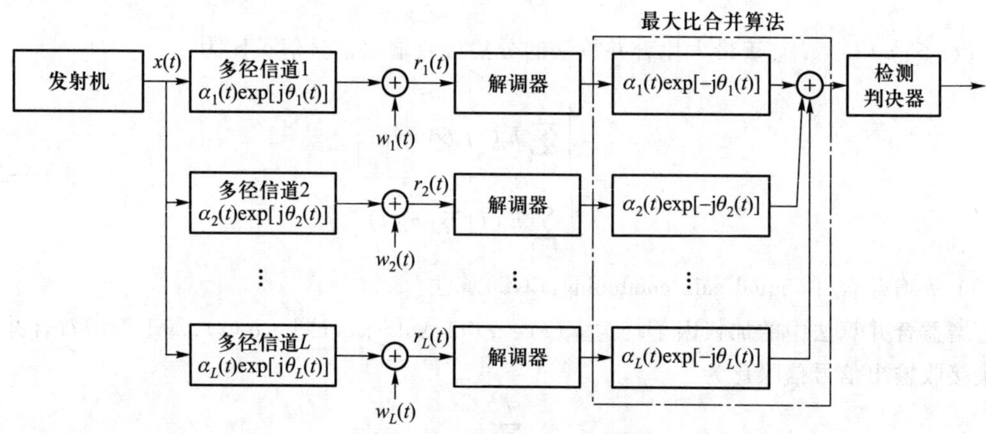

图6-3-2　最大比合并算法分集接收原理框图

假设：第 l 条路径时变衰落信号为 $r_l(t)=\{\alpha_l(t)\exp[\mathrm{j}\theta_l(t)]\}\cdot x(t)+n_l(t)$，$l=1,2,\cdots,L$。在第 l 条路径时变衰落信号中，接收端解调器在第 k 信息符号结束时刻的输出表示为

$$\alpha_{lk}\exp(\mathrm{j}\theta_{lk})\boldsymbol{x}_k+\boldsymbol{n}_{lk} \tag{6-3-14}$$

其中 $\alpha_{lk}\exp(\mathrm{j}\theta_{lk})$ 是第 l 条路径在第 k 信息符号持续时间间隔的信道复增益，$\boldsymbol{x}_k$ 是在第 k 信息符号持续时间间隔内的发射信号，$\boldsymbol{n}_{lk}=(n_{lk,1},n_{lk,2},\cdots,n_{lk,N})$ 是解调器输出噪声信号 $n_l(t)$ 中，对应第 k 信息符号持续时间间隔的噪声。

在分析采用基于最大比合并(MRC)算法分集接收的系统性能时,特别注意:信道的输出函数是信道输入函数和信道传输函数的卷积运算结果,当信道传输函数为 $h_{lk}(t)=\alpha_{lk}(t)\exp[-\mathrm{j}\varphi_{lk}(t)]\cdot\delta_{lk}(t)$ 形式,信道输入函数和信道传输函数的卷积运算等效于信道输入函数和信道传输函数的乘法运算,即

$$\sum_{l=1}^{L}\alpha_{lk}\exp(-\mathrm{j}\theta_{lk})\delta_{lk}(t)*\boldsymbol{x}_k=\sum_{l=1}^{L}\alpha_{lk}\exp(-\mathrm{j}\theta_{lk})\cdot\boldsymbol{x}_k \tag{6-3-15}$$

分集接收特别强调各条路径时变衰落信号具有相互独立特性,采用基于最大比合并(MRCC)分集接收,第 k 信息符号的判决变量为

$$\begin{aligned}\boldsymbol{r}_k&=\sum_{l=1}^{L}[\alpha_{lk}\exp(-\mathrm{j}\theta_{lk})]\cdot[\alpha_{lk}\exp(\mathrm{j}\theta_{lk})\boldsymbol{x}_k+\boldsymbol{n}_{lk}]\\&=\left[\sum_{l=1}^{L}\alpha_{lk}^2\right]\boldsymbol{x}_k+\left[\sum_{l=1}^{L}\alpha_{lk}\exp(-\mathrm{j}\theta_{lk})\boldsymbol{n}_{lk}\right]\\&=g_k\boldsymbol{x}_k+\boldsymbol{n}_k\end{aligned} \tag{6-3-16}$$

其中 $g_k=\sum_{l=1}^{L}\alpha_{lk}^2$, $\boldsymbol{n}_k=\sum_{l=1}^{L}\alpha_{lk}\exp(-\mathrm{j}\theta_{lk})\boldsymbol{n}_{lk}$,噪声矢量函数为 $\boldsymbol{n}_k=(n_{k,1},n_{k,2},\cdots,n_{n,N})$,抽头加权系数为 $\alpha_{lk}\exp(-\mathrm{j}\theta_{lk})$,噪声为 $n_{k,n}=\sum_{l=1}^{L}\alpha_{lk}\exp(-\mathrm{j}\theta_{lk})n_{lk,n}$, $n=1,2,\cdots,N$, $n_{k,n}$是服从均值为零和方差为 $\sigma_{k,n}^2=(N_0/2)\sum_{l=1}^{L}\alpha_{lk}^2$ 的高斯随机变量。

对于 BPSK-CDMA 通信系统,可把矢量 $\boldsymbol{r}_k$, $\boldsymbol{x}_k$ 和 $\boldsymbol{n}_k$ 简化为对应标量 r_k,x_k 和 n_k。第 k 信息符号的判决变量为 $r_k=g_kx_k+n_k$,其中 $x_k=\sqrt{E_\mathrm{b}}$ 对应信息符号 **1**, $x_k=-\sqrt{E_\mathrm{b}}$ 对应信息符号 **0**。

基于最大比(MRC)合并算法分集接收,第 k 信息符号输出的单位比特信噪比为

$$\gamma_k=\frac{[g_kx_k]^2}{2\sigma_{k,n}^2}=\frac{\left[\sum_{l=1}^{L}\alpha_{lk}^2x_k\right]^2}{N_0\sum_{l=1}^{L}\alpha_{lk}^2}=\frac{E_\mathrm{b}}{N_0}\sum_{l=1}^{L}\alpha_{lk}^2 \tag{6-3-17}$$

其中 $\|x_k\|^2=E_\mathrm{b}$, E_b/N_0 是 $\alpha_{lk}=1$ 和 $L=1$ 时加性高斯白噪声(AWGN)的信噪比。

在 Rayleigh 衰落信道场景下, α_{lk}是方差为 σ_α^2 的独立 Rayleigh 随机变量,信噪比 γ_k 服从 $2L$ 自由度的开平方分布。γ_k 的概率密度函数为

$$f_\gamma(x)=\frac{x^{L-1}\exp(-x/\Gamma_\mathrm{c})}{(L-1)!\,\Gamma_\mathrm{c}^L},\quad x\geqslant 0 \tag{6-3-18}$$

其中 $\Gamma_\mathrm{c}=2\sigma_\alpha^2E_\mathrm{b}/N_0$ 是各条路径时变衰落信号的单位比特平均信噪比。

经过基于最大比(MRC)算法分集接收合并组合后,单位比特平均信噪比为 $\Gamma_\mathrm{b}=E[\gamma_k]=L\Gamma_\mathrm{c}$。在 Rayleigh 衰落信道场景下,比特差错概率为

$$P_\mathrm{b}=\int_0^\infty P_{\mathrm{e}|\gamma}(x)\,f_\gamma(x)\,\mathrm{d}x \tag{6-3-19}$$

其中 $P_{\mathrm{e}|\gamma}$是已知单位比特接收信噪比 $\gamma=x$ 条件下的比特差错条件概率。

对于 BPSK-CDMA 通信系统,得到 $P_{\mathrm{e}|\gamma}(x)=Q(\sqrt{2E_\mathrm{b}/N_0})=Q(\sqrt{2x})$,进而计算得到

$$P_{\mathrm{b}} = [0.5(1-\mu)]^{L}\sum_{l=0}^{L-1}\binom{L-1+l}{l}[0.5(1+\mu)]^{l} \approx \left(\frac{1}{4\Gamma_{\mathrm{c}}}\right)^{L}\binom{2L-1}{L} \quad (6-3-20)$$

BPSK-CDMA 通信系统在 Rayleigh 衰落传播信道场景下，基于最大比合并(MRC)算法分集接收系统的性能改善如图 6-3-3 所示，图中 L 是相互独立的时变衰落信号路径数。

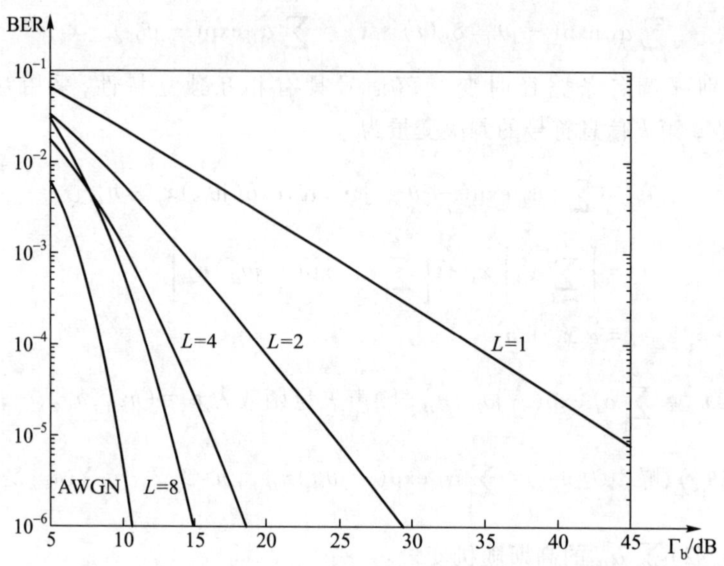

图 6-3-3 基于最大比合并算法分集接收系统的性能改善

[小结 6-3]：

(1) 采用分集接收技术的前提有两点：一是在接收端，能够分离出相互独立的 L 路时变衰落信号，二是采用相互独立的 L 条路径时变衰落信号的合并算法。

(2) 分集接收可以显著改善 CDMA 通信系统的比特差错率，特别是对于分集接收路径数从无到有(即从 $L=1$ 到 $L=2$)的情况有十分突出的改善。

(3) 在单位比特平均信噪比处于比较低的场景，如 $\Gamma_{\mathrm{b}}=E[\gamma_k]=L\Gamma_{\mathrm{c}}<10$ dB，分集接收路径数 $L=8$ 的性能反而差于分集接收路径数为 $L=4$ 的性能，这是因为在分集接收路径数为 $L=8$ 时信号功率比 $L=4$ 时要减少 3 dB，而分集接收路径数为 $L=8$ 时的信道噪声又比 $L=4$ 时的信道噪声更强。

(4) 分集接收路径数越多，系统比特差错率越接近加性高斯白噪声传播信道的性能曲线。

6.4 Rake 接收

在 CDMA 通信系统中，只要传播信道多径时变衰落信号间的相对时延大于伪随机多址扩频序列的码片间隔，CDMA 通信系统能够在接收信号中分离出多路径时变衰落信号。在分离出路径时延大于码片间隔的多径时变衰落信号的基础上，基于多路独立衰落信号合并算法进行分集接收，这就是 CDMA 通信系统 Rake 接收的基本思想。相比于常规分集接收技术的显分集接收，可以把 Rake 接收称为隐分集接收。Rake 接收不仅能抵御多径时变衰落影响，同时还能利用路径时变衰落信号的独立性来获得分集接收的增益。

假设:CDMA 通信系统发射信号的复包络为 $x(t)$,通过多径时变衰落信道传播后,接收信号的复包络可表示为

$$r(t)=\sum_{l=1}^{L}h_l(t)\otimes x(t-\tau_l) \tag{6-4-1}$$

其中 L 是可分辨各径衰落信号的路数,τ_l 是第 l 路径衰落信号的相对时延,$h_l(t)$ 是第 l 路径的信道传输函数中复增益系数,表示为

$$h_l(t)=\alpha_l(t)\exp[-\mathrm{j}\theta_1(t)]\cdot\delta(t) \tag{6-4-2}$$

其中 $\alpha_l(t)$ 为幅度,$\theta_l(t)$ 为相位。

只要相邻路径时变衰落信号的相对时延 $\Delta\tau=\tau_{l+1}-\tau_l$ 大于 CDMA 通信系统伪随机多址扩频序列的码片(chip)间隔 T_c,利用 CDMA 扩频信号隐含的分集性能,可将 CDMA 扩展频谱信号中相对时延大于码片(chip)间隔的多径衰落信号进行分离、处理和合并,进而减轻和消除多径时变衰落信道引起符号间的串扰。在前向链路 Rake 接收中,采用相干检测方法,而在反向链路 Rake 接收中,只能采用非相干检测方法。

CDMA 通信系统的多径时变衰落信号是由许多相对时延小于单位码元间隔而大于码片(chip)间隔的多径时变衰落信号组成。CDMA 通信系统的 Rake 接收利用并行多路路径相关器独立地搜索和检测多径时变衰落信号,按照一定的检测准则,进行多径时变衰落信号的分离和提取。CDMA 通信系统利用多径时变衰落信号提取分集接收信息,不像 FDMA 系统把多径时变衰落信号作为干扰来处理,其原因是 CDMA 通信系统本身具有分辨多径时变衰落信号的能力。

图 6-4-1 为 CDMA 通信系统 Rake 接收原理框图,图中示意了提取分离两路径衰落信号和组合的过程。

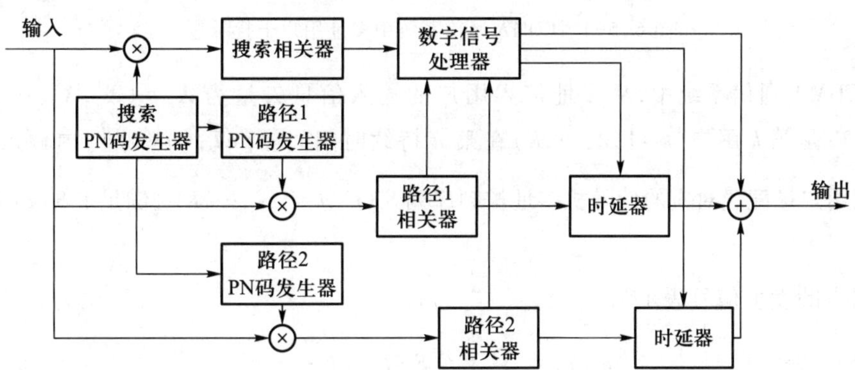

图 6-4-1 CDMA 通信系统 Rake 接收原理框图

CDMA 通信系统 Rake 接收原理是:启动搜索 PN 码发生器,连续不断地搜索可分辨的多径时变衰落信号分量。其中路径 1 的 PN 码发生器和路径 2 的 PN 码发生器在时间窗内滑动,分别通过路径 1 相关器与路径 2 相关器和接收信号中多径衰落信号进行相关运算,分别捕获和分离相关的路径衰落信号。当相关器的输出相关值超过预定门限,说明两相关器分别捕获到不同路径独立时变衰落信号。在数字信号处理器模块跟踪锁定两路径时变衰落信号,根据不同路径衰落信号合并算法,通过时延器调整两路径时变衰落信号的相位,使其相位处于同一象限,便于两

路径时变衰落信号的幅度和相位加权叠加运算。

在图6-4-1中,核心模块为路径1和2的PN码发生器和路径相关器,其中路径相关器承担跟踪分离对应的多径时变衰落信号。数字信号处理器把分辨出的各路径信号,按信号强度排列,经过相应时延器处理,调整到同一象限区域,再根据判决准则合成分集信号。

Rake接收技术还可应用于越区软切换和扇区软切换过程,在FDMA和TDMA通信系统中,邻区无空闲信道供呼叫使用,而位于不同蜂窝区的不同移动台使用同一呼叫信道时,如果移动台没收到切换信道的指令,就无法实现常规的硬切换。而在CDMA通信系统中,可以采用多径分集接收,使移动台与多基站保持通信,克服切换过程中信号电平波动而产生的乒乓现象。

6.5 多址用户干扰抵消

图6-5-1是CDMA通信系统中多址用户干扰示意。

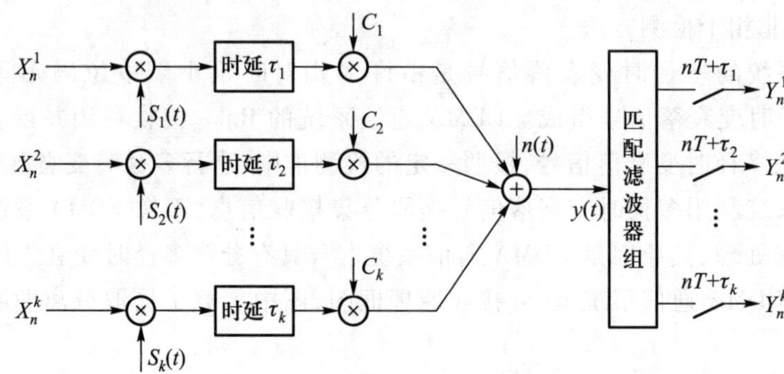

图6-5-1 CDMA通信系统中多址用户干扰示意

假设:CDMA通信系统中,K多址接入用户的输入信息矢量为$\boldsymbol{X}_n=(X_n^1,X_n^2,\cdots,X_n^K)$,其中$X_n^k\in\{+1,-1\}$是第$k$用户($k=1,2,\cdots,K$)在第$n$持续时间间隔$[nT,(n+1)T]$内输入信息信号,各多址接入用户被配置对应的伪随机多址扩频序列$S_k(t)$,$k=1,2,\cdots,K$且满足$\int_0^T S_i(t)S_j(t)\mathrm{d}t=0$,$i\neq j$。

第k用户的发射信号表示为

$$u_k(t)=\sum_{i=0}^{\infty}X_i^k C_i^k S_k(t-iT-\tau_k) \tag{6-5-1}$$

其中τ_k为传输时延、C_i^k为传播信道的复数振幅衰减因子,$C_i^k=\sqrt{W_i^k}\exp(\mathrm{j}\theta_i^k)$,$\sqrt{W_i^k}$和$\theta_i^k$分别是第$k$用户发射信号的振幅和相位。

如果传播信道不存在多径衰落现象,CDMA通信系统中第k用户的接收信号$y(t)$表示为

$$y(t)=\sum_{k=1}^{K}u_k(t)+Z(t) \tag{6-5-2}$$

其中$Z(t)$为信道加性高斯白噪声。

接收信号$y(t)$经过匹配滤波器组或一组相关器,在系统同步的前提下,即第$nT+\tau_k$时刻($n=$

1,2,…),第 k 用户匹配滤波器输出为

$$y_k = \int_0^T y(t) S_k(t)\,\mathrm{d}t = \int_0^T S_k(t)\left[\sum_{j=1}^{K} S_j(t) C^j X^j + Z(t)\right]\mathrm{d}t$$

$$= C^k X^k + \sum_{j\neq k}^{K} C^j X^j \int_0^T S_k(t) S_j(t)\,\mathrm{d}t + \int_0^T S_k(t) Z(t)\,\mathrm{d}t \tag{6-5-3}$$

式(6-5-3)右边包括 3 项,第 1 项是第 k 用户所需期望用户的发射信号,第 2 项是多址用户干扰信号,第 3 项为信道噪声。后两项共同构成等效信道的接收噪声,其中多址用户干扰起着主导作用。

$\gamma_{k,j}$ 是第 k 和第 j 用户伪随机多址扩频序列间互相关系数,即

$$\gamma_{k,j} = \int_0^T S_k(t) S_j(t)\,\mathrm{d}t \tag{6-5-4}$$

第 k 用户的检测滤波器的输出信号简化成

$$y_k = C^k X^k + \sum_{j\neq k}^{K} C^j X^j \gamma_{k,j} + \int_0^T S_k(t) Z(t)\,\mathrm{d}t \tag{6-5-5}$$

式(6-5-5)说明:在 CDMA 通信系统中,其他多址接入用户的发射信号以多址用户干扰形式增加 CDMA 通信系统的等效噪声功率,导致功率受限的 CDMA 通信系统性能和容量恶化。

多址用户干扰不仅与多址接入用户伪随机多址扩频序列的互相关系数有关,还与用户信号发射功率有关,即使所有用户都处于等距离情况下,传播信道振幅衰减因子也影响着多址用户干扰。在"远近效应"场景下,多址用户干扰更严重地限制着 CDMA 通信系统的性能改善。

多址用户干扰和码间干扰虽同属干扰,但有着本质差异。多址用户干扰主要与用户伪随机多址扩频序列的互相关系数有关,而码间干扰主要与传播信道特性和信息传输速率等有关。

[**案例 6-10**]:

在 CDMA 通信系统多址接入用户场景下,对多址用户干扰进行分析。

如果多址接入用户 UE_1 和 UE_2 的接收信号分别为

$$Y^1 = C^1 X^1 + \gamma C^2 X^2 + Z^1 \tag{6-5-6}$$

$$Y^2 = C^2 X^2 + \gamma C^1 X^1 + Z^2 \tag{6-5-7}$$

假设:UE_1 发射信号功率大于 UE_2 发射信号功率,即 $X^1 > X^2$, UE_2 的多址用户干扰 $\gamma C^1 X^1$ 比 UE_1 的多址用户干扰 $\gamma C^2 X^2$ 大,UE_1 更能影响 CDMA 通信系统的性能。

采用常规符号检测算法,提取传输信息的估值为 $\widehat{X}^k = \mathrm{sgn}[Y^k]$,为降低多址用户干扰的影响,首先对发射功率较强的 UE_1 的接收信号进行检测,即 $\widehat{X}^1 = \mathrm{sgn}[Y^1]$,再从发射功率较弱的 UE_2 的接收信号中扣除 UE_1 对 UE_2 的影响,即

$$\begin{aligned}\widehat{X}^2 &= \mathrm{sgn}(Y^2 - \gamma C^1 \widehat{X}^1)\\ &= \mathrm{sgn}[C^2 X^2 - \gamma C^1(\widehat{X}^1 - X^1) + Z^2]\end{aligned} \tag{6-5-8}$$

在存在"远近效应"的场景下,事前还必须掌握多址接入用户发射信号功率的先验知识,按照用户发射信号功率从大到小递减的顺序进行可靠的信号检测和多用户干扰的抵消。

[**小结 6-4**]:

(1) 在 CDMA 通信系统中,所有多址竞争接入用户的发射信号都以多址用户干扰形式增加系统等效信道的噪声功率,导致功率受限的 CDMA 通信系统性能和容量恶化。

(2) 多址用户干扰不仅与用户伪随机多址扩频序列的互相关系数有关,还与用户发射信号功率有关,即使所有用户都处于等距离情况下,信道传输函数的振幅和相位衰减因子也影响多址用户干扰。在“远近效应”的场景下,多址用户干扰更为严重地限制 CDMA 通信系统的性能。

(3) 多址用户干扰和码间干扰虽同属干扰,但有着本质差异。多址用户干扰主要与多址竞争接入用户伪随机多址扩频序列的互相关系数有关,而码间干扰主要与传播信道特性和信息传输速率有关。

(4) 在多址用户干扰场景下,CDMA 通信系统事前需要掌握多址竞争接入用户发射信号功率的先验知识,按照多址竞争接入用户发射信号功率从大到小递减的顺序进行可靠的信号检测和干扰抵消。

(5) 利用隐含在 CDMA 扩频信号中的分集性能,可将 CDMA 扩展频谱信号中多径衰落信号进行分离、处理和合并,获取 CDMA 通信系统的分集接收增益,这就是 CDMA 通信系统的 Rake 技术。

(6) 对 CDMA 通信系统中前向链路和反向链路的多址用户干扰的抵消应区别处理,在前向链路采用相干检测方法,而在反向链路采用非相干检测方法。

6.5.1 前向链路多址用户干扰的相干抵消技术

IS-95 CDMA 通信系统的前向链路有 64 个逻辑信道,1 个导引信道,1 个同步信道,7 个寻呼信道和 63 个话务信道,引导信道和同步信道分别提供信息检测的定时信息和相位信息。

1. 同步解相关

图 6-5-2 为多址用户干扰的同步解相关原理框图。

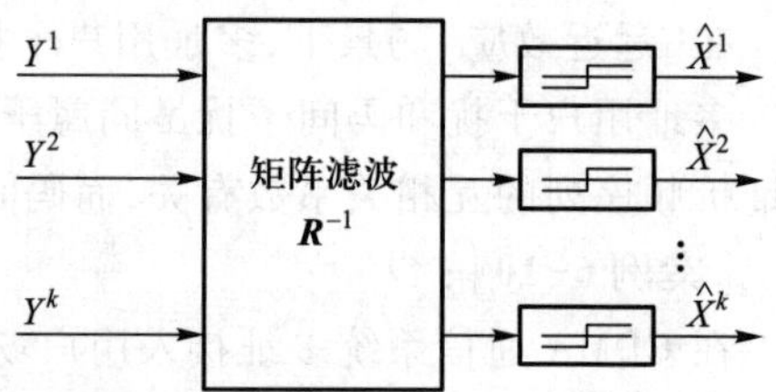

图 6-5-2 多址用户干扰的同步解相关原理框图

假设:经过多径时变衰落信道传播后的信号矢量为 $\boldsymbol{Y}=[Y^1,Y^2,\cdots,Y^K]^{\mathrm{T}}$,在系统同步的情况下,第 k 用户发射的信号矢量为

$$\boldsymbol{Y}=\boldsymbol{RWX}+\boldsymbol{Z} \tag{6-5-9}$$

其中矩阵 $\boldsymbol{R}$ 是多址接入用户伪随机多址扩频序列的互相关矩阵,$\boldsymbol{R}$ 矩阵的元素为 $R_{k,j}=\int_0^T S_k(t)S_j(t)\,\mathrm{d}t$, $S_k(t)$ 为第 k 用户的伪随机多址扩频序列,矩阵 $\boldsymbol{W}$ 是对角线矩阵,矩阵 $\boldsymbol{W}$ 的元素 $W_{k,k}=C_k(k=1,2,\cdots,K)$ 为信道传输函数的振幅衰减因子。

在式(6-5-9)两边分别左乘 $\boldsymbol{R}^{-1}$ 得到

$$\tilde{\boldsymbol{Y}}=\boldsymbol{R}^{-1}\boldsymbol{Y}=\boldsymbol{WX}+\boldsymbol{R}^{-1}\boldsymbol{Z} \tag{6-5-10}$$

第 k 用户对应的接收多径时变衰落信号为

$$Y^k=C^kX^k+(R^{-1})_{k,k}Z \tag{6-5-11}$$

第 k 用户对应发射信号的检测判决信息为

$$\hat{X}^k=\mathrm{sgn}[Y^k] \tag{6-5-12}$$

CDMA 通信系统的等效信道噪声 $\boldsymbol{R}^{-1}\boldsymbol{Z}$ 的功率谱密度 $(R^{-1})_{k,k}N_0$ 大于 N_0,系统误码率为

$$P_k(e)=Q\left(\sqrt{\frac{W_k}{(R^{-1})_{k,k}N_0}}\right) \tag{6-5-13}$$

[小结 6-5]：

(1) 在 CDMA 通信系统的前向链路中,多址用户干扰的同步解相关算法在没有用户发射信号功率先验知识下,也可消除 CDMA 通信系统的多址用户干扰影响。

(2) 在 CDMA 通信系统的前向链路中,多址用户干扰场景下的等效信道噪声 $\boldsymbol{R}^{-1}\boldsymbol{Z}$ 的功率谱密度 $(R^{-1})_{k,k}N_0$ 大于 N_0,系统误码率为 $P_k(e)=Q\{\sqrt{W_k/[(R^{-1})_{k,k}N_0]}\}$,明显比无多址用户干扰场景下 $[P(e)=Q(\sqrt{W_k/N_0})]$ 衰减快。

(3) 在 CDMA 通信系统的前向链路中,多址用户干扰的同步解相关算法也适用于 CDMA 通信系统的"远近效应"场景。

2. 最大似然序列估值法

多址用户干扰抵消问题可用基于最大似然序列估值法(maximum likelihood sequence estimation, MLSE)来解决,如果输入信息矢量 $\boldsymbol{X}$ 的估值为

$$\hat{\boldsymbol{X}}=\arg[\max(2\boldsymbol{Y}^{\mathrm{T}}\boldsymbol{W}\boldsymbol{X}-\boldsymbol{b}^{\mathrm{T}}\boldsymbol{W}\boldsymbol{R}\boldsymbol{W}\boldsymbol{b})] \tag{6-5-14}$$

其中输入信息矢量 $\boldsymbol{X}\in\{-1,+1\}^k$。在输入信息矢量 $\boldsymbol{X}$ 可能的 2^k 个组合中,搜索具有最大条件概率的输入信息序列,采用 Viterbi 算法进行多址用户干扰抵消。

3. 多址用户干扰非线性检测

多址用户干扰非线性检测可以提供行之有效的实际算法,具体有多级检测、判决反馈检测和级联干扰抑制等算法,它们都需事前按多址接入用户发射信号功率大小进行分类排序。

(1) 多级检测

采用式(6-5-14)的 $\hat{X}=\arg[\max(2\boldsymbol{Y}^{\mathrm{T}}\boldsymbol{W}\boldsymbol{X}-\boldsymbol{b}^{\mathrm{T}}\boldsymbol{W}\boldsymbol{R}\boldsymbol{W}\boldsymbol{b})]$ 运算,采用最大似然序列估值法(MLSE),第 n 级检测器利用第 $n-1$ 级判决来抵消接收信号中的多址用户干扰,MLSE 的运算复杂度随着用户数 K 增加,算法运算量和存贮量呈 2^{K-1} 增长。

与最大似然序列估值法(MLSE)相比较,多级检测的多址用户干扰抵消最大值的范围仅局限在 1 比特信息持续时间间隔内,而不是信息符号持续时间间隔内,从而大大地降低了运算复杂度。

图 6-5-3 为多级检测的多址干扰抵消原理。

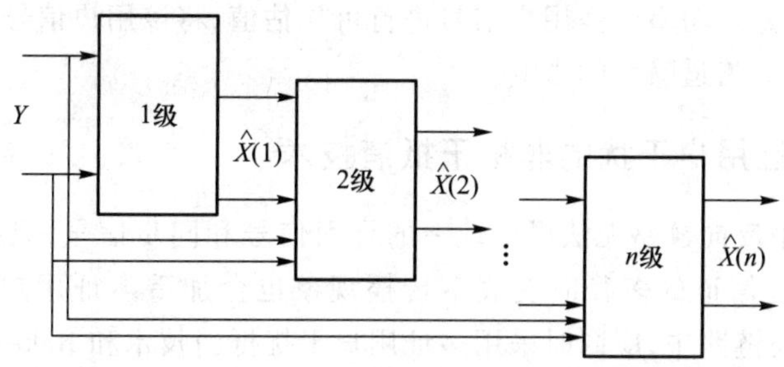

图 6-5-3 多级检测的多址干扰抵消原理

以 CDMA 通信系统有多址接入用户 UE_1 和 UE_2 为例,第 1 级按式(6-5-14)分别计算

$\hat{X}^1(1)$和$\hat{X}^2(1)$,第 2 级计算按

$$\hat{X}^1(2)=\text{sgn}[Y^1-\gamma C^2\hat{X}^2(1)],\quad \hat{X}^2(2)=\text{sgn}[Y^2-\gamma C^1\hat{X}^1(1)] \tag{6-5-15}$$

分别进行多址干扰抵消。

(2) 判决反馈检测

图 6-5-4 为判决反馈检测的多址干扰抵消原理。

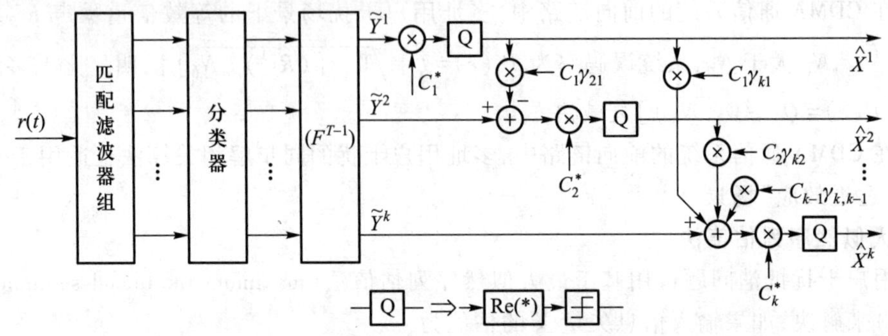

图 6-5-4 判决反馈检测的多址干扰抵消原理

采用两次矩阵变换,实现基于判决反馈的多用户信号检测的前向滤波和反向滤波。匹配滤波器输出端按发射信号功率大小顺序进行分类,把功率最大的信号安排在最上端,把功率最小的信号安排在最下端。分类器是对多址用户干扰进行分类,对滤波器 F^{T-1} 进行白化处理。在判决反馈检测中,首先对 $\tilde{Y}_1$ 检测,然后把所检测出的信号估值用于第 2 级用户中,扣除多址用户干扰的影响,以此类推。

在分类器中,第 k 排序的发射信号扣除多址用户干扰后的判决反馈检测量为

$$\tilde{Y}_k=\text{理想信号}+\text{功率强度顺序为第 }1,2,\cdots,k-1\text{ 的用户产生的多址用户干扰}+\text{噪声} \tag{6-5-16}$$

由式(6-5-16)知道功率最强信号 $\tilde{Y}_1$ 不受多址用户干扰影响。

(3) 级联干扰抑制

为扣除多址用户干扰的影响,除掌握多址用户伪随机多址扩频序列间的互相关矩阵,还须掌握 X^jC^j 数值。分别对 X^j 和 C^j 进行估值,也可利用相关器得到 X^jC^j 乘积的估值。在进行级联干扰抑制时,最佳估值是对功率最强用户信号进行可靠估值,将该用户信号产生的多址用户干扰扣除后,会明显降低等效信道噪声的影响。

6.5.2 反向链路多址用户干扰的非相干抵消技术

CDMA 通信系统中反向链路无法提供统一的导引信号和同步信号,只好采用非相干多址用户干扰抵消技术。传播信道的多径时变衰落传播现象也会加重多址用户干扰和远近效应,在 CDMA 通信系统的反向链路中,应同时采用多址用户干扰抵消技术和 Rake 接收技术。

(1) 多址用户信号解相关检测

在多址用户干扰存在的场景下,伪随机多址扩频序列的码片(chip)持续时间间隔小于多径时变衰落信号的相对时延或分辨率时,采用 Rake 接收和多址用户信号检测组合结构,可以明显

改善系统抗多址用户干扰性能。

图 6-5-5 为多址用户信号解相关检测原理框图,在同相和正交支路进行多址用户解相关运算和差分相移键控解调,再进行多址用户信号的检测。

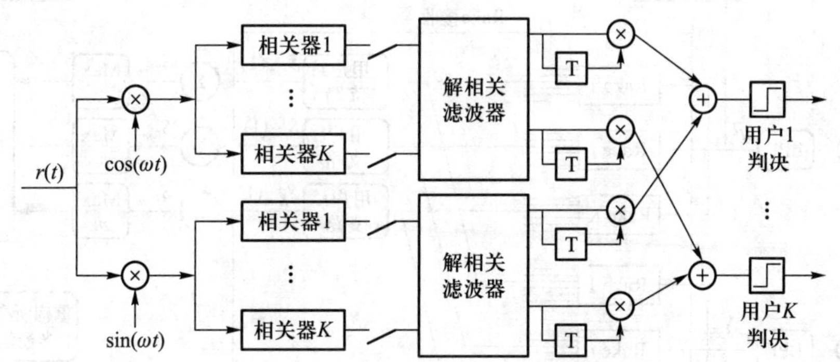

图 6-5-5 多址用户信号解相关检测原理框图

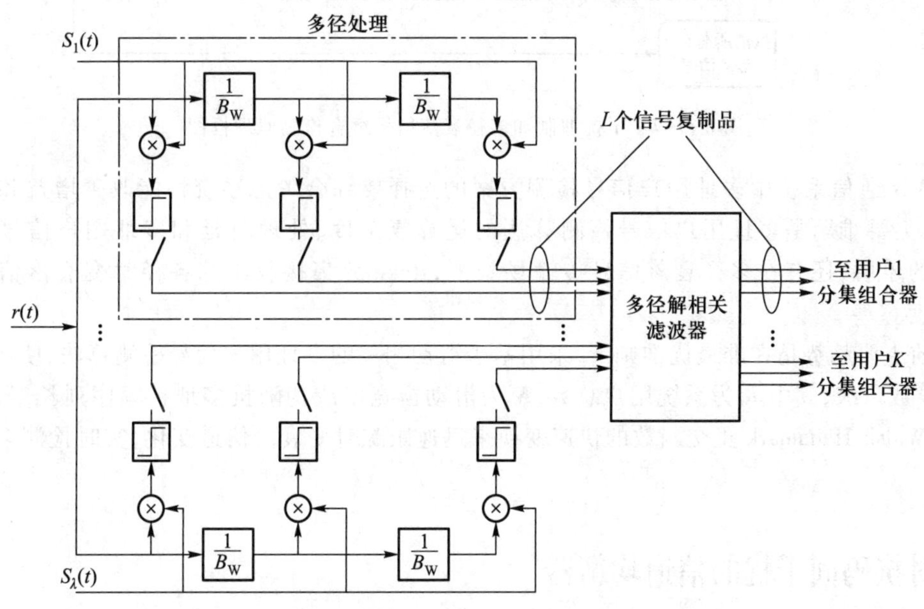

图 6-5-6 多径衰落信号解相关和多径分集接收组合原理框图

(2) 多径衰落信号解相关和多径分集接收组合

图 6-5-6 为多径衰落信号解相关和多径分集接收组合原理框图,其中多径处理模块承担多径衰落信号的 Rake 分集接收,多径解相关滤波器模块负责多径衰落信号的分离和检测,多径解相关滤波器模块输出 $K \cdot L$ 个信号复制品,其中 L 是可分辨多径衰落信号路径数,K 是系统多址接入用户数。

(3) 干扰抑制和多径信号组合检测

图 6-5-7 为干扰抑制和多径衰落信号组合检测原理框图,相关器输出信道参数的估值,利用参数估值和相应伪随机多址扩频序列重构多径信号,并从相应接收信号中扣除,此过程一直进

行到所有多址用户完成上述运算或系统满足一定性能指标后终止。

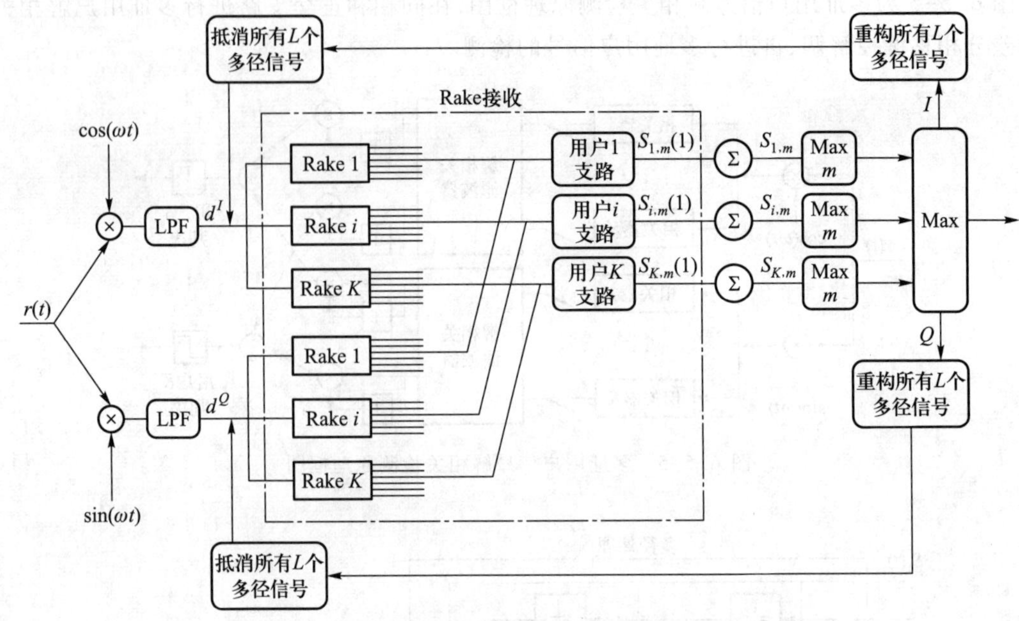

图 6-5-7 干扰抑制和多径衰落信号组合检测原理框图

CDMA 通信系统中多址用户信号检测方案的选择要综合考虑系统性能改善增益和运算复杂代价，主要难题是多址用户信号检测算法的运算复杂度、处理时延和多址用户信号检测性能改善的矛盾，还有在多径衰落信号传输场景下，Rake 分集接收跟踪各径时变衰落信号的运算复杂度。

目前主要趋势是在准最优准则下，采用基于滑动相关的多址用户信号检测算法，使运算量减到 $K \cdot N$ 数量级，其中 K 为系统用户总数，N 为滑动窗宽度或伪随机多址扩频序列长度，也有配合采用 Walsh Hadamark 正交函数的快速变换来迅速跟踪时变衰落信道变化，实时检测多址用户信号等。

6.6 对抗码间干扰的信道均衡器

发射信号通过时变衰落传播信道后，接收端的接收信号为多路径时变衰落信号的叠加，其中多径时变衰落信号的幅度、相位、频率和到达时间等是随时间变化的随机变量，传播信道呈现复杂的频率选择性和时间选择性衰落特性，进而出现码间干扰（inter symbol interference，ISI）等现象。为对抗或降低码间干扰对系统误码率的影响，CDMA 通信系统需针对性地采用信道均衡器来补偿传播信道的传输特性，使信道均衡器和时变衰落信道组合的等效传播信道呈现无码间干扰现象，这就要求 CDMA 通信系统实时和准确地估计时变衰落信道的相关参数，从而进行信道补偿。

信道补偿是在先验知识不完全确知情况下，对工作在未知或变化中的传播信道，通过自我训练调整信道补偿相关参数，准确和实时地进行信道特性补偿。事实上，传播信道的噪声特性服从随机过程,发射的传输信号也含有不确定的参量,采用随机信号分析和处理方法,以信号和噪声的概率统计特性为基础,确定某一数理统计判决准则,从概率平均或时间平均的角度来寻找CDMA 通信系统的最佳系统设计参数。

CDMA 通信系统时变衰落传播信道的噪声统计特性往往不是先验确知的,它们随着时间、空间和频率等变化而变化,不可能以事前固定的概率分布和概率密度函数来完整描述实际时变衰落传播信道的噪声。一旦设计的噪声统计特性偏离实际环境场景,即使是微小偏离,也会导致原先设计的通信系统性能严重恶化。20 世纪 70 年代,人们广泛研究自适应滤波技术,它在一定程度上解决了兼有信号和噪声统计特性完全确知的精确性及信号和噪声统计特性不完全确知的随机性。

信道均衡器从结构来分,主要有线性均衡器和非线性均衡器,线性均衡器如横向均衡器,非线性均衡器如判决反馈均衡器(decision feedback equalization,DFE)和格形(lattice)均衡器等。其中判决反馈均衡器由非线性检测判决器和两个线性横向均衡器,即前馈滤波器(feed forward filter)和反馈滤波器(feed back filter)构成。

信道均衡器从均衡器抽头加权系数优化准则来分,主要有两类,即基于随机变量集统计特性的算法和不完全掌握随机变量集统计特性的递推迭代算法。其中基于随机变量集统计特性的算法有:随机梯度算法(stochastic gradient algorithm,SGA)、最小均方差(minimum mean square error,MMSE)算法和最大似然(maximum likelihood,ML)检测算法等。不完全掌握随机变量集统计特性的算法有:迫零(forcing zero,ZF)算法、最小二乘(least square,LS)递推迭代算法和自适应递推算法等。

对抗码间干扰(ISI)的信道均衡器依据信道均衡器结构类型和基于优化准则算法的搭配,可以组合成多种信道均衡方案。下面主要讨论线性均衡器和非线性均衡器的迫零(ZF)算法、线性均衡器和非线性均衡器结构的最小均方差(MMSE)算法和随机梯度算法等。

[**案例 6-11**]:

在 BPSK-CDMA 通信系统中,发射端发射信号为 $x_n=\sqrt{E_b}$ 表示信息符号为 **1**,发射端发射信号为 $x_n=-\sqrt{E_b}$ 表示信息符号为 **0**,传播信道为 AGWN 信道,其双边噪声功率谱密度为 $N_0/2$,接收端的接收信号是 $r_n=x_n+0.5x_{n-1}+n_n$,求 BPSK-CDMA 通信系统的比特差错率。

在存在码间干扰(ISI)的场景下,第 n 时刻的信息判决取决于第 $n-1$ 时刻的 x_{n-1} 和第 n 时刻的 x_n,如表 6-6-1 所示。

表 6-6-1 存在 ISI 场景下信息判决情况

第 $n-1$ 时刻 x_{n-1}	第 n 时刻 x_n	无 ISI 输出 $r_n=x_n$	有 ISI 输出 $r_n=x_{n-1}+x_n$
0	**0**	$-\sqrt{E_b}$	$-1.5\sqrt{E_b}$
0	**1**	$\sqrt{E_b}$	$0.5\sqrt{E_b}$
1	**0**	$-\sqrt{E_b}$	$-0.5\sqrt{E_b}$
1	**1**	$\sqrt{E_b}$	$1.5\sqrt{E_b}$

在 AGWN 信道中,接收信号为 $r_n=x_n+0.5x_{n-1}+n_n$,BPSK-CDMA 通信系统的传输比特差错概率表示为

$$P_{\mathrm{b}} = \sum P(\text{差错} \mid x_{n-1}x_n) \cdot P(x_{n-1}x_n)$$
$$= \frac{1}{4}[P(\text{差错} \mid \mathbf{0,0}) + P(\text{差错} \mid \mathbf{0,1}) + P(\text{差错} \mid \mathbf{1,0}) + P(\text{差错} \mid \mathbf{1,1})]$$
$$= \frac{1}{4}[P(-1.5\sqrt{E_{\mathrm{b}}} + n_n \geqslant 0) + P(0.5\sqrt{E_{\mathrm{b}}} + n_n \leqslant 0) + P(-0.5\sqrt{E_{\mathrm{b}}} + n_n \geqslant 0) + P(1.5\sqrt{E_{\mathrm{b}}} + n_n \leqslant 0)]$$
$$= \frac{1}{2}\left[Q\left(1.5\sqrt{\frac{2E_{\mathrm{b}}}{N_0}}\right) + Q\left(0.5\sqrt{\frac{2E_{\mathrm{b}}}{N_0}}\right)\right]$$

其中传输差错概率 $P(-1.5\sqrt{E_{\mathrm{b}}}+n_n \geqslant 0)$ 计算为

$$P(n_n \geqslant 1.5\sqrt{E_{\mathrm{b}}}) = \int_{1.5\sqrt{E_{\mathrm{b}}}}^{\infty} \frac{1}{\sqrt{2\pi}\sqrt{N_0/2}} \exp\left[-\frac{1}{2}\left(\frac{n_n}{\sqrt{N_0/2}}\right)^2\right] \mathrm{d}n_n \tag{6-6-1}$$

令：$t = \dfrac{n_n}{\sqrt{N_0/2}}$，$\sqrt{N_0/2}\,\mathrm{d}t = \mathrm{d}n_n$，当 $n_n = 1.5\sqrt{E_{\mathrm{b}}} \rightarrow t = 1.5\sqrt{2E_{\mathrm{b}}/N_0}$。

$$p(n_n \geqslant 1.5\sqrt{E_{\mathrm{b}}}) = \int_{1.5\sqrt{2E_{\mathrm{b}}/N_0}}^{\infty} \frac{\sqrt{N_0/2}}{\sqrt{2\pi}\sqrt{N_0/2}} \exp\left(-\frac{t^2}{2}\right) \mathrm{d}t$$
$$= \int_{1.5\sqrt{2E_{\mathrm{b}}/N_0}}^{\infty} \frac{1}{\sqrt{2\pi}} \exp\left(-\frac{t^2}{2}\right) \mathrm{d}t = Q\left(1.5\sqrt{\frac{2E_{\mathrm{b}}}{N_0}}\right) \tag{6-6-2}$$

在多径衰落传输信道影响下，BPSK-CDMA 通信系统的差错率为

$$P_{\mathrm{b}} = \frac{1}{2}\left[Q\left(1.5\sqrt{\frac{2E_{\mathrm{b}}}{N_0}}\right) + Q\left(0.5\sqrt{\frac{2E_{\mathrm{b}}}{N_0}}\right)\right] \tag{6-6-3}$$

在无多径衰落传输信道影响下，没有码间干扰(ISI)现象发生，BPSK-CDMA 通信系统的差错率为

$$P_{\mathrm{b}} = Q\left(\sqrt{\frac{2E_{\mathrm{b}}}{N_0}}\right) \tag{6-6-4}$$

式(6-3-3)说明：如果保持 BPSK-CDMA 通信系统的差错率为10^{-3}时，要克服通信系统的码间干扰(ISI)，系统需要额外增加发送信号功率约 5.5 dB，这增加了相当可观的额外信号发射功率，可见对抗码间干扰的信道均衡器技术是十分必要的。

6.6.1　时域线性均衡器的迫零(ZF)算法

图 6-6-1 为含有抽头加权系数延迟线的线性均衡器结构，均衡器有 $2N+1$ 个抽头加权系数的线性延迟线和一个加法器，其中 T 为信息符号持续时间长度，第 k 抽头加权系数为 b_k，$k=-N,-N+1,\cdots,0,\cdots,N-1,N$。

线性均衡器的脉冲冲激响应函数为

$$b(t) = \sum_{k=-N}^{N} b_k \delta(t - kT) \tag{6-6-5}$$

线性均衡器的脉冲冲激响应函数式(6-6-5)在 z 域的传输函数为

$$B(z)=\sum_{k=-N}^{N}b_kz^{-k} \tag{6-6-6}$$

其中 $z=\mathrm{e}^{\mathrm{j}\omega T}$。

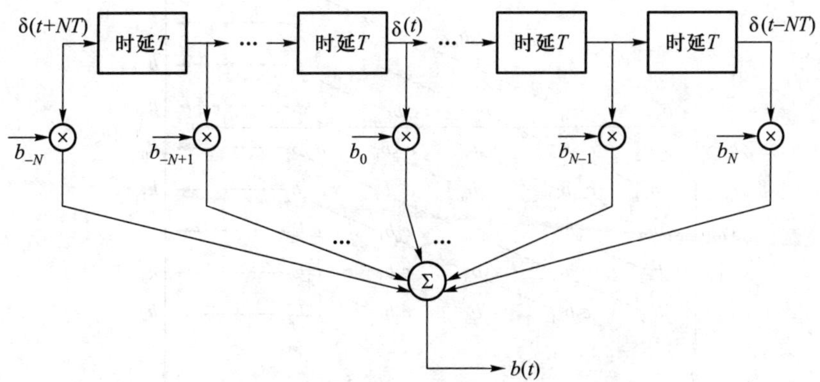

图 6-6-1　含有抽头加权系数延迟线的线性均衡器结构

图 6-6-2 为加入均衡器后的系统等效信道传输函数结构框图，在 CDMA 通信系统接收端，增设的抽头延迟线均衡器产生与时变衰落信道相反补偿的特性，使得均衡器的传输函数 $B(z)$ 和时变衰落信道的传输函数 $C(z)$ 共同组合的等效信道传输函数 $H(z)$ 呈现无码间干扰现象。

$\{x_n\}$ → 传播信道 $C(z)=\sum_{k=-\infty}^{\infty}c_kz^{-k}$ → $\{r_n\}$ → 均衡器 $B(z)=\sum_{k=-N}^{N}b_kz^{-k}$ → $\{y_n\}$

图 6-6-2　加入均衡器后的系统等效信道传输函数结构框图

图 6-6-2 中均衡器的输出信号 $\{y_n\}$ 在 z 域表示为

$$Y(z)=R(z)\cdot B(z)=\sum_{n=-\infty}^{\infty}r_nz^{-n}\cdot\sum_{k=-N}^{N}b_kz^{-k}=\sum_{n=-\infty}^{\infty}\sum_{k=-N}^{N}b_kr_nz^{-(k+n)} \tag{6-6-7}$$

其中 $\{r_n\}$ 是 CDMA 通信系统的接收信号在 z 域的表示式。

假设：$l=k+n$，均衡器输出信号 $\{y_n\}$ 在 z 域表示为

$$Y(z)=\sum_{l=-\infty}^{\infty}\cdot\sum_{k=-N}^{N}b_kr_{l-k}z^{-l}=\sum_{l=-\infty}^{\infty}y_lz^{-l} \tag{6-6-8}$$

其中 $y_l=\sum_{k=-N}^{N}b_kr_{l-k}$。

$H(z)$ 是加入均衡器后的等效信道传输函数，可以表示为

$$H(z)=\frac{Y(z)}{X(z)}=C(z)B(z)=\sum_{n=-N}^{N}h_nz^{-n} \tag{6-6-9}$$

其中 $X(z)$ 为时变衰落信道的输入信号 $\{x_n\}$ 在 z 域的表示式。

线性均衡器有 $2N+1$ 个抽头加权系数，则第 n 时刻等效信道传输函数表示为 c_n 和 b_n 的卷积关系，即

$$h_n=c_n*b_n=\sum_{k=-N}^{N}b_kc_{n-k},\quad k=0,\ \pm1,\ \pm2,\cdots,\ \pm N \tag{6-6-10}$$

图6-6-3为迫零(ZF)算法中抽头加权系数($N=2$)的卷积关系。

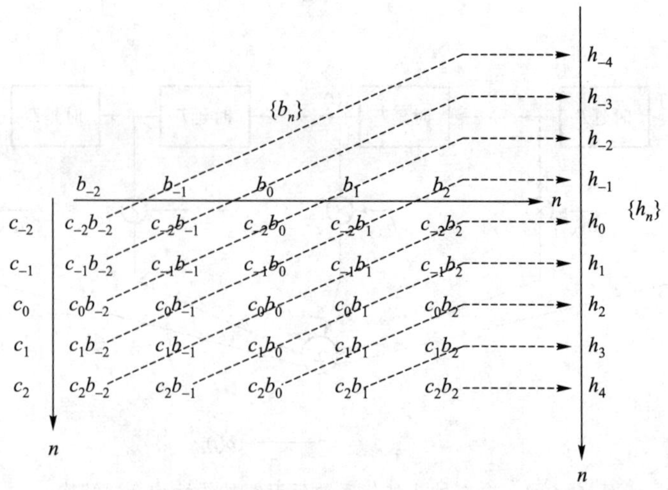

图6-6-3 迫零(ZF)算法中抽头加权系数($N=2$)的卷积关系

$2N+1$个抽头加权系数的线性均衡器在第$n=0(t=nT)$信息符号持续间隔结束时刻,迫零(ZF)算法强迫等效信道传输函数为"1",即

$$h_0=\sum_{k=-2}^{2}b_k c_{-k}=c_{-2}b_2+c_{-1}b_1+c_0b_0+c_1b_{-1}+c_2b_{-2}\equiv 1,\quad n=0 \tag{6-6-11}$$

而在第$n\neq 0(n=1,2,\cdots,t=nT)$信息符号持续间隔结束时刻,迫零(ZF)算法强迫等效信道传输函数为"0",即

$$h_{n\neq 0}\equiv 0,\quad n\neq 0 \tag{6-6-12}$$

迫零(ZF)算法是在时间域强迫均衡器的输出信号$Y(z)$等于时变衰落信道的输入信号$X(z)$,也就是强迫等效信道传输函数$H(z)=Y(z)/X(z)=1$,也等于强迫等效信道传输函数$H(z)$在第n信息符号持续间隔结束时刻满足

$$h_n=\begin{cases}1, & n=0\\ 0, & n\neq 0\end{cases} \tag{6-6-13}$$

[案例6-12]:

设计基于迫零(ZF)算法的线性均衡器来消除[案例6-11]中的码间干扰。

根据接收端的接收信号为$r_n=x_n+0.5x_{n-1}+n_n$,对应时变衰落信道的脉冲响应函数为$c(t)=\delta(t)+0.5\delta(t-T)$,在$z$域的信道传输函数为

$$C(z)=\sum_{k=-\infty}^{\infty}c_k z^{-k}=1+0.5z^{-1} \tag{6-6-14}$$

采用基于迫零(ZF)算法的线性均衡器的传输函数$B(z)$为

$$B(z)=\frac{1}{C(z)}=\frac{1}{1+0.5z^{-1}}=1-0.5z^{-1}+0.5^2z^{-2}+\cdots+(-0.5z^{-1})^k+\cdots$$

$$=\sum_{k=0}^{\infty}(-0.5)^k z^{-k},\quad |0.5z^{-1}|\leqslant 1 \tag{6-6-15}$$

等效信道传输函数 $H(z)$ 在第 n 信息符号持续间隔结束时刻的输出噪声为 n_n，均衡器输出噪声为

$$v_n = b_n * n_n = \sum_{k=0}^{\infty} (-0.5)^k n_{n-k} \tag{6-6-16}$$

式(6-6-16)中 n_n 是均值为零和方差为 $N_0/2$ 的高斯随机变量，v_n 是零均值高斯随机变量，其方差为

$$\sigma_v = \sum_{k=0}^{\infty} [(-0.5)^k]^2 \frac{N_0}{2} = \frac{2}{3} N_0 \tag{6-6-17}$$

采用基于迫零(ZF)算法的线性均衡器的差错率为

$$P_b = Q\left(\sqrt{\frac{E_b}{2N_0/3}}\right) = Q\left(\sqrt{\frac{3E_b}{2N_0}}\right) \tag{6-6-18}$$

[**案例 6-13**]：

时变衰落信道的脉冲冲击响应函数为 $c(t) = \exp\left(-\frac{|t|}{3T}\right)$，$-\infty < t < \infty$，$T$ 为发射信息符号持续时间间隔，设计采用基于迫零(ZF)算法的具有 3 个抽头加权系数的线性均衡器。

时变衰落信道的脉冲冲击响应函数在 $t=nT$ 时刻为

$$c_n = c(t)\big|_{t=nT} = \exp\left(-\frac{|n|T}{3T}\right) = \exp\left(-\frac{|n|}{3}\right) \tag{6-6-19}$$

如果 $\boldsymbol{B} \triangleq (b_{-1}, b_0, b_1)^{\mathrm{T}}$ 是线性均衡器的 3 个抽头加权系数，时变衰落信道和均衡器组成的等效信道传输函数在 $t=nT$ 时刻为

$$h_n = c_n \otimes b_n = \sum_{k=-1}^{1} b_k c_{n-k} \tag{6-6-20}$$

选择 3 个抽头加权系数 $\boldsymbol{B}$，使得当 $n=0$ 时，$h_n=1$ 和当 $n=\pm 1$ 时，$h_n=0$，得到

$$\begin{bmatrix} 1 & \exp(-1/3) & \exp(-2/3) \\ \exp(-1/3) & 1 & \exp(-1/3) \\ \exp(-2/3) & \exp(-1/3) & 1 \end{bmatrix} \cdot \begin{bmatrix} b_{-1} \\ b_0 \\ b_1 \end{bmatrix} = \begin{bmatrix} 0 \\ 1 \\ 0 \end{bmatrix} \tag{6-6-21}$$

$$\begin{bmatrix} b_{-1} \\ b_0 \\ b_1 \end{bmatrix} = \begin{bmatrix} 1 & \exp(-1/3) & \exp(-2/3) \\ \exp(-1/3) & 1 & \exp(-1/3) \\ \exp(-2/3) & \exp(-1/3) & 1 \end{bmatrix}^{-1} \cdot \begin{bmatrix} 0 \\ 1 \\ 0 \end{bmatrix} \approx \begin{bmatrix} -1.472\ 6 \\ 3.110\ 3 \\ -1.472\ 6 \end{bmatrix} \tag{6-6-22}$$

3 个抽头加权系数 $\boldsymbol{B}$ 分别为 $b_{-1}=-1.472\ 6$，$b_0=3.110\ 3$ 和 $b_1=-1.472\ 6$。

[**小结 6-6**]：

(1) 如果线性均衡器的传输函数是 $B(z)$，时变衰落信道的传输函数是 $C(z)$，基于迫零(ZF)算法的线性均衡器实现无码间干扰的条件是，在 z 域强迫要求 $B(z)=1/C(z)$ 或 $H(z)=C(z)B(z)\equiv 1$，在时间域强迫要求等效信道传输函数 $H(z)$ 中 $h_{n=0}\equiv 1$ 和 $h_{n\neq 0}\equiv 0$。

(2) 在推导基于迫零(ZF)算法线性均衡增益性能时，假设线性均衡器的抽头加权系数的抽头数 $N\to\infty$，而实际 N 是有限正整数，等效信道传输函数 $C(t)$ 的傅里叶变换为 $C(\omega)=F[C(t)]$，工程技术实现是以

$$\tilde{C}(\omega)=\frac{1}{T}\sum_{l=-\infty}^{\infty}C\left[\omega-\frac{2\pi l}{T}\right],\quad |\omega|\leqslant\pi/T \tag{6-6-23}$$

来逼近 $C(z)\big|_{z=\exp(j\omega T)}=\tilde{C}(\omega)$。

(3) 如果接收信号为 $r_n=x_n+0.5x_{n-1}+n_n$，采用迫零(ZF)算法线性均衡器后，系统差错率为 $P_b=Q[\sqrt{(3E_b)/(2N_0)}]$，而没有采用均衡器的系统差错率为 $P_b=0.5\{Q[1.5\sqrt{(2E_b)/N_0}]+Q[0.5\sqrt{(2E_b)/N_0}]\}$，说明采用均衡器在一定程度上可消除码间干扰和改善系统差错率。

(4) CDMA 通信系统采用均衡器后，一方面改善了系统差错率，另一方面也增加了等效信道的噪声功率，即 $\sigma_v\geqslant\sigma_n$，采用均衡器的系统不可能完全消除码间干扰和恢复到无码间干扰(ISI)时系统的差错率。

6.6.2 *z* 域线性均衡器的迫零算法

对时域函数应用傅里叶变换是有一定条件的，不仅要求该函数满足狄利克雷条件，而且要在 $(-\infty,\infty)$ 区间上绝对可积。而在工程技术中，许多时域函数如单位阶跃函数、三角函数和线性函数等都不满足这个条件。另外时域函数的傅里叶变换还要求该函数在整个实数轴上有定义，而工程技术领域许多函数在 $t<0$ 是无物理意义的。

针对在工程技术领域进行时域函数的傅里叶变换存在的上述问题，可以将离散时间序列函数 $x(n)$ 乘以指数衰减函数 r^{-n}，$r>1$，使 $\sum_{n=-\infty}^{\infty}|x(n)\cdot r^{-n}|<\infty$ 满足绝对可积，函数 $x(n)\cdot r^{-n}$ 就可以进行傅里叶变换，得到

$$\zeta[x(n)r^{-n}]=\sum_{n=-\infty}^{\infty}x(n)r^{-n}\cdot e^{-j\omega nT}=\sum_{n=-\infty}^{\infty}x(n)\cdot(re^{j\omega T})^{-n} \tag{6-6-24}$$

假设：复数 $z=re^{j\omega T}$，离散时间序列函数 $x(n)$ 的 z 变换为

$$X(z)=\sum_{n=-\infty}^{\infty}x(n)z^{-n} \tag{6-6-25}$$

在式(6-6-25)中，如果 $|z|=r=1$，z 变换就是傅里叶变换，把傅里叶变换从时间域转换到 z 域，可以给解决工程技术问题提供一条可实现的捷径。

图 6-6-4 为线性均衡器迫零算法在 z 域的结构，其中 $B(z)$ 为时变衰落信道的传输函数，采用基于迫零(ZF)算法线性均衡器的传输函数为 $B^{-1}(z)$。

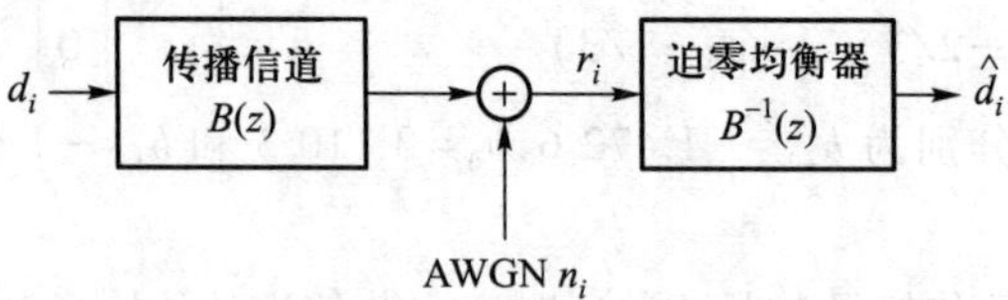

图 6-6-4 线性均衡器迫零算法在 z 域的结构

在图 6-6-4 中，接收端均衡器的接收信号 r_i 是发射信号 d_i 和时变衰落信道脉冲响应(channel impulse response，CIR)函数 b_i 的卷积运算结果，即

$$r_i=\sum_{j=-\infty}^{\infty}d_jb_{i-j} \tag{6-6-26}$$

基于迫零(ZF)算法线性均衡器的输出信号 $\hat{d}_n$ 是线性均衡器的接收信号 r_i 和均衡器传输函数f_i 的卷积运算结果,即

$$\hat{d}_n = \sum_{i=-\infty}^{\infty} r_i \cdot f_{n-i} = \sum_{i=-\infty}^{\infty}\sum_{j=-\infty}^{\infty} d_j b_{i-j} \cdot f_{n-i} = \sum_{j=-\infty}^{\infty} d_j \sum_{i=-\infty}^{\infty} f_{n-i} b_{i-j} \tag{6-6-27}$$

令:$n-i=v$,得到

$$\hat{d}_n = \sum_{j=-\infty}^{\infty} d_j \sum_{v=-\infty}^{\infty} f_v b_{n-j-v} \tag{6-6-28}$$

其中 $g_n = \sum_{v=-\infty}^{\infty} f_v b_{n-v}$,基于迫零(ZF)算法线性均衡器输出信号的估值为

$$\hat{d}_n = \sum_{j=-\infty}^{\infty} d_j g_{n-j} = d_n g_0 + \sum_{j\neq n} d_n g_{n-j} \tag{6-6-29}$$

通信系统采取均衡器后,在无码间干扰前提下,采用基于迫零(ZF)算法线性均衡器的输出信号为 $d_n g_0 = d_n$ 和 $\sum_{j\neq n} d_j g_{n-j} = 0$,可以表示为

$$g_n = \sum_{j=-\infty}^{\infty} f_j b_{n-j} = \begin{cases} 1, & n = 0 \\ 0, & n \neq 0 \end{cases} \tag{6-6-30}$$

式(6-6-30)说明:基于迫零(ZF)算法线性均衡器的传输函数是时变衰落信道传输函数的逆函数,即

$$F(z)B(z) = 1,\quad F(z) = 1/B(z) \tag{6-6-31}$$

在 z 域基于迫零(ZF)算法线性均衡器的接收信号可以表示为

$$R(z) = D(z)B(z) + N(z) \tag{6-6-32}$$

基于迫零(ZF)算法线性均衡器的输出信号为

$$\hat{D}(z) = \frac{R(z)}{B(z)} = D(z) + \frac{N(z)}{B(z)} \tag{6-6-33}$$

其中 $N(z)/B(z)$ 是线性均衡器输出信号中的噪声信号,它与时变衰落信道 $B(z)$ 有关,而且与信道噪声 $N(z)$ 相比,增加了与传播信道的相关性。

线性均衡器输出信号的误差 $E(z)$ 为

$$E(z) = \hat{D}(z) - D(z) = \frac{N(z)}{B(z)} \tag{6-6-34}$$

线性均衡器输出信号的均方差,即功率为

$$P = \int_{-\pi}^{\pi} |E(z = e^{j\omega})|^2 d\omega \tag{6-6-35}$$

其中均衡器输出信号均方差的功率频谱密度(power spectral density,PSD)$|E(z)|^2$ 为

$$|E(z)|^2 = \left|\frac{N(z)}{B(z)}\right|^2 = \frac{N_0}{2|B(z)|^2} \tag{6-6-36}$$

其中 $|N(z)|^2 = N \cdot N^* = N_0/2$。可见,线性均衡器输出信号的均方差、信号功率、噪声功率频谱密度和噪声功率的数值可以通过测量获取,它们之间还可以进行换算。

6.6.3　线性均衡器的最小均方差算法

图 6-6-5 为基于最小均方差(minimum mean square error,MMSE)的线性均衡器原理框图,

其基本思想是:调整均衡器抽头加权系数,使得均衡器输出信号的均方差为最小。

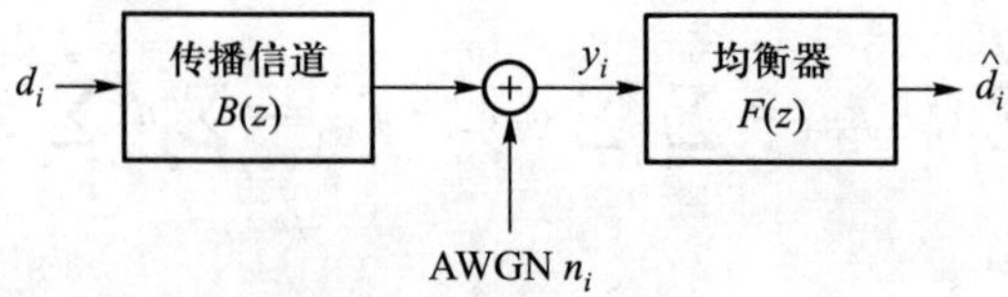

图 6-6-5 基于最小均方差(MMSE)的线性均衡器原理框图

均衡器输出信号的均方误差为 $e_n^2=E[\,|d_n-\hat{d}_n|^2\,]$,在 z 域均衡器输出信号估值的误差为

$$\hat{D}(z)-D(z)=F(z)D(z)B(z)-D(z)+F(z)N(z) \tag{6-6-37}$$

式(6-6-37)可以简化为

$$\hat{D}-D=FDB-D+FN=D(FB-1)+FN \tag{6-6-38}$$

均衡器输出信号的均方差为

$$\begin{aligned}|E|^2&=|\hat{D}-D|^2=(\hat{D}-D)\cdot(\hat{D}-D)^*\\&=[D(FB-1)+FN]\cdot[D^*(F^*B^*-1)+F^*N^*]\\&\approx DD^*(FB-1)(F^*B^*-1)+FNF^*N^*\\&=|D|^2(FB-1)(F^*B^*-1)+|F|^2\cdot|N|^2\end{aligned} \tag{6-6-39}$$

如果均衡器输出噪声信号的采样值彼此互不相关,均衡器输出信号 D 的方差为恒定方差,即

$$|D|^2=D\cdot D^*=\sigma_D^2 \tag{6-6-40}$$

均衡器输出噪声的方差为

$$|N|^2=NN^*=\frac{N_0}{2} \tag{6-6-41}$$

均衡器输出信号的均方差为

$$\begin{aligned}|E|^2&=\sigma_D^2(|F|^2|B|^2-FB-F^*B^*+1)+|F|^2\cdot N_0/2\\&=\left(\sigma_D^2\,|B|^2+\frac{N_0}{2}\right)\left[\,|F|^2-\left(\frac{\sigma_D^2FB+\sigma_D^2F^*B^*}{\sigma_D^2\,|B|^2+N_0/2}\right)\right]+\sigma_D^2\\&=K_e\left|F-\frac{\sigma_D^2B^*}{K_e}\right|^2-\frac{\sigma_D^4\,|B|^2}{K_e}+\sigma_D^2\end{aligned} \tag{6-6-42}$$

其中 $K_e=\sigma_D^2\,|B|^2+N_0/2$ 为恒定数。

基于最小均方差(MMSE)算法的线性均衡器能够使输出信号的均方差 $|E|^2$ 取最小值,在式(6-6-42)中等效于

$$\left|F-\frac{\sigma_D^2B^*}{K_e}\right|=0 \tag{6-6-43}$$

$$F=\frac{\sigma_D^2B^*}{K_e}=\frac{\sigma_D^2B^*}{\sigma_D^2\,|B|^2+N_0/2} \tag{6-6-44}$$

在线性均衡器的最小均方差(MMSE)算法中,均方误差为

$$|E|^2=\sigma_D^2-\frac{\sigma_D^4\,|B|^2}{K_e}=\frac{N_0}{2\,|B|^2+N_0/\sigma_D^2} \tag{6-6-45}$$

如果均衡器在采样时刻 $t=nT$ 的输出信号为 $y_n=\sum_{k=-N}^{N}b_k r_{n-k}$，均衡器理想输出信号应该为 x_n，输出信号的误差信号为 $e_n=x_n-y_n$，其中误差信号的均方差表示为

$$E[e_n^2]=E\left[\left(x_n-\sum_{k=-N}^{N}b_k r_{n-k}\right)^2\right]$$
$$=\sum_{l=-N}^{N}\sum_{k=-N}^{N}b_k b_l R_r(k-l)-2\sum_{l=-N}^{N}b_l R_{xr}(k)+E(x_n^2) \tag{6-6-46}$$

其中 $R_r(k-l)=E[r_{n-l}r_{n-k}]$ 和 $R_{xr}(k)=E[x_n r_{n-k}]$。

欲使均衡器输出信号的均方差最小，必须满足

$$\frac{\partial E(e_n^2)}{\partial b_k}=0,\quad k=0,\pm1,\pm2,\cdots,\pm N \tag{6-6-47}$$

联合运算式(6-6-46)和式(6-6-47)，得到均衡器的抽头加权系数 b_k 满足

$$\sum_{k=-N}^{N}b_k R_r(k-l)=R_{xr}(k) \tag{6-6-48}$$

以矩阵形式反映式(6-6-48)的 Wiener-Hopf 方程关系，即 $\boldsymbol{R}_r\cdot\boldsymbol{B}=\boldsymbol{R}_{xr}$，其中 $\boldsymbol{R}_r$ 为信道相关矩阵，表示为

$$\boldsymbol{R}_r=\begin{bmatrix} R_r(0) & \dots & R_r(N) & \dots & R_r(2N) \\ R_r(-1) & \dots & R_r(N-1) & \dots & R_r(2N-1) \\ \vdots & & \vdots & & \vdots \\ R_r(-2N+1) & \dots & R_r(-N+1) & \dots & R_r(1) \\ R_r(-2N) & \dots & R_r(-N) & \dots & R_r(0) \end{bmatrix} \tag{6-6-49}$$

$\boldsymbol{R}_{xr}$为矢量，表示为

$$\boldsymbol{R}_{xr}=[R_{xr}(-N),\cdots,R_{xr}(-1),R_{xr}(0),R_{xr}(1),\cdots,R_{xr}(N)]^{\mathrm{T}} \tag{6-6-50}$$

采用基于最小均方误差（MMSE）算法的线性均衡器的抽头加权系数为

$$r_n=\sum_{l=-N}^{N}x_l c_{n-l}+n_n \tag{6-6-51}$$

式(6-6-51)的求解取决于信道噪声和传输信息的统计特性，其中 $\boldsymbol{R}_r$ 和 $\boldsymbol{R}_{xr}$是概率统计变量，在工程上可以用统计平均集来代替概率统计平均集，即

$$\hat{R}_r(k-l)=\frac{1}{N}\sum_{n=1}^{N}r_{n-l}r_{n-k}\qquad 和\qquad \hat{R}_{xr}(k)=\frac{1}{N}\sum_{n=1}^{N}x_n r_{n-k} \tag{6-6-52}$$

其中 N 为采样信号集数。

[**小结 6-7**]：

(1) 如果均衡器同样为线性均衡器，而算法分别采用基于最小均方差（MMSE）准则算法和基于迫零(ZF)准则算法，则线性均衡器输出信号的均方差分别如下：

① MMSE 算法：$|E|^2=\sigma_D^2-\frac{\sigma_D^4\ |B|^2}{K_e}=\frac{N_0}{2|B|^2+N_0/\sigma_D^2}$

② ZF 算法：$|E|^2=\frac{N_0}{2|B|^2}$

可见：基于 MMSE 准则均衡算法输出信号的均方差总是低于或等于基于 ZF 准则均衡算法输出信号的均方差。

(2) 基于最小均方差(MMSE)准则均衡算法是使得均衡器输出信号的均方差最小，注意这里是 minimum，不是 least，即基于$\partial e/\partial b_k=0$，是通过调整均衡器的抽头加权系数 b_k，达到$\min\limits_{b_k} E[e_n^2]=\min\limits_{b_k} E[(d_n-\hat{d}_n)^2]$，其中 $e=E[e_n^2]$。

6.6.4 线性均衡器的随机梯度算法

在含有均衡器的 CDMA 通信系统中，采用基于最小均方差（MMSE）准则的均衡算法，其中均衡器输出信号的均方差为 $e=E[e_n^2]$。如果利用等效信道传输函数难以求解方程，$\partial e/\partial b_k=E[2e_n\cdot(\partial e_n/\partial b_k)]=-2E[e_n\cdot r_{n-k}]=0$，就无法采用基于最小均方差（MMSE）准则的均衡算法。也就是说当$\partial e/\partial b_k\neq 0$，只能采用基于 LMSE(least mean square error，LMSE)准则的均衡算法，而不是基于 MMSE 准则的均衡算法。

图 6-6-6 为线性均衡器的随机梯度算法结构原理。

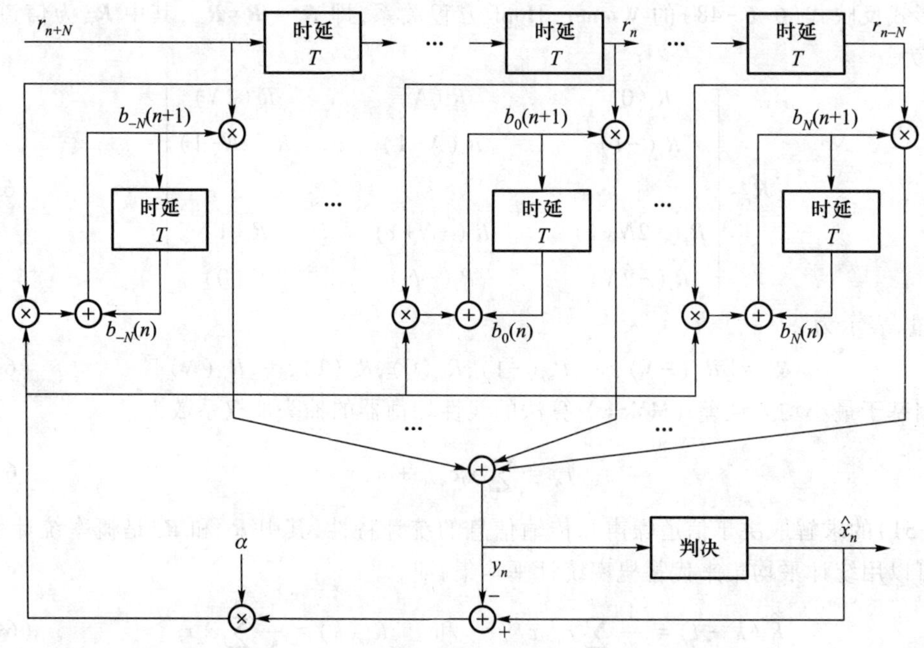

图 6-6-6　线性均衡器的随机梯度算法结构原理

基于 LMSE 准则均衡器的抽头加权系数$\{b_k(n)\}$可自适应跟踪等效信道时变特性，即

$$e_n=x_n-\sum_{k=-N}^{N}b_k r_{n-k},\quad \frac{\partial e_n}{\partial b_k}=-\sum_{k=-N}^{N}r_{n-k},\quad R_{er}(k)=E[e_n r_{n-k}] \tag{6-6-53}$$

线性均衡器采用迭代递推算法调整抽头加权系数$\{b_k(n)\}$来逼近抽头加权系数的最佳值，这种算法往往称为最陡下山算法（steepest descent algorithm，SDA）或者自适应随机迭代算法（stochastic iteration algorithm，SIA）。

自适应随机梯度算法中，抽头加权系数的迭代递推关系是

$$b_k(n+1)=b_k(n)+\alpha\cdot E[e_n r_{n-k}] \tag{6-6-54}$$

式(6-6-54)所示的自适应随机梯度算法需要确定以下两个关键参数。

(1) 迭代方向 $E[e_n r_{n-k}]$

迭代方向 $E[e_n r_{n-k}]$ 正比于 $\partial e/\partial b_k=-2R_{er}(k)$ 或 $R_{er}(k)$。由于 $E[e_n r_{n-k}]$ 难以获取，而 $e_n=x_n-\sum_{k=-N}^{N} b_k r_{n-k}$ 和 $\partial e_n/\partial b_k=-\sum_{k=-N}^{N} r_{n-k}(\partial e_n/\partial b_k)$，所以往往以 $e_n r_{n-k}$ 代替 $E[e_n r_{n-k}]$。

(2) 迭代步长 α

一般迭代步长 α 取值为

$$0\leqslant\alpha\leqslant\frac{2}{(2N+1)\times(\text{信号}+\text{噪声})_{\text{输入}}} \tag{6-6-55}$$

自适应随机梯度算法具体为

$$b_k(n+1)=b_k(n)+\alpha\cdot e_n r_{n-k} \tag{6-6-56}$$

$$e_n=x_n-y_n=x_n-\sum_{k=-N}^{N} b_k r_{n-k} \tag{6-6-57}$$

需要注意的是最陡下山算法或者自适应随机迭代算法的运算量比较小，而且容易实施，但其收敛速率慢，主要应用于时不变系统或慢时变系统的场景。另外还需要对序列进行均衡器收敛的训练学习，让自适应系统经过一定时间适应后迅速进入稳态。快速跟踪、快速收敛和高精度等性能参数是自适应算法的主要考核性能指标，也是该领域研究的主要课题。

6.6.5　判决反馈均衡器

图 6-6-7 为判决反馈均衡器(decision feedback equalization, DFE)原理框图，由前馈滤波器(feed forward filter, FFF) $B(z)$ 和位于反馈环路的检测判决器与反馈滤波器(feed back filter, FBF) $D(z)$ 构成。

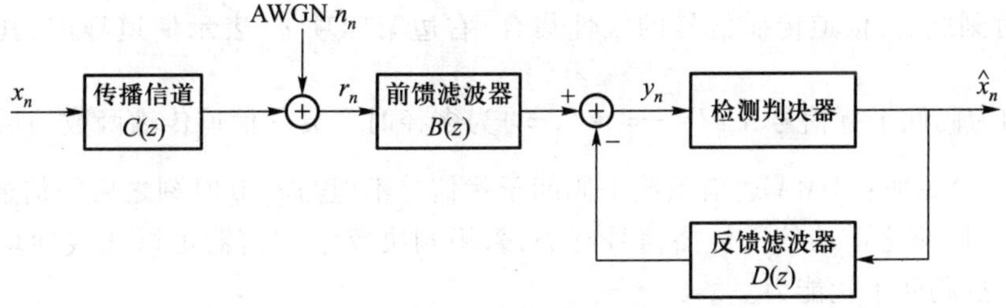

图 6-6-7　判决反馈均衡器原理框图

判决反馈均衡器的输入 $\{r_n\}$ 和输出 $\{\hat{x}_n\}$ 呈非线性关系，非线性的判决反馈均衡器可以克服时变衰落信道中传输函数频谱零点，降低信道噪声在采用线性均衡器时与信道相关的强化效果。

图 6-6-8 为判决反馈均衡器结构框图，具体有 $N+1$ 个抽头加权系数的前馈滤波器 $B(z)$ 和 M 个抽头加权系数的反馈滤波器 $D(z)$，其中 $N+1>M$。在 $t=nT$ 时刻，判决反馈均衡器的输入信号是时变衰落信道的输出信号 r_{n+N}，反馈滤波器的输入信号是在 $t=(n-1)T$ 时刻检测判决器的输出信号 x_{n-1} 判决值 $\hat{x}_{n-1}$。

假设：在 $t=nT$ 时刻多径时变衰落信道的输出信号 r_n 表示为

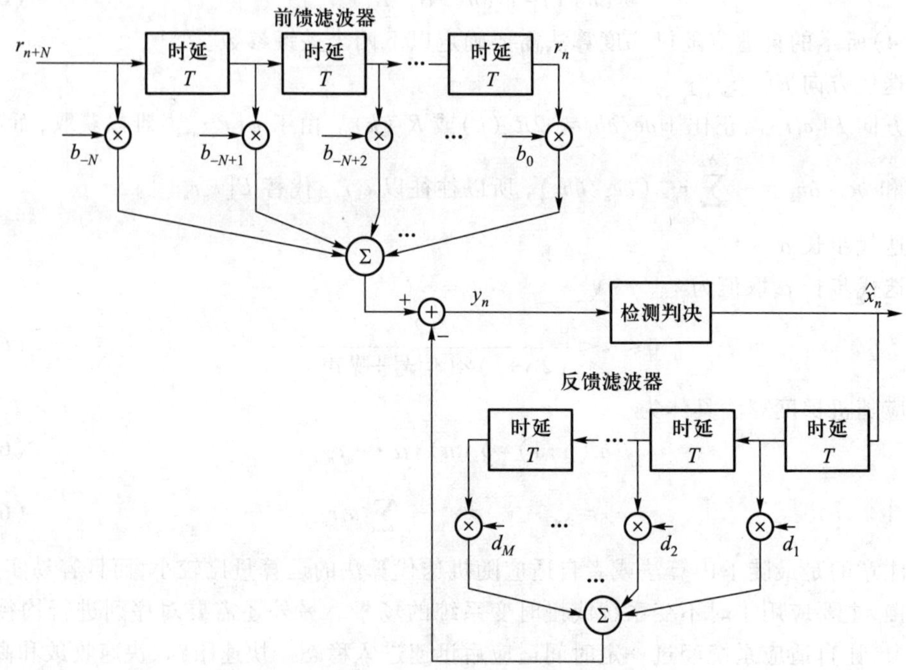

图 6-6-8 判决反馈均衡器结构框图

$$r_n = c_0 x_n + \sum_{l=-\infty}^{-1} c_l x_{n-l} + \sum_{l=1}^{\infty} c_l x_{n-l} + n_n \tag{6-6-58}$$

式(6-6-58)中右边第一项 $c_0 x_n$ 表示在 $t=0$ 时刻与发射端发射信号呈一定线性比例关系的信号,右边第二项 $\sum_{l=-\infty}^{-1} c_l x_{n-l}$ 表示在 $t=0$ 时刻之前,信道传播信号的线性集合,右边第三项 $\sum_{l=1}^{\infty} c_l x_{n-l}$ 表示在 $t=0$ 时刻之后,信道传播信号的线性集合,右边第四项 n_n 表示信道噪声,其中 $\sum_{l=-\infty}^{-1} c_l x_{n-l}$ 和 $\sum_{l=1}^{\infty} c_l x_{n-l}$ 均为码间干扰信号,$c_l(l=-\infty,\cdots,\infty)$为多径时变衰落信道传输函数的增益。

式(6-6-58)说明:CDMA 通信系统中码间干扰信号不但与 $t=0$ 时刻之后的信道传播信号有关,而且与 $t=0$ 时刻之前的信道传播信号有关,采用判决反馈均衡器可以比线性均衡器更进一步改善系统对抗码间干扰能力。

判决反馈均衡器中前馈和反馈滤波器抽头加权系数的优化算法具体有迫零(ZF)算法、最小均方差(MMSE)算法和随机迭代算法等。

1. DFE-ZF 算法

如果多径时变衰落信道的传输函数为 $C(z)=\sum_{k=-\infty}^{\infty} c_k z^{-k}$,判决反馈均衡器中前馈滤波器的传输函数 $B(z)=\sum_{k=-N}^{0} b_k z^{-k}$,多径时变衰落信道和前馈滤波器组合的传输函数为

$$C(z)\cdot B(z)=\sum_{n=-\infty}^{\infty}\sum_{k=-N}^{0} b_k c_{n-k} z^{-n}=\sum_{n=-\infty}^{\infty} h_n z^{-n} \tag{6-6-59}$$

其中 $h_n=\sum_{k=-N}^{0}b_k c_{n-k}$。

在判决反馈均衡迫零(DFE-ZF)算法中,在 $t<0$(等效于 $n<0$)时间间隔,要求前馈滤波器 $B(z)$ 抽头加权系数 b_k 满足

$$h_n=\sum_{k=-N}^{0}b_k c_{n-k}\equiv 0 \tag{6-6-60}$$

即强迫消除 $t=0$ 时刻之前的码间干扰信号的影响,也就是强迫 $h_n=0(n=-N,-N+1,\cdots,-2,-1)$。

假设:前馈滤波器 $B(z)$ 抽头数 $N+1$ 和反馈滤波器 $D(z)$ 抽头数 M 满足 $N+1>M$ 关系。在 $t>0$(等效于 $n>0$)时间间隔,要求前馈滤波器 $B(z)$ 抽头加权系数 b_k 满足以下矩阵关系,表示为

$$\begin{bmatrix} c_0 & c_{-1} & \cdots & c_{-N} \\ c_1 & c_0 & \cdots & c_{-N+1} \\ \vdots & \vdots & & \vdots \\ c_N & c_{N-1} & \cdots & c_0 \end{bmatrix}\cdot\begin{bmatrix} b_{-N} \\ b_{-N+1} \\ \vdots \\ b_0 \end{bmatrix}=\begin{bmatrix} 0 \\ 0 \\ \vdots \\ 1 \end{bmatrix} \tag{6-6-61}$$

DFE-ZF 算法要求反馈滤波器 $D(z)$ 抽头加权系数 d_j 满足消除 $t>0$ 时间间隔的码间干扰信号影响,即

$$d_j=h_j,\quad j=1,2,\cdots,M \tag{6-6-62}$$

检测判决器的输入信号是前馈滤波器 $B(z)$ 输出信号 $\sum_{k=-N}^{0}b_k r_{n-k}$ 减去反馈滤波器 $D(z)$ 输出信号 $\sum_{j=1}^{M}d_j\hat{x}_{n-j}$,即

$$y_n=\sum_{k=-N}^{0}b_k r_{n-k}-\sum_{j=1}^{M}d_j\hat{x}_{n-j}=\sum_{k=-N}^{0}b_k r_{n-k}-\sum_{j=1}^{M}h_j\hat{x}_{n-j} \tag{6-6-63}$$

从式(6-6-63)可知,通过前馈滤波器消除在 $t<0$ 时刻之前的信号影响,前馈滤波器的输出信号为

$$\sum_{k=-N}^{0}b_k r_{n-k}\approx\sum_{j=1}^{M}h_j\hat{x}_{n-j}+y_n\approx\sum_{j=1}^{M}h_j\hat{x}_{n-j}+x_n+v_n \tag{6-6-64}$$

其中 $v_n=\sum_{k=-N}^{0}b_k n_{n-k}$ 为均衡器接收的噪声信号。

如果 DFE-ZF 算法系统可以实施准确检测,即 $\hat{x}_{n-j}=x_{n-j},j=1,2,\cdots,M$,判决反馈均衡器(DFE)的输出信号为

$$\hat{x}_n=D[y_n]\approx D\left[\left(\sum_{j=1}^{M}h_j\hat{x}_{n-j}+x_n+v_n\right)-\sum_{j=1}^{M}h_j\hat{x}_{n-j}\right]=D[x_n+v_n] \tag{6-6-65}$$

其中 $D[\cdot]$ 表示检测判决器的判决函数运算,即满足 $x_n>v_n$,判决 $\hat{x}_n=x_n$。

如果在判决反馈均衡器中,检测判决器的输入端误差信号为 $e_n=x_n-y_n=v_n$,说明均衡误差仅仅来自多径时变衰落信道的噪声,时变衰落信道的均衡误差服从零均值和方差 $\sigma_v^2=\sigma_n^2\sum_{k=-N}^{0}b_k^2$ 的高斯分布,相比线性均衡器的迫零(ZF)算法,DFE-ZF 算法可以进一步降低信道噪声的影响强度。

[**小结 6-8**]:

(1) 通信系统的码间干扰不但与 $t=0$ 时刻之前的信号有关,而且与 $t=0$ 时刻之后的信号有关,判决反馈均衡器是基于 $t=0$ 时刻之前和 $t=0$ 时刻之后的信号,进行对抗码间干扰的信息处理。判决反馈均衡器比线性均衡器可以更进一步改善系统抗码间干扰能力。

(2) 在 DFE-ZF 算法中,前馈滤波器的抽头加权系数 $b_k(k=-N,-N+1,\cdots,0)$ 应该满足:在 $n<0$ 时,$h_n=\sum_{k=-N}^{0}b_kc_{n-k}=0$,即消除 $t<0$ 时刻之前的系统接收信号的影响,而在 $n>0$ 时保留 h_n 值。

(3) 在 DFE-ZF 算法中,反馈滤波器的抽头加权系数 $d_j(j=1,2,\cdots,M)$ 应该满足:消除 $t>0$ 时刻之后的系统接收信号集的影响,即 $d_j=h_j$,满足在 $n<0$ 时,$h_n=\sum_{k=-N}^{0}b_kc_{n-k}\equiv 0$。

(4) 在 DFE-ZF 算法中,判决反馈均衡器输出均衡信号差错为 $e_n=x_n-y_n=v_n$,其中均衡器输出噪声 $v_n=\sum_{k=-N}^{0}b_kn_{n-k}=b_n*n_n$ 仅与多径时变衰落信道噪声 n_n 有关,且服从零均值和方差 $\sigma_v^2=\sigma_n^2\sum_{k=-N}^{0}b_k^2$ 的高斯分布。

(5) 非线性均衡器的迫零(ZF)算法,如 DFE-ZF 算法的均衡性能优于线性均衡器的迫零(ZF)算法。

2. DFE-MMSE 算法

在判决反馈均衡器采用的基于 MMSE 准则的均衡算法(DFE-MMSE)中,如果判决反馈均衡器能够正确检测某时刻之前的信号集合,即 $\hat{x}_{n-j}=x_{n-j},j=1,2,\cdots,M$,那么在 $t=nT$ 时刻,输出信号的采样值表示为

$$y_n=\sum_{k=-N}^{0}b_kr_{n-k}-\sum_{j=1}^{M}d_jx_{n-j} \tag{6-6-66}$$

判决反馈均衡器(DFE)输出信号的均方误差表示为

$$e=E[e_n^2]=E[(x_n-y_n)^2]=E\left[\left(x_n-\sum_{k=-N}^{0}b_kr_{n-k}+\sum_{j=1}^{M}d_jx_{n-j}\right)^2\right] \tag{6-6-67}$$

判决反馈均衡器(DFE)的 MMSE 算法要求判决反馈均衡器的均方差 e 取得最小值,即 minimum,不是 least。也就是 DFE-MMSE 算法同时调整前馈滤波器抽头加权系数 b_k 和反馈滤波器抽头加权系数 d_{N+j},要求同时满足

$$\begin{aligned}\partial e/\partial b_k=0,\quad k=-N,-N+1,\cdots,0\\ \partial e/\partial d_j=0,\quad j=1,2,\cdots,M\end{aligned} \tag{6-6-68}$$

展开式(6-6-68)得到

$$\frac{\partial e}{\partial b_k}=2E\left[-r_{n-k}\left(x_n-\sum_{k=-N}^{0}b_kr_{n-k}-\sum_{j=1}^{M}d_jx_{n-j}\right)\right]=-2E[r_{n-k}\cdot e_n]=0 \tag{6-6-69}$$

$$\frac{\partial e}{\partial d_j}=2E\left[x_{n-j}\left(x_n-\sum_{k=-N}^{0}b_kr_{n-k}-\sum_{j=1}^{M}d_jx_{n-j}\right)\right]=2E[x_{n-j}\cdot e_n]=0 \tag{6-6-70}$$

求解式(6-6-69)和式(6-6-70)组成的方程组,可以得到前馈滤波器的抽头加权系数 b_j 和反馈滤波器的抽头加权系数 d_{N+j} 分别为

$$\sum_{k=-N}^{0} b_k R_c(k-l) + R_n(k-l)/\sigma_x^2 = \sum_{j=1}^{M} d_j c_{l-j} + c_l,\ l=-N,\ -N+1,\cdots,0 \quad (6-6-71)$$

$$d_j = \sum_{k=-N}^{0} b_k c_{j-k},\quad j=1,2,\cdots,M \quad (6-6-72)$$

其中 $R_n(k-l)=E[n_{n-l}\cdot n_{n-k}]$为多径时变衰落信道的噪声相关函数，$R_c(k-l)=\sum_{m=-\infty}^{\infty} c_{m-l}\cdot c_{m-k}$为多径时变衰落信道脉冲响应相关函数。

3. DFE-LMSE 算法

在多径时变衰落传播信道中，如果判决反馈均衡器（DFE）的前馈滤波器抽头加权系数 b_k 和反馈滤波器抽头加权系数 d_j 难以同时满足$\partial e/\partial b_k=0(k=-N,-N+1,\cdots,0)$和 $\partial e/\partial d_j=0(j=1,2,\cdots,M)$，也就是说，实施不了基于 MMSE 准则的均衡算法，那么可以实施基于 LMSE（least mean square error）准则的均衡算法，即采用迭代递推方法，来调整判决反馈均衡器抽头加权系数来逼近抽头加权系数的最佳值。

假设：前馈滤波器抽头加权系数 $\boldsymbol{B}=(b_{-N},b_{-N+1},\cdots,b_{-1},b_0)^{\mathrm{T}}$，反馈滤波器抽头加权系数 $\boldsymbol{D}=(d_1,d_2,\cdots,d_M)^{\mathrm{T}}$，判决反馈均衡器的接收信号 $\boldsymbol{R}=(r_{n+N},r_{n+N-1},\cdots,r_n)^{\mathrm{T}}$，判决反馈均衡器的输出信号 $\boldsymbol{X}_{n-1}=(\hat{x}_{n-1},\hat{x}_{n-2},\cdots,\hat{x}_{n-M})^{\mathrm{T}}$。

在 $t=nT$ 时刻，判决反馈均衡器采用随机迭代算法的输出期望均衡信号的误差信号为

$$\varepsilon_n = x_n-(\boldsymbol{R}_n^{\mathrm{T}}\cdot\boldsymbol{B}-\boldsymbol{X}_{n-1}^{\mathrm{T}}\cdot\boldsymbol{D}) \quad (6-6-73)$$

由于$\partial e/\partial b_k\neq 0$ 和$\partial e/\partial d_j\neq 0$，确定判决反馈均衡器的前馈滤波器抽头加权系数和反馈滤波器抽头加权系数 $\boldsymbol{B}^{\mathrm{T}}$ 和 $\boldsymbol{D}^{\mathrm{T}}$ 的准则是，使得式（6-6-73）中均方差 $E[\varepsilon_n^2]$取其中比较最小值，而不是最小值，即不是 minimum 而是 least。得到

$$\boldsymbol{B}(n+1)=\boldsymbol{B}(n)+\alpha_1 e_n\cdot\boldsymbol{R}_n \quad (6-6-74)$$

$$\boldsymbol{D}(n+1)=\boldsymbol{D}(n)-\alpha_2 e_n\cdot\hat{\boldsymbol{X}}_{n-1} \quad (6-6-75)$$

其中 n 是离散时间坐标 $t=nT$，$\boldsymbol{B}(n)$和 $\boldsymbol{D}(n)$分别是式（6-6-73）中 $\boldsymbol{B}$ 和 $\boldsymbol{D}$ 的判决值。

在工程技术实践中，往往 ε_n 由 $\hat{\varepsilon}_n$ 代替，即

$$\hat{\varepsilon}_n=\hat{x}_n-[\boldsymbol{R}_n^{\mathrm{T}}\cdot\boldsymbol{B}(n)-\hat{\boldsymbol{X}}_{n-1}^{\mathrm{T}}\cdot\boldsymbol{D}(n)] \quad (6-6-76)$$

［**小结 6-9**］：

（1）迫零（ZF）算法是强迫均衡系统中等效信道传输函数在 $n\neq 0$ 时刻信道传输函数 h_n 为零，消除 $t=0$ 时刻信号的码间干扰。

（2）基于 MMSE 准则的均衡算法是基于均衡信号均方误差为 minimum 准则，需要同时考虑 $t=0$ 时刻之前和 $t=0$ 时刻之后的信道传输信号的影响，进而可以进一步降低系统的码间干扰。

（3）在难以实施基于 MMSE 准则的均衡算法场景下，可以采用迭代递推方法实施基于均方误差为 least 准则的均衡算法，自适应地迭代调整均衡器抽头加权系数，使其逼近抽头加权系数的最佳值，进而降低系统的码间干扰影响。

（4）基于最大似然（ML）准则的均衡算法是接收端事前掌握所有可能发射信号的信号集 S，在等效信道传输函数 H 条件下，计算接收信号 y 与所有可能发射信号集 S 的欧氏距离，选择其中最小欧氏距离的发射信号 $\hat{s}_{ML}$作为均衡系统的输出信号，即

$$\hat{s}_{ML}=\arg\min_{s\in s^n}\|y-H\otimes S\|^2 \quad (6-6-77)$$

4. 最小二乘(LS)算法

假设:均衡器抽头加权系数 $\boldsymbol{C}=(c_1,c_2,\cdots,c_n)$,输入信号序列 $Y_k=(y_1,y_2,\cdots,y_k)$,输出信号序列 $X_k=(x_1,x_2,\cdots,x_k)$,则均衡器期望输出信号序列 $\hat{X}_k=(\hat{x}_1,\hat{x}_2,\cdots,\hat{x}_k)$表示为

$$\hat{X}_k=\boldsymbol{C}^{\mathrm{T}}Y_k \tag{6-6-78}$$

均衡器输出期望均衡信号的误差信号为 $e_k=X_k-\hat{X}_k$,基于最小二乘(least squares,LS)准则误差信号的方差表示为

$$\boldsymbol{\varepsilon}_k=\sum_{k=0}^{n}e_k^2=\sum_{k=0}^{n}(X_k-\boldsymbol{C}^{\mathrm{T}}Y_k)^2 \tag{6-6-79}$$

常用指数加权最小二乘误差性能函数,可以表示为

$$\boldsymbol{\varepsilon}_k=\sum_{k=0}^{n}W^{n-k}(X_k-\boldsymbol{C}^{\mathrm{T}}Y_k)^2 \tag{6-6-80}$$

其中 W 是加权因子,W 为小于且接近 1 的正数,W^{n-k} 随着 k 增加而增大,指数加权可以突出当前时刻信号采样值的影响作用,削弱过去时刻的信号采样值影响作用。

$\boldsymbol{\varepsilon}_k$ 的取值是通过对抽头加权系数 C_k 求偏微导并令其等于零求解,即应用 Wiener-Hopf 方程推导得到,具体表示为

$$R_{NN}(k)C_N(k-1)=\boldsymbol{V}_n(k) \tag{6-6-81}$$

$$\boldsymbol{R}_{NN}(k)=\sum_{k=0}^{n}W^{n-k}\boldsymbol{Y}_N^*(k)+\delta\boldsymbol{I}=W\boldsymbol{R}_{NN}(k-1)+\boldsymbol{Y}_N(k)\boldsymbol{Y}_N^{*\mathrm{T}}(k) \tag{6-6-82}$$

$$\boldsymbol{V}_N(k)=\sum_{k=0}^{n}W^{n-k}\boldsymbol{Y}_n(k)\boldsymbol{X}_N^{\mathrm{T}}(k)+\delta\boldsymbol{I}=W\boldsymbol{V}_N(k-1)+\boldsymbol{Y}_N(k)\boldsymbol{X}_N^{\mathrm{T}}(k) \tag{6-6-83}$$

当 $\boldsymbol{R}_{NN}(k)$满足非奇异矩阵条件,可得到最小二乘算法表示为

$$\boldsymbol{C}_N(k)=\boldsymbol{C}_N(k-1)+\boldsymbol{K}_N(k)\boldsymbol{e}_N(k) \tag{6-6-84}$$

$$\boldsymbol{K}_N(k)=\boldsymbol{R}_{NN}^{-1}(k)\boldsymbol{Y}_N(k) \tag{6-6-85}$$

$$\boldsymbol{e}_N(k)=\boldsymbol{X}_N(k)-\boldsymbol{C}_N^{\mathrm{T}}(k)\boldsymbol{Y}_N(k) \tag{6-6-86}$$

习题

6-1 在题图 6-1 中,推导 Chebyshev 不等式:对于任意正数 δ, 存在 $p_r(|x-m_x|\geqslant\delta)\leqslant\frac{\sigma_x^2}{\delta^2}$ 。

6-2 在题图 6-2 中,推导 Chernoff 界:对于任意正数 δ 和 v, 存在 $p_r(Y\geqslant\delta)\leqslant \mathrm{e}^{-\hat{v}\delta}E(\mathrm{e}^{\hat{v}r})$。

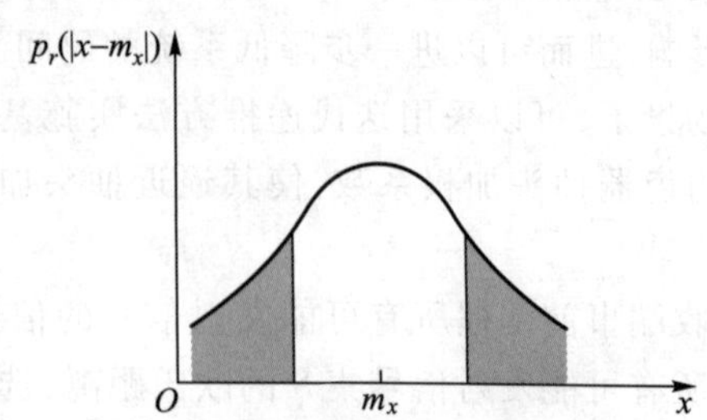

题图 6-1 Chebyshev 不等式示意

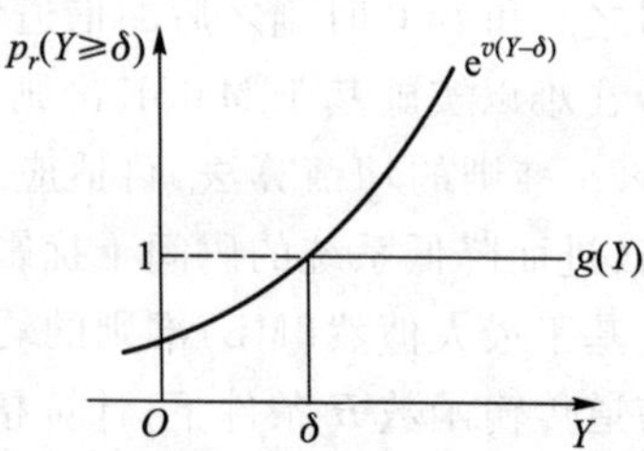

题图 6-2 Chernoff 界示意

6-3　如果 WSSUS 信道的时变脉冲响应为

$$h(\tau,t)=\exp(-\tau/T)n(\tau)\cos(\Omega t+\Theta),\quad \tau\geqslant 0$$

其中 T 和 Ω 为常数，Θ 为均匀分布在$[-\pi,\pi]$区间的随机变量，$n(\tau)$是与 Θ 独立的实数值随机过程，具有 $E[n(\tau)]=\varepsilon_n$ 和 $E[n(\tau_1)n(\tau_2)]=\delta(\tau_1-\tau_2)$关系。

(1) 计算时延功率频谱密度(PSD)和多径时延扩展；

(2) 计算频率相关函数和信道相干带宽；

(3) 对于信息符号持续时间长度 $T=0.1$ ms 的移动通信系统，判断信道是否呈现频率选择性衰落特性。

6-4　如果 WSSUS 信道的时变脉冲响应为

$$h(\tau,t)=\exp(-\tau/T)n(\tau)\cos(\Omega t+\Theta),\quad \tau\geqslant 0$$

其中 T 为常数，$\Omega=10\pi$，Θ 为均匀分布在$[-\pi,\pi]$区间的随机变量，$n(\tau)$是与 Θ 独立的实数值随机过程，具有 $E[n(\tau)]=\varepsilon_n$ 和 $E[n(\tau_1)n(\tau_2)]=\delta(\tau_1-\tau_2)$关系。计算平均传播时延，多径时延扩展，频率相关函数和信道相干带宽，判断该通信系统是什么衰落信道。

6-5　在二重分集接收系统中，合成输出信噪比为$\sqrt{\gamma}$，如果一路信号输出信噪比$\sqrt{\gamma_1}=\sqrt{\gamma}/2$，分别计算采用最佳选择合并算法、等增益合并算法和最大比例合并算法时，另一路信号的信噪比为多少。

6-6　二重分集 BPSK 接收系统中，如果在比特持续时间间隔内，第一路和第二路分集接收的信道增益相互独立，其信道增益和出现概率分别是 $g_1=1.0$，$p_1=0.9$ 和 $g_2=0.05$，$p_1=0.1$，分集接收信道的噪声为 AWGN，其双边噪声功率频谱密度为 $N_0/2$。推导在采用最大比例合并(MRC)算法时，二重分集 BPSK 接收系统的比特差错概率。

6-7　如果信道传递函数为

$$C(z)=(1+0.5z^{-1})(1+2z^{-1})$$

(1) 设计基于迫零(ZF)算法的线性均衡器；

(2) 设计基于迫零(ZF)算法的判决反馈均衡器，其中前向滤波器均衡信道的$(1+0.5z^{-1})$部分，反馈滤波器均衡信道的$(1+2z^{-1})$部分；

(3) 设计基于迫零(ZF)算法的判决反馈均衡器，其中前向滤波器均衡信道的$(1+2z^{-1})$部分，反馈滤波器均衡信道的$(1+0.5z^{-1})$部分；

(4) 在均值为零和方差为 σ^2 的 AWGN 信道中，比较和分析上述三种均衡器的应用效果。

6-8　已知输入信号的采样序列 $x_{-2}=0$，$x_{-1}=0.2$，$x_0=1$，$x_1=-0.3$，$x_2=0.1$。

(1) 设计一个三抽头的基于迫零(ZF)算法的均衡器，求 3 个抽头的系数；

(2) 计算均衡前后的峰值的失真系数 D，$D=\dfrac{1}{x_0}\sum\limits_{\substack{k=-\infty\\k\neq 0}}^{\infty}|x_k|$。

6-9　已调信号为 $s(t)$，接收信号为 $x(t)=k_1s(t-t_1)+k_2s(t-t_2)$，其中 k_1 和 k_2 为常数，t_1 和 t_2 为传输时延，采用三抽头线性均衡器，其抽头加权系数为 b_{-1}，b_0 和 b_1。

(1) 计算三抽头线性均衡器的传输函数；

(2) 如果 $k_2\ll k_1$，$t_2>t_1$，分别采用迫零(ZF)算法和 MMSE 算法均衡信道特性，计算相应的抽头加权系数 b_{-1}，b_0 和 b_1。

第 7 章　CDMA 通信的发射技术

理论上已经证明，把无线传播信道分割成多路并行窄带子信道，并在多路并行窄带子信道上分别以多副发射天线发射信息，具有提高信道传输信息速率和容量的潜能。信道传输信息速率和容量随着天线数量的增加而线性增加，其前提和关键是在时间、空间和频谱等域物理资源上对信源的数字信息序列进行正交处理和多副发射天线的分集或复用处理。通过分集获取分集增益来降低 CDMA 通信系统的误码性能，通过复用获取复用增益来提高 CDMA 通信系统的信息传输速率，还可以采用智能天线和波束成形等来获取天线增益。

CDMA 通信系统的发射技术主要包括空时正交编码、发射分集、多输入多输出（multiple input multiple output，MIMO）和多载波 CDMA 系统等，可以进一步改善 CDMA 通信系统的可靠性和有效性。

7.1　空时正交编码

CDMA 通信系统的发射机和接收机的天线数都是有限的，因此增加系统分集增益和提高系统信息传输速率是一对矛盾。空时正交编码简称空时编码（space time coding，STC），能较好地解决这一矛盾，CDMA 通信系统的空时正交编码是采用多副发射天线和单接收天线或多副接收天线，有机地把数字信息序列的时频空等域正交编码和发射分集结合起来，可以兼顾提高系统信息传输速率与降低系统误码性能。

在不损失系统发射信号带宽和发射信息速率的前提下，传统发射分集技术不能兼顾提高系统信息传输速率与降低系统误码性能要求，如果欲获取更高的系统空间分集增益，应该采用分集与编码相结合的方法。AT&T 实验室首先提出空时编码概念，空时编码是多天线 MIMO 和发射分集技术研究进程中重要里程碑之一。

图 7-1-1 为空时正交编码原理，发射端的数字信息序列（$s_1, s_2, \cdots, s_M$）输入到 $N\times M$ 维的空时正交编码矩阵，空时正交编码矩阵的每一行信息对应一副发射天线，空时正交编码矩阵的每一列信息对应第 m 时隙（$m=1,2,\cdots,M$）的数字信息序列的码组。第 n 副（$n=1,2,\cdots,N$）发射天线承担发射空时正交编码中第 n 行持续时间间隔为 M 的空时正交编码信息序列，即空时正交编码的信息序列需要 M 个时隙长度完成发送。

$$(s_1, s_2, \cdots, s_M) \Rightarrow \begin{pmatrix} x_{11} & x_{12} & \cdots & x_{1M} \\ x_{21} & x_{22} & \cdots & x_{2M} \\ \vdots & \vdots & & \vdots \\ x_{N1} & x_{N2} & \cdots & x_{NM} \end{pmatrix} \begin{matrix} \rightarrow \text{天线1} \\ \rightarrow \text{天线2} \\ \vdots \\ \rightarrow \text{天线}N \end{matrix}$$

数字信息序列　　时隙1　时隙2

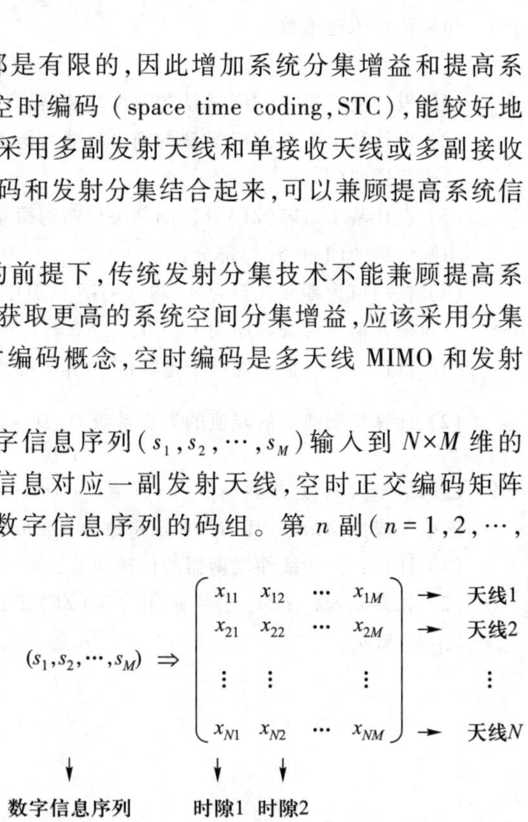

图 7-1-1　空时正交编码原理

1998 年 Alamouti 提出空时正交编码的空时格码（space time trellis codes，STTC）、空时分组码（space time block coding，STBC）和分层空时码（layered space time coding，LAST）等。

7.1.1　空时格码

图 7-1-2 为空时格码(STTC)发射接收原理框图,输入数字信息序列通过信道编码器进行时域编码,还可以外级联 RS 码进行比特交织编码,编码数据序列经过串并变换分成多路数据序列。

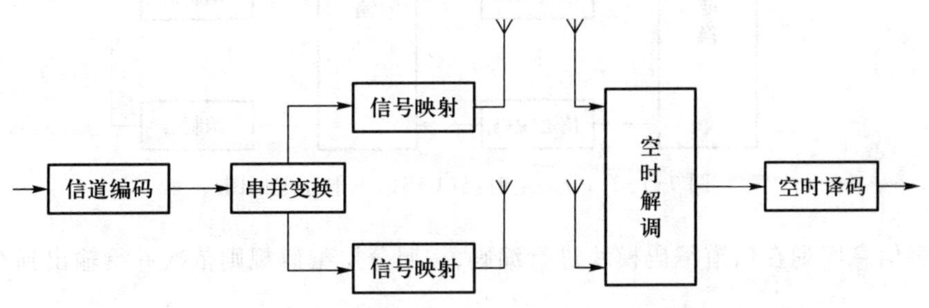

图 7-1-2　空时格码(STTC)发射接收原理框图

各路数据序列经过信号映射模块,形成互相正交的编码信息符号序列,并输出到对应的多副天线发射出去,接收机采用 Viterbi 译码算法对接收信息符号序列进行译码、检测和判决。

7.1.2　空时分组码

尽管空时格码(STTC)比其他发射分集方案具有更好的性能改善,但当发射天线数较多时,空时格码(STTC)的复杂度将严重阻碍其在 CDMA 通信系统中的应用。鉴于这种情况,CDMA 通信系统可以采取空时分组码(STBC)。

空时分组码(STBC)的特点是,发射端不要求接收端反馈传播信道的状态信息(channel state information,CSI),对数字信息序列采取正交编码,多副天线同时发送正交编码信号符号序列。采用具有增益合并 (EGC) 等分集接收算法和基于最大似然(ML)准则的译码算法,可省略复杂的维特比(Viterbi)译码算法,获取最大的发射分集增益,该方案已经被 3GPP 采纳。在一定信息传输速率场景下,可达到基于最大比合并(MRC)接收分集算法的增益。如果应用在多径时变衰落信道场景下,由于空时分组码主要适用于平坦衰落信道,还应配合使用 CDMA 通信系统的 Rake 接收技术。

7.1.3　分层空时码

分层空时码(LAST)与空时格码(STTC)和空时分组码(STBC)的根本区别是分层空时码采用空间复用技术,不是空间分集技术。所谓空间分集就是在不同的天线上传输同样的信息符号序列,目的是降低系统的误码性能,空间复用就是在不同的天线上传输不同的信息符号序列,目的是提高系统的信息传输速率。

图 7-1-3 为分层空时码(LAST)发射原理框图,1996 年 Foschini 提出了 BLAST(Bell Laboratory layered space time)方案,具体方案有对角 BLAST(diagonal BLAST,D-BLAST)、垂直 BLAST(vertical BLAST,V-BLAST)和水平 BLAST(horizontal BLAST,H-BLAST)等。

图 7-1-4 为 V-BLAST 和 D-BLAST 编码原理,图中分层空时码对数字信息序列进行串并变

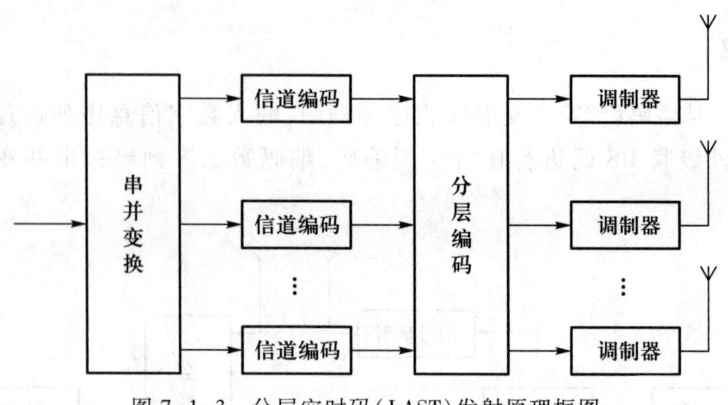

图 7-1-3　分层空时码(LAST)发射原理框图

换处理,数字信息序列在信道编码模块进行编码,按照分层编码规则依次并行输出到对应多副发射天线。

在 V-BLAST 方案,天线 1 在时隙($t,t+1,t+2,t+3,t+4,t+5$)分别发射信号是(a_0,a_1,a_2,a_3,a_4,a_5),天线 2 发射信号是(b_0,b_1,b_2,b_3,b_4,b_5),天线 3 发射信号是(c_0,c_1,c_2,c_3,c_4,c_5)。而在 D-BLAST 方案,天线 1 发射信号是(a_0,d_1,c_2,b_3,a_4,d_5),天线 2 发射信号是(b_0,a_1,d_2,c_3,b_4,a_5),天线 3 发射信号是(c_0,b_1,a_2,d_3,c_4,b_5)。

天线						
1	a_0	a_1	a_2	a_3	a_4	a_5
2	b_0	b_1	b_2	b_3	b_4	b_5
3	c_0	c_1	c_2	c_3	c_4	c_5
4	d_0	d_1	d_2	d_3	d_4	d_5
时刻	t	$t+1$	$t+2$	$t+3$	$t+4$	$t+5$

(a) V–BLAST

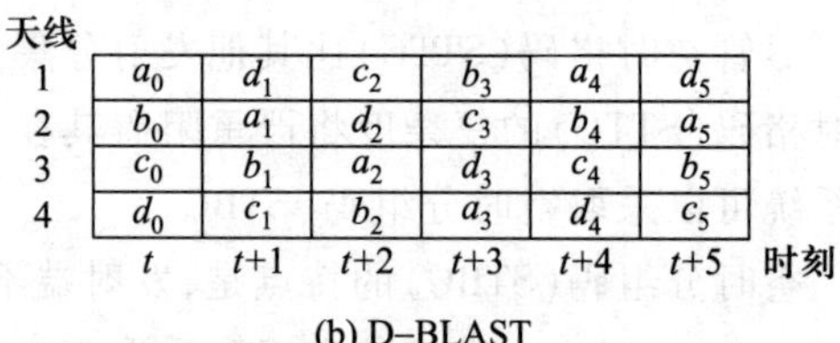

天线						
1	a_0	d_1	c_2	b_3	a_4	d_5
2	b_0	a_1	d_2	c_3	b_4	a_5
3	c_0	b_1	a_2	d_3	c_4	b_5
4	d_0	c_1	b_2	a_3	d_4	c_5
时刻	t	$t+1$	$t+2$	$t+3$	$t+4$	$t+5$

(b) D–BLAST

图 7-1-4　V-BLAST 和 D-BLAST 编码原理

cdma 2000 通信系统采用两种发射分集技术,分别是空时扩频(space time spreading,STS)和正交发射分集(orthogonal transmitting diversity,OTD)。WCDMA 通信系统在前向链路中发射分集有开环发射分集和闭环发射分集,其中开环发射分集采用空时发射分集(STTD),闭环发射分集采用闭环模式 1 (CL1)和闭环模式 2 (CL2)。

无论是空时分组码(STBC)、空时格码(STTC)还是分层空时码(LAST),设计数量众多的正交编码信息序列集是空时正交编码的关键和难点,设计能够获取更高编码增益和空间分集增益的正交编码码型是空时编码研究领域的重要课题之一。

7.2　发射分集

在 CDMA 通信系统中,为了改善下行广播链路的传输环境,利用线性系统互易定理,将体积和功率严重受限的移动台接收分集技术等效地搬至基站发送分集技术来实现。与接收端的接收分集相比,由于从多副发射天线发出的信号在到达接收机之前,多路信号已经在空中汇合在一起,接收端需正确分离出多路正交信号才能获取分集效果,发射分集增益的获取是以发射端和接收端进行信号正交编码处理的复杂代价换取的。

提高下行链路容量和抗多径时变衰落能力是 5G 移动通信系统面临的主要挑战之一,以多副天线间隔距离保证接收彼此独立的衰落路径信号，在多天线发射信号中引入空间分集机理，采用多天线技术和发射分集相结合的方案是解决这些问题的有效技术，也是 WCDMA 和 cdma 2000 通信系统关键技术之一。

7.2.1 二发一收的发射分集

假设：c_k 是第 k 用户持续时间长度为 G 的伪随机多址扩频序列，$G=T_b/T_c$ 是单位信息比特持续时间间隔内含有伪随机多址扩频序列的码片数，T_c 是伪随机多址扩频序列的码片持续时间长度，将速率为 $R_b=1/T_b$ 的数字信息序列串并变换为速率为 $R_s=1/T_s=1/(2T_b)$ 的偶数数字符号序列 $\{b_1\}$ 和奇数数字符号序列 $\{b_2\}$。

在二发一收的发射分集场景，发射数字符号的持续时间长度 $T_s=2T_b$，天线 1 和天线 2 的发射信号分别是 $c_{k1}=[c_k,c_k]$ 和 $c_{k2}=[c_k,-c_k]$。以矩阵方式表示为

$$\boldsymbol{C}^{\mathrm{T}}=\begin{bmatrix} c_{k1} \\ c_{k2} \end{bmatrix}=\begin{bmatrix} 1 & 1 \\ 1 & -1 \end{bmatrix}\cdot\begin{bmatrix} c_k \\ c_k \end{bmatrix} \tag{7-2-1}$$

其中$(\cdot)^{\mathrm{T}}$为矩阵或矢量的转置运算，$\boldsymbol{C}^{\mathrm{T}}$ 是把两个伪随机多址扩频序列组合成持续时间长度为 $2G$ 的 Hadamard 矩阵。

发射天线 1 和发射天线 2 发射给传播信道的信号分别是

$$s_{k1}(t)=\sqrt{\frac{P}{2}}[b_1c_{k1}(t)+b_2c_{k2}(t)] \tag{7-2-2}$$

$$s_{k2}(t)=\sqrt{\frac{P}{2}}[b_2c_{k1}(t)-b_1c_{k2}(t)] \tag{7-2-3}$$

假设：$h_1(t)$ 和 $h_2(t)$ 分别是接收天线 1 和接收天线 2 对应时变衰落信道脉冲响应函数的复振幅，即

$$h_i(t)=\sum_{l=1}^{L}\alpha_{i,l}(t)\exp(\mathrm{j}\varphi_{i,l})\cdot\delta(t-\tau_{i,l}) \tag{7-2-4}$$

其中 L 为传播信道中多径时变衰落信号的路径数。

CDMA 通信系统的接收信号可以表示为

$$\begin{aligned} r(t)&=h_1(t)\otimes s_{k1}(t)+h_2(t)\otimes s_{k2}(t)+n(t) \\ &=h_1(t)\sqrt{\frac{P}{2}}[b_1c_{k1}(t)+b_2c_{k2}(t)]+h_2(t)\sqrt{\frac{P}{2}}[b_2c_{k1}(t)-b_1c_{k2}(t)]+n(t) \end{aligned} \tag{7-2-5}$$

其中$\otimes$表示卷积运算。

CDMA 通信系统接收信号与本地同步的伪随机多址扩频序列 $c_{k1}(t)$ 和 $c_{k2}(t)$ 副本进行相关处理，得到

$$d_1=\int_0^{T_s}r(t)c_{k1}(t)\,\mathrm{d}t=\sqrt{2P}\,T_b[h_1(t)b_1(t)+h_2(t)b_2(t)]+n_1(t) \tag{7-2-6}$$

$$d_2=\int_0^{T_s}r(t)c_{k2}(t)\,\mathrm{d}t=\sqrt{2P}\,T_b[-h_2(t)b_1(t)+h_1(t)b_2(t)]+n_2(t) \tag{7-2-7}$$

其中 $n_1(t)=\int_0^{T_s}n(t)c_{k1}(t)\,\mathrm{d}t$ 和 $n_2(t)=\int_0^{T_s}n(t)c_{k2}(t)\,\mathrm{d}t$ 为接收信道噪声。

本地同步产生的伪随机多址扩频序列 $c_{k1}(t)$ 和 $c_{k2}(t)$ 副本具有以下关系：

$$\int_0^{T_s} c_{ki}(t)c_{ki}(t)\,dt = R_{ki,ki}T_s = T_s = 2T_b,\quad i=1,2 \tag{7-2-8}$$

式(7-2-6),式(7-2-7)和式(7-2-8)可以用矩阵表示为

$$\boldsymbol{D}=\begin{bmatrix} d_1 \\ d_2 \end{bmatrix},\quad \boldsymbol{H}=\begin{bmatrix} h_1(t) & h_2(t) \\ -h_2(t) & h_1(t) \end{bmatrix},\quad \boldsymbol{B}=\begin{bmatrix} b_1 \\ b_2 \end{bmatrix},\quad \boldsymbol{N}=\begin{bmatrix} n_1(t) \\ n_2(t) \end{bmatrix} \tag{7-2-9}$$

$$\boldsymbol{D}=\sqrt{2P}\,T_b\cdot\boldsymbol{H}\cdot\boldsymbol{B}+\boldsymbol{N} \tag{7-2-10}$$

如果 CDMA 通信系统掌握传播信道状态信息(channel state information, CSI),即 $h_1(t)$ 和 $h_2(t)$,在式(7-2-10)的两边分别左乘共轭转置矩阵 $\boldsymbol{H}^{\odot}$ 后得到判决变量为

$$\boldsymbol{Z}=\mathrm{Re}\{\boldsymbol{H}^{\odot}\cdot\boldsymbol{D}\}=\sqrt{2P}\,T_b\cdot\mathrm{Re}[\boldsymbol{H}^{\odot}\cdot\boldsymbol{H}\cdot\boldsymbol{B}]+\mathrm{Re}[\boldsymbol{H}^{\odot}\cdot\boldsymbol{N}] \tag{7-2-11}$$

进而得到

$$\begin{aligned}\boldsymbol{Z}=\begin{bmatrix} \boldsymbol{Z}_1 \\ \boldsymbol{Z}_2 \end{bmatrix}&=\sqrt{2P}\,T_b\cdot\begin{bmatrix} |h_1|^2+|h_2|^2 & 0 \\ 0 & |h_1|^2+|h_2|^2 \end{bmatrix}\cdot\begin{bmatrix} b_1 \\ b_2 \end{bmatrix}+\mathrm{Re}[\boldsymbol{H}^{\odot}\cdot\boldsymbol{N}] \\ &=\sqrt{2P}\,T_b\cdot\begin{bmatrix} (|h_1|^2+|h_2|^2)\cdot b_1 \\ (|h_1|^2+|h_2|^2)\cdot b_2 \end{bmatrix}+\mathrm{Re}[\boldsymbol{H}^{\odot}\cdot\boldsymbol{N}]\end{aligned} \tag{7-2-12}$$

[**小结 7-1**]:

(1) 在不增加 CDMA 通信系统总发射信号功率和传输信道总带宽的前提下,输入数字信息序列经过空时正交编码并通过多副天线发射出去,各发射信号在空域和时域保持正交关系,系统通过分集增益和编码增益可以改善系统性能。

(2) 接收端是否掌握时变衰落信道的信道脉冲响应(channel impulse responses, CIR)函数,或信道状态信息(channel state information, CSI),对发射分集能否改善系统性能起到关键作用。

(3) 在二发一收发射分集中,接收信号的判决变量与信道状态信息($|h_1|^2+|h_2|^2$)有关。当一路分集信道受到严重衰落影响,而另一路分集信道还可以提供独立的接收信号,这是二发一收发射分集改善通信系统性能的机理。

7.2.2 $U=2^i$ 发一收的发射分集

从二发一收的发射分集场景,可以推广到 $U=2^i$ 发一收发射分集场景,CDMA 通信系统 $U=2^i$ 发一收发射分集原理如图 7-2-1 所示。

在二发一收发射分集中,$i=1, U=2$,而在 CDMA 通信系统 $U=2^i$ 发一收发射分集中,第 k 用户将速率 $R_b=1/T_b$ 的输入数字信息序列通过串并变换分解为速率 $R_s=1/T_s=1/(UT_b)$ 的 U 路数字符号序列 $\{b_{k1}, b_{k2}, \cdots, b_{kU}\}$,每路数字符号序列的持续时间长度为 $T_s=UT_b$,c_k 为第 k 用户的伪随机多址扩频序列,其持续时间长度为 G。

在 $U=2^i$ 发一收的发射分集场景,发射天线 1 至发射天线 U 发射给传播信道的发射信号可以用 $U\times U$ 维 Hadamard 矩阵 $\boldsymbol{W}_{U\times U}$ 来表示,即

$$C^{\mathrm{T}}=\begin{bmatrix}c_{k1}\\c_{k2}\\\vdots\\c_{kU}\end{bmatrix}=\boldsymbol{W}_{U\times U}\oplus\begin{bmatrix}c_k\\c_k\\\vdots\\c_k\end{bmatrix} \tag{7-2-13}$$

其中 $\boldsymbol{W}_{U\times U}$的元素符号由 Hadamard 矩阵决定。

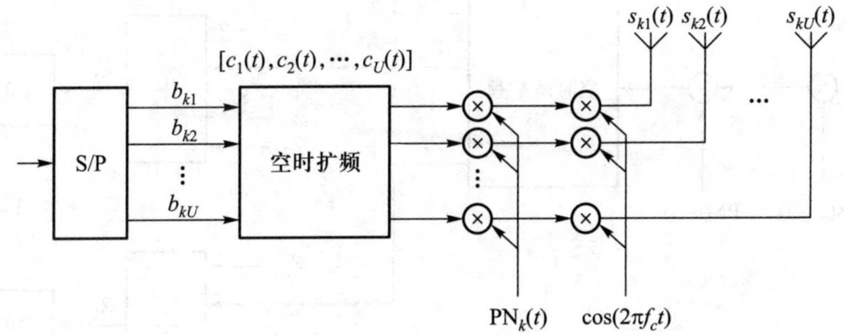

图 7-2-1 CDMA 通信系统 $U=2^i$ 发一收发射分集原理

在 CDMA 通信系统中，第 $u(u=1,2,\cdots,U)$副发射天线发射的正交编码信号表示为

$$\boldsymbol{S}_k(t)=\begin{bmatrix}s_{k1}(t)\\s_{k2}(t)\\\vdots\\s_{kU}(t)\end{bmatrix}=\boldsymbol{C}(t)\cdot\boldsymbol{B}_U(t) \tag{7-2-14}$$

其中 $\boldsymbol{B}_U(t)$为

$$\boldsymbol{B}_U(t)=\begin{pmatrix}a_{11}b_{11} & a_{12}b_{12} & \cdots & a_{1U}b_{1U}\\a_{21}b_{21} & a_{22}b_{22} & \cdots & a_{2U}b_{2U}\\\vdots & \vdots & & \vdots\\a_{U1}b_{U1} & a_{U2}b_{U2} & \cdots & a_{UU}b_{UU}\end{pmatrix} \tag{7-2-15}$$

$\boldsymbol{B}_U(t)$矩阵的元素 $a_{ij}b_{ij}$是位于 $\boldsymbol{B}_U(t)$矩阵中第 i 行和第 j 列的数据信息比特，其中 $a_{ij}\in\{+1,-1\}$，数字比特来自第 k 用户对应的数字符号序列$\{b_{k1},b_{k2},\cdots,b_{kU}\}$中数字信息比特。

$\boldsymbol{B}_U(t)$矩阵的元素 $a_{ij}b_{ij}$在 $\boldsymbol{B}_U(t)$矩阵行中仅仅出现一次，如

$$\boldsymbol{B}_4(t)=\begin{pmatrix}b_1 & b_2 & b_3 & b_4\\b_2 & -b_1 & b_4 & -b_3\\b_3 & -b_4 & -b_1 & b_2\\b_4 & b_3 & -b_2 & -b_1\end{pmatrix}(t)$$

$\boldsymbol{H}(t)$是时变衰落信道的脉冲响应函数(channel impulse response，CIR)，表示为

$$\boldsymbol{H}(t)=[h_1(t),h_2(t),\cdots,h_U(t)]^{\mathrm{T}} \tag{7-2-16}$$

其中 $h_u(t)$表示第 $u(u=1,2,\cdots,U)$副发射天线对应的时变衰落传输信道的脉冲响应函数。

图 7-2-2 为 CDMA 通信系统采用空时扩频(STS)制式的 $U=2^i$ 发一收的接收结构框图，CDMA通信系统的接收信号表示为

$$r(t)=\boldsymbol{C}(t)\cdot\boldsymbol{B}_U(t)\boldsymbol{H}(t)+\boldsymbol{N}(t) \tag{7-2-17}$$

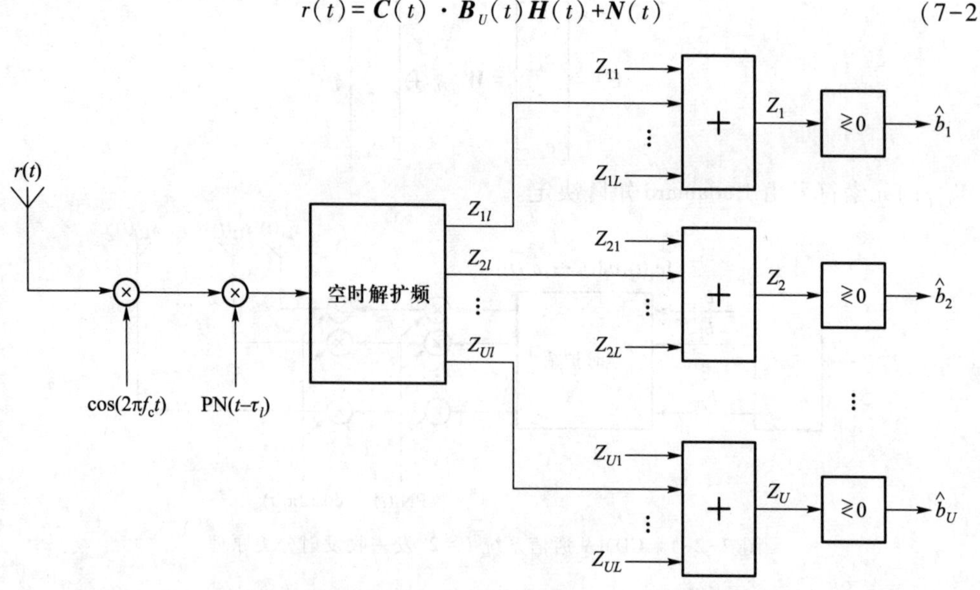

图 7-2-2　CDMA 通信系统采用空时扩频制式的 $U=2^i$ 发一收的接收结构框图

以本地同步的伪随机多址扩频序列 $\boldsymbol{C}^{\mathrm{T}}(t)$ 副本与接收信号 $r(t)$ 相乘，进行频谱扩展的解扩展相关运算，得到

$$\boldsymbol{D}(t)=\begin{bmatrix} d_1 \\ d_2 \\ \vdots \\ d_U \end{bmatrix}=\int_0^{T_s} r(t)\boldsymbol{C}(t)\,\mathrm{d}t=\sqrt{2P}\,T_{\mathrm{b}}\cdot\boldsymbol{H}(t)\boldsymbol{B}_U(t)+\boldsymbol{N}^*(t) \tag{7-2-18}$$

其中 $\boldsymbol{B}_U(t)=[b_1,b_2,\cdots,b_U]^{\mathrm{T}}$ 为期望用户的输入数字信息序列，$\boldsymbol{H}(t)$ 是时变衰落信道的脉冲响应函数，$\boldsymbol{N}^*(t)$ 是传播信道噪声矢量，表示为

$$\boldsymbol{N}^*(t)=[n_1,n_2,\cdots,n_U]^{\mathrm{T}} \tag{7-2-19}$$

其中传播信道噪声矢量 $\boldsymbol{N}^*(t)$ 的元素为

$$n_u=\int_0^{T_s}\boldsymbol{N}(t)c_{ku}(t)\,\mathrm{d}t,\quad u=1,2,\cdots,U \tag{7-2-20}$$

在式(7-2-18)的两边分别左乘复共轭转置矩阵 $\boldsymbol{H}^{\odot}$ 后，得到 CDMA 通信系统接收信号的判决变量为

$$\begin{aligned}\boldsymbol{Z}=\begin{bmatrix} Z_1 \\ Z_2 \\ \vdots \\ Z_U \end{bmatrix}&=\mathrm{Re}\{\boldsymbol{H}^{\odot}(t)\cdot\boldsymbol{D}(t)\}\\ &=\sqrt{2P}\,T_{\mathrm{b}}\mathrm{Re}[\boldsymbol{H}^{\odot}(t)\cdot\boldsymbol{H}(t)]\boldsymbol{B}_U(t)+\mathrm{Re}[\boldsymbol{H}^{\odot}(t)\cdot\boldsymbol{N}^*(t)]\end{aligned} \tag{7-2-21}$$

进而可以得到

$$\boldsymbol{Z}=\begin{bmatrix}Z_1\\Z_2\\\vdots\\Z_U\end{bmatrix}=\sqrt{2P}\,T_{\mathrm{b}}\begin{bmatrix}\sum_{u=1}^{U}|h_u|^2\times b_1\\\sum_{u=1}^{U}|h_u|^2\times b_2\\\vdots\\\sum_{u=1}^{U}|h_u|^2\times b_U\end{bmatrix}+\mathrm{Re}[\boldsymbol{H}^{\odot}(t)\cdot\boldsymbol{N}^{*}(t)] \qquad (7-2-22)$$

[案例 7-1]：

在 $U=2^i$ 发一收发射分集系统中，以 $U=4$ 为例，说明四发一收采用空时扩频（STS）的正交编码信号集。

发送天线 $u=1,2,3,4$ 输出给传播信道的发射信号可以用 4×4 维 Hadamard 矩阵 $\boldsymbol{W}_{4\times4}$ 表示为

$$\boldsymbol{C}^{\mathrm{T}}=\begin{bmatrix}c_{k1}\\c_{k2}\\c_{k3}\\c_{k4}\end{bmatrix}=\boldsymbol{W}_{4\times4}\oplus\begin{bmatrix}c_k\\c_k\\c_k\\c_k\end{bmatrix}$$

其中 $\boldsymbol{C}(t)$ 和 $\boldsymbol{B}_4(t)$ 分别为

$$\boldsymbol{C}(t)=\begin{pmatrix}c_1\\c_2\\c_3\\c_4\end{pmatrix}=\begin{pmatrix}\mathbf{1}&\mathbf{0}&\mathbf{1}&\mathbf{0}\\\mathbf{1}&\mathbf{0}&\mathbf{0}&\mathbf{1}\\\mathbf{1}&\mathbf{1}&\mathbf{0}&\mathbf{0}\\\mathbf{1}&\mathbf{1}&\mathbf{1}&\mathbf{1}\end{pmatrix},\quad \boldsymbol{B}_4(t)=\begin{pmatrix}b_1&b_2&b_3&b_4\\b_2&-b_1&b_4&-b_3\\b_3&-b_4&-b_1&b_2\\b_4&b_3&-b_2&-b_1\end{pmatrix}$$

空时扩频（STS）的正交编码信号集为

$$\boldsymbol{S}_4=[c_1c_2c_3c_4]\cdot\begin{pmatrix}b_1&b_2&b_3&b_4\\b_2&-b_1&b_4&-b_3\\b_3&-b_4&-b_1&b_2\\b_4&b_3&-b_2&-b_1\end{pmatrix}$$

在四发一收发射分集系统中，UE_1、UE_2、UE_3 和 UE_4 对应的空时扩频码分别是 $c_1=\mathbf{1010}$，$c_2=\mathbf{1001}$，$c_3=\mathbf{1100}$，$c_4=\mathbf{1111}$。四发一收发射分集系统发射到传播信道的发射信号为 $\boldsymbol{S}_k(t)=\boldsymbol{C}(t)\cdot\boldsymbol{B}_4(t)$。

当 $b_1=b_2=b_3=b_4=1$ 时，具体发射到信道的传播信号波形如图 7-2-3 所示。

[小结 7-2]：

（1）在 CDMA 通信系统中，发射分集是改善通信系统性能的一种有效的技术。特别在开环发射分集场景下，接收端不需要精确掌握电波传播信道的信道脉冲响应函数。

（2）信道脉冲响应函数 $h_i(t)=\sum_{l=1}^{L}\alpha_{i,l}(t)\exp[\mathrm{j}\varphi_{i,l}(t)]\cdot\delta(t-\tau_{i,l})$ 中包含振幅变量 $\alpha_{i,l}(t)$ 和相位变量 $\exp[\mathrm{j}\varphi_{i,l}(t)]$。而在得到的接收信号的判决变量中，消除了信道相位变量 $\exp[\mathrm{j}\varphi_{i,l}(t)]$ 的

影响,仅剩下信道振幅变量 $\alpha_{i,l}(t)$ 的影响,即 $\sum_{i=1}^{U}|h_i|^2$,这样大大降低了接收检测运算的复杂度。

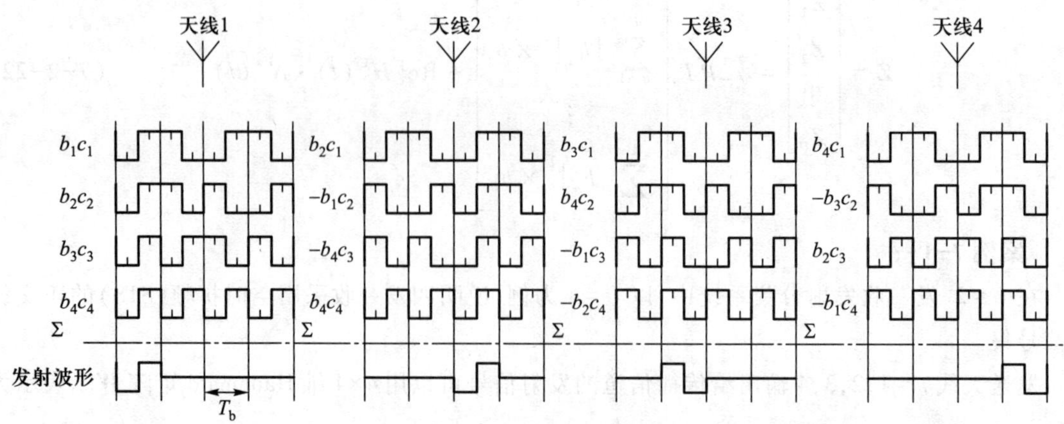

图 7-2-3　$b_1=b_2=b_3=b_4=1$ 时具体发射到信道的传播信号波形

(3) 发射分集技术由正交编码和分集技术组成,其中正交编码是关键,要把发射的数字信息序列编码成在时间、空间和频谱等资源域正交的符号序列,通过多副天线发射到空间域叠加,接收端通过正交信号相关处理正确分离和检测出对应的数字信息序列来。

7.2.3　基于空时编码的发射分集

基于空时编码的发射分集(space time coding-transmit diversity,STC-TD)是一种典型的开环发射分集,近年来受到广泛关注和应用,以具有 M 副发射天线和一副接收天线的 MISO 系统为例来讨论。如果发射数字信息序列为 $\boldsymbol{X}=[x_1,x_2,\cdots,x_G]^{\mathrm{T}}$,空时编码的数学结构为

$$\boldsymbol{G}=\beta\times\begin{bmatrix} a_{11} & a_{12} & \cdots & a_{1M} \\ a_{21} & a_{22} & \cdots & a_{2M} \\ \vdots & \vdots & & \vdots \\ a_{L_t1} & a_{L_t2} & \cdots & a_{L_tM} \end{bmatrix} \tag{7-2-23}$$

其中 β 是由 M 副发射天线和空时编码速率共同控制发射数字符号序列功率的调整参数,矩阵元素 $a_{lm}(l=1,2,\cdots,L_t$ 和 $m=1,2,\cdots,M)$ 为发射数字信息序列 $x_1,x_2,\cdots,x_G$ 和其共轭符号 x_1^*,$x_2^*,\cdots,x_G^*$ 的线性组合。

式(7-2-23)矩阵中第 m 列是对应第 m 副发射天线($m=1,2,\cdots,M$)在 L_t 时隙发送的数字符号序列,矩阵中第 l 行对应在第 l 时隙($l=1,2,\cdots,L_t$)M 副发射天线同时发射的数字符号序列,其中 L_t 为空时编码序列长度或时隙总数,$h_m(m=1,2,\cdots,M)$ 是第 m 副发射天线到接收天线间时变衰落信道传输函数的振幅系数。

假设:空时分组码在持续时间长度 L_t 时隙内保持静态不变,接收天线在 L_t 时隙持续时间内的接收信号表示为

$$\boldsymbol{Y}=G\cdot\boldsymbol{H}+\boldsymbol{N} \tag{7-2-24}$$

$$\boldsymbol{H}=[h_1,h_2,\cdots,h_M]^{\mathrm{T}} \tag{7-2-25}$$

其中 N 是在 L_t 时隙持续时间内具有零均值和 $\sigma^2/2$ 方差高斯分布的噪声信号。

如果 CDMA 通信系统掌握时变衰落信道的脉冲响应函数,即获取了信道状态信息(CSI),可以采取基于最大似然准则的检测判决算法,即

$$\hat{X}=\arg\min_{X}\{\|\boldsymbol{Y}-\boldsymbol{G}\cdot\boldsymbol{H}\|^2\} \tag{7-2-26}$$

式(7-2-26)说明:欲降低系统接收信号检测和判决的差错概率,需要在空时编码发射分集中,增加空时编码序列中码组间的最小 Euclidean 距离,即等效为

$$G=\arg\max\{\min\{\|G(X_i)\cdot\boldsymbol{H}-G(X_j)\cdot\boldsymbol{H}\|^2\},\quad i\neq j \tag{7-2-27}$$

其中 X_i 为发射端可能发射的数字信息序列集。

空时编码分为空时格码(STTC)和空时分组码(STBC),空时格码可以同时获得分集增益和编码增益,而空时分组码主要获得分集增益,但可以降低接收系统的译码运算复杂度。

对于空时分组码(STBC)的接收信号可以表示为

$$\boldsymbol{Y}=\boldsymbol{H}\cdot\boldsymbol{X}+\boldsymbol{N} \tag{7-2-28}$$

其中 $\boldsymbol{H}$ 是 $L_t\times G$ 维时变衰落信道脉冲响应函数的振幅增益矩阵。

基于最大似然准则的接收信号检测判决表示为

$$\hat{X}=\arg\min_{X}\{\|\boldsymbol{Y}-\boldsymbol{H}\cdot\boldsymbol{X}\|^2\} \tag{7-2-29}$$

以 Alamouti 空时分组码(STBC)为例,其两副发射天线的发射数字信息符号序列的数学结构为

$$\boldsymbol{G}_2=\frac{1}{\sqrt{2}}\begin{bmatrix} x_1 & x_2 \\ -x_2^* & x_1^* \end{bmatrix} \tag{7-2-30}$$

式(7-2-30)表示在第一时隙持续时间间隔,天线 1 发射数字符号 x_1,天线 2 发射数字符号 x_2。在第二时隙持续时间间隔,天线 1 发射数字符号 $-x_2^*$,天线 2 发射数字符号 x_1^*。天线 1 发射数字符号序列为 $(x_1,-x_2^*)$,天线 2 发射数字符号序列为 (x_2,x_1^*)。

当 Alamouti 空时分组码(STBC)在时变衰落信道传输时,在二个时隙持续时间间隔内,相应时变衰落信道脉冲响应函数的振幅增益分别为 h_1 和 h_2,接收端的接收信号表示为

$$\begin{bmatrix} y_1 \\ y_2 \end{bmatrix}=\frac{1}{\sqrt{2}}\begin{bmatrix} x_1 & x_2 \\ -x_2^* & x_1^* \end{bmatrix}\cdot\begin{bmatrix} h_1 \\ h_2 \end{bmatrix}+\begin{bmatrix} n_1 \\ n_2 \end{bmatrix} \tag{7-2-31}$$

对其中 y_2 取共轭运算,得到 $\boldsymbol{Y}=\boldsymbol{H}\cdot\boldsymbol{X}+\boldsymbol{N}$ 形式,即

$$\boldsymbol{Y}=\begin{bmatrix} y_1 \\ y_2^* \end{bmatrix}=\frac{1}{\sqrt{2}}\begin{bmatrix} h_1 & h_2 \\ h_2^* & -h_1^* \end{bmatrix}\cdot\begin{bmatrix} x_1 \\ x_2 \end{bmatrix}+\begin{bmatrix} n_1 \\ n_2^* \end{bmatrix} \tag{7-2-32}$$

在式(7-2-32)中,假设:$\boldsymbol{H}=\frac{1}{\sqrt{2}}\begin{bmatrix} h_1 & h_2 \\ h_2^* & -h_1^* \end{bmatrix}$, $\boldsymbol{X}=\begin{bmatrix} x_1 \\ x_2 \end{bmatrix}$, $\boldsymbol{N}=\begin{bmatrix} n_1 \\ n_2^* \end{bmatrix}$,在式(7-2-32)的两边分别左乘 $\boldsymbol{H}^{\mathrm{H}}$ 后得到

$$\boldsymbol{H}^{\mathrm{H}}\cdot\boldsymbol{Y}=\begin{bmatrix} z_1 \\ z_2 \end{bmatrix}=\frac{1}{2}\begin{bmatrix} |h_1|^2+|h_2|^2 & 0 \\ 0 & |h_1|^2+|h_2|^2 \end{bmatrix}\cdot\begin{bmatrix} x_1 \\ x_2 \end{bmatrix}+\boldsymbol{H}^{\mathrm{H}}\cdot\boldsymbol{N} \tag{7-2-33}$$

由于存在 $\boldsymbol{H}=\frac{1}{\sqrt{2}}\begin{bmatrix} h_1 & h_2 \\ h_2^* & -h_1^* \end{bmatrix}$ 和 $\boldsymbol{G}_2=\frac{1}{\sqrt{2}}\begin{bmatrix} x_1 & x_2 \\ -x_2^* & x_1^* \end{bmatrix}$ 的关系,时变衰落信道脉冲响应函数的振幅

增益和两副发射天线的发射传输信号 $\boldsymbol{G}_2$ 具有如下性质,即

$$\boldsymbol{H}^{\mathrm{H}}\cdot\boldsymbol{H}=\frac{(|h_1|^2+|h_2|^2)}{2}\cdot\boldsymbol{I}_2\Leftrightarrow\boldsymbol{G}_2^{\mathrm{H}}\cdot\boldsymbol{G}_2=\frac{(|x_1|^2+|x_2|^2)}{2}\cdot\boldsymbol{I}_2 \tag{7-2-34}$$

空时分组码(STBC)可以在实数域进行正交信号编码,也可以在复数域进行正交信号编码。

[**案例 7-2**]:

分别在有 m 副发射天线($m=3,4,5,7,8$)和一副接收天线的 MISO 通信系统中,在实数域进行空时分组编码(STBC)。

如果在式(7-2-23)中发射天线的发射信号矩阵 $\boldsymbol{G}_{m:1}$ 表示空时编码的数学结构,其中 $m:1$ 表示 m 副发射天线和一副接收天线 MISO 系统,矩阵前面的系数 β 是 M 副发射天线和空时编码速率共同控制发射信号功率的调整参数。

$\boldsymbol{G}_{3:1}$,$\boldsymbol{G}_{4:1}$,$\boldsymbol{G}_{5:1}$,$\boldsymbol{G}_{7:1}$ 和 $\boldsymbol{G}_{8:1}$ 的具体结构分别为

$$\boldsymbol{G}_{3:1}=\frac{1}{\sqrt{3}}\begin{bmatrix} x_1 & x_2 & x_3 \\ -x_2 & x_1 & -x_4 \\ -x_3 & x_4 & x_1 \\ -x_4 & -x_3 & x_2 \end{bmatrix}$$

$$\boldsymbol{G}_{4:1}=\frac{1}{\sqrt{4}}\begin{bmatrix} x_1 & x_2 & x_3 & x_4 \\ -x_2 & x_1 & -x_4 & x_3 \\ -x_3 & x_4 & x_1 & -x_2 \\ -x_4 & -x_3 & x_2 & x_1 \end{bmatrix}$$

$$\boldsymbol{G}_{5:1}=\frac{1}{\sqrt{5}}\begin{bmatrix} x_1 & x_2 & x_3 & x_4 & x_5 \\ -x_2 & x_1 & x_4 & -x_3 & x_6 \\ -x_3 & -x_4 & x_1 & x_2 & x_7 \\ -x_4 & x_3 & -x_2 & x_1 & x_8 \\ -x_5 & -x_6 & -x_7 & -x_8 & x_1 \\ -x_6 & x_5 & -x_8 & x_7 & -x_2 \\ -x_7 & x_8 & x_5 & -x_6 & -x_3 \\ -x_8 & -x_7 & x_6 & x_5 & -x_4 \end{bmatrix}$$

$$\boldsymbol{G}_{7:1}=\frac{1}{\sqrt{7}}\begin{bmatrix} x_1 & x_2 & x_3 & x_4 & x_5 & x_6 & x_7 \\ -x_2 & x_1 & x_4 & -x_3 & x_6 & -x_5 & -x_8 \\ -x_3 & -x_4 & x_1 & x_2 & x_7 & x_8 & -x_5 \\ -x_4 & x_3 & -x_2 & x_1 & x_8 & -x_7 & x_6 \\ -x_5 & -x_6 & -x_7 & -x_8 & x_1 & x_2 & x_3 \\ -x_6 & x_5 & -x_8 & x_7 & -x_2 & x_1 & -x_4 \\ -x_7 & x_8 & x_5 & -x_6 & -x_3 & x_4 & x_1 \\ -x_8 & -x_7 & x_6 & x_5 & -x_4 & -x_3 & x_2 \end{bmatrix}$$

$$G_{8:1}=\frac{1}{\sqrt{8}}\begin{bmatrix} x_1 & x_2 & x_3 & x_4 & x_5 & x_6 & x_7 & x_8 \\ -x_2 & x_1 & x_4 & -x_3 & x_6 & -x_5 & -x_8 & x_7 \\ -x_3 & -x_4 & x_1 & x_2 & x_7 & x_8 & -x_5 & -x_6 \\ -x_4 & x_3 & -x_2 & x_1 & x_8 & -x_7 & x_6 & -x_5 \\ -x_5 & -x_6 & -x_7 & -x_8 & x_1 & x_2 & x_3 & x_4 \\ -x_6 & x_5 & -x_8 & x_7 & -x_2 & x_1 & -x_4 & x_3 \\ -x_7 & x_8 & x_5 & -x_6 & -x_3 & x_4 & x_1 & -x_2 \\ -x_8 & -x_7 & x_6 & x_5 & -x_4 & -x_3 & x_2 & x_1 \end{bmatrix}$$

[**小结 7-3**]：

在实数域空时分组编码(STBC)具有下述性质：

(1) 在 M 副发射天线和一副接收天线的 MISO 场景下,空时分组编码(STBC)发射的数字符号序列存在下述关系：

$$\boldsymbol{G}_M\cdot\boldsymbol{G}_M^{\mathrm{T}}=\boldsymbol{G}_M^{\mathrm{T}}\cdot\boldsymbol{G}_M=\left(\sum_{m=1}^{M}x_m^2/M\right)\cdot\boldsymbol{I}_{\mathrm{M}} \tag{7-2-35}$$

其中 $M=2,4,8,\cdots,2^b$,b 为正整数。

(2) 在 $M=3,5,7$ 副发射天线和一副接收天线的 MISO 场景下,空时分组编码(STBC)发射的数字符号序列存在下述关系：

$$\boldsymbol{G}_3^{\mathrm{T}}\cdot\boldsymbol{G}_3=\left(\sum_{m=1}^{4}x_m^2/3\right)\cdot\boldsymbol{I}_3 \tag{7-2-36}$$

$$\boldsymbol{G}_5^{\mathrm{T}}\cdot\boldsymbol{G}_5=\left(\sum_{m=1}^{8}x_m^2/5\right)\cdot\boldsymbol{I}_5 \tag{7-2-37}$$

$$\boldsymbol{G}_7^{\mathrm{T}}\cdot\boldsymbol{G}_7=\left(\sum_{m=1}^{8}x_m^2/7\right)\cdot\boldsymbol{I}_7 \tag{7-2-38}$$

(3) 如果不考虑 M 副发射天线和空时编码速率控制发射信号功率的调整参数 β,在 $\boldsymbol{G}_{4:1}$ 中删除正交编码矩阵 $\boldsymbol{G}_{4:1}$ 的最后一列可以得到正交编码矩阵 $\boldsymbol{G}_{3:1}$;在 $\boldsymbol{G}_{8:1}$ 中删除正交编码矩阵 $\boldsymbol{G}_{8:1}$ 的最后三列可以得到正交编码矩阵 $\boldsymbol{G}_{5:1}$;在 $\boldsymbol{G}_{8:1}$ 中删除正交编码矩阵 $\boldsymbol{G}_{8:1}$ 的最后两列可以得到正交编码矩阵 $\boldsymbol{G}_{6:1}$;在 $\boldsymbol{G}_{8:1}$ 中删除正交编码矩阵 $\boldsymbol{G}_{8:1}$ 的最后一列可以得到正交编码矩阵 $\boldsymbol{G}_{7:1}$。

(4) 空时分组码(STBC)的正交编码速率均为 1,可以获得全部发射分集增益。

(5) 空时分组码(STBC)发射的数字符号序列具有相互独立的发射分集特性。

(6) 空时分组码(STBC)接收信号可以表示为 $\boldsymbol{Y}=\boldsymbol{H}\cdot\boldsymbol{X}+\boldsymbol{N}$ 的形式,其中 $\boldsymbol{N}$ 是零均值,方差为 $\sigma^2/2$ 的高斯噪声信号,$\boldsymbol{H}$ 是时变衰落信道脉冲响应函数的振幅系数矩阵。

(7) 空时分组码(STBC)的判决变量为

$$\begin{aligned}\boldsymbol{Z}&=\mathrm{Re}\{\boldsymbol{H}^{\mathrm{H}}\cdot\boldsymbol{Y}\}\\&=\mathrm{Re}\{\boldsymbol{H}^{\mathrm{H}}\cdot\boldsymbol{H}\}\cdot\boldsymbol{X}+\mathrm{Re}\{\boldsymbol{H}^{\mathrm{H}}\cdot\boldsymbol{N}\}=\left(\frac{1}{M}\sum_{m=1}^{M}|h_m|^2\right)\cdot\boldsymbol{X}+\mathrm{Re}\{\boldsymbol{H}^{\mathrm{H}}\cdot\boldsymbol{N}\}\end{aligned} \tag{7-2-39}$$

[**案例 7-3**]：

在 CDMA 通信系统中采用多副发射天线和一副接收天线 MISO 系统,具体讨论在复数域进行

Alamouti 的空时分组码(STBC),其中空时分组码中 $x_i(i=1,2,\cdots)$ 为复数,x_i^* 为 x_i 的共轭复数。

发射的数字信息符号矩阵为 $\boldsymbol{G}_{m:n,R}$,其中 $m:n$ 表示 m 副发射天线和 n 副接收天线,R 为编码速率。

(1) Alamouti 空时编码在二副发射天线和一副接收天线,编码速率为 $R=1$ 场景下有

$$\boldsymbol{G}_{2:1,R=1}=\frac{1}{\sqrt{2}}\begin{bmatrix} x_1 & x_2 \\ -x_2^* & x_1^* \end{bmatrix}$$

(2) Alamouti 空时编码在三或四副发射天线和一副接收天线,编码速率为 $R=1/2$ 场景下有

$$\boldsymbol{G}_{3:1,R=1/2}=\frac{1}{\sqrt{6}}\begin{bmatrix} x_1 & x_2 & x_3 \\ -x_2 & x_1 & -x_4 \\ -x_3 & x_4 & x_1 \\ -x_4 & -x_3 & x_2 \\ x_1^* & x_2^* & x_3^* \\ -x_2^* & x_1^* & -x_4^* \\ -x_3^* & x_4^* & x_1^* \\ -x_4^* & -x_3^* & x_2^* \end{bmatrix},\quad \boldsymbol{G}_{4:1,R=1/2}=\frac{1}{\sqrt{8}}\begin{bmatrix} x_1 & x_2 & x_3 & x_4 \\ -x_2 & x_1 & -x_4 & x_3 \\ -x_3 & x_4 & x_1 & -x_2 \\ -x_4 & -x_3 & x_2 & x_1 \\ x_1^* & x_2^* & x_3^* & x_4^* \\ -x_2^* & x_1^* & -x_4^* & x_3^* \\ -x_3^* & x_4^* & x_1^* & -x_2^* \\ -x_4^* & -x_3^* & x_2^* & x_1^* \end{bmatrix}$$

如果不考虑由 M 副发射天线和空时编码速率控制发射功率的调整参数 β,删除正交编码 $\boldsymbol{G}_{4:1,R=1/2}$ 的最后一列可以得到正交编码 $\boldsymbol{G}_{3:1,R=1/2}$。

$$\boldsymbol{G}_{3:1,R=1/2}=\frac{1}{\sqrt{3}}\begin{bmatrix} x_1 & x_2 & \dfrac{x_3}{\sqrt{2}} \\ -x_2^* & x_1^* & \dfrac{x_3}{\sqrt{2}} \\ \dfrac{x_3^*}{\sqrt{2}} & \dfrac{x_3^*}{\sqrt{2}} & \dfrac{-x_1-x_1^*+x_2-x_2^*}{2} \\ \dfrac{x_3^*}{\sqrt{2}} & -\dfrac{x_3^*}{\sqrt{2}} & \dfrac{x_2+x_2^*+x_1-x_1^*}{2} \end{bmatrix}$$

(3) Alamouti 空时编码在三或四副发射天线和一副接收天线,编码速率为 $R=3/4$ 场景下有

$$\boldsymbol{G}_{4:1,R=3/4}=\frac{1}{\sqrt{4}}\begin{bmatrix} x_1 & x_2 & \dfrac{x_3}{\sqrt{2}} & \dfrac{x_3}{\sqrt{2}} \\ -x_2^* & x_1^* & \dfrac{x_3}{\sqrt{2}} & -\dfrac{x_3}{\sqrt{2}} \\ \dfrac{x_3^*}{\sqrt{2}} & \dfrac{x_3^*}{\sqrt{2}} & \dfrac{-x_1-x_1^*+x_2-x_2^*}{2} & \dfrac{-x_2-x_2^*+x_1-x_1^*}{2} \\ \dfrac{x_3^*}{\sqrt{2}} & -\dfrac{x_3^*}{\sqrt{2}} & \dfrac{x_2+x_2^*+x_1-x_1^*}{2} & -\dfrac{x_1+x_1^*+x_2-x_2^*}{2} \end{bmatrix}$$

如果不考虑由 M 副发射天线和空时编码速率控制发射功率的控制参数 β，删除正交编码 $G_{4:1,R=3/4}$ 的最后一列可以得到正交编码 $G_{3:1,R=3/4}$。

（4）Alamouti 空时编码在三或四副发射天线和一副接收天线，编码速率为 $R=3/4$ 场景下有

$$G^{(1)}_{3:1,R=3/4}=\frac{1}{\sqrt{3}}\begin{bmatrix} x_1 & 0 & x_2 \\ 0 & x_1 & x_3^* \\ -x_2^* & -x_3 & x_1^* \\ x_3^* & -x_2 & 0 \end{bmatrix},\quad G^{(1)}_{4:1,R=3/4}=\frac{1}{\sqrt{4}}\begin{bmatrix} x_1 & 0 & x_2 & -x_3 \\ 0 & x_1 & x_3^* & x_2^* \\ -x_2^* & -x_3 & x_1^* & 0 \\ x_3^* & -x_2 & 0 & x_1^* \end{bmatrix}$$

显然，$G_{3:1,R=3/4}$ 和 $G_{4:1,R=3/4}$ 具有更简单的编码结构和较低的空时分组编码复杂度。

［小结 7-4］：

空时分组码（STBC）可以在实数域编码，也可以在复数域进行正交信号编码，其中复数域正交空时分组编码（STBC）具有下述性质：

（1）复数域正交空时分组码（STBC）可以获得全部发射分集增益。

（2）除 $G_{2:1}$ 复数域正交空时分组编码外，当发射天线数 $M\geqslant 4$，所有复数域正交空时分组码的编码速率均小于 1。

（3）复数域正交空时分组码具有正交码的性质，发射的数字信息符号序列存在下述关系：

$$G_M^{\mathrm{T}}\cdot G_M=c\left(\sum_{g=1}^{G}|x_g|^2\right)\cdot I_M \tag{7-2-40}$$

$$H_M^{\mathrm{T}}\cdot H_M=c\left(\sum_{g=1}^{G}|x_g|^2\right)\cdot I_M \tag{7-2-41}$$

其中 c 是常数，G 是正交空时分组码（STBC）数字信息符号序列数。

（4）如果复数域空时分组码的数字信息符号序列为 $G_{2:1,R=1}$，$G_{3:1,R=1/2}$ 和 $G_{4:1,R=1/2}$，接收端的接收信号可用 MIMO 关系式来表示，即 $Y=H\cdot X+N$。其中 $Y=[y_0,\cdots,y_{L_t/2-1},y^*_{L_t/2},\cdots,y^*_{L_t-1}]^{\mathrm{T}}$，$L_t$ 是复数域正交空时分组码的时隙数，y_i^* 是接收信号中，第 i 时隙空时分组码的共轭信号。

数字信息符号序列的判决变量为

$$Z=H^{\mathrm{H}}\cdot Y=H^{\mathrm{H}}\cdot H\cdot X+H^{\mathrm{H}}\cdot N=\left(\mu\sum_{m=1}^{M}|h_m|^2\right)\cdot X+H^{\mathrm{H}}\cdot N \tag{7-2-42}$$

其中 M 是发射天线数。

（5）如果复数域正交空时分组码的数字信息符号序列为 $G_{3:1,R=3/4}$，$G_{4:1,R=3/4}$ 和 $G^{(1)}_{3:1,R=3/4}$，$G^{(1)}_{4:1,R=3/4}$，接收端的接收信号可用 MIMO 关系式来表示，即 $Y=H\cdot X+N$。

如果下述关系存在，即

$$\tilde{Y}=[Y^{\mathrm{T}},Y^{\mathrm{H}}]^{\mathrm{T}},\quad \tilde{X}=[X^{\mathrm{T}},X^{\mathrm{H}}]^{\mathrm{T}},\quad \tilde{N}=[N^{\mathrm{T}},N^{\mathrm{H}}]^{\mathrm{T}},\quad \tilde{H}^{\mathrm{H}}\cdot\tilde{H}=\left(\mu\sum_{m=1}^{M}|h_m|^2\right)\cdot I_{2G} \tag{7-2-43}$$

数字信息符号序列的判决变量可表示为

$$\tilde{Z}=\tilde{H}^{\mathrm{H}}\cdot\tilde{Y}=\tilde{H}^{\mathrm{H}}\cdot\tilde{H}\cdot\tilde{X}+\tilde{H}^{\mathrm{H}}\cdot\tilde{N}=\left(\mu\sum_{m=1}^{M}|h_m|^2\right)\cdot\tilde{X}+\tilde{H}^{\mathrm{H}}\cdot\tilde{N} \tag{7-2-44}$$

其中 M 是发射天线数。

7.2.4　基于准正交空时分组码的发射分集

在 CDMA 通信系统中,由于复数域正交空时分组编码(STBC)难以采用线性处理算法来获得全编码速率和全发射分集的增益,只好采用基于准正交空时分组码的发射分集,以付出算法运算复杂度的代价换取全编码速率和全发射分集增益。

以 Alamouti 空时编码在四副发射天线和一副接收天线(MISO)场景为例,欲获得全编码速率和全发射分集增益的准正交四副发射天线和一副接收天线的空时分组码(STBC)结构为

$$\boldsymbol{G}_{4:1,R=1}^{(2)}=\frac{1}{\sqrt{4}}\begin{bmatrix} a_1 & a_2 & a_3 & a_4 \\ -a_2^* & a_1^* & -a_4^* & a_3^* \\ a_1 & a_2 & -a_3 & -a_4 \\ -a_2^* & a_1^* & a_4^* & -a_3^* \end{bmatrix} \tag{7-2-45}$$

其中 a_1,a_2,a_3,a_4 与输入数字信息序列 x_1,x_2,x_3,x_4 的关系如下:

$$a_1=\frac{x_1+x_2}{\sqrt{2}},\quad a_2=\frac{x_3+x_4}{\sqrt{2}},\quad a_3=\frac{x_1-x_2}{\sqrt{2}},\quad a_4=\frac{x_3-x_4}{\sqrt{2}} \tag{7-2-46}$$

在准正交四副发射天线和一副接收天线的空时分组码中,发射的数字信息符号序列经过时变衰落信道的传输,CDMA 通信系统的接收信号表示为

$$\boldsymbol{Y}=\frac{1}{2}\begin{bmatrix} h_1 & h_2 & h_3 & h_4 \\ h_2^* & -h_1^* & h_4^* & -h_3^* \\ h_1 & h_2 & -h_3 & -h_4 \\ h_2^* & -h_1^* & -h_4^* & h_3^* \end{bmatrix}\cdot\begin{bmatrix} a_1 \\ a_2 \\ a_3 \\ a_4 \end{bmatrix}+\boldsymbol{N}=\boldsymbol{H}\cdot\begin{bmatrix} a_1 \\ a_2 \\ a_3 \\ a_4 \end{bmatrix}+\boldsymbol{N} \tag{7-2-47}$$

对式(7-2-47)的两边分别左乘 $\boldsymbol{H}^{\mathrm{H}}$ 得到

$$\boldsymbol{r}=\boldsymbol{H}^{\mathrm{H}}\cdot\boldsymbol{Y}=\frac{1}{2}\begin{bmatrix} |h_1|^2+|h_2|^2 & 0 & 0 & 0 \\ 0 & |h_1|^2+|h_2|^2 & 0 & 0 \\ 0 & 0 & |h_3|^2+|h_4|^2 & 0 \\ 0 & 0 & 0 & |h_3|^2+|h_4|^2 \end{bmatrix}\cdot\begin{bmatrix} a_1 \\ a_2 \\ a_3 \\ a_4 \end{bmatrix}+\boldsymbol{H}^{\mathrm{H}}\cdot\boldsymbol{N} \tag{7-2-48}$$

从式(7-2-46)可见:a_1 和 a_3 仅和 x_1 与 x_2 有关,a_2 和 a_4 仅和 x_3 与 x_4 有关,式(7-2-48)说明:在 a_1,a_2,a_3,a_4 之间没有干扰现象发生,因此式(7-2-48)可以分解为两个独立的关系式,即

$$\begin{bmatrix} r_1 \\ r_3 \end{bmatrix}=\frac{1}{\sqrt{8}}\begin{bmatrix} |h_1|^2+|h_2|^2 & |h_1|^2+|h_2|^2 \\ |h_3|^2+|h_4|^2 & -(|h_3|^2+|h_4|^2) \end{bmatrix}\cdot\begin{bmatrix} x_1 \\ x_2 \end{bmatrix}+\begin{bmatrix} \tilde{n}_1 \\ \tilde{n}_2 \end{bmatrix} \tag{7-2-49}$$

$$\boldsymbol{R}_{\mathrm{a}}=\boldsymbol{H}_{\mathrm{c}}\cdot\boldsymbol{X}_{\mathrm{a}}+\boldsymbol{N}_{\mathrm{a}}$$

$$\begin{bmatrix} r_2 \\ r_4 \end{bmatrix}=\frac{1}{\sqrt{8}}\begin{bmatrix} |h_1|^2+|h_2|^2 & |h_1|^2+|h_2|^2 \\ |h_3|^2+|h_4|^2 & -(|h_3|^2+|h_4|^2) \end{bmatrix}\cdot\begin{bmatrix} x_3 \\ x_4 \end{bmatrix}+\begin{bmatrix} \tilde{n}_3 \\ \tilde{n}_4 \end{bmatrix} \tag{7-2-50}$$

$$\boldsymbol{R}_{\mathrm{b}}=\boldsymbol{H}_{\mathrm{c}}\cdot\boldsymbol{X}_{\mathrm{b}}+\boldsymbol{N}_{\mathrm{b}}$$

由于式(7-2-49)和式(7-2-50)中 $\boldsymbol{H}_{\mathrm{c}}$ 不具备正交矩阵性质,x_1 与 x_2,x_3 与 x_4 分别存在一定

相关关系。接收端的译码判决属于最优化求解问题,可以采用基于最大似然译码准则算法,即

$$\hat{X}_{\mathrm{a}}=\arg\min_{X_t}\{\|\boldsymbol{R}_{\mathrm{a}}-\boldsymbol{H}_{\mathrm{c}}\cdot\boldsymbol{X}_t\|^2\} \tag{7-2-51}$$

$$\hat{X}_{\mathrm{b}}=\arg\min_{X_t}\{\|\boldsymbol{R}_{\mathrm{b}}-\boldsymbol{H}_{\mathrm{c}}\cdot\boldsymbol{X}_t\|^2\} \tag{7-2-52}$$

在四副发射天线和一副接收天线场景下,准正交空时分组编码(STBC)结构如式(7-2-45)的 $\boldsymbol{G}_{4:1,R=1}^{(2)}$,说明可以实现全编码速率和全发射分集增益。虽然其空时分组码(STBC)结构不满足正交要求,在译码判决过程中也不需要提供时变衰落信道的脉冲响应函数的信道状态信息,但其付出的代价是基于最大似然译码准则算法的运算复杂度要比正交空时分组码(STBC)增加许多。如果发射机可以提供部分信道状态信息,复数域准正交空时分组码 STBC 便可采用线性运算算法,来获取全编码速率和全发射分集的增益。

[案例 7-4]:

具有全编码速率和全发射分集增益的三副发射天线和一副接收天线系统中,复数域空时分组码(STBC)结构有两个准正交方案,即

$$\boldsymbol{G}_{3:1,R=1}^{(1)}=\frac{1}{\sqrt{3}}\begin{bmatrix}x_1 & x_2 & ax_2\\ -x_2^* & x_1^* & ax_1^*\end{bmatrix} \tag{7-2-53}$$

$$\boldsymbol{G}_{3:1,R=1}^{(2)}=\frac{1}{\sqrt{3}}\begin{bmatrix}x_1 & x_2 & ax_1\\ x_2^* & -x_1^* & ax_2^*\end{bmatrix} \tag{7-2-54}$$

其中 $a\in\{+1,-1\}$ 由接收端反馈给发射端的信道状态信息来决定。

经过时变衰落信道传输后的发射信号表示为

$$\boldsymbol{Y}^{(1)}=\frac{1}{\sqrt{3}}\begin{bmatrix}h_1 & h_2+ah_3\\ h_2^*+ah_3^* & -h_1^*\end{bmatrix}\cdot\begin{bmatrix}x_1\\ x_2\end{bmatrix}+\boldsymbol{N}^{(1)} \tag{7-2-55}$$

$$\boldsymbol{Y}^{(2)}=\frac{1}{\sqrt{3}}\begin{bmatrix}h_1+ah_3 & h_2\\ -h_2^* & h_1^*+ah_3^*\end{bmatrix}\cdot\begin{bmatrix}x_1\\ x_2\end{bmatrix}+\boldsymbol{N}^{(2)} \tag{7-2-56}$$

对于复数域空时分组码(STBC)发射分集,接收端的接收信号表示为

$$\begin{aligned}\boldsymbol{r}^{(1)}&=[\boldsymbol{H}^{(1)}]^{\mathrm{H}}\boldsymbol{Y}^{(1)}\\ &=\frac{1}{3}\begin{bmatrix}|h_1|^2+|h_2|^2+|h_3|^2+2a\mathrm{Re}\{h_2h_3^*\} & 0\\ 0 & |h_1|^2+|h_2|^2+|h_3|^2+2a\mathrm{Re}\{h_2h_3^*\}\end{bmatrix}\cdot\begin{bmatrix}x_1\\ x_2\end{bmatrix}+\tilde{\boldsymbol{n}}^{(1)}\end{aligned} \tag{7-2-57}$$

$$\begin{aligned}\boldsymbol{r}^{(2)}&=[\boldsymbol{H}^{(2)}]^{\mathrm{H}}\boldsymbol{Y}^{(2)}\\ &=\frac{1}{3}\begin{bmatrix}|h_1|^2+|h_2|^2+|h_3|^2+2a\mathrm{Re}\{h_1h_3^*\} & 0\\ 0 & |h_1|^2+|h_2|^2+|h_3|^2+2a\mathrm{Re}\{h_1h_3^*\}\end{bmatrix}\cdot\begin{bmatrix}x_1\\ x_2\end{bmatrix}+\tilde{\boldsymbol{n}}^{(2)}\end{aligned} \tag{7-2-58}$$

7.2.5 基于空时扩频编码的发射分集

CDMA 通信系统的开环发射分集常常采用基于空时扩频编码(space time spreading,STS)的发射分集。以简单的两副发射天线和一副接收天线的 CDMA 通信系统为例,假设:$\boldsymbol{C}$ 是周期长

度为 N 的伪随机多址扩频序列,归一化处理满足 $\|C\|^2=1$,构造两个长度为 $2N$ 的伪随机多址扩频序列 C_1 和 C_2 为

$$C_1=\frac{(C^{\mathrm{T}},C^{\mathrm{T}})^{\mathrm{T}}}{\sqrt{2}},\quad C_2=\frac{(C^{\mathrm{T}},-C^{\mathrm{T}})^{\mathrm{T}}}{\sqrt{2}} \tag{7-2-59}$$

如果 x_1 和 x_2 分别是数字信息序列,两副发射天线发射的数字信息符号序列分别为

$$S=[S_1,S_2]=[C_1,C_2]\frac{1}{\sqrt{2}}\begin{bmatrix} x_1 & x_2 \\ -x_2^* & x_1^* \end{bmatrix} \tag{7-2-60}$$

两副发射天线发射的数字信息符号序列经过时变衰落信道传输,其信道增益分别为 h_1 和 h_2。在持续时间长度 $2N$ 间隔内,CDMA 通信系统的接收信号表示为

$$R=[S_1,S_2]\cdot\begin{bmatrix} h_1 \\ h_2 \end{bmatrix}=[C_1,C_2]\frac{1}{\sqrt{2}}\begin{bmatrix} x_1 & x_2 \\ -x_2^* & x_1^* \end{bmatrix}\cdot\begin{bmatrix} h_1 \\ h_2 \end{bmatrix}+\begin{bmatrix} n_1 \\ n_2 \end{bmatrix} \tag{7-2-61}$$

其中多址接入用户的伪随机多址扩频序列 $C=[C_1,C_2]$ 满足关系 $C^{\mathrm{H}}\cdot C=I_2$,CDMA 通信系统利用伪随机多址扩频序列 C 进行解频谱扩展处理,得到

$$Y=C^{\mathrm{H}}\cdot R=\frac{1}{\sqrt{2}}\begin{bmatrix} x_1 & x_2 \\ -x_2^* & x_1^* \end{bmatrix}\cdot\begin{bmatrix} h_1 \\ h_2 \end{bmatrix}+\begin{bmatrix} C^{\mathrm{H}}n_1 \\ C^{\mathrm{H}}n_2 \end{bmatrix} \tag{7-2-62}$$

与空时分组码(STBC)采取共轭运算处理一样,式(7-2-62)变换表示为

$$Y=\frac{1}{\sqrt{2}}\begin{bmatrix} h_1 & h_2 \\ h_2^* & -h_1^* \end{bmatrix}\cdot\begin{bmatrix} x_1 \\ x_2 \end{bmatrix}+\begin{bmatrix} C^{\mathrm{H}}n_1 \\ C^{\mathrm{H}}n_2 \end{bmatrix}=H\cdot X+\tilde{N} \tag{7-2-63}$$

其中 $H=\frac{1}{\sqrt{2}}\begin{bmatrix} h_1 & h_2 \\ h_2^* & -h_1^* \end{bmatrix}$, $X=\begin{bmatrix} x_1 \\ x_2 \end{bmatrix}$ 和 $\tilde{N}=\begin{bmatrix} C^{\mathrm{H}}n_1 \\ C^{\mathrm{H}}n_2 \end{bmatrix}$。

式(7-2-63)说明:空时扩频编码(STS)的发射分集类似于空时分组码(STBC)的发射分集表示式(7-2-32)。

上面讨论了在两副发射天线和一副接收天线场景下,基于空时扩频编码 STS-CDMA 通信系统可以推广到 M 副发射天线和一副接收天线场景下的 STS-CDMA 通信系统。

M 副发射天线和一副接收天线的空时扩频编码(STS)数学模型为

$$Z=\beta\times\begin{bmatrix} a_{11} & a_{12} & \cdots & a_{1M} \\ a_{21} & a_{22} & \cdots & a_{2M} \\ \vdots & \vdots & & \vdots \\ a_{L_t1} & a_{L_t2} & \cdots & a_{L_tM} \end{bmatrix} \tag{7-2-64}$$

式(7-2-64)表示 M 副发射天线在第 $1,2,\cdots,L_t$ 时隙内发射数字信息序列 G 的关系,其中 β 是由 M 副发射天线和空时编码速率共同控制发射信息符号序列功率的调整参数,矩阵元素 $a_{lm}(l=1,2,\cdots,L_t$ 和 $m=1,2,\cdots,M)$ 为发射数字信息序列。

在 L_t 时隙内的信息符号序列构成 $L\times L_t$ 维的空时扩频编码矩阵 C,即

$$C=[C_1,C_2,\cdots,C_{L_t}]^{\mathrm{T}} \tag{7-2-65}$$

空时扩频编码矩阵 C 满足 $\|C_i\|^2=1$,$M\times L_t$ 维的空时扩频编码矩阵的列数 L_t 为基于空时编

码(STC)传输数字信息序列的时隙数,$M\times L_t$ 维的空时扩频编码矩阵的行数 M 为发射信息符号序列的发射天线副数。

M 副发射天线发射的空时扩频编码(STS)信号表示为

$$\boldsymbol{S}=[\boldsymbol{S}_1,\boldsymbol{S}_2,\cdots,\boldsymbol{S}_M]^{\mathrm{T}}=\boldsymbol{C}\cdot\boldsymbol{Z} \tag{7-2-66}$$

其中 $\boldsymbol{S}_m(m=1,2,\cdots,M)$ 是第 m 副发射天线发射的空时扩频编码信号,满足

$$\mathrm{Trace}(\boldsymbol{S}^{\mathrm{H}}\cdot\boldsymbol{S})=\mathrm{Trace}(\boldsymbol{Z}^{\mathrm{H}}\cdot\boldsymbol{Z})=G \tag{7-2-67}$$

发射的空时扩频编码信号经过信道振幅参数为 $\boldsymbol{H}=[h_1,h_2,\cdots,h_M]^{\mathrm{T}}$ 的时变衰落传输信道后,CDMA 通信系统的接收信号表示为

$$\boldsymbol{R}=\boldsymbol{S}\cdot\boldsymbol{H}+\boldsymbol{N}=[\boldsymbol{C}\cdot\boldsymbol{Z}]\cdot\boldsymbol{H}+\boldsymbol{N} \tag{7-2-68}$$

利用 $M\times L_t$ 维的空时扩频矩阵 $\boldsymbol{C}$ 的正交关系,即 $\boldsymbol{C}_i^{\mathrm{H}}\cdot\boldsymbol{C}_j=0,i\neq j$,对 CDMA 通信系统的接收信号 $\boldsymbol{R}$ 进行解频谱扩展处理,得到

$$\boldsymbol{Y}=\boldsymbol{C}^{\mathrm{H}}\cdot\boldsymbol{R}=\boldsymbol{Z}\cdot\boldsymbol{H}+\boldsymbol{C}^{\mathrm{H}}\cdot\boldsymbol{N} \tag{7-2-69}$$

式(7-2-69)类似于基于空时编码(STC)发射分集的接收信号表达式(7-2-24)的 $\boldsymbol{Y}=\boldsymbol{G}\cdot\boldsymbol{H}+\boldsymbol{N}$,也类似于基于空时分组码(STBC)发射分集的接收信号表达式(7-2-32)的 $\boldsymbol{Y}=\boldsymbol{H}\cdot\boldsymbol{X}+\boldsymbol{N}$,说明基于空时扩频编码(STS)系统与基于空时编码(STC)系统和基于空时分组码(STBC)系统具有相同的发射分集增益。

如果空时扩频编码矩阵 $\boldsymbol{C}$ 不满足正交矩阵关系,即 $\boldsymbol{R}_C=\boldsymbol{C}^{\mathrm{H}}\cdot\boldsymbol{C}\neq\boldsymbol{I}$。可以先对 CDMA 通信系统的接收信号 $\boldsymbol{R}$ 进行解频谱扩展处理,得到

$$\boldsymbol{Y}=\boldsymbol{C}^{\mathrm{H}}\cdot\boldsymbol{R}=\boldsymbol{C}^{\mathrm{H}}\cdot\boldsymbol{C}\cdot\boldsymbol{Z}\cdot\boldsymbol{H}+\boldsymbol{C}^{\mathrm{H}}\cdot\boldsymbol{N}=\boldsymbol{R}_C\cdot\boldsymbol{Z}\cdot\boldsymbol{H}+\boldsymbol{C}^{\mathrm{H}}\cdot\boldsymbol{N} \tag{7-2-70}$$

其中 $\boldsymbol{R}_C=\boldsymbol{C}^{\mathrm{H}}\cdot\boldsymbol{C}$ 为空时扩频编码矩阵 $\boldsymbol{C}$ 的自相关矩阵,然后对式(7-2-70)进行相关运算,即

$$\begin{aligned}\tilde{\boldsymbol{Y}}&=\boldsymbol{R}_C^{-1}\cdot\boldsymbol{Y}\\&=\boldsymbol{R}_C^{-1}\cdot\boldsymbol{R}_C\cdot\boldsymbol{Z}\cdot\boldsymbol{H}+\boldsymbol{R}_C^{-1}\cdot\boldsymbol{C}^{\mathrm{H}}\cdot\boldsymbol{N}\\&=\boldsymbol{Z}\cdot\boldsymbol{H}+\boldsymbol{R}_C^{-1}\cdot\boldsymbol{C}^{\mathrm{H}}\cdot\boldsymbol{N}\end{aligned} \tag{7-2-71}$$

可以按基于空时编码(STC)发射分集对接收信号的译码检测算法,进行基于空时扩频编码(STS)系统接收信号的译码和检测。

无论 CDMA 通信系统是否采用空时扩频编码(STS)的发射分集,在通信系统数字信息传输速率相同的前提下,存在关系 $L=G\cdot S$。基于空时扩频编码 CDMA 通信系统可支持的最大用户数为 $K_{\max}=L/L_t=G\cdot S/L_t$,每个多址接入用户需要 L_t 时隙的正交编码。在全编码速率场景下,$G=L_t$ 的通信系统具有 $K_{\max}=S$。而对于不是全编码速率的基于空时扩频编码 CDMA 通信系统,由于 $G/L_t<1$,可支持最大用户数 $K_{\max}<S$。

无论 CDMA 通信系统是否采用空时扩频编码(STS)的发射分集,通信系统可支持多址接入用户数为 $K_{\max}=S$,存在 $L=L_t\cdot S$ 关系。说明:该系统具有 $L=L_t\cdot S$ 空时扩频编码,每个多址接入用户配置有 L_t 时隙的空时扩频编码。基于空时扩频编码(STS)的发射分集 CDMA 通信系统可以支持的多址接入最大用户数为 $K_{\max}=L/L_t=S$。

基于空时扩频编码(STS)的 CDMA 通信系统在 L_t 码片持续时间间隔内发射 G 数字数据序列,空时扩频编码速率为 G/L_t。对于全编码速率的基于空时编码(STC)的 CDMA 通信系统,对应的空时扩频编码(STS)系统也是全编码速率。反之,其对应空时扩频编码(STS)的编码速率小于 1。

［**小结7-5**］：

（1）空时分组码（STBC）或空时格码（STTC）都有对应的空时扩频编码（STS）制式。

（2）如果空时分组码（STBC）或空时格码（STTC）是全编码速率，基于空时分组码（STBC）或空时格码（STTC）设计的空时扩频编码（STS）也是全编码速率。

（3）基于空时分组码（STBC）或空时格码（STTC）设计的空时扩频编码（STS）与其对应的空时分组码（STBC）或空时格码（STTC）具有相同的发射分集增益。

（4）基于全编码速率的空时扩频编码（STS）系统可以兼顾获取多址接入最大用户数和发射分集最大分集数。

7.3　多输入多输出

多输入多输出（multiple input multiple output，MIMO）技术，即收发信机都采用多副天线实现发射机和接收机之间的多发多收。多输入多输出通过收发分集和收发复用技术，同时获取分集增益和复用增益，其中通过分集技术以提高传输信息在多径时变衰落信道传输的可靠性，通过复用技术以提高传输信息在多径时变衰落信道传输的有效性。

7.3.1　多输入多输出技术的基本概念

多输入多输出（MIMO）技术的基本概念是：把多径时变衰落信道分割成多路并行子信道，各路子信道带宽小于多径时变衰落信道的相干带宽，构成多路并行、相互正交和平坦衰落的子信道，多路并行子信道同时发射信源的数字信息符号序列，收发信机采用分集技术，可提高获取信息传输的可靠性。或多路并行子信道同时并发来自不同信源的数字信息符号序列，收发信机采用复用技术，来提高信息传输的有效性。

理论分析指出：当发射信号功率和传输信道带宽固定时，多输入多输出系统的频带利用率随着 $\min(M,N)$ 的增加而线性增加，其中 M 和 N 分别是发射天线数和接收天线数。基于多径时变衰落信道存在一定的自由度，多输入多输出（MIMO）技术充分挖掘收发信机之间多径时变衰落信道的空间资源。

图7-3-1所示为多输入多输出（MIMO）通信系统模型，其中发射端天线数和接收端天线数分别为 M 和 N，$h_{m,n}$ 为多输入多输出系统在第 m 副发射天线（$m=1,2,\cdots,M$）和第 n 副接收天线（$n=1,2,\cdots,N$）之间对应子信道的脉冲响应函数。

多输入多输出系统的输出和输入的关系可表示为

$$\boldsymbol{Y}=\boldsymbol{H}\cdot\boldsymbol{X}+\boldsymbol{N}=\sum_{m=1}^{M}h_m\cdot x_m+\boldsymbol{N}\tag{7-3-1}$$

其中 $\boldsymbol{X}=[x_1,x_2,\cdots,x_M]^{\mathrm{T}}$ 为 M 副发射天线发射的信源数字信息符号矢量，其均值和方差分别为 $E[x_m]=0$ 和 $E[x_m^2]=1/M$，$\boldsymbol{Y}=[y_1,y_2,\cdots,y_N]^{\mathrm{T}}$ 为 N 副接收天线接收的信息符号矢量，$\boldsymbol{N}=[n_1,n_2,\cdots,n_N]^{\mathrm{T}}$ 为 N 维信道的噪声信号矢量。$\boldsymbol{H}$ 为链接多输入多输出（MIMO）系统的 $N\times M$ 维多径时变衰落信道的脉冲响应函数矩阵，表示为

$$H=[h_1,h_2,\cdots,h_M]=\begin{bmatrix} h_{11} & h_{12} & \cdots & h_{1M} \\ h_{21} & h_{22} & \cdots & h_{2M} \\ \vdots & \vdots & & \vdots \\ h_{N1} & h_{N2} & \cdots & h_{NM} \end{bmatrix} \tag{7-3-2}$$

其中 $\boldsymbol{H}=[h_1,h_2,\cdots,h_M]$ 的元素 $h_m(m=1,2,\cdots,M)$ 是与第 m 副发射天线相关的多路子信道脉冲响应的复振幅增益矢量。

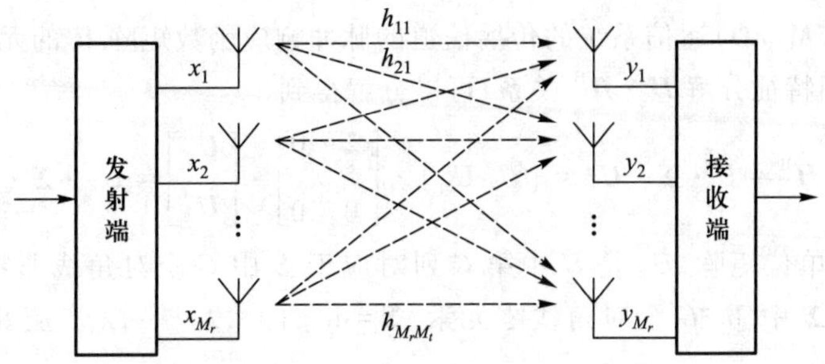

图 7-3-1 多输入多输出(MIMO)通信系统模型

求解 MIMO 系统的信道容量 $C(\boldsymbol{H})$ 问题实际是求解下面方程的优化问题,即

$$C(\boldsymbol{H})=\arg\max_{x:\mathrm{Trace}(\boldsymbol{Q}_X)\leqslant 1}\{I(\boldsymbol{X};\boldsymbol{Y}\mid\boldsymbol{H})\} \tag{7-3-3}$$

其中 $I(\boldsymbol{X};\boldsymbol{Y}\mid\boldsymbol{H})$ 为 M 副发射天线发射的信源数字信息矢量 $\boldsymbol{X}$ 和 N 副接收天线接收的信息符号矢量 $\boldsymbol{Y}$ 的互信息量,$\boldsymbol{Q}_X=[\boldsymbol{X}\cdot\boldsymbol{X}^{\mathrm{H}}]$ 是 M 副发射天线发射的信源数字信息矢量 $\boldsymbol{X}$ 的协方差矩阵。

式(7-3-3)具体表示为

$$\begin{aligned} I(\boldsymbol{X};\boldsymbol{Y}\mid\boldsymbol{H}) &= L(\boldsymbol{Y}\mid\boldsymbol{H})-L(\boldsymbol{Y}\mid\boldsymbol{X},\boldsymbol{H})=L(\boldsymbol{Y}\mid\boldsymbol{H})-L(\boldsymbol{H}\cdot\boldsymbol{X}+\boldsymbol{N}\mid\boldsymbol{X},\boldsymbol{H}) \\ &= L(\boldsymbol{Y}\mid\boldsymbol{H})-L(\boldsymbol{N}\mid\boldsymbol{X},\boldsymbol{H})=L(\boldsymbol{Y}\mid\boldsymbol{H})-L(N) \end{aligned} \tag{7-3-4}$$

其中 $L(\cdot)$ 表示微分熵运算,$L(N)=\log_2[(\pi e)^N\det(\sigma^2\cdot\boldsymbol{I}_N)]=\log_2[(\pi e\sigma^2)^N]$,$\det(\boldsymbol{A})$ 表示矩阵 $\boldsymbol{A}$ 的行列式。

在矢量 $\boldsymbol{Y}$ 为循环对称复高斯向量时,互信息量 $I(\boldsymbol{X};\boldsymbol{Y}\mid\boldsymbol{H})$ 的最大值等效于 $L(\boldsymbol{Y}\mid\boldsymbol{H})$ 的最大值,即

$$L(\boldsymbol{Y}\mid\boldsymbol{H})=\log_2[(\pi e)^N\det(\boldsymbol{R}_Y)] \tag{7-3-5}$$

其中协方差矩阵 $\boldsymbol{R}_Y$ 表示为

$$\begin{aligned} \boldsymbol{R}_Y &= E[\boldsymbol{Y}\cdot\boldsymbol{Y}^{\mathrm{H}}] \\ &= \sigma^2\cdot\boldsymbol{I}_N+\boldsymbol{H}\cdot E[\boldsymbol{X}\cdot\boldsymbol{X}^{\mathrm{H}}]\cdot\boldsymbol{H}^{\mathrm{H}}=\sigma^2\cdot\boldsymbol{I}_N+\boldsymbol{H}\cdot\boldsymbol{Q}_X\cdot\boldsymbol{H}^{\mathrm{H}} \end{aligned} \tag{7-3-6}$$

把 $L(N)$ 和 $\boldsymbol{R}_Y$ 代入式(7-3-4)中,得到

$$\begin{aligned} I(\boldsymbol{X};\boldsymbol{Y}\mid\boldsymbol{H}) &= \log_2[(\pi e)^N\det(\sigma^2\cdot\boldsymbol{I}_N+\boldsymbol{H}\cdot\boldsymbol{Q}_X\cdot\boldsymbol{H}^{\mathrm{H}})]-\log_2[(\pi e)^N\det(\sigma^2\cdot\boldsymbol{I}_N)] \\ &= \log_2\left[\det\left(\boldsymbol{I}_N+\frac{1}{\sigma^2}\boldsymbol{H}\cdot\boldsymbol{Q}_X\cdot\boldsymbol{H}^{\mathrm{H}}\right)\right] \end{aligned} \tag{7-3-7}$$

把式(7-3-7)代入式(7-3-3),MIMO 系统的信道容量优化问题简化为

$$C(\boldsymbol{H})=\arg\max_{X:\mathrm{Trace}(\boldsymbol{Q}_X)\leqslant 1}\left\{I(\boldsymbol{X};\boldsymbol{Y}\mid\boldsymbol{H})=\log_2\left[\det\left(\boldsymbol{I}_N+\frac{1}{\sigma^2}\boldsymbol{H}\cdot\boldsymbol{Q}_X\cdot\boldsymbol{H}^{\mathrm{H}}\right)\right]\right\} \tag{7-3-8}$$

如果多输入多输出(MIMO)通信系统的收发端都掌握传输信道的信道状态信息(CSI),能够跟踪MIMO系统中多径时变衰落信道的脉冲响应函数矩阵 $\boldsymbol{H}$,也就是说存在下述关系式:

$$I(\boldsymbol{X};\boldsymbol{Y}\mid\boldsymbol{H})=\log_2\left[\det\left(\boldsymbol{I}_N+\frac{1}{\sigma^2}\boldsymbol{H}\cdot\boldsymbol{H}^{\mathrm{H}}\cdot\boldsymbol{Q}_X\right)\right] \tag{7-3-9}$$

其中 $\boldsymbol{H}\cdot\boldsymbol{H}^{\mathrm{H}}$ 是Hermitian矩阵,G 是矩阵 $\boldsymbol{H}$ 的秩,也是矩阵 $\boldsymbol{H}\cdot\boldsymbol{H}^{\mathrm{H}}$ 的秩,则 $G\leqslant\min\{M,N\}$。

多输入多输出(MIMO)通信系统的传播信道的脉冲响应函数矩阵 $\boldsymbol{H}$ 的元素为相互独立的复高斯随机变量,应用特征分解 $\boldsymbol{H}\cdot\boldsymbol{H}^{\mathrm{H}}$ 关系,可以分解得到

$$\boldsymbol{H}\cdot\boldsymbol{H}^{\mathrm{H}}=\boldsymbol{U}\cdot\boldsymbol{\Sigma}\cdot\boldsymbol{U}^{\mathrm{H}}=[\boldsymbol{U}_{\mathrm{S}}\ \boldsymbol{U}_{\mathrm{N}}]\cdot\begin{bmatrix}\boldsymbol{\Sigma}_S & 0\\ 0 & 0\end{bmatrix}\cdot\begin{bmatrix}\boldsymbol{U}_S^{\mathrm{H}}\\ \boldsymbol{U}_N^{\mathrm{H}}\end{bmatrix}=\boldsymbol{U}_S\cdot\boldsymbol{\Sigma}_S\cdot\boldsymbol{U}_S^{\mathrm{H}} \tag{7-3-10}$$

其中 $\boldsymbol{U}$ 是 $M\times M$ 维单位矩阵,$\boldsymbol{U}_S$ 是 $\boldsymbol{U}$ 中第 G 列对应于 $\boldsymbol{\Sigma}$ 中 G 个对角线非零元素,$\boldsymbol{U}_N$ 由 $\boldsymbol{U}$ 中第 $M-G$ 列对应于 $\boldsymbol{\Sigma}$ 中 $M-G$ 个对角线零元素,$\boldsymbol{\Sigma}_S=\mathrm{diag}\{\lambda_1,\lambda_2,\cdots,\lambda_G\}$ 是 $G\times G$ 维对角矩阵的元素。

将有关公式代入矢量 $\boldsymbol{X}$ 和 $\boldsymbol{Y}$ 的互信息量式(7-3-6)中,得到

$$I(\boldsymbol{X};\boldsymbol{Y}\mid\boldsymbol{H})=\log_2\left[det\left(\boldsymbol{I}_G+\frac{1}{\sigma^2}\boldsymbol{\Sigma}_S\cdot\boldsymbol{U}_S^{\mathrm{H}}\cdot\boldsymbol{Q}_X\cdot\boldsymbol{U}_S\right)\right] \tag{7-3-11}$$

式(7-3-11)说明:只有当 $\boldsymbol{U}_S^{\mathrm{H}}\cdot\boldsymbol{Q}_X\cdot\boldsymbol{U}_S$ 为对角矩阵,即 $\boldsymbol{U}_S^{\mathrm{H}}\cdot\boldsymbol{Q}_X\cdot\boldsymbol{U}_S=\beta=\mathrm{diag}\{\beta_1,\beta_2,\cdots,\beta_G\}$ 时,多输入多输出(MIMO)通信系统矢量 $\boldsymbol{X}$ 和 $\boldsymbol{Y}$ 的互信息量 $I(\boldsymbol{X};\boldsymbol{Y}\mid\boldsymbol{H})$ 为最大值,其信道容量为

$$\begin{aligned}C(\boldsymbol{H})&=I_{\max}(\boldsymbol{X};\boldsymbol{Y}\mid\boldsymbol{H})\\&=\log_2\left[det\left(\boldsymbol{I}_G+\frac{1}{\sigma^2}\boldsymbol{\Sigma}_S\beta\right)\right]=\sum_{g=1}^{G}\log_2\left(1+\frac{\lambda_g\beta_g}{\sigma^2}\right)\end{aligned} \tag{7-3-12}$$

通过发射端时空域正交信号编码和接收端分集接收,可将 M 副发射天线和 N 副接收天线的多输入多输出(MIMO)通信系统的传播信道分割成多路并行、互相独立、不存在相互干扰的 $M\times N$ 路子信道,或分割成 $G=\min\{M,N\}$ 路并行独立的SISO信道,可以获得多输入多输出(MIMO)通信系统的最大互信息容量。

[小结7-6]:

(1) 通过对传播信道容量进行统计平均处理,多输入多输出(MIMO)通信系统在多径时变衰落信道中的遍历信道容量限为

$$C=E_{\mathrm{H}}\{C(\boldsymbol{H})\}=E_{\mathrm{H}}\left\{\log_2\left[\det\left(\boldsymbol{I}_{\mathrm{N}}+\frac{1}{M\sigma^2}\boldsymbol{H}\cdot\boldsymbol{H}^{\mathrm{H}}\right)\right]\right\} \tag{7-3-13}$$

(2) 如果多输入多输出(MIMO)通信系统的发射和接收端都掌握传播信道脉冲响应函数的信道状态信息(CSI),能跟踪链接MIMO通信系统的 $N\times M$ 维传输信道矩阵 $\boldsymbol{H}$,MIMO通信系统的传播信道可以分解为 $G\leqslant\min(M,N)$ 路并行、正交和独立的SISO信道。

(3) 如果多输入多输出(MIMO)通信系统中,发射端掌握传播信道脉冲响应函数的信道状态信息(CSI),发射信号服从零均值和协方差矩阵为 $\boldsymbol{Q}_X=\boldsymbol{I}_M/M$ 的循环对称复高斯分布,此时信道容量限为

$$I(\boldsymbol{X};\boldsymbol{Y})=E_H\{I(\boldsymbol{X};\boldsymbol{Y}\mid\boldsymbol{H})\}=E_H\left\{\log_2\left[\det\left(\boldsymbol{I}_M+\frac{1}{\sigma^2}\boldsymbol{H}^{\mathrm{H}}\cdot\boldsymbol{H}\cdot\boldsymbol{Q}_X\right)\right]\right\}$$

$$\leqslant\log_2\left[\det\left(\boldsymbol{I}_M+\frac{1}{\sigma^2}E_H[\boldsymbol{H}^{\mathrm{H}}\cdot\boldsymbol{H}]\cdot\boldsymbol{Q}_X\right)\right]=\log_2\left[\det\left(\boldsymbol{I}_M+\frac{N}{\sigma^2}\cdot\boldsymbol{Q}_X\right)\right]\quad(7\text{-}3\text{-}14)$$

在 $\mathrm{Trace}(\boldsymbol{Q}_X)=1$，$\boldsymbol{A}=(\alpha/M)\cdot\boldsymbol{I}_M$ 和 $\mathrm{Trace}(\boldsymbol{A})=\alpha$ 时，$M\times M$ 维正定矩阵 $\boldsymbol{A}$ 的行列式为最大值，满足

$$\log_2\left[\det\left(\boldsymbol{I}_M+\frac{N}{\sigma^2}\cdot\boldsymbol{Q}_X\right)\right]\leqslant\log_2\left[\det\left(\boldsymbol{I}_M+\frac{N}{M\sigma^2}\cdot\boldsymbol{I}_M\right)\right]$$

$$=M\cdot\log_2\left(1+\frac{N}{M\sigma^2}\right)\quad(7\text{-}3\text{-}15)$$

在 $\boldsymbol{Q}_X=(1/M)\cdot\boldsymbol{I}_M$ 和 MIMO 系统的发射信号功率均匀分布在 M 副发射天线时，MIMO 通信系统可以获得信道容量的最大值，即

$$C=\arg\max_{X:\mathrm{Trace}(\boldsymbol{Q}_X)=1}\{I(\boldsymbol{X};\boldsymbol{Y})\}\leqslant M\cdot\log_2\left(1+\frac{N}{M\sigma^2}\right)=C_{\max}\quad(7\text{-}3\text{-}16)$$

(4) 当发射天线副数 $M=1$，即 MIMO 系统简化为 SIMO 系统时，信道容量最大值为

$$C=E_{\{h_n\}}\left[\log_2\left(1+\frac{1}{\sigma^2}\sum_{n=1}^{N}|h_n|^2\right)\right]\quad(7\text{-}3\text{-}17)$$

(5) 当接收天线副数 $N=1$，即 MIMO 系统简化为 MISO 系统时，信道容量的最大值为

$$C=E_{\{h_m\}}\left[\log_2\left(1+\frac{1}{M\sigma^2}\sum_{m=1}^{M}|h_m|^2\right)\right]\quad(7\text{-}3\text{-}18)$$

(6) 根据概率论中大数定律，有 $\lim\limits_{M\to\infty}[(1/M)\cdot\boldsymbol{H}\cdot\boldsymbol{H}^{\mathrm{H}}]=\boldsymbol{I}_N$，即在 MIMO 通信系统中，固定 M 副发射天线和增加 N 副接收天线场景下，信道容量限为

$$C=\lim_{M\to\infty}E_H\left\{\log_2\left[\det\left(\boldsymbol{I}_N+\frac{1}{M\sigma^2}\boldsymbol{H}\cdot\boldsymbol{H}^{\mathrm{H}}\right)\right]\right\}$$

$$=\log_2\left[\det\left(\boldsymbol{I}_N+\frac{1}{\sigma^2}\boldsymbol{I}_N\right)\right]\approx N\times\log_2\left(1+\frac{1}{\sigma^2}\right)\quad(7\text{-}3\text{-}19)$$

说明：MIMO 通信系统的信道容量随着接收天线数增加而线性增加。

(7) 根据概率论中大数定律，有 $\lim\limits_{N\to\infty}[(1/N)\boldsymbol{H}^{\mathrm{H}}\cdot\boldsymbol{H}]=\boldsymbol{I}_M$，即在 MIMO 通信系统中，固定 N 副接收天线和增加 M 副发射天线场景下，信道容量限为

$$C=\lim_{N\to\infty}E_H\left\{\log_2\left[\det\left(\boldsymbol{I}_M+\frac{1}{M\sigma^2}\boldsymbol{H}^{\mathrm{H}}\cdot\boldsymbol{H}\right)\right]\right\}$$

$$=\log_2\left[\det\left(\boldsymbol{I}_M+\frac{N}{M\sigma^2}\cdot\boldsymbol{I}_M\right)\right]\approx M\times\log_2\left(1+\frac{1}{\sigma^2}\right)\quad(7\text{-}3\text{-}20)$$

说明：MIMO 通信系统的信道容量随着发射天线数增加而线性增加。

(8) 在 MIMO 通信系统中，同时增加 M 副发射天线和 N 副接收天线，信道容量限与 $G=\min(M,N)$ 呈线性关系增加。

(9) 在 MIMO 通信系统中，发射天线的副数 M 和接收天线的副数 N 相同，而且 $M=N\to\infty$，信道容量限为

$$
\begin{aligned}
C &= \lim_{M\to\infty} E_H\left\{\log_2\left[\det\left(I_M+\frac{1}{M\sigma^2}\boldsymbol{H}^{\mathrm{H}}\cdot\boldsymbol{H}\right)\right]\right\}\\
&\geqslant \lim_{M\to\infty} E_H\left\{\log_2\left[\det\left(\boldsymbol{I}_M+\frac{1}{M\sigma^2}\boldsymbol{I}_M\right)\right]\right\}\\
&= \lim_{M\to\infty}\log_2\left[\left(1+\frac{1}{M\sigma^2}\right)^M\right]=\frac{1}{\sigma^2}\log_2 \mathrm{e}=SNR\times\log_2 \mathrm{e}
\end{aligned}
\tag{7-3-21}
$$

说明:MIMO 通信系统的信道容量限与系统信噪比 *SNR* 呈线性关系。

7.3.2 两发多收 Alamouti 方案

图 7-3-2 为两发多收 Alamouti 方案的原理框图,Alamouti 提出一种采用空时分组编码(STBC)的两副发射天线 M_{T} 和多副接收天线 M_{R} 的 MIMO 通信系统。两发多收 Alamouti 方案对 CDMA 通信系统的发展具有里程碑式的意义,两发多收 Alamouti 编码已经被 3G 系统 WCDMA、cdma2000 和 WiMAX 等标准所采用,也被 4G 和 5G 移动通信系统标准所采纳。

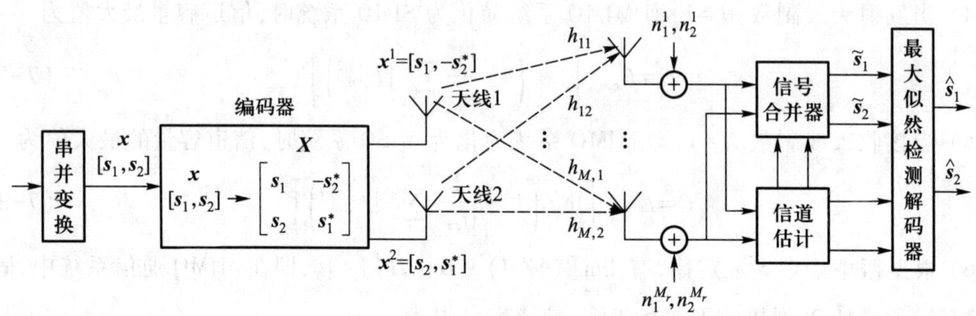

图 7-3-2 两发多收 Alamouti 方案原理框图

两发多收 Alamouti 方案中,编码器每取两位数字比特信息为一组信息符号$[s_1, s_2]$,编码矩阵 $\boldsymbol{X}$ 则反映输入数字信息比特序列与天线发射信息符号序列的对应关系,即

$$
\boldsymbol{X}=\begin{bmatrix} s_1 & -s_2^* \\ s_2 & s_1^* \end{bmatrix}=\begin{bmatrix} \boldsymbol{X}_1 \\ \boldsymbol{X}_2 \end{bmatrix}
\tag{7-3-22}
$$

其中 $\boldsymbol{X}_1=[s_1, -s_2^*]$ 和 $\boldsymbol{X}_2=[s_2, s_1^*]$,符号 * 表示共轭运算。

两发多收 Alamouti 编码器在空时域的信息符号序列分别从两副发射天线发送出去。即在第 1 持续时间长度 nT 时刻,发射天线 1 和发射天线 2 分别发送 s_1 和 s_2。在第 2 持续时间长度 $(n+1)T$ 时刻,发射天线 1 和发射天线 2 分别发送 $-s_2^*$ 和 s_1^*。发射天线 1 和发射天线 2 的发射信息符号序列分别是 $\boldsymbol{X}_1=[s_1, -s_2^*]$ 和 $\boldsymbol{X}_2=[s_2, s_1^*]$。

两发多收 Alamouti 编码的主要特征是,两副发射天线发射的信息符号序列 $\boldsymbol{X}_1$ 和 $\boldsymbol{X}_2$ 相互正交,其内积运算为零,即 $\langle \boldsymbol{X}_1, \boldsymbol{X}_2\rangle = s_1 s_2^* - s_2^* s_1 = 0$。

Alamouti 编码矩阵 $\boldsymbol{X}$ 具有如下特性,

$$
\boldsymbol{X}\cdot\boldsymbol{X}^{\mathrm{T}}=\begin{bmatrix} |s_1|^2+|s_2|^2 & 0 \\ 0 & |s_1|^2+|s_2|^2 \end{bmatrix}=(|s_1|^2+|s_2|^2)\cdot\boldsymbol{I}_2
\tag{7-3-23}
$$

其中 $\boldsymbol{I}_2$ 为 2×2 维单位矩阵。

如果两发多收 Alamouti 方案有 M_R 副接收天线,第 n 副发射天线到第 m 副接收天线的多径时变衰落信道的振幅衰落系数是 $h_{m,n}(n=1,2$ 和 $m=1,2,\cdots,M_R)$。信道振幅衰落系数在连续两个信息符号的持续时间长度内保持不变,第 m 副接收天线在$[nT,(n+1)T]$间隔的接收信号分别表示为 $\boldsymbol{r}_1$ 和 $\boldsymbol{r}_2$,具体为

$$\boldsymbol{r}_1=h_{m,1}\boldsymbol{s}_1+h_{m,2}\boldsymbol{s}_2+n_{m,1},\quad 0\leqslant t\leqslant T \tag{7-3-24}$$

$$\boldsymbol{r}_2=-h_{m,1}\boldsymbol{s}_2^*+h_{m,2}\boldsymbol{s}_1^*+n_{m,2},\quad T\leqslant t\leqslant 2T \tag{7-3-25}$$

其中 $n_{m,1}$和 $n_{m,2}$分别表示第 n 副发射天线到第 m 副接收天线的传播信道中功率谱密度为 $N_0/2$ 的高斯白噪声。

如果 CDMA 通信系统能够正确获取多径时变衰落信道脉冲响应函数的振幅衰落参数 $h_{m,1}$和 $h_{m,2}$,接收端基于最大似然准则,从所有可能接收信息符号序列中选择欧氏距离最小的信息符号序列,即

$$\begin{aligned}&d_{\min}^2[\boldsymbol{r}_1,(h_{m,1}\hat{\boldsymbol{s}}_1+h_{m,2}\hat{\boldsymbol{s}}_2)]+d_{\min}^2[\boldsymbol{r}_2,(-h_{m,1}\hat{\boldsymbol{s}}_2^*+h_{m,2}\hat{\boldsymbol{s}}_1^*)]\\&=|\boldsymbol{r}_1-h_{m,1}\hat{\boldsymbol{s}}_1-h_{m,2}\hat{\boldsymbol{s}}_2|^2+|\boldsymbol{r}_2+h_{m,1}\hat{\boldsymbol{s}}_2^*-h_{m,2}\hat{\boldsymbol{s}}_1^*|^2\end{aligned} \tag{7-3-26}$$

得到基于最大似然准则的数字信息序列的估值 $\hat{\boldsymbol{s}}_1$ 和 $\hat{\boldsymbol{s}}_2$,$\hat{\boldsymbol{s}}_1$ 和 $\hat{\boldsymbol{s}}_2$ 的内积为

$$<\hat{\boldsymbol{s}}_1,\hat{\boldsymbol{s}}_2>=\arg\min_{(\hat{s}_1,\hat{s}_2)\in C}[(|h_{m,1}|^2+|h_{m,2}|^2-1)(|\hat{\boldsymbol{s}}_1|^2+|\hat{\boldsymbol{s}}_2|^2)+d^2(\hat{\boldsymbol{s}}_1,\boldsymbol{y}_1)+d^2(\hat{\boldsymbol{s}}_2,\boldsymbol{y}_2)] \tag{7-3-27}$$

其中 $\boldsymbol{y}_1=h_{m,1}\boldsymbol{r}_1+h_{m,2}\boldsymbol{r}_2^*$ 和 $\boldsymbol{y}_2=-h_{m,2}\boldsymbol{r}_2^*+h_{m,2}\boldsymbol{r}_2^*$。

两发多收 Alamouti 方案中,如果发射端的编码矩阵是 $\boldsymbol{X}$,接收端检测判决矩阵为发射信号估值 $\hat{\boldsymbol{X}}$,检测判决的误差矩阵 $\boldsymbol{D}$ 为

$$\boldsymbol{D}=\begin{bmatrix}\boldsymbol{s}_1-\hat{\boldsymbol{s}}_1 & -\boldsymbol{s}_2^*-(-\hat{\boldsymbol{s}}_2^*)\\ \boldsymbol{s}_2-\hat{\boldsymbol{s}}_2 & \boldsymbol{s}_1^*-\hat{\boldsymbol{s}}_1^*\end{bmatrix} \tag{7-3-28}$$

对应误差矩阵 $\boldsymbol{D}$ 的协方差矩阵 $\boldsymbol{D}\cdot\boldsymbol{D}^{\mathrm{H}}$ 为

$$\boldsymbol{D}\cdot\boldsymbol{D}^{\mathrm{H}}=\begin{bmatrix}|\boldsymbol{s}_1-\hat{\boldsymbol{s}}_1|^2+|\boldsymbol{s}_2-\hat{\boldsymbol{s}}_2|^2 & 0\\ 0 & |\boldsymbol{s}_1-\hat{\boldsymbol{s}}_1|^2+|\boldsymbol{s}_2-\hat{\boldsymbol{s}}_2|^2\end{bmatrix} \tag{7-3-29}$$

可见协方差矩阵 $\boldsymbol{D}\cdot\boldsymbol{D}^{\mathrm{H}}$ 为对角线矩阵,且行列式$|\boldsymbol{D}\cdot\boldsymbol{D}^{\mathrm{H}}|=(|\boldsymbol{s}_1-\hat{\boldsymbol{s}}_1|^2+|\boldsymbol{s}_2-\hat{\boldsymbol{s}}_2|^2)^2\neq 0$,说明:两发多收 Alamouti 方案中编码矩阵具有正交性,可以提供理想的分集和复用增益,且以线性关系提高传播信道的信息容量。

在 CDMA 通信系统中,移动终端难以配置多副接收天线,两发多收 Alamouti 方案的应用受到限制,解决方案之一是通过空间域共享其他移动终端的接收天线,构建虚拟 MIMO 系统来获得 MIMO 性能改善。

如果把上述讨论的 MIMO 技术称为显 MIMO 技术,相应就有隐 MIMO 技术,如协作多点传输(coordinated multi-point transmission and reception,CoMP)。3GPP TR 36.814 规定协作多点传输(CoMP)技术是地理位置相互独立分散的传输点之间的动态协作,是一种适用于高负载场景,改善小区高数据速率的覆盖范围和小区边缘吞吐量,增加系统吞吐量的重要技术。协作多点传输(CoMP)同样通过空间复用增益,提高单用户的信道传输容量,扩大多用户的信道容量域。通过

空间分集增益,增加小区的覆盖范围,减少通信盲区,减小终端的功率开销,提高切换成功率等。

[**小结7-7**]:

(1) 基于最大似然概率(ML)准则的检测判决算法是从所有检测判决信号组合中选择某信号,使得该信号与发射信号的误差距离为最小。

(2) 采用基于最大似然概率(ML)准则检测判决算法的前提是,接收端可以估计和获取传播信道脉冲响应函数的振幅衰减系数。

(3) 按照信号与系统的基本概念,信道输出信号应该是信道输入信号 $s(t)$ 和信道脉冲响应函数 $h(t)$ 的卷积运算 $s(t)*h(t)$。为简化问题的讨论,如果信道脉冲响应函数可以表示为信道脉冲的冲激响应函数 $h(t)=\sum_{l=1}^{L}\alpha_{lk}\exp(\mathrm{j}\theta_{lk})\cdot\delta(t)$,此时信道输出信号等效为信道输入信号 $s(t)$ 和信道脉冲响应函数的相乘运算 $s(t)\cdot h(t)$,即

$$s(t)*h(t)=\sum_{l=1}^{L}\alpha_{lk}\exp(\mathrm{j}\theta_{lk})\cdot\delta(t)*s(t)=\sum_{l-1}^{L}\alpha_{lk}\exp(\mathrm{j}\theta_{lk})\cdot s(t) \qquad (7\text{-}3\text{-}30)$$

7.4 多载波CDMA系统

基于OFDM和CDMA通信系统的特点,无线移动通信系统特别青睐OFDM和CDMA相结合的系统,称为多载波CDMA系统。主要原因如下:

(1) 在多径时变衰落信道中,欲传输高速数字信息流的速率要尽可能接近Nyquist定理关于频谱利用率的理论限,即低通带宽信道场景为2 baud / Hz或带通带宽信道场景为1 baud / Hz。

(2) OFDM调制解调要便于使用FFT算法和高速运算器件,且并不增加接收运算的复杂度。

(3) 利用CDMA扩展频谱信号覆盖OFDM的多路正交子载波,以频率分集来降低系统的码间干扰(inter symbol interference,ISI)和多路子信道间干扰(inter channel interference,ICI)。

多载波CDMA通信系统的主要技术难点是解决多载波CDMA系统发射信号功率的高峰均比(peak average power ratio,PAPR)。

根据是否激活OFDM系统的全部多路正交子载波,多载波CDMA系统可以分为非频率跳变多载波CDMA通信系统和频率跳变多载波CDMA通信系统。

非频率跳变多载波CDMA通信系统包含频域扩展的多载波CDMA通信系统、子信道带宽受限的DS-CDMA通信系统、正交多载波DS-CDMA通信系统和多音DS-CDMA通信系统。而频率跳变多载波CDMA通信系统包含自适应频率跳变多载波CDMA通信系统和自适应子信道分配DS-CDMA通信系统等。

多载波CDMA通信系统根据频谱扩展的模式,可以分为频域扩展多载波CDMA通信系统和时域扩展多载波CDMA通信系统。

(1) 频域扩展多载波CDMA通信系统

串行输入信源的数字信息比特序列通过伪随机多址扩频序列进行扩频,然后通过串并变换成 N_{p} 路并行伪随机多址扩频序列的码片序列,码片序列调制不同正交子载波,子载波数 N_{p} 等于单位比特信息中码片数和系统的扩频增益。

(2) 时域扩展多载波CDMA通信系统

信源数字信息比特序列经过串并变换为 U 路子数据流,用户伪随机多址扩频序列在时域对各路子数据流进行频谱扩展,以不同子载波对各路子数据流进行调制。这里,每路子载波作用类似于常规单载波 DS-CDMA 通信系统。

7.4.1 频域扩展多载波 CDMA 通信系统

图 7-4-1 为频域扩展的多载波 CDMA 通信系统发射原理框图,与多载波 CDMA 通信系统的主要区别之处是在系统架构中没有串并变换器模块,输入到 N_p 路的数字信息序列是一样的。

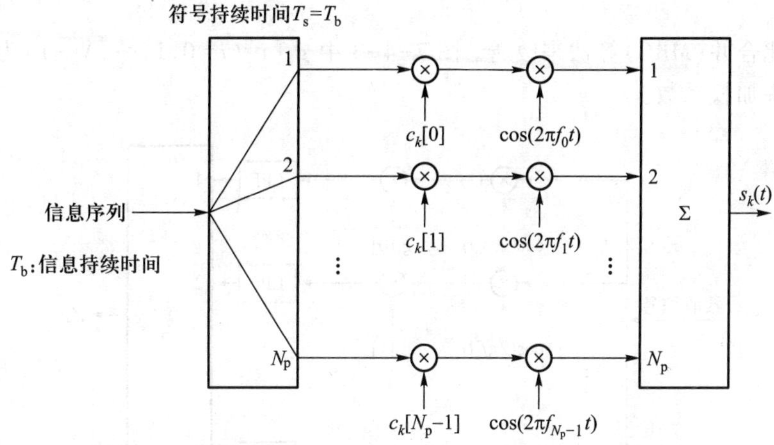

图 7-4-1 频域扩展的多载波 CDMA 通信系统发射原理框图

第 k 用户的伪随机多址扩频序列 $C_k(t)$ 为 Hadamard Walsh 正交码,其初始相位设置成 N_p 状态,即 $c_k[0],c_k[1],\cdots,c_k[N_p-1]$,在频域对输入数字信息序列进行频谱扩展处理。

N_p 路正交子载波集为 $\cos(2\pi f_n t),n=0,1,\cdots,N_p-1$,$N_p$ 路子载波之间满足正交关系,即

$$\int_0^{T_b}\cos(2\pi f_i t+\phi_i)\cdot\cos(2\pi f_j t+\phi_j)\,dt=0\ ,i\neq j \tag{7-4-1}$$

相邻子载波频率的最小间隔为 $\Delta=1/T_b$,第 n 序号子载波的载频为 $f_n=f_0+n/T_b$,表示相邻子载波有一半的时间域波形重叠,来减轻多径时变衰落信号的影响。

频域扩展多载波 CDMA 通信系统中,第 k 用户的发射信号表示为

$$s_k(t)=\sqrt{2P/N_p}\sum_{n=0}^{N_p-1}b_k(t)c_k[n]\cos(2\pi f_n t) \tag{7-4-2}$$

其中 $b_k(t)$ 为信源数字信息序列。

频域扩展多载波 CDMA 通信系统的 $N_p=8$ 时,其发射信号频谱如图 7-4-2 所示,多载波 CDMA 通信系统带宽为 $(N_p+1)/T_b$。相邻子载波没有波形重叠现象,其系统带宽为 $N_p(2/T_b)$。

频域扩展多载波 CDMA 通信系统的扩频增益为

$$SG=\frac{N_p(2/T_b)}{(N_p+1)(1/T_b)}\approx 2 \tag{7-4-3}$$

图 7-4-3 为频域扩展多载波 CDMA 通信系统接收原理框图,在频率选择性衰落场景下,并行多路子载波可能受到不同的振幅衰落和相位位移,会破坏子载波间的正交性,需要采用分集接

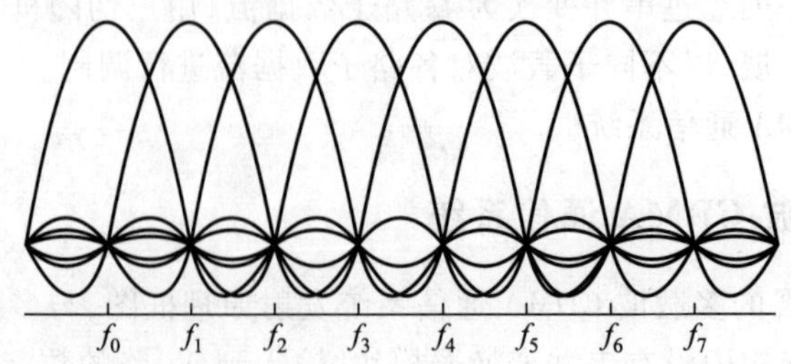

图 7-4-2 频域扩展多载波 CDMA 通信系统的发射信号频谱($N_p=8$)

收中基于最大比合并(MRC)算法来改善，图 7-4-3 中 $g_k[i](i=0,1,\cdots,N_p-1)$ 为 MRC 分集接收算法中的抽头加权系数。

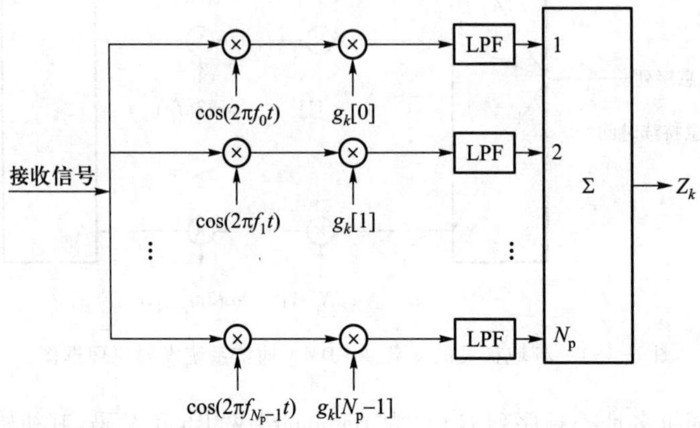

图 7-4-3 频域扩展的多载波 CDMA 通信系统接收原理框图

7.4.2 时域扩展多载波 CDMA 通信系统

时域扩展多载波 CDMA 通信系统与频域扩展多载波 CDMA 通信系统的根本区别是伪随机多址扩频序列在时域分别对多路数字信息序列进行频谱扩展。时域扩展多载波 CDMA 通信系统有正交多载波 DS-CDMA 通信系统、串并变换正交多载波 DS-CDMA 通信系统和多音 DS-CDMA 通信系统。

1. 正交多载波 DS-CDMA 通信系统

图 7-4-4 为正交多载波 DS-CDMA 通信系统发射原理框图。

第 k 用户的伪随机多址扩频序列 $C_k(t)$ 在时间域与输入数字信息序列 $b_k(t)$ 相乘，达到直接序列扩展频谱(DS-CDMA)的目的。再分别与对应 U 路正交子载波 $\cos(2\pi f_u t+\phi_{ku})$ 进行相乘，U 路子载频信号采用相互正交的 $\cos(2\pi f_u t+\phi_{ku})$ 信号，其中 $f_u(u=1,2,\cdots,U)$ 为各并行多路子载波的频率，相邻子载波保持正交关系，相邻子载波频率的最小间隔为 $\Delta=1/T_c$，其中 T_c 为伪随机多址扩频序列码片持续长度，ϕ_{ku} 为第 k 用户的第 u 路子载波信号调制过程产生的相位。

正交多载波 DS-CDMA 通信系统中，数字信息符号的持续时间长度 T_s 和信源数字信息比特的持续时间长度 T_b 相同，正交多载波 DS-CDMA 通信系统的发射信号表示为

$$s_k(t)=\sqrt{\frac{2P}{U}}\sum_{u=0}^{U}b_k(t)c_k(t)\cos(2\pi f_u t+\phi_{ku}) \tag{7-4-4}$$

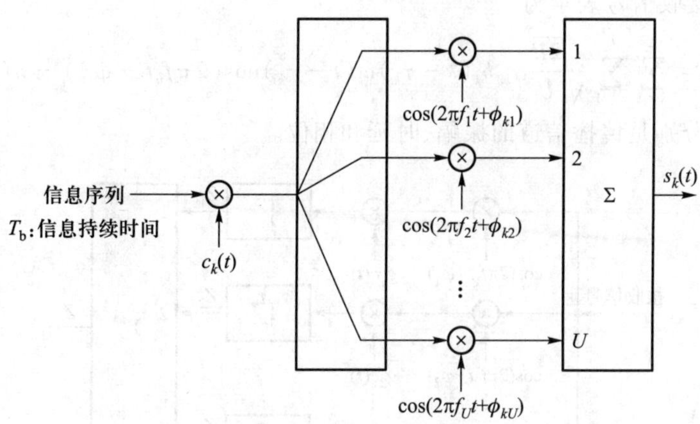

图 7-4-4 正交多载波 DS-CDMA 通信系统发射原理框图

图 7-4-5 为正交多载波 DS-CDMA 通信系统发射信号频谱，当相邻子载波的最小频率间隔 $\Delta=2/T_c$ 时，其中 T_c 为伪随机多址扩频序列 $C_k(t)$ 的码片间隔，可见发射信号频谱并没有发生波形重叠现象。

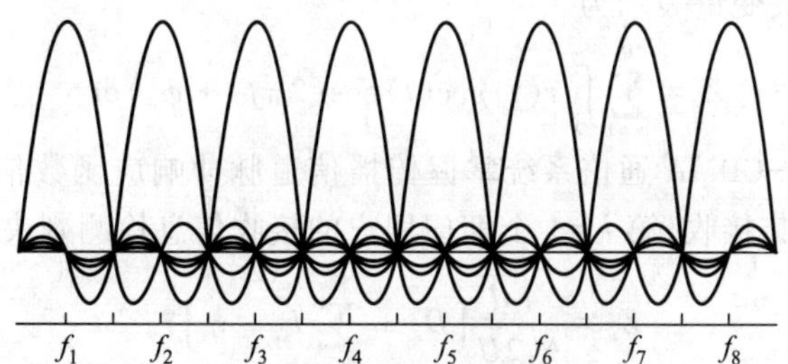

图 7-4-5 正交多载波 DS-CDMA 通信系统发射信号频谱

正交多载波 DS-CDMA 通信系统的扩频处理增益为

$$SG=\frac{U(2/T_c)}{(U+1)(1/T_c)} \tag{7-4-5}$$

如果传播信道为时变频率选择性 Rayleigh 衰落信道，传播时延扩展为 T_m，相干带宽为 $(\Delta B)_c\approx 1/T_m$，相邻子载波频率的间隔为 $\Delta=2/T_c$。正交多载波 DS-CDMA 通信系统发射信号经过传播信道，不产生频率选择性衰落和信息符号长度扩展现象的条件是应该满足 $T_m\leqslant T_{c1}$，其中 $T_{c1}=UT_c$。并行多路子载波相互独立的条件是 $2/T_{c1}\geqslant(\Delta B)_c=1/T_m$。

正交多载波 DS-CDMA 通信系统的信道传播时延扩展 T_m 满足

$$\frac{1}{2}\leqslant\frac{T_m}{T_{c1}}\leqslant 1 \tag{7-4-6}$$

正交多载波 DS-CDMA 通信系统的并行多路子载波数 U 满足

$$\frac{T_{\mathrm{m}}}{T_{\mathrm{c1}}} \leqslant U \leqslant \frac{2T_{\mathrm{m}}}{T_{\mathrm{c1}}} \tag{7-4-7}$$

图 7-4-6 为正交多载波 DS-CDMA 通信系统接收原理框图,接收系统为含有 K 多址接入用户的异步系统,其接收信号表示为

$$r(t) = \sum_{k=1}^{K} \sum_{u=1}^{U} \sqrt{\frac{2P}{U}} \alpha_{ku} b_k(t - \tau_k) c_k(t - \tau_k) \cos(2\pi f_u t - \phi_{ku}) + n(t) \tag{7-4-8}$$

其中 α_{ku},τ_k 和 ϕ_{ku} 分别是传播信道的振幅、时延和相位。

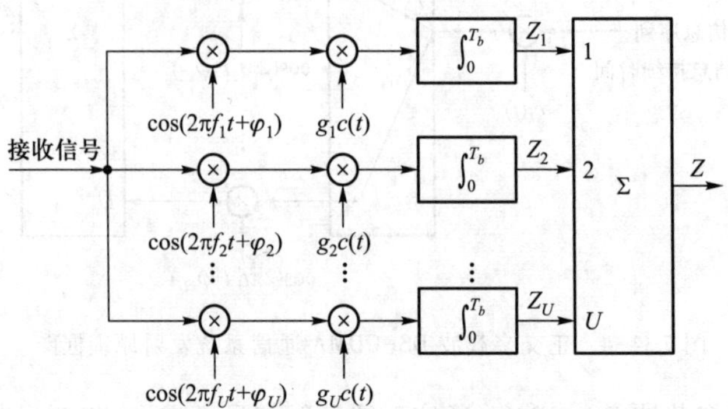

图 7-4-6　正交多载波 DS-CDMA 通信系统接收原理框图

接收信息的检测判决变量表示为

$$Z = \sum_{u=1}^{U} \int_0^{T_{\mathrm{b}}} r(t) g_u c(t) \cos(2\pi f_u + \phi_u) \mathrm{d}t \tag{7-4-9}$$

如果正交多载波 DS-CDMA 通信系统掌握传播信道脉冲响应函数信息,可以采用基于最大比合并(MRC)算法的分集接收,第 $k=1$ 个期望用户的接收信息检测判决变量为

$$Z_u = \sqrt{\frac{P}{2U}} \left[D_v + \sum_{k=2}^{K} I_k + \eta_v \right] \tag{7-4-10}$$

其中 D_v 为期望用户的输出信号,$D_v = b[0]\alpha_v^2$,I_k 为第 $k(k=2,3,\cdots,K)$ 用户归一化多址用户干扰,服从均值为零和方差为 $\alpha_u^2/3N_{\mathrm{e}}$ 的高斯分布,η_u 为均值为零和方差为 $U\alpha_u^2 N_0/2E_{\mathrm{b}}$ 的高斯信道噪声,$E_{\mathrm{b}} = PT_{\mathrm{b}}$ 为单位比特能量。第 $k=1$ 期望用户的接收信息检测判决变量 Z_u 可以近似为高斯随机变量,其归一化均值为 D_v,归一化方差为$[1/3N_{\mathrm{e}} + UN_0/2E_{\mathrm{b}}]g_v^2$。

由于接收信息的检测判决变量 Z 是 U 个独立高斯随机变量的和,Z 也近似为高斯随机变量,其均值和方差分别为

$$E[Z] = b[0] \sum_{u=1}^{U} \alpha_u^2, Var[Z] = \left[\frac{K-1}{3N_{\mathrm{e}}} + \left(\frac{2E_{\mathrm{b}}}{UN_0} \right)^{-1} \right] \sum_{u=1}^{U} \alpha_u^2 \tag{7-4-11}$$

正交多载波 DS-CDMA 通信系统中,$\alpha_u(u=1,2,\cdots,U)$ 是多径时变衰落信道的振幅系数,系统比特差错的条件概率为

$$P_{\mathrm{b}}(\gamma) = Q(\sqrt{2\gamma}) \tag{7-4-12}$$

其中 $\gamma = \bar{\gamma}_{\mathrm{c}} \sum_{u=1}^{U} \alpha_u^2$ 和 $\bar{\gamma} = \left[\frac{2(K-1)}{3N_{\mathrm{e}}} + \left(\frac{E_{\mathrm{b}}}{UN_0} \right)^{-1} \right]^{-1}$。

正交多载波 DS-CDMA 通信系统平均差错率为

$$P_{\mathrm{b}} = \left[\frac{(1-u)}{2}\right]^{U} \sum_{u=0}^{U-1} \binom{U-1+n}{n} \left[\frac{(1+u)}{2}\right]^{n} \tag{7-4-13}$$

其中 $u=\sqrt{\dfrac{\overline{\gamma}_{\mathrm{c}}}{1+\overline{\gamma}_{\mathrm{c}}}}$。

2. 串并变换正交多载波 DS-CDMA 通信系统

图 7-4-7 为串并变换正交多载波 DS-CDMA 通信系统发射原理框图,数字信息序列 $b_k(t)$ 经过串并变换后转换成 q 路并行多路信息符号序列 $\{b_{k1}, b_{k2}, \cdots, b_{kq}\}$,其中并行多路信息符号序列的持续时间长度 $T_{\mathrm{s}}=qT_{\mathrm{b}}$。

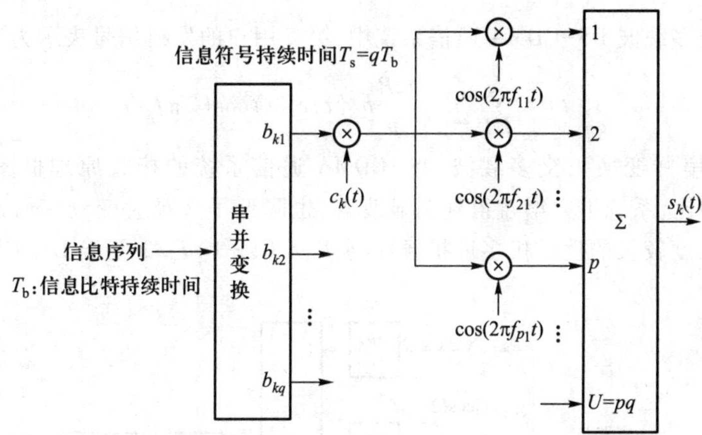

图 7-4-7　串并变换正交多载波 DS-CDMA 通信系统发射原理框图

第 k 用户第 i 路的信息符号序列 $b_{ki}(k=1,2,\cdots,K$ 和 $i=1,2,\cdots,q)$ 经过第 k 用户伪随机多址扩频序列 $C_k(t)$ 直接序列扩展频谱处理后,系统的正交多载波数为 $U=pq$,每 q 支路采用 p 个相互正交的 $\cos(2\pi f_{pq}t)$ 进行频率调制,进一步扩展频谱宽度,多路调制信号间具有正交频率间隔和相互独立关系。该方案已经应用在 CDMA 通信系统的准同步(quasi-synchronous)的上行多址竞争接入链路。

串并变换正交多载波 DS-CDMA 通信系统采用的并行多路子载波频率集为 $\{f_{11}, f_{12}, \cdots, f_{U=pq}\}$,以矩阵表示 $\{f_{k,i}\}$ $(k=1,2,\cdots,p$ 和 $i=1,2,\cdots,q)$ 为

$$\{f_{k,i}\} = \begin{pmatrix} f_{11} & f_{12} & \cdots & f_{1q} \\ f_{21} & f_{22} & \cdots & f_{2q} \\ \vdots & \vdots & & \vdots \\ f_{p1} & f_{p2} & \cdots & f_{pq} \end{pmatrix} \tag{7-4-14}$$

其中并行多路子载波频率集的子载波频率 f_{ij} 满足

$$f_{ij} = f_0 + \frac{1}{T_{\mathrm{s}}}[(i-1)+(j-1)q] \tag{7-4-15}$$

图 7-4-8 为串并变换正交多载波 DS-CDMA 通信系统发射信号频谱,串并变换正交多载波

DS-CDMA 系统的扩频增益为

$$SG=\frac{pq(2/T_{c})}{(pq+1)(1/T_{c})}=\frac{2U}{U+1}\approx 2 \tag{7-4-16}$$

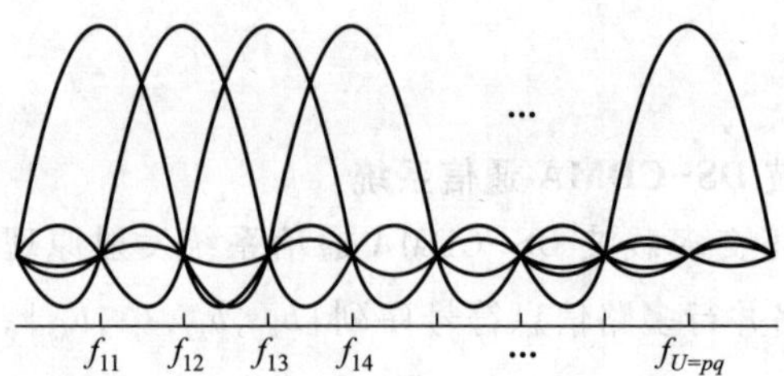

图 7-4-8　串并变换正交多载波 DS-CDMA 通信系统发射信号频谱

串并变换正交多载波 DS-CDMA 通信系统中,第 k 用户的发射信号表示为

$$s_{k}(t)=\sum_{i=1}^{q}\sum_{j=1}^{p}\sqrt{\frac{2P}{p}}b_{ki}(t)c_{k}(t)\cos(2\pi f_{ji}t) \tag{7-4-17}$$

图 7-4-9 为串并变换正交多载波 DS-CDMA 通信系统的接收原理框图,与单载波 DS-CDMA 通信系统相比,系统扩频增益得到明显改善,也降低了多径时变衰落信道的干扰影响,采用码片持续时间长度较长的伪随机多址扩频序列 $T_{c1}=(U+1)T_{c}/2$ 便于 DS-CDMA 通信系统实现同步。

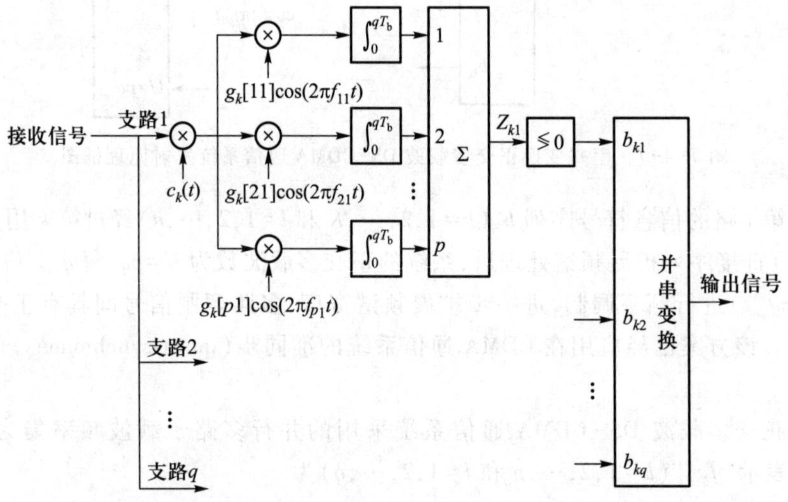

图 7-4-9　串并变换正交多载波 DS-CDMA 通信系统的接收原理框图

3. 多音 DS-CDMA 通信系统

图 7-4-10 为多音 DS-CDMA 通信系统发射原理框图。

多音 DS-CDMA 通信系统的数字信息比特序列 $b_{k}(t)$ 经过串并变换,成为 q 路并行信息符号序列。持续时间长度 $T_{s}=UT_{b}$ 的并行各路信息符号序列 b_{ku}($k=1,2,\cdots,K$ 和 $u=1,2,\cdots,U$)和对应正交子载波信号 $\cos(2\pi f_{i}t+\phi_{ku})$ 相乘进行调制,q 路已调制信号经过合路后,在时域和第 k 用户伪随机多址扩频序列 $C_{k}(t)$ 相乘完成直接序列扩展频谱(DS-CDMA)处理。

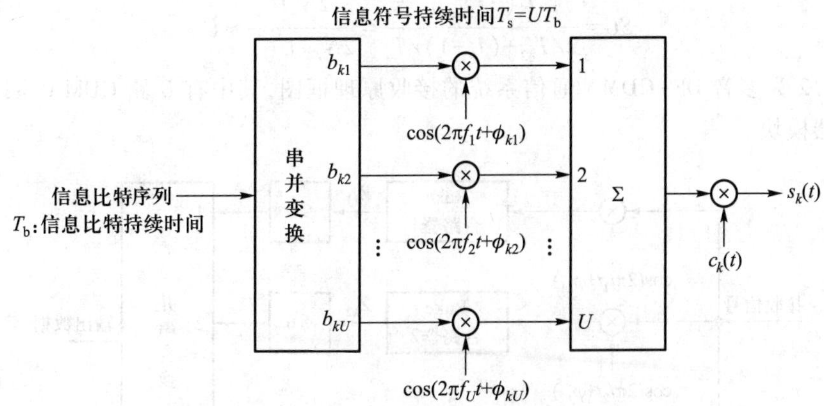

图 7-4-10 多音 DS-CDMA 通信系统发射原理框图

多音 DS-CDMA 通信系统中,第 k 用户的发射信号为

$$s_k(t)=\sum_{u=1}^{U}\sqrt{2P}\,b_{ku}(t)\,c_k(t)\cos(2\pi f_u t+\phi_{ku}) \tag{7-4-18}$$

在完成扩频处理之前,对应调制信号的载波频率互相是独立的,其调制信号之间具有最小频率间隔,即 $1/T_s=1/(UT_b)$。在时域进行直接序列扩展频谱的信号具有重叠现象,多音 DS-CDMA 通信系统发射信号频谱如图 7-4-11 所示。

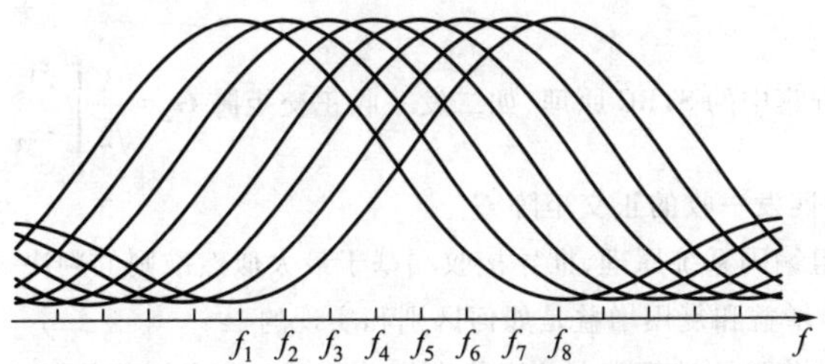

图 7-4-11 多音 DS-CDMA 通信系统发射信号频谱

多音 DS-CDMA 通信系统采用伪随机多址扩频序列的码片持续时间长度为

$$T_{c2}=\frac{2UN}{2UN-U+1}T_c \tag{7-4-19}$$

其中 T_c 和 N 分别是单载波 DS-CDMA 通信系统的伪随机多址扩频序列码片持续时间长度和扩频处理增益。可见,随着扩频处理增益 N 增加,多音 DS-CDMA 通信系统伪随机多址扩频序列的码片持续时间长度 T_{c2} 会逼近单音 DS-CDMA 通信系统的伪随机多址扩频序列的码片持续时间长度 T_c。

单音 DS-CDMA 通信系统的 T_s/T_{c2} 为

$$N_e=\frac{T_s}{T_{c2}}=UT_b/\frac{2UN}{2UN-U+1}T_c=\frac{2UN-U+1}{2}\approx UN \tag{7-4-20}$$

多音 DS-CDMA 通信系统的扩频增益为

$$SG=\frac{U(2/T_{c2})}{2/T_{c2}+(U-1)/T_s}=\frac{2N_eU}{2N_e+U-1}\approx U \tag{7-4-21}$$

图 7-4-12 为多音 DS-CDMA 通信系统的接收原理框图，其中有 U 路 CDMA 系统的 Rake 接收分集合路器模块。

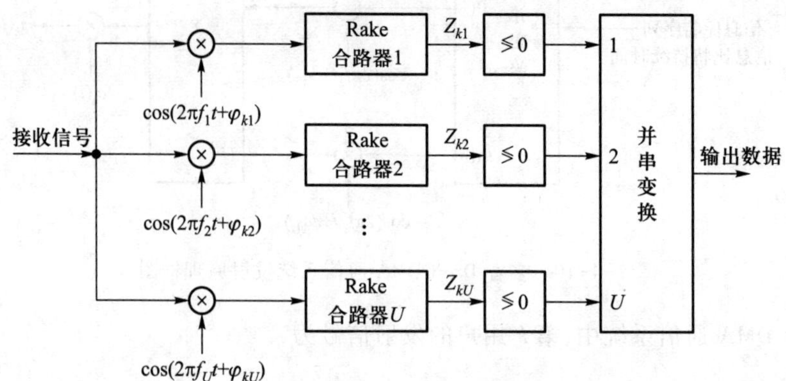

图 7-4-12　多音 DS-CDMA 通信系统的接收原理框图

习题

7-1　基于多发一收的发射分集中的 STBC 原理，如二发一收正交矩阵 $G_2=\frac{1}{\sqrt{2}}\begin{bmatrix} x_1 & x_2 \\ -x_2 & x_1 \end{bmatrix}$，设计在实数域的三发一收的正交矩阵 G_3 和四发一收的正交矩阵 G_4。

7-2　基于 Alamouti 空时分组编码系统原理，推导接收端基于最大似然准则的判决表达式。

7-3　MIMO 通信系统的分集增益和复用增益是如何区别和实现的？

7-4　如果 MIMO 通信系统的收发两端都掌握信道状态信息（CSI），收发端都能跟踪 MIMO 的信道矩阵 $\boldsymbol{H}$，MIMO 通信系统的信道可以分解为 $G\leqslant\min\{M,N\}$ 路并行独立的 SISO 信道。为什么？

7-5　绘出 STS/MC/DS-CDMA/MIMO 发射机的原理框图。

7-6　绘出采用频域扩频和串并变换的多载波 CDMA 通信系统发射和接收框图，并说明在符号信息持续时间 T_s 内子载波频率的正交关系。

7-7　绘出基于发射分集的空时分组编码和有效降低多径衰落传播引起码间干扰的 OFDM 相结合的发射系统原理框图，并说明其工作原理。

7-8　绘出采用 FH 和多载波 DS-CDMA 通信系统的发射系统框图，并说明其工作原理。

第 8 章　伪随机多址扩频序列同步技术

数字通信系统与模拟通信系统功能模块间根本差别是增加了同步功能模块，数字通信系统增加的同步功能模块，除了承担载波信号模拟同步外，还有数字信号有关同步，如码元同步、码组同步、帧同步和网络同步等。对于 CDMA 通信系统，除了上述基本同步功能模块外，接收机必须在本地产生伪随机多址扩频序列的同步副本才能正确解调期望用户的扩频信号，这就是 CDMA 通信系统与其他数字通信系统不同且特有的伪随机多址扩频序列同步。

伪随机多址扩频序列同步包括伪随机多址扩频序列的图案同步和伪随机多址扩频序列的码片(chip)速率同步。由于发射信号频率时钟源的频率漂移和无线传播信号经过时变衰落信道的传播、多径时延和多普勒频移效应等影响，接收到的伪随机多址扩频序列码片速率在时间域和频率域存在不确定性，CDMA 通信系统的伪随机多址扩频序列同步技术就是在消除伪随机多址扩频序列码片速率的不确定性基础上，实现伪随机多址扩频序列的图案同步、信息码元和码组同步和数据帧同步等。

[**小结 8-1**]：

(1) CDMA 通信系统的伪随机多址扩频序列的同步主要有伪随机多址扩频序列的搜索捕获和伪随机多址扩频序列的跟踪。

(2) CDMA 通信系统同步的搜索捕获和跟踪原理是基于伪随机多址扩频序列的自相关函数，该自相关函数是具有尖锐二值特性的周期偶函数。

(3) 伪随机多址扩频序列同步中的搜索捕获，称为粗同步，即接收的伪随机多址扩频序列与本地产生的伪随机多址扩频序列在扩频序列一个码片持续时间长度 T_c 内对齐同步。

(4) 伪随机多址扩频序列粗同步一般采用滑动相关检测算法，以与接收伪随机多址扩频序列有差别的码片速率驱动本地伪随机多址扩频序列发生器。由于双方码片时钟速率的差别，接收的伪随机多址扩频序列与本地伪随机多址扩频序列副本在时域相关器产生相对滑动。调节本地码片速率，当相关器输出的相关值超过判决门限，说明收发双方的伪随机多址扩频序列图案基本重合且双方码片速率误差在粗同步允许范围内。

(5) 伪随机多址扩频序列同步中跟踪称为细同步，即连续调整本地伪随机多址扩频序列的码片速率，使本地产生的伪随机多址扩频序列与接收的伪随机多址扩频序列在时域同步不确定范围控制在 $[-\Delta/2,+\Delta/2]$，其中 $0\leqslant\Delta\ll T_c$。

8.1 DS-CDMA 通信系统的同步性能分析

DS-CDMA 通信系统的同步性能分析分为两类场景讨论，即在无噪声信道中 DS-CDMA 通信系统的同步性能和在高斯噪声信道中 DS-CDMA 通信系统的同步性能。

8.1.1　在无噪声信道中 DS-CDMA 通信系统同步性能

在无噪声信道中 DS-CDMA 通信系统原理框图如图 8-1-1 所示，第 $k(k=1,2,\cdots,K)$ 用户采用周期 N 唯一对应的伪随机多址扩频序列 $c_k(t)$，$c_k(t)$ 由持续时间长度为 T_c 的单位正负码片组成，持续时间长度为 T_d 的输入数字信息 $d_k(t)$ 含有 N 位伪随机多址扩频序列的码片数。

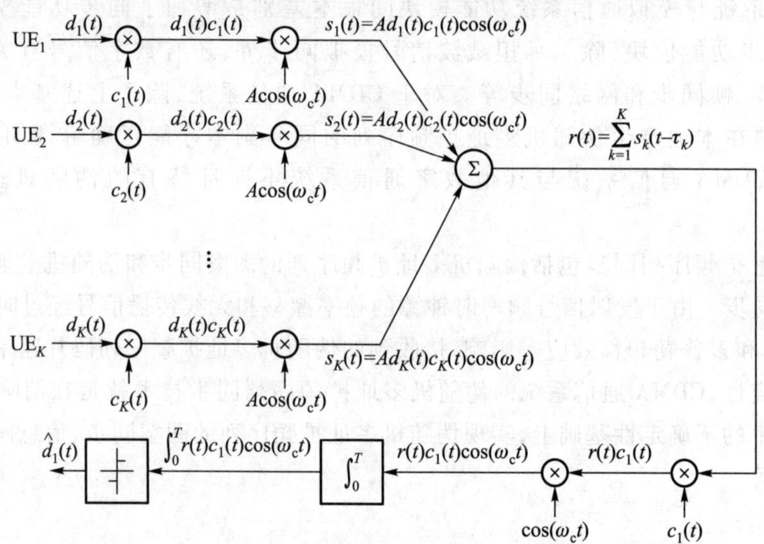

图 8-1-1　在无噪声信道中 DS-CDMA 通信系统原理框图

DS-CDMA 通信系统中，第 k 用户的发射信号可表示为

$$s_k(t)=Ad_k(t-\tau)c_k(t-\tau)\cos[2\pi f_c t+\theta(t)] \tag{8-1-1}$$

其中 A 是 DS-CDMA 通信系统发射信号的振幅，f_c 是射频信号的载频频率，τ 为信道传播时延，$\theta(t)=-2\pi f_c\tau_k$ 为传播时延带来的相位。

在简单的 $K=1$ 时的场景，即系统用户只有 UE_1 期望用户，DS-CDMA 通信系统的接收信号表示为

$$\begin{aligned}r(t)&=s_1(t-\tau_1)\\&=Ad_1(t-\tau_1)c_1(t-\tau_1)\cos[2\pi f_c t+(-2\pi f_c\tau_1)]\end{aligned} \tag{8-1-2}$$

接收端以 UE_1 期望用户的伪随机多址扩频序列 $c_1(t)$ 副本与 DS-CDMA 通信系统的接收信号 $r(t)$ 进行相关运算，得到频谱解扩信号为

$$\begin{aligned}\hat{s}_1(t)&=r(t)c_1(t-\tau^*)\\&=Ad_1(t-\tau_1)c_1(t-\tau_1)c_1(t-\tau^*)\cos[2\pi f_c t+\theta(t)]\end{aligned} \tag{8-1-3}$$

其中 τ^* 是调整本地伪随机多址扩频序列中码片时钟时延。

频谱解扩信号和射频信号 $\cos(2\pi f_c t)$ 相乘，把射频频率搬移到基带频带进行数字信息检测判决，得到

$$z_1=\int_{t_1}^{t_1+T}\hat{s}_1(t)\cos[2\pi f_c t+\theta(t)+\phi]\,\mathrm{d}t \tag{8-1-4}$$

其中 ϕ 为相位同步误差。

如果 UE_1 期望用户的收发双方处于同步跟踪状态，即 $\tau^*=\tau_1$ 和 $\theta(t)+\phi=0$。UE_1 期望用户的检测判决变量为

$$z_1=\int_{t_1}^{t_1+T}Ad_1(t)c_1^2(t)\cos^2(2\pi f_c t)=\frac{A}{2}\cdot\int_{t_1}^{t_1+T}d_1(t)c_1^2(t)[\cos 2(2\pi f_c t)+1]\mathrm{d}t \quad (8\text{-}1\text{-}5)$$

式(8-1-5)中射频信号 $\cos(2\pi f_c t)$ 位于信号检测带宽外，式(8-1-5)检测判决变量简化为

$$z_1\approx\frac{A}{2}\int_{t_1}^{t_1+T}d_1(t)c_1^2(t)\mathrm{d}t \quad (8\text{-}1\text{-}6)$$

由于 UE_1 期望用户的收发双方达到同步状态，即 $\tau^*=\tau_1$ 和 $\theta(t)+\phi=0$，$d_1(t)=\pm1$ 和 $\int_0^T c_1^2(t)=T$，UE_1 期望用户的检测判决变量式(8-1-5)表示为

$$z_1=\pm\frac{AT}{2} \quad (8\text{-}1\text{-}7)$$

如果关系 $\tau^*=\tau_1$ 和 $\theta(t)+\phi=0$ 不成立，即系统处于收发双方失步状态，得到

$$\begin{aligned}z_1&=\int_{t_1}^{t_1+T}Ad_1(t-\tau_1)c_1(t-\tau_1)c_1(t-\tau^*)\cos[2\pi f_c t+\theta^*(t)]\cos[2\pi f_c t+\theta^*(t)+\phi]\mathrm{d}t\\&=\frac{A}{2}\cdot\int_{t_1}^{t_1+T}d_1(t-\tau_1)c_1(t-\tau_1)c_1(t-\tau^*)\cos(\phi)\mathrm{d}t\end{aligned} \quad (8\text{-}1\text{-}8)$$

在式(8-1-8)中应用 $\cos A\cos B=[\cos(A+B)+\cos(A-B)]/2$，考虑射频信号 $\cos(2\pi f_e t)$ 位于基带带宽外，由于 $d_1(t-\tau_1)=\pm1$，式(8-1-8)检测判决变量为

$$z_1=\pm\frac{A}{2}\cdot\cos(\phi)\int_{t_1}^{t_1+T}c_1(t-\tau_1)c_1(t-\tau^*)\mathrm{d}t=\pm\frac{AT}{2}\cdot\cos(\phi)R_{cc}(\tau_1-\tau^*) \quad (8\text{-}1\text{-}9)$$

其中 $R_{cc}(\tau_1-\tau^*)$ 为 UE_1 期望用户伪随机多址扩频序列 $c_1(t)$ 的自相关函数，即

$$R_{cc}(\tau_1-\tau^*)=\int_0^T c_1(t-\tau_1)c_1(t-\tau^*)\mathrm{d}t \quad (8\text{-}1\text{-}10)$$

当 UE_1 期望用户的收发双方达到定时和相位同步，即 $\tau_1-\tau^*=0$ 和 $\theta(t)+\phi=0$，式(8-1-9)检测判决变量 $|z_1|$ 为最大值 $(AT)/2$。如果定时同步和相位估值存在一定误差，检测判决变量 $|z_1|$ 小于 $(AT)/2$，则会导致系统高比特差错率。

如果在无噪声信道中，DS-CDMA 通信系统还有 $k(k=2,\cdots,K)$ 个多址接入用户，DS-CDMA 通信系统的接收信号为

$$r(t)=\sum_{k=1}^{K}s_k(t-\tau_k) \quad (8\text{-}1\text{-}11)$$

UE_1 期望用户以伪随机多址扩频序列 $c_1(t)$ 副本与接收信号 $r(t)$ 进行频谱解扩的相关运算，而其他第 $k(k=2,\cdots,K)$ 用户的扩频信号仍保持频谱扩展特征，得到

$$\hat{s}_1(t)=\sum_{k=1}^{K}s_k(t-\tau_k)c_1(t-\tau_1^*) \quad (8\text{-}1\text{-}12)$$

频谱解扩信号 $\hat{s}_1(t)$ 和载波信号 $\cos(2\pi f_c t)$ 相乘，把载波频率搬移到基带进行数字信息的检测和判决，接收端相关器的输出为

$$z_1(t)=\int_{t_1}^{t_1+T}\sum_{k=1}^{K}s_k(t-\tau_k)c_1(t-\tau_1^*)\cos[2\pi f_c t+\theta^*(t)]\mathrm{d}t$$

$$=\int_{t_1}^{t_1+T}[s_1(t-\tau_1)c_1(t-\tau_1^*)+s_2(t-\tau_2)c_1(t-\tau_1^*)+\cdots+s_K(t-\tau_K)c_1(t-\tau_1^*)]\cos[2\pi f_c t+\theta^*(t)]\mathrm{d}t \tag{8-1-13}$$

如果 UE_1 期望用户和第 $k(k=1,2,\cdots,K)$ 用户都处于同步状态，即 $\tau_k=0(k=1,2,\cdots,K)$ 和 $\theta^*(t)=0$，UE_1 期望用户的检测判决变量为

$$\begin{aligned}z_1(t)&=\int_{t_1}^{t_1+T}\sum_{k=1}^{K}s_k(t)c_1(t)\cos(2\pi f_c t)\mathrm{d}t\\&=\int_{t_1}^{t_1+T}\sum_{k=1}^{K}Ad_k(t)c_k(t)c_1(t)\cos^2(2\pi f_c t)\mathrm{d}t\\&=\frac{A}{2}\int_{t_1}^{t_1+T}\sum_{k=1}^{K}Ad_k(t)c_k(t)c_1(t)\mathrm{d}t\\&=\frac{A}{2}\int_{t_1}^{t_1+T}[d_1(t)c_1^2(t)+d_2(t)c_2(t)c_1(t)+\cdots+d_Kc_K(t)c_1(t)]\mathrm{d}t\end{aligned} \tag{8-1-14}$$

DS-CDMA 通信系统中，第 $k(k=1,2,\cdots,K)$ 用户的伪随机多址扩频序列 $c_k(t)$ 为相互正交序列，满足

$$\int_0^T c_i(t)c_j(t)\mathrm{d}t=\begin{cases}T, & i=j\\0, & i\neq j\end{cases} \tag{8-1-15}$$

在式(8-1-14)中，只有 UE_1 期望用户的 $d_1(t)=\pm1$，$\int_0^T c_1^2(t)\mathrm{d}t=T$，$\mathrm{UE}_1$ 期望用户的检测判决变量和式(8-1-7)相同，即

$$z_1=\pm\frac{AT}{2} \tag{8-1-16}$$

在实际 DS-CDMA 通信系统中，由于多址接入用户 $k=1,2,\cdots,K$ 的伪随机多址扩频序列 $c_k(t)$ 并不满足完美的相互正交序列关系，即

$$\int_0^T c_i(t)c_j(t)\mathrm{d}t=\begin{cases}T, & i=j\\R_{ij}\neq 0, & i\neq j\end{cases} \tag{8-1-17}$$

所以 UE_1 期望用户接收相关器的输出为

$$\begin{aligned}z_1(t)&=\frac{A}{2}\int_{t_1}^{t_1+T}[d_1(t)c_1^2(t)+d_2(t)c_2(t)c_1(t)+\cdots+d_Kc_K(t)c_1(t)]\mathrm{d}t\\&=\frac{A}{2}(\pm T\pm TR_{12}\pm\cdots\pm TR_{1K})\end{aligned} \tag{8-1-18}$$

其中仅第一项 $(A/2)(\pm T)$ 是 UE_1 期望用户的检测判决变量，其他项 $(A/2)(\pm TR_{12}\pm\cdots\pm TR_{1K})$ 都属于 CDMA 通信系统的多址用户干扰，这里的多址用户干扰程度和多址接入用户的伪随机多址扩频序列的互相关系数密切相关。

8.1.2 在高斯噪声信道中 DS-CDMA 通信系统的同步性能

在高斯噪声信道中 DS-CDMA 通信系统的同步性能如图 8-1-2 所示，第 $k(k=1,2,\cdots,K)$ 用户采用周期为 N 的伪随机多址扩频序列 $c_k(t)$，$c_k(t)$ 的码片为正负码片，持续时间长度为 T_c，第 k 用户在传输数字信息 $d_k(t)$ 的持续时间长度 T_d 内含有 N 位伪随机多址扩频序列的码片数。

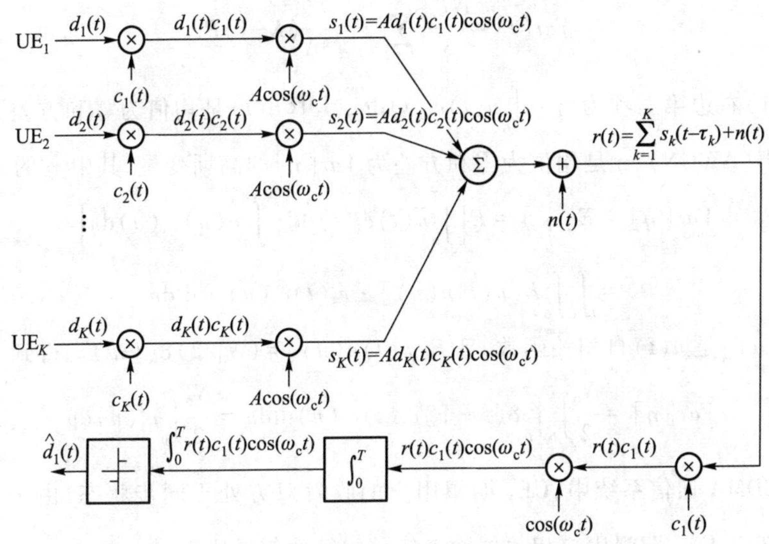

图 8-1-2 在高斯噪声信道中 DS-CDMA 通信系统的同步性能

在高斯噪声信道中，DS-CDMA 通信系统的接收信号表达式为

$$r(t)=\sum_{k=1}^{K}\sqrt{P}d_k(t-\tau_k)c_k(t-\tau_k)+n_k \tag{8-1-19}$$

其中 $A=\sqrt{P}$ 为 DS-CDMA 通信系统扩频信号的振幅，单位比特能量为 $E_b=A^2T=PT$，τ_k 为第 k 用户的信道传输时延。

DS-CDMA 通信系统中，UE$_1$ 期望用户接收相关器输出的解扩频信号为

$$z_1=\int_0^T r(t)c_1(t-\tau_1-\tau^*)\,\mathrm{d}t \tag{8-1-20}$$

其中 τ^* 是伪随机多址扩频序列的同步时延误差。

如果 UE$_1$ 期望用户的收发双方处于同步状态，即 $\tau_1=\tau^*=0$，而其他用户 $\tau_k\neq0(k=2,3,\cdots,K)$。DS-CDMA 通信系统中，UE$_1$ 期望用户相关器输出的检测判决变量为

$$\begin{aligned}z_1&=\int_0^T r(t)c_1(t)\,\mathrm{d}t\\&=\int_0^T\left[\sqrt{P}d_1(t)c_1^2(t)+\sum_{k=2}^{K}\sqrt{P}d_k(t-\tau_k)c_k(t-\tau_k)c_1(t)+n(t)c_1(t)\right]\mathrm{d}t\\&=D_1+I+\eta\end{aligned} \tag{8-1-21}$$

式(8-1-21)右边第一项中，由于 $c_1^2(t)=1$ 和 $d_1(t)=\pm1$，$D_1=\int_0^T\sqrt{P}d_1(t)c_1^2(t)\,\mathrm{d}t$ 为 UE$_1$ 期望用户发射的数字信息，得到 $D_1=\pm\sqrt{P}T$。

式(8-1-21)右边第二项 I 为来自其他 $K-1$ 个用户的多址用户干扰 $\sum_{k=2}^{K}\sqrt{P}\int_0^T d_k(t-\tau_k)c_k(t-\tau_k)c_1(t)\,\mathrm{d}t$，根据概率论的中心极限定理，$K-1$ 个独立随机变量之和服从高斯分布，多址用户干扰 I 的方差为

$$Var[I]=\frac{NT_c^2}{3}\sum_{k=2}^{K}P=\frac{T_c^2}{3N}(K-1)P \tag{8-1-22}$$

式(8-1-21)右边第三项为 $\eta=\int_0^T n(t)c_1(t)\mathrm{d}t$，其中 $n(t)$ 是均值为零和方差为 $N_0/2=\sigma^2$ 的加性高斯白噪声(AWGN)，η 是均值为零和方差为 $Var[\eta]$ 的高斯变量，其中 η 的方差为

$$\begin{aligned}Var[\eta]&=E[\eta^2]=E\left[\int_0^T n(t)c_1(t)\mathrm{d}t\cdot\int_0^T n(u)c_1(u)\mathrm{d}u\right]\\&=\int_0^T\int_0^T E[n(t)n(u)]\cdot c_1(t)c_1(u)\cdot\mathrm{d}t\mathrm{d}u\end{aligned} \tag{8-1-23}$$

其中 $E[n(t)n(u)]$ 是 $n(t)$ 自相关函数，且 $E[n(t)n(u)]=(N_0/2)\delta(t-u)$。得到

$$Var[\eta]=\frac{N_0}{2}\int_0^T\int_0^T\delta(t-u)c_1(t)c_1(u)\mathrm{d}t\mathrm{d}u=\frac{N_0}{2}\int_0^T c_1^2(u)\mathrm{d}u \tag{8-1-24}$$

如果 DS-CDMA 通信系统中，UE_1 期望用户的收发双方处于同步状态，由于 $\int_0^T c_1^2(u)\mathrm{d}u=T$ 和 $Var[\eta]=N_0T/2$，UE_1 期望用户相关器输出信号的等效信噪比为

$$\begin{aligned}SNR_0&=\frac{D_1^2}{Var[\eta]+Var[I]}=\left[\frac{PT^2}{\dfrac{N_0T}{2}+\dfrac{T^2}{3N}(K-1)P}\right]\\&=\left[\frac{\dfrac{N_0T}{2}}{PT^2}+\frac{\dfrac{T^2}{3N}(K-1)P}{PT^2}\right]^{-1}=\left[\frac{N_0}{2E_b}+\frac{K-1}{3N}\right]^{-1}\end{aligned} \tag{8-1-25}$$

如果 DS-CDMA 通信系统采用 BPSK 调制，UE_1 期望用户的收发双方处于同步状态下，在高斯噪声传播信道场景下的误码率为

$$Q(\sqrt{SNR})=Q\left(\left[\frac{N_0}{2E_b}+\frac{K-1}{3N}\right]^{-\frac{1}{2}}\right) \tag{8-1-26}$$

在 DS-CDMA 通信系统中，如果第 $k(k=1,2,\cdots,K)$ 用户处于同步状态，即 $\tau_k=0$，在式(8-1-21)中来自其他 $K-1$ 个用户的多址用户干扰为 $I=\sum_{k=2}^{K}\sqrt{P}\int_0^T d_k(t-\tau_k)c_k(t-\tau_k)c_1(t)\mathrm{d}t$，得到

$$I_k=\int_0^T\sqrt{P}d_k(t)c_k(t)c_1(t)\mathrm{d}t=\pm\sqrt{P}\int_0^T c_k(t)c_1(t)\mathrm{d}t \tag{8-1-27}$$

其中 $\int_0^T c_k(t)c_1(t)\mathrm{d}t$ 表示第 k 用户和 UE_1 期望用户的伪随机多址扩频序列的归一化相关值，即 $\int_0^T c_k(t)c_1(t)\mathrm{d}t=R_{k,1}T$，得到

$$I_k=\pm\sqrt{P}R_{k,1}T \tag{8-1-28}$$

S_I 是来自其他 $K-1$ 个用户的多址用户干扰 I 的功率，具体为

$$S_I=\sum_{k=2}^{K}I_k^2=\sum_{k=2}^{K}[\pm\sqrt{P}R_{k,1}T]^2=PT^2\sum_{k=2}^{K}R_{k,1}^2 \tag{8-1-29}$$

在高斯噪声信道中，DS-CDMA 通信系统处于同步状态，系统的信噪比 SNR_0 为

$$SNR_0 = \frac{D_1^2}{Var[\eta] + S_I} = \frac{PT^2}{\frac{N_0 T}{2} + PT^2 \sum_{k=2}^{K} R_{k,1}^2}$$

$$= \left[\frac{N_0 T/2}{PT^2} + \frac{PT^2 \sum_{k=2}^{K} R_{k,1}^2}{PT^2} \right]^{-1} \tag{8-1-30}$$

在式(8-1-30)中代入 $A=\sqrt{P}$ 和 $E_b = PT$。高斯噪声信道场景中,同步 DS-CDMA 通信系统中,UE_1 期望用户的信噪比为

$$SNR_0 = \left[\frac{1}{(2E_b/N_0)} + \sum_{k=2}^{K} R_{k,1}^2 \right]^{-1} \tag{8-1-31}$$

[**小结 8-2**]:

(1) 当 CDMA 通信系统收发双方处于同步状态,即相位同步误差 $\phi=0$ 和时延同步误差 $\tau_1-\tau=0$,此时 CDMA 通信系统接收信号相关器输出的检测判决变量 $|z_1|_{\max}$ 为最大值。

(2) 当 CDMA 通信系统收发双方相位同步误差 $\phi\neq0$ 或时延同步误差 $\tau_1-\tau\neq0$,且误差超过允许范围内,CDMA 通信系统处于失步状态。

(3) 当 CDMA 通信系统收发双方相位同步误差 $\phi\neq0$ 和时延同步误差 $\tau_1-\tau\neq0$,但收发双方的相位和时延误差仍在允许范围内,系统处于准同步状态。此时 CDMA 通信系统接收信号相关器输出的检测判决变量 $|z_1|$ 小于最大值 $|z_1|_{\max}$,说明准同步系统的性能会差于同步系统性能,同步误差可能会降低系统的信噪比(SNR)和增加系统的误比特率(BER)。

(4) 尽管 CDMA 通信系统收发双方处于同步状态,但伪随机多址扩频序列不满足完美的相互正交序列关系,即 $\int_0^T c_i(t) c_j(t)\,\mathrm{d}t = R_{ij} \neq 0, \quad i\neq j$,会导致系统的误比特率(BER)增加。

8.2 伪随机多址扩频序列的搜索捕获

CDMA 通信系统的伪随机多址扩频序列的搜索捕获机理是,在时域和频域不确定的两维空间,对接收的伪随机多址扩频序列与本地产生的伪随机多址扩频序列副本进行基于相关运算的搜索捕获。搜索捕获技术方案分为相干搜索捕获和非相干搜索捕获。由于接收端的解扩过程是在射频信号同步的前面,大部分伪随机多址扩频序列的搜索捕获采用非相干搜索捕获运算。非相干搜索捕获方案根据相关器的结构可以分为串行搜索捕获和并行搜索捕获两类。

搜索捕获运算是基于接收的伪随机多址扩频序列与本地产生的伪随机多址扩频序列副本的相关运算,输出收发双方序列的相似度值,该相似度值与事前确定搜索捕获成功的判决门限比较。如果相似度值大于判决门限,判决伪随机多址扩频序列在粗同步的搜索捕获阶段成功,进入伪随机多址扩频序列细同步的跟踪阶段。如果相似度值小于判决门限,调整本地伪随机多址扩频序列发生器在时域和频域的相关参数,再与接收的伪随机多址扩频序列进行相关运算,依此往返循环,直至相关运算的相似度值大于判决门限,才进入伪随机多址扩频序列跟踪的细同步阶段。

8.2.1　伪随机多址扩频序列的并行搜索捕获

DS-CDMA 通信系统并行搜索捕获原理框图如图 8-2-1 所示，由并行的 $2N_c$ 路相关器模块和一个判决比较模块组成。

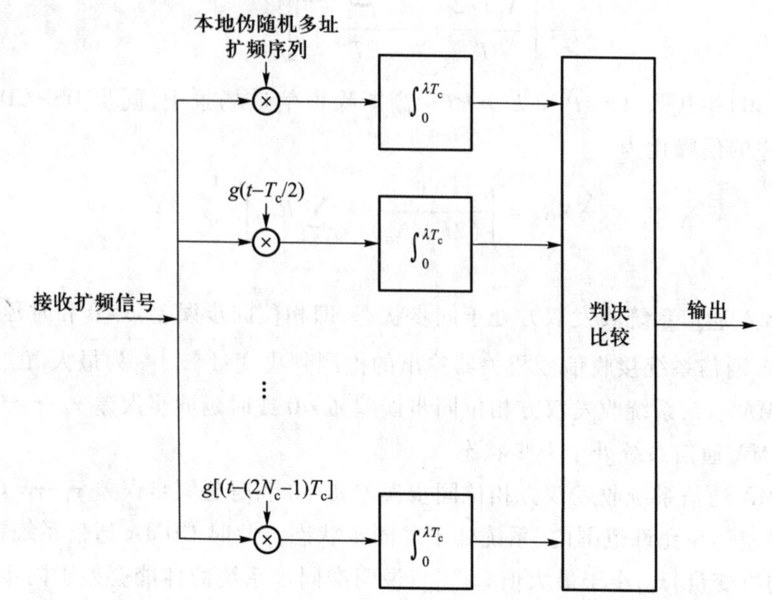

图 8-2-1　DS-CDMA 通信系统并行搜索捕获原理框图

第 k 用户的伪随机多址扩频序列 $g_k(t)$ 由周期为 N、持续时间长度为 T_c 的单位正负码片序列组成，持续时间长度为 T_b 的数字信息 $b_k(t)$ 含有 N 位伪随机多址扩频序列的码片数。第 k 用户发射的扩频信号表达式为

$$S_k(t)=\sqrt{2P}\,\Psi(t)\,g_k(t)\cos\left[2\pi f_c t+\theta_k(t)\right] \tag{8-2-1}$$

其中 P 为发射信号功率、$\Psi(t)$ 为伪随机多址扩频序列 $g_k(t)$ 的码片波形、f_c 为射频信号的载波频率。

并行 $2N_c$ 路的相关器承担 DS-CDMA 通信系统接收的扩频信号 $s_k(t)$ 和本地伪随机多址扩频序列副本 $g(t-jT_c/2)(j=0,1,\cdots,2N_c-1)$ 的相关运算，相关器运算的输出表示为

$$Z_j=\int_0^{\lambda T_c} s_k(t)\,g(t-jT_c/2)\,\mathrm{d}t,\quad j=0,1,\cdots,2N_c-1 \tag{8-2-2}$$

式(8-2-2)基于最大似然判决准则，在所有 $2N_c$ 个相似度值 Z_j 中，选择最大相似度值与预置的搜索捕获判决门限比较，决定伪随机多址扩频序列是否搜索捕获成功。

随着相关运算积分上限 λT_c 中 λ 的增加，伪随机多址扩频序列的搜索捕获错误概率会下降，但伪随机多址扩频序列搜索捕获所需运算时间也会增加。式(8-2-2)中相关器积分上限 λT_c 中 λ 的选择，需要权衡考虑伪随机多址扩频序列搜索捕获的错误概率和搜索捕获的平均时间之间的矛盾关系。

DS-CDMA 通信系统并行搜索捕获方案中，所需最大搜索捕获时间为

$$T_{\mathrm{acq(max)}}^{\text{并}}=\lambda T_c \tag{8-2-3}$$

在伪随机多址扩频序列搜索捕获过程中,如果某次相关器输出的相似度值小于判决门限,可在伪随机多址扩频序列中增加或减少 λ 个码片,重复上述运算和判决,直至输出的相似度值大于判决门限。

如果每路相关器运算的积分区间是 $[0,\lambda T_c]$, P_D 是正确检测概率,并行搜索捕获的平均捕获所需时间为

$$\overline{T}_{acq}=\lambda T_c P_D+2\lambda T_c P_D(1-P_D)+3\lambda T_c P_D(1-P_D)^2+\cdots=\frac{\lambda T_c}{P_D} \tag{8-2-4}$$

伪随机多址扩频序列的并行搜索捕获方案中,需要多路的相关器或匹配滤波器。从运算复杂度考虑,一般不采用并行搜索捕获方案,而采用单路相关器或匹配滤波器,通过连续调整积分区间来实现串行搜索捕获功能,或者采用串行和并行混合的搜索捕获方案。

8.2.2 伪随机多址扩频序列的串行搜索捕获

伪随机多址扩频序列串行搜索捕获原理框图如图 8-2-2 所示,它仅需要一路相关器模块和一个比较器模块。在保持伪随机多址扩频序列搜索捕获性能的前提下,每次搜索捕获的相关运算都需要通过搜索捕获控制器,步进式动态调整本地伪随机多址扩频序列发生器在时域和频域的相关参数,进而降低搜索捕获运算的复杂性。

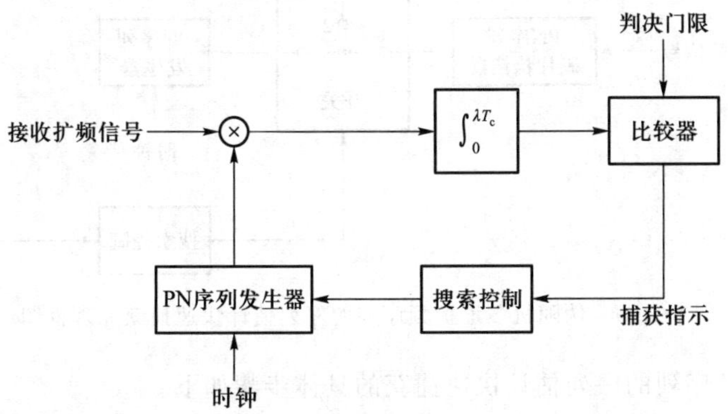

图 8-2-2 伪随机多址扩频序列串行搜索捕获原理框图

伪随机多址扩频序列的串行搜索捕获方案是在本地伪随机多址扩频序列副本 $g_k(t)$ 与接收扩频信号 $s_k(t)$ 在积分区间 $[0,\ \lambda T_c]$ 内,采用步进式的相关运算进行搜索捕获,其中 $\lambda\gg1$。如果相关器输出相似度值小于判决门限,本地伪随机多址扩频序列副本 $g_k(t)$ 步进地增加或减小码片时钟速率,再重复上述相关运算和判决,直至输出相似度值大于判决门限。一旦伪随机多址扩频序列搜索捕获成功,锁定此时的本地伪随机多址扩频序列在时域和频域的相关信息,进而产生用于接收信息解扩频的本地参考信号。

在 DS-CDMA 通信系统串行搜索捕获方案中,如果步进式的增量为 $T_c/2$ 码片时间,所需最大捕获时间为

$$T_{acq(max)}^{串}=2N_c\lambda T_c \tag{8-2-5}$$

其中相关器搜索捕获区间等于伪随机多址扩频序列的码片长度 N_c,伪随机多址扩频序列的串行搜索捕获所需平均捕获时间为

$$\overline{T}_{\mathrm{acq}}=\frac{(2-P_{\mathrm{D}})(1+KP_{\mathrm{FA}})}{P_{\mathrm{D}}}(N_{\mathrm{c}}\lambda T_{\mathrm{c}}) \tag{8-2-6}$$

其中 λT_{c} 是相关运算积分时间，P_{D} 是正确判决概率，P_{FA} 是判决虚警概率，λT_{c} 是检测时间。

当 $N_{\mathrm{c}}\gg 1/2$ 和 $K\ll 2N_{\mathrm{c}}$，伪随机多址扩频序列串行搜索捕获时间的方差为

$$T_{\mathrm{acq}}^{\mathrm{var}}=(2N_{\mathrm{c}}\lambda T_{\mathrm{c}})^{2}(1+KP_{\mathrm{FA}})\left(\frac{1}{12}+\frac{1}{P_{\mathrm{D}}^{2}}-\frac{1}{P_{\mathrm{D}}}\right) \tag{8-2-7}$$

8.2.3　伪随机多址扩频序列的序列估计快速捕获

伪随机多址扩频序列的序列估计快速捕获（rapid acquisition by sequential estimation，RASE）原理框图如图 8-2-3 所示，与伪随机多址扩频序列的并行或串行搜索捕获框图相比较，主要增加了开关模块。

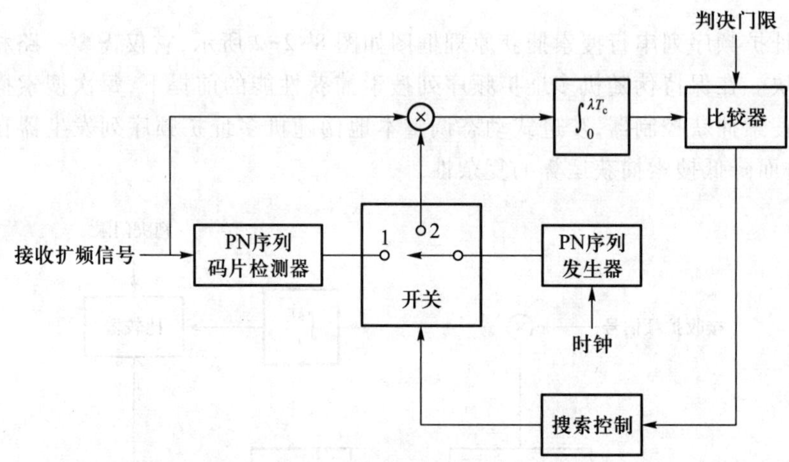

图 8-2-3　伪随机多址扩频序列的序列估计快速捕获原理框图

伪随机多址扩频序列的序列估计快速捕获的具体步骤如下。

（1）开关模块处于状态“1”

把接收伪随机多址扩频序列的初始 n 位扩频图案状态存储在本地伪随机多址扩频序列发生器对应的 n 级移位寄存器中，本地伪随机多址扩频序列发生器把此时 n 级移位寄存器的状态作为伪随机多址扩频序列的初始状态，并启动扩频序列发生器运行。

（2）开关模块处于状态“2”

伪随机多址扩频序列的状态是由存储在 n 级移位寄存器的初始状态决定的。如果能够正确估计和检测接收伪随机多址扩频序列的初始 n 位扩频图案状态，则本地产生的伪随机多址扩频序列副本也就完全正确地确定。在无噪声干扰传播信道下，所产生的本地伪随机多址扩频序列副本应该与接收的伪随机多址扩频序列一样，也就是在相关运算积分区间$[0,\lambda T_{\mathrm{c}}]$输出的相似度值大于判决门限。

如果相关运算相似度值小于判决门限，则开关部件返回状态“1”，重新接收伪随机多址扩频序列的 n 位扩频图案状态，并存储在本地发生器的 n 级移位寄存器，再重复上述步骤，直至输出相似度值大于判决门限。一旦系统进入细同步的跟踪阶段，就不需要再估计和检测接收伪随机

多址扩频序列中 n 码片状态。

伪随机多址扩频序列的序列估计最小捕获时间等于正确估计和检测初始接收 n 位扩频图案的时间，即

$$T_{\mathrm{acq}\ (\min)}^{\mathrm{RASE}} = \lambda T_{\mathrm{c}} \tag{8-2-8}$$

序列估计快速捕获方案虽然具有快速捕获能力，但是性能鲁棒性比较差，容易受到信道噪声和干扰的影响。

8.3 伪随机多址扩频序列的跟踪

CDMA 通信系统的伪随机多址扩频序列搜索捕获确定成功后，就进入伪随机多址扩频序列的同步跟踪阶段，即细同步阶段。伪随机多址扩频序列的跟踪一般采用跟踪伪随机多址扩频序列的反馈环路技术，跟踪反馈环路分为相干和非相干跟踪反馈环路。

相干跟踪反馈环路是基于事前能够掌握发射扩频信号的载波频率和相位信息，往往在基带进行跟踪信息处理。而非相干跟踪反馈环路是不掌握发射扩频信号的载波频率和相位信息，非相干跟踪反馈环路一般可分为延迟锁定环（delay locked loop，DLL）和 τ-抖动环（tau-dither loop，TDL）。

8.3.1 延迟锁定环

在信道无噪声干扰影响下，DS-CDMA 通信系统的接收信号可表示为

$$r(t) = A\sqrt{2P}\,x(t)\,g(t)\cos(\omega_0 t+\phi) \tag{8-3-1}$$

其中 $x(t)$ 为输入数字信息信号，$g(t)$ 为伪随机多址扩频序列，ϕ 为在 $[0,\pi]$ 区间均匀分布的随机相位。

图 8-3-1 为 DS-CDMA 通信系统延迟锁定环（DLL）原理框图，图中延迟锁定环（DLL）有两个本地伪随机多址扩频序列发生器，分别为 $g(t+T_{\mathrm{c}}/2+\tau)$ 和 $g(t-T_{\mathrm{c}}/2+\tau)$，其在时间域相对于接收伪随机多址扩频序列 $g(t)$ 的相位偏移量分别是 $T_{\mathrm{c}}/2+\tau$ 和 $-T_{\mathrm{c}}/2+\tau$，其中 $0\leqslant\tau<T_{\mathrm{c}}/2$。

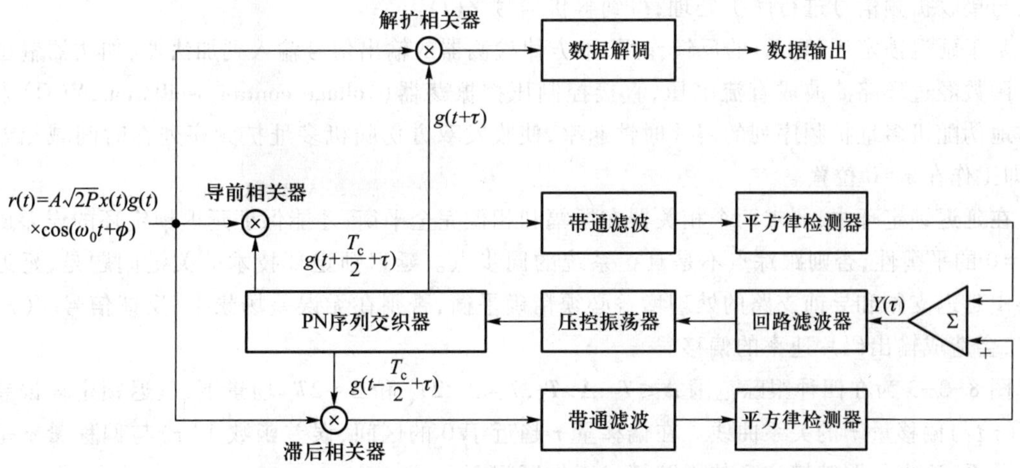

图 8-3-1 DS-CDMA 通信系统延迟锁定环原理框图

延迟锁定环的跟踪范围为$[-\Delta/2,\Delta/2]$，其中$0\leqslant\Delta\ll T_c$，两个本地伪随机多址扩频序列的发生器输出信号，分别与接收扩频信号经过相关器、带通滤波器和平方律检测器，其中两个平方律检测器的输出分别为

$$E\left|g(t)\cdot g\left(t\pm\frac{T_c}{2}+\tau\right)\right|=\left|R_s\left(\tau\pm\frac{T_c}{2}\right)\right| \tag{8-3-2}$$

其中$E|*|$表示均值，$R_s(*)$为伪随机多址扩频序列的自相关函数。

图 8-3-2 为延迟锁定环(DLL)的误差函数$Y(\tau)$，误差函数$Y(\tau)$反映延迟锁定环的反馈信号$Y(\tau)$与偏移量τ的关系。延迟锁定环的误差函数是由两个伪随机多址扩频序列的自相关函数$R_s(\tau+T_c/2)$和$R_s(\tau-T_c/2)$相减得到倒 S 形的误差函数。

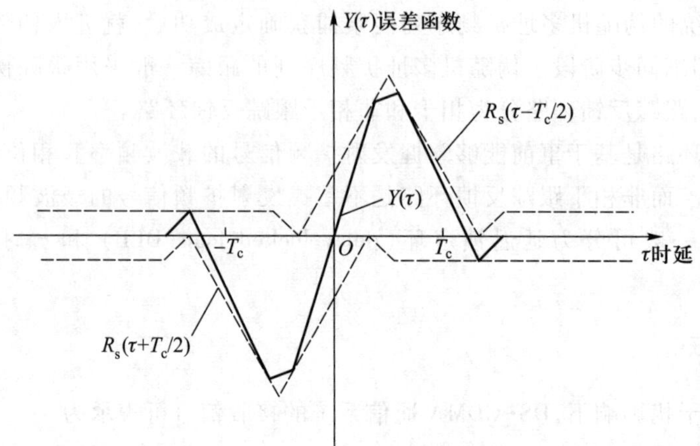

图 8-3-2　延迟锁定环(DLL)误差函数$Y(\tau)$

图 8-3-2 中延迟锁定环(DLL)的反馈信号$Y(\tau)$输入到压控振荡器，如果反馈信号$Y(\tau)>0$，压控振荡器提升伪随机多址扩频序列的码片时钟速率。反之，若反馈信号$Y(\tau)<0$，压控振荡器降低伪随机多址扩频序列的码片时钟速率。如果伪随机多址扩频序列$g(t)$的偏移量τ相当小时，使得$g(t)g(t+\tau)\approx1$成立，延迟锁定环就输出该时刻的本地伪随机多址扩频序列$g(t+\tau)$，并且与接收扩频信号进行解扩处理，得到解扩信号$Z(t)$。

基于延迟锁定环(DLL)的反馈作用，平方律检测器的输出信号输入到加法器，加法器输出的误差函数经过环路滤波成直流电压，直接控制压控振荡器(voltage control oscillation，VCO)来调节本地伪随机多址扩频序列的码片时钟速率，使收发双方伪随机多址扩频序列在时间域相差很小，即工作在$\tau=0$位置。

在延迟锁定环中，要求两个相关器在振幅和相位完全平衡，才能保证延迟锁定环的误差函数在$\tau=0$的平衡性，否则跟踪点不是真正系统的同步点。延迟锁定环技术的关键问题是，延迟锁定环中延迟支路和导前支路的处理增益必须精确平衡，否则在无误差场景下，反馈信号$Y(\tau)$不为零，会造成输出码片速率的偏移。

图 8-3-3 为在四种跟踪范围$\Delta\leqslant T_c$，$\Delta>T_c$，$T_c<\Delta<2T_c$和$\Delta=2T_c$场景下，延迟锁定环误差函数$Y(\tau)$与偏移量τ的关系曲线。在偏移量τ趋近于 0 的区间，误差函数$Y(\tau)$与偏移量τ呈现线性关系，这也是跟踪锁定环的跟踪锁定工作区间。

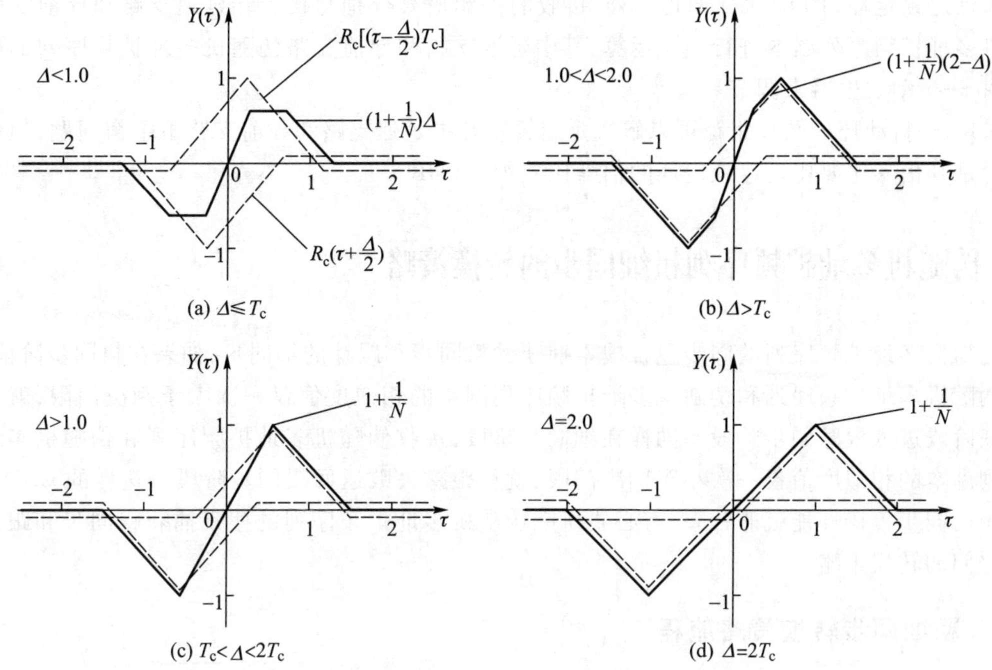

图 8-3-3 延迟锁定环的误差函数 $Y(\tau)$ 与偏移量 τ 的关系曲线

当 $T_c<\Delta<2T_c$，延迟锁定环(DLL)的倒 S 形的误差函数 $Y(\tau)$ 在 $\tau=0$ 处的斜率为 $2(1+1/N)$，当 $\Delta\leqslant T_c$ 时在 $|\tau|<\Delta/2$ 区间和当 $T_c<\Delta<2T_c$ 时在 $|\tau|<1-\Delta/2$ 区间，误差函数 $Y(\tau)$ 的斜率为 $2(1+1/N)$。当 $\Delta>T_c$ 时，$|\tau|$ 区间趋于减少，而在 $\Delta=2T_c$ 时 $|\tau|$ 区间趋于最大，其误差函数 $Y(\tau)$ 的斜率为 $1+1/N$。

8.3.2 τ-抖动环

图 8-3-4 为 DS-CDMA 通信系统同步跟踪采用 τ-抖动环(TDL)原理框图，与图 8-3-1 所示的延迟锁定环(DLL)工作原理框图比较，τ-抖动环(TDL)仅需一路相关器承担伪随机多址扩频序列的跟踪和扩频信号的解扩功能。

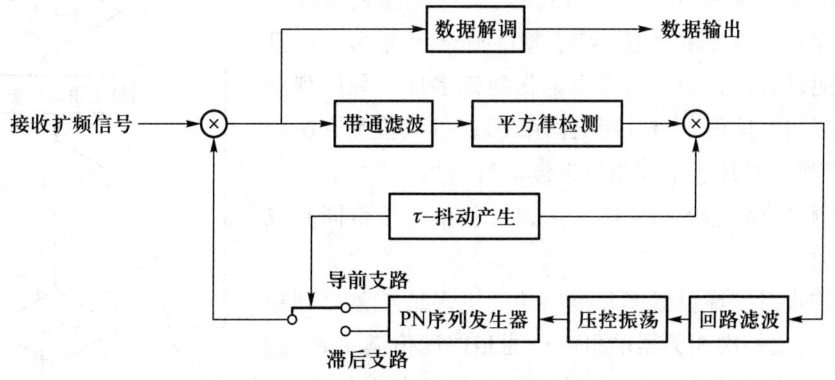

图 8-3-4 DS-CDMA 通信系统同步跟踪采用 τ-抖动环原理框图

和延迟锁定环(DLL)工作原理一样,接收的扩频信号分别与接收端延迟支路和导前支路的伪随机多址扩频序列副本进行相关运算,其中延迟支路和导前支路伪随机多址扩频序列的码片速率由 τ-抖动发生器来调节。

采用 τ-抖动环的同步跟踪可以解决延迟锁定环中延迟支路和导前支路不平衡问题,但付出的代价是其信噪比要比延迟锁定环的信噪比差约 1.1 dB。

8.4 伪随机多址扩频序列粗细同步的转换策略

伪随机多址扩频序列的同步包含搜索捕获的粗同步和跟踪的细同步,如果在粗同步阶段,接收的伪随机多址扩频序列和伪随机多址扩频序列副本的相似度值仅一次大于判决门限,就从搜索捕获阶段进入跟踪同步阶段。同样在细同步阶段,接收伪随机多址扩频序列和伪随机多址扩频序列副本的相似度值仅一次小于判决门限,就从跟踪失败返回粗同步阶段。这样的 CDMA 通信系统的同步鲁棒性能就非常差,有必要研究伪随机多址扩频序列的搜索捕获粗同步和跟踪细同步之间的转换策略。

8.4.1 粗细同步转换策略流程

伪随机多址扩频序列粗同步和细同步的转换算法准则有最小均方误差(MMSE)算法、最大似然(ML)算法、逐幸存路径处理(per survivor processing,PSP)算法和多重信号分类算法(multiple signal classification algorithm,MUSIC)等。

图 8-4-1 为伪随机多址扩频序列的同步转换策略控制流程框图。

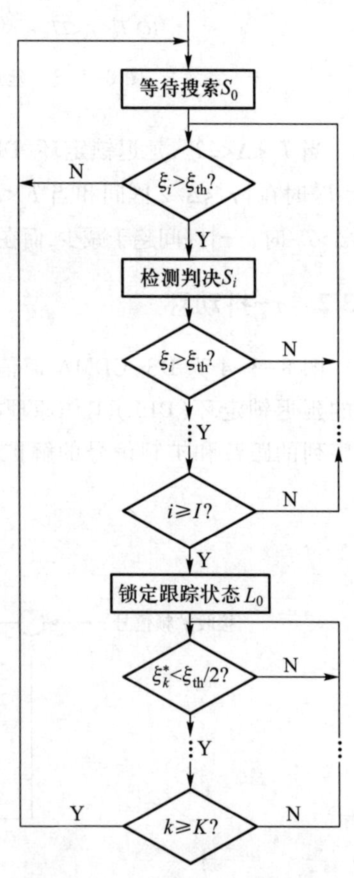

图 8-4-1 伪随机多址扩频序列的同步转换策略控制流程框图

粗同步和细同步的转换一般包含四个状态,即等待搜索状态、检测判决状态、锁定跟踪状态和失步检测状态。

(1) 等待搜索状态 S_0

接收端事前对接收的伪随机多址扩频序列的码片(chip)速率和相位不确切掌握,接收端开始固定某一伪随机多址扩频序列的码片时钟速率和相位,处于等待搜索状态 S_0。一旦接收到的伪随机多址扩频序列和本地伪随机多址扩频序列副本的相关检测相似度值 ξ 超过判决门限 ξ_{th} 就进入检测判决状态 S_i,否则以某一码片速率和相位继续等待搜索。

(2) 检测判决状态 $S_i(i=1,2,\cdots,I)$,其中 I 是粗同步成功检测判决数

为减少同步系统虚报概率和提高伪随机多址扩频序列粗同步检测概率,仅一次相关器输出的检测相似度值满足 $\xi_i>\xi_{th}$ 后,不是进入锁定跟踪状态 L_0,而是进入检测判决状态 $S_i(i=1,2,\cdots,I)$。在一定持续时间间隔内,有连续 I 次检测相似度

值满足 $\xi_i>\xi_{th}(i=1,2,\cdots,I)$ 后,方进入锁定跟踪状态 L_0,确保同步系统处于正确的搜索捕获粗同步。

(3) 锁定跟踪状态 L_0

收发双方同步相关误差函数信号输入到压控振荡器,以插入或删除伪随机多址扩频序列的码片数调节码片时钟速率和相位,完成伪随机多址扩频序列的跟踪细同步。

(4) 失步检测状态 $L_k(k=1,2,\cdots,K)$,其中 K 是失步检测判决数

在一定持续时间间隔内,连续达到 K 次相关器输出检测相似度值满足 $\xi_k^*<\xi_{th}(k=1,2,\cdots,K)$ 后,立即返回等待搜索粗同步状态 S_0。

8.4.2　粗细同步状态转移

粗细同步的状态转移是依据相关检测相似度值 ξ_i 和判决门限 ξ_{th} 比较,并进行连续累计计数,计数状态数与粗细同步状态对应。在 $\xi_i>\xi_{th}$ 时,表示第 i 次相关检测间隔内,收发双方处于同步状态,累计数递增 1,相当于在随机过程中随机质点右移一单位。在 $\xi_i<\xi_{th}$ 时,表示第 i 次相关检测间隔内,收发双方处于失步状态,累计数不增不减,相当于随机质点在原地循环。其状态转移概率仅依赖于质点所处的位置而与时间无关,每次质点游动仅依赖于它前一次游动的结果,粗细同步状态转移的随机游动模型属于有限状态的马尔可夫链概率模型。

在讨论系统同步或失步性能时,主要关心从某一状态到另一状态的转移特性。如果随机质点转移到某一状态后,无法脱离而被吸收,说明同步状态转移的随机质点游动过程属于带有吸收壁的马尔可夫链过程。

假设:带有吸收壁的马尔可夫链有 r 个吸收状态,s 个非吸收状态,其状态转移概率矩阵写成标准式为

$$\boldsymbol{P}=\begin{bmatrix}\boldsymbol{I} & \boldsymbol{O}\\ \boldsymbol{R} & \boldsymbol{Q}\end{bmatrix} \tag{8-4-1}$$

其中 $\boldsymbol{I}$ 是 $r\times r$ 维矩阵,$\boldsymbol{O}$ 是 $r\times s$ 维零矩阵,$\boldsymbol{R}$ 是 $s\times r$ 维矩阵,$\boldsymbol{Q}$ 是 $s\times s$ 维矩阵。

$\boldsymbol{N}=(\boldsymbol{I}-\boldsymbol{Q})^{-1}$ 矩阵为吸收性马尔可夫链的基本矩阵,其矩阵 $\boldsymbol{N}$ 的元素 $\{n_{\lambda\mu}\}$ 表示非吸收状态 λ 在被吸收前,转移到另一非吸收状态 μ 的平均步长。矩阵 $\boldsymbol{T}=\boldsymbol{N}\cdot\boldsymbol{C}$ 的元素 $\{t_{\lambda v}\}$ 表示由非吸收状态 λ 转移到吸收状态 v 的平均步长,$\boldsymbol{C}$ 矩阵是含有 s 元素的列矩阵。矩阵 $\boldsymbol{B}=\boldsymbol{N}\cdot\boldsymbol{R}$ 的元素 $\{b_{\lambda v}\}$ 表示由某一状态 λ 转移到吸收状态 v 的概率。$p_{\lambda\mu}(m)(m=0,1,2,\cdots)$ 表示由状态 λ 经过 m 步到状态 μ 的转移概率。

利用母函数求解同步系统的平均步长,则

$$P_{\lambda\mu}(z)=\sum_{m=0}^{\infty}p_{\lambda\mu}(m)\cdot Z^m,\quad |z|\leqslant 1 \tag{8-4-2}$$

其中 $P_{\lambda\mu}(z)$ 为概率 $P_{\lambda u}(m)$ 的母函数。

由状态 λ 转移到状态 μ 的平均步长为

$$E\{n_{\lambda\mu}\}=\bar{n}_{\lambda\mu}=\left.\frac{\mathrm{d}P_{\lambda\mu}(z)}{\mathrm{d}z}\right|_{z=1} \tag{8-4-3}$$

可从马尔可夫状态转移图直接画出母函数流程图,在母函数流程图上,以标注 $p_{\lambda\mu}\cdot z$ 支路代替马尔可夫状态图中 $p_{\lambda\mu}$ 支路,在节点处加上 $\delta_{\lambda\mu}$ 就绘成所需的母函数流程图。

8.4.3　粗细同步状态转移的主要性能参数

评价粗细同步状态转移的主要性能参数有同步检测判决数 i、失步检测判决数 k 和同步检测概率 P_D、虚报概率 P_{FA} 和平均检测步长 $\bar{n}_{L_0 s_0}$，其中 i 和 k 选择的原则是同步相关检测的虚报概率要小而检测概率要大。

DS-CDMA 通信系统中，伪随机多址扩频序列的周期为 N，P_{FA} 和 P_D 分别为第 i 次检测的虚报概率和检测概率，在连续同步检测中，至少 i 次连续检测都出现虚报才发生同步系统状态错误转移的虚报概率为

$$P_{FA}=\sum_{i}^{I} C_I^i \cdot P_{FA}^i \cdot (1-P_{FA})^{I-i} \tag{8-4-4}$$

在连续同步检测中，至少 i 次检测都正确无误才控制同步系统转移到跟踪状态的检测概率为

$$P_D=\sum_{i}^{I} C_I^i \cdot P_D^i \cdot (1-P_D)^{I-i} \tag{8-4-5}$$

如果在伪随机多址扩频序列的连续 N 个码片间隔内，发生虚报检测次数 k 等于或大于 K 次，虚报概率小于 DS-CDMA 通信系统所许可的错误率 P_e 的概率表示为

$$P(k>K)=1-\sum_{k=0}^{K} P(k)<P_e \tag{8-4-6}$$

其中 $P(k)=C_N^k \cdot P_{FA_i}^k \cdot (1-P_{FA})^{N-k}$。

选择同步检测判决参数的原则是同步捕获概率 $P_{s_l L_0}$ 要大，状态转移平均步长 $\bar{n}_{s_l L_0}$ 要小。其中同步捕获概率是指第一次同步检测成功，同步状态从 S_1 进入 S_2，经过连续 i 次检测到达锁定跟踪状态 L_0 的概率，该概率就是马尔可夫吸收链的吸收概率。

求解同步捕获概率 $P_{s_l L_0}$ 的步骤如下：

(1) 把状态转移概率矩阵 $\boldsymbol{P}$ 写成标准式；

(2) 求出马尔可夫吸收链的基本矩阵；

(3) 求解 $P_{s_l L_0}$。

状态转移平均步长是指第一次相关检测成功后从 S_1 进入 S_2 出发，在未被锁定跟踪状态 L_0 吸收前的随机游动次数。

状态转移平均步长求解步骤如下：

(1) 把逻辑图变换为带有吸收壁的母函数流程图；

(2) 写出母函数 $P_{s_l L_0}(z)$；

(3) 求出 $\bar{n}_{s_l L_0}=P_{s_l L_0(1)}$。

失步检测判决的主要性能参数要求在同步条件下，平均检测步长 $\bar{n}_{s_l L_0}$ 要长，而在失步条件下，平均检测步长 $\bar{n}_{L_0 s_0}$ 要短。

在同步条件下，平均检测步长关系式为

$$\bar{n}_{L_0 L_0}=\frac{1-(1-P_{D_i})^i}{P_{D_i}(1-P_{D_i})^i} \tag{8-4-7}$$

在失步条件下，平均检测步长关系式为

$$\bar{n}_{L_0 s_0}=\frac{1-(1-P_{\mathrm{FA}_i})^k}{P_{\mathrm{FA}_i}(1-P_{\mathrm{FA}_i})^k} \tag{8-4-8}$$

8.5 同步搜索捕获性能分析

DS-CDMA 通信系统在频率选择性 Rayleigh 衰落信道和加性高斯白噪声(AWGN)场景下，UE_1 期望用户的接收信号包含 UE_1 期望用户的扩频信号和其他 $K-1$ 个用户的扩频信号,表示为

$$\begin{aligned} r(t)= & \sum_{l=0}^{L-1}\sqrt{2P_r}\,\alpha_{1l}c_1(t-\tau_1-lT_c)\cos(2\pi f_c t+\theta_{1l}) \\ & +\sum_{k=2}^{K}\sum_{l=0}^{L-1}\sqrt{2P_k}\,\alpha_{kl}b_k(t-\tau_k-lT_c)c_k(t-\tau_k-lT_c)\cos(2\pi f_c t+\theta_{kl})+n(t) \end{aligned} \tag{8-5-1}$$

其中 P_r 是接收信号功率，$\tau_k(k=1,2,3,\cdots,K)$ 是第 k 用户在同步捕获阶段的相对时延，$\theta_{kl}=\varphi_k-\psi_{kl}-2\pi f_c(\tau_k+lT_c)$ 是接收信号的初始相位，$n(t)$ 为加性高斯白噪声(AWGN)，Rayleigh 衰落振幅的概率密度函数(PDF)为

$$f_{\alpha_{kl}}(x)=\frac{2x}{\Omega}\exp\left(-\frac{x^2}{\Omega}\right),\quad x\geqslant 0 \tag{8-5-2}$$

其中 $\Omega=E[\alpha_{kl}^2]$。

第 k 用户的伪随机多址扩频序列为随机二进制序列，可表示为

$$c_k(t)=\sum_{j=-\infty}^{\infty}c_j^{(k)}P_{T_c}(t-jT_c) \tag{8-5-3}$$

图 8-5-1 为伪随机多址扩频序列的归一化自相关函数波形，其自相关函数为

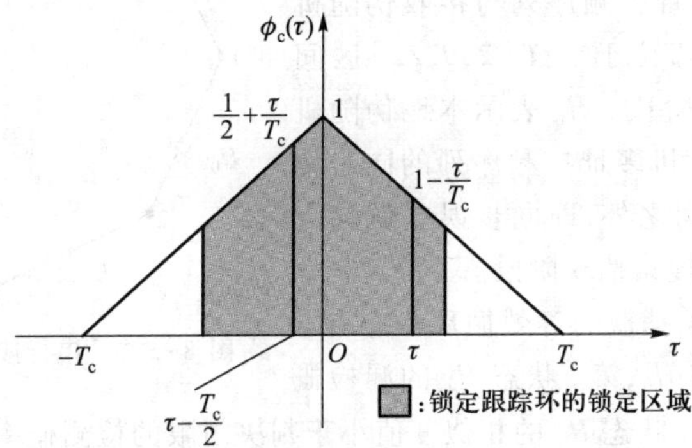

图 8-5-1 伪随机多址扩频序列归一化自相关函数

$$\phi_c(\tau)=\begin{cases}1-\dfrac{|\tau|}{T_c}, & |\tau|<T_c \\ 0, & |\tau|\geqslant T_c\end{cases} \tag{8-5-4}$$

当 $\tau=0$，归一化自相关函数 $\phi_c(\tau)=1$ 为最大值，而 $0<\tau\leqslant T_c$ 时，归一化自相关函数 $\phi_c(\tau)<1$。

伪随机多址扩频序列的自相关函数为理想的三角形，其阴影部分表示系统从同步搜索捕获阶段进入同步跟踪阶段。从图 8-5-1 可见，伪随机多址扩频序列同步搜索捕获的时域范围

为 $[-T_c/2, T_c/2]$。

8.5.1 串行搜索捕获的平均时间

图 8-5-2 为 DS-CDMA 通信系统中，伪随机多址扩频序列串行搜索捕获原理分析框图。串行搜索捕获相关器输出的相似度值是周期为 q 的序列 $\{Z_{i+1}, Z_{i+2}, \cdots, Z_{i+q-1}\}$，满足 $Z_i = Z_{i(\bmod q)}$。

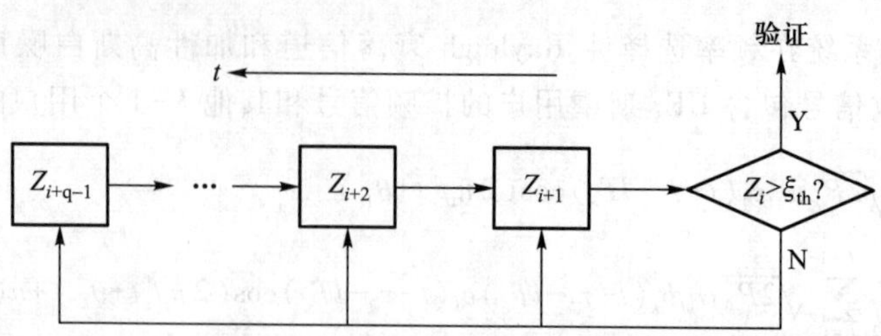

图 8-5-2　伪随机多址扩频序列串行搜索捕获原理分析框图

图 8-5-2 中 ξ_{th} 是搜索捕获相关器的判决门限，判决门限的选取取决于串行搜索捕获的检测概率、漏检概率、虚检概率和平均捕获时间等参数的权衡考虑。

在串行搜索捕获相关器中，如果某次搜索捕获的相似度值 $Z_i < \xi_{th}$，则及时调整伪随机多址扩频序列发生器的码片时钟速率，以 Z_{i+1} 代替 Z_i，再与判决门限比较，重复上述过程直至捕获成功。

图 8-5-3 为串行搜索捕获等效循环状态图，图中两点间的连线表示两点间的状态转换。

如果 α 表示 H_0 状态的虚检概率，z 表示单位延时，H_1 表示本地伪随机多址扩频序列与接收伪随机多址扩频序列的同步偏移位于 $[-T_c/2, T_c/2]$ 区间内，则可以进入同步跟踪阶段。H_0 表示本地伪随机多址扩频序列与接收伪随机多址扩频序列的同步偏移位于 $[-T_c/2, T_c/2]$ 区间之外，即同步误差偏移大于 $|T_c/2|$，仍停留在同步搜索捕获阶段。

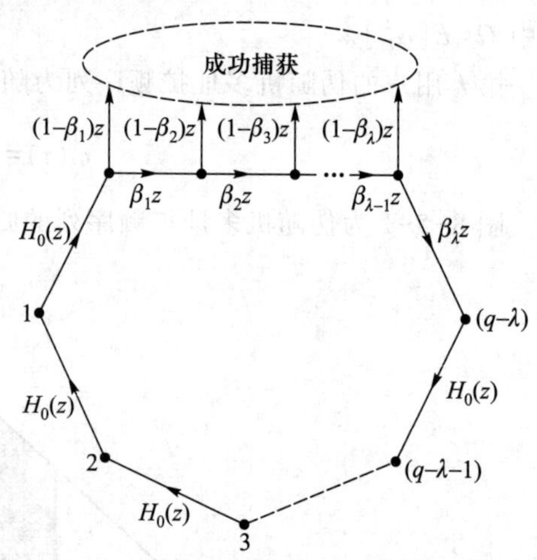

图 8-5-3　串行搜索捕获等效循环状态图

图 8-5-3 中串行搜索捕获的等效循环状态有 λ 个状态 H_1 和 $q-\lambda$ 个状态 H_0，第 i 状态 H_1 的漏检概率为 $\beta_i = 1-P_D$，即对应第 i 状态 H_1 的相似度值小于判决门限的检测概率。

串行搜索捕获成功的状态传输函数为

$$U(z) = \frac{H_D(z)}{(q-\lambda)[1-H_M(z)H_0^{q-\lambda}(z)]} \cdot \sum_{i=1}^{q-\lambda} H_0^i(z) \tag{8-5-5}$$

其中 $H_D(z)$ 为搜索捕获成功的状态传输函数，表示为

$$H_D(z) = \sum_{j=1}^{\lambda} (1-\beta_j) z \prod_{i=1}^{j-1} \beta_i z = \sum_{j=1}^{\lambda} \left[(1-\beta_j)\prod_{i=1}^{j-1} \beta_i\right] z^j \tag{8-5-6}$$

其中 $\prod_{i=1}^{0} \beta_i z = 1$。

状态 $H_0(z)$ 表示从状态 H_0 到状态 H_0 的状态传输函数，其中包含两类可能概率事件，即状态 H_0 为检测概率发生的传输函数 $(1-\alpha)z$，或状态 H_0 为发生虚检概率的传输函数 αz^{W+1}。

状态 $H_0(z)$ 的状态传输函数表示为

$$H_0(z)=(1-\alpha)z+\alpha z^{W+1} \tag{8-5-7}$$

$H_M(z)$ 是所有从状态 H_1 到状态 H_1 丢失的状态传输函数（用下标 M 表示），表示在时域和频域同步不确定区间内搜索捕获的差错概率，其相关相似度值低于判决门限 ξ_{th} 的传输函数表示为

$$H_M(z)=\prod_{i=1}^{\lambda}\beta_i z^{\lambda} \tag{8-5-8}$$

串行搜索捕获的平均搜索捕获时间表示为

$$\overline{T}_{acq}=\left[\frac{dU(z)}{dz}\right]_{z=1}\cdot\tau_D \tag{8-5-9}$$

当相似度值的序列周期 $q\to\infty$，平均搜索捕获时间的渐近表达式为

$$\lim_{q\to\infty}\frac{\overline{T}_{acq}}{q}=\frac{[1+P_M(\lambda)](1+W\alpha)}{2[1-P_M(\lambda)]}\cdot\tau_D \tag{8-5-10}$$

如果在时域和频域同步不确定搜索区间内，传输函数的状态数远远大于正确状态数，即 $q\gg\lambda$，其平均搜索捕获时间表示为

$$\overline{T}_{acq}\approx\frac{[1+P_M(\lambda)](1+W\alpha)}{2[1-P_M(\lambda)]}\cdot q\tau_D \tag{8-5-11}$$

8.5.2 并行搜索捕获的平均时间

图 8-5-4 为伪随机多址扩频序列并行搜索捕获原理分析框图。在串行搜索捕获原理中，相关器输出的相似度值序列是周期为 q 的序列 $\{Z_{i+1},Z_{i+2},\cdots,Z_{i+q-1}\}$，每次仅其中一个相似度值参与判决门限的比较。而在并行搜索捕获中，相似度值序列 $\{Z_0,Z_1,\cdots,Z_{q-1}\}$ 中的每一个相似度值都参与相关器门限的判决。

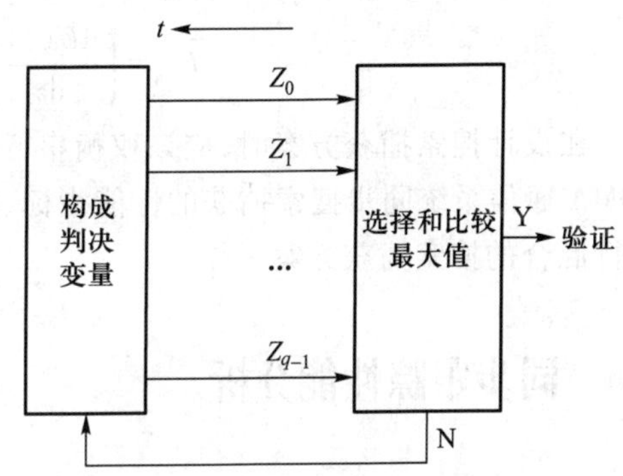

图 8-5-4 伪随机多址扩频序列并行搜索捕获原理分析框图

在相关器输出的相似度值序列中，选择其中最大相似度值与判决门限进行比较。一旦相似度度值序列 $\{Z_0,Z_1,\cdots,Z_{q-1}\}$ 中某相似度值 Z_i 超过判决门限，即把该时刻伪随机多址扩频序列码片时钟和相位信息作为本地扩频序列发生器的基准时钟和相位，并且进入伪随机多址扩频序列的同步跟踪阶段。

图 8-5-5 为并行搜索捕获等效循环状态图，图中最外环为检测吸收状态，其中 $H_D(z)$、$H_M(z)$ 和 $H_F(z)$ 分别代表从当前状态转移到成功检测（D）、错误检测（M）和虚检（F）的状态转移函数，图中最内环为虚检状态。

如果 $H_R(z)$ 表示从虚检状态转移到下一搜索捕获状态 $H_D(z)$、$H_M(z)$、$H_F(z)$ 和 $H_R(z)$，其状态转移函数分别满足下述关系。

$$H_D(z)=P_D z,\quad H_M(z)=P_M z,\quad H_F(z)=P_F z,$$
$$H_R(z)=z^W,\quad P_D+P_M+P_F=1 \tag{8-5-12}$$

其中 P_D,P_M 和 P_F 分别表示在 λ 个状态 H_1 和 $q-\lambda$ 个状态 H_0 的场景下,得到相似度值序列 $\{Z_0,Z_1,\cdots,Z_{q-1}\}$ 的检测概率、错误概率和虚检概率。

伪随机多址扩频序列并行搜索捕获的具体步骤如下:

(1) 在初始 τ_D 间隔时间,q 个相似度值并行输入到对应的相关搜索器。

(2) 在持续 τ_D 间隔时间,检测 q 个相似度值,如果 P_M 发生在 q 个相似度值小于判决门限 ξ_{th} 时,新的 q 个相似度值并行输入相关搜索器。P_D 和 P_F 分别表示 q 个相似度值中有若干相似度值大于判决门限和低于判决门限,其中最大相似度值对应接收的伪随机多址扩频序列和本地伪随机多址扩频序列处于粗同步状态。

(3) 将搜索捕获阶段转移到跟踪阶段,如果跟踪不成功,再返回初始搜索捕获阶段,重复上述过程直至同步捕获成功。

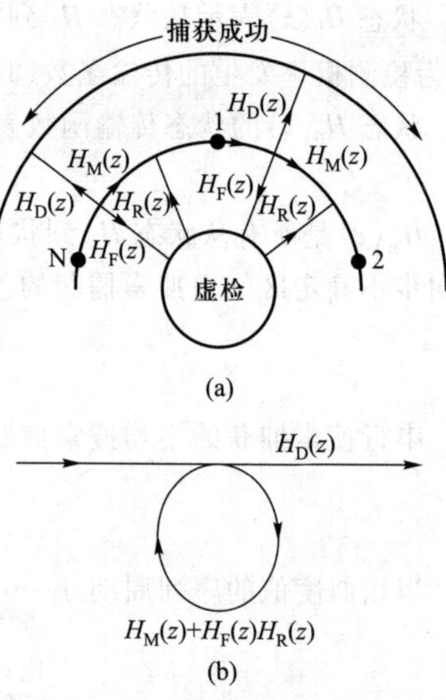

图 8-5-5 并行搜索捕获等效循环状态图

在并行搜索捕获等效循环状态图中,并行搜索捕获成功的状态传输函数为

$$U(z)=\frac{H_D(z)}{1-H_M(z)-H_F(z)H_R(z)} \tag{8-5-13}$$

伪随机多址扩频序列的并行搜索捕获平均捕获时间表示为

$$\overline{T}_{acq}=\left[\frac{\mathrm{d}U(z)}{\mathrm{d}z}\right]_{z=1}\cdot\tau_D=\frac{1+WP_F}{P_D}\cdot\tau_D \tag{8-5-14}$$

在设计搜索捕获方案时,应该权衡串行搜索捕获方案和并行搜索捕获方案的利弊,综合考虑 CDMA 通信系统同步搜索捕获的性能指标、同步运算复杂度和信息实时处理需求等,也可采用串并行混合的搜索捕获方案。

8.6 同步跟踪性能分析

伪随机多址扩频序列同步跟踪也称为细同步,即连续调整本地伪随机多址扩频序列的码片时钟和相位,使得同步跟踪环路控制在$[-\Delta/2,+\Delta/2]$误差范围内工作,其中 $0\leqslant\Delta\ll T_c$。

图 8-6-1 为同步跟踪环路中 H_1 和 H_0 状态示意,其中状态 H_1 为检测概率发生事件,状态 H_0 为发生虚检概率事件。图中阴影区域为接收伪随机多址扩频序列与本地伪随机多址扩频序列的同步跟踪位置,其中两个相邻同步跟踪点,分别位于同步跟踪区间的两端。

图 8-6-2 为同步跟踪判决变量 Z_i 原理框图,CDMA 通信系统的接收扩频信号 $r(t)$ 分别在同相支路和正交支路与$\sqrt{2}\cos(2\pi f_c t)$和$\sqrt{2}\sin(2\pi f_c t)$相乘,解调输出基带接收信号,分别与本地 PN 码发生器输出 UE_1 期望用户的伪随机多址扩频序列 $c_1(t-iT_c/2)$在$[0,\ MT_c]$积分区间进行相

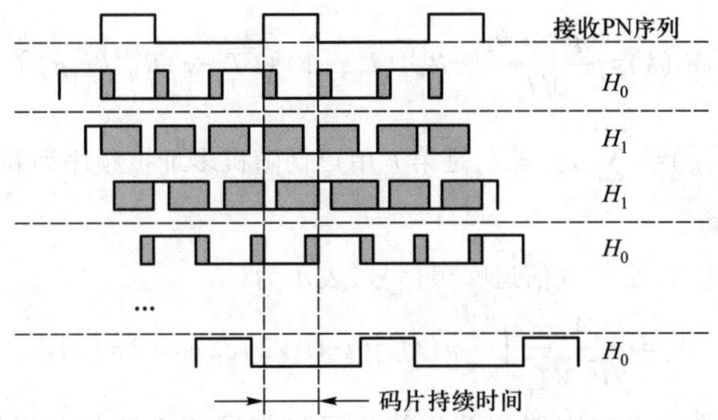

图 8-6-1 同步跟踪环路中 H_1 和 H_0 状态示意

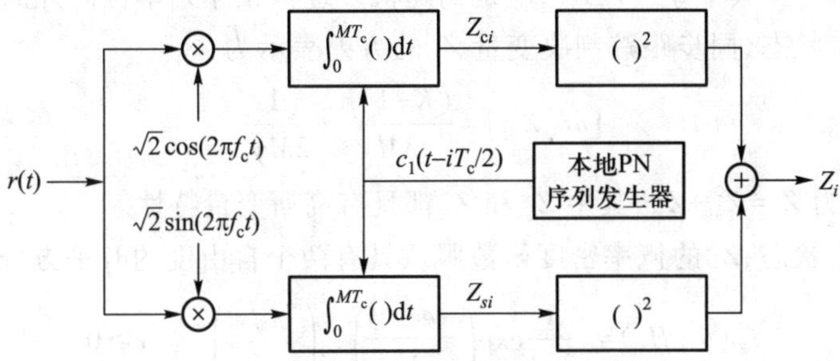

图 8-6-2 同步跟踪判决变量 Z_i 原理框图

关运算,其中 $MT_c=\tau_D$。同相支路和正交支路分别输出的 Z_{ci} 和 Z_{si} 进行平方和叠加,输出同步跟踪判决变量 Z_i。

在 DS-CDMA 通信系统中,UE_1 期望用户的接收信号为

$$r(t)=\sqrt{2P_r}\,c_1(t-\tau_1)\cos(2\pi f_c t+\theta_1)+\sum_{k=2}^{K}\sqrt{2P_k}\,b_k(t-\tau_k)\,c_k(t-\tau_k)\cos(2\pi f_c t+\theta_k)+n(t) \tag{8-6-1}$$

同步跟踪判决环路中同相支路相关运算得到

$$\begin{aligned}Z_{ci}&=\int_0^{MT_c} r(t)\,c_1(t-iT_c/2)\sqrt{2}\cos(2\pi f_c t)\,dt\\&=\sqrt{P_r}\,MT_c\left[S_I+\sum_{k=2}^{K}M_I(k)+N_I\right]\end{aligned} \tag{8-6-2}$$

式(8-6-2)中右边 S_I 表示 UE_1 期望用户的数字信息信号,表示为

$$S_I=\frac{\cos\theta_1}{MT_c}\left[\tau R_M(i,g+1)+(T_c-\tau)R_M(i,g)\right] \tag{8-6-3}$$

其中 τ 为在 $[0,T_c]$ 区间的归一化随机变量,$R_M(i,g)=\sum_{v=0}^{M-1}c_{v+i}^{(1)}c_{v+i+g}^{(1)}$ 为伪随机多址扩频序列的部分自相关函数。

式(8-6-2)中右边 $M_I(k)$ 是多址接入用户干扰信号,表示为

$$M_{\mathrm{I}}(k)=\frac{\sqrt{\rho}\cos\theta_k}{MT_{\mathrm{c}}}\left[\tau R_M^{(k)}(i,g+1)+(T_{\mathrm{c}}-\tau)R_M^{(k)}(i,g)\right] \tag{8-6-4}$$

其中 $\rho=P_k/P_r$，$R_M^{(k)}(i,g)=\sum_{v=0}^{M-1}c_{v+i}^{(1)}c_{v+i+g}^{(k)}$是第 k 用户伪随机多址扩频序列和本地伪随机多址扩频序列的部分自相关函数。

式(8-6-2)中右边 N_{I} 是等效信道噪声信号，表示为

$$N_{\mathrm{I}}=\frac{1}{\sqrt{P_{\mathrm{r}}}MT_{\mathrm{c}}}\int_0^{MT_{\mathrm{c}}}n(t)c_1(t-iT_{\mathrm{c}}/2)\sqrt{2}\cos(2\pi f_{\mathrm{c}}t)\,\mathrm{d}t \tag{8-6-5}$$

同步跟踪判决环路中正交支路相关运算值可以把同相支路相关运算值中的 cos(·)以 sin(·)代替即可。应用随机过程中央极限定理，得到 $Var[S_{\mathrm{I}}]=1/(3M)$，$Var[M_{\mathrm{I}}(k)]=\rho/(3M)$ 和 $Var[N_{\mathrm{I}}]=1/(2M\gamma_{\mathrm{c}})$，其中 $\gamma_{\mathrm{c}}=P_{\mathrm{r}}T_{\mathrm{c}}/N_0$ 是伪随机多址扩频序列单位码片的信噪比。

在跟踪环路 H_1 状态，同步跟踪判决变量 Z_{ci}的方差表示为

$$Var[Z_{\mathrm{c}i}]=\frac{(K-1)\rho}{3M}+\frac{1}{2M\gamma_c} \tag{8-6-6}$$

同步跟踪判决变量为 $Z_i=Z_{ci}^2+Z_{si}^2$，其中 Z_{ci}和 Z_{si}都具有高斯变量特性。

在跟踪环路 H_1 状态，Z_i 的概率密度函数服从具有两个自由度的开平方分布，表示为

$$f_{Z_i}(y\mid H_1)=\frac{1}{2\sigma_0^2}\exp\left(-\frac{m^2+y}{2\sigma_0^2}\right)I_0\left(\frac{m\sqrt{y}}{\sigma_0^2}\right),\quad y\geqslant 0 \tag{8-6-7}$$

其中 $\sigma_0^2=Var[V_{\mathrm{c}i}]=Var[V_{\mathrm{s}i}]=(K-1)\rho/(3M)+1/(2M\gamma_{\mathrm{c}})$。

在跟踪环路 H_0 状态，Z_i 的概率密度函数服从具有两个自由度的开平方分布，表示为

$$f_{Z_i}(y\mid H_0)=\frac{1}{2\sigma_0^2}\exp\left(-\frac{y}{2\sigma_0^2}\right),\quad y\geqslant 0 \tag{8-6-8}$$

基于上述分析，根据 $P_{\mathrm{D}}=\int_{\xi_{\mathrm{th}}}^{\infty}f_{z_i}(y\mid H_1)\,\mathrm{d}y$，$P_F=\int_{\xi_{\mathrm{th}}}^{\infty}f_{z_i}(y\mid H_0)\,\mathrm{d}y$ 和 $P_{\mathrm{M}}=1-P_{\mathrm{D}}-P_{\mathrm{F}}$，可以对 DS-CDMA 通信系统伪随机多址扩频序列同步跟踪性能的检测概率、错误概率和虚检概率等进行计算和分析。

习题

8-1 以 DS-CDMA 通信系统的具体通信链路说明同步、异步、失步和准同步的内涵和英语表达方式。

8-2 DS-CDMA 通信系统中，PN 地址码速率为 5 Mcps，相关器后的滤波器带宽为 2 kHz，用滑动相关方法来同步，试问本地 PN 地址码的码速率应该是多少？如果 PN 地址码的码长为10^6，同步搜索时间是多少？

8-3 DS-CDMA 通信系统的扩频处理增益为 35 dB，射频带宽为 20 MHz，本地扩频地址码长为 4 095 码片，试问允许达到同步的时间最少是多少？

8-4 画出包络相关延迟锁定同步环的原理框图，并说明工作原理。

8-5 在 BPSK/DS-CDMA 通信系统中，信道存在功率为 P_j 的单音干扰信号，干扰信号在频率和初始相位上都与期望用户传输信号同步。如果接收机能够实现 PN 地址码和载波相位同步，试求在无背景噪声场景下，解调器输出信号的信干比(SIR)。

8-6 BPSK/DS-CDMA 通信系统中,在单小区前向传输链路场景下,小区其他用户的干扰与期望用户传输信号在码片定时和相位上同步,并且满足:①所有 PN 地址码相互独立;②PN 地址码码片为矩形脉冲波形;③接收信号采取相干检测;④小区用户数为 K;⑤基站接收所有用户的接收信号功率相同。

试求在 AWGN 信道下系统的比特差错概率,该比特差错概率是处理增益 G_p、小区用户数 K、接收信号比特能量 E_b 和噪声单边功率谱密度 N_0 的函数。

8-7 分析题图 8-1 所示 τ-抖动非相干扩频地址码跟踪环的工作原理。

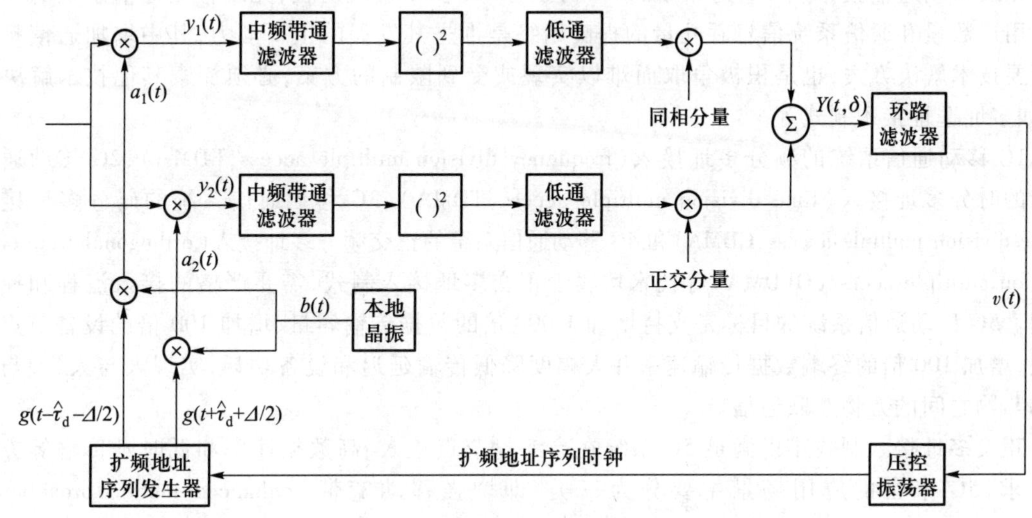

题图 8-1　τ-抖动非相干扩频地址码跟踪环的工作原理

第9章 非正交多址接入(NOMA)

无线移动通信技术从1G到如今的5G经历了40多年发展历程,无线移动通信系统的多址接入用户数量和通信系统信息吞吐量的提高始终是推进其发展的主要动力,其中增加通信频谱是重要技术解决方案,也是积极争取而难以实现或受到限制的方案,必须探索其他技术解决方案,如多址选址接入制式等。

1G移动通信系统的频分多址接入(frequency division multiple access,FDMA)、2G移动通信系统的时分多址接入(time division multiple access,TDMA)、3G移动通信系统的码分多址接入(code division multiple access,CDMA)和4G移动通信系统的正交频分多址接入(orthogonal frequency division multiple access,OFDMA)等技术均属于正交多址接入制式,需要严格的接入流程和控制机制。5G移动通信系统的目标是支持增加1 000倍的数据传输容量、增加100倍的设备节点接入数、增加100倍的终端数据传输速率并大幅度降低传输延迟和设备功耗,实现人与人、人与物和物与物之间的万物互联通信。

正交多址接入制式难以满足5G系统在高海量节点接入、高数据速率和低时延传输等方面的需求,5G丰富的应用场景主要分为三类,即增强移动宽带(enhanced mobile broadband,eMBB);海量机器类通信(massive machine type communication,mMTC)和超可靠低时延通信(ultra reliable & low latency communication,URLLC)。其中mMTC应用场景主要支持高海量、低成本和低功耗的偶发小数据量传输,URLLC应用场景特别是V2V主要关注低时延万物互联通信,而eMBB应用场景中也存在小数据包偶发传输业务。

新型5G非正交多址接入技术方案应运而生,可有效提升系统频谱效率和用户接入能力,有助于降低时延和简化系统实现,并能够适用于多种应用场景。非正交多址接入制式不仅可以增加下行调度系统的频谱效率,而且可以提升上行免调度系统中接入用户数和系统吞吐量。目前研发趋势是开展从正交多址接入过渡到非正交多址接入(non-orthogonal multiple access,NOMA)研究。

目前,非正交多址接入(NOMA)技术已有多个提案,如多用户共享接入(multiple user share access,MUSA)、图样分割多址接入(pattern division multiple access,PDMA)、稀疏码分多址接入(sparse code multiple access,SCMA)、资源扩展多址接入(resource spread multiple access,RSMA)和速率拆分多址接入(rate splitting multiple access,RSMA)等,该方面的标准化还在进行中。

9.1 非正交多址接入的理论基础

4G移动通信系统主要从单用户角度出发,针对多址用户干扰(multiple access interfrence,MAI)采用正交多址接入制式的OFDMA制式来避免多址用户干扰,其理论基础是单用户信息理论。而5G系统是从系统和网络角度出发,采用非正交多址接入(NOMA)方案,在给定频谱资源条件下,尽量提高系统多址接入用户总数和信息总吞吐量,其理论基础是多用户信息理论或网络信息理论。

5G系统应用场景为网络密集、海量用户同时竞争接入和超大传输容量业务需求,如果采用正交多址接入制式会限制无线资源自由度(degree of freedom,DoF)的分配。单用户信息理论在分析非正交多址接入制式性能时,忽略多用户服务的公平性,难以解决多址接入用户冲突碰撞、反馈协调和协同共享等问题。而根据多用户信息理论,非正交多址接入制式相对正交多址接入制式会改善和提高海量多址接入用户通信系统的性能增益。

正交多址接入制式中的频分多址FDMA、时分多址TDMA、码分多址CDMA和正交频分多址OFDMA等,其正交多址接入用户信号$X_1^*,X_2^*,\cdots,X_K^*$之间是统计独立的,而非正交多址接入用户信号$X_1,X_2,\cdots,X_K$之间是统计相关的。

假设:非正交多址接入用户UE_1和UE_2的信号分别为X_1和X_2,由于非正交多址接入用户信号的统计相关性,信息熵存在下述关系:

$$H(X_1)+H(X_2)\geqslant H(X_1X_2) \tag{9-1-1}$$

$$H(X_1)\geqslant H(X_1\mid X_2) \tag{9-1-2}$$

$$H(X_2)\geqslant H(X_2\mid X_1) \tag{9-1-3}$$

要使传播信道不失真传输非正交多址接入用户信号X_1和X_2,应该具有

$$R_1+R_2\geqslant H(X_1X_2),\quad R_1\geqslant H(X_1\mid X_2),\quad R_2\geqslant H(X_2\mid X_1) \tag{9-1-4}$$

其中R_1和R_2为用户UE_1和UE_2非正交多址接入信道的信息传输速率。

图9-1-1为UE_1和UE_2非正交多址接入信道的信息传输速率R_1和R_2相互制约关系。图中右图边界线为实现不失真传输所要求的R_1和R_2的最小值。

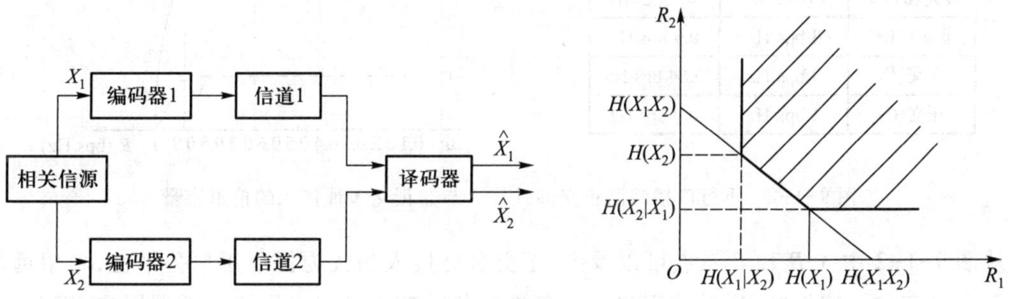

图9-1-1 UE_1和UE_2非正交多址接入信道的信息传输速率R_1和R_2相互制约关系

在满足$R_1\geqslant H(X_1\mid X_2)$和$H(X_1)\geqslant H(X_1\mid X_2)$下,在$R_1<H(X_1)$时可以实现无差错传输。这是由于$X_1$和$X_2$相关联,在传输$X_1$时,必然有$X_2$的部分信息传输到$X_1$的信道中。在对$X_1$译码过程中,能够从$X_2$的部分信息中提取关于$X_1$的信息,出现$R_1\geqslant H(X_1\mid X_2)$。同样在传输$X_2$时,也会出现$R_2\geqslant H(X_2\mid X_1)$,往往把$H(X_1\mid X_2)$和$H(X_2\mid X_1)$称为边信息。

9.1.1 下行广播链路非正交多址接入

如果基站(base station,BS)发射总功率是$P=P_1+P_2$,其中分配到用户UE_1和UE_2的功率分别为P_1和P_2,基站到用户UE_1和UE_2传播信道的振幅增益分别为h_1和h_2,基站到用户UE_1和UE_2传播信道的高斯噪声功率频谱密度均为N_0。

在采用正交多址接入制式时,用户 UE_1 和 UE_2 分别使用相互正交的"子信道"通信,用户 UE_1 和 UE_2 分配的自由度分别为 α 和 $1-\alpha$。用户 UE_1 和 UE_2 实现无差错传输的信道容量分别为

$$C_1 \leqslant \alpha \log_2\left(1+\frac{P_1|h_1|^2}{\alpha N_0}\right) \quad 和 \quad C_2 \leqslant (1-\alpha)\log_2\left(1+\frac{P_2|h_2|^2}{(1-\alpha)N_0}\right) \tag{9-1-5}$$

如果在采用非正交多址接入制式时,用户 UE_1 和 UE_2 都使用"整个信道"通信并使用全部自由度来承载信息,当存在"远近效应"时,如 $|h_1|<|h_2|$ 场景中,用户 UE_1 和 UE_2 实现无差错传输的信道容量分别为

$$C_1 = \log_2\left(1+\frac{P_1|h_1|^2}{P_2|h_1|^2+N_0}\right) \quad 和 \quad C_2 \leqslant \log_2\left(1+\frac{P_2|h_2|^2}{N_0}\right) \tag{9-1-6}$$

图9-1-2为当存在"远近效应"时,如 $|h_1|<|h_2|$ 场景,下行广播链路正交多址接入与非正交多址接入的信道容量,图中右图实线曲线是非正交多址接入制式的信道容量限,虚线曲线是正交多址接入制式的信道容量限,可以发现非正交多址接入制式会优于正交多址接入制式。

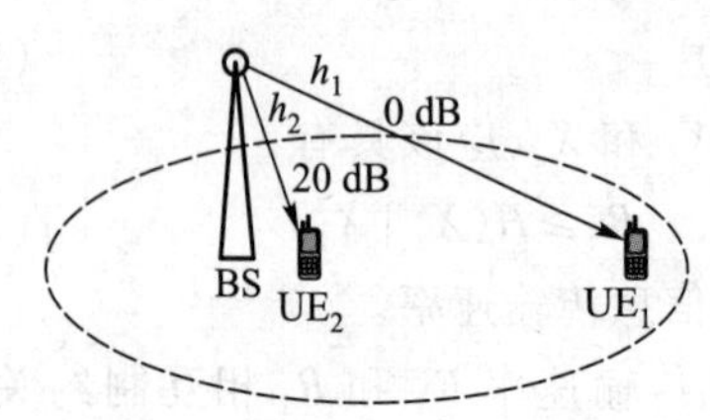

最大和容量	UE_2(近站)	UE_1(远站)
非正交(A)	3 bps/Hz	0.9 bps/Hz
正交(B)	3 bps/Hz	0.64 bps/Hz
正交(C)	1 bps/Hz	0.9 bps/Hz

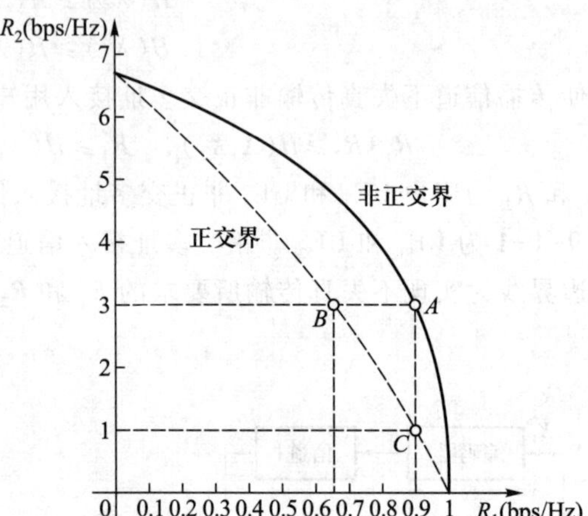

图9-1-2　下行广播链路正交多址接入与非正交多址接入的信道容量

从图9-1-2中 A、B 和 C 三点可以看出:正交多址接入制式为保证用户公平性,希望远端用户 UE_1 额外获取一定吞吐量,近端用户 UE_2 就要牺牲一定吞吐量。而希望近端用户 UE_2 得到高吞吐量,则远端用户 UE_1 吞吐量就下降。在非正交多址接入制式,在远端用户 UE_1 获得接近其最大吞吐量的情况下,近端用户 UE_2 仍可以获得相当高的吞吐量。

在非正交多址接入制式中,近端用户 UE_2 和远端用户 UE_1 都可以使用信道所有自由度,即使基站给近端用户 UE_2 分配较少功率,UE_2 也可取得较高的吞吐量。而且减少近端用户 UE_2 的功率会降低对远端用户 UE_1 的干扰,改善远端用户 UE_1 的性能。而在正交多址接入制式中,为使远端用户 UE_1 具有一定的吞吐量,必须分配出大部分自由度,这势必降低近端用户 UE_2 的吞吐量。

[**案例9-1**]:

在CDMA通信系统的"远近效应"场景下,如果用户 UE_1 信噪比为 $P|h_1|^2/N_0=1$,用户 UE_2 信噪比为 $P|h_2|^2/N_0=100$,两者信噪比相差20 dB。$|h_1|<|h_2|$ 意味着用户 UE_2 拥有比较好的传

输信道,即用户 UE_2 为近端信号,而用户 UE_1 为远端信号。用户 UE_2 近端信号通过多址用户干扰删除算法先译码后扣除远端信号 UE_1 的信号,再译码近端信号 UE_2 信息,R_2 信道容量为 $C_2 \leqslant \log_2(1+(P_2|h_2|^2)/N_0)$,消除了远端用户 UE_1 对近端用户 UE_2 的干扰影响。

9.1.2　上行多址接入链路非正交多址接入

图 9-1-3 为上行多址接入链路中正交多址接入与非正交对多址接入的信道容量。

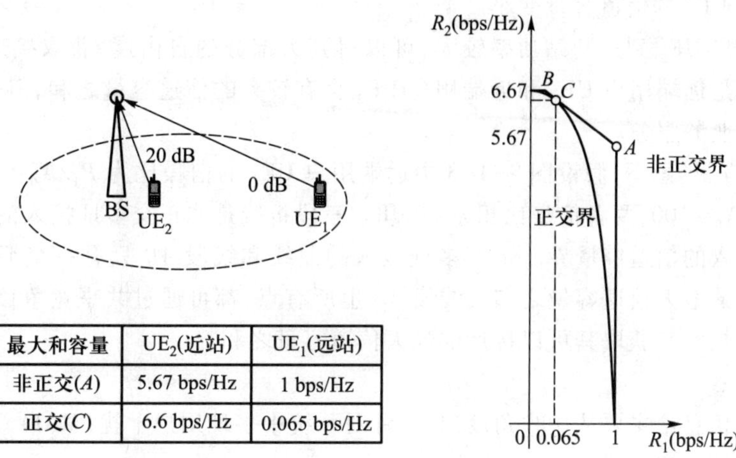

最大和容量	UE_2(近站)	UE_1(远站)
非正交(A)	5.67 bps/Hz	1 bps/Hz
正交(C)	6.6 bps/Hz	0.065 bps/Hz

图 9-1-3　上行多址接入链路正交多址接入与非正交对多址接入的信道容量

如果近端用户 UE_1 和远端用户 UE_2 到达基站的功率分别为 P_1 和 P_2,传播信道中 AWGN 的功率谱密度均为 N_0。采用正交多址接入制式时,用户 UE_1 和 UE_2 分配的自由度分别是 α 和 $1-\alpha$,用户 UE_1 和 UE_2 的无差错传输的信道容量分别为 C_1 和 C_2,即

$$C_1 \leqslant \alpha\log_2\left(1+\frac{P_1}{\alpha N_0}\right) \quad 和 \quad C_2 \leqslant (1-\alpha)\log_2\left[1+\frac{P_2}{(1-\alpha)N_0}\right] \tag{9-1-7}$$

如果采用非正交多址接入制式,UE_1 和 UE_2 可以使用全部自由度传输数字信息,UE_1 和 UE_2 实现无差错传输的信道容量分别为

$$C_1 \leqslant \log_2\left(1+\frac{P_1}{N_0}\right) \quad 和 \quad C_2 \leqslant \log_2\left(1+\frac{P_2}{N_0}\right) \tag{9-1-8}$$

在非正交多址接入制式中,用户 UE_1 和 UE_2 无差错传输的信道容量之和或称"和信道容量"为

$$C_1+C_2 \leqslant \log_2\left(1+\frac{P_1+P_2}{N_0}\right) \tag{9-1-9}$$

上行多址接入链路的基本特点是各多址接入用户的信号和干扰经过不同信道传播,在基站集中接收汇合。根据多用户信息论,上行链路多址接入用户竞争接入信道容量域呈现凸多面体的信道容量域,在可达信道容量区域的每个顶点是通过非正交多址接入制式达到信道容量之和。

在图 9-1-3 中 A 点,基站 BS 通过串行干扰删除接收算法先解调并删除近端用户 UE_2 收到的多址用户干扰,再解调远端用户 UE_1 的信号,使得远端用户 UE_1 获取最大信道容量,而近端用户 UE_2 也能获得其接近的最大信道容量值。非正交多址接入制式在 AB 线段上任何一点的信道容量之和都可以逼近最大信道容量之和,同时还解决了多址接入用户间不公平业务服务问题。

[**案例 9-2**]:

正交多址接入制式要取得最大的信道容量之和,基站根据远端用户 UE_1 和近端用户 UE_2 到达基站功率 P_1 和 P_2,分配相应的自由度。而在 CDMA 通信系统存在"远近效应"场景下,远端用户 UE_1 到达基站的功率相对于近端用户 UE_2 到达基站的功率要小,只能分配较少的自由度,这会导致远端用户 UE_1 的信道容量变小。

如果近端用户 UE_2 到达基站功率较大,可以得到大部分的自由度,获取接近其单用户的信道容量。其结果是远端用户 UE_1 和近端用户 UE_2 会有较大的信道容量之和,但是远端用户 UE_1 却得到不公平的业务服务。

在"远近效应"场景下,假设图 9-1-3 中远端用户 UE_1 的信噪比为 $P_1/N_0=1$,近端用户 UE_2 的信噪比为 $P_2/N_0=100$,两者信噪比相差 20 dB。三段折线是非正交多址接入的信道容量界,曲线是正交多址接入的信道容量界。正交多址接入的曲线和线段 AB 只有一交汇点,该点就是正交多址接入取得的最大信道容量之和。线段 AB 上所有点,都可通过共享竞争接入、速率分解和串行干扰删除等技术来获取其可以接近的最大信道容量之和。

[**小结 9-1**]:

(1) 单用户信息论主要从用户角度出发,针对系统中多址用户干扰(MAI),采用正交多址接入制式来避免多址用户干扰。

(2) 多用户信息论或网络信息论从系统和网络角度出发,在给定时间、频率和空间域等资源下,针对提高系统多址接入用户数和系统总吞吐量需求,采用非正交多址接入(NOMA)方案来满足超海量节点接入、高数据传输速率和低时延传输等业务需求。

(3) 通信系统下行广播链路采用非正交多址接入制式具有明显的信道容量之和或和信道容量增益改善,而在通信系统上行多址接入链路采用非正交多址接入制式,在公平性和时延约束下,可获得更多的多址接入用户数和更大的信道容量之和。

(4) 非正交多址接入制式相比正交多址接入制式的增益改善是以多址接入用户的接收检测算法和多址用户干扰删除算法的复杂度代价换取的。

(5) 非正交多址接入制式可以简化接入流程,缩短用户接入所需时间,特别适合低时延竞争接入业务应用,如海量机器通信 mMTC 和高可靠低时延通信 URLLC 场景。

9.1.3　非正交多址接入关键技术

非正交多址接入制式的关键技术主要有下行广播链路非正交多址信号在多资源域的叠加传输、上行多址接入链路非正交多址信号面向免调度海量连接、低运算复杂度的多址接入用户信号检测算法等。

(1) 下行广播链路非正交多址信号在多资源域的叠加传输

下行广播链路非正交多址接入的基本特点是多址接入用户信号在时间域、频谱域、空间域、功率域和码本域等的叠加传输,对用户分组、功率分配和调度控制等算法有直接影响。

非正交多址信号叠加传输的 NOMA 技术主要是在功率域叠加,终端可以采取码组级的多用户接收检测技术,如串行干扰抑制降低或消除多用户接入干扰。关键是处理好下行广播链路非正交叠加的传输性能改善和接收检测与干扰删除算法复杂度之间的矛盾。

(2) 上行多址接入链路非正交多址信号面向免调度海量连接

上行多址接入链路非正交多址接入的基本特点是免调度接入和海量连接,支持海量用户在相同的时间、频谱和空间等资源域的多址用户接入与数据传输,提升上行海量用户的竞争接入能力,解决多址用户接入碰撞冲突问题。

采取免调度接入方式,即用户在需要发射数字信息时,进入激活状态并发送数字信息。在不发射数字信息时,就进入休眠状态,解决正交多址接入制式在基于调度方式时,大量用户同时接入引起的信令开销和传输时延问题。当单一多址接入制式无法满足海量节点接入需求时,可以考虑采取混合的正交和非正交多址接入制式,再联合时间、频率、码组和空间等维度多址接入机制。

(3) 低运算复杂度的多址接入用户信号检测算法

非正交多址接入制式的增益主要依靠先进的多用户接收检测算法,以消除多址用户干扰算法的复杂度代价换取性能改善,需要进一步降低多用户接收检测模块和算法的复杂度,提高接收检测算法的实时性。

下行广播链路中,移动终端多址接入用户的多用户检测算法的主要性能指标是低运算复杂度、低时延和低功耗等。而对于上行多址接入链路,对基站多用户检测算法的考核性能指标是低运算复杂度和低功耗等。

9.2 下行广播链路中基于多用户共享的非正交多址接入

下行广播链路是基站采用非正交多址接入制式向多移动用户发送各移动用户所需信息。下行广播链路中“广播”是指同一基站发出不同多址接入用户的不同信息信号,与传统“广播”中的基站向所有多址接入用户发送相同信息信号是有本质区别的。

在非正交多址接入用户的通信系统中,所有用户信号都以多址用户干扰形式增加通信系统的等效噪声,这会导致系统性能和容量的恶化。其中多址用户干扰不仅与用户非正交多址接入序列的互相关系数有关,还与接入用户的发射信号功率有关。多址用户干扰和码间干扰虽同属干扰,但有其本质差异。多址用户干扰与用户非正交多址接入序列的互相关系数有关,而码间干扰与信道脉冲冲激响应传输特性和信息传输速率等有关。

下行广播链路中,基于多址接入用户共享的非正交多址接入制式有调制符号叠加编码、比特级处理、新型星座调制、扩展信号序列、多天线发射与接收、传输功率比选择等。

9.2.1 调制符号叠加编码

图 9-2-1 为调制符号叠加编码。把多址接入用户的调制符号叠加在相同时间和频率资源域,在信号星座图上表现为多址接入用户调制符号的矢量相加。

在图 9-2-1 中,$\boldsymbol{X}_1$ 和 $\boldsymbol{X}_2$ 分别是用户 UE_1 和 UE_2 的 QPSK 调制信号,在时间和频率域的调制符号叠加编码得到 $\boldsymbol{X}=\boldsymbol{X}_1+\boldsymbol{X}_2$。如果 UE_1 调制符号的功率大于 UE_2 调制符号的功率,则 UE_1 对 UE_1 的多址用户干扰大于 UE_2 对 UE_1 的多址用户干扰,UE_1 更能影响通信系统的性能。

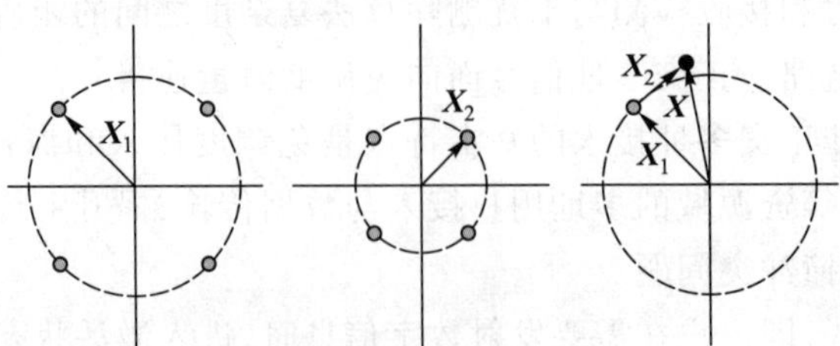

图 9-2-1 调制符号叠加编码

采用串行干扰删除算法首先对较强的 UE_1 调制符号进行接收检测,从较弱的 UE_2 调制符号中扣除 UE_1 调制符号对 UE_2 的影响。在存在“远近效应”场景下,事先需要掌握多址接入用户调制符号的发射功率先验知识,按照用户调制符号发射功率从大到小递减的顺序,逐一进行用户调制符号的接收检测。

图 9-2-2 为采用串行干扰删除算法解调原理框图,较弱的 UE_2 调制符号位于较强的 UE_1 调制符号 $\hat{X}_1$ 周围的四个星座点,对接收调制符号 Y 先解调出较强的 UE_1 调制符号 $\hat{X}_1$,再在接收调制符号 Y 中减去 $\hat{X}_1$,解调出较弱的 UE_2 调制符号 $\hat{X}_2$。

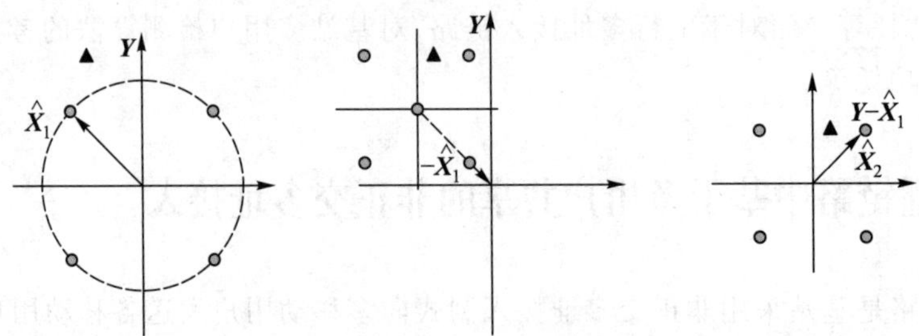

图 9-2-2 采用串行干扰删除算法解调原理框图

[案例 9-3]:

图 9-2-3 为采用格雷映射属性的非正交叠加编码,图中 UE_1 和 UE_2 采用 QPSK 调制符号叠加编码和串行干扰删除算法解调,UE_1 和 UE_2 信号功率比为 4∶1。

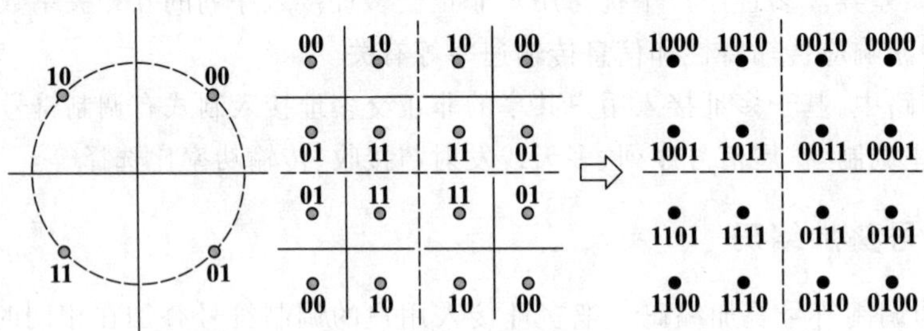

图 9-2-3 采用格雷映射属性的非正交叠加编码

先将小功率 UE_2 的 QPSK 符号根据大功率 UE_1 的 QPSK 符号做相应翻转。当大功率 UE_1 的 QPSK 符号为$\sqrt{P_{11}}(\sqrt{2}/2+j\sqrt{2}/2)$时,保持小功率 UE_2 的 QPSK 符号不变。当大功率 UE_1 的

QPSK 符号为$\sqrt{P_{11}}(-\sqrt{2}/2+\mathrm{j}\sqrt{2}/2)$时，将小功率 UE_2 的 QPSK 符号进行水平翻转。当大功率 UE_1 的 QPSK 符号为$\sqrt{P_{11}}(\sqrt{2}/2+\mathrm{j}\sqrt{2}/2)$时，将小功率 UE_2 的 QPSK 符号进行垂直翻转。当大功率 UE_1 的 QPSK 符号为$\sqrt{P_{11}}(-\sqrt{2}/2-\mathrm{j}\sqrt{2}/2)$时，将小功率 UE_2 的 QPSK 符号同时进行水平翻转和垂直翻转。

在上述水平或垂直翻转的基础上，再进行调制符号叠加编码，可以发现所有可能调制符号在星座上均具有格雷映射属性。

9.2.2　比特级处理

图 9-2-4 为比特级处理方案框图，UE_1 比特信息经过编码变为第一组比特信息，被调制成具有一定功率的调制符号，即第一复数符号。UE_2 比特信息经过编码变为第二组比特信息，并与第一组比特信息进行比特运算得到第三组比特信息，再调制得到有一定功率的调制符号，即第二复数符号。第一复数符号和第二复数符号进行相加输出叠加符号。

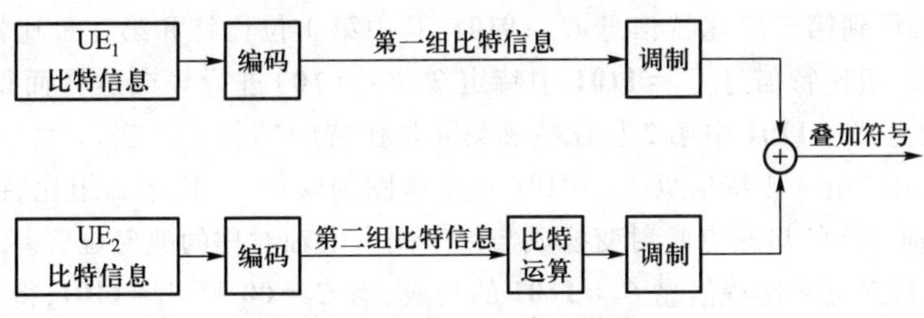

图 9-2-4　比特级处理方案框图

如果第一组比特信息为 **10**，第二组比特信息为 **1100**，其前 2 个比特(**11**)为特定的 2 比特，得到第三组比特信息为 **0100**，其中前 2 个比特(**01**)是第一组比特信息(**10**)和第二组比特信息中特定 2 比特 **11 异或**得到，而后两位是第二组比特信息中除上述特定 2 比特外的比特(**00**)。再分别对比特信息 **10** 和 **0100** 进行调制，并分别乘以相应的功率调整因子，得到叠加符号。

[**案例 9-4**]：

图 9-2-5 为星座图的映射，其中图 9-2-5(a)表示第一组比特信息 C_1 为 2 比特在星座图的映射，当 C_1 = **10** 时，映射到以实心圆表示的星座点。图 9-2-5(b)表示第二组比特信息 C_2 为 4 比特在星座图的映射，当 C_2 = **1101** 时，映射到以实心圆表示的星座点上。

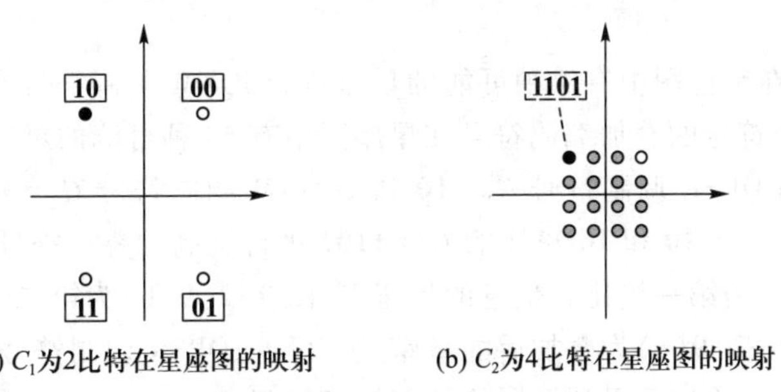

(a) C_1为2比特在星座图的映射　(b) C_2为4比特在星座图的映射

图 9-2-5　星座图的映射

4 比特信息中第 1 位和第 3 位比特为重要比特位,即 C_2 = **1101** 中第 1 位(**1**)和第 3 位(**0**)为重要比特位,分别确定 I 路分量和 Q 路分量的正负比特。

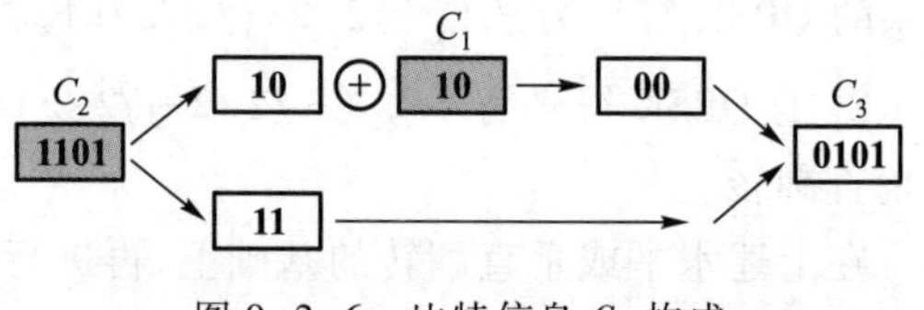

图 9-2-6　比特信息 C_3 构成

图 9-2-6 为比特信息 C_3 构成。

第一组比特信息 C_1 = **10** 进行 QPSK 调制,得到具有一定功率的调制符号 S_1,即第一复数符号。第二组比特信息 C_2 = **1101** 先与第一组比特信息 C_1 = **10** 经过比特运算得到第三组比特信息 C_3 = **0101**,第三组比特信息 C_3 = **0101** 进行 16QAM 调制,得到具有一定功率的调制符号 S_2,即第二复数符号。

第三组比特信息 C_3 = **0101** 由两部分组成,一部分由第二组比特信息 C_2 = **1101** 中特定 2 比特(**10**)与第一组比特信息 C_1 = **10** 进行 2 比特的**异或**运算得到 **00**。另一部分由第二组比特信息 C_2 = **1101** 中,除上述特定比特外的比特(**11**)保持不变而得到。

如果第一组比特信息 C_1 = **10**,第二组比特信息 C_2 = **1101**,其中第 1 位比特和第 3 位比特的 **10** 为特定 2 比特,得到第三组比特信息 C_3 = **0101**,其中第 1 位比特和第 3 位比特是第一组比特信息 C_1 = **10** 和第二组比特信息 C_2 = **1101** 中特定 2 比特(**10**)进行**异或**运算而得到的(**00**)。另外,第二组比特信息 C_2 = **1101** 中第 2 位比特和第 4 位比特(**11**)保持不变。

图 9-2-7 为第三组 4 比特信息 C_3 = **0101** 在星座图的映射,对比第二组比特信息星座映射,其与星座图实数轴对称的星座点映射变换成与星座图虚数轴对称的映射位置。

图 9-2-8 为第三组 4 比特信息 C_3 = **1101** 的构成,当 C_1 = **00** 和 C_2 = **1101**,得到第三组比特信息 C_3 = **1101**,其中第 1 位比特(**1**)和第 3 位比特(**0**)分别由 C_2 的第 1 位比特(**1**)和第 3 位比特(**0**)与 C_1 = **00** 进行**异或**而得到的,第 2 位和第 4 位比特(**11**)是保持 C_2 = **1101** 中第 2 位和第 4 位比特不变而得到的。

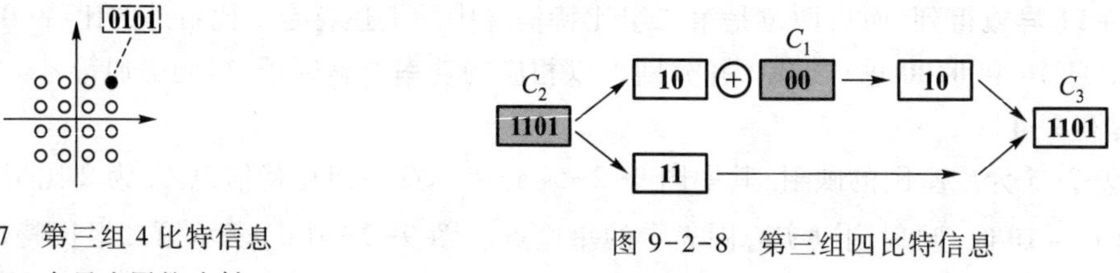

图 9-2-7　第三组 4 比特信息 C_3 = **0101** 在星座图的映射

图 9-2-8　第三组四比特信息 C_3 = **1101** 的构成

[**案例 9-5**]:

QPSK 调制符号在星座图中有 4 种可能的星座点,16QAM 调制符号有 16 种可能的星座点,QPSK 和 16QAM 调制符号的叠加编码符号在星座图中有 64 种可能的星座点。

[案例 9-3]说明 QPSK 调制符号 C_1 = **10** 和 16QAM 调制符号 C_2 = **1101** 的叠加方案之一。图 9-2-9 为 QPSK 的 C_1 = **10** 和 16QAM 的 C_2 = **1101** 进行调制的叠加符号星座图。

其中图 9-2-9(a)为第一组比特信息的星座点,图 9-2-9(b)为第二组比特信息及第三组比特信息的星座点,图 9-2-9(c)为叠加后的星座点。可见,QPSK 调制符号(**10**)星座点和 16QAM 调制符号(**0101**)星座点叠加后得到调制符号(**101101**)星座点。

[案例 9-4]说明 QPSK 调制符号 C_1 = **00** 和 16QAM 调制符号 C_2 = **1101** 的叠加方案之二。

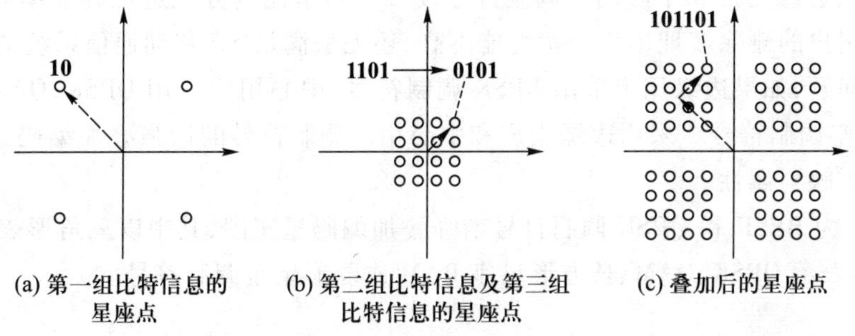

(a) 第一组比特信息的星座点　(b) 第二组比特信息及第三组比特信息的星座点　(c) 叠加后的星座点

图 9-2-9　QPSK 的 C_1 = **10** 和 16QAM 的 C_2 = **1101** 进行调制的叠加符号星座图

图 9-2-10 为 QPSK 的 C_1 = **00** 和 16QAM 的 C_2 = **1101** 调制叠加符号星座图。

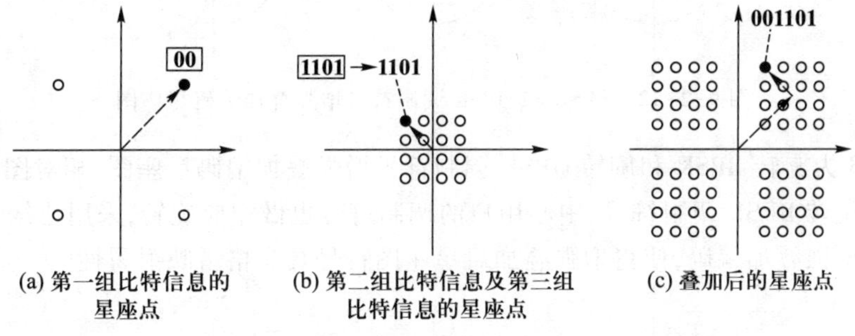

(a) 第一组比特信息的星座点　(b) 第二组比特信息及第三组比特信息的星座点　(c) 叠加后的星座点

图 9-2-10　QPSK 的 C_1 = **00** 和 16QAM 的 C_2 = **1101** 调制叠加符号星座图

其中图 9-2-10(a)为第一组比特信息的星座点,图 9-2-10(b)为第二组比特信息及第三组比特信息的星座点,图 9-2-10(c)为叠加后的星座点,为 **001101**。可见,QPSK 调制符号(**00**)星座点和 16QAM 调制符号(**1101**)星座点叠加,得到调制符号(**001101**)星座点。

将上述 QPSK 和 16QAM 调制符号叠加方案之一和叠加方案之二进行叠加合成的调制符号放在一个星座图中,得到 QPSK 和 16QAM 调制符号叠加合成星座图,如图 9-2-11 所示,所有可能叠加符号的映射星座仍然具有格雷映射属性。

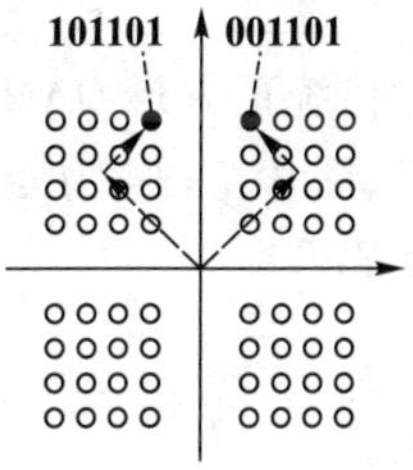

UE_1 和 UE_2 分别把 QPSK 和 16QAM 调制叠加符号作为发射信号,即使接收端由于噪声干扰的影响,错误判决 QPSK 调制符号,也不会影响对 16QAM 调制符号的正确解调和判决,从而增强非正交多址接入制式在调制符号级进行串行干扰删除算法的鲁棒性。

101101　001101

图 9-2-11　QPSK 和 16QAM 调制符号叠加合成星座图

9.2.3　新型星座调制

IMT-2020 标准规定的编码调制制式有 QPSK、16QAM、64QAM 和 256QAM 等。两调制符号的叠加编码,如 QPSK 符号和 QPSK 符号叠加产生满足一定功率配比的相当 16QAM 的星座,或 QPSK 符号和 16QAM 符号叠加产生满足一定功率配比的相当 64QAM 的星座。

在边缘用户和中心用户的调制符号叠加编码方案中,边缘用户和中心用户可采用 QPSK 符号或 QAM 符号,边缘用户和中心用户调制符号按一定功率比例分配进行叠加编码,可能由于中心用户和边缘用户的删除多址用户干扰性能不高,还无法满足 5G 移动通信系统的业务需求。

针对上述问题,如果边缘用户采用 BPSK 调制符号,中心用户采用 QPSK、QAM、长方形星座 PAM 或菱形星座调制符号。采用边缘用户和中心用户调制符号的增强叠加编码,使叠加后星座图符号具有格雷映射属性。

图 9-2-12 为 BPSK 和 QPSK 调制符号增强叠加编码星座图,其中以三角形表示 BPSK 调制符号,以正方形表示 QPSK、QAM、长方形星座 PAM 或菱形星座调制符号。

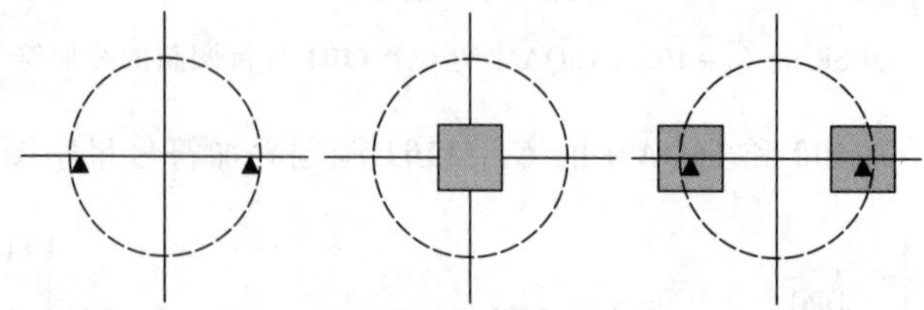

图 9-2-12 BPSK 和 QPSK 调制符号增强叠加编码星座图

图 9-2-13 为旋转 BPSK 和旋转 QPSK 调制符号增强叠加编码星座图,相对图 9-2-12,如果边缘用户采用旋转 BPSK 调制符号,中心用户的调制符号也做相应旋转,采用边缘用户和中心用户调制符号的增强叠加编码,使得增强叠加后星座图符号具有格雷映射属性。

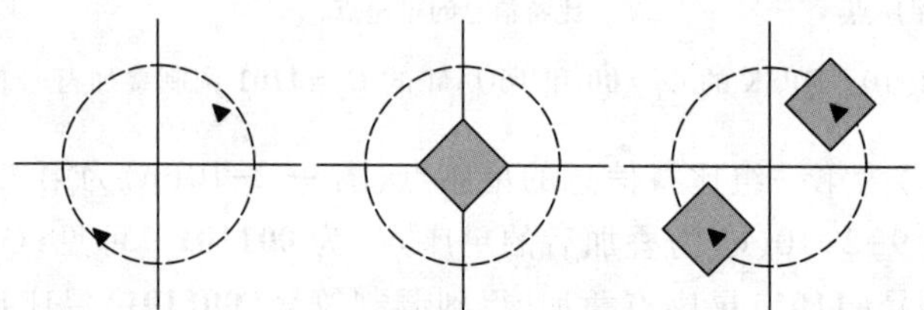

图 9-2-13 旋转 BPSK 和旋转 QPSK 调制符号增强叠加编码星座图

除传统正方形 QAM 星座,也可以和多边形星座图的调制符号叠加编码,如菱形星座或矩形星座等,图 9-2-14 为菱形星座图的调制符号叠加编码,图 9-2-15 为多边形星座图的调制符号叠加编码。

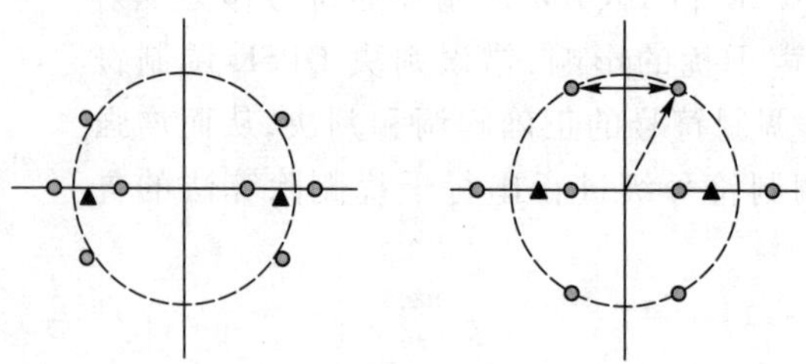

图 9-2-14 菱形星座图的调制符号叠加编码示意

如果边缘用户使用 BPSK 符号(以三角形表示),中心用户使用 QPSK、QAM、长方形星座 PAM 和菱形星座图符号(以圆点表示),边缘用户和中心用户的调制符号使用增强叠加编码,且叠加后星座图还具有格雷映射属性。

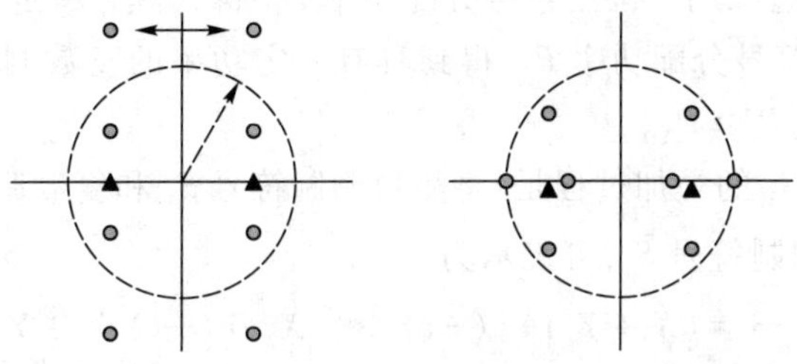

图 9-2-15　多边形星座图的调制符号叠加编码示意

图 9-2-16 为边缘用户和中心用户叠加编码，其中图 9-2-16(a) 为边缘用户使用 QPSK 调制符号(以三角形表示)，中心用户使用不同顶角菱形或变化菱形星座图符号(以圆点表示)，两个用户调制符号使用增强叠加编码，叠加后星座图还具有格雷映射属性。

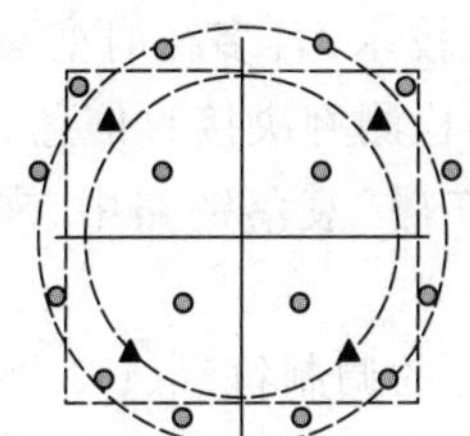

(a) 边缘用户使用QPSK调制符号(三角形)，中心用户使用菱形星座图符号(圆点)

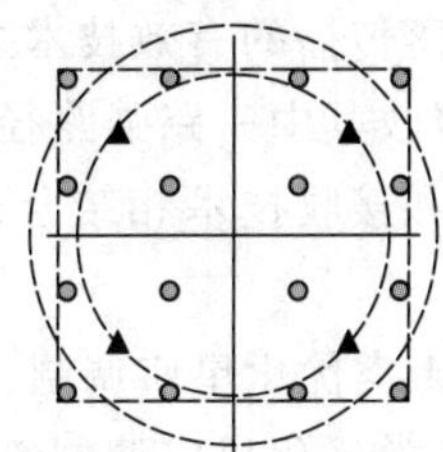

(b) 边缘用户使用QPSK调制符号(三角形)，中心用户使用QPSK调制符号(圆点)

图 9-2-16　边缘用户和中心用户叠加编码

而图 9-2-16(b) 为两 QPSK 调制符号增强叠加编码后的星座图，其中边缘用户使用 QPSK 调制符号(以三角形表示)，中心用户使用 QPSK 调制符号(以圆点表示)，叠加后星座图还具有格雷映射属性。

9.2.4　扩展信号序列

下行广播链路中“广播”是指同一基站发出不同接入用户的不同信息，各多址用户从基站发射信号中提取自己所期望信息。按多址接入用户所在通信小区位置，可将多址接入用户分为边缘用户、中心用户和其他用户。

如果将通信小区内 N 个多址接入用户分为 K 组，其中 N 和 K 是大于等于 2 的正整数。如果 K 组中每组的多址接入用户数 M_k 为 1、2 或 3，即 $M_k=1$ 时，只有 1 个用户；$M_k=2$ 时，即近端用户和远端用户各 1 个；$M_k=3$ 时，有 1 个近端用户、1 个远端用户和 1 个其他用户。

将每组内所有多址接入用户的调制符号叠加编码生成的调制符号，在 $K \times K$ 伪随机多址扩展信号序列矩阵中，对应用户的扩展信号序列对该生成的调制符号进行扩展信号处理，并将其作为基站的发射信号。

[**案例 9-6**]：

假设：边缘用户信息序列为 X_1，中心用户信息序列为 X_2，根据基站和对应多址接入用户传输信道的时变衰落参数，将边缘用户信息序列 X_1 和中心用户信息序列 X_2 调制为具有一定发射功率的复数调制符号,即给边缘用户调制符号分配功率 P_1,得到具有一定功率的复数调制符号$S_1=X_1+\mathrm{j}Y_1$,给中心用户调制符号分配功率 P_2,得到具有一定功率的复数调制符号 $S_2=X_2+\mathrm{j}Y_2$,并且满足总功率 $P=P_1+P_2$,且 $P_1\geqslant P_2$。

复数调制符号 S_1 和 S_2 的叠加过程是:将复数调制符号 S_1 和复数调制符号 S_2 镜像后的符号 $\tilde{S}_2$直接叠加合成的复数调制符号 S_1,可表示为

$$S_1+\tilde{S}_2=(X_1+\mathrm{j}Y_1)+\{(-1)^{[X_{\mathrm{std}}/2]}X_2+\mathrm{j}\,(-1)^{[Y_{\mathrm{std}}/2]}Y_2\} \tag{9-2-1}$$

其中[*]表示取整数,$\tilde{S}_2=(-1)^{[X_{\mathrm{std}}/2]}X_2+\mathrm{j}\,(-1)^{[Y_{\mathrm{std}}/2]}Y_2$ 为复数调制符号 S_2 的镜像符号,$X_{\mathrm{std}}+\mathrm{j}Y_{\mathrm{std}}$是与复数调制符号 S_1 对应未归一化的整数格点星座符号,如 QPSK 调制符号对应的 X_{std}和 Y_{std}取值为{1,-1}。

9.2.5　多天线发射和接收

对抗多径时变衰落传播的有效技术之一是分集接收技术,若多径时变衰落传播信号是互相独立的,接收机只要接收其中一路强路径信号,就能正确检测判决接收信息。可将非正交多址接入制式和多天线发射和接收技术相结合,特别在下行“广播”衰落链路中,来提高多址用户的接入性能和容量。

UE_1 信息经过第 1 类优化星座调制,形成第 1 类优化的调制符号,UE_2 的信息经过第 2 类优化星座调制,形成第 2 类优化星座调制符号。第 2 类优化星座调制符号,根据第 1 类优化的调制符号做镜像处理,形成第 2 类优化的调制符号。将第 1 类优化的调制符号和第 2 类优化的调制符号,叠加编码得到第 3 类调制符号,该第 3 类调制符号以多副发射天线在时间或频率域进行分集发射。

在下行广播链路中,多副天线发射和接收的处理方案可以两时隙的调制符号集合$\{g_1,g_2\}$为例说明,排列成 2×2 的矩阵$\begin{bmatrix}-g_2^* & g_1\\ g_1^* & g_2\end{bmatrix}$,该矩阵的行向量相互正交,进行两副天线发射分集。每列向量符号由两副天线同时发射,即在第 1 时隙持续时间间隔,天线 1 发射信号$-g_2^*$,天线 2 发射信号 g_1^*,在第 2 时隙持续时间间隔,天线 1 发射信号 g_1,天线 2 发射信号 g_2。

四副天线的发射分集可以按式(9-2-2)的矩阵形式,对调制符号集合$\{g_k\}$处理,即

$$\begin{bmatrix}g_4 & -g_3^* & -g_2^* & g_1\\ -g_3 & -g_4^* & g_1^* & g_2\\ -g_2 & g_1^* & -g_4^* & g_3\\ g_1 & g_2^* & g_3^* & g_4\end{bmatrix}\ \text{或}\ \begin{bmatrix}-g_4 & -g_3 & -g_2 & g_1\\ -g_3 & g_4 & g_1 & g_2\\ g_2 & g_1 & -g_4 & g_3\\ g_1 & -g_2 & g_3 & g_4\end{bmatrix} \tag{9-2-2}$$

边缘用户直接带着中心用户的干扰进行解调,而中心用户先带着边缘用户的干扰解出边缘用户的信息符号,采用串行干扰删除算法在调制符号中分离出接收信号中的边缘用户信息符号,再去除边缘用户调制符号做镜像处理,解调出中心用户的调制符号信息。

[**案例 9-7**]:

具有格雷映射属性的叠加调制符号对非正交多址接入(NOMA)通信系统的性能改善至关重要,特别注意对多址接入用户数大于 2 的调制信号进行叠加编码时,其叠加调制符号往往不具有

格雷映射属性。

图 9-2-17 为 2 个多址接入用户采用 QPSK 调制符号和 16QAM 调制符号，图 9-2-18 为 2 个多址接入用户采用 QPSK 调制符号和 16QAM 调制符号的叠加编码星座图。

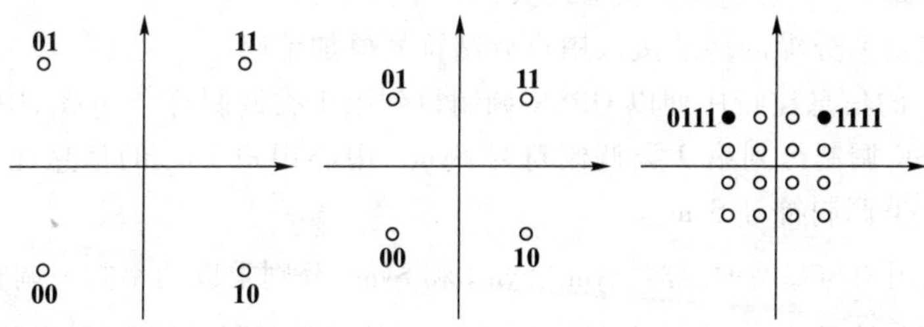

图 9-2-17 2 个多址接入用户采用 QPSK 调制符号和 16QAM 调制符号

从图 9-2-18 可见，2 个多址接入用户的 QPSK 调制符号和 1 个多址接入用户的 16QAM 调制符号直接叠加编码的星座图不具有格雷映射属性，对于离基站近的中心用户，需要删除多次串行干扰的迭代运算，会直接导致通信系统性能的下降。

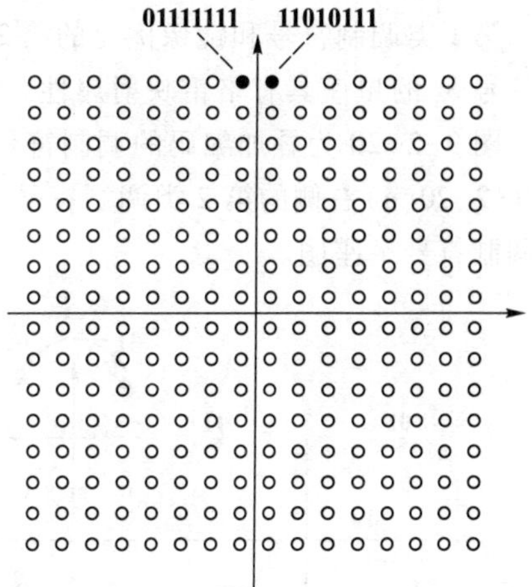

图 9-2-18 2 个多址接入用户采用 QPSK 调制符号和 16QAM 调制符号的叠加编码星座图

在非正交多址接入（NOMA）通信系统的下行广播链路中，多址接入用户分为三类用户，即边缘用户 UE_1、中间用户 UE_2 和中心用户 UE_3，它们对应的接收调制符号在基站叠加编码形成发射信号，同时发射给 UE_1、UE_2 和 UE_3，其对应的下行广播链路传播信道的振幅增益参数分别为 h_1、h_2 和 h_3，且满足 $|h_1|<|h_2|<|h_3|$。

图 9-2-19 为下行广播链路中基站发射原理框图。

下行广播链路中基站发射的具体过程如下：

(1) 第 3 类调制符号根据 S_2 做镜像优化，根据 S_2 当前时刻的星座点在虚拟星座坐标中星座区域位置，确定其镜像操作方式。

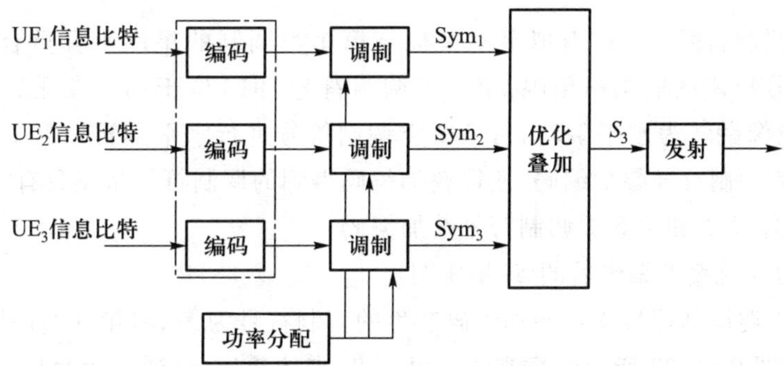

图 9-2-19 下行广播链路中基站发射原理框图

(2) 将第 3 类调制符号做水平翻转或垂直翻转,得到镜像优化后的第 3 类调制符号。水平翻转或垂直翻转是在虚拟星座坐标上,以星座区的垂直中心线或水平中心线作为对称线。

(3) 对第 3 类调制符号做 16QAM 星座的对称变化。

在下行广播链路中,基站多天线发射的关键技术如下:

(1) 具有一定功率分配的多址接入用户调制符号叠加编码

边缘用户 UE_1 的信息比特序列以 QPSK 调制得到第 1 类调制符号 Sym_1,中间用户 UE_2 的信息比特序列以 QPSK 调制得到第 2 类调制符号 Sym_2,中心用户 UE_3 的信息比特序列以 16QAM 调制方式得到第 3 类调制符号 Sym_3。

根据多址接入用户与基站的距离,Sym_1、Sym_2 和 Sym_3 分别乘以功率归一调整因子 $\sqrt{P_1}$,$\sqrt{P_2}$ 和 $\sqrt{P_3}$。第 1 类调制符号 Sym_1 表示为 $\sqrt{P_1}(X_1+jY_1)$,第 2 类调制符号 Sym_2 表示为 $\sqrt{P_2}(X_2+jY_2)$,第 3 类调制符号 Sym_3 表示为 $\sqrt{P_3}(X_3+jY_3)$。

(2) 第 1 类和第 2 类调制符号的叠加编码

第 1 类调制符号和镜像优化的第 2 类调制符号叠加编码,得到优化叠加的调制符号 S_2,使调制符号 S_2 的星座具有格雷映射属性。

图 9-2-20 为叠加编码的调制符号星座图,图 9-2-20(a)左侧的第 1 类调制符号星座图与图 9-2-20(a)右侧的第 2 类调制符号星座图的镜像优化符号进行叠加编码,得到图 9-2-20(b)的调制符号星座图。

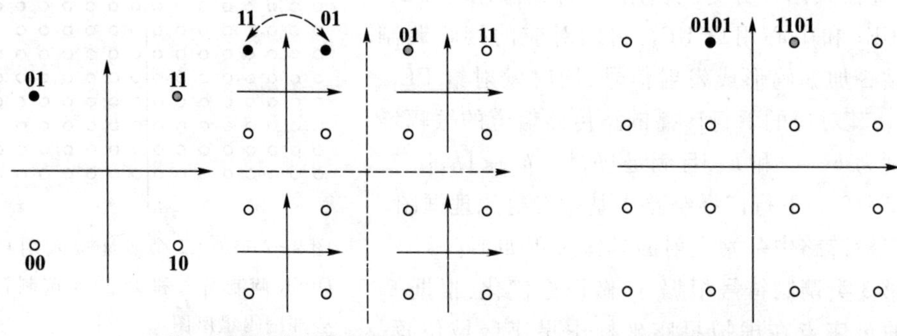

(a) 第1、2类调制符号星座图 (b) 叠加编码后的调制符号星座图

图 9-2-20 叠加编码的调制符号星座图

如果第 1 类调制符号为 **01**,虚拟星座坐标与第 1 类调制的星座坐标重合,固定星座区域为第 1 类调制符号星座图的第一象限,第 1 类调制符号(**01**)位于第二象限,固定星座区的水平相邻星座区,镜像翻转为水平翻转,对第 2 类调制符号进行水平翻转。第 1 类调制符号与镜像优化后的第 2 类调制符号叠加编码,使得叠加编码得到的调制符号星座具有格雷映射属性。

(3) 第 1 类、第 2 类和第 3 类调制符号叠加编码

图 9-2-21 为优化叠加编码后的 S_2 星座图。

第 1 类和第 2 类调制符号优化叠加编码产生的调制符号为 S_2,将第 3 类调制符号根据 S_2 进行镜像优化,得到图 9-2-22 所示的星座图。再与 S_2 直接叠加,得到优化叠加后的调制符号 S_3,具体如图 9-2-23 所示。

在图 9-2-21 所示的优化叠加编码后的 S_2 星座图中，如果以星座点 **0101** 为例，图 9-2-22 的虚线坐标为与 S_2 星座图中坐标重合的虚拟星座坐标，图 9-2-21 中每小坐标视为一星座区，初始固定星座区为左上角第一星座区。由 **0101** 所在位置可以确定对应的星座区为图 9-2-22 中第一排第二星座区，即第一排第一阴影区，该星座区对应的镜像操作为水平翻转，则对第 3 类调制符号进行水平翻转，图 9-2-22 中第一阴影区所示为翻转后的星座，S_2 与镜像优化后的第 3 类调制符号叠加后得到图 9-2-23 中第一阴影区的符号即为 S_3。

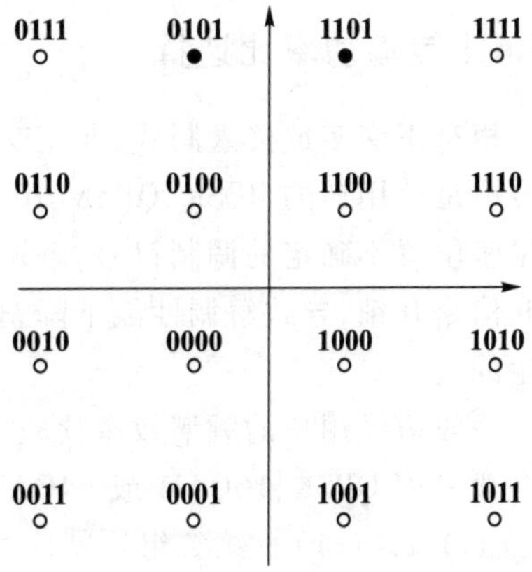

0111
0101
1101
1111
0110
0100
1100
1110
0010
0000
1000
1010
0011
0001
1001
1011

图 9-2-21　优化叠加编码后的 S_2 星座图

初始固定星座区为图 9-2-21 右上角第一星座区，如果在某时刻 S_2 为图 9-2-21 中的 **1101**，对应图 9-2-22 中第二阴影部分，该阴影部分对应的镜像操作为水平翻转，对第 3 类调制符号进行水平翻转。图 9-2-22 中第二阴影区所示为翻转后的星座，S_2 与镜像优化后的第 3 类调制符号叠加得到图 9-2-23 中第二阴影区的调制符号即为 S_3。将 S_2 和优化后的第 3 类调制符号叠加，得到优化叠加后的调制符号 S_3。

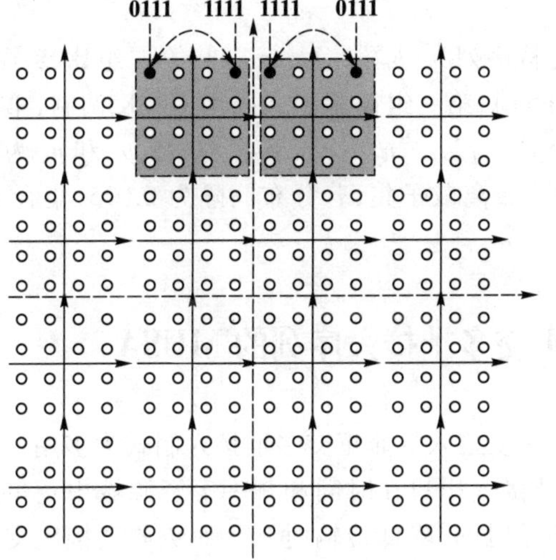

0111
1111
1111
0111

图 9-2-22　星座图

01011111
11011111

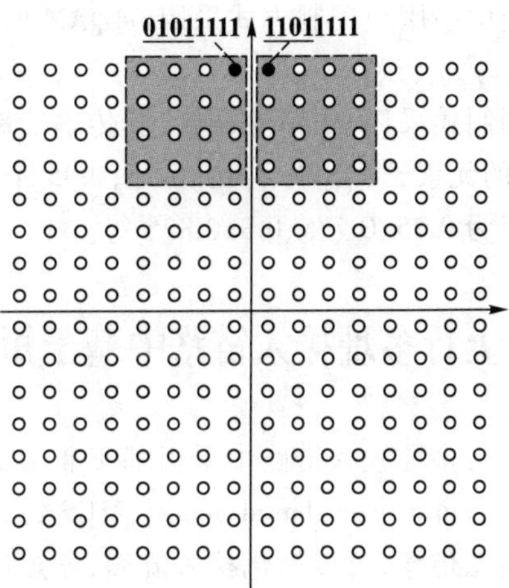

图 9-2-23　S_3 星座图

（4）优化叠加后的调制符号 S_3 作为基站的发射信号

优化叠加后的调制符号 S_3 作为基站的发射信号，并发射给第 1 类用户、第 2 类用户和第 3 类用户。在非正交多址接入（NOMA）通信系统的接收端，即使因为噪声而误判符号 S_2，对第 3 类优化的调制符号解调后，再做一次镜像仍能够正确解调判决第 3 类调制符号，使得中心用户的性能得到明显改善。

9.2.6　传输功率比选择

相对正交多址接入制式,非正交多址接入制式映射到时间、频率和空间等资源域的信息调制符号不是单用户的 BPSK、QPSK、16QAM、64QAM 或 256QAM 调制符号,而是经过叠加编码合成的星座位置不确定的调制符号,解调这类星座位置不确定的调制符号会增加检测判决算法复杂度和信令开销,导致解调性能下降,合成星座位置不确定,主要是由于传输功率比例难以确定而产生的。

一般边缘用户的频谱效率比较低,边缘用户调制制式往往采用 QPSK 调制,中心用户调制制式一般采用 QPSK、16QAM 或 64QAM 等。如果中心用户调制制式为 QPSK 时,第一组比特序列为$[b_0(i),b_0(i+1)]$,第二组比特序列为$[b_1(i),b_1(i+1)]$,第一组调制制式是 QPSK 调制,第二组调制制式是 QPSK 调制,其传输功率比为集合 $M=\{m_1,m_2,m_3\}$。如果 $m_1=0.8$,m_2、m_3 为集合 B_1 的元素,集合 B_1 为在[0.8,0.95]区间的均匀分布离散子集,若分布间隔为 0.025,集合 B_1 的取值为 0.8、0.825、0.85、0.875 和 0.925 等。

当中心用户调制制式为 16QAM 时,第一组比特序列为$[b_0(i),b_0(i+1)]$,第二组比特序列为$[b_1(i),b_1(i+1),b_1(i+2),b_1(i+3)]$,第一组调制制式采用 QPSK 调制,第二组调制制式采用 16QAM,其传输功率比为集合 $R=\{r_1,r_2,r_3\}$。如果 $r_1=0.75$,r_2 和 r_3 为集合 B_2 的元素,集合 B_2 为在[0.75,0.95]区间的均匀分布离散子集,若分布间隔为 0.025,集合 B_2 的取值为 0.75、0.725、0.75、0.775、0.8 等。

当中心用户调制方式采用 64QAM 时,第一组比特序列为$[b_0(i),b_0(i+1)]$,第二组比特序列为$[b_1(i),b_1(i+1),b_1(i+2),b_1(i+3),b_1(i+4),b_1(i+5)]$,第一组调制制式采用 QPSK 调制,第二组调制制式采用 64QAM 调制,其传输功率比为集合 $P=\{p_1,p_2,p_3\}$。如果 $p_1=0.75$,p_2 和 p_3 为集合 B_3 的元素,集合 B_3 为在[0.75,0.95]区间的均匀分布离散子集,若分布间隔为 0.025,集合 B_3 的取值为 0.75、0.775、0.8、0.825 等。

9.3　上行多址接入链路中基于短复数非正交多址接入序列的 MUSA

上行多址接入链路中采用基于非正交多址和免调度接入的非正交多址接入制式为多用户共享接入(multi-user shared access,MUSA),它支持多址接入用户在时间和频率等资源域中竞争接入与信息传输,可以简化接入流程,缩短用户接入所需时间,降低传输时延。而免调度接入支持用户发送信息时,需要进入激活状态和发射数据,而不发射信息时需要进入休眠状态,降低终端功耗,节省信令开销,降低传输时延,简化物理层设计和流程。

9.3.1　多用户共享接入

图 9-3-1 为上行多址接入链路中基于短复数扩展序列的 MUSA 原理。

在图 9-3-1 中,多址接入用户各自采用周期长度为 N 的短复数扩展序列对各多址接入用户的编码调制符号进行扩展处理,并在共享的时频空域发射出去。基站接收到多址接入用户发射的叠加信号,通过多址用户串行干扰删除(successive interference cancellation,SIC)算法进行多址用户数字信息序列的检测和判决。

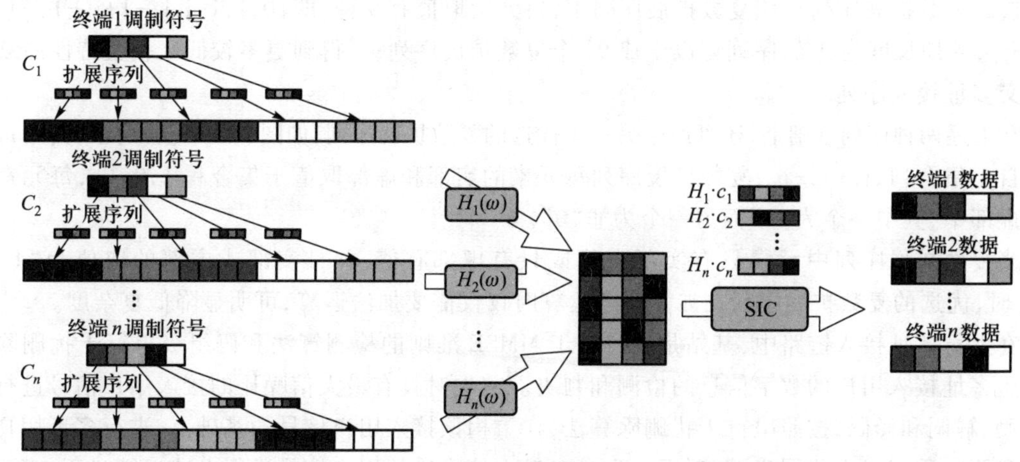

图 9-3-1 上行多址接入链路中基于短复数扩展序列的 MUSA 原理

CDMA 通信系统往往采用最长线性移位寄存器序列，如 m 序列实现多址用户随机竞争接入。在免调度多址接入场景中，长 m 序列具有较低的互相关特性，随着多址接入用户数量急剧增加，长 m 序列会导致多用户检测算法的复杂度急剧增加，并增加处理时延和功耗。而采用短 m 序列可降低多用户检测算法复杂度、处理时延和功耗等，但是可能出现多用户过载率比较低的情况。

基于短复数扩展序列的 MUSA 的关键是选择采用长度较短的复数扩展序列来进行符号扩展处理，由于复数扩展序列具有实部和虚部的设计自由度，即使非正交多址接入复数信号序列的长度较短，也可保证足够多的多址接入用户选取具有较低互相关特性的非正交多址扩展信号序列。

图 9-3-2 为基于二元实数序列得到一类复数扩展序列的原理，图 9-3-2(a)所示为基于二元实数序列的复数扩展频谱序列，其中每个元素的实部和虚部均可以取值于集合{-1,1}，复数扩展序列中每个元素的取值就有 4 种，即{1+j,-1+j,1-j,-1-j}。对于周期长度为 N 的复数扩展序列，可以生成 4^N 种非正交多址接入序列。

图 9-3-2(b)为复数扩展序列每个元素的实部和虚部均取值于集合{-1,0,1}时，产生的一

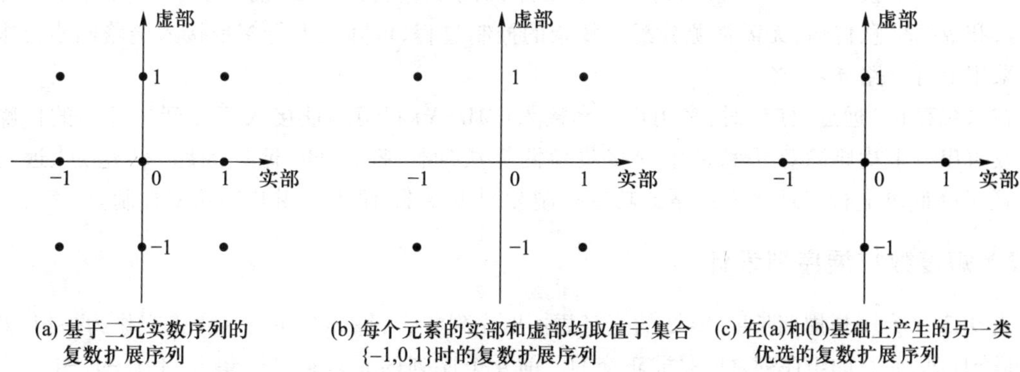

(a) 基于二元实数序列的复数扩展序列 (b) 每个元素的实部和虚部均取值于集合{-1,0,1}时的复数扩展序列 (c) 在(a)和(b)基础上产生的另一类优选的复数扩展序列

图 9-3-2 基于二元实数序列得到一类复数扩展序列的原理

类优选的复数扩展序列。该复数扩展序列中,每元素取值有 9 种,即{0,1,1+j,j,-1+j,-1,-1-j,-j,1-j},周期长度为 N 的序列可以生成 9^N 个复数扩展序列,可得到更多较低互相关特性的复数非正交多址接入序列。

在上述两种序列基础上,还可产生另一类优选的复数扩展序列,如图 9-3-2(c)所示,其中每元素来自于集合{1,j,-1,-j},复数扩展序列每元素的实部和虚部取值于集合{-1,0,1},每元素实部和虚部中,其中一个为“0”而另一个为非“0”。

当复数扩展序列中元素只有实部有值或只有虚部有值,并且实部或虚部的取值为“1”或“-1”时,优选的复数扩展序列在涉及序列运算时仅仅需要加法运算,可明显降低复杂度。

在上行多址接入链路中,基站是通过基于 MMSE 准则的检测算法和码组级串行干扰删除算法实施多址接入用户的数字信息的检测和判决。首先对具有最大信噪比的接入用户信号进行符号检测、解调和译码,按照串行干扰删除算法,在重构该接入用户信号的基础上,进行多址用户干扰的删除。重复以上相同步骤,对下一个具有最大信噪比的用户信号进行上述运算过程,直到完成所有多址接入用户信号的检测判决和干扰删除。

图 9-3-3 为多用户共享接入(MUSA)的发射和接收流程框图。

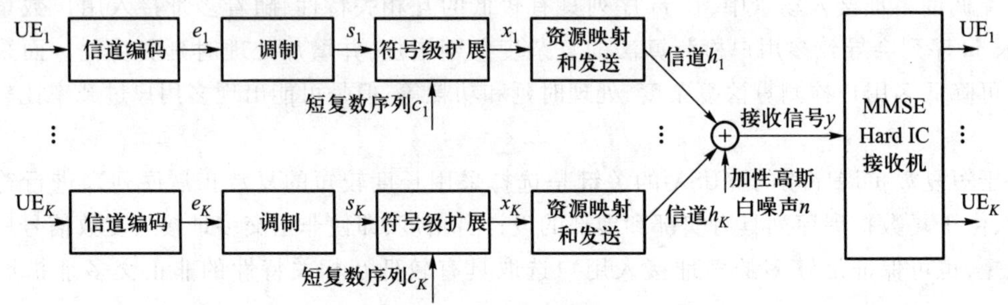

图 9-3-3 多用户共享接入(MUSA)的发射和接收流程框图

MUSA 与常规 CDMA 通信系统的主要区别如下:

(1) 发射端以周期长度较短的复数扩展序列,负责多址用户竞争接入;

(2) 接收端以串行干扰删除算法,删除其他多址用户干扰,支持接入用户过载和共享接入,在一定程度上可满足海量连接场景的需求。

多用户共享接入(MUSA)采用的复数扩展序列用于识别共享多址接入用户,实现用户免调度接入和数据信息传输,无需资源分配等复杂的控制过程,可降低上行多址接入链路同步要求或者可采用上行链路异步方案。

在系统存在“远近效应”时,多用户共享接入(MUSA)利用多址接入用户到达基站的信噪比差异改善串行干扰删除算法和多用户接收检测算法的性能,可将“远近问题”转化为“远近增益”,还可降低对上行多址接入链路的功率控制和同步要求,便于采用开环功率控制。

9.3.2 短复数扩展序列设计

表 9-3-1 为序列周期长度 N=2 的短复数扩展序列集合,每 2 个序列互相正交作为一组,共有 5 组正交序列,而不同组序列之间是非正交的。前 4 个序列的元素来自于集合{1,j,-1,-j}。第 5 个和第 6 个序列来自于单位矩阵。

表 9-3-1 $N=2$ 的短复数扩展序列集合

序列序号	序列元素序号和相应的序列	
	1	2
1	1	1
2	1	-1
3	1	j
4	1	-j
5	$\sqrt{2}$	0
6	0	$\sqrt{2}$
7	1	$\sqrt{2}/2+\mathrm{j}\sqrt{2}/2$
8	1	$-\sqrt{2}/2-\mathrm{j}\sqrt{2}/2$
9	1	$-\sqrt{2}/2+\mathrm{j}\sqrt{2}/2$
10	1	$\sqrt{2}/2-\mathrm{j}\sqrt{2}/2$

为保证各正交序列总能量均等,可将非零元素的取值调整为$\sqrt{2}$。后 4 个序列第 2 元素分别将前 4 个序列第 2 元素进行 $\pi/4$ 相位旋转。前 4 个非正交序列间最大互相关系数为 0.5,前 6 个非正交序列间最大互相关系数为$\sqrt{2}/2$,全部 10 个非正交序列最大互相关系数为 0.8。

当序列周期长度 $N=4$ 时,有三种序列集合分别表示在表 9-3-2、表 9-3-3 和表 9-3-4 中,其中表 9-3-2 为周期长度 $N=4$ 的序列集合一,序列的元素来自于集合$\{1,\mathrm{j},-1,-\mathrm{j}\}$,每 4 个序列之间是相互正交的。有 16 组正交序列,而不同组的序列之间是非正交的。前 16 个非正交序列的最大互相关系数为 0.5,前 32 个非正交序列的最大互相关系数为$\sqrt{2}/2$,全部 64 个非正交序列的最大互相关系数小于 0.8。

表 9-3-2 $N=4$ 序列集合一

序列序号	序列元素序号和相应的序列			
	1	2	3	4
1	1	1	1	1
2	1	1	-1	-1
3	1	-1	1	-1
4	1	-1	-1	1
5	1	1	j	-j
6	1	1	-j	j
7	1	-1	j	j
8	1	-1	-j	-j
9	1	j	1	-j
10	1	j	-1	j
11	1	-j	1	j

续表

序列序号	序列元素序号和相应的序列			
	1	2	3	4
12	1	-j	-1	-j
13	1	j	j	-1
14	1	j	-j	1
15	1	-j	j	1
16	1	-j	-j	-1
17	1	1	1	-1
18	1	1	-1	1
19	1	-1	1	1
20	1	-1	-1	-1
21	1	1	j	j
22	1	1	-j	-j
23	1	-1	j	-j
24	1	-1	-j	j
25	1	j	1	j
26	1	j	-1	-j
27	1	-j	1	-j
28	1	-j	-1	j
29	1	j	j	1
30	1	j	-j	-1
31	1	-j	j	-1
32	1	-j	-j	1
33	1	1	1	j
34	1	1	-1	-j
35	1	-1	1	-j
36	1	-1	-1	j
37	1	1	j	1
38	1	1	-j	-1
39	1	-1	j	-1
40	1	-1	-j	1
41	1	j	1	1
42	1	j	-1	-1
43	1	-j	1	-1

续表

序列序号	序列元素序号和相应的序列			
	1	2	3	4
44	1	-j	-1	1
45	1	j	j	-j
46	1	j	-j	j
47	1	-j	j	j
48	1	-j	-j	-j
49	1	1	1	-j
50	1	1	-1	j
51	1	-1	1	j
52	1	-1	-1	-j
53	1	1	j	-1
54	1	1	-j	1
55	1	-1	j	1
56	1	-1	-j	-1
57	1	j	1	-1
58	1	j	-1	1
59	1	-j	1	1
60	1	-j	-1	-1
61	1	j	j	j
62	1	j	-j	-j
63	1	-j	j	-j
64	1	-j	-j	j

表 9-3-3 为周期长度 $N=4$ 的序列集合二,与表 9-3-2 所示的 $N=4$ 的序列集合一基本类似,主要差别是:周期长度 $N=4$ 的序列集合二的序列元素来自集合{1+j,-1+j,-1-j,1-j},相当于对集合{1,j,-1,-j}进行 $\pi/4$ 的相位旋转。对于周期长度 $N=4$ 的序列集合二,可得到 16 组正交序列,每组包括 4 个正交序列,而不同组序列之间是非正交的,序列之间互相关特性与周期长度 $N=4$ 的序列集合一是类似的。

表 9-3-3 的周期长度 $N=4$ 的序列集合二并没有按照 16 组正交序列来排序,当序列元素来自于集合{0,1,1+j,j,-1+j,-1,-1-j,-j,1-j}时,如果序列周期长度为 $N=4$,可以得到 $9^4=6\ 561$ 个非正交序列,去除其中所有元素均为“0”的序列,总共有 6 560 个序列。

周期长度 $N=4$ 的序列集合一或表 9-3-3 所示的周期长度 $N=4$ 的序列集合二可以和周期长度为 4 的单位矩阵序列结合,得到包含更多非正交序列的集合,且不改变非正交序列之间最大互相关关系。

表 9-3-3 $N=4$ 序列集合二

序列序号	序列元素序号和相应的序列			
	1	2	3	4
1	1+j	1+j	1+j	1+j
2	1+j	1+j	1+j	−1+j
3	1+j	1+j	1+j	−1−j
4	1+j	1+j	1+j	1−j
5	1+j	1+j	−1+j	1+j
6	1+j	1+j	−1+j	−1+j
7	1+j	1+j	−1+j	−1−j
8	1+j	1+j	−1+j	1−j
9	1+j	1+j	−1−j	1+j
10	1+j	1+j	−1−j	−1+j
11	1+j	1+j	−1−j	−1−j
12	1+j	1+j	−1−j	1−j
13	1+j	1+j	1−j	1+j
14	1+j	1+j	1−j	−1+j
15	1+j	1+j	1−j	−1−j
16	1+j	1+j	1−j	1−j
17	1+j	−1+j	1+j	1+j
18	1+j	−1+j	1+j	−1+j
19	1+j	−1+j	1+j	−1−j
20	1+j	−1+j	1+j	1−j
21	1+j	−1+j	−1+j	1+j
22	1+j	−1+j	−1+j	−1+j
23	1+j	−1+j	−1+j	−1−j
24	1+j	−1+j	−1+j	1−j
25	1+j	−1+j	−1−j	1+j
26	1+j	−1+j	−1−j	−1+j
27	1+j	−1+j	−1−j	−1−j
28	1+j	−1+j	−1−j	1−j
29	1+j	−1+j	1−j	1+j
30	1+j	−1+j	1−j	−1+j
31	1+j	−1+j	1−j	−1−j
32	1+j	−1+j	1−j	1−j
33	1+j	−1−j	1+j	1+j

续表

序列序号	序列元素序号和相应的序列			
	1	2	3	4
34	1+j	−1−j	1+j	−1+j
35	1+j	−1−j	1+j	−1−j
36	1+j	−1−j	1+j	1−j
37	1+j	−1−j	−1+j	1+j
38	1+j	−1−j	−1+j	−1+j
39	1+j	−1−j	−1+j	−1−j
40	1+j	−1−j	−1+j	1−j
41	1+j	−1−j	−1−j	1+j
42	1+j	−1−j	−1−j	−1+j
43	1+j	−1−j	−1−j	−1−j
44	1+j	−1−j	−1−j	1−j
45	1+j	−1−j	1−j	1+j
46	1+j	−1−j	1−j	−1+j
47	1+j	−1−j	1−j	−1−j
48	1+j	−1−j	1−j	1−j
49	1+j	1−j	1+j	1+j
50	1+j	1−j	1+j	−1+j
51	1+j	1−j	1+j	−1−j
52	1+j	1−j	1+j	1−j
53	1+j	1−j	−1+j	1+j
54	1+j	1−j	−1+j	−1+j
55	1+j	1−j	−1+j	−1−j
56	1+j	1−j	−1+j	1−j
57	1+j	1−j	−1−j	1+j
58	1+j	1−j	−1−j	−1+j
59	1+j	1−j	−1−j	−1−j
60	1+j	1−j	−1−j	1−j
61	1+j	1−j	1−j	1+j
62	1+j	1−j	1−j	−1+j
63	1+j	1−j	1−j	−1−j
64	1+j	1−j	1−j	1−j

通过控制非正交序列间互相关系数不大于 0.8,可得表 9-3-4 所示的周期长度 $N=4$ 的序列集合三。周期长度 $N=4$ 的序列集合三中各序列是原始序列,各列的总能量并不完全相同。实际使用时,为保证各非正交序列的总能量均等,将各正交序列的总能量归一化调整为 1。

表 9-3-4 $N=4$ 序列集合三

序列序号	序列元素序号和相应的序列			
	1	2	3	4
1	1	0	0	0
2	0	1	0	0
3	1	1	0	0
4	j	1	0	0
5	−1	1	0	0
6	−j	1	0	0
7	0	0	1	0
8	1	0	1	0
9	j	0	1	0
10	−1	0	1	0
11	−j	0	1	0
12	0	1	1	0
13	1+j	1	1	0
14	−1+j	1	1	0
15	−1−j	1	1	0
16	1−j	1	1	0
17	0	j	1	0
18	1+j	j	1	0
19	−1+j	j	1	0
20	−1−j	j	1	0
21	1−j	j	1	0
22	0	−1	1	0
23	1+j	−1	1	0
24	−1+j	−1	1	0
25	−1−j	−1	1	0
26	1−j	−1	1	0
27	0	−j	1	0
28	1+j	−j	1	0
29	−1+j	−j	1	0

续表

序列序号	序列元素序号和相应的序列			
	1	2	3	4
30	−1−j	−j	1	0
31	1−j	−j	1	0
32	0	0	0	1
33	1	0	0	1
34	j	0	0	1
35	−1	0	0	1
36	−j	0	0	1
37	0	1	0	1
38	1+j	1	0	1
39	−1+j	1	0	1
40	−1−j	1	0	1
41	1−j	1	0	1
42	0	j	0	1
43	1+j	j	0	1
44	−1+j	j	0	1
45	−1−j	j	0	1
46	1−j	j	0	1
47	0	−1	0	1
48	1+j	−1	0	1
49	−1+j	−1	0	1
50	−1−j	−1	0	1
51	1−j	−1	0	1
52	0	−j	0	1
53	1+j	−j	0	1
54	−1+j	−j	0	1
55	−1−j	−j	0	1
56	1−j	−j	0	1
57	0	0	1	1
58	1+j	0	1	1
59	−1+j	0	1	1
60	−1−j	0	1	1
61	1−j	0	1	1

续表

序列序号	序列元素序号和相应的序列			
	1	2	3	4
62	1	1	1	1
63	j	1	1	1
64	−1	1	1	1
65	−j	1	1	1
66	0	1+j	1	1
67	1	j	1	1
68	j	j	1	1
69	−1	j	1	1
70	−j	j	1	1
71	0	−1+j	1	1
72	1	−1	1	1
73	j	−1	1	1
74	−1	−1	1	1
75	−j	−1	1	1
76	0	−1−j	1	1
77	1	−j	1	1
78	j	−j	1	1
79	−1	−j	1	1
80	−j	−j	1	1
81	0	1−j	1	1
82	0	0	j	1
83	1+j	0	j	1
84	−1+j	0	j	1
85	−1−j	0	j	1
86	1−j	0	j	1
87	1	1	j	1
88	j	1	j	1
89	−1	1	j	1
90	−j	1	j	1
91	0	1+j	j	1
92	1	j	j	1
93	j	j	j	1

续表

序列序号	序列元素序号和相应的序列			
	1	2	3	4
94	−1	j	j	1
95	−j	j	j	1
96	0	−1+j	j	1
97	1	−1	j	1
98	j	−1	j	1
99	−1	−1	j	1
100	−j	−1	j	1
101	0	−1−j	j	1
102	1	−j	j	1
103	j	−j	j	1
104	−1	−j	j	1
105	−j	−j	j	1
106	0	1−j	j	1
107	0	0	−1	1
108	1+j	0	−1	1
109	−1+j	0	−1	1
110	−1−j	0	−1	1
111	1−j	0	−1	1
112	1	1	−1	1
113	j	1	−1	1
114	−1	1	−1	1
115	−j	1	−1	1
116	0	1+j	−1	1
117	1	j	−1	1
118	j	j	−1	1
119	−1	j	−1	1
120	−j	j	−1	1
121	0	−1+j	−1	1
122	1	−1	−1	1
123	j	−1	−1	1
124	−1	−1	−1	1
125	−j	−1	−1	1

续表

序列序号	序列元素序号和相应的序列			
	1	2	3	4
126	0	−1−j	−1	1
127	1	−j	−1	1
128	j	−j	−1	1
129	−1	−j	−1	1
130	−j	−j	−1	1
131	0	1−j	−1	1
132	0	0	−j	1
133	1+j	0	−j	1
134	−1+j	0	−j	1
135	−1−j	0	−j	1
136	1−j	0	−j	1
137	1	1	−j	1
138	j	1	−j	1
139	−1	1	−j	1
140	−j	1	−j	1
141	0	1+j	−j	1
142	1	j	−j	1
143	j	j	−j	1
144	−1	j	−j	1
145	−j	j	−j	1
146	0	−1+j	−j	1
147	1	−1	−j	1
148	j	−1	−j	1
149	−1	−1	−j	1
150	−j	−1	−j	1
151	0	−1−j	−j	1
152	1	−j	−j	1
153	j	−j	−j	1
154	−1	−j	−j	1
155	−j	−j	−j	1
156	0	1−j	−j	1

对于表 9-3-5 所示的序列周期长度 $N=6$ 的序列集合，每序列的元素为 1 或-1，且所有 16 个序列之间是相等互相关的，且互相关系数均为 $1/\sqrt{6}$。

表 9-3-5 $N=6$ 序列集合

序列序号	序列元素序号和相应的序列					
	1	2	3	4	5	6
1	1	1	1	1	1	1
2	1	1	1	1	-1	-1
3	1	1	1	-1	1	-1
4	1	1	1	-1	-1	1
5	1	1	-1	1	1	-1
6	1	1	-1	1	-1	1
7	1	1	-1	-1	1	1
8	1	1	-1	-1	-1	-1
9	1	-1	1	1	1	-1
10	1	-1	1	1	-1	1
11	1	-1	1	-1	1	1
12	1	-1	1	-1	-1	-1
13	1	-1	-1	1	1	1
14	1	-1	-1	1	-1	-1
15	1	-1	-1	-1	1	-1
16	1	-1	-1	-1	-1	1

多用户共享接入 MUSA 采用上述周期长度较短的复数扩展序列对用户调制符号进行符号扩展，往往序列周期长度 N 取值为 2、4 或 6 等，序列元素来自于集合{1,j,-1,-j}，而且序列不包括“0”元素，也就是说序列属于非稀疏序列。

多用户共享接入 MUSA 使用的短复数扩展序列中低互相关序列的数量相对较多。当非正交序列元素仅取实部或虚部值，且实部或虚部取值仅仅为“1”或“-1”时，非正交序列操作运算仅仅进行加法运算，其运算复杂度较低。采用非稀疏序列符号扩展，还有利于保持 DFT 扩展 OFDM(DFT-spread OFDM,DFT-S-OFDM)通信系统发射波形的低峰均比特性。

9.3.3 基于 MMSE 准则的干扰删除接收原理

上行多址竞争接入链路中，基于短复数非正交多址接入序列的 MUSA 采用基于 MMSE 准则的干扰删除接收，其原理是当一多址接入用户发射信号被成功检测后，判决译码器对该检测信号进行硬判决，而不是软判决，并以硬判决的比特信息重构该用户的发射信号，用于多址用户干扰的删除算法中。当一多址接入用户被正确判决译码后，其对系统的干扰可以被删除，并将该用户从待检测的多址接入用户集中扣除。在保证一定系统性能指标下，与干扰软删除相比，干扰硬删除可明显降低干扰删除算法的复杂度。

多址用户干扰删除结构有串行、并行或并串混合方案,下面具体讨论基于 MMSE 准则的串行干扰删除接收、基于 MMSE 准则的增强型串行干扰删除接收和多用户共享接入 MUSA 与多接收天线结合方案。

(1) 基于 MMSE 准则的串行干扰删除接收

图 9-3-4 为基于 MMSE 准则的串行干扰删除(MMSE-SIC)接收原理框图。

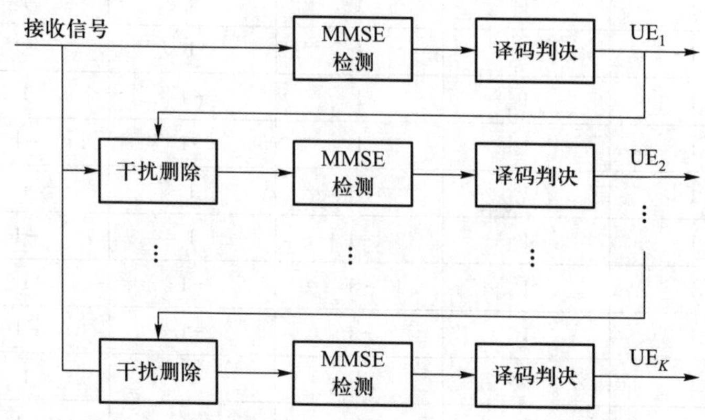

图 9-3-4 基于 MMSE 准则的串行干扰删除接收原理框图

MMSE-SIC 接收原理如下:首先对接收信号进行基于 MMSE 准则的检测,然后送入译码器进行译码判决,当某接入用户的信号被正确译码时,对其信号进行重构,用于串行干扰删除,再进行下一接入用户的信号检测、译码和干扰删除,直到所有多址接入用户信号均被正确检测、译码和删除,或没有接入用户信号被正确译码时终止。

在串行干扰删除算法中,需要对各多址竞争接入用户的信号与噪声干扰比(signal to noise plus interference radio,SNIR)进行排序,优先对信号与噪声干扰比最高的接入用户信号进行检测、译码和干扰删除,可极大地改善后续多址接入用户信号的检测译码性能。

假设:非正交多址接入(NOMA)通信系统中,K 个多址接入用户以非正交多址接入制式在相同资源域上传输信息,多址接入用户采用周期为 N 的非正交多址接入序列 c_k 对用户调制符号 $\boldsymbol{X}_k$ 进行符号扩展,基站有 L 副接收天线,那么基站的接收信号 Y 表示为

$$\boldsymbol{Y}=\sum_{k=1}^{K}\boldsymbol{F}_k\boldsymbol{X}_k+\boldsymbol{N}_{\mathrm{ch}} \tag{9-3-1}$$

其中 $\boldsymbol{X}_k$ 是第 k 用户的调制符号,$\boldsymbol{F}_k\boldsymbol{X}_k=\{\boldsymbol{h}_{1k}*\boldsymbol{c}_k,\cdots,\boldsymbol{h}_{lk}*\boldsymbol{c}_k,\cdots,\boldsymbol{h}_{LK}*\boldsymbol{c}_k\}$ 是第 k 用户与基站第 L 副接收天线间的等效信道传输函数,其中 $\boldsymbol{h}_{lk}$ 表示第 k 用户与第 l 副接收天线间传播信道的脉冲响应函数,$\boldsymbol{c}_k$ 是第 k 用户采用的周期为 N 的非正交多址接入序列,$\boldsymbol{N}_{\mathrm{ch}}$ 是均值为 0 和方差为 σ^2 的传播信道加性高斯白噪声。

基于 MMSE 准则,第 k 用户的 MMSE 检测权重为

$$\begin{aligned}\boldsymbol{W}_k&=\boldsymbol{R}^{-1}\boldsymbol{F}_k=(\boldsymbol{F}_k\boldsymbol{F}_k^{\mathrm{H}}+\boldsymbol{R}_k)^{-1}\boldsymbol{F}_k\\&=\sum_{k=1}^{K}(\boldsymbol{F}_k\boldsymbol{F}_k^{\mathrm{H}}+\sigma^2\boldsymbol{I}_{LN})^{-1}\boldsymbol{F}_k\end{aligned} \tag{9-3-2}$$

其中 $\boldsymbol{R}$ 是接收信号的协方差矩阵，矩阵 $\boldsymbol{R}_k = \sum_{k=1}^{K}(\boldsymbol{F}_k\boldsymbol{F}_k^{\mathrm{H}} + \sigma^2\boldsymbol{I}_{LN})$ 是第 k 用户受到噪声和干扰影响的协方差矩阵，$\boldsymbol{I}_{LN}$ 是单位矩阵，$(\cdot)^{\mathrm{H}}$ 表示共轭转置运算。

第 k 用户基于 MMSE 准则检测的信号与噪声干扰比 $SINR_k$ 为

$$SINR_k = \boldsymbol{F}_k^{\mathrm{H}}\boldsymbol{R}_k^{-1}\boldsymbol{F}_k \tag{9-3-3}$$

第 k 用户的 MMSE 检测值为

$$\hat{\boldsymbol{X}}_k = \boldsymbol{W}_k^{\mathrm{H}}\boldsymbol{Y} \tag{9-3-4}$$

图 9-3-5 为基于 MMSE 准则的串行干扰删除接收流程图，按照多址接入用户信号 SINR 由高到低排序进行 MMSE 检测，如果 SINR 最高的用户信号无法被正确译码，则其他 SINR 相对较低的多址接入用户信号可能也无法被正确译码。

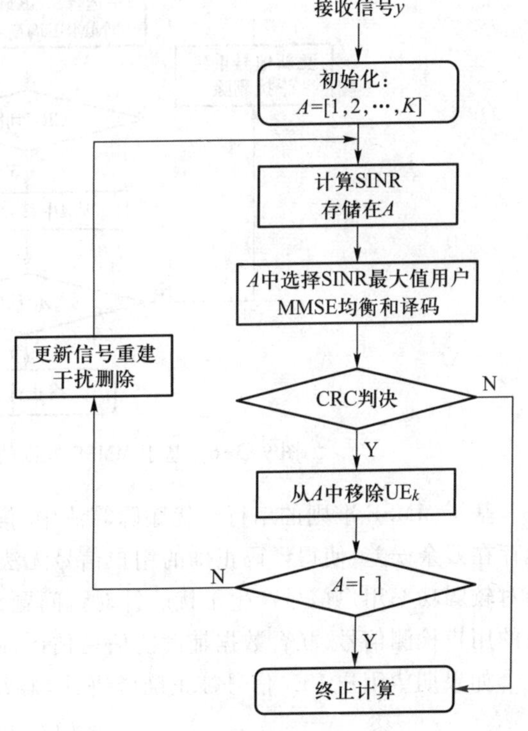

图 9-3-5　基于 MMSE 准则的串行干扰删除接收流程图

基于 MMSE 准则的串行干扰删除接收算法的复杂度主要在矩阵求逆运算，其复杂度通常为 $o(x^3)$，其中 x 表示矩阵维度。接收端对多址接入用户的调制符号进行 MMSE 检测，算法复杂度大约为 $o[K \cdot S\,(N \cdot L)^3]$，其中 K 为系统多址接入用户数，S 为调制符号数，L 为接收天线数，N 为扩展符号序列的周期。

(2) 基于 MMSE 准则的增强型串行干扰删除接收

在图 9-3-5 的处理流程中，如果当前 SINR 最高的接入用户信号无法被正确译码和检测，则接收流程终止，影响串行干扰删除接收的性能。

图 9-3-6 示意的基于 MMSE 准则的增强型串行干扰删除接收流程可以解决上述问题。接入用户信号按时域的平均 SINR 由大到小排序，平均 SINR 更高的用户信号易被译码正确。如果当前 SINR 最高的接入用户信号没有被正确译码，继续对剩余接入用户信号中 SINR 最高的用户信号进行译码和干扰删除。再重新对没有被正确译码用户和尚未译码的用户信号进行上述类似检测译码过程。如果所有剩余用户信号都无法被正确译码，则接收检测流程终止。

基于 MMSE 准则的增强型串行干扰删除接收的主要问题是在多径时变衰落信道场景下，平均 SINR 不能完全准确地反映信道实际状态，影响系统接收检测性能改善。

(3) 多用户共享接入 MUSA 与多接收天线结合

在基于 MMSE 准则的串行干扰删除接收原理中，当多址接入用户共享接入 MUSA 时，采用周期长度较短的非正交复数多址接入序列和多天线接收结合方案，长度较短的非正交复数多址接入序列被进一步扩展，等价采用长度更长和互相关性更低的非正交多址接入序列。

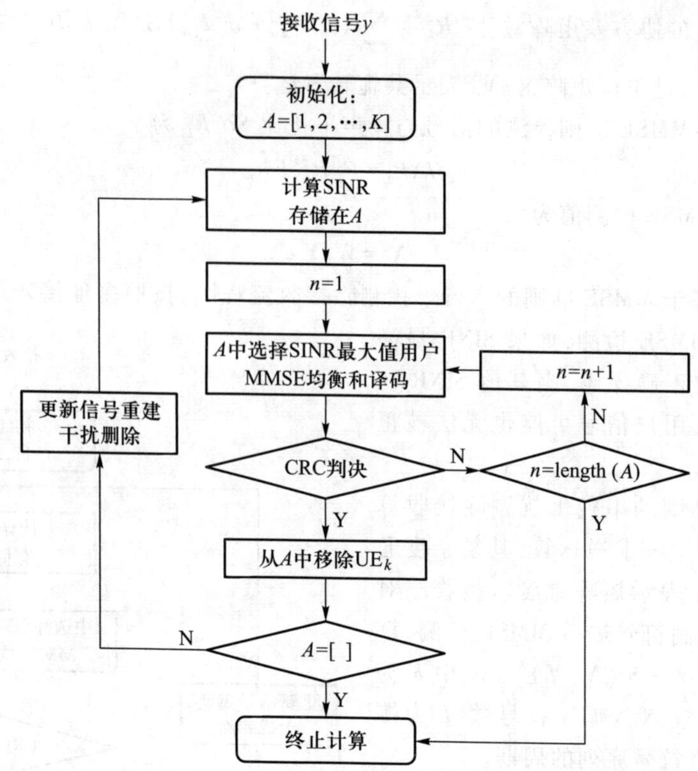

图9-3-6　基于MMSE准则的增强型串行干扰删除接收流程

基于MMSE准则的串行干扰删除算法中,信道参数估计的误差会导致多址用户干扰删除过程存在残余误差,使得译码正确的用户信号无法完美重构,尤其是较高功率用户信号的残留误差会对较弱功率用户信号产生干扰。针对该问题,可以采用数据辅助的信道估计方法,利用译码正确的用户检测信号,联合数据辅助的信道估计,减轻干扰删除中的误差传播。

如果期望用户 UE_1 信号被正确译码,即第 $K=1$ 用户的发射信号表示为

$$\boldsymbol{s}_1(t)=\boldsymbol{x}_1(t)\boldsymbol{c}_1(t) \tag{9-3-5}$$

其中 $\boldsymbol{x}_1(t)$ 为期望用户 UE_1 的调制符号,$\boldsymbol{c}_1(t)$ 为期望用户 UE_1 的非正交多址序列。

通过最小二乘算法来估计期望用户 UE_1 的信道传播函数的估计值为

$$\hat{\boldsymbol{h}}_1(t)=[\boldsymbol{s}_1^{\mathrm{H}}(t)\boldsymbol{s}_1(t)]^{-1}\boldsymbol{s}_1^{\mathrm{H}}(t)\boldsymbol{r}(t) \tag{9-3-6}$$

其中 $\boldsymbol{r}(t)$ 为期望用户 UE_1 的接收信号。当多址接入用户信号被正确译码时,可以用最小二乘算法来联合估计信道传播函数。

如果用户 UE_1 和 UE_2 的接收信号都被正确译码,其发射信号分别为 $\boldsymbol{s}_1(t)$ 和 $\boldsymbol{s}_2(t)$,通过最小二乘算法联合估计信道传播函数值为

$$\hat{\boldsymbol{h}}_{12}(t)=[\boldsymbol{s}_{12}^{\mathrm{H}}(t)\boldsymbol{s}_{12}(t)]^{-1}\boldsymbol{s}_{12}^{\mathrm{H}}(t)\boldsymbol{r}(t) \tag{9-3-7}$$

其中 $\hat{\boldsymbol{h}}_{12}(t)=[\hat{\boldsymbol{h}}_1(t),\hat{\boldsymbol{h}}_2(t)]^{\mathrm{T}}$,$\boldsymbol{s}_{12}(t)=[\boldsymbol{s}_1(t),\boldsymbol{s}_2(t)]$。

在基于MMSE准则的串行干扰删除接收算法中,降低检测矩阵求逆的复杂度的主要方法如下:

(1) 降低矩阵求逆次数

在多径时变衰落传输信道中,基于 MMSE 准则的检测需要对多址接入用户调制符号进行协方差矩阵及其相应矩阵求逆计算,其中时域信道参数或协方差矩阵可以在时域 OFDM 符号上进行统计平均。

当周期为 N 的非正交多址接入序列进行符号扩展并映射到频域的 N 路子载波时,以 N 路子载波为单位,或以物理资源块(physical resource block,PRB)为单位,矩阵求逆运算量可以大大降低,而且性能损失也较小。

(2) 根据 Sherman-Morrison 公式进行矩阵递推求逆

根据 Sherman-Morrison 公式

$$(\boldsymbol{A}+\boldsymbol{X}\boldsymbol{X}^{*})^{-1}=\boldsymbol{A}^{-1}-\frac{\boldsymbol{A}^{-1}\boldsymbol{X}\boldsymbol{X}^{*}\boldsymbol{A}^{-1}}{1+\boldsymbol{X}^{*}\boldsymbol{A}^{-1}\boldsymbol{X}} \tag{9-3-8}$$

将矩阵 $\boldsymbol{A}$ 初始化为 $\sigma^2\boldsymbol{I}$,$\boldsymbol{X}$ 初始化为多址接入用户的信道传输系数 $\boldsymbol{h}$。在第一次进行基于 MMSE 检测时,按照 Sherman-Morrison 公式,对所有多址接入用户循环一遍得到协方差矩阵的逆矩阵。在后续基于 MMSE 检测中,将矩阵 $\boldsymbol{A}$ 设置为上一次检测矩阵求逆结果,$\boldsymbol{X}$ 设置为上一次检测中被正确译码的用户信道传输系数。

(3) 基于子矩阵递推矩阵求逆

将矩阵 $\boldsymbol{Z}$ 划分为多个子矩阵,根据这些子矩阵计算矩阵 $\boldsymbol{Z}$ 的逆矩阵,即

$$\boldsymbol{Z}=\begin{bmatrix}\boldsymbol{A} & \boldsymbol{C}\\ \boldsymbol{R} & \boldsymbol{B}\end{bmatrix},\quad \boldsymbol{T}=\boldsymbol{A}-\boldsymbol{C}\boldsymbol{B}^{-1}\boldsymbol{R},\quad \boldsymbol{Z}^{-1}=\begin{bmatrix}\boldsymbol{T}^{-1} & -\boldsymbol{T}^{-1}\boldsymbol{C}\boldsymbol{B}^{-1}\\ -\boldsymbol{B}^{-1}\boldsymbol{R}\boldsymbol{T}^{-1} & \boldsymbol{B}^{-1}+\boldsymbol{B}^{-1}\boldsymbol{R}\boldsymbol{T}^{-1}\boldsymbol{C}\boldsymbol{B}^{-1}\end{bmatrix} \tag{9-3-9}$$

求解式(9-3-9)仅需要计算子矩阵 $\boldsymbol{B}$ 和 $\boldsymbol{T}$ 的逆矩阵,且这两个子矩阵的维度比矩阵 $\boldsymbol{Z}$ 的维度要小得多。

9.4 上行多址接入链路中基于免调度的 MUSA

在 5G 移动通信系统主要应用场景中,海量机器通信(mMTC)主要支持海量用户、低成本和低功耗的终端进行偶发的小数据包传输,增强移动宽带(eMBB)主要关注偶发的小数据包传输,而高可靠、低时延通信(URLLC)和车联网 V2V 主要的需求是低时延。在 mMTC、eMBB、URLLC 以及 V2V 等场景下,应用免调度的 MUSA 接入可以提升系统容量,节省系统流程、信令开销和终端功耗,降低处理时延。免调度 MUSA 接入制式非常适合解决这些场景下的应用需求,通过多址接入用户复用还可明显提升系统容量和频谱效率。

上行多址接入链路中基于免调度的多用户共享多址(multi-user shared access,MUSA)可以应用在不同的无线资源控制(radio resource control,RRC)状态,如 RRC 链接状态和 RRC 休眠状态。

(1) RRC 链接状态

在 RRC 链接状态,用户处于上行多址接入链路的同步状态,按照免调度传输机制,自主进行上行链路的信息传输,不需发起调度请求和等待调度,可以节省系统流程和信令开销,降低时延和功耗。通过预配置方式,保证在相同资源中多址接入用户使用不同的参考信号和非正交多址

接入序列等,避免多址接入用户选址发生碰撞冲突,以便进行多址用户地址序列的识别与检测。也可预配置更多用户接入,允许用户地址序列发生碰撞冲突,通过盲多址用户检测算法实现用户识别与检测。

(2) RRC 休眠状态

在 RRC 休眠状态,多址接入用户处于上行多址接入链路的异步状态,通过扩展循环前缀(extended cyclic prefix,ECP)保证多址接入用户提取上行链路的同步信息。用户免调度需一次传输,或采用两步随机接入传输,缩减系统控制流程,降低时延和功耗,比较适用于小数据包偶发传输等业务场景。

上行多址接入链路中基于免调度的多用户共享多址(MUSA)技术具体有:基于预配置的免调度多用户共享多址(MUSA)、基于解调参考信号(demodulation reference signal,DMRS)/同步头的随机选择的免调度多用户共享多址(MUSA)和基于纯数据的免调度多用户共享多址(MUSA)。

9.4.1　基于预配置的免调度 MUSA

基于预配置的免调度多用户共享多址(MUSA)主要应用场景是 RRC 链接状态下的数据传输,其预配置可以通过半静态调度(semi-persistent scheduling,SPS)来实现。预配置用户时频资源具有周期性,每次接入用户在上行链路信息传输时不需要发起调度请求。

典型应用场景如网络电话(voice over IP,VoIP)和 URLLC 业务,可以节省信令开销和传输时延。当多址接入用户共享相同的物理资源时,通过预配置的参考资源进行用户识别。由于 VoIP 或 URLLC 用户负载一般相对较小,复用在相同时频资源的用户可以配置 RS 正交码序列。

在时频空域物理资源上复用接入用户数是预配置的,发起上行链路信息传输的用户数取决于用户是否有业务需求,需要基站采用盲多用户检测识别算法来激活多址接入用户。多址接入用户使用各自解调参考信号(demodulation reference signal,DMRS),基站可以通过 DMRS 进行多址用户识别和信道估计,根据 DMRS 和非正交多址接入序列间的关系获取用户的非正交多址接入序列,进而用于多址用户检测和译码。

多址接入用户使用相同的 DMRS,基站估计的信道信号是多址接入用户发射信号在传播信道中信号之和,产生解调参考信号 DMRS 碰撞冲突问题。也在发生 DMRS 碰撞的多址接入用户中,当某一用户被成功译码后,重构该用户 DMRS 接收信号来删除多址用户干扰。

9.4.2　基于 DMRS/同步头随机选择的免调度 MUSA

当多址接入用户业务负载过高时,产生多址接入用户资源间的碰撞,可以采用用户随机选择资源方式,减少不必要的信令开销和等待时延。

为便于多址接入用户识别和信道估计,可以采用 DMRS/同步头+Data 的信号结构,其中 DMRS/同步头的前导序列是一种特殊 RS 正交码序列,采用 Zadoff-Chu(ZC)序列应用于物理随机接入信道(PRACH)和多用户多输入多输出(multiple user MIMO,MU-MIMO)解调参考信号(DMRS)。

当多址接入用户业务负载较高时,为避免相同时频资源上共享接入用户选择同样前导序列,前导序列的资源池应该设计得足够大。由于 ZC 序列的资源池大小受限于前导序列的长度,多用户盲检测的复杂度与资源池大小呈正相关的关系,即随着资源池大小的增长,多用户盲检测复杂度也线性增加。

图 9-4-1 为基于 DMRS/同步头随机选择的免调度 MUSA 接入流程,首先完成前导序列的盲检测,如前导序列为 ZC 序列,可以使用根索引、循环移位、正交码或频分复用(frequency division multiplexing,FDM)作为多址接入用户的前导 ID。

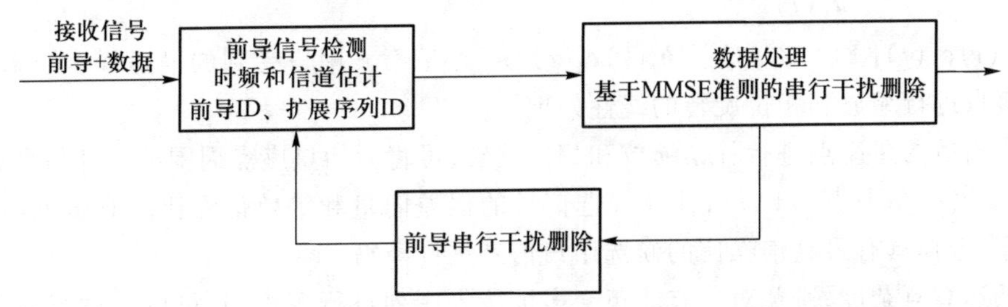

图 9-4-1 基于 DMRS/同步头随机选择的免调度 MUSA 接入流程

通过捕获滑动窗的序列相关运算,在确定虚检概率门限下,检测判决滑动相关峰值,检测该用户是否被激活。一旦成功识别用户前导 ID,根据映射规则确定该用户的非正交多址接入序列和基于前导序列的信道估计参数,用于后续多址接入用户的信号检测和多址用户干扰删除。

9.4.3 基于纯数据的免调度 MUSA

基于预配置的免调度多用户共享多址(MUSA)和基于 DMRS/同步头随机选择的免调度多用户共享多址(MUSA)都是基于多址接入用户的前导同步头或 RS 正交码序列的识别,而基于纯数据(data-only)免调度多用户共享多址(MUSA)的原理是,利用非正交多址接入序列与星座图的先验信息和接收信号的统计特征,对具有高信噪比的多址接入用户调制符号星座图,进行多址用户盲估计和盲均衡,从多址接入用户的干扰信号中译码恢复高信噪比的用户信号。

用户调制符号中携带用户 ID,当用户调制符号被成功译码后,重构该用户信号,通过最小二乘算法进行信道参数估计,用于多址用户干扰的删除。基于纯数据的免调度多用户共享多址(MUSA)优势是省略前导同步头或 DMRS 开销,可以提升系统频谱效率。

基于纯数据(data-only)的免调度多用户共享多址(MUSA)算法的主要处理流程如下:

免调度多用户共享多址(MUSA)系统的接收信号表示为

$$\boldsymbol{Y}(t)=\sum_{k=1}^{K}\boldsymbol{c}_k(t)\boldsymbol{h}_k(t)\boldsymbol{x}_k(t)+\boldsymbol{n}(t) \tag{9-4-1}$$

其中 $\boldsymbol{c}_k(t)$ 是第 k 用户的非正交多址接入序列,$\boldsymbol{h}_k(t)$ 是第 k 用户信道传输函数的振幅增益系数,$\boldsymbol{x}_k(t)$ 是第 k 用户的调制符号,$\boldsymbol{n}(t)$ 是信道加性高斯白噪声。

接收信号的协方差矩阵表示为

$$\boldsymbol{R}=\boldsymbol{Y}(t)\boldsymbol{Y}^{\mathrm{H}}(t) \tag{9-4-2}$$

基于纯数据(data-only)的免调度多用户共享多址(MUSA)算法需要在非正交多址接入序列集中,遍历每一个非正交多址接入序列,经过接收信号解扩展和信道均衡的输出信号为 $\boldsymbol{c}_k^{\mathrm{H}}(t)\boldsymbol{R}^{-1}(t)\boldsymbol{Y}(t)$。

以第 k 用户非正交多址接入序列 $c_k(t)$ 为例,解扩展和信道均衡后输出信号表示为

$$
\begin{aligned}
& \boldsymbol{c}_k^{\mathrm{H}}(t)[\boldsymbol{Y}(t)\boldsymbol{Y}^{\mathrm{H}}(t)]^{-1}[\boldsymbol{h}_k(t)\boldsymbol{s}_k(t)\boldsymbol{x}_k(t)+\boldsymbol{n}(t)] \\
&= \frac{1}{\boldsymbol{h}_k^{\mathrm{H}}(t)}\{\boldsymbol{h}_k^{\mathrm{H}}(t)\boldsymbol{c}_k^{\mathrm{H}}(t)[\boldsymbol{Y}(t)\boldsymbol{Y}^{\mathrm{H}}(t)]^{-1}\boldsymbol{h}_k(t)\boldsymbol{c}_k(t)\}\boldsymbol{x}_k(t)+\boldsymbol{n}(t) \\
&= \frac{1}{\boldsymbol{h}_k^{\mathrm{H}}(t)}\cdot \boldsymbol{A}\cdot \boldsymbol{x}_k(t)+\boldsymbol{n}(t)
\end{aligned}
\tag{9-4-3}
$$

其中 $\boldsymbol{A}=\boldsymbol{h}_k^{\mathrm{H}}(t)\boldsymbol{c}_k^{\mathrm{H}}(t)[\boldsymbol{Y}(t)\boldsymbol{Y}^{\mathrm{H}}(t)]^{-1}\boldsymbol{h}_k(t)\boldsymbol{c}_k(t)$,$\boldsymbol{n}(t)$ 是第 k 用户受到的信道噪声,$[1/\boldsymbol{h}_k^{\mathrm{H}}(t)]\boldsymbol{A}$ 为原始星座点进行缩放和相位旋转的线性处理。

对盲均衡后的星座点进行补偿缩放和相位旋转,可将原始星座点周围的估计信号放回原位,即 $\hat{\boldsymbol{x}}_k(t)=[\boldsymbol{h}_k^{\mathrm{H}}(t)/\boldsymbol{A}]\boldsymbol{c}_k^{\mathrm{H}}(t)\boldsymbol{Y}(t)$,计算候选信号的误差向量和等效信噪比。对多址用户信噪比再进行排序,选择具有最高信噪比的候选用户信号进行译码。

为降低运算复杂度,避免对所有非正交多址接入序列进行盲检测,可以先进行盲序列识别,识别可能用户使用的非正交多址接入序列,然后对识别出的非正交多址接入序列进行解扩展与信道均衡,可进一步降低算法处理的复杂度。

9.5 图样分割多址接入(PDMA)

图样分割多址接入(pattern division multiple access,PDMA)是中国电信科学技术研究院(大唐电信科技产业集团)在基于串行干扰删除支持多址接入方案(SIC amenable multiple access,SAMA)基础上提出的一种新型非正交多址接入制式。在发射端将多址接入用户信号,通过 PDMA 图样映射到时间、频率和空间域等共享物理资源上,实现多维度的非正交信号叠加、复用和传输。在接收端基于多址接入用户图样的特征结构,采用串行干扰删除算法进行多址接入用户检测和多址用户干扰删除,可使通信系统的传输容量逼近多用户的和信道容量限。

9.5.1 PDMA 基本原理

图样分割多址接入用户的发射信号共享在时间域、频率域和空间域等物理资源,非正交多址接入用户发射的信号叠加在复用图样编码矩阵中不同图样序列。在 PDMA 系统的上行多址接入链路中,K 个多址接入用户通过不同 PDMA 图样将各自发射信号经过星座映射到共享物理资源上。

假设:第 k 用户的调制符号 x_k 经过 PDMA 图样编码,得到 PDMA 图样编码的调制符号矢量为

$$
\boldsymbol{v}_k=\boldsymbol{g}_k\boldsymbol{x}_k,\quad 1\leqslant k\leqslant K \tag{9-5-1}
$$

其中 $\boldsymbol{g}_k$ 为第 k 用户的 PDMA 图样。

接收端的接收信号矢量表示为

$$
\boldsymbol{Y}=(\boldsymbol{H}_{\mathrm{ch}}\odot\boldsymbol{G}_{\mathrm{PDMA}}^{[N,K]})\boldsymbol{X}+\boldsymbol{N}_{\mathrm{ch}}=\boldsymbol{H}\cdot\boldsymbol{G}+\boldsymbol{N}_{\mathrm{ch}} \tag{9-5-2}
$$

其中 $\boldsymbol{Y}=\{y_1,y_2,\cdots,y_N\}$ 为在时间和频率域共享物理资源的接收信号矢量,$\boldsymbol{G}_{\mathrm{PDMA}}^{[N,K]}$ 为 PDMA 系统图样编码矩阵,其中 $\boldsymbol{G}_{\mathrm{PDMA}}^{[N,K]}$ 图样编码矩阵的元素为 $g_{n,k}$,$\boldsymbol{H}_{\mathrm{ch}}$ 为信道的传输函数矩阵,$\boldsymbol{H}=(\boldsymbol{H}_{\mathrm{ch}}\odot\boldsymbol{G}_{\mathrm{PDMA}}^{[N,M]})$ 为发射端到接收端之间传播信道和 PDMA 系统图样编码矩阵合成的等效信道传输函数矩阵,其

中⊙为 $\boldsymbol{H}_{\mathrm{ch}}$ 和 $\boldsymbol{G}_{\mathrm{PDMA}}^{[N,K]}$ 编码矩阵中对应矩阵元素乘法运算,$\boldsymbol{H}$ 中元素 $h_{n,k}$ 为第 k 用户在第 n 时频资源域对应等效信道传输函数的振幅增益系数,$\boldsymbol{X}=\{x_1,x_2,\cdots,x_K\}$ 为 K 个多址接入用户在时频资源域上对应的发射调制符号,$\boldsymbol{N}_{\mathrm{ch}}$ 是等效传播信道的噪声矢量。

在 N 个共享资源域由 K 个多址接入用户复用的 PDMA 图样构成 PDMA 系统图样编码矩阵为

$$\boldsymbol{G}_{\mathrm{PDMA}}^{[N,K]}=[\boldsymbol{g}_1,\boldsymbol{g}_2,\cdots,\boldsymbol{g}_k,\cdots,\boldsymbol{g}_K],\quad 1\leqslant k\leqslant K \tag{9-5-3}$$

式(9-5-2)可以具体表示为

$$\begin{bmatrix} y_1 \\ y_2 \\ \vdots \\ y_N \end{bmatrix}=\begin{bmatrix} h_{1,1} & h_{1,2} & \cdots & 0 & \cdots & h_{1,K-1} & \cdots & 0 \\ h_{2,1} & h_{2,2} & \cdots & h_{2,k} & \cdots & 0 & \cdots & 0 \\ \vdots & \vdots & & \vdots & & \vdots & & \vdots \\ h_{N,1} & 0 & \cdots & h_{N,k} & \cdots & 0 & \cdots & h_{N,K} \end{bmatrix}\cdot\begin{bmatrix} x_1 \\ x_2 \\ \vdots \\ x_K \end{bmatrix}+\begin{bmatrix} n_1 \\ n_2 \\ \vdots \\ n_N \end{bmatrix} \tag{9-5-4}$$

多址接入用户数 K 的取值取决于 PDMA 系统复用系数和图样编码算法复杂度之间的权衡和折中,PDMA 系统图样编码矩阵 $\boldsymbol{G}_{\mathrm{PDMA}}^{[N,K]}$ 选取的原则是不同图样序列间具有一定的不等分集度,且不同图样序列的多址接入用户数尽量保持一致。

[**案例 9-8**]:

如果图样分割多址接入 PDMA 系统由 3 个基本时频共享物理资源(resource unit,RE)传输 5 个多址接入用户信号,图 9-5-1 所示为 PDMA 时频空域资源映射示意。

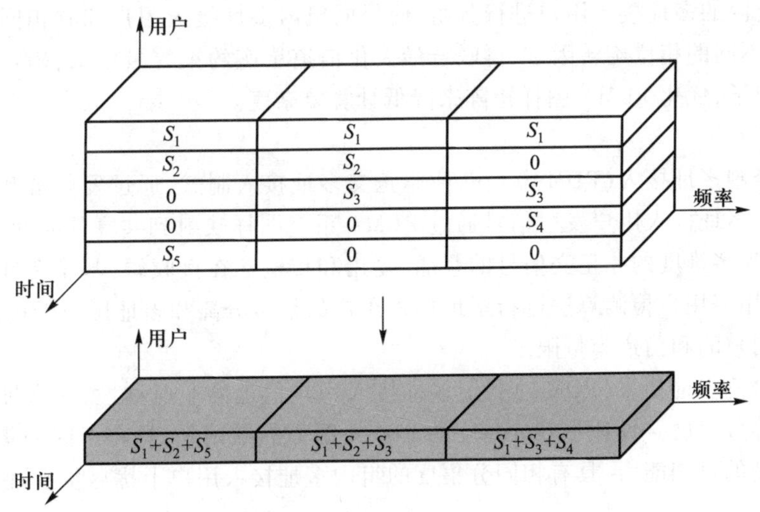

图 9-5-1 PDMA 时频空域资源映射示意

图 9-5-1 对应的 PDMA 系统图样编码矩阵为

$$\boldsymbol{G}_{\mathrm{PDMA}}^{[3,5]}=\begin{bmatrix} \mathbf{1} & \mathbf{1} & \mathbf{0} & \mathbf{1} & \mathbf{0} \\ \mathbf{1} & \mathbf{1} & \mathbf{1} & \mathbf{0} & \mathbf{0} \\ \mathbf{1} & \mathbf{0} & \mathbf{1} & \mathbf{0} & \mathbf{1} \end{bmatrix}$$

说明用户 UE_1 在第 1、2 和 3 物理资源上发送信号,用户 UE_2 在第 1、2 物理资源上发送信号,用户 UE_3 在第 2、3 物理资源上发送信号,用户 UE_4 在第 1 物理资源上发送信号,用户 UE_5 在第 3 物理资源上发送信号。非正交多址接入用户发射信号经过叠加后,在第 1 物理资源上含有用户 UE_1、UE_2 和 UE_4 的信息,在第 2 物理资源上含有用户 UE_1、UE_2 和 UE_3 的信息,在第 3 物理资源上含有用户 UE_1、UE_3 和 UE_5 的信息。

在 PDMA 基本图样编码矩阵基础上,还可以增加功率域和空间域的叠加编码,进一步优化多址接入用户的图样编码。其中功率域图样编码是根据用户传输信道的质量进行功率分配,而空间域图样编码是根据用户信号的串行干扰删除进行有效分割。

功率域图样编码是在 PDMA 系统图样编码矩阵中,增加功率振幅系数 g_{ij} 和相位旋转因子 θ_i,即 $g_{ij}e^{j\theta_i}$。以图 9-5-1 对应的 PDMA 系统图样编码矩阵 $\boldsymbol{G}_{\mathrm{PDMA}}^{[3,5]}$ 为例,一种包含功率域叠加的 PDMA 图样的编码矩阵为

$$\boldsymbol{G}_{\mathrm{PDMA}}^{[3,5]}=\begin{bmatrix} g_{11}e^{j\theta_1} & g_{21}e^{j\theta_2} & 0 & g_{41}e^{j\theta_4} & 0 \\ g_{12}e^{j\theta_1} & g_{22}e^{j\theta_2} & g_{32}e^{j\theta_3} & 0 & 0 \\ g_{13}e^{j\theta_1} & 0 & g_{33}e^{j\theta_3} & 0 & g_{53}e^{j\theta_5} \end{bmatrix} \tag{9-5-5}$$

空间域图样编码是在 PDMA 系统图样编码矩阵中,结合多副发射天线和波束赋形,以图 9-5-1 对应的 PDMA 系统图样编码矩阵 $\boldsymbol{G}_{\mathrm{PDMA}}^{[3,5]}$ 为例,在天线 1 发送用户 UE_1 和 UE_2 叠加信号,在天线 2 发送用户 UE_2 和 UE_3 叠加信号,可以保持第 3 物理资源上发送数据的等效分集度。

当共享物理资源同时接入的多址接入用户数较多时,为优化各用户的相位旋转因子,需要对所有用户的旋转角度进行遍历搜索,会增加计算的复杂度。根据 PDMA 图样设计原则,可以将复用同一物理资源的多址接入用户进行分组,使得同组内多址接入用户拥有相同的相位旋转因子,而不同组有不同的相位旋转因子,再联合最大化信道星座约束容量要求,确定各多址接入用户的相位旋转因子,优化 PDMA 图样矩阵来降低计算复杂度。

[**小结 9-2**]:

(1) 图样分割多址接入(PDMA)是一种非正交多址接入制式,通过发射端和接收端的联合设计,在发射端,多址接入用户发射信号通过 PDMA 系统图样映射到共享的时间、频率和空间域物理资源上,实现多维度的非正交信号的叠加、复用和传输。在接收端,基于多址接入用户图样的特征结构,采用多用户检测算法进行多址接入用户的信号分离和多址用户干扰删除,使系统传输容量逼近多用户的和信道容量限。

(2) 图样分割多址接入(PDMA)利用多址接入用户信道的非对称性,在多址接入用户之间引入合理的不等分集度。设计不等分集度的 PDMA 图样的准则是,具有不同分集度的组数尽量多以获得尽量高的复用能力,具有相同分集度的组内多址接入用户干扰尽量小,使得干扰删除性能尽可能优。

(3) 图样分割多址接入(PDMA)利用多址接入用户的编码,复用共享时间、频率和空间等物理资源域,实现多维度的非正交信号叠加和传输,使系统获取更高的复用增益和分集增益,进一步提升系统的传输性能。

(4) 图样分割多址接入(PDMA)是基于多用户信息论的网络整体优化和基于时间、频率、空间和功率域的非正交图样编码的特征结构,采用先进多址用户检测和串行干扰删除算法,实现准最优多址接入用户信号的接收和检测。

9.5.2 基于 OFDM 的上下行链路 PDMA 系统

图 9-5-2 为基于 OFDM 上行链路 PDMA 系统原理框图,在 PDMA 系统发射端,对多址接入用户的输入数字信息序列进行前向纠错的信道编码、PDMA 图样映射、资源映射和 OFDM 调制,产生基于 OFDM 上行链路的 PDMA 发射信号。

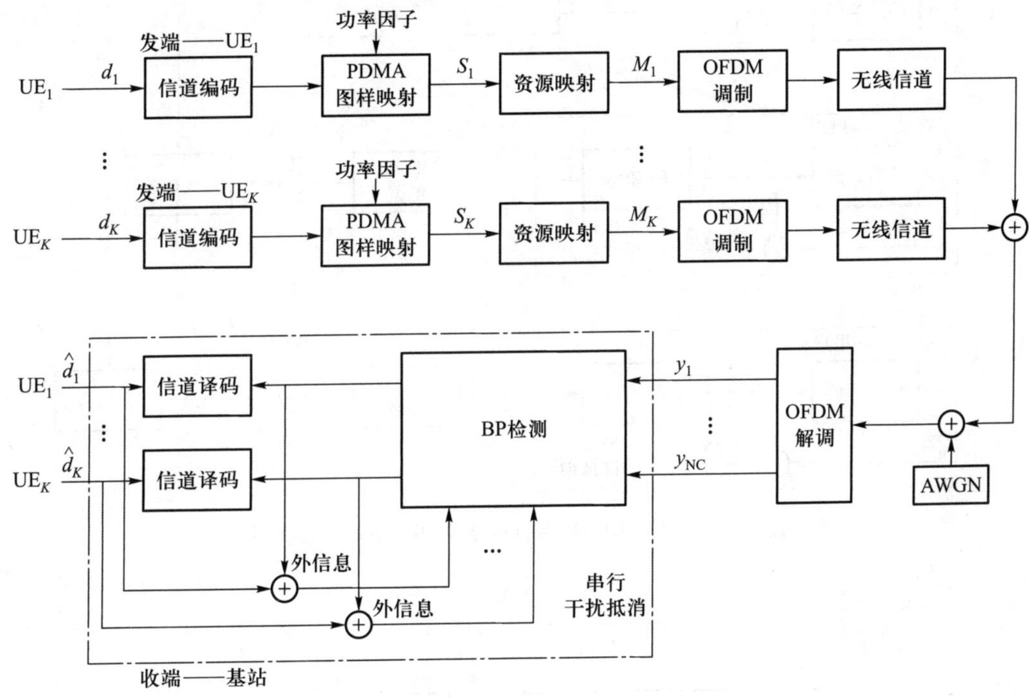

图 9-5-2 基于 OFDM 上行链路 PDMA 系统原理框图

图 9-5-3 为基于 OFDM 下行链路 PDMA 系统原理框图,在 PDMA 系统接收端,接收信号经过 OFDM 解调和 PDMA 图样接收、检测和译码,在调制符号级进行 PDMA 图样的解映射算法。

图 9-5-4 为 PDMA 图样接收、检测和译码原理框图,具体由前端检测模块和多用户联合检测模块组成,其中前端检测模块包含特征图样模式配置解析、功率图样检测、用户编码图样检测、空域图样检测和选择器等。

前端检测模块通过控制信令,特征图样模式配置解析模块负责提取多址接入用户 PDMA 图样的功率图样、编码图样和空域图样特征,通过选择器输出相应的检测数据,多用户联合检测模块采用基于最大似然准则的检测算法对多址接入用户进行检测和译码,输出对应多址接入用户的信息。

9.5.3 PDMA 的图样编码矩阵

多址接入用户的 PDMA 系统图样编码矩阵的设计与应用场景密切相关,具体有满足高负载的稀疏特性的 PDMA 图样,有适应不同传播信道场景的不等分集度的 PDMA 图样,有基于分集和复用的发射信号 PDMA 图样等。

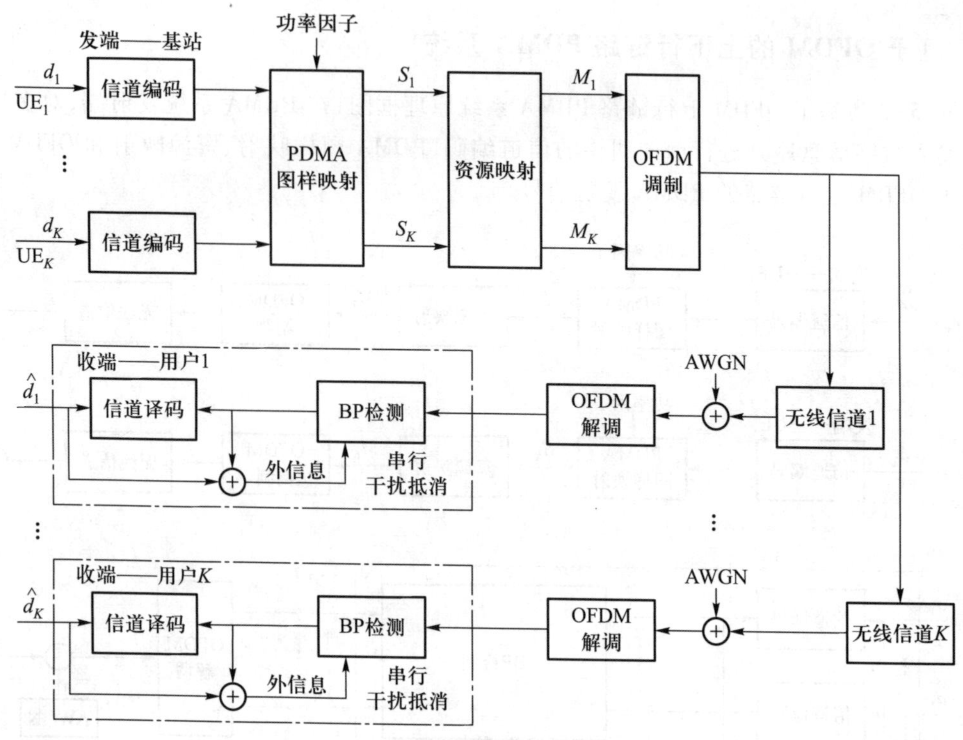

图 9-5-3　基于 OFDM 下行链路 PDMA 系统原理框图

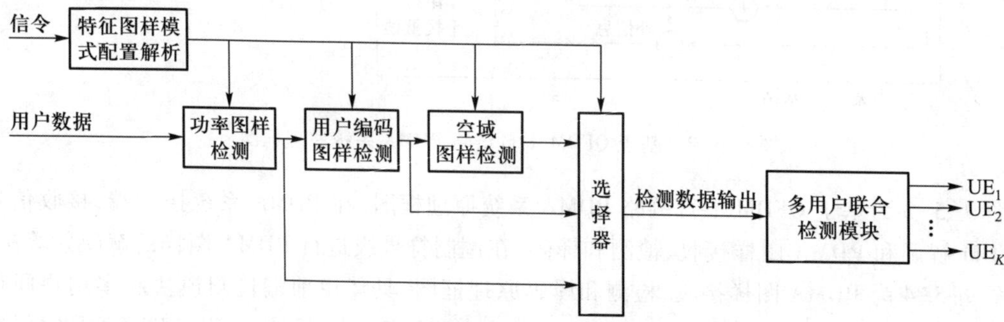

图 9-5-4　PDMA 图样接收、检测和译码原理框图

1. 不等分集度的 PDMA 图样

5G 移动通信系统的上行多址竞争接入链路主要采用免调度策略,即多址接入用户根据一定的程序,绑定到 PDMA 图样对应的共享物理资源传输信息,尽量降低系统的信令开销。采取不等分集度的 PDMA 图样进行多址接入用户的分割,PDMA 图样的共享物理资源为独立或联合时间、频率、空间和功率域图样,不同的 PDMA 图样具有不等分集度和不同等级多用户检测可靠度,可灵活匹配多址接入用户的信道传播环境。

如果 K 是 PDMA 系统图样编码矩阵的列数,也是系统复用的多址接入用户数,N 是 PDMA 系统图样编码矩阵的行数,也是系统共享时间、频率、空间和功率域物理资源数,则 PDMA 系统有 $M=2^N-1$ 个候选的 PDMA 编码图样。

满足式(9-5-3)和式(9-5-4)的PDMA系统编码矩阵 $\boldsymbol{G}_{\text{PDMA}}^{[N,M]}$ 可实现多址接入用户的图样映射。

$$M=\sum_{n=1}^{N}C_N^n=C_N^1+C_N^2+\cdots+C_N^N=2^N-1\,,\quad M\geqslant N \tag{9-5-6}$$

$$\boldsymbol{G}_{\text{PDMA}}^{[N,K]}\in\boldsymbol{G}_{\text{PDMA}}^{[N,M]},\quad M\geqslant K \tag{9-5-7}$$

$$\boldsymbol{G}_{\text{PDMA}}^{[N,M]}=\begin{bmatrix}\mathbf{1}&\mathbf{1}&\cdots&\mathbf{0}&\cdots&\mathbf{1}&\cdots&\mathbf{0}\\\mathbf{1}&\mathbf{1}&\cdots&\mathbf{0}&\cdots&\mathbf{0}&\cdots&\mathbf{0}\\\vdots&\vdots&&\vdots&&\vdots&&\vdots\\\mathbf{1}&\mathbf{0}&\cdots&\mathbf{1}&\cdots&\mathbf{0}&\cdots&\mathbf{1}\end{bmatrix}_{N\times M} \tag{9-5-8}$$

分集度 N 分集度 $N-1$ … 分集度 1

C_N^N C_N^{N-1} … C_N^1

其中 $\boldsymbol{G}_{\text{PDMA}}^{[N,K]}$ 表示从PDMA系统图样编码矩阵 $\boldsymbol{G}_{\text{PDMA}}^{[N,M]}$ 中,选取图样编码矩阵中 K 列矢量用于 K 个多址接入用户的PDMA图样矩阵。

PDMA系统图样编码矩阵的维度和稀疏程度会影响PDMA系统的性能和复杂度,在图样编码矩阵中,往往选择列重比较大的矢量,即元素**1**的个数比较多的图样,能够提供更高的分集度进行可靠的数据传输,但也会增加检测复杂度。

PDMA系统图样编码矩阵的过载比定义为

$$\alpha=\frac{K}{N} \tag{9-5-9}$$

其中 K 和 N 分别是PDMA系统图样编码矩阵的列数和行数,也分别是用户数和共享物理资源数。

PDMA系统图样编码矩阵设计应该使得不等分集度的图样尽可能多,不等分集度图样的区别差异要尽可能大,尽量减轻基于置信传播的联合递推译码和检测算法(belief propagation-iterative detection and decoding,SP-IDD)和串行干扰删除算法(SIC)的误差传递影响。对于具有相同分集度的PDMA图样,应尽可能最小化任意两图样之间的最大内积值,减轻相互间的干扰。

不等分集度的PDMA图样编码矩阵设计主要指标如下:

(1) 具有不同分集度的组数尽量多,可以获得尽可能高的复用能力。

(2) 具有相同分集度的组内干扰尽量小,使得干扰删除的性能尽量好。

基于不等分集度的PDMA系统图样编码矩阵具有稀疏特性,属于稀疏特性编码能够构造出无环的Tanner图,有利于采用低运算复杂度的基于置信传播联合递推译码和检测算法,获得多用户检测和串行干扰删除优良性能。

[**案例9-9**]:

图9-5-5为PDMA图样的共享基本物理资源,其PDMA系统图样编码矩阵为

$$\boldsymbol{G}_{\text{PDMA}}^{[3,7]}=\begin{bmatrix}\mathbf{1}&\mathbf{1}&\mathbf{0}&\mathbf{1}&\mathbf{1}&\mathbf{0}&\mathbf{0}\\\mathbf{1}&\mathbf{1}&\mathbf{1}&\mathbf{0}&\mathbf{0}&\mathbf{1}&\mathbf{0}\\\mathbf{1}&\mathbf{0}&\mathbf{1}&\mathbf{1}&\mathbf{0}&\mathbf{0}&\mathbf{1}\end{bmatrix}$$

其中分集度分别是 $C_3^3=1$,$C_3^2=2$ 和 $C_3^3=1$。

分集度相同的 PDMA 图样分成同一 PDMA 图样矢量组,图 9-5-5 中有三个 PDMA 图样组,分集度分别是 3、3 和 1,可以把处于相近传播信道环境的多址接入用户分给同一分集度的 PDMA 图样组。

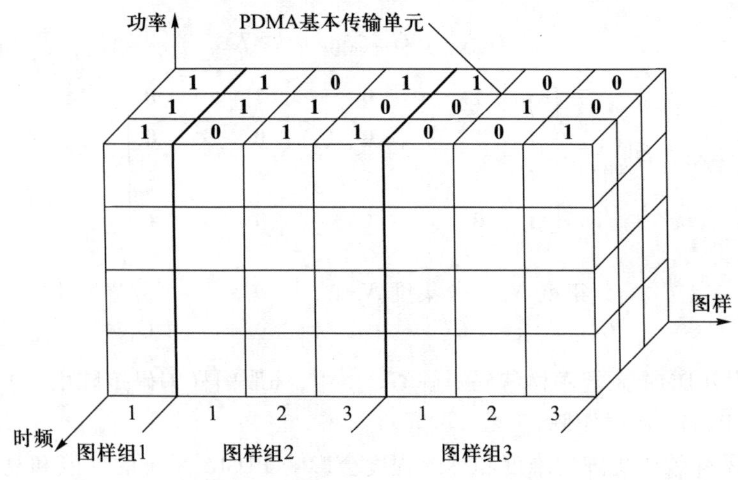

图 9-5-5　PDMA 图样的共享基本物理资源

如果在 2 个时频物理资源上,传输用户 UE_1、UE_2 和 UE_3 信号,PDMA 系统图样编码矩阵为 $\boldsymbol{G}_{\mathrm{PDMA}}^{[2,3]}=\begin{bmatrix}1&1&0\\1&0&1\end{bmatrix}$。

用户 UE_1 在 2 个时频物理资源上传输信息,用户 UE_2 只在第 1 时频物理资源上传输信息,用户 UE_3 只在第 2 时频物理资源上传输信息,该 PDMA 系统图样编码矩阵 $\boldsymbol{G}_{\mathrm{PDMA}}^{[2,3]}$ 的过载比为 $3/2\times100\%=150\%$。

如果在 4 个时频物理资源上传输用户 UE_1、UE_2、UE_3、UE_4、UE_5 和 UE_6 信号,PDMA 系统图样的编码矩阵为

$$\boldsymbol{G}_{\mathrm{PDMA}}^{[4,6]}=\begin{bmatrix}1&1&1&0&0&0\\1&0&0&1&1&0\\0&1&0&1&0&1\\0&0&1&0&1&1\end{bmatrix}$$

其中 $\boldsymbol{G}_{\mathrm{PDMA}}^{[4,6]}$ 和 $\boldsymbol{G}_{\mathrm{PDMA}}^{[2,3]}$ 具有相同的过载比,为 $6/4\times100\%=150\%$。

在合理的码速率场景下,基于 PDMA 系统图样编码矩阵 $\boldsymbol{G}_{\mathrm{PDMA}}^{[2,3]}$ 的性能与 $\boldsymbol{G}_{\mathrm{PDMA}}^{[4,6]}$ 性能相接近。系统的复杂度取决于 PDMA 编码矩阵的行数,即编码矩阵的行中不为“**0**”的数。用 $\boldsymbol{G}_{\mathrm{PDMA}}^{[4,6]}$ 检测复杂度明显高于 $\boldsymbol{G}_{\mathrm{PDMA}}^{[2,3]}$ 的代价,进而换取 $\boldsymbol{G}_{\mathrm{PDMA}}^{[4,6]}$ 具有多址接入用户的可分性,系统性能得到改善。

如果 PDMA 系统图样编码矩阵的行重为 3,其编码矩阵为

$$\boldsymbol{G}_{\mathrm{PDMA}}^{[3,5]}=\begin{bmatrix}1&1&0&1&0\\1&1&1&0&0\\1&0&1&0&1\end{bmatrix}$$

该 PDMA 系统图样编码矩阵 $\boldsymbol{G}_{\mathrm{PDMA}}^{[3,5]}$ 的过载比为 $5/3\times100\%\approx167\%$,与 PDMA 系统图样编码矩阵

$G_{PDMA}^{[4,6]}$的过载比 150%相比较高,在合理的码速率场景下,可以获得更好的综合分集和复用增益。

[**小结 9-3**]:

给定 PDMA 系统图样编码矩阵的维度,图样分割多址接入(PDMA)系统图样编码矩阵的列矢量的选择直接影响系统的性能和复杂度。

(1) 选择非 **0** 元素多的列会带来更高的分集度,同时提升多址接入用户信号解调的可靠性和增加多址接入用户检测算法的复杂度。

(2) 选择 **0** 元素多的列,会降低多址接入用户干扰,提高系统复用用户数,同时降低多址接入用户检测算法的复杂度和多址接入用户信号传输的可靠性。

(3) 图样分割多址接入(PDMA)系统图样编码矩阵设计的关键是,综合考虑系统分集、复用增益和多址接入用户检测算法复杂度,全面权衡多址接入用户数和系统鲁棒性等性能,从而合理确定 PDMA 系统相关参数。

2. 功率控制和分配的 PDMA 图样

功率控制和分配的 PDMA 图样包含上行多址接入链路功率控制和下行广播链路的功率分配,上行多址用户接入链路功率分配是合理地在每组配对和调整 PDMA 图样发射功率,提升多址接入用户数和边缘用户的频谱利用率。

如果在上行链路 PDMA 系统图样编码矩阵 $G_{PDMA}^{[N,M]}$ 中,N 为 PDMA 图样编码矩阵的行数,M 为 PDMA 图样编码矩阵的列数,上行链路中多址接入用户在 PDMA 系统图样编码矩阵中,功率控制因子可表示为

$$A=\begin{bmatrix}\alpha_{11}^{1} & \cdots & \alpha_{1M_1}^{j} & \cdots & \alpha_{11}^{k} & \cdots & \alpha_{1M_k}^{K}\\ \alpha_{21}^{1} & \cdots & \alpha_{2M_1}^{j} & \cdots & \alpha_{21}^{k} & \cdots & \alpha_{2M_k}^{K}\\ \vdots & & \vdots & & \vdots & & \vdots\\ \alpha_{N1}^{1} & \cdots & \alpha_{NM_1}^{j} & \cdots & \alpha_{N1}^{k} & \cdots & \alpha_{NM_k}^{K}\end{bmatrix}\odot G_{PDMA}^{[N,M]}=[A_1,A_2,\cdots,A_K] \tag{9-5-10}$$

其中 K 为上行链路 PDMA 配对用户数,$M_1,M_2,\cdots,M_K$ 分别为第 1,2,…,K 用户占用 PDMA 系统图样编码矩阵的列数,满足 $M=M_1+M_2+\cdots+M_K$。$A_1,A_2,\cdots,A_K$ 分别为第 1,2,…,K 用户的功率控制因子矢量,符号⊙表示矩阵相应元素的点乘。

第 k 用户 PDMA 图样的功率控制因子包含用户占用 PDMA 图样的功率分配比例,也包含 PDMA 图样内不同的时频物理资源上功率分配比例。

上行链路 PDMA 图样功率控制的目标是,寻找最佳功率控制因子组合,使得多址接入用户配对后,单位功耗的加权和信道容量为最大,即

$$A_{opt}=\arg\max\left\{\sum_{k=1}^{K}\frac{T[SINR_k(A_1,A_2,\cdots,A_k)]}{\overline{R}_k P_k\|A_k\|_{sum}}\right\}\quad \|A_k\|_{sum}\leqslant 1 \tag{9-5-11}$$

其中 $T[SINR_k(A_1,A_2,\cdots,A_k)]$是第 k 用户在功率控制因子矩阵 A 的传输速率,第 k 用户的 $SINR$ 与 PDMA 系统图样编码矩阵和功率控制因子相关,$\overline{R}_k$ 是第 k 用户允许最大发射功率,$\|\odot\|_{sum}$表示对矩阵元素求和。

上行链路 PDMA 图样功率控制因子的选取有以下三种约束类型:

(1) 功率控制因子矩阵的每列非 **0** 元素取值相同,即 PDMA 图样所映射时频物理资源上发

射功率相同,PDMA 图样的发射功率在所有时频物理资源上均匀分配。

(2) 功率控制因子矩阵的所有非 0 元素的取值相同,即用户通过 PDMA 图样所映射的时频物理资源上的发射功率都相同。

(3) 功率控制因子矩阵的每列非 0 元素取值相同,即分配给用户所有 PDMA 图样的功率相同。

而下行链路 PDMA 图样功率分配的目标是,寻找最佳功率分配因子矩阵,使得多址接入用户配对后加权和信道的容量最大。由于下行广播链路传输总功率受限,功率分配是在用户公平性前提下,为配对用户选择最佳功率分配比例,降低多址用户干扰,提升小区和边缘用户的频谱利用率。还要为下行链路中业务信道、广播信道、控制信道和参考信道等分配合适功率,满足边缘用户接收信号质量要求。

在下行广播链路中,给占用共享时间、频率和空间域物理资源的远端用户分配较高功率,给近端用户分配较低功率。远端用户和近端用户叠加到共享时频物理资源传输,远端用户采用基于 MMSE 准则的检测算法,而近端用户采用串行干扰删除 SIC 的检测算法,先解调出高功率发射的远端用户信息,再删除重构的远端用户信息,最后再检测近端用户信息,增加在相同时频物理资源上多址接入用户数,提升系统平均频谱效率和边缘用户频谱效率。

3. 与编码调制叠加的 PDMA 图样

采用高码率的信道编码和大规模星座调制,可以在不增加系统带宽的条件下,获得比较高的可靠性和频谱效率。

在加性高斯白噪声信道中,通信系统的最佳输入信号分布应该是高斯分布。而常规数字调制制式如 QPSK 和 QAM 等,其调制信号分布基本是均匀分布。可以采用多对一映射方式,提升部分星座点的复用概率,使得调制信号整体分布近似高斯分布。也可把调制星座点增大且限制在圆形内,使其近似呈现高斯分布。

图 9-5-6 为 256QAM 和 256 圆形调制的星座图,图 9-5-6 中右图是把调制星座点调整到圆形内,使其近似呈现高斯分布。

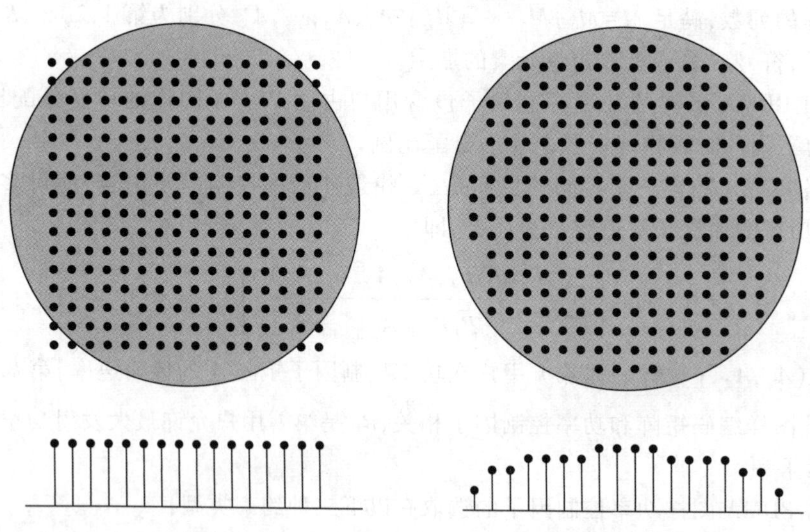

图 9-5-6　256QAM 和 256 圆形调制的星座图

Gallager 映射是一种大规模星座点映射规则,对于数字调制的星座图,把大部分调制星座位置限制在圆形内,将部分未使用调制星座点,根据其出现概率高低复用映射到已经选取的星座点,即若干调制符号映射到同一星座点,在接收端以迭代检测算法再分离若干调制符号。

图 9-5-7 为 12QAM 信号星座图,以 16QAM 为例,把四角的星座点 **0000**,**0001**,**1011** 和 **1010** 符号复用映射到中心对应四个星座点 **1000**,**1001**,**0011** 和 **0010**,使得调制星座点的整体分布近似高斯分布。

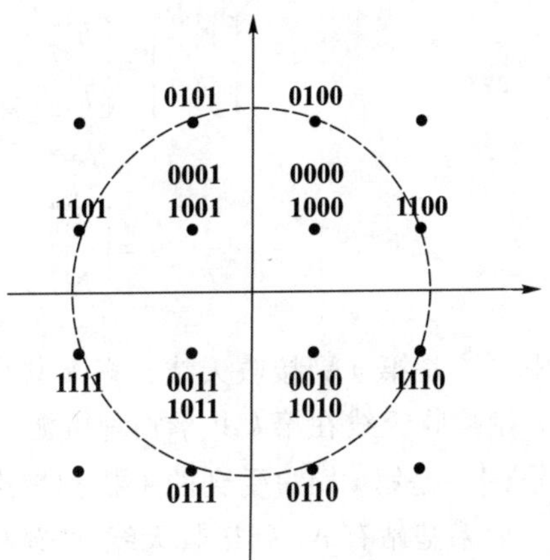

图 9-5-7　12QAM 信号星座图

[案例 9-10]:

以 2 个时频物理资源承载用户 UE_1、UE_2 和 UE_3 的传输信息,PDMA 系统图样编码矩阵为 $\boldsymbol{G}_{\text{PDMA}}^{[2,3]}=\begin{bmatrix}\mathbf{1}&\mathbf{1}&\mathbf{0}\\\mathbf{1}&\mathbf{0}&\mathbf{1}\end{bmatrix}$,如果用户 UE_1 和 UE_2 把欲传输信号映射到相同时频物理资源,用户 UE_1 和 UE_3 把欲传输信息映射到相同时频物理资源。

在第一时频物理资源,用户 UE_1 和 UE_2 把欲传输信息进行级接,并且从联合星座图中选择一星座点,如用户 UE_1 和 UE_2 欲传输信息都是 2 比特,联合星座图为 16QAM。

基站在两个时频物理资源上承载的发射信号为

$$\begin{bmatrix}x_1\\x_2\end{bmatrix}=\begin{bmatrix}\mathbf{1}&\mathbf{1}&\mathbf{0}\\\mathbf{1}&\mathbf{0}&\mathbf{1}\end{bmatrix}\begin{bmatrix}s_1\\s_2\\s_3\end{bmatrix}$$

其中 $x_i(i=1,2)$ 为第 i 时频在物理资源上的发射信号,$s_k(k=1,2,3)$ 为第 k 用户的调制信号。

与正交多址接入制式比较,PDMA 图样将多址接入用户在时频物理资源上的发射信号叠加在一起,在星座点的信号是调制符号的线性叠加,即

$$x_1=s_1+s_2,\quad x_2=s_1+s_3$$

如果 3 个用户采用 BPSK 调制,其调制符号取值均为+1 或-1,x_1 和 x_2 取值为+2、0 和-2。当取值为+2 或-2,可以直接判决发射信号,当取值为 0,则以迭代检测算法分离出相应用户的发射信号。

[小结 9-4]:

(1) 图样分割多址接入(PDMA)图样采用高码率的信道编码和大规模星座调制,可以在不增加系统所占带宽的条件下获得高可靠信息传输和高频谱效率。

(2) 编码调制叠加的图样分割多址接入(PDMA)图样信号的分布属于非等概率分布,PDMA 图样与信号星座点映射没有一一对应关系,而是存在多点对同一点的映射关系。

(3) 采取提升部分星座点的复用概率,可以使编码调制叠加的图样分割多址接入(PDMA)图样星座点的整体分布近似高斯分布。

4. 与 MIMO 叠加的 PDMA 图样

在上行多址竞争接入链路中,MIMO 与 PDMA 图样结合可以把时间和频率域信号处理扩展

到空间域,进一步提高 PDMA 系统的干扰抑制能力。

以图样分割多址接入(PDMA)系统图样编码矩阵 $\boldsymbol{G}_{\text{PDMA}}^{[2,3]}=\begin{bmatrix}\mathbf{1}&\mathbf{1}&\mathbf{0}\\\mathbf{1}&\mathbf{0}&\mathbf{1}\end{bmatrix}$ 为例,如果基站第 n 副接收天线的接收信号表示为

$$\begin{bmatrix}y_1^{(n)}\\y_2^{(n)}\end{bmatrix}=\begin{bmatrix}h_{11}^{(n)}&h_{21}^{(n)}&h_{31}^{(n)}\\h_{12}^{(n)}&h_{22}^{(n)}&h_{32}^{(n)}\end{bmatrix}\begin{bmatrix}\mathbf{1}&\mathbf{1}&\mathbf{0}\\\mathbf{1}&\mathbf{0}&\mathbf{1}\end{bmatrix}\begin{bmatrix}s_1\\s_2\\s_3\end{bmatrix}+\begin{bmatrix}z_1^{(n)}\\z_2^{(n)}\end{bmatrix}$$
$$=\begin{bmatrix}h_{11}^{(n)}&h_{21}^{(n)}&0\\h_{12}^{(n)}&0&h_{32}^{(n)}\end{bmatrix}\begin{bmatrix}s_1\\s_2\\s_3\end{bmatrix}+\begin{bmatrix}z_1^{(n)}\\z_2^{(n)}\end{bmatrix}\tag{9-5-12}$$

其中 $y_k^{(n)}$ 是第 n 副接收天线在第 k 共享物理资源上的接收信号,$h_{ik}^{(n)}$ 是第 i 用户发射天线到基站第 n 副接收天线在第 k 共享物理资源上的信道传输函数中的振幅系数,s_i 是第 i 用户的发射信息符号,$z_i^{(n)}$ 是第 i 用户受到的干扰和噪声。

如果基站有 N_R 副接收天线,基站的接收信号表示为

$$\begin{bmatrix}y_1^{(1)}\\y_2^{(1)}\\\vdots\\y_1^{(N_R)}\\y_2^{(N_R)}\end{bmatrix}=\begin{bmatrix}h_{11}^{(1)}&h_{21}^{(1)}&0\\h_{12}^{(1)}&0&h_{32}^{(1)}\\\vdots&\vdots&\vdots\\h_{11}^{(N_R)}&h_{21}^{(N_R)}&0\\h_{12}^{(N_R)}&0&h_{32}^{(N_R)}\end{bmatrix}\begin{bmatrix}s_1\\s_2\\s_3\end{bmatrix}+\begin{bmatrix}z_1^{(1)}\\z_2^{(1)}\\\vdots\\z_1^{(N_R)}\\z_2^{(N_R)}\end{bmatrix}=\boldsymbol{H}_{\text{PDMA}}\begin{bmatrix}s_1\\s_2\\s_3\end{bmatrix}+\begin{bmatrix}z_1^{(1)}\\z_2^{(1)}\\\vdots\\z_1^{(N_R)}\\z_2^{(N_R)}\end{bmatrix}\tag{9-5-13}$$

其中 $\boldsymbol{H}_{\text{PDMA}}$ 为 PDMA 图样的扩展空间-频率矩阵,具体是

$$\boldsymbol{H}_{\text{PDMA}}=\begin{bmatrix}h_{11}^{(1)}&h_{21}^{(1)}&0\\h_{12}^{(1)}&0&h_{32}^{(1)}\\\vdots&\vdots&\vdots\\h_{11}^{(N_R)}&h_{21}^{(N_R)}&0\\h_{12}^{(N_R)}&0&h_{32}^{(N_R)}\end{bmatrix}\tag{9-5-14}$$

下行广播链路中,MIMO 与 PDMA 图样结合方式有发射天线资源复用、波束资源空间复用和 PDMA 波束赋形等。

(1) 发射天线资源复用

发射天线资源复用为多址接入用户发射信号通过同一副天线发射,以 PDMA 系统图样编码矩阵 $\boldsymbol{G}_{\text{PDMA}}^{[2,3]}=\begin{bmatrix}\mathbf{1}&\mathbf{1}&\mathbf{0}\\\mathbf{1}&\mathbf{0}&\mathbf{1}\end{bmatrix}$ 为例,基站的空间域资源为两副发射天线,用户 UE_1 的发射信号通过天线 1 和天线 2 发射,用户 UE_2 的发射信号通过天线 1 发射,用户 UE_3 的发射信号通过天线 2 发射。用户 UE_1 和 UE_2、UE_1 和 UE_3 的信号分别在天线 1 和天线 2 上进行非正交叠加发射。用户 UE_1 的发射分集度为 2,用户 UE_2 和 UE_3 的发射分集度为 1。

(2) PDMA 波束赋形

PDMA 波束赋形的发射信号表示为

$$\begin{bmatrix} x_1 \\ x_2 \end{bmatrix} = \begin{bmatrix} w_{11} & w_{21} & 0 \\ w_{12} & 0 & w_{32} \end{bmatrix} \begin{bmatrix} s_1 \\ s_2 \\ s_3 \end{bmatrix} \tag{9-5-15}$$

其中 w_{ij} 为第 i 用户在第 j 副发射天线上发射信号的波束赋形加权值。

5. PDMA 图样设计原则

如果共享物理资源内有 N 个时间、频率和空间域的物理资源,共有 2^N-1 个物理资源可供选择的 PDMA 图样,K 多址接入用户可以从 2^N-1 个可供选择 PDMA 候选图样 $\boldsymbol{G}_{\text{candidate}}^{[N,2^N-1]}$ 中,选出 K 个彼此不同的 PDMA 图样,构成 PDMA 系统图样编码矩阵 $\boldsymbol{G}_{\text{PDMA}}^{[N,K]}$。

根据 PDMA 系统图样编码矩阵的设计原则,应该尽可能多地选择不同分集度的 PDMA 图样,而且任意 PDMA 图样间的内积最大化,每次从剩下的候选 PDMA 图样中选出和已选择出的 PDMA 图样内积和最小的图样,作为 PDMA 系统图样编码矩阵 $\boldsymbol{G}_{\text{PDMA}}^{[N,K]}$ 的成员,直到选择完相互不同的 PDMA 图样。

多址接入用户 PDMA 图样是由 **0** 和 **1** 组成的二进制向量,复用在同一时频空域物理资源上,所有多址接入用户的图样构成 PDMA 系统图样编码矩阵,多址接入用户通过该用户对应的 PDMA 图样在相同时频空域共享物理资源上复用。

[**小结 9-5**]:

PDMA 图样设计应该符合下列原则:

(1) 图样分割多址接入(PDMA)图样设计是基于将发射信息映射到共享时频空等域物理资源上的映射规则,PDMA 系统图样编码矩阵中每一列向量为所有多址接入用户复用同一组内时频空等域物理资源的 PDMA 图样,向量的维数与时频空等域物理资源数相等。

(2) 图样分割多址接入(PDMA)图样中,某一列元素 **1** 的个数为 PDMA 图样的重量,越重的 PDMA 图样,能够提供越高的分集度,可提高信息传输的可靠性,但接收检测算法的复杂度也会增加。

(3) 要求图样分割多址接入(PDMA)图样所具有的不同分集度的组数尽可能得多,以减轻基于串行干扰删除接收算法的差错传播问题影响。

(4) 要求具有相同分集度的PDMA 图样内积尽可能得小,共享相同物理资源的多址接入用户越少,多址用户干扰也会越小。

9.5.4 PDMA 的多用户检测算法

根据多用户信息论,多址接入用户可达的和信道容量域是多面体结构,位于和信道容量域每个顶点的和信道信息传输速率可以通过串行干扰删除和逐次迭代译码算法获得。

首先对发射信号功率大的用户信号进行接收检测,把其他用户接收信号作为噪声处理。利用已译出的用户信号作为边信息,对剩余用户信号进行接收处理,提高剩余用户信号的接收性能。在每次串行干扰删除逐次迭代译码均是正确无误的前提下,理论上可以逼近多址接入用户的和信道容量理论值。但在实际系统中,由于存在错误传播导致系统性能降低,有必要讨论 PDMA 图样的多用户检测算法。

上行多址竞争接入链路中,接收端为数据处理能力强的基站,基站需要检测出所有多址接入用户发射的信息，可以选择检测性能优越和复杂度较高的逐次迭代译码算法。而下行广播链路中，接收端为数据处理能力较弱的移动用户，移动多址接入用户只需正确检测所需期望用户的信号，而不必检测全部下行多址接入用户信号，可以选择复杂度较低的串行干扰删除和检测算法。

1. 上行链路基于消息传递的多用户检测算法

上行链路基于消息传递的多用户检测算法(message passing algorithm multiuser detector, MPA-MUD)采用基于软判决信息交互，对多址接入用户信息进行迭代译码检测算法，其检测是在因子图中用户节点和信道节点之间不断相互传递和更新信息。

以 PDMA 系统图样编码矩阵 $\boldsymbol{G}_{\text{PDMA}}^{[3,6]}=\begin{bmatrix}\mathbf{1} & \mathbf{1} & \mathbf{1} & \mathbf{0} & \mathbf{1} & \mathbf{0}\\ \mathbf{1} & \mathbf{1} & \mathbf{0} & \mathbf{1} & \mathbf{0} & \mathbf{1}\\ \mathbf{1} & \mathbf{0} & \mathbf{1} & \mathbf{1} & \mathbf{0} & \mathbf{0}\end{bmatrix}$ 为例，6个多址接入用户共享3个时频物理资源。图9-5-8为多址接入用户信号因子图，用户节点 $u_k(k=1,2,\cdots,6)$ 表示用户信息，信道节点$ch_j(j=1,2,3)$表示时间和频率域物理资源。

如果 d_u 是多址接入用户节点的度数，表示多址接入用户共享时频域物理资源数，d_c 是信道节点的度数，表示时频域物理资源被共享的多址接入用户数，Γ_i 是与多址接入用户节点 i 相连的所有信道节点的集合，Φ_j 是与信道节点 j 相连的所有用户节点的集合，A_M 是用户发射的 M 进制调制信号的集合。

上行多址竞争接入链路的接收信号表示为

$$y_j = \sum_{i\in\Phi_j} h_j x_i + n_j \tag{9-5-16}$$

其中 $x_i(i\in\Phi_j)$ 属于多址接入用户的调制符号，h_j 是信道节点 j 的传输函数，n_j 信道节点 j 的高斯噪声。

图9-5-9为信道节点消息处理过程示意，第 i 用户节点 u_i 发射的调制符号为 x_i，$\alpha_{i\to j}^{(l)}$表示在第 l 次迭代中，第 i 用户节点传输给第 j 信道节点的信息，$\beta_{j\to i}^{(l)}$表示在第 l 次迭代中，第 j 信道节点传输给第 i 用户节点的信息。

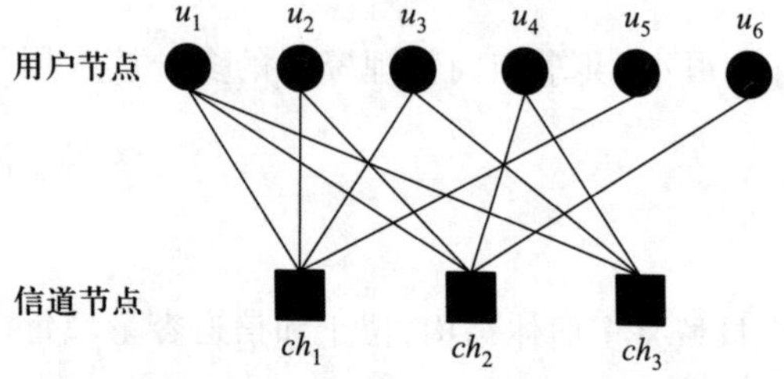

图9-5-8　多址接入用户信号因子图

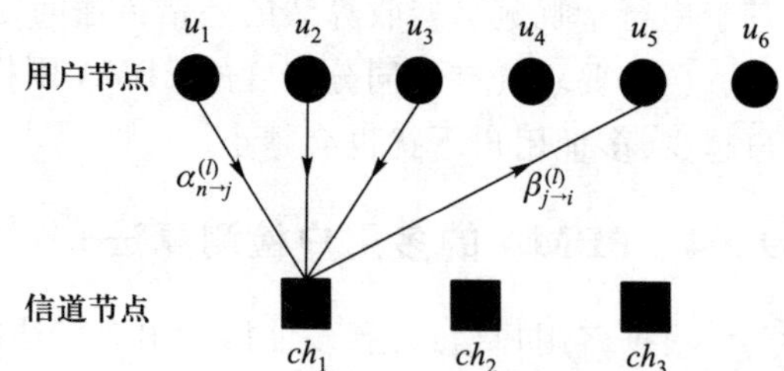

图9-5-9　信道节点消息处理过程示意

在第 l 次迭代中，第 j 信道节点ch_j 根据其余多址接入用户节点 $k\in\Phi_j, k\neq i$ 的输入信息 $\alpha_{i\to j}^{(l)}$，计算出所需传输给第 i 用户节点的信息 $\beta_{j\to i}^{(l)}$。

信道节点的输出信息 $\beta_{j\to i}^{(l)}$表示在第 i 用户节点 u_i 发射调制信号 x_i 中，第 m 信息比特的对数似然比 $\text{LLR}_{i,m}^{j\to i}$表示为

$$\beta_{j\to i}^{(l)}=\text{LLR}_{i,m}^{j\to i}\quad i\in\Phi_j, m=1,2,\cdots,M \tag{9-5-17}$$

在检测与信道节点ch_j相连的第k用户节点u_k时,相连的其余多址接入用户节点$u_k(k\in\Phi_j,k\neq i)$的发射信号x_k作为多址接入用户的干扰信号,信道节点ch_j输入信息$\alpha_{k\to j}^{(l)}$包含干扰信号$x_k(k\in\Phi_j,k\neq i)$的先验信息为

$$\alpha_{k\to j}^{(l)}=P(l)_{k\to j}(x_k),\quad x_k\in A_M,k\in\Phi_j,k\neq j \tag{9-5-18}$$

基于最大后验概率准则(MAP)的消息传递算法中,相应的对数似然比表示为

$$\mathrm{LLR}_{i,m}^{(l),j\to i}=\lg\frac{\sum\limits_{x_i:b_{i,m}=1,x_k\in A_M}p(y_j\mid h_j,x_i,x_k)\prod\limits_{k\in\Phi_j,k\neq i}P_{k\to j}^{(l)}(x_k)}{\sum\limits_{x_i:b_{i,m}=0,x_k\in A_M}p(y_j\mid h_j,x_i,x_k)\prod\limits_{k\in\Phi_j,k\neq i}P_{k\to j}^{(l)}(x_k)} \tag{9-5-19}$$

图 9-5-10 为用户节点消息处理过程,其中第i用户节点在第$l+1$次迭代中输出消息$\alpha_{i\to j}^{(l+1)}$通过输入信息$\beta_{n\to i}^{(l)}(n\in\Gamma_i,n\neq j)$计算得到。

2. 下行链路基于串行干扰删除的多用户检测

图 9-5-11 为下行链路基于串行干扰删除的多用户检测(based on successive interference cancellation multiuser detector,SIC-MUD)的原理框图。

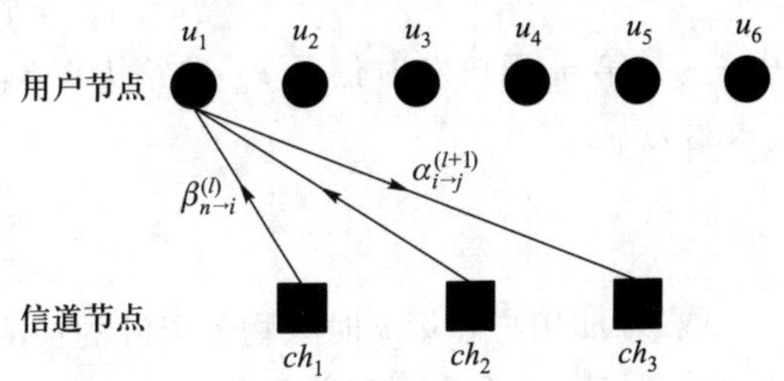

图 9-5-10 用户节点消息处理过程示意

首先将接收到的多址接入用户信号按照信噪比由高到低顺序排序,依次检测和重构用户信号,将其作为干扰从接收信号中删除,重复该过程直至检测出所有多址接入用户数据。串行干扰删除检测算法可在调制符号或码组层次执行,调制符号串行干扰删除(SL-SIC)是基于解调符号,而码组级串行干扰删除(CW-SIC)是基于译码比特。由于信道解码能够纠正大多数错误,CW-SIC 的性能预计要好于 SL-SIC。

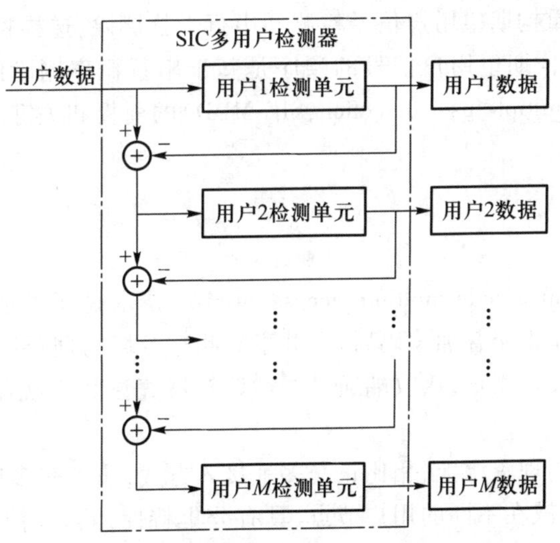

图 9-5-11 下行链路基于串行干扰删除的多用户检测(SIC-MUD)的原理框图

图样分割多址接入(PDMA)系统的接收信号表示为

$$\boldsymbol{Y}=\boldsymbol{H}_{\mathrm{ch}}\cdot\boldsymbol{X}+\boldsymbol{N}_{\mathrm{ch}} \tag{9-5-20}$$

其中 $\boldsymbol{X}=[x_1,x_2,\cdots,x_M]$ 表示在共享复用时间、频率和空间等物理资源域中,M 个多址接入用户对应的发射信号,$\boldsymbol{Y}=[y_1,y_2,\cdots,y_K]^{\mathrm{T}}$ 表示在时间、频率和空间域中,K 个物理资源对应的接收信号,$\boldsymbol{N}_{\mathrm{ch}}=[n_1,n_2,\cdots,n_K]$ 表示在时间、频率和空间域中,K 个物理资源对应的接收噪声矢量,$\boldsymbol{H}_{\mathrm{ch}}=\{[h_{k,m}]_{K\times M}\}$ 表示 PDMA 系统图样编码矩阵 $\boldsymbol{G}_{\mathrm{PDMA}}^{[K,M]}$ 和信道脉冲冲激响应矩阵 $\boldsymbol{H}_{\mathrm{ch}}$ 合成的等效信道的传输函数矩阵。

在检测第 m 用户第 k 时频物理资源上的发射信息单元时,除第 m 用户发射信号 x_m 外,其他多址接入用户的发射信号都作为干扰信号,此时 PDMA 系统的接收信号表达式(9-5-20)可以具体表示为

$$y_{k,m}=h_{k,m}x_m+\xi_{k,m} \tag{9-5-21}$$

其中 $\xi_{k,m}$ 是第 m 用户发射信号 x_m 在第 k 时频物理资源中,其他多址接入用户的干扰和噪声。$\xi_{k,m}$ 表示为

$$\xi_{k,m}=\sum_{i=1,i\neq m}^{M}h_{ki}x_i+n_k \tag{9-5-22}$$

如果第 m 用户在第 k 时频物理资源的检测信号是 $\tilde{\boldsymbol{Y}}_m=[\tilde{y}_{1,m},\tilde{y}_{2,m},\cdots,\tilde{y}_{k,m}]^{\mathrm{T}}$,第 m 用户发射信号的估值是 $\hat{x}_m$,存在下述关系:

$$\tilde{y}_{k,m}=\sum_{i=1}^{m-1}h_{k,i}(x_i-\hat{x}_i)+h_{k,m}x_m+\sum_{i=m+1}^{M}h_{k,i}x_i+n_k \tag{9-5-23}$$

其他多址接入用户的干扰和噪声表示为

$$\tilde{\xi}_{k,m}=\sum_{i=1}^{m-1}h_{k,i}(x_i-\hat{x}_i)+\sum_{i=m+1}^{M}h_{k,i}x_i+n_k \tag{9-5-24}$$

第 m 用户发射信号的检测判决函数为

$$\hat{x}_m=f_m(\tilde{\boldsymbol{Y}}_m,\boldsymbol{H}) \tag{9-5-25}$$

重复以上检测过程,可以重构期望用户信号检测和串行干扰删除,递推检测出所有多址接入用户的发射信号,其中检测重构期望用户信号的顺序是基于串行概率删除的多用户检测(successive interference cancellation multiple user detection,SIC-MUD)的前提和关键。

9.6　稀疏码多址接入

稀疏码多址接入(sparse code multiple access,SCMA)技术是指多址接入用户的发射信号通过高维稀疏扩展符号和非正交叠加编码后,在共享时频空等域物理资源中传输,所发射的信息可以来自一个或多个多址接入用户,接收端通过线性解扩展算法和干扰删除运算来分离各多址接入用户的信息。

在共享时频空等域物理资源上,相比正交多址接入方式,非正交多址接入的用户节点大为增加,多址接入用户信息分散在不同的用户节点,具有分集特性,共享时频空等域物理资源上用户节点的信号与噪声干扰之比可以大为减少,有益于稀疏码多址接入(SCMA)系统获得比较高的信号检测性能。

实际上,非正交多址接入制式如 MUSA、PDMA、SCMA、RSMA 和 LDSMA 等本质都是属于基于稀疏性编码码本特征,稀疏码多址接入(SCMA)系统与正交多址接入如 CDMA 不同,接收端的接收信号不是全部多址接入用户信号的叠加,而是部分多址接入用户信号的叠加,呈现出低密度和稀疏性的叠加特征。

在稀疏码多址接入(SCMA)系统发射端,用户发射信息编码的符号序列映射为多维稀疏码,该多维稀疏码存储在事先编程的 SCMA 码本中。多址接入用户的发射信号在功率域进行叠加,共享时间、频率和空间域物理资源。

稀疏码多址接入(SCMA)制式的关键是具有稀疏特征的 SCMA 码本,要求如下:

(1) SCMA 码本具有多维稀疏性;

(2) SCMA 码本具有多进制调制信号星座点的降阶性。

在接收端,采用多址接入用户盲检测接收算法,同时检测多址接入用户是否处于激活状态和激活用户的数据信息,支持免调度多址用户接入,实现“到达即发送”的零时延接入。

低密度编码码本是非正交多址接入技术的特殊制式,低密度稀疏码码本大部分为 **0** 元素,呈现稀疏性质,接收端通过多用户检测迭代算法,可达到近似多用户最大似然译码性能。

如果在稀疏码多址接入(SCMA)系统中,6 个多址接入用户节点叠加在 4 个物理资源节点的稀疏映射关系表示为

$$\boldsymbol{G}_{\mathrm{SCMA}}^{[4,6]}=\begin{bmatrix}\mathbf{1}&\mathbf{1}&\mathbf{1}&\mathbf{0}&\mathbf{0}&\mathbf{0}\\\mathbf{1}&\mathbf{0}&\mathbf{0}&\mathbf{1}&\mathbf{1}&\mathbf{0}\\\mathbf{0}&\mathbf{1}&\mathbf{0}&\mathbf{1}&\mathbf{0}&\mathbf{1}\\\mathbf{0}&\mathbf{0}&\mathbf{1}&\mathbf{0}&\mathbf{1}&\mathbf{1}\end{bmatrix}$$

图 9-6-1 为以二分图表示 SCMA 多址接入用户与物理资源的稀疏映射关系,反映 SCMA 系统中 6 个多址接入用户节点叠加在 4 个资源节点的稀疏映射关系 $\boldsymbol{G}_{\mathrm{SCMA}}^{[4,6]}$。

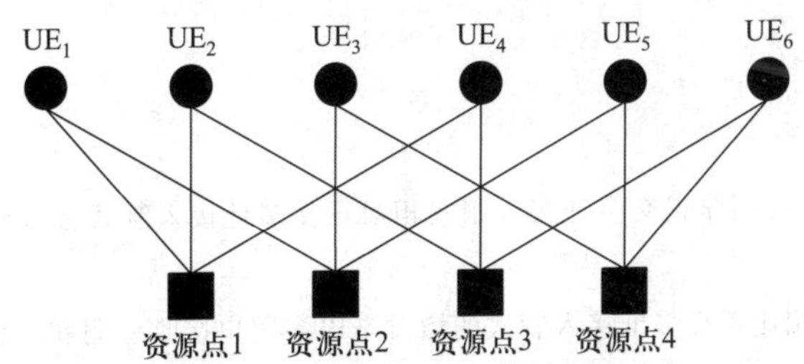

图 9-6-1 以二分图表示 SCMA 多址用户与物理资源的稀疏映射关系

用户节点代表用户发射的数字信息序列,资源节点代表用于数字信息传输的共享时间、频率和空间域的物理资源。对于 SCMA 系统码本,资源节点的数量相当于 CDMA 的伪随机多址扩频序列长度,用户节点和资源节点之间的联线表示经过 SCMA 码本映射后,该用户节点发射的数字信息序列在资源节点上发射的调制信息符号。

图 9-6-2 和图 9-6-3 分别为 SCMA 系统上行链路和下行链路原理框图,多址接入用户的发射信号经过信道编码和 SCMA 的码本映射送至信道传播,在接收端接收信号经过信道均衡,SCMA 译码和信道译码分别检测判决出与发射端对应的多址接入用户的数字信息信号。

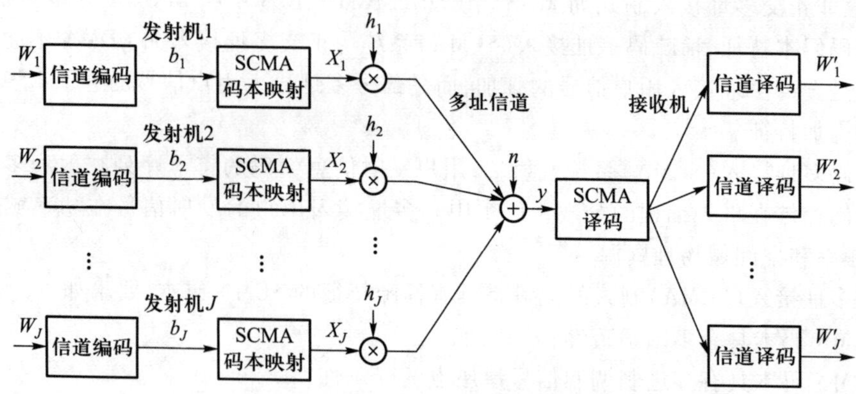

图 9-6-2 SCMA 系统上行链路原理框图

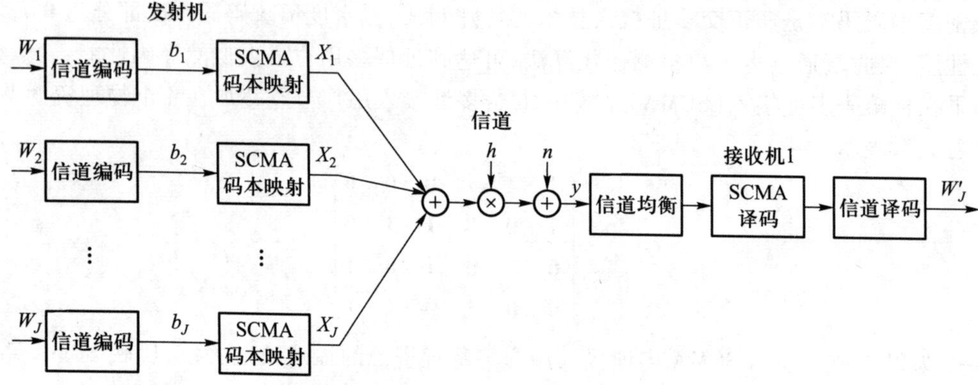

图 9-6-3 SCMA 系统下行链路原理框图

习题

9-1 根据多用户信息理论,说明非正交多址接入制式相对正交多址接入制式会改善多用户通信系统的性能增益的原理。

9-2 非正交多址接入制式相比正交多址接入制式的增益是以多用户接收检测和多址用户干扰删除算法复杂度代价换取的,为什么?多用户接收检测的基本原理是什么?

9-3 以两个调制符号叠加为例,UE_1 为大功率 QPSK 符号,UE_2 为小功率 QPSK 符号,UE_1 和 UE_2 信号功率比为 4 : 1,说明采用格雷映射属性的非正交调制符号叠加编码的过程。

9-4 根据二元实数序列可以得到一类复数非正交多址接入序列原理,如果复数非正交多址接入序列的每元素实部和虚部均可以取值于集合{-1,1},请设计周期长度为 6 的复数非正交多址接入序列。

9-5 如果 PDMA 编码矩阵 $\boldsymbol{G}_{\mathrm{PDMA}}^{[3,7]}$ 为

$$\begin{bmatrix} 1 & 1 & 0 & 1 & 1 & 0 & 0 \\ 1 & 1 & 1 & 0 & 0 & 1 & 0 \\ 1 & 0 & 1 & 1 & 0 & 0 & 1 \end{bmatrix}$$

画出时间和频率域物理资源与用户对应关系,请计算其分集度,将分集度相同的 PDMA 图样分成同一

PDMA 图样组。

9-6 非正交多址接入制式如 MUSA、PDMA、SCMA 和 LDSMA 等本质都是属于基于稀疏性编码码本特征,为什么?

9-7 5G 移动通信系统中,上下行链路的非正交多址接入制式的主要方案分别是什么?

9-8 说明串行干扰删除接收流程的原理。

参 考 文 献